Robert L. Wolke

Was Einstein seinem Koch und seinem Friseur erzählte

SERIE PIPER

Zu diesem Buch

Es wäre doch wunderbar, wenn jeder einen Wissenschaftler neben sich hätte, der einem Antworten auf all die kniffligen Fragen geben könnte, die sich einem alltäglich stellen. Ertrinkt man etwa, wenn die Luftfeuchtigkeit 100 Prozent erreicht? Warum haben die meisten Länder Rechtsverkehr? Auch in der Küche würden wir gerne jemanden haben, der etwa weiß: Sind geräucherte Lebensmittel roh oder gegart? Und sind grüne Kartoffeln giftig? Albert Einstein hätte an solchen Fragen aus Alltag und Küche sicher so viel Spaß gehabt wie der Wissenschaftler und Kolumnist der Washington Post, Robert L. Wolke. In diesem Doppelband, der die Bestseller »Was Einstein seinem Koch erzählte« und »Was Einstein seinem Friseur erzählte« vereint, übernimmt er die Rolle des Wissenschaftlers an unserer Seite und hilft uns bei der Lösung mit amüsanten Erklärungen auf die Sprünge. Außerdem liefert er viele Anregungen für Versuche und ungewöhnliche Rezepte – eine Art Laborpraktikum, dessen Ergebnis man dann bei Kneipenwetten zum besten geben oder essen kann.

Robert L. Wolke, geboren 1928 in New York, studierte an der Cornell University. Er ist emeritierter Professor der Chemie an der Pittsburgh University und hat sich vor allem durch die verständliche und unterhaltsame Vermittlung naturwissenschaftlicher Themen einen Namen gemacht.

Robert L. Wolke

Was Einstein seinem Koch und seinem Friseur erzählte

Naturwissenschaft in der Küche und im Alltag

Zwei Bestseller in einem Band

Mit 33 Rezepten von Marlene Parrish

Aus dem Amerikanischen von
Helmut Reuter

Piper München Zürich

Von Robert L. Wolke liegen bei Piper im Taschenbuch vor:
Woher weiß die Seife, was der Schmutz ist?
Was Einstein seinem Friseur erzählte
Was Einstein seinem Koch erzählte

FSC

Dieses Taschenbuch wurde auf FSC-zertifiziertem Papier gedruckt. FSC (Forest Stewardship Council) ist eine nichtstaatliche, gemeinnützige Organisation, die sich für eine ökologische und sozialverantwortliche Nutzung der Wälder unserer Erde einsetzt (vgl. Logo auf der Umschlagrückseite).

Taschenbuchsonderausgabe
1. Auflage Oktober 2006
3. Auflage April 2007

Titel der amerikanischen Originalausgaben:
»What Einstein Told His Barber«, The Bantam Dell Publishing Group (Random House, Inc), New York 2000 und
»What Einstein Told His Cook«,
W. W. Norton & Company, New York / London 2002

Umschlag / Bildredaktion: Büro Hamburg
Heike Dehning, Charlotte Wippermann,
Alke Bücking, Daniel Barthmann
Umschlagabbildungen: Stefanie Levers (oben) und
Misha Vetter / StockFood (unten)
Foto Umschlagrückseite: Bill Exler
Satz: Uhl + Massopust, Aalen (für »Was Einstein seinem Friseur erzählte«)
und Clausen & Bosse, Leck (für »Was Einstein seinem Koch erzählte«)
Papier: Munken Print von Arctic Paper Munkedals AB, Schweden
Druck und Bindung: Clausen & Bosse, Leck
Printed in Germany ISBN 978-3-492-24820-4

www.piper.de

Was Einstein seinem Koch erzählte

SERIE PIPER

Dieses Buch ist meiner Frau Marlene Parrish gewidmet,
der Partnerin, Kollegin und Motivatorin.

INHALT

tionskochplatten und Lichtöfen? Warum haben Cracker diese kleinen Löcher? Was spricht für und gegen eine Bestrahlung von Lebensmitteln? Was sollen all diese verschiedenen Abteile in einem Kühlschrank? ... und mehr.

Einführung

Zusammen mit dem in jüngster Zeit enorm gewachsenen Interesse an Ernährung und Kochen hat sich zunehmend der Wunsch gezeigt, die chemischen und physikalischen Grundlagen zu verstehen, von denen die Eigenschaften und das Verhalten unserer Nahrungsmittel bestimmt werden.

Dieses Buch erklärt, welche wissenschaftlichen Grundsätze sowohl hinter der Nahrung selbst als auch hinter den Werkzeugen stehen, mit denen wir sie zubereiten. Aufbau und Stichwortverzeichnis wurden so angelegt, daß bestimmte Fakten oder Erklärungen leicht aufzufinden sind.

Hobbyköche und professionelle Küchenchefs kochen nicht nur, sondern müssen zunächst auch Zutaten kaufen. Die heutige Technik bringt eine so überwältigende Vielfalt von Nahrungsprodukten hervor, daß viele Probleme der Zubereitung bereits auf dem Markt anfangen. Ich habe deshalb sowohl natürliche als auch zubereitete Nahrungsmittel ausführlich abgehandelt: wo sie herkommen, woraus sie gemacht sind und welche praktischen Folgen das für den Koch und den Verbraucher haben könnte.

Ich habe mehr Jahre an Universitäten gelehrt, als ich nachzählen mag, und nachdem ich zehn dieser Jahre als Gründungsdirektor einer Fakultätseinrichtung zugebracht habe, in der Fakultätsmitglieder ihre Lehrmethoden verbessern können, erkenne ich zwei mögliche Wege an, wie die Küchenwissenschaft verständlich zu machen ist. Ich bezeichne die eine als College-Methode und die andere als Erfahrungsmethode.

Im Rahmen der College-Methode würde ich gewissermaßen ein Lehrbuch der Küchenwissenschaft schreiben und meine »Studenten« dann bitten, in die Welt hinauszugehen und ihr erworbenes Wissen einzusetzen, um praktische Probleme zu lösen, die in Zukunft auftauchen werden. Dieser Ansatz geht davon aus, daß die »Lehrinhalte« beherrscht und bei Bedarf jederzeit abgerufen werden. Doch wie meine Erfahrungen als Lehrer und zweifellos auch Ihre als früherer Schüler zeigen, ist dieser Ansatz vergeblich. (Schnell: Wer kämpfte in der Schlacht bei Hastings?)

Kurz, die College-Methode versucht, Antworten zu liefern, noch ehe die Fragen auftauchen. Im richtigen Leben kommen Fragen dagegen ohne Vorwarnung hoch und müssen auf der Stelle angegangen werden.

Was aber, wenn Sie sich nicht durch eine Menge Wissenschaft ackern müßten, sondern jedesmal, wenn Ihnen etwas Rätsel aufgibt, einen Wissenschaftler bitten könnten, das spezielle Problem zu erklären, nicht mehr und nicht weniger? Zwar können Sie einen Wissenschaftler (und schon gar einen Einstein) nicht ständig zur Seite haben, aber die zweitbeste Möglichkeit könnte darin bestehen, daß sie eine Sammlung von Antworten auf Fragen verfügbar haben, mit denen Sie wahrscheinlich zu tun haben werden, und dazu einfache, nachvollziehbare Erklärungen für das, was da abläuft. Das ist die Erfahrungsmethode.

Für dieses Buch habe ich mehr als 100 Fragen ausgewählt, die mir von richtigen Köchen sowie den Lesern meiner FOOD-Kolumne in der *Washington Post* und in anderen Zeitungen gestellt worden sind.

Neben den Erklärungen der wissenschaftlichen Grundlagen finden Sie noch eine Reihe ungewöhnlicher und phantasievoller Rezepte, die meine Frau Marlene Parrish, eine Expertin auf dem Gebiet der Ernährung, ausgearbeitet hat. Diese Rezepte sind speziell darauf zugeschnitten, die erklärten Prinzipien zu illustrieren. Man könnte sie als Laborpraktikum ansehen, dessen Ergebnisse Sie essen können.

Jede Frage-Antwort-Einheit soll für sich allein bestehen können. Ob Sie nun durch das Inhaltsverzeichnis, das Sachregister oder eine in Ihrem Kopf auftauchende Frage angeregt werden – Sie können das Buch aufschlagen und den entsprechenden Abschnitt lesen, ohne eine Reihe vorhergegangener Begriffe beherrschen zu müssen.

Um zu gewährleisten, daß jede Texteinheit begrifflich vollständig ist, und weil viele Gebiete untereinander vernetzt sind, mußte ich häufig in aller Kürze einen Begriff wiederholen, der an anderer Stelle ausführlicher behandelt wird. Doch ab und zu ein wenig Wiederholung verbessert nur das Verständnis.

Ich habe sorgfältig darauf geachtet, nie einen technischen Ausdruck zu verwenden, den ich nicht beim ersten Erscheinen definiert habe, doch am Ende des Buches finden Sie dennoch ein kurzes Glossar, wo Sie Ihr Gedächtnis auffrischen können, falls das notwendig ist.

Selbstverständlich ist die Zahl der Dinge, zu denen man möglicherweise Fragen haben kann, unbegrenzt, und jedes Buch wie dieses kann nur einen kleinen Bruchteil dessen erklären, was in unseren Küchen und auf den Märkten abläuft. Ich lade Sie daher ein, Ihre Fragen zusammen mit Namen und Wohnort per E-Mail an questions@professorscience.com zu senden. Ich kann zwar nicht persönlich antworten, doch auf meiner Website www.professorscience.com wird jeweils eine »Frage der Woche« beantwortet.

Ich hoffe, es macht Ihnen ebensoviel Spaß, Speisen und Getränke zu verstehen, wie sie zu genießen.

Danksagung

Nach vielen Jahren, in denen ich eine andere Karriere verfolgt und nebenbei als freier Autor geschrieben habe, verdanke ich meinen »großen Durchbruch« im Schreiben über Ernährung Nancy McKeon, einer ehemaligen Redakteurin für Ernährungsfragen bei der *Washington Post*, die mir die Gelegenheit bot, in dieser Zeitung eine ernährungswissenschaftliche Kolumne zu veröffentlichen. FOOD erscheint mittlerweile seit etwa vier Jahren in der *Post* und anderen Zeitungen, was dem beständigen Vertrauen und der Unterstützung der derzeitigen Redakteurin für Ernährungsfragen, Jeanne McManus, zu verdanken ist, die mir die völlige Freiheit läßt, meine Sache so zu machen, wie ich es für richtig halte.

Der Weg zu dem vorliegenden Buch begann sich abzuzeichnen, als ich Marlene Parrish kennenlernte und heiratete. Sie schreibt über Ernährung, verfaßt Restaurantkritiken und arbeitet als Kochlehrerin. Als wissenschaftlicher Autor, der das Essen liebt, und leidenschaftlicher Koch fing ich an, mehr über Ernährung und die Wissenschaft, die sich dahinter verbirgt, zu schreiben. Ohne Marlenes liebevolles Vertrauen zu mir gäbe es dieses Buch nicht. Sie entwickelte und probierte alle hier vorgestellten Rezepte, von denen jedes speziell dazu gedacht ist, eines der erklärten wissenschaftlichen Prinzipen zu illustrieren. Außerdem bereitete sie während der langen Monate des Schreibens und Umarbeitens mein Mittagessen zu.

Wieder einmal muß ich meinem Literaturagenten Ethan Ellenberg danken, der meine Interessen über all die Jahre ehrenwert, mit vernünftigen Ratschlägen und guten Mutes vertreten hat, auch wenn der Weg einmal unerwartet schwierig wurde.

Bemerkenswert glücklich habe ich es mit Maria Guarnaschelli getroffen, die im Verlag W. W. Norton meine Lektorin gewesen ist. Maria war kompromißlos auf Qualität bedacht und immer präsent, um mich sanft auf den rechten Pfad zurückzulenken, wann immer ich vom Weg abkam, wobei sie stets eine Quelle der Ermutigung war. Was bei der Arbeit an diesem Buch am Ende auch herausgekommen sein mag, es ist unendlich viel besser, als es ohne Marias präzise Eingebungen, ihr Wissen und ihr Urteilsvermögen geworden wäre und ohne das Vertrauen, den Respekt und die Freundschaft, die sich zwischen uns entwickelt hat.

Autoren schreiben keine Bücher, sondern Manuskripte, die erst zum Buch gemacht werden müssen. Ich danke den geduldigen, fleißigen Profis vom Verlag W. W. Norton, besonders Andrew Marasia, Leiter der Herstellung, Debra Morton Hoyt, Art Director, Nancy Palmquist, leitende Redakteurin, Alan Witschonke, freier künstlerischer Mitarbeiter, und Barbara Bachmann, Designerin.

Auch wenn meine Tochter und mein Schwiegersohn, Leslie Wolke und Ziv Yoles, diese Überzeugung hegen, weiß ich nicht alles. Schreibt man ein Buch wie dieses, muß man unvermeidlich so viele Ernährungswissenschaftler und Vertreter der Nahrungsmittelindustrie konsultieren, daß sie hier nicht einzeln genannt werden können. Ich danke ihnen allen für die Bereitschaft, ihr Fachwissen weiterzugeben.

Wahrscheinlich steht heute jeder Autor von Sachbüchern tief in der Schuld jener allgegenwärtigen, aber körperlosen und ätherischen »Wesenheit« namens Internet, das uns alle Informationen dieser Welt (und auch viele Fehlinformationen) buchstäblich an die Hand gibt – ein Fingerdruck auf die Maus genügt. Ich bin zuversichtlich, das Internet, wo immer es »wesen« mag, wird meinen tief empfundenen Dank zu schätzen wissen.

Schließlich hätte dieses Buch nicht ohne die großartigen Leser meiner Zeitungskolumne geschrieben werden können. Ihre Fragen und Rückmeldungen per E-Mail und Schneckenpost haben mich fortwährend darin bestärkt, daß ich vielleicht wirklich einen nützlichen Dienst leiste. Kein Autor könnte sich ein besseres Publikum wünschen.

1. KAPITEL

Süße Worte

Von unseren fünf klassischen Sinnen – Tastsinn, Gehör, Sehen, Geruchs- und Geschmackssinn – sind nur die beiden letzten rein chemischer Natur, können also wirklich chemische Moleküle wahrnehmen. Durch diese bemerkenswerten Sinne für Geruch und Geschmack erleben wir unterschiedliche olfaktorische und geschmackliche Empfindungen, wenn wir mit den Molekülen verschiedener chemischer Verbindungen in Kontakt kommen.

(In diesem Buch werden Sie häufig auf das Wort Molekül stoßen. Aber keine Panik – Sie müssen wirklich nur wissen, daß ein Molekül – in den Worten eines Erstkläßlers aus meiner Bekanntschaft – »eines dieser klitzekleinen Dinger ist, aus denen all das Zeug besteht«. Diese Definition wird Ihnen gut zustatten kommen – zusammen mit der Ergänzung, daß unterschiedliches »Zeug« sich deswegen voneinander unterscheidet, weil es aus verschiedenen Arten von Molekülen besteht.)

Der Geruchssinn kann nur gasförmige Moleküle erkennen, die in der Luft herumschweben. Der Geschmackssinn kann nur Moleküle wahrnehmen, die in Wasser gelöst sind, ob das nun die in der Nahrung enthaltene Flüssigkeit oder der Speichel ist (einen Stein kann man nicht riechen oder schmecken). Wie bei vielen anderen Tierarten ist es auch bei uns der Geruch der Nahrung, der uns anzieht, während der Geschmack uns dabei hilft, eßbare – und appetitliche – Nahrungsmittel zu finden.

Was wir »Geschmack« nennen, ist eine Kombination von Gerüchen, die unsere Nase wahrnimmt, und von Geschmacksmerkmalen, die unsere Geschmacksknospen (siehe unten) empfinden. Dazu kommen noch Einflüsse durch Temperatur, Schärfe (was Gewürze »brennen« läßt) und Konsistenz (wie die Nahrung physikalisch zusammengesetzt ist und sich im Mund anfühlt). Die Geruchsrezeptoren in unserer Nase können Tausende verschiedener Gerüche unterscheiden und tragen schätzungsweise 80 Prozent zum Geschmackserlebnis bei. Wer dies als hohen Anteil ansieht, sollte bedenken, daß Mund und Nase in Verbindung stehen, weshalb gasförmige Moleküle, die im Mund durch Kauen freigesetzt werden, in die Nasenhöhle aufsteigen können. Zudem wird in der Nasenhöhle beim Schlukken ein Teilvakuum erzeugt, welches Luft aus dem Mund in die Nase saugt.

Verglichen mit unserem Geruchssinn ist unser Geschmackssinn vergleichsweise stumpf. Die Geschmacksknospen sind vor allem über die Zunge verteilt, finden sich jedoch auch am harten Gaumen (dem vorderen, knochigen Teil des Mundhöhlendachs) und am weichen Gaumen, einem Segel aus weichem Gewebe, das in der Uvula (dem Zäpfchen) endet, »jenem kleinen, herabhängenden Ding« direkt vor dem Schlund.

Bisher hat man geglaubt, es gebe nur vier grundlegende Geschmacksrichtungen mit jeweils darauf spezialisierten Geschmacksknospen: süß, sauer, salzig und bitter. Heute herrscht allgemeine Übereinstimmung, daß es zumindest noch einen weiteren grundlegenden Geschmack gibt, der unter seiner japanischen Bezeichnung *umami* bekannt ist. Er steht in Verbindung mit Natriumglutamat und anderen Verbindungen der Glutaminsäure, einer der verbreiteten Aminosäuren, die als Bausteine der Proteine dienen. Umami ist eine anregende Geschmacksrichtung, die zu proteinreicher Nahrung wie Fleisch oder Käse gehört. Außerdem glaubt man nicht mehr, daß jede Geschmacksknospe ausschließlich auf eine einzige Art von Reiz reagiert, sondern in geringerem Maß auch andere wahrnehmen kann.

Somit erscheint die übliche »Karte der Zunge« in den Lehrbüchern, wo die Knospen für süß an der Spitze, die Knospen für salzig an beiden Seiten der Spitze, sauerempfindliche Knospen entlang der Seiten und Knospen für bitter am hinteren Ende liegen, als zu sehr vereinfacht: Sie zeigt nur die Bereiche, in denen die Zunge für den jeweiligen Grundgeschmack am empfindlichsten ist. Was wir dann tatsächlich schmecken, ist das Gesamtmuster der Reize von allen Geschmacksrezeptoren, jenen Zellen in den Geschmacksknospen, die eigentlich die unterschiedlichen Geschmacksrichtungen wahrnehmen. Die jüngsten Erfolge bei der Sequenzierung des menschlichen Genoms haben die Forscher in die Lage versetzt, jene Gene ausfindig zu machen, die wahrscheinlich die Rezeptoren für bitter und süß hervorbringen, nicht aber jene, von denen die anderen abgeleitet sind.

Wenn die vereinten Reize von Geschmack, Geruch und Konsistenz im Gehirn ankommen, müssen sie noch interpretiert werden. Ob der Gesamteindruck erfreulich, abstoßend oder irgendwo dazwischen liegt, hängt von individuellen physiologischen Unterschieden ab, von vorhergegangenen Erfahrungen (»Genau wie bei meiner Mutter!«) und kulturbedingten Gewohnheiten (»Will da noch jemand Haggis?« *).

Für unsere Spezies und viele andere aus dem Tierreich, von den Kolibris bis hin zu Pferden, ist *eine* Geschmacksempfindung unbestreitbar der Favorit: süß. Um einen grammatikalisch berüchtigt falschen Werbespruch abzuwandeln: Niemand mag Süßes nicht. Zweifellos hat die Natur uns dafür eingerichtet und dafür gesorgt, daß gute Nahrungsmittel wie etwa reife Früchte süß und giftige, die etwa Alkaloide enthalten, bitter schmecken. (Die Familie der Alkaloide innerhalb der in Pflanzen vorhandenen Chemikalien umfaßt Bösewichte wie Morphin, Strychnin und Nikotin, ganz zu schweigen vom Koffein.)

Es gibt nur eine einzige Geschmacksrichtung, der in unseren Menüs ein eigener Gang gewidmet ist: dem Süßen im Rahmen des Desserts. Appetithäppchen mögen einem das Wasser

---

* Das schottische Gericht Haggis besteht aus Schafsmagen, der mit Schafsinnereien und Haferschrot gefüllt wird. – Anm. d. Ü.

im Mund zusammenlaufen lassen, in Hauptgängen ist vielleicht jede komplexe Geschmackskombination vertreten, doch der Nachtisch ist unabänderlich (und manchmal überwältigend) süß. Wir lieben die Süße so sehr, daß wir den Begriff für Kosenamen (Süße / r, Zuckerschnute) und auch dazu verwenden, so gut wie alles zu beschreiben, was besonders erfreulich ist, zum Beispiel »süße Klänge« oder ein süßes Mädchen.

Denken wir an Süßes, dann fällt uns sofort der Zucker ein. Doch das Wort *Zucker* steht nicht für eine einzelne Substanz, es ist ein Sammelbegriff für eine ganze Familie natürlicher chemischer Verbindungen, die gemeinsam mit den Stärken zu den Kohlenhydraten gehören. Ehe wir also unserem »süßen Zahn« Zucker geben – ehe wir unsere wissenschaftliche Mahlzeit mit dem Dessert beginnen lassen –, müssen wir uns ansehen, wie die Zucker in die Ordnung der Kohlenhydrate eingefügt sind.

Volltanken

Ich weiß, daß Stärke und Zucker zu den Kohlenhydraten gehören, obwohl es doch so unterschiedliche Substanzen sind. Warum faßt man sie, wenn man von Ernährung spricht, in derselben Kategorie zusammen?

Mit einem Wort: Treibstoff. Wenn ein Läufer vor dem Rennen »Kohlenhydrate« in sich hineinschaufelt, kann man das mit dem Auftanken eines Autos vergleichen.

Kohlenhydrate sind eine Klasse natürlicher Chemikalien, die in allen lebenden Organismen eine entscheidende Rolle spielen. Pflanzen wie Tiere produzieren Stärke und Zucker, lagern sie ein und verwerten sie als Energielieferanten. Zellulose, ein komplexes Kohlenhydrat, ist der Baustoff für Zellwände und Strukturkomponenten – das Skelett, wenn man so will – von Pflanzen.

Diese Verbindungen hat man Kohlenhydrate genannt, als

man zu Beginn des 18. Jahrhunderts bemerkte, daß viele ihrer Formeln so geschrieben werden konnten, als bestünden sie aus Kohlenstoffatomen (C) plus einer Anzahl von Wassermolekülen (H_2O). So kam es zu der Bezeichnung Kohlenhydrat oder »hydrierter Kohlenstoff«. Wie wir inzwischen wissen, trifft eine so schlichte Formel nicht für alle Kohlenhydrate zu, doch der Name ist geblieben.

Allen Kohlenhydraten gemeinsam ist eine chemische Übereinstimmung: Ihre Moleküle enthalten stets Glukose, auch unter der Bezeichnung Blutzucker bekannt. Da Kohlenhydrate praktisch in allen Pflanzen und Tieren vorkommen, ist Glukose möglicherweise das häufigste biologische Molekül auf der Erde. Unser Stoffwechsel baut alle Kohlenhydrate zu Glukose ab, einem »Einfachzucker« (im Jargon der Wissenschaft: einem Monosaccharid), der im Blut zirkuliert und jede Körperzelle mit Energie versorgt. Ein weiterer Einfachzucker ist die Fruktose, die man in Honig und in vielen Früchten findet.

Wenn zwei Moleküle eines Einfachzuckers miteinander verbunden werden, ergibt das einen »Zweifachzucker«, ein Disaccharid. Saccharose, der Zucker in der Zuckerschale auf unserem Tisch und im Nektar der Blumen in unserem Garten, ist ein aus Glukose und Fruktose zusammengesetztes Disaccharid. Andere Zweifachzucker sind Maltose (Malzzucker) und Laktose (Milchzucker), wobei Laktose nur bei Säugetieren, nie bei Pflanzen vorkommt.

Komplexe Kohlenhydrate oder Polysaccharide setzen sich aus vielen Einfachzuckern zusammen – es können oft Hunderte sein. Hier haben die Zellulose und die Stärken ihren Platz. Nahrungsmittel wie Erbsen, Bohnen, Getreide und Kartoffeln enthalten sowohl Stärke als auch Zellulose. Für Menschen ist die Zellulose unverdaulich (für Termiten nicht), aber als Faserstoff ist sie wichtig für unseren Speisezettel. Stärken sind unsere wichtigsten Energielieferanten, da sie allmählich zu vielen hundert Glukosemolekülen abgebaut werden. Deshalb habe ich oben gemeint, sich Kohlenhydrate einzuverleiben sei wie die Füllung des Benzintanks mit Treibstoff.

So unterschiedlich all diese Kohlenhydrate hinsichtlich ihres molekularen Aufbaus auch sein mögen, sie alle liefern unserem Stoffwechsel die gleiche Menge Energie: etwa vier Kalorien pro Gramm. Das liegt daran, daß sie letztlich alle auf Glukose zurückzuführen sind.

Zwei reine Stärken, die Sie möglicherweise in Ihrem Gebäck haben, sind Maisstärke und Pfeilwurz. Wo die Maisstärke herkommt, muß Ihnen niemand erzählen, aber haben Sie je eine Pfeilwurz gesehen? Es ist eine ausdauernde Pflanze, die auf den Inseln der Karibik, in Südostasien, Australien und Südafrika wegen ihrer fleischigen unterirdischen Knollen angebaut wird, welche fast ausschließlich aus reiner Stärke bestehen. Die Knollen werden geraffelt, gewaschen, getrocknet und gemahlen. Das dabei entstehende Pulver verwendet man, um Saucen, Puddings und Desserts anzudicken. Die Pfeilwurz kann das Andicken bei niedrigerer Temperatur als die Maisstärke übernehmen, weshalb sie für Vanillesaucen und Puddings, die Eier enthalten, am besten geeignet ist, da die Eier bei höheren Temperaturen leicht gerinnen würden.

Roh gehandelt

In einem Laden für Gesundheitskost habe ich mehrere Arten Rohzucker entdeckt. Wie unterscheiden sie sich von raffiniertem Zucker?

Nicht so sehr, wie man Sie vielleicht glauben machen will. Was in Läden für Gesundheitskost als Rohzucker bezeichnet wird, ist insofern keine Rohware, als sie nicht völlig unraffiniert ist. Sie ist nur in geringerem Grad behandelt worden.

Früher war Honig praktisch das einzige Süßungsmittel, das die Menschen kannten. Zuckerrohr hat man in Indien zwar schon vor etwa 3000 Jahren angebaut, doch bis nach Nordafrika und Südeuropa gelangte es erst um das 8. Jahrhundert n. Chr.

Zu unserem Glück besaß die Schwiegermutter des Christoph Columbus eine Zuckerrohrplantage (das habe ich mir nicht ausgedacht), und dieser selbst war schon vor seiner Hochzeit damit beschäftigt, Zucker von den Zuckerrohrfeldern Madeiras nach Genua zu verschiffen. Wahrscheinlich führte ihn das alles zu der Idee, 1493 auf seiner zweiten Reise in die Neue Welt ein paar Zuckerrohrpflanzen mit in die Karibik zu nehmen. Der Rest ist süße Geschichte. Heute verzehrt ein US-Amerikaner im Durchschnitt etwa 20 Kilo Zucker jährlich (Deutsche schaffen 18 Kilo). Vorschlag: Leeren Sie 18 Kilopakete Zucker auf den Küchentisch, so sehen Sie Ihren persönlichen Anteil eines Jahres vor sich. Natürlich geht das nicht alles über Ihre Zuckerdose; bei einer erstaunlichen Vielfalt fertiger Nahrungsmittel gehört Zucker zu den Zutaten.

Oft wird behauptet, braune und sogenannte Rohzucker seien gesünder, weil sie einen größeren Anteil natürlicher Bestandteile enthalten. Wahr ist, daß diese Varianten viele Mineralien enthalten – genauso wie der völlig natürliche Schmutz auf dem Zuckerrohrfeld –, doch da ist nichts dabei, was Sie nicht auch von Dutzenden anderer Nahrungsmittel bekommen könnten. Sie müßten eine wahrhaft ungesunde Menge braunen Zuckers vertilgen, um auf diesem Weg Ihren täglichen Mineralstoffbedarf decken zu können.

Es folgt hier ein kurzer Überblick über das, was in einer meist am Rande der Zuckerrohrfelder gelegenen Zuckermühle sowie in der Zuckerfabrik geschieht, die durchaus in einiger Entfernung liegen kann:

Zuckerrohr wächst in tropischen Zonen in Form hoher, bambusähnlicher Stengel, die etwa 3 Zentimeter dick und bis zu 3 Meter hoch werden, gerade richtig, um sie mit einer Machete abzuschlagen. In der Mühle werden die abgeschnittenen Stengel maschinell weiter zerkleinert und ausgepreßt. Den Preßsaft klärt man, indem man ihn zum Absetzen ein wenig stehenläßt und Kalk beimengt, ehe man ihn im Teilvakuum (damit senkt man die Siedetemperatur) zu einem Sirup einkocht, der durch konzentrierte Verunreinigungen braun gefärbt ist. Während noch mehr Wasser verdampft, wird die Zuckerlösung so konzentriert, daß die Flüssigkeit den Zucker nicht mehr länger in Lösung halten kann: Er fällt in Form fester Kristalle aus. Die noch feuchten Kristalle entwässert man dann in einer Zentrifuge, einer perforierten Trommel ähnlich der in einer Waschmaschine, die im Schleudergang das Wasser aus der Wäsche schleudert. Dabei wird die sirupähnliche Flüssigkeit – die Melasse – abgetrennt, und zurück bleibt ein feuchter, brauner Zucker, der eine Palette von Hefen, Schimmelpilzen, Bakterien, Erde, Fasern und anderer bunt gemischter Pflanzen- und Insektenrückstände enthält. Das ist der echte »Rohzucker«. Der FDA* zufolge ist er nicht für den menschlichen Verzehr geeignet.

Den Rohzucker transportiert man dann in eine Raffinerie, wo er noch zweimal gewaschen, wieder aufgelöst, bis zur Kristallisation eingekocht und erneut zweimal zentrifugiert wird. Das macht den Zucker zunehmend reiner und läßt eine immer konzentriertere Melasse zurück, deren dunkle Farbe und intensiver Geschmack all den nicht aus Zucker bestehenden Anteilen – man nennt sie manchmal die »Asche« – des Zuckerrohrsaftes zu verdanken sind.

Läden für Gesundheitskost, die behaupten, »rohen« oder »unraffinierten« Zucker anzubieten, verkaufen gewöhnlich den Turbinado- oder Zentrifugenzucker, der gewonnen wird, indem man Rohzucker ein zweites Mal im Wasserdampf wäscht, erneut auskristallisieren läßt und zentrifugiert. (Das meine ich hier mit dem Prozeß des »Raffinierens«.) Ein ähnlicher, leicht bräunlicher und grobkörniger Zucker mit der Bezeichnung Demerara-Zucker ist in Europa als Tafelzucker gebräuchlich. Er wird aus Zuckerrohr der reichen vulkanischen Böden auf Mauritius hergestellt, einer Insel im Indischen Ozean östlich von Madagaskar.

Einen dunklen, braunen Zucker von der Art des Turbinado (»Jaggery Sugar«) produziert man im ländlichen Indien, indem

* Food and Drug Administration: US-amerikanische Lebens- und Arzneimittelbehörde.

man den Saft bestimmter Palmen in einem offenen Behälter einkocht, wodurch er bei höherer Temperatur eingedickt wird als im Teilvakuum der üblichen Verfahren beim Raffinieren von Rohrzucker. Wegen der höheren Temperatur entwickelt er ein starkes Karamel-Aroma. Durch das Kochen wird auch ein Teil der Saccharose in Glukose und Fruktose zerlegt, was das Produkt süßer macht als die reine Saccharose. Diese Zukkerform wird, wie andere braune Zuckersorten, in vielen Teilen der Welt oft in Blöcke gepreßt verkauft.

Der unnachahmliche Geschmack der Melasse ist als erdig, süß und fast rauchig beschrieben worden. Die Melasse der ersten Zuckerkristallisation ist von heller Farbe und mildem Aroma; man verwendet sie oft als Sirup bei Tisch. Melasse aus der zweiten Stufe ist dunkler und härter und wird meist zum Kochen benutzt. Die letzte, dunkelste und konzentrierteste Melasse besitzt einen starken bitteren Geschmack, den sie im Verlauf der Produktion angenommen hat.

Ein gesäubertes Stück rohen Zuckerrohrs kann übrigens ein echter Genuß sein. In Anbaugebieten von Zuckerrohr kauen viele Menschen, besonders die Kinder, gern auf handlichen Stengeln von Zuckerrohr herum. Sie sind sehr faserig, doch der Saft schmeckt natürlich köstlich.

Mein Zucker ist leider so raffiniert

Warum sagt man, raffinierter weißer Zucker sei schlecht?

Mir ist diese unsinnige Behauptung ein Rätsel. Anscheinend nehmen manche Leute das Wort *raffiniert* als Zeichen dafür, daß wir Menschen irgendwie gegen ein Naturgesetz verstoßen, weil wir die Kühnheit besitzen, einem Nahrungsmittel einige unerwünschte Stoffe zu entziehen, ehe wir es verzehren. Weißer Zucker ist einfach nur Rohzucker, aus dem man jene anderen Stoffe entfernt hat.

Wird Zucker durch dreimal wiederholtes Kristallisieren raffiniert, bleibt alles außer der reinen Saccharose in der Melasse zurück. Die geringer raffinierten brauneren Zucker aus vorhergehenden Stufen des Verfahrens sind aromatischer, weil sie noch Spuren der Melasse enthalten. Ob man nun für ein Rezept hellbraunen oder den geringfügig stärker aromatisierten dunkelbraunen Zucker verwendet, ist ausschließlich eine Geschmacksfrage.

Viele der heute in den Supermärkten angebotenen braunen Zucker werden hergestellt, indem man Melasse auf raffinierten weißen Zucker sprüht, und nicht durch die Unterbrechung des Raffinierungsverfahrens auf halbem Weg. Es gibt jedoch auch noch braunen Zucker, der auf herkömmliche Weise produziert wird.

Also: In rohem Zuckerrohrsaft hat man eine Mischung aus Saccharose plus all die anderen Bestandteile des Zuckerrohrs vorliegen, die letztlich in der Melasse zurückbleiben. Kann mir nun bitte jemand erklären, weshalb die reine Saccharose, die zurückbleibt, wenn man alle Melassebestandteile entfernt hat, plötzlich schädlich und ungesund sein soll? Wenn wir die »gesünderen« brauneren Zuckersorten verzehren, nehmen wir genauso viel Saccharose zu uns, zu der noch die Melasserückstände kommen. Warum ist die Saccharose in dieser Form nicht schädlich?

Raffiniert, göttlich und superlecker

Meringen

Dieses knusprige Konfekt besteht fast ausschließlich aus reiner weißer Zuckerraffinade, die sich rasch im Eiweiß löst, weil sie so feinkörnig ist. Meringen ziehen bekanntlich die Luftfeuchtigkeit an – Sie sollten sie also nur bei trockenem Wetter zubereiten.

Das Rezept geht vom Eiweiß aus drei Eiern aus. Falls Sie mehr Eier verwenden, gilt folgende Faustregel: Für jedes zusätzliche Eiweiß eine weitere Prise Weinstein hinzufügen, drei Eßlöffel Puderzucker unterschlagen und einen Teelöffel Vanille zugeben. Nach dem Schlagen noch einen Eßlöffel Puderzucker unterziehen.

3 Eiweiß von großen Eiern, auf Raumtemperatur
¼ Teelöffel Weinsteinpulver (Kaliumbitartrat)
160 Gramm extrafeiner Zucker
1½ Teelöffel Vanillezucker

1. Backrohr auf 200°C vorheizen. Zwei Backbleche mit Backpapier auslegen.
2. Eiweiß zusammen mit dem Weinstein in einer kleinen, tiefen Schale mit dem Küchenmixer steifschlagen. 9 Eßlöffel Zucker vorsichtig einarbeiten und weiterschlagen, bis die Mischung glatt ist und steife Spitzen stehenbleiben, wenn man den Quirl heraushebt. Vanillezucker einrühren. Mit einem Schneebesen die übrigen 3 Eßlöffel Zucker unterziehen.
3. Mit einem halben Teelöffel der Mischung unter jeder Ecke läßt sich ein Einrollen des Backpapiers verhindern. Mit Hilfe von zwei Teelöffeln setzt man kleine Häufchen der Mischung auf die mit Backpapier belegten Bleche. Soll das Ergebnis besonders schick aussehen, drückt man die Häufchen mit einer Spritztülle mit Sternöffnung auf das Papier.
4. 60 Minuten backen. Ofen abschalten und die Meringen weitere 30 Minuten im abkühlenden Rohr belassen. Herausnehmen, fünf Minuten abkühlen lassen und in luftdichten Behältern aufbewahren, wo die Meringen fast unbegrenzt knusprig bleiben.

Ergibt etwa 40 Stück.

Ein ganz feines Glas Tee

Weil ich meinen Eistee schnell süßen wollte, gab ich Puderzucker hinein. Doch der verwandelte sich in klebrige Klumpen. Was ist da passiert?

Guter Ansatz, aber Sie haben den falschen Zucker verwendet.

Normaler Haushaltszucker ist »granuliert«, besteht also aus einzelnen Körnchen, die alle jeweils Kristalle reiner Saccharose sind. Pulverisiert man den Zucker jedoch bis zu einem feinen Puder, neigt er dazu, Feuchtigkeit aus der Luft aufzunehmen und zu verbacken (im Jargon der Wissenschaft: Zucker ist hygroskopisch). Um das zu verhindern, mischen die Hersteller von Puderzucker etwa 3 Prozent Maisstärke hinein. Diese Stärke hat nun in Ihrem Tee Klumpen gebildet, weil sie sich in kaltem Wasser nicht löst.

Sie hätten sehr feinen oder ultrafeinen Zucker verwenden sollen, der kein Puderzucker im strengen Sinn ist. Er besteht aus sehr viel kleineren Kristallen als das normale Zuckergranulat und löst sich deshalb besonders leicht auf. Barmixer nehmen ihn gern, weil er sich in kalten Mischgetränken schnell auflöst, und Bäcker, weil er sich schneller mischen läßt und rascher schmilzt (manchmal nennt man ihn auch Bäckerzucker).

Steinsalz ja, Zuckerstein nein!

Mein brauner Zucker hat sich in einen steinharten Brocken verwandelt. Wie kann ich ihn wieder weichmachen?

Das hängt davon ab, ob Sie ihn gleich benötigen. Es gibt eine schnelle Lösung, mit der man vorübergehend zurechtkommt – sie reicht aus, eine bestimmte Menge für ein Rezept abzumessen –, und es gibt eine zeitaufwendigere Methode, die dafür aber länger wirkt und Ihren Zucker wieder in seine ursprüngliche, brauchbare Form zurückführt.

Doch zuerst einmal: Weshalb wird brauner Zucker überhaupt hart? Er verliert Feuchtigkeit. Sie haben die Packung nach dem Öffnen nicht wieder ganz dicht verschlossen, und so ist der Inhalt bis zu einem gewissen Grad ausgetrocknet. Das ist nicht Ihr Fehler; es ist fast unmöglich, eine einmal geöffnete

Packung mit braunem Zucker wieder völlig zu schließen. Wenn Sie also welchen verwenden, sollten Sie den Rest stets in einem luft- oder genauer dampfdichten Behälter aufbewahren, etwa einem Schraubglas oder einem Vorratsbehälter aus Plastik mit dichtem Deckel.

Der in normalen Läden angebotene braune Zucker besteht aus weißen Zuckerkristallen, die mit einem dünnen Film aus Melasse überzogen sind, jener dicken dunklen Flüssigkeit, die zurückbleibt, wenn Zuckerrohrsaft eingedampft wird, damit Kristalle aus purem Zucker – Saccharose – abgeschieden werden. Da der Melasse-Überzug dazu neigt, Wasserdampf zu absorbieren, ist frischer brauner Zucker stets sehr weich. Wird er jedoch trockener Luft ausgesetzt, verliert die Melasse einen Teil der Feuchtigkeit und härtet aus, wodurch die Kristalle zu Klumpen verbacken. Dann haben Sie die Wahl: Entweder Sie ersetzen das verlorene Wasser, oder Sie versuchen irgendwie, die verhärtete Melasse aufzuweichen.

Das Wasser ist leicht zu ersetzen, doch es dauert seine Zeit. Sie geben den Zucker einfach zusammen mit einem Material, das Wasserdampf abgibt, über Nacht in einen luftdicht verschlossenen Behälter. Die Leute empfehlen alles mögliche, von einer Apfelscheibe, einer halben Kartoffel oder frischem Brot bis hin zu einem feuchten Handtuch oder, für ernsthafte Charaktere, einer Tasse Wasser. Am wirksamsten dürfte es wohl sein, den Zucker in einen dicht verschließbaren Behälter zu füllen, ihn mit Haushaltsfolie abzudecken, darauf ein feuchtes Papiertuch zu legen und alles fest zu verschließen. Wenn der Zucker nach etwa einem Tag weich genug geworden ist, entfernt man Papiertuch und Folie und schließt den Behälter wieder ganz dicht ab.

Viele Bücher und Zeitschriften zum Thema Essen erzählen Ihnen, brauner Zucker werde hart, weil er Feuchtigkeit verliert, was zutrifft, und sagen Ihnen dann, Sie könnten ihn im Backrohr erhitzen, um ihn weich zu bekommen, so als ob der Ofen irgendwie Feuchtigkeit zurückbringen könnte. Das tut er natürlich nicht. In Wirklichkeit wird der »Melasse-Zement«

durch Wärme aufgeweicht bzw. dünnflüssiger, härtet beim Abkühlen jedoch wieder aus.

Auf manchen Packungen mit braunem Zucker wird empfohlen, den hartgewordenen Zucker zusammen mit einer Tasse Wasser in die Mikrowelle zu geben. Doch das Wasser ist nicht dazu da, den Zucker zu hydrieren: In den wenigen Minuten, in denen die Wärme wirkt, hat der Wasserdampf aus der Tasse nicht genug Zeit, in die Zuckermasse zu diffundieren und sie aufzuweichen. Das Wasser soll nur einige der Mikrowellen absorbieren, da man Mikrowellenöfen nicht leer oder fast leer betreiben sollte (siehe S. 303). Falls Sie wenigstens eine Tasse Zucker aufheizen, brauchen Sie das Wasser wahrscheinlich nicht.

Ein Küchenchef aus meiner Bekanntschaft holt in seiner Restaurantküche jeden Tag braunen Zucker aus der Packung, der dann rasch austrocknet. Wird der Zucker sehr hart, träufelt er ein paar Tropfen heißes Wasser darauf und knetet alles mit den Fingern durch, bis die ursprüngliche Konsistenz wiederhergestellt ist. Für Profis ist das in Ordnung, doch Zucker zu massieren entspricht wahrscheinlich nicht der Vorstellung eines Hobbykochs von dem, was Spaß in der Küche bedeutet.

Als das Gespräch auf Melasse kam, erzählte mir ein Freiwilliger des US-Friedenskorps einmal, sie hätten vor vielen Jahren in Swaziland (im südlichen Afrika) Staubstraßen befestigt, indem sie die Fahrbahn mit Melasse aus der örtlichen Zuckerraffinerie besprühten. Diese trocknete und härtete rasch aus, und es dauerte ein paar Monate, bis sie sich bis auf den Dreck abgenutzt hatte. (*Anmerkung für die Stadtwerke bei uns: Sie sollten einmal Melasse anstatt des billigsten Asphalts nehmen, vielleicht halten unsere Straßen dann länger.*)

Falls das alles nicht klappt, bleibt am Ende immer noch der gebräunte oder freifließende Zucker der Firma Domino (»Domino's Brownulated«), der sich traumhaft schütten läßt und nie zu Backstein wird. Der Trick des Herstellers besteht darin, einen Teil der Saccharose in ihre beiden Basiszucker Glukose (auch Dextrose genannt) und Fruktose (auch Levulose genannt) aufzuspalten – im Jargon der Wissenschaft heißt das »hydrolysieren«. Diese Mischung namens Invertzucker bindet Wasser fest an sich, weshalb hydrolysierte Körnchen braunen Zuckers nicht austrocknen und zusammenbacken können. Doch diese Art Zucker ist dazu gedacht, über Hafermehl und dergleichen gestreut zu werden, nicht aber zum Backen, weil er, wenn man ihn abmißt, nicht die gleichen Ergebnisse bringt wie der gewöhnliche braune Zucker, wie er in Kochbüchern vorgegeben wird.

Haben Sie es eilig, hartgewordenen braunen Zucker weichzumachen, dann kommt die getreue Mikrowelle mit einer schnellen, aber nur vorübergehend wirkenden Möglichkeit zu Hilfe. Heizen Sie den Zucker einfach eine oder zwei Minuten auf höchster Stufe auf, und prüfen Sie etwa alle dreißig Sekunden mit dem Finger, ob er schon weich ist. Da die Geräte sehr unterschiedlich arbeiten, kann keine genaue Zeit angegeben werden. Dann messen Sie die benötigte Menge rasch ab, denn er ist in wenigen Minuten wieder hart. Sie können den Zucker aber auch in einem herkömmlichen Backrohr bei 200 °C in 10 bis 20 Minuten weichmachen.

Mit Zuckerrohr eins auf die Rübe

Was ist der Unterschied zwischen Rohrzucker und Rübenzucker?

Mehr als die Hälfte des in den USA produzierten Zuckers stammt von Zuckerrüben, unförmigen, weißlich-braunen Wurzeln, die kurzen, dicken Karotten ähneln. Zuckerrüben gedeihen in gemäßigtem Klima, etwa in Minnesota, North Dakota und Idaho und in vielen Teilen Europas (beispielsweise in Mainfranken), während das Zuckerrohr eine Pflanze der Tropen ist, die in den USA vorwiegend in Louisiana angebaut wird.

Raffinerien für Rübenzucker haben es schwerer, da die Rüben viele unangenehm schmeckende und übelriechende Verunreinigungen aufweisen, die beseitigt werden müssen. Die Verunreinigungen überleben in der Melasse, die für uns ungenießbar und nur als Tiernahrung geeignet ist. Aus diesem Grund gibt es so etwas wie eßbaren braunen Rübenzucker nicht.

Nach dem Raffinieren sind Rohrzucker und Rübenzucker chemisch identisch: Beide bestehen aus reiner Saccharose und sollten deshalb nicht voneinander zu unterscheiden sein. Raffinerien müssen ihren Zucker nicht als Rohr- oder Rübenzucker kennzeichnen, es kann also sein, daß Sie Rohr- oder Rübenzucker verwenden, ohne es zu wissen. Wenn auf der Packung nicht »Reiner Rohrzucker« steht, stammt er wahrscheinlich von der Rübe. Nichtsdestoweniger bestehen einige Leute, die viel Erfahrung in der Herstellung von Gelees und Marmeladen haben, darauf, daß Rohr- bzw. Rübenzucker sich jeweils anders verhalten. In seiner Enzyklopädie *Oxford Companion to Food* (Oxford University Press, 1999) schreibt Alan Davidson, diese Tatsache »sollte die Chemiker veranlassen, in aller Bescheidenheit zu bedenken, daß sie in diesen Dingen nicht allwissend sind«.

Volltreffer.

Die Klassen der Melassen

Meine Großmutter hat oft von geschwefelter Melasse gesprochen. Was ist das?

Der »Schwefel« in geschwefelter Melasse ist ein guter Ausgangspunkt für eine Menge interessanter Lebensmittelchemie.

Schwefel ist ein gelbes chemisches Element, zu dessen normalen Verbindungen Schwefeldioxid und Sulfite gehören. Das Gas Schwefeldioxid ist für den erstickenden, beißenden Geruch brennenden Schwefels verantwortlich, und man sagt, es vergifte die Atmosphäre in der Hölle, wahrscheinlich weil Vulkane schweflige Dämpfe aus den tieferen Regionen unseres Planeten ausstoßen.

In Anwesenheit von Säuren setzen Sulfite gasförmiges Schwefeldioxid frei, wirken also ebenso wie das Schwefeldioxid selbst, nämlich als Bleichmittel und dazu antibakteriell. Beim Raffinieren des Zuckers hat man sich beide Eigenschaften zunutze gemacht: Man hat Schwefeldioxid verwendet, um die Farbe der Melasse aufzuhellen, des dunklen, süßen Nebenprodukts der Zuckerherstellung, und deren Schimmelpilze und Bakterien abzutöten. Man sagt dann, die Melasse sei geschwefelt. Praktisch alle heute produzierten Melassen sind jedoch ungeschwefelt.

Geschwefelte Melasse darf nicht mit »Sulphur und Melasse« unserer Großmütter verwechselt werden, einem Frühjahrstonikum, das nach einem langen Winter angeblich »das Blut reinigte«. Sie mischten zwei Teelöffel körnigen Schwefelpulvers in ein wenig Melasse und flößten das Zeug allen Kindern ein, die sie erwischen konnten. Der (elementare) Schwefel ist harmlos, weil er vom Stoffwechsel nicht aufgenommen wird.

Schwefeldioxidgas setzt man ein, um Kirschen weiß zu bleichen, worauf man sie mit Farben wie in Disneyland rot oder grün einfärbt, dann mit Bittermandelöl aromatisiert, in Sirup einlegt und Maraschino-Kirschen tauft – nach dem Likör, dessen Aroma diese grellen Kreationen zu imitieren versuchen.

Sulfite wirken der Oxidation entgegen (im Jargon der Wissenschaft: Sulfite sind Reduktionsmittel). Meist versteht man unter »Oxidation« die Reaktion einer Substanz mit dem Luftsauerstoff, und das kann ein ziemlich zerstörerischer Vorgang sein. Das Rosten von Eisen ist ein gutes Beispiel für das, was Oxidation anstellen kann, sogar mit Metallen. In der Küche ist die Oxidation eine der Reaktionen, die Fette ranzig werden lassen. Mit Unterstützung von Enzymen ist die Oxidation auch dafür verantwortlich, daß geschnittene Kartoffeln, Äpfel und Pfirsiche braun werden. Trockenobst wird deshalb oft mit Schwefeldioxid behandelt, damit das unterbleibt.

Noch ein wenig Chemie: Die Oxidation ist ein allgemeinerer chemischer Vorgang als die schlichte Reaktion einer Substanz mit Sauerstoff. Für einen Chemiker gilt jede Reaktion als Oxidation, bei der einem Atom oder Molekül ein Elektron entrissen wird. Der des Elektrons »Beraubte« wird dann als oxidiert bezeichnet. In unserem Körper können so lebenswichtige Moleküle wie Fette, Proteine und sogar DNA oxidiert werden, worauf sie nicht mehr imstande sind, ihre kritischen Aufgaben zu erfüllen, die unser Leben aufrechterhalten. Elektronen halten nämlich die Moleküle zusammen, und wenn ein Elektron entführt wird, können die »guten« Moleküle in kleinere »schädliche« Moleküle zerfallen.

Zu den gefräßigsten Elektronenräubern gehören die sogenannten freien Radikale, Atome oder Moleküle, die verzweifelt ein zusätzliches Elektron benötigen und es praktisch allem entreißen, was sie antreffen. (Elektronen existieren bevorzugt paarweise, und ein freies Radikal ist ein Atom oder Molekül, dessen ungepaartes Elektron dringend einen Partner sucht.) Demnach können freie Radikale lebenswichtige Moleküle oxidieren, was Körperfunktionen verlangsamt, vorzeitiges Altern und vielleicht sogar Herzleiden und Krebs hervorruft. Das Problem ist, daß im Körper aus vielfältigen Gründen eine bestimmte Anzahl von freien Radikalen natürlich vorkommt.

Antioxidantien, zu Hilfe! Ein Antioxidans ist ein Atom oder Molekül, das ein freies Radikal neutralisieren kann, weil es ihm das gewünschte Elektron gibt, ehe es eines von einer lebenswichtigen Substanz stiehlt. Zu den von der Nahrung bereitgestellten Antioxidantien gehören Vitamin C und E, Beta-Karotin (das im Körper zu Karotin umgewandelt wird) und jene zehnsilbigen Zungenbrecher, die Sie auf den Etiketten mancher fetthaltiger Produkte sehen und diese davon abhalten, durch Oxidation ranzig zu werden: Butyliertes Hydroxyanisol (BHA) und Butyliertes Hydroxytoluol (BHT).

Kurz noch einmal zu den Sulfiten. Wir sollten festhalten, daß manche Menschen, insbesondere Asthmatiker, sehr empfindlich auf Sulfite reagieren, was innerhalb von Minuten nach dem Verzehr Kopfschmerzen, Nesselsucht, Benommenheit und Atembeschwerden verursachen kann. Die FDA verlangt (wie z.T. auch das deutsche Lebensmittelrecht), Produkte speziell zu kennzeichnen, die Sulfite enthalten – und da gibt es viele, angefangen bei Bier und Wein bis hin zu Backwaren, Trockenobst, verarbeiteten Meeresfrüchten, Sirupsorten und Essig. Suchen Sie auf den Etiketten nach Schwefeldioxid oder allen Chemikalien, deren Bezeichnung auf -sulfit endet (vielleicht ist auch einfach nur »geschwefelt« zu lesen).

Sirup, Sirup, wer ihn ißt, möcht wissen, was darinnen ist

Woraus bestehen die verschiedenen Siruparten (etwa Treacle-Sirup oder auch Sorghum-Sirup), und wie unterscheiden sie sich von Zuckerrohrsirup?

Zuckerrohrsirup ist schlicht ein geklärter Zuckerrohrsaft, den man zu Sirup einkocht, ähnlich wie man den Ahornsirup gewinnt, indem man den dünnflüssigen, viel Saccharose enthaltenden Saft des amerikanischen Zuckerahorns und des Schwarzahorns einkocht. Auch in der Schwarzbirke findet sich ein süßer Saft, der zu einem Sirup eingedickt werden kann.

Der Ausdruck *Treacle* wird vor allem in England gebraucht. Dunkler Treacle-Sirup ähnelt der dunklen, letzten Melasse und hat auch deren ein wenig bitteren Geschmack. Bei hellem Treacle-Sirup, auch als Goldsirup bekannt (eine erhebliche Verbesserung der Nomenklatur!), handelt es sich eigentlich um Zuckerrohrsirup. Die bekannteste Marke, Lyle's Golden Syrup, findet man in Läden für amerikanische Spezialitäten.

Sorghum-Sirup wird weder aus Zuckerrohr noch aus Rüben hergestellt, sondern aus einer grasähnlichen Getreidepflanze mit hohem, kräftigem Stengel. Sie wird auf der ganzen Welt in heißen, trockenen Klimaregionen angebaut und vorwiegend als Heu und Futterpflanze verwendet. Bei einigen Unterarten findet man im Mark der Stengel jedoch einen süßen Saft, der zu Sirup eingedickt werden kann. Das entsprechende Produkt heißt dann entweder Sorghum-Melasse oder Sorghum-Sirup oder einfach Sorghum.

Melasse mit Ingwer: Eine klassische Kombination

Melasse-Gewürzkuchen mit Ingwer

Schon seit dem Kolonialzeitalter haben die Nordamerikaner den bittersüßen Geschmack der Melasse mit Ingwer und anderen Gewürzen verbunden. Dieser dunkle, feste und feuchte Kuchen schmeckt pur und mit Schlagsahne garniert. Wer in der Küche keine Molkereiprodukte verwendet, kann statt der Butter 90 Milliliter leichtes Olivenöl nehmen. Mit den starken Aromen des Ingwers und der Melasse ist diese Änderung geschmacklich nicht wahrzunehmen.

350 Gramm Mehl
1 ½ Teelöffel Backnatron
1 Teelöffel Zimt, gemahlen
1 Teelöffel Ingwer, gemahlen
½ Teelöffel Nelken, gemahlen
½ Teelöffel Salz
80 Gramm Butter, zerlassen und ein wenig abgekühlt
110 Gramm Zucker
1 großes Ei
240 Milliliter dunkle Melasse, ungeschwefelt
240 Milliliter heißes (nicht kochendes) Wasser

1. Rost im Bratrohr auf die mittlere Position legen. Backform von etwa 25 mal 25 cm mit Ölspray einsprühen. Für Metallbräter Rohr auf 250 °C, für feuerfeste Glasform auf 230 °C vorheizen.
2. Mehl, Backpulver, Zimt, Ingwer, Nelken und Salz in einer mittleren Schüssel mit Hilfe eines Holzlöffels verrühren. Die zerlassene Butter, den Zucker und das Ei in einer großen Schüssel miteinander vermengen. Melasse in einer kleinen Schüssel in das heiße Wasser einrühren, bis die Mischung homogen ist.

3. Etwa ein Drittel der Mehlmischung in die Mischung aus Butter, Zucker und Ei geben und miteinander vermengen, um die Zutaten anzufeuchten. Dann die Hälfte der Melassemischung einrühren, anschließend die restlichen zwei Drittel der Mehlmischung. Die Masse so lange schlagen, bis alle weißen Klumpen verschwunden sind. Nicht übermäßig durchrühren.
4. Den Teig in die vorbereitete Form geben und 50–55 Minuten oder so lange backen, bis ein in den Kuchen gepiekster Zahnstocher ohne Anhaftungen herauskommt und der Kuchen sich etwas von den Seitenwänden der Form gelöst hat. Fünf Minuten abkühlen lassen.
5. Warm aus der Form servieren oder auf eine Unterlage stürzen und abkühlen lassen. Der Kuchen ist gut haltbar und bleibt zugedeckt bei Raumtemperatur mehrere Tage frisch.

Ergibt 9–12 Portionen.

Dicht gepackt?

In meinem Rezept für Schmelzglasur (Fondant) steht, ich soll zwei Tassen Zucker in einer Tasse Wasser auflösen. Das paßt da doch gar nicht rein, oder?

Warum haben Sie es nicht ausprobiert?

Geben Sie in einem Kochtopf zwei Tassen Zucker zu einer Tasse Wasser und erwärmen Sie die Mischung unter leichtem Umrühren. Sie werden sehen, wie der Zucker sich vollständig auflöst.

Einer der Gründe dafür ist ganz einfach: Zuckermoleküle können sich in die leeren Räume zwischen den Wassermolekülen quetschen, weshalb sie nicht wirklich viel zusätzlichen Platz benötigen. Wenn man das bis hinab auf die submikroskopische Ebene verfolgt, ist Wasser kein dicht gepackter Stapel von Molekülen. Es stellt sich eher als eine Art offenes Gitterwerk dar, in dem die Moleküle über miteinander verflochtene

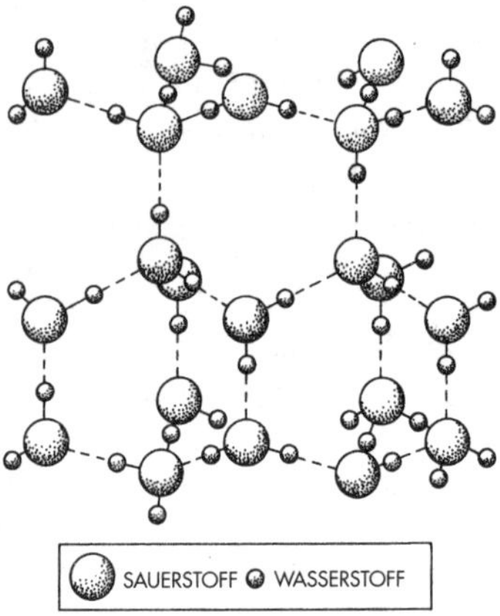

Momentaufnahme der H_2O-Moleküle in flüssigem Wasser. Die gestrichelten Linien stehen für Wasserstoffbrücken, die zwischen den Molekülen ständig gelöst und neu gebildet werden.

Stränge verbunden sind. Die Leerräume in diesem Gitter können eine erstaunliche Zahl gelöster Teilchen aufnehmen. Das gilt besonders für Zucker, da dessen Moleküle so aufgebaut sind, daß sie sich gern an Wassermoleküle anlagern (im Jargon der Wissenschaft: sich über Wasserstoffbrücken binden), weshalb Zucker und Wasser sehr gut zu mischen sind. Tatsächlich lassen sich mit List und Tücke (also durch Erwärmen) mehr als 900 Gramm Zucker in 250 ml Wasser lösen. Natürlich ist, sobald Sie so weit gekommen sind, nicht mehr klar, ob Sie mit einer kochenden Lösung von Zucker in Wasser hantieren oder mit blubberndem geschmolzenem Zucker, der ein wenig Wasser enthält.

Und damit kamen die Bonbons in die Welt.

Ein weiterer Grund liegt darin, daß zwei Tassen Zucker erheblich weniger Zucker sind, als es scheint. Zuckermoleküle sind sowohl schwerer als auch sperriger als Wassermoleküle, und so sind in einem Pfund oder in einer Tasse einfach weniger von ihnen enthalten. Außerdem liegt der Zucker körnig vor und nicht als Flüssigkeit, und die Körnchen sind nicht so dicht gepackt, wie Sie vielleicht denken. Das führt zu dem überraschenden Ergebnis, daß eine Tasse Zucker nur etwa ein Fünfundzwanzigstel der Zahl der Moleküle enthält, die in einer Tasse Wasser vorhanden sind. Das heißt, in Ihrer Lösung von zwei Tassen Zucker in einer Tasse Wasser gibt es nur ein Zukkermolekül auf jeweils zwölf Wassermoleküle.

Zwei Arten von Anbräunen

In Rezepten finde ich manchmal die Anweisung, gehackte Zwiebeln zu karamelisieren, was bedeutet, sie sollen sautiert (rasch angebraten) werden, bis sie weich und ein wenig braun geworden sind. Heißt »karamelisieren« einfach nur, etwas anzubräunen? Und wie hängt das, wenn überhaupt, mit Karamelbonbons zusammen?

Das Wort *karamelisieren* wird für das Anbräunen einer Vielzahl von Nahrungsmitteln verwendet, doch im eigentlichen Sinn heißt karamelisieren, daß man durch Hitze ein Nahrungsmittel bräunt, welches Zucker, aber keine Proteine enthält.

Erhitzt man reinen Haushaltszucker (Saccharose) auf etwa 185 °C, schmilzt er zu einer farblosen Flüssigkeit. Erwärmt man ihn weiter, wird er allmählich gelb, dann hellbraun und in schneller Folge immer mehr dunkelbraun. Dabei entwickelt er einen einzigartigen, süßlich duftenden und zunehmend bitteren Geschmack. Das ist die Karamelisierung. Man nutzt sie, um eine breite Palette von Süßigkeiten herzustellen, vom Karamelsirup über Karamelbonbons bis zum Überzug von Erdnüssen.

Karamelisierung schließt eine Reihe komplexer chemischer Reaktionen ein, die von den Chemikern noch immer nicht vollständig verstanden werden. Sie beginnen jedenfalls mit der Entwässerung des Zuckers und enden mit der Bildung von Polymeren – großen Molekülen, die aus vielen kleineren, zu langen Ketten verbundenen Molekülen zusammengesetzt sind. Einige dieser großen Moleküle schmecken bitter und sind für die braune Farbe verantwortlich. Treibt man das Erhitzen zu weit, zerfällt der Zucker in Wasserdampf und schwarzen Kohlenstoff, etwa so, wie wenn man beim Toasten von Marshmellows zu ungeduldig wird (ey, Kids, die sollten *nicht* in Brand geraten!).

Erhitzt man andererseits kleine Mengen Zucker oder verschiedene Stärken (die, wie Sie sich erinnern werden, aus Zuckereinheiten aufgebaut sind) in Anwesenheit von Proteinen oder Aminosäuren (den Bausteinen der Proteine), laufen chemische Hochtemperaturreaktionen anderer Art ab: die Maillard-Reaktionen, benannt nach dem französischen Biochemiker Louis Camille Maillard (1878–1936), der den ersten Schritt dieser Vorgänge beschrieb. Ein Teil des Zuckermoleküls (im Jargon der Wissenschaft: seine Aldehydgruppe) reagiert mit dem stickstoffhaltigen Teil des Proteinmoleküls (im Jargon der Wissenschaft: eine Aminogruppe), worauf eine Reihe komplexer Reaktionen folgt, die zu braunen Polymeren und vielen stark aromatischen, aber bislang noch nicht identifizierten chemischen Verbindungen führen. Ernährungswissenschaftler veranstalten noch immer internationale Konferenzen, um die Einzelheiten der Maillard-Reaktionen aufzuklären.

Maillard-Reaktionen sind für den guten Geschmack hitzegebräunter, kohlenhydrat- und proteinhaltiger Speisen wie gegrillter und gebratener Fleischsorten (ja, im Fleisch sind verschiedene Zucker enthalten), Brotkrusten und Zwiebeln verantwortlich. »Karamelisierte« Zwiebeln schmecken tatsächlich süß, weil über die Maillard-Reaktionen hinaus die Hitze dazu führt, daß einiges von ihrer Stärke zu freien Zuckern abgebaut wird, die dann im eigentlichen Sinn karamelisieren können. Zudem legen manche Rezepte noch eins drauf und schreiben einen zusätzlichen Teelöffel Zucker vor.

Die Moral von der Geschichte: Das Wort *Karamelisierung* sollte dem Anbräunen von Zucker – aller Zuckerarten – in Abwesenheit von Proteinen vorbehalten bleiben. Wenn Zucker oder Stärken gemeinsam mit Proteinen vorliegen, wie das bei Zwiebeln, Brot und Fleisch der Fall ist, verdanken wir das Bräunen vorwiegend Monsieur Maillard, nicht der Karamelisierung.

Der »Karamelfarbstoff«, den Sie auf den Etiketten von Colagetränken, Sojasaucen minderer Qualität und vieler anderer Lebensmittel vermerkt finden, wird erzeugt, indem man Zukkerlösungen zusammen mit einer Ammoniumverbindung erhitzt. Ammoniumverbindungen wirken genau wie die Aminogruppen in Proteinen. In einem gewissen Sinn ist also der »Karamelfarbstoff« in Wahrheit eine Art Maillard-Farbe.

Mais: Fade, aber trotzdem süß

Bei vielen Fertiggerichten steht »gesüßt mit Maisderivaten« oder »Maissirup« auf dem Etikett. Wie kriegen die aus dem Mais all diese Süße raus?

Ich weiß, was Sie denken. Die Maiskolben, die Sie kürzlich auf dem Markt gekauft haben, waren nicht wirklich »zuckersüß«, wie der Verkäufer versprochen hatte, oder?

»Zuckermais« enthält zwar tatsächlich mehr Zucker als der »Mais für die Kühe«, doch selbst in den neuen, verstärkt zukkerhaltigen und supersüßen Varietäten ist es herzlich wenig im Vergleich zu Zuckerrohr oder Zuckerrüben. Wie kommt es also, daß anstelle von Rohr- oder Rübenzucker so viel Zucker aus Mais verwendet wird?

Zwei Gründe, einer wirtschaftlich, der andere chemisch: In den USA produzieren wir nicht annähernd genug Rohr- oder Rübenzucker, um unsere 275 Millionen Schleckermäuler zufriedenzustellen, also müssen wir ihn einführen. Tatsächlich importieren wir sechzigmal mehr Zucker, als wir exportieren. Doch ein beträchtlicher Teil dieses eingeführten Zuckers stammt aus Ländern, denen noch nie ein Preis für verläßliche Ernten, politische Stabilität oder Liebe zu Onkel Sam zuerkannt wurde – Zuckerimport war also immer ein wenig wie ein Glücksspiel. Andererseits produzieren wir hier bei uns enorme Mengen an Mais, Tonne um Tonne sechstausendmal mehr Mais als Zuckerrohr. Wenn wir also unsere Zuckerportion aus dem selbstangebauten Mais gewinnen könnten, wäre dieses Problem gelöst. Und siehe da: Das können wir. Dabei sind wir nicht einmal auf die magere Zuckerrate im Mais angewiesen. Durch den Zauber der Chemie können wir tatsächlich Zucker aus *Maisstärke* gewinnen. In Mais ist sehr viel mehr Stärke als Zucker enthalten.

Was finden wir nun im Vorratsschrank des Maiskorns? Wenn wir einem Maiskorn das Wasser entziehen, bleiben etwa 84 % Kohlenhydrate zurück, eine Familie biochemischer Verbindungen, zu denen Zucker, Stärken und Zellulose gehören. Die Zellulose ist in der Hülle des Korns enthalten. Doch Stärke ist der Hauptbestandteil all des anderen Zeugs, das da am Kolben hängt.

Stärken und Zucker sind zwei eng miteinander verwandte Familien chemischer Verbindungen. Tatsächlich besteht ein Stärkemolekül aus Hunderten kleinerer Moleküle des Einfachzuckers Glukose, die alle zusammenhängen (siehe S. 21). Wenn es uns also grundsätzlich möglich wäre, die Moleküle der Maisstärke in kleinere Teile zu zerlegen, könnten wir Hunderte von Glukosemolekülen herstellen. Falls die Aufspaltung nicht vollständig gelingt, erhalten wir außerdem einen Anteil Maltose, einen weiteren Anteil Zucker, der aus zwei noch verbundenen Glukosemolekülen (einem Disaccharid) besteht. Dazu werden ein paar noch größere Bruchstücke aus Dutzenden von aneinander gebundenen Glukosemolekülen (Polysacchariden) übrigbleiben. Da diese größeren Moleküle nicht so leicht wie kleine Moleküle aneinander vorbeigleiten können, wird die am Ende verbleibende Mischung dick und sirupartig sein: Maissirup. Dazu gehört auch der in Flaschen abgefüllte Maissirup in Ihrem Supermarkt. Der dunkle Sirup schmeckt intensiver und mehr nach Melasse als der helle, weil er einen Anteil Raffineriesirup enthält, bei dem es sich um ... na ja, um Melasse handelt.

Fast alle Säuren, wie auch eine Vielzahl von Enzymen von Pflanzen und Tieren, sind zu dem Trick imstande, Stärkemoleküle in einen Sirup gemischter Zucker zu zerlegen. (Ein Enzym ist eine biochemische Verbindung, die hilft, eine bestimmte Reaktion rasch und effizient ablaufen zu lassen [im Jargon der Wissenschaft: Es ist ein natürlicher Katalysator]. Ohne Enzyme würden viele wichtige Lebensvorgänge sich nutzlos langsam vollziehen oder gar nicht funktionieren.)

Der gewöhnliche, in Zuckerrohr, Zuckerrüben und Ahornsirup enthaltene Zucker heißt Saccharose. Doch die Zucker mit anderen Bezeichnungen haben nicht unbedingt die gleiche Süßkraft. Das heißt, die Glukose und die Maltose im Maissirup süßen nur mit 56 bzw. 40 % der Süßkraft von Saccharose. Wenn man also Maisstärke zerlegt, kommen im Durchschnitt vielleicht 60 % der Süßkraft von Saccharose heraus.

Lebensmittelhersteller umgehen das und verwenden ein weiteres Enzym, mit dem ein Teil der Glukose in ihre zweite mögliche Form umgewandelt wird, nämlich die Fruktose, die um 30 % süßer ist als Saccharose. Deshalb liest man auf den Etiketten von Nahrungsmitteln, die wirklich süß sein sollen, etwa Limonaden, Marmeladen und Gelees, häufig »mit hohem Fruktoseanteil«.

Süßmittel aus Mais schmecken nicht ganz genau so wie die gute alte Saccharose, weil verschiedene Zucker jeweils eine leicht unterschiedliche Süßkraft besitzen. Der Geschmack von Obstkonserven und Softdrinks ist zum Beispiel nicht mehr das, was er mal war, ehe die Hersteller den Rohrzucker weitgehend zugunsten von Süßmitteln auf Maisbasis aufgaben. Als etikettenlesender Verbraucher können Sie nichts weiter tun, als die mit dem höchsten Saccharoseanteil gesüßten Produkte zu wählen – dieser ist auf dem Etikett als »Zucker« aufgelistet. (Falls ein Produkt andere Zuckerzutaten enthält, erscheinen diese unter der Bezeichnung »andere Zucker«.)

Wenn Sie sich einmal in einem tropischen Land aufhalten, wo man Zuckerrohr anbaut, sollten Sie ein oder zwei Coca-Cola kaufen. Es wird dort zweifellos noch mit Rohrzucker hergestellt, nicht mit den Süßmitteln auf Maisbasis, die von den meisten US-amerikanischen Abfüllern seit mehr als einem Jahrzehnt verwendet werden. Nehmen Sie eine Dose mit nach Hause und vergleichen Sie den Geschmack mit dem aktuellen »klassischen« Getränk daheim.

Wenn jedoch der Zollbeamte fragt, was da in Ihrer Tasche ist, dürfen Sie auf keinen Fall sagen: »Coke«.

Braune Ambrosia

Gibt es, abgesehen vom jeweiligen Zuckeranteil, einen Unterschied zwischen Bitterschokolade, halbsüßer Schokolade und süßer Schokolade?

Ja. Schauen wir uns an, wie Schokolade hergestellt wird.

Kakaobohnen, die Samen des Kakaobaumes, findet man in melonenförmigen Fruchtkörpern, die direkt am Stamm oder an dicken Ästen dieses tropischen Baumes wachsen. Zuerst trennt man die Bohnen von der breiigen Masse innerhalb des Fruchtkörpers und fermentiert sie. Dazu schichtet man sie gewöhnlich zu Haufen auf, die man mit Blättern bedeckt. Mikroben und Enzyme greifen die anhaftende Pulpe an, töten die Keime (jene Teile, die keimen und austreiben würden) der Samen ab, beseitigen einen Teil der Bitterstoffe und verwandeln die Farbe der Bohnen von gebrochenem Weiß in helles Braun.

Die getrockneten Bohnen werden dann zum Sarotti-Mohren in der Schokoladenfabrik gebracht, wo man sie röstet, um Aroma und Farbe weiter zu verbessern, von den Schalen löst und schließlich mahlt. Die Reibungswärme des Mahlvorgangs läßt das pflanzliche Fett – mit etwa 55 % Hauptbestandteil der Bohnen – schmelzen (wir kennen es unter der etwas schönfärberischen Bezeichnung Kakaobutter). So entsteht eine dicke, braune und bittere Flüssigkeit, die Kakaomasse. Sie ist das Ausgangsmaterial für alle weiteren Schokoladenprodukte.

Kühlt man die Kakaomasse ab, verfestigt sie sich zu ungesüßter Bitterschokolade. Fett und Feststoffe können aber auch voneinander getrennt und in unterschiedlichen Anteilen mit Zucker und anderen Zutaten gemischt werden, womit man die vielen hundert verschiedenen Schokoladensorten mit einer breiten Vielfalt von Geschmacksrichtungen und Eigenschaften erhält.

Zu den wundervollen Eigenschaften der Schokolade gehört, daß sie bei 30–36 °C schmilzt, also knapp unter Körpertemperatur, weshalb sie bei Raumtemperatur relativ hart und köstlich spröde ist, aber buchstäblich auf der Zunge zergeht, dabei ein Maximum an Aromen freisetzt und sich glatt und samtig anfühlt.

Halbsüße oder bittersüße Schokolade ist eine Zubereitung aus Kakaomasse, Kakaobutter, Zucker, einem Emulgator und manchmal Vanille-Aroma. Geschmolzen ist sie dünnflüssiger als ungesüßte Schokolade und weist einen seidigen Glanz auf, was beides dazu beiträgt, daß sie gut zum Eintunken geeignet ist. Für die Küche kommt sie in »Quadern« oder Riegeln in den Handel. Da sie aber vielleicht nur 35 % Fett enthält (der Zuckergehalt reduziert den Fettanteil), hat sie andere Kocheigenschaften als die fettere ungesüßte Schokolade.

Deshalb können Sie, wenn ein Rezept halbsüße oder bittersüße Schokolade vorschreibt, dafür nicht einfach ungesüßte Schokolade plus Zucker verwenden. Um die Angelegenheit noch komplizierter zu machen, gibt es erhebliche Unterschiede zwischen den Marken, und bei Sorten mit der Aufschrift Bitterschokolade ist das Verhältnis von Kakaomasse zu Zucker wahrscheinlich höher als bei den halbbitteren oder süßen Sorten.

Bewegen wir uns auf der Süßeskala nach oben, stoßen wir auf Hunderte verschiedener halbsüßer und süßer Schokoladezubereitungen, die zumindest 15 % Kakaomasse und häufig viel mehr enthalten. Weil bei Milchschokolade die Kakaomasse durch hinzugefügte feste Milchbestandteile ersetzt ist, enthält diese allgemein weniger (10 bis 35 %) davon als dunkle Schokolade (30 bis 80 %). Deshalb schmeckt Milchschokolade auch milder und weniger bitter als dunkle Schokolade. In den USA setzt die FDA die Normen für die im Land hergestellten Produkte fest: süße Schokolade, halbsüße oder bittersüße Schokolade und Milchschokolade*.

Ehe eine Schokolade von guter Qualität so weit ist, in Tafeln oder Riegel gegossen oder als Überzug für verschiedenste Dinge verwendet zu werden, durchläuft sie zwei wichtige Prozesse, das Conchieren und das Temperieren. Zunächst wird die ansonsten fertige Schokoladenmischung in einem beheizbaren Rührwerk (»Conche«) bei Temperaturen zwischen 54 und 87 °C (je nach Mischung) bis zu fünf Tage lang geknetet. Das belüftet die Schokolade und treibt Feuchtigkeit und flüchtige Säuren aus, womit sowohl Geschmack als auch Konsistenz (sie wird glatter) verbessert werden. Das anschließende Abkühlen (Temperieren) geschieht unter genau kontrollierter Temperaturführung, damit der Fettanteil in äußerst winzigen Kristallen (ungefähr ein sechsmillionstel Millimeter) auskristallisiert und nicht in größeren (von etwa 0,24 Millimeter Größe), weil die Schokolade sonst körnig würde.

Heute gibt es zum Kochen viele ausgezeichnete Schokoladensorten. Die Qualität hängt von vielen Faktoren ab: der Mischung der verwendeten Bohnen (es gibt etwa 20 Handelsklassen), der Art und dem Ausmaß der Röstung, dem Grad des Conchierens, des Temperierens und anderer Bearbeitungsverfahren und natürlich dem jeweiligen Anteil von Kakaobutter und anderen Zutaten.

* In Deutschland ist das durch EU-Verordnung geregelt. Die Hauptkategorien sind Bitter-, Halb- oder Zartbitter-, Vollmilch- und Milchschokolade. – Anm. d. Ü.

Schokolade mit Olivenöl?
Samtige Schokoladenmousse

Weil Schokolade Kakaobutter enthält, kann man sie gut mit anderen Fetten wie Butter und dem Butterfett der Sahne mischen. Deshalb hat man Dutzende üppiger, sahniger Schokoladendesserts erfunden. Doch hier haben wir eine Schokoladenmousse, die ohne Molkereiprodukte auskommt und für die vor allem Olivenöl verwendet wird.

Eine gute Freundin des Verfassers, die baskische Restaurantchefin Teresa Barrenechea, bietet diese seidig-glatte Mousse in ihrem Restaurant Marichu in Manhattan an. »Immer mehr Leute wollen nicht so viel Sahne zu sich nehmen«, sagt sie. »Ich verrate den Gästen nicht, daß dieses Dessert Olivenöl enthält, wenn ich es serviere. Ich warte, bis ich höre, wie sie ›mmmmh-gut‹ murmeln.« Der Schokoladengeschmack ist sehr intensiv, während das Aroma des Olivenöls trotz seines beträchtlichen Anteils ganz schwach ist. Man muß das Dessert nicht zusätzlich garnieren, doch wir servieren es mit frischen Himbeeren.

150 Gramm süße, dunkle Schokolade sehr guter Qualität, zerkleinert
3 große Eier, Dotter und Eiweiß getrennt
80 Gramm extrafeiner Zucker, nach dem Abwiegen gesiebt
60 Milliliter doppelt starker Kaffee (Zimmertemperatur) oder
1 Eßlöffel Instant-Espressopulver
30 Milliliter Chambord oder Cointreau (Orangenlikör)
100 Milliliter Olivenöl *extra vergine*
Himbeeren

1. Schokolade in einer kleinen Schüssel in der Mikrowelle oder in einem Kochtopf auf dem Herd bei sehr kleiner Hitze schmelzen. Abkühlen lassen.
2. Eidotter und Konditoreizucker in einer mittleren Schüssel mit dem Mixer bei mittlerer Geschwindigkeit verrühren. Kaffee und Likör hinzufügen und kurz untermengen. Dann die geschmolzene Schokolade einrühren. Olivenöl zugeben und alles gut vermischen.
3. Die Rührstäbe des Mixers sorgfältig reinigen, um alle Spuren von Öl zu beseitigen. In einer zweiten, mittleren Schüssel das Eiweiß fast ganz steif schlagen. Mit einem Schneebesen ein Drittel

dieser Masse sanft in die Schokoladenmischung einarbeiten, bis keine weißen Stellen mehr sichtbar sind. Dann das nächste Drittel des Eischnees unterheben und am Ende das letzte Drittel, bis jeweils kein Weiß mehr sichtbar ist. Nicht zu lange durchrühren.
4. Die Mousse in eine dekorative Schale oder in Portionsschälchen umfüllen, zudecken und im Kühlschrank gut kühlen. Kalt mit Himbeeren servieren.
Nein, sie wird nicht zusammenfallen. Und nein, sie schmeckt nicht ölig.

Ergibt 6 Portionen.

Holländisch behandelt

Was ist Kakao, der nach dem holländischen Verfahren hergestellt wurde? Muß er anders verwendet werden als die normalerweise in Rezepten vorgeschriebenen Kakaosorten?

Um Kakao herzustellen, bearbeitet man ungesüßte Schokolade (erkaltete, harte Kakaomasse) in einer Presse, womit man den größten Teil des Fetts abtrennt. Der zurückbleibende Preßkuchen wird dann zu Pulver zermahlen. Es gibt mehrere Sorten von »regulärem« Kakaopulver, je nachdem, wieviel Fett darin verbleibt. Nach den Regeln der FDA muß beispielsweise »Frühstückskakao« (schwach entölter Kakao) mindestens 22 % Kakaobutter enthalten. Steht nur »Kakao« auf der Packung, kann er zwischen 10 und 22 % Fett enthalten. Stark entölter Kakao muß weniger als 10 % Fett enthalten.

Bei dem holländischen Verfahren, 1828 von Conrad J. van Houten in – raten Sie welchem Land – erfunden, werden entweder die gerösteten Bohnen oder die Kakaomasse mit einer alkalischen Verbindung (gewöhnlich Kaliumkarbonat) behandelt, was die Farbe in ein tiefes rötliches Braun verwandelt und den Geschmack milder macht.

Kakao ist von Natur aus säurehaltig, und die im holländischen Verfahren verwendete Alkaliverbindung neutralisiert diese Säure. Bei einem Kuchenrezept kann das einen Unterschied ausmachen, weil säurehaltiger Kakao mit jeder Backhilfe reagiert, die Kohlendioxid entwickeln und das Aufgehen fördern soll, was mit dem neutralisierten Kakao des holländischen Verfahrens nicht geschieht.

Hier ist ein Kuchen namens Devil's Food (Teufelsnahrung) interessant, da die meisten Rezepte normalen Kakao vorschreiben, der Kuchen aber mit einer so teuflisch roten Farbe herauskommt, als hätte man holländischen Kakao verwendet. Das kommt von dem Backpulver, das den Teig aufgehen läßt und gleichzeitig noch den Kakao »hollandisiert«.

In den USA (wie in Deutschland) denkt man bei dem Wort *Kakao* an ein heißes, schokoladiges Getränk. Doch eine Tasse von dem, was wir Kakao oder »heiße Schokolade« nennen, ist im Vergleich zu einer mexikanischen heißen Schokolade das, was entrahmte Milch gegenüber fetter Sahne ist, weil wir fast das ganze Fett aus dem Kakaopulver gepreßt haben. Eine Tasse mexikanischer Schokolade ist andererseits dick und unvorstellbar schwer, weil sie aus der ursprünglichen Kakaomasse mit Fett und allem anderen zubereitet wird.

In der südmexikanischen Stadt Oaxaca konnte ich vor einigen Jahren zusehen, wie man die fermentierten und gerösteten Kakaobohnen zusammen mit Zucker, Mandeln und Zimt mahlte. Aus der Mühle kam eine glänzende, dickflüssige braune Paste – gesüßte und gewürzte Kakaomasse. Die wurde dann in runde oder zigarrenähnliche Formen gegossen, zu festen Kuchen abgekühlt und in diesem Zustand verkauft.

Zu Hause in der Küche rührt man ein oder zwei dieser Kuchen aus mexikanischer Schokolade in kochendes Wasser oder heiße Milch ein und erhält so einen schweren, schaumigen Nektar. In Oaxaca serviert man ihn in weiten Tassen, die speziell dafür gemacht sind, das sehr eihaltige mexikanische Brot namens *pan de yema* (Dotterbrot) einzutunken. In Spanien habe ich Churros, Abschnitte von Schmalzgebäck, in das gleiche schwere Schokoladengetränk eingetunkt. Unter den Schätzen, die die spanischen Konquistadoren aus der Neuen Welt mit nach Hause brachten, war, wie wohl viele zugeben dürften, langfristig gesehen die Schokolade wertvoller als das Gold.

Backpulver läßt den Teufel erröten

Teufelsfutter-Törtchen

Die intensive Farbe der Teufelsnahrung entwickelt sich, wenn normaler Kakao mit dem alkalischen Backpulver »hollandisiert« wird. Nimmt man Kakao, der bereits nach dem holländischen Verfahren hergestellt wurde, erhält man eine noch tiefere Rotfärbung und einen milderen Geschmack. Die Konsistenz ändert sich dadurch nicht.

150 Gramm Kakaopulver
¼ Liter kochendes Wasser
250 Gramm Mehl
1 Teelöffel Backnatron
½ Teelöffel Salz
80 Gramm Butter, ungesalzen, weich
200 Gramm Zucker
2 große Eier
1 Teelöffel Vanillezucker

1. Backrohr auf 180°C vorheizen. Ausreichend Tortenförmchen für 18 Törtchen mit Ölspray einsprühen oder entsprechend mit Backpapier auslegen.
2. Kakaopulver in eine kleine Schüssel geben. Langsam das heiße Wasser hinzufügen, mit einem Löffel umrühren, bis alles zu einer glatten Paste verbunden ist. Beiseite stellen, bis es lauwarm geworden ist.
3. Mehl, Backpulver und Salz in einer kleinen Schüssel vermengen. Butter und Zucker in einer mittleren Schüssel mit einem elektrischen Mixer auf mittlerer Geschwindigkeit schaumig schlagen. Eier nacheinander gut einarbeiten. Dann die abgekühlte Ka-

kaomischung auf einmal zugeben und gut durchrühren, bis alles vermischt ist.
4. Mehlmischung auf einmal beimengen und rühren, bis alles glatt und alles Weiße verschwunden ist. Nicht übermäßig durchmischen.
5. Teig in Portionen von ca. 80 ml abstechen und in die Förmchen geben. Diese sollten etwa zu drei Vierteln gefüllt sein. 15 Minuten backen; ein in die Mitte des Törtchens gepiekster Zahnstocher muß ohne anhaftenden Teig herausgezogen werden können.

Ergibt 18 Törtchen von ca. 6 cm Durchmesser.

Mokka-Kakao-Glasur

600 Gramm extrafeiner Zucker, gesiebt
150 Gramm Kakaopulver, gesiebt
80 Gramm Butter, ungesalzen
½ Teelöffel Vanillezucker
Prise Salz
Etwa 80 Milliliter starker Kaffee, kalt

1. Die abgemessenen Mengen Zucker und Kakaopulver von Klümpchen befreien. Dazu werden die Zutaten über einer Schüssel mit einem Messerrücken oder einem Kunststoffschaber durch ein Sieb getrieben.
2. Butter mit einem elektrischen Handmixer glattrühren. Vanillezucker und Salz hineingeben. Den Zucker auf einmal hinzufügen und mixen, bis er fast völlig gebunden ist. So viel von dem Kaffee einrühren, daß eine glatte, zum Überziehen geeignete Glasur entsteht.

Ergibt 400 ml, die ausreichen, 18 Törtchen großzügig mit Glasur zu überziehen.

❖ ❖ ❖ ❖ ❖ ❖

Schokolade, garantiert schokoladenfrei

Ist weiße Schokolade koffeinfrei?

Ja. Außerdem ist sie schokoladenfrei.

Weiße Schokolade ist schlicht und einfach das Fett der Kakaobohne (die Kakaobutter), das mit den festen Anteilen der Milch und mit Zucker vermischt wird. Sie enthält nichts von jenen wundervollen, aber so unheilverheißenden braunen Feststoffen der Kakaobohne, die der Schokolade ihre einzigartigen Eigenschaften und ihren vollen Geschmack geben. Falls Sie ein mit weißer Schokolade gekröntes Dessert wählen, um das Koffein der Schokolade zu vermeiden, sollten Sie nicht vergessen, daß Kakaobutter ein hochgesättigtes Fett ist. Man kann eben nicht alles haben.

Doch es kommt noch schlimmer: Einiges von dem sogenannten weißen Schokoladenkonfekt ist noch nicht einmal mit Kakaobutter hergestellt – sie machen es aus hydriertem Pflanzenöl. Man lese also immer die Zutatenliste auf der Packung.

Hier erbleicht die Schokolade
Weiße Schokoladenriegel

Wenn Schokolade auch weiß sein kann, was hindert uns daran, weißes Schokoladengebäck herzustellen? Diese Riegel, mit Kokosflocken und Nüssen knackig und knusprig gemacht, führen trotz ihrer blassen Farbe jeden Schokoholiker in Versuchung.

270 Gramm Mehl
½ Teelöffel Backnatron
¼ Teelöffel Salz
120 Gramm ungesalzene Butter, temperiert, geschnitten
210 Gramm dunkler brauner Zucker
2 große Eier
100 Gramm gesüßte Kokosflocken

2 Teelöffel Vanillezucker
300 Gramm weiße Schokolade, grob zerkleinert
200 Gramm grob gehackte Walnüsse
Staubzucker

1. Backrohr auf 150 °C vorheizen. Eine große rechteckige Backform mit Antihaftspray einsprühen.
2. Mehl, Backpulver und Salz in einer mittelgroßen Schüssel vermengen. Butter und Zucker in einer weiteren mittelgroßen Schüssel mit dem elektrischen Handmixer schaumig schlagen. Eier eins nach dem anderen einarbeiten, bis sie gut untergemischt sind, dann folgen Kokosflocken und Vanillezucker. Die zerkleinerte Schokolade und die Nüsse einrühren, bis alles gleichmäßig verteilt ist. Die Masse hat dann die Konsistenz von schwerem Plätzchenteig.
3. Teig in die vorbereitete Form füllen, auch die Ecken nicht vergessen, und die Oberfläche mit einem Spatel glätten. 40–45 Minuten backen; die Mitte muß sich gesetzt haben, die Oberfläche goldgelb sein, und ein hineingepiekster Zahnstocher muß ohne Anhaftungen herausgezogen werden können. Aus dem Rohr nehmen und auf Raumtemperatur abkühlen lassen. Mit Staubzucker bepudern und in Riegel von ca. 5 x 8 Zentimeter schneiden. Sie sind ungekühlt mehrere Tage haltbar oder können eingefroren werden.

❖ ❖ ❖ ❖ ❖ ❖

Oh, wie süß!

Diese kleinen Tütchen mit künstlichen Süßstoffen, die im Café auf dem Tisch liegen: Was ist der Unterschied zwischen den verschiedenen Marken?

Ich selbst verwende sie nie, da ich die 15 Kalorien in einem Teelöffel Zucker nicht als Gefahr für mein Leben ansehe. Für Diabetiker und andere, die ihren Zuckerkonsum einschränken wollen, sind sie jedoch ein Segen.

Künstliche Süßstoffe, auch Zuckerersatzstoffe genannt, müssen von der FDA* genehmigt werden, ehe sie in den Handel kommen. Für eine Vielzahl von Anwendungen im Lebensmittelbereich sind (in der EU) derzeit sechs derartige Stoffe zugelassen: Aspartam, Saccharin, Acesulfam, Cyclamat, Neohesperidin und Thaumatin**. Andere werden untersucht. Aspartam ist ein Süßmittel mit Nährwert, das heißt, es liefert dem Körper Energie in Form von Kalorien, während die übrigen keinen Nährwert besitzen, also kalorienfrei sind.

ASPARTAM, hundert- bis zweihundertmal süßer als Saccharose, ist der Hauptbestandteil von NutraSweet und Canderel. Es ist eine Kombination zweier Proteine, der Aspartamsäure und des Phenylalanins, weshalb es die gleichen vier Kalorien enthält wie jedes andere Protein und, was das angeht, auch die gleichen vier Kalorien pro Gramm wie Zucker. Doch da es soviel süßer ist als Saccharose, liegt der Trick in der geringen Menge.

Da schätzungsweise ein Mensch unter 16000 an der erblich bedingten Krankheit Phenylketonurie leidet, bei der der Körper das für die Verdauung von Phenylalanin notwendige Enzym nicht herstellen kann, müssen Süßmittel, die Aspartam enthalten, mit einem Warnhinweis versehen sein. Außer für Menschen mit diesem Defekt und ungeachtet der E-Mail- und Internetkampagnen, die Aspartam mit einer ganzen Schar von Krankheiten von der Multiplen Sklerose bis zu Gehirnschäden in Verbindung bringen, ist dieser Stoff von der FDA (und in der EU) ohne Einschränkungen zugelassen, soweit man es nicht in übermäßigen Mengen verzehrt.

SACCHARIN, seit mehr als 120 Jahren bekannt und etwa dreihundertmal süßer als Saccharose, ist der süßende Bestandteil von Natreen und Huxol. Über die Jahre hat Saccharin eine

* Ebenso von den zuständigen Behörden in der EU. – Anm. d. Ü.

** Neohesperidin (aus Zitrusfrüchten) und Thaumatin (aus einer afrikanischen Süßholzart) wurden von Robert L. Wolke nicht angesprochen, dafür hat er statt Cyclamat Sucralose aufgenommen, das bei uns nicht zugelassen ist. – Anm. d. Ü.

wechselhafte Geschichte von Genehmigungen und Verboten durch die Behörden erlebt. Die letzte Runde begann 1977, als die FDA vorschlug, Saccharin zu verbieten, weil eine kanadische Studie Hinweise ergeben hatte, es würde bei Ratten Blasenkrebs verursachen. Weil aber nie nachgewiesen werden konnte, daß Saccharin auch beim Menschen Krebs auslöst, wurde der US-amerikanische Kongreß durch den Widerstand der Öffentlichkeit dazu gebracht, die Rücknahme des Mittels vom Markt nicht weiter zu verfolgen. Das entsprechende Moratorium wurde mehrmals verlängert, doch Produkte, in denen Saccharin enthalten war, mußten folgenden Warnhinweis tragen: »Eine Verwendung dieses Produkts kann Ihre Gesundheit gefährden. Es enthält Saccharin, das bei Labortieren nachweislich Krebs verursacht.« Anfang 2001 zog dann Präsident Bush die Pflicht zum Warnhinweis zurück, nachdem umfangreiche, vom US-amerikanischen Gesundheitsministerium in Auftrag gegebene Studien keine hinreichenden Beweise ergeben hatten, daß Saccharin beim Menschen karzinogen wirkt.

ACESULFAM (auch Kalium-Acesulfam genannt), das etwa einhundertdreißig- bis zweihundertmal mehr Süßkraft besitzt als Saccharose, ist einer der Wirkstoffe in einem deutschen Produkt namens Süßkraft (von Schneekoppe). Kombiniert mit anderen Süßmitteln wird es weltweit in Tausenden von Produkten verwendet. Von der FDA seit 1998 zugelassen, ist es von Verbraucherschützern angegriffen worden, weil es chemisch dem Saccharin ähnelt.

SUCRALOSE (in der EU nicht im Handel) ist sechshundertmal süßer als Saccharose und wurde 1999 von der FDA als universeller Süßstoff für alle Nahrungsmittel zugelassen. Es handelt sich hier um ein chloriertes Derivat der Saccharose (im Jargon der Wissenschaft: Drei Hydroxylgruppen der Saccharose sind durch drei Chloratome ersetzt), doch weil sie im Körper nicht nennenswert abgebaut wird, liefert sie keine Kalorien. Weil sehr kleine Mengen äußerst süßkräftig sind, wird sie gewöhnlich mit einem Stärkepulver namens Maltodextrin gestreckt.

All diese künstlichen Süßstoffe können die Gesundheit schädigen, wenn man sie in großen Mengen zu sich nimmt. Doch ungeachtet der Tatsache, daß man das für fast alle Substanzen auf der Erde sagen kann, einschließlich der Nahrungsmittel (will da jemand zehn Pfund Popcorn?), schleppt jede dieser süßen Chemikalien eine Last von eifernden Gruppen ihrer Gegner mit sich herum.

Ehe wir die Zuckerersatzstoffe verlassen: Bei zuckerfreien Süßigkeiten und anderen Nahrungsmitteln ist Ihnen vielleicht (falls Sie die Etiketten so lesen wie ich) die Zutat Sorbitol* aufgefallen. Es ist weder ein Zucker noch ein synthetischer Ersatz, sondern ein süß schmeckender, kristalliner Alkohol, der z. B. in Vogelbeeren und einigen anderen Früchten natürlich vorkommt. Sorbitol ist etwa halb so süß wie Saccharose.

Da Sorbitol Wasser an sich bindet, verwendet man es, um viele verarbeitete Nahrungsmittel, Kosmetika und Zahnpasta feucht und stabil zu halten und deren weiche Konsistenz zu bewahren. Doch eben wegen dieser Eigenschaft kann Sorbitol, wenn man zuviel davon verzehrt, wie ein Abführmittel wirken, weil es Wasser im Darm festhält. Leute, die zu sehr in zukkerfreien Süßigkeiten schwelgen, müssen damit rechnen, daß sie ihre Unmäßigkeit bedauern werden.

* In Deutschland unter der Bezeichnung Sorbit bekannt. Chemisch korrekt werden Alkohole allgemein durch die Endung -ol (wie in Sorbitol) gekennzeichnet. – Anm. d. Ü.

2. KAPITEL

Das Salz der Erde

Unter der Oberfläche von Hutchinson (Kansas, USA) und Tausenden von Quadratkilometern seiner Umgebung befindet sich die gewaltige Lagerstätte eines gesteinsartigen Minerals namens Halit. Davon werden in mehreren riesigen Fördereinrichtungen fast eine Million Tonnen pro Jahr abgebaut, und das ist weniger als ein halbes Prozent der jährlichen Weltproduktion an Halit.

Was fangen wir mit all diesem Halit an? Unter anderem verzehren wir es; es ist das einzige natürliche Gestein, das der Mensch als Nahrungsbestandteil zu sich nimmt. Der andere Name für dieses kristalline Mineral ist Steinsalz. Und im Gegensatz zu den Kristallen, die manche Menschen wegen ihrer vermeintlichen Heilkräfte mit sich herumtragen, ist dies ein Kristall, der uns wirklich am Leben und gesund erhält.

Gewöhnliches Salz – Natriumchlorid – ist wahrscheinlich unser wertvollstes Nahrungsmittel. Seine Natrium- und Chloridteilchen (im Jargon der Wissenschaft: Ionen) sind nicht nur Nährstoffe, ohne die wir nicht leben könnten; salzig ist auch eine unserer grundlegenden Geschmacksempfindungen. Zusätzlich zu seinem Eigengeschmack besitzt Salz die anscheinend magische Fähigkeit, andere Geschmacksrichtungen zu verstärken.

Das Wort *Salz* steht eigentlich nicht nur für eine einzige Substanz. In der Chemie ist es eine Sammelbezeichnung für eine ganze Familie von chemischen Verbindungen (im Jargon der Wissenschaft: Ein Salz ist das Produkt einer Reaktion zwischen einer Säure und einer Base. Natriumchlorid entsteht beispielsweise bei der Reaktion von Salzsäure mit der Base Natriumhydroxid). Einige andere Salze, die in der Gastronomie eine Rolle spielen, sind Kaliumchlorid, das bei natriumarmer

Diät das Kochsalz ersetzt, Kaliumjodid, mit dem das Kochsalz mit Jod angereichert wird, und Natriumnitrat sowie Natriumnitrit, die man zum Pökeln von Fleisch verwendet. Außer wenn ich ausdrücklich etwas anderes angebe, werde ich es in diesem Buch so halten wie alle Nichtchemiker und das Wort *Salz* nur für Natriumchlorid verwenden.

Kann das, was wir als »salzig« bezeichnen, angesichts dieser vielen verschiedenen Salze wirklich allein dem Geschmack von Natriumchlorid entsprechen? Zweifellos nicht. Probieren Sie einen der »Salzersatzstoffe« auf der Basis von Kaliumchlorid, und Sie werden ihn als salzig beschreiben, auch wenn er anders schmeckt als das vertraute Natriumchlorid, so wie die Empfindung der »Süße« bei den verschiedenen Zuckern und künstlichen Süßstoffen ein wenig unterschiedlich ausfällt.

Zusätzlich zu seinen Funktionen als Nährstoff und Gewürz ist Salz seit Tausenden von Jahren verwendet worden, um Fleisch, Fisch und Nahrungspflanzen zu konservieren, damit man sie noch verzehren konnte, wenn Jagd oder Ernte schon lange zurücklagen.

Zwar kann ich in diesem Kapitel nicht die Mysterien der Nährstoff- oder Geschmackseigenschaften des Salzes lösen, doch über die physikalische und chemische Rolle, die es in unseren Nahrungsmitteln und bei deren Konservierung spielt, kann ich durchaus etwas erzählen.

Salz bleibt haften

Was ist so Besonderes an diesem teuren »Popcornsalz« oder »Margaritasalz«, die mein Supermarkt anbietet?

Chemisch gesehen absolut nichts. Es handelt sich durch und durch um das gute alte Salz Natriumchlorid. Physikalisch gesehen sind sie jedoch entweder fein- oder grobkörniger als gewöhnliches Tafelsalz. Aber das ist auch schon alles.

Die Anzahl der Salzspezialitäten im Großhandel ist erstaunlich. Einer der weltweit größten Salzhersteller, die amerikanische Cargill Salt, bietet etwa sechzig Sorten lebensmittelgeeignetes Salz für Nahrungsproduzenten und Verbraucher an, darunter grobe Brocken, feine Brocken, grobe, extrafeine, superfeine und feinmehlige Körnung und zumindest zwei Sorten Brezelsalz. Chemisch handelt es sich bei allen um fast hundertprozentiges reines Natriumchlorid, doch sie besitzen besondere physikalische Merkmale, die darauf abgestimmt sind, für alles mögliche von Kartoffelchips, Popcorn und gerösteten Nüssen bis hin zu Kuchen, Brot, Käse, Crackern, Margarine, Erdnußbutter und Sauergemüse verwendet zu werden.

Für die Cocktails namens Margarita wollen Sie grobe Kristalle, die an dem mit Limettensaft benetzten Glasrand haften bleiben (Sie feuchten den Rand doch mit Limettensaft an, oder? Nicht etwa, der Himmel möge es verhüten, mit Wasser?). Feinere Salzkörnchen würden sich in dem Saft einfach auflösen. Andererseits möchten Sie für Popcorn genau das Gegenteil: feine, fast puderzuckerartige Teilchen, die sich in den Vertiefungen der Körner festsetzen und dort bleiben. Die gewöhnlichen Salzkörnchen aus dem Streuer haften nicht an trockenen Nahrungsmitteln, sie springen davon wie die falschen »Felsblöcke« im Steinschlag eines Indiana-Jones-Films. Doch warum sollte man für gewöhnliches Natriumchlorid mit einem verlokkenden Etikett teuer bezahlen? Grobes Salz mit unregelmäßiger Körnung (auch sogenanntes koscheres* Salz) eignet sich gut für den Überzug auf dem Rand eines Margarita-Glases und erfüllt ungeachtet der ethnischen Zweckentfremdung seine Aufgabe. Und für Popcorn mahle ich dieses koschere Salz mit Mörser und Pistill zu einem feinen Pulver.

Besonders erfreut mich das Etikett einer Marke, die »Popcorn-Salz« für fast 5 Dollar pro Pfund anbietet (Tafelsalz ist für etwa 40 Cents pro Pfund zu haben). Darauf wird umstandslos mitgeteilt: »Zutaten: Salz«. Nun, das ist so weit in Ordnung.

---

* Siehe S. 76ff.

Doch dann geht es weiter, und man rühmt: »Es verbessert auch den Geschmack von Pommes Frites und Kolbenmais.« Was für eine Riesenüberraschung!

Salz zerstoßen
Tapa-Mandeln

In den spanischen Tapa-Bars werden kleine Häppchen gereicht, darunter auch in Olivenöl fritierte, gesalzene Mandeln. Sie machen süchtig. Man kann sie zu Hause herstellen; dazu gart man sie in heißem Olivenöl in der Pfanne oder röstet sie, was weniger fett ist, im Backrohr. Beide Verfahren werden untenstehend beschrieben. Damit das Salz richtig haftet, ist es in jedem Fall am besten, grobkörniges Salz in einem Mörser zu feinem Pulver zu zerreiben. Man kann das Salz auch in einer Gewürzmühle pulverisieren, wenn man diese anschließend gründlich reinigt, ehe man sie wieder für andere Gewürze verwendet.

1 Teelöffel grobes Salz
350 Gramm ganze blanchierte Mandeln
120 Milliliter Olivenöl *extra vergine*

So geht es auf dem Herd

1. Salz mit Hilfe des Pistills im Mörser pulverisieren oder in einer Gewürzmühle feinmahlen (in Küchenmixern läßt Salz sich nicht so gut pulverisieren).
2. 120 Milliliter Olivenöl in eine mittlere Sautierpfanne geben und die Mandeln hinzufügen. Die kalte Pfanne auf die Flamme stellen und die Temperatur auf mittlere Hitze einregeln. Unter ständigem Rühren erhitzen, bis das Öl zu simmern beginnt und die Kerne Farbe annehmen.
3. Sobald die Mandeln braun werden, mit einem Schaumlöffel herausheben und auf einem Küchentuch abtropfen lassen. Die Kerne dürfen nicht dunkelbraun werden. Die noch warmen Mandeln in eine Servierschale legen, mit dem pulverisierten Salz bestreuen und leicht umrühren.
4. Das Olivenöl kann man aufheben, da es nicht so lange erhitzt wurde, daß es unbrauchbar geworden wäre. Man läßt es abkühlen, füllt es in ein Glas und bewahrt es an einem kühlen, dunklen Ort auf. Man kann es zum Sautieren (Anbraten) verwenden.

Ergibt etwa 8 Portionen.

So geht es im Backrohr

1. Backrohr auf 180 °C vorheizen. Mandeln auf ein Backblech mit Rand geben. Mit etwa einem Eßlöffel Olivenöl beträufeln und mischen, bis alle gleichmäßig damit überzogen sind.
2. 10 bis 12 Minuten backen, bis die Kerne Farbe annehmen, dabei einmal halbwegs vollständig umrühren.
3. Die Mandelkerne aus dem Rohr nehmen, in eine Servierschale geben, mit dem pulverisierten Salz bestreuen und vorsichtig durchmischen, damit es gleichmäßig verteilt wird.

❖ ❖ ❖ ❖ ❖ ❖

Ein wenig Zärtlichkeit? Nein, Zartheit ist gemeint

Auf dem Etikett eines Fleischzartmachers las ich, daß er vorwiegend aus Salz besteht. Wird Fleisch durch Salz zarter?

Nur ganz geringfügig. Wenn Sie aber weiter unten in der Liste der Inhaltsstoffe nachsehen, werden Sie auf Papain stoßen, ein Enzym, das in unreifen Papayas enthalten ist. Das ist der eigentliche Wirkstoff. Das Salz hat vor allem die Aufgabe, den relativ kleinen Anteil des Papains in dem Produkt aufzunehmen und gleichmäßig zu verteilen, da man wohl davon ausgeht, daß Salz besser beim Verbraucher ankommt als etwa Sand.

Fleisch kann man mit mehreren Methoden zarter machen. Ein Stück frisches Fleisch wird, nachdem man es in solches verwandelt hat (um es so zartfühlend wie möglich auszudrücken), von selbst zarter: Deshalb läßt man Fleisch reifen – also bei kontrollierter Luftfeuchtigkeit und etwa 2 °C für zwei bis vier Wochen abhängen. Manches Fleisch wird auch bei 20 °C in nur 48 Stunden im Schnelldurchlauf gereift. Doch jeder Reifungsvorgang braucht natürlich Zeit, und Zeit ist Geld, weshalb nicht alle Fleischsorten auch nur im Schnelldurchlauf altern dürfen, ehe sie von der Großschlachterei versandt werden. Das ist eine Schande, denn mit dem Abhängen wird das Fleisch nicht nur zarter, sondern auch wohlschmeckender.

In Früchten gibt es jedoch eine Vielfalt von Enzymen, die Proteine zerlegen und deshalb als Fleischzartmacher verwendet werden können. Dazu gehören Bromelain aus Ananasfrüchten, Ficin aus Feigen und Papain aus der Papaya. Doch sie dringen nicht sehr weit in das Fleisch ein und machen es hauptsächlich an der Oberfläche zart, was bei einem Steak nicht viel weiterhilft. Außerdem zerfallen sie bei Temperaturen über 80 °C, können also nur vor dem Garen eingesetzt werden.

Die Lösung? Suchen Sie sich einen Metzger, der gutabgehangenes Fleisch verkauft (heutzutage schwer zu finden), oder kaufen Sie die von Natur aus zarteren Stücke. Die sind selbstverständlich teurer.

Und während Sie im Supermarkt zwischen den Regalen mit den Gewürzen und Kräutern umherschlendern, studieren Sie die Etiketten all der »Würzmischungen«, der mexikanischen, asiatischen, für Hamburger oder sonstwas angepriesenen Fertiggewürzen. Fast immer werden Sie ganz weit oben auf der Zutatenliste Salz als einen Hauptbestandteil finden. Sehen Sie weiter unten auf der Liste nach, kaufen Sie eines oder zwei der aufgeführten Gewürze in Reinform, und würzen Sie Ihr Gericht bei der Zubereitung selbst. Es gibt keinen Grund, Gewürzpreise zu bezahlen, wenn es sich hauptsächlich um Salz handelt.

Wann ist Salz kein Salz?

Was ist mit all diesem Salzersatz, den ich im Handel sehe? Ist das gesünder als richtiges Salz?

»Richtiges« Salz ist Natriumchlorid. Das Thema Gesundheit dreht sich dabei um den Natriumgehalt – niemand hat je dem Chlorid die Schuld für irgend etwas gegeben. Alle Ersatzstoffe zielen darauf ab, Natrium zu verringern oder ganz zu eliminieren.

Man hat Natrium in der Ernährung lange verdächtigt, möglicherweise für hohen Blutdruck verantwortlich zu sein, doch unter den Medizinforschern scheint da nur wenig Übereinstimmung zu herrschen. Manche glauben, Natrium würde zu hohem Blutdruck beitragen, manche tun das nicht. Während man bisher keinen stichhaltigen Beweis entdeckt hat, scheint die öffentliche Meinung auf die Natrium-ist-schädlich-Seite hinüberzupendeln.

Wie in der Gesundheitsforschung üblich, läßt sich über eine bestimmte Ernährungspraxis schlimmstenfalls sagen, daß sie für das eine oder das andere »das Risiko erhöht«. Das heißt nicht: »Iß und stirb!« Risiko gibt nur eine Wahrscheinlichkeit an, keine Gewißheit. Nichtsdestoweniger kann man es durchaus als vorsichtig ansehen, weniger Natrium zu sich zu nehmen.

Die medizinische Ungewißheit hat unsere Nahrungsmittelfabrikation nicht davon abgehalten, passend zur Natriumfurcht Produkte auszuspucken. Als Salzersatz gibt es gewöhnlich Kaliumchlorid, chemisch gesehen ein Zwillingsbruder des Natriumchlorids. Es schmeckt salzig, wenn auch mit etwas anderem Charakter. Beide gehören zu einer großen chemischen Familie mit der Bezeichnung Salze, doch wir nennen das Natriumchlorid »Salz«, als wäre es das einzige, nur weil es bei weitem das gebräuchlichste ist. Man kann die Chemiker lachen hören, wenn sie im Supermarkt an dem Regel vorbeikommen, auf dem »Kein Salz« angeboten wird: Es handelt sich um Kaliumchlorid, im chemischen Sinn ein echtes Salz, bei dem das Etikett jedoch behauptet, es sei »salzfrei«. Das liegt nur daran, daß die FDA erlaubt, mit dem Wort »Salz« auf Etiketten nur Natriumchlorid und sonst nichts zu benennen.

Und dann gibt es (in den USA) noch *Salt Sense*, das angeblich zu 100 % aus »richtigem Salz« besteht, aber auch »33 % weniger Natrium pro Teelöffel« liefern soll. Für einen Chemiker ist diese Aussage beunruhigend, weil Natriumchlorid aus einem Atom Natrium plus einem Atom Chlor zusammengesetzt ist, was bedeutet, daß Natriumchlorid stets den gleichen Gewichtsanteil Natrium aufweisen muß, nämlich 39,3 % (es sind weniger als 50 %, da das Chloratom schwerer ist als das Natriumatom). Folglich kann man nicht einfach damit herumspielen, wie viel oder wie wenig Natrium »richtiges Salz« enthält. Das wäre etwa so, als würde man behaupten, ein bestimmter Dollarschein enthalte weniger als 100 Cent.

Wo also liegt der Trick? In dem Wort »Teelöffel«. Ein Teelöffel des Produkts *Salt Sense* enthält in der Tat 33 % weniger Natrium, weil ein Teelöffel Salt Sense 33 % weniger Salz enthält. *Salt Sense* besteht aus gröberen und lockereren Salzkristallen, und deshalb sind sie im Teelöffel nicht so dicht gepackt wie das gewöhnliche granulierte Tafelsalz. Wenn man also das gleiche Volumen *Salt Sense* verwendet, das man sonst beim gewöhnlichen Tafelsalz nehmen würde, erhält man letztlich weniger Gewicht und somit auch weniger Natrium. Das ist, als würde man behaupten, eine bestimmte Eiskremsorte enthalte 33 % weniger Kalorien pro »Mundvoll«, weil sie mit mehr Luft aufgeblasen wurde (ja, das machen die wirklich), obwohl ein »Mundvoll« dadurch einfach weniger Eiskrem enthält.

Auf der Packung von *Salt Sense* findet man im Kleingedruckten eine Anmerkung: »100 Gramm jedes Produkts [Salt Sense oder normales Salz] enthalten 39,100 Milligramm Natrium.« Richtig. Nimmt man übereinstimmende Gewichte, anstatt einer gleichen Zahl von Teelöffelinhalten, ist *Salt Sense* nichts weiter als Salz, dem man noch etwas zugesetzt hat: kreative Werbung (na schön, ihr Erbsenzähler, ihr habt also gemerkt, daß 39,1 nicht dasselbe ist wie 39,3. *Salt Sense* ist eben nur zu 99,5 % rein).

Hudelnudel

Warum muß man Salz ins Wasser geben, ehe man Nudeln darin kocht? Sind die Spaghetti dann schneller fertig?

Praktisch jedes Kochbuch sagt uns, wir sollten das Wasser salzen, in dem wir Nudeln oder Kartoffeln kochen wollen, und wir fügen uns pflichtschuldigst, ohne irgendwelche Fragen zu stellen.

Es gibt einen einfachen Grund, Salz hinzuzufügen: Damit wird – wie bei jeder anderen Art der Zubereitung – der Geschmack der Nahrung verstärkt. Mehr ist da nicht dran.

An dieser Stelle wird jeder Leser, der im Chemieunterricht auch nur ein klein wenig aufgepaßt hat, einwenden: »Aber wenn man Salz ins Wasser gibt, erhöht das dessen Siedepunkt, also kocht das Wasser bei höherer Temperatur, und das Essen wird schneller gar.«

Diesen Lesern gebe ich eine 1 in Chemie, aber eine 6 in Ernährungslehre. Richtig ist: In Wasser gelöstes Salz – oder, was das angeht, jede andere Substanz (Erklärung folgt) – führt in der Tat dazu, daß das Wasser auf Meereshöhe bei einer höheren Temperatur als 100 °C kocht. Doch in der Küche ist diese Anhebung nirgends annähernd so groß, daß ein Unterschied zu erkennen wäre, außer man wirft so viel Salz hinein, daß man das Wasser als Auftaumischung für winterliche Straßen verwenden könnte.

Wie jeder Chemiker mit Freuden ausrechnen wird, erhöht ein Eßlöffel Tafelsalz (20 Gramm) in fünf Litern Wasser zum Kochen für ein Pfund Nudeln den Siedepunkt um zwölf Hundertstel von 1 °C. Das könnte die Kochzeit um eine halbe Sekunde oder so verkürzen. Wer es wirklich so eilig hat, seine Spaghetti auf den Tisch zu bekommen, überlegt möglicherweise auch, ob er sie nicht besser auf Rollerblades von der Küche ins Eßzimmer befördert.

Wie Sie natürlich wissen, fühle ich mich als unverbesserlicher Professor nun verpflichtet, Ihnen zu erklären, *weshalb* Salz den Siedepunkt des Wassers erhöht, und sei der Effekt auch noch so klein. Gestatten Sie mir dafür einen Absatz:

Damit Wassermoleküle abdampfen, also in Wasserdampf übergehen können, müssen sie den Bindungen entkommen, die sie an ihre flüssigen Kumpel fesseln. Es ist schon schwer genug, sich mit Hilfe der Wärme loszustrampeln, da Wassermoleküle recht stark aneinander gebunden sind, doch wenn die Flüssigkeit zufällig noch mit fremden Teilchen überladen ist, wird es noch schwieriger, weil die Salzteilchen (im Jargon der Wissenschaft: die Natrium- und Chlorionen) oder andere gelöste Substanzen schlicht im Weg sind. Deshalb brauchen die Wassermoleküle einen zusätzlichen Tritt in Form höherer Temperatur, damit ihnen die Flucht in die Freiheit der Lüfte gelingen kann (für weitergehende Informationen fragen Sie den freundlichen Chemiker in Ihrer Nachbarschaft nach »Aktivitätskoeffizienten«).

Jetzt aber zurück in die Küche.

Leider geistern im Umfeld des dem Kochwasser beigefügten Salzes noch mehr esoterische Formeln herum als nur der Fehlschluß mit der Siedetemperatur. Die sogar in den angesehensten Kochbüchern am häufigsten zitierten Märchen sagen uns genau, *wann* wir das Salz ins Wasser zu geben haben. Ein neues Kochbuch für Nudelgerichte merkt an, es sei »Brauch, das Salz ins kochende Wasser zu geben, ehe man die Nudeln hineinwirft«. Zudem wird gewarnt: »Die Zugabe von Salz, ehe das Wasser kocht, kann für einen unangenehmen Nachgeschmack sorgen.« Demnach wird folgender Ablauf empfohlen: 1) Kochen, 2) Salz zugeben und 3) Nudeln hineinwerfen. Indessen rät ein anderes Nudelkochbuch, wir sollten »das Wasser zum Kochen bringen, ehe Salz oder Nudeln zugegeben werden«, läßt aber die bedeutsame Frage offen, ob Salz oder Nudeln zuerst kommen ...

Fakt ist: Solange die Nudeln in Salzwasser kochen, macht es keinen Unterschied, ob das Wasser, als das Salz dazukam, bereits gekocht hat oder nicht. Salz löst sich ziemlich leicht in Wasser, ob dieses nun heiß oder nur lauwarm ist. Und selbst wenn das nicht so wäre, würde das Brodeln es auf der Stelle in Lösung bringen. Sobald Salz einmal gelöst ist, hat es keine Erinnerung an Zeit oder Temperatur – also daran, zu welchem Zeitpunkt oder ob es bei 30 °C oder 100 °C ins Wasser gelangte. Deshalb kann es die Nudeln auch nicht in unterschiedlicher Weise beeinflussen.

Nach einer Theorie, die ich von einem Küchenchef gehört

habe, soll Salz Wärme freisetzen, wenn es sich im Wasser löst, und wenn man nun das Salz in bereits kochendes Wasser gibt, würde die zusätzliche Wärme es überkochen lassen. Sorry, Küchenchef, aber Salz setzt keine Wärme frei, wenn es sich auflöst. Eigentlich absorbiert es sogar ein wenig Wärme. Was Sie zweifellos beobachtet haben, war ein plötzliches lebhafteres Sieden des Wassers, als Sie das Salz einstreuten. Das geschah, weil das Salz – wie fast alle anderen Teilchen eines Feststoffs – den blubbernden Blasen viele zusätzliche Orte bereitstellt (im Jargon der Wissenschaft: Bläschenkeime), an denen sie zu voller Größe heranwachsen können.

Eine weitere Theorie (wie es scheint, hat jeder eine – sollte es wirklich eine so weltbewegende Herausforderung sein, Nudeln zu kochen?) besagt, das Salz werde nicht nur für den Geschmack zugegeben, sondern würde die Nudeln fester machen und sie davor bewahren, zu schlabberig zu werden. Dafür habe ich ein paar nachvollziehbare, aber sehr technische Gründe gehört, doch mit denen möchte ich niemanden behelligen. Geben wir Salz doch einfach zu, wann immer und weshalb immer uns danach zumute ist. Wir müssen nur darauf achten, es wirklich zu verwenden, weil die Nudeln sonst bäh schmecken.

Ich seh' die See

Bitte informieren Sie mich über Meersalz. Warum wird es heutzutage von so vielen Küchenchefs und in so vielen Rezepten verwendet? Inwiefern ist es besser als normales Salz?

Die Ausdrücke *Meersalz* und *normales Salz* oder Tafelsalz werden oft so verwendet, als würden sie zwei vollkommen verschiedene Substanzen mit vollkommen unterschiedlichen Eigenschaften bezeichnen. Doch ganz so einfach ist es nicht. Salz gewinnt man in der Tat aus zwei Quellen: unterirdischen Lagerstätten und Meerwasser. Doch diese Tatsache allein macht sie nicht automatisch verschieden, wie auch Wasser aus Brunnen und Wasser aus Quellen nicht allein wegen des Ursprungs unterschieden werden kann.

Unterirdische Salzlager entstanden, als Meere in verschiedenen Zeitaltern der Erdgeschichte, ein paar Millionen bis mehrere hundert Millionen Jahre zurück, letztlich austrockneten. Einige der Ablagerungen wurden später durch geologische Kräfte angehoben und befinden sich in Form sogenannter »Dome« nahe an der Oberfläche. Andere Salzstöcke liegen viele hundert Meter tief in der Erde und machen den Abbau zu einer größeren Herausforderung.

Steinsalz wird in Bergwerksstollen im Salzstock mit gewaltigen Maschinen gefördert. Doch für Nahrungszwecke ist Steinsalz nicht geeignet, weil die früheren Meere Schlamm und Gesteinstrümmer mit einschlossen, als sie austrockneten. Deswegen gewinnt man Speisesalz, indem man statt dessen Wasser durch einen Schacht einleitet und das Salz damit herauslöst. Nachdem man das Salzwasser (die Sole) hochgepumpt hat und die Verunreinigungen sich abgesetzt haben, wird die Sole unter Vakuum eingedampft. Dabei entstehen die vertrauten winzigen Kristalle, aus denen das Tafelsalz im Salzstreuer besteht.

In sonnenreichen Küstenregionen kann man Salz gewinnen, indem man Sonne und Wind dafür sorgen läßt, daß das Wasser aus flachen Teichen oder »Salzpfannen«, gefüllt mit dem Meerwasser unserer Tage, verdunsten kann. Es gibt viele Sorten Meersalz, das man aus den Gewässern in aller Welt gewinnt und in unterschiedlichem Grad veredelt. Man kennt graues und rosa-graues Meersalz aus Korea und aus Frankreich, dazu schwarzes Meersalz aus Indien, und alle verdanken ihre Farbe örtlichen Tonablagerungen und Algen in den Salzteichen, nicht dem Salz (Natriumchlorid), das sie enthalten. Schwarzes und rotes Meersalz aus Hawaii ist so farbig, weil man dort vorsätzlich pulverisierte schwarze Lava und roten gebrannten Ton hineinmischt. Diese seltenen und exotischen Sorten »Boutiquensalz« werden von wagemutigen Küchenchefs verwendet. Sie besitzen unbestreitbar einzigartige Geschmackseigenschaften, das ist ganz klar: Sie schmecken wie Salz, dem verschiedene Tone und Algen beigemischt sind. Jedes von ihnen hat glühende Anhänger unter den Küchenchefs.

Im folgenden werde ich nicht über diese seltenen und teuren (33 Dollar und mehr pro Pfund), vielfarbigen Boutiquensalze schreiben, die für den Hobbykoch schwer zu bekommen sind. Ich schreibe über die breite Palette relativ weißer Salzsorten, die auf die eine oder andere Weise aus Meerwasser gewonnen und allein deswegen verehrt werden – man glaubt, sie wären reich an Mineralien und geschmacklich allgemein überlegen.

Mineralien

Verdampft man alles Wasser aus einem Eimer voll Ozean (Fische möglichst vorher entfernen), behält man einen klebrigen, grauen, bitter schmeckenden Schlamm zurück, der zu 78 % aus Natriumchlorid besteht – gewöhnlichem Salz. Neunundneunzig Prozent der verbleibenden 22 % setzen sich aus Magnesium- und Kalziumverbindungen zusammen, die in erster Linie für den bitteren Geschmack verantwortlich sind. Zudem finden sich noch mindestens 75 andere Elemente in sehr geringen Mengen. Diese letzte Tatsache ist der Grund für die allgegenwärtige Behauptung, Meersalz sei »mit Nahrungsmineralien beladen«.

Doch kalte, harte chemische Analysen sagen uns, was Sache ist: Selbst in diesem rohen, unbearbeiteten Schlamm liegen diese Mineralien in Mengen vor, die ernährungstechnisch zu vernachlässigen sind. Man müßte zwei Eßlöffel davon zu sich nehmen, um beispielsweise die Menge an Eisen zu bekommen, die in einer einzigen Weinbeere enthalten ist. Auch wenn dieses Zeug von Küstenbewohnern mancher Länder als Gewürz verwendet wird, verlangt die FDA, daß in den USA Speisesalz zumindest 97,5 % reines Natriumchlorid enthält*. In der Praxis ist es stets weit reiner.

* In der EU sind mindestens 98 % vorgeschrieben. Davon ausgenommen ist

Doch das ist erst der Anfang der *Großen Mineralischen Täuschung.* Das Meersalz, das sich in den Läden stapelt, enthält nur etwa ein Zehntel der mineralischen Substanzen des rohen Salzschlamms. Dies liegt daran, daß die Sonne bei der Herstellung von Speisemeersalz viel von dem Wasser in den Teichen verdunsten läßt, aber keineswegs alles – und das ist ein bedeutender Unterschied. Während das Wasser verdampft, steigt die Konzentration von Natriumchlorid im Restwasser immer mehr an. Erreicht die Konzentration des Salzes in den Teichen dann etwa den neunfachen Wert der natürlichen Konzentration im Meer, beginnt es sich in Kristallen abzusetzen, weil nicht mehr genug Wasser vorhanden ist, um es in Lösung zu halten. Diese Kristalle werden zusammengerecht oder herausgeschöpft und anschließend gewaschen, getrocknet und verpackt. (Wie wäscht man Salz, ohne es wieder aufzulösen? Man wäscht es mit einer Lösung, die schon so viel Salz enthält, wie sie aufnehmen kann, damit sie keine weiteren Kristalle mehr auflöst. Im Jargon der Wissenschaft nennt man das eine gesättigte Lösung.)

Entscheidend ist hier, daß dieser »natürliche« Kristallisationsvorgang selbst eine äußerst wirksame Veredelung darstellt. Die durch die Sonne verursachte Verdunstung und Kristallisation läßt das Natriumchlorid schon zehnmal reiner – freier von anderen Mineralien – werden, als es im Ozean war.

Warum ist das so?

Wann immer in einer wäßrigen Lösung eine chemische Substanz (in diesem Fall das Natriumchlorid) neben einer Reihe anderer Stoffe in erheblich kleineren Mengen (in diesem Fall die anderen Mineralien) vorherrscht, kristallisiert beim Verdampfen des Wassers die Hauptsubstanz in relativ reiner Form aus und läßt alle anderen in der Lösung zurück. Diesen Reinigungsprozeß nutzen die Chemiker ständig. Madame Curie wendete ihn wiederholt an, um reines Radium von Uranerz abzutrennen.

---

nur Salz, das nach Kriterien »biologischer« Produktion gewonnen wurde. – Anm. d. Ü.

Salz, das man mit Hilfe solarer Verdampfung aus Meerwasser gewinnt (das sogenannte Solarsalz), ist deshalb von Haus aus, ohne weitere Bearbeitung, ungefähr zu 99 % reines Natriumchlorid. Das restliche eine Prozent besteht fast ausschließlich aus Magnesium- und Kalziumverbindungen. Jene anderen vielleicht 75 »kostbaren mineralischen Nährstoffe« sind praktisch verschwunden. Um also das in einer Weinbeere enthaltene Eisen zu bekommen, müßte man etwa ein Viertelpfund Solarsalz verspeisen (zwei Pfund Salz können tödlich sein).

Übrigens ist die Meinung, Meersalz sei von Natur aus mit Jod angereichert, ein Märchen. Nur weil bestimmte Seetangarten viel Jod enthalten, glauben manche Leute, die Ozeane seien riesige Pötte mit Jodsuppe. Was chemische Elemente angeht, so ist in Meerwasser zum Beispiel hundertmal mehr Bor als Jod zu finden, und ich habe noch nie gehört, daß jemand Meerwasser als Quelle für Bor angepriesen hätte. Nichtjodiertes handelsübliches Meersalz enthält weniger als 2 % der Jodmenge in jodiertem Salz.

Ist »Meersalz« Meersalz?

Im Grunde müßte das im Handel angebotene »Meersalz« nicht einmal aus dem Meer stammen, denn solange es den Reinheitsanforderungen der FDA entspricht, müssen die Hersteller die Herkunft nicht nachweisen, und laut Insidern der Industrie, mit denen ich gesprochen habe, kommen Flunkereien durchaus vor. So ist es möglich, daß zwei Ladungen Salz aus demselben Vorratsbehälter in der Fabrik des Bergwerks genommen werden, von denen dann die eine als »Meersalz« etikettiert wird. Schön, das ist es natürlich. Es ist nur ein paar Millionen Jahre früher auskristallisiert. Anders herum ist an der Westküste der USA das gewöhnliche Tafelsalz im Streuer höchstwahrscheinlich aus dem Meer und nicht im Bergwerk gewonnen worden.

Der Witz dabei ist, daß *die Eigenschaften einer Salzsorte davon abhängen, wie das Rohmaterial verarbeitet wurde, und weniger davon, wo es herstammt.* Man kann nichts verallgemeinern. Wenn also ein Rezept einfach nur »Meersalz« vorschreibt, ist das bedeutungslos. Ebensogut könnte es auch »Fleisch« als spezielle Zutat fordern.

Zusatzstoffe

Bei Meersalz wird oft darauf verwiesen, daß man damit die »streng schmeckenden Zusatzstoffe« im Salz für den Streuer vermeiden könne. Tatsächlich enthält dieses Salz, ob es nun aus dem Bergwerk oder dem Meer kommt, Trennmittel, mit denen die Streu- und Rieselfähigkeit seiner feinen Körnchen erhalten bleibt, da es sich bei ihnen um winzige Kuben handelt, deren ebene Oberflächen gerne aneinander haften. Doch diese Stoffe (meist Kalzium- und Magnesiumkarbonat) machen weit weniger als 2 % aus; das Tafelsalz des amerikanischen Herstellers Morton besteht beispielsweise zu 99,1 % aus Natriumchlorid und enthält nur 0,2 bis 0,7 % des Trennmittels Kalziumsilikat. Da es nur schlecht wasserlöslich ist, erhält man mit diesem Tafelsalz aus dem Streuer eine leicht getrübte Lösung.

Andere gebräuchliche Trennmittel sind Magnesiumkarbonat, Kalziumkarbonat, Kalziumphosphate und Natrium-Aluminium-Silikat. *Sie alle sind völlig geschmack- und geruchlose chemische Substanzen!*

Doch selbst wenn sie das nicht wären, selbst wenn professionelle Prüfer aufgrund eines zugesetzten Trennmittels (oder einer anderen Komponente, die nicht nach Natriumchlorid schmeckt) von weniger als 1 % geringfügige geschmackliche Unterschiede zwischen Salzsorten feststellen könnten, würde der Verdünnungsfaktor von 1:50 000, der bei Verwendung von Salz in einem Rezept auftritt, sie sicherlich auslöschen. Rechnen wir es einfach aus: Ein Prozent eines Teelöffels Salz mit 6 Gramm entspricht 0,06 Gramm des Trennmittels, das in den mehr als 3000 Gramm des Eintopfgerichts gelöst wird. 3000 geteilt durch 0,06 ergibt 50 000.

Geschmack

Es ist nicht zu leugnen, daß manche der feineren (sprich: teureren) Sorten von Meersalz – selbst unterhalb des »Boutiquenniveaus« – interessante Geschmackseigenschaften besitzen. Doch das hängt davon ab, wie sie verwendet werden und wie man persönlich »Geschmack« definiert.

Die Geschmacksempfindung einer Speise setzt sich aus drei Komponenten zusammen: Geschmack, Geruch und Konsistenz. Beim Salz können wir den Geruch sehr gut beiseite lassen, weil weder Natriumchlorid noch die Kalzium- und Magnesiumsulfate, die in weniger gut gereinigten Meersalzvarianten vorhanden sein mögen, über irgendwelchen Geruch verfügen (im Jargon der Wissenschaft: Ihr jeweiliger Dampfdruck ist äußerst gering). Da unser Geruchssinn aber sehr empfindlich ist, kann es durchaus sein, daß man in diesen weniger gereinigten Salzsorten einen Hauch von Algengeruch wahrnimmt. Außerdem berichten manche Menschen, sie würden oben in der Nase einen schwachen metallischen Geruch spüren, wenn sie eine beliebige Sorte Salz als feinen Staub über die Nase einatmen.

Damit bleiben Geschmack und Konsistenz: was die Geschmacksknospen wahrnehmen, und wie Salz sich im Mund anfühlt.

Je nach Erntemethode und Verarbeitung können die Kristalle verschiedener Marken sich in ihrer Gestalt erheblich unterscheiden, angefangen von groben Brocken bis hin zu Pyramiden und zu Ansammlungen unregelmäßiger, zerklüfteter Bruchstücke (Sie können das mit einem Vergrößerungsglas überprüfen). Auch die Größe der Kristalle kann von fein bis grob gehen, obwohl praktisch alle gröber sind als das Tafelsalz in der Streudose.

Bei relativ »trockenen« Happen wie Tomatenscheiben, die man erst kurz vor dem Servieren bestreut, können größere, unregelmäßigere Kristalle für kleine salzige Explosionen sorgen, wenn sie auf die Zunge treffen und sich auflösen oder wenn sie mit den Zähnen zermahlen werden. Dafür werden sie von den schlauesten Küchenchefs geschätzt: für jene sinnlichen kleinen Ausbrüche salzigen Geschmacks. Salz aus dem Streuer kann das nicht liefern, weil seine kompakten kleinen Würfel sich auf der Zunge viel langsamer auflösen. Also sind es die vielfältigen Formen der Kristalle und nicht ihr Ursprung aus dem Meer, was vielen Sorten von Meersalz ihre sensorischen Eigenschaften verleiht.

Die meisten Meersalzsorten haben große, unregelmäßig geformte Kristalle, weil langsames Verdunsten eben diese hervorbringt, während das schnelle Verfahren des Eindampfens unter Vakuum winzige, regelmäßig geformte Körnchen erzeugt, die dazu bestimmt sind, durch die Löcher im Salzstreuer zu passen. Dieses Phänomen kennen die Chemiker sehr gut: Je schneller Kristalle wachsen, desto kleiner fallen sie aus.

Beim Kochen

Größe und Form der Kristalle spielen keine Rolle, wenn Salz zum Kochen verwendet wird, weil die Kristalle sich auflösen und vollständig in den Säften der Speisen verschwinden. Und sobald sie einmal aufgelöst sind, gibt es keinerlei Konsistenzmerkmale mehr. Dies ist ein weiterer Grund, weshalb es unsinnig ist, Meersalz in Kochrezepten vorzuschreiben, in denen Feuchtigkeit eine Rolle spielt, und wo wäre das nicht der Fall? Eher noch weniger sinnvoll dürfte es sein, wenn man es zum Salzen des Kochwassers für Nudeln oder Gemüse verwendet.

Könnte es aber sein, daß Meersalzsorten vielleicht auch dann noch geschmacklich voneinander zu unterscheiden sind, wenn sie in Wasser gelöst sind? In einer Reihe kontrollierter Geschmacksprüfungen, die 2001 in England durchgeführt wurden, versuchten Gremien von Geschmackstestern, Unterschiede zwischen einer Anzahl verschiedener, in Wasser gelöster Salzsorten zu erkennen. Die in der Zeitschrift *Vogue* veröffentlichten Befunde ergaben keinerlei schlüssige Ergebnisse.

Einer verbreiteten Behauptung zufolge ist Meersalz »salziger« als Salz für den Streuer. Doch da beide zu 99 % aus Natriumchlorid bestehen, kann das nicht wahr sein. Der Gedanke erwuchs zweifellos aus der Tatsache, daß die groben, unregelmäßig geformten Kristalle vieler Sorten Meersalz bei einem Test auf der Zunge sich auf der Stelle auflösen, was eine schnellere Entwicklung des salzigen Geschmacks nach sich zieht, als dies bei den kleinen, kompakten und schwer in Lösung gehenden Würfeln des normalen Tafelsalzes der Fall ist. Auch hier ist es wieder nicht der Ozean, der für den Unterschied sorgt, sondern die Form der Kristalle.

Die Meinung, Meersalz sei salziger, hat zu der weiteren Behauptung geführt, man könne beim Würzen weniger davon verwenden (»gut für alle, die ihre Natriumaufnahme kontrollieren wollen«, tönt der Hersteller). Offensichtlich ist, daß Meersalzsorten allgemein große, komplex geformte Kristalle besitzen, die nicht so dicht gepackt sind, weshalb ein Teelöffel davon weniger Natriumchlorid enthalten sollte als ein Teelöffel voll winziger, kompakter Tafelsalzkörnchen. Teelöffel für Teelöffel gemessen ist Meersalz also eigentlich weniger salzig als normales Tafelsalz. Nach Gewicht gemessen stimmen sie natürlich überein, weil ein Gramm Natriumchlorid exakt genauso salzig ist wie jedes andere Gramm. Man kann seinen Salzkonsum nicht dadurch verringern, daß man dasselbe Gewicht an Salz in einer anderen Form zu sich nimmt.

Das Beste für sich mitnehmen

Bei Ihnen zu Hause in der Küche, welches grobe, stark gekörnte Meersalz sollten Sie da unmittelbar vor dem Servieren auf Ihre *Foie gras* oder Ihr gebeiztes *Carpaggio* streuen? Das häufigste Lob von Küchenchefs heimsen die (Überraschung!) französischen Sorten ein, die aus den Küstengewässern der südlichen Bretagne bei Guérande oder auf der Ile de Noirmoutier oder der Ile de Ré geerntet werden. Sie finden sie in verschiedenen Handelsformen. *Gros sel* (grobes Salz) und *Sel gris* (graues Salz) entspricht den schweren Kristallen, die auf den Grund der Salzteiche fallen und deshalb durch Ton oder Algen grau gefärbt sein können.

In der Schlacht um die Meersalzsorten stimmen die meisten *Connoisseurs* darin überein, daß die Krone dem *Fleur de sel* (Salzblüte) gebührt, der feinen Kristallkruste, die sich auf der Oberfläche der französischen Salzteiche bildet, wenn Sonne und Wind genau richtig zusammenwirken. Da es nur in sehr begrenzten Mengen entsteht und sorgfältig mit der Hand von der Oberfläche abgeschöpft werden muß, wird für *Fleur de sel* der höchste Preis verlangt. Von den führenden Küchenchefs wird es (möglicherweise aus diesem Grund?) am höchsten geschätzt. Wegen seiner zerbrechlichen, pyramidenähnlichen Kristallstruktur erzeugt es in der Tat eine köstlich knusprige Salzexplosion, wenn man es unmittelbar vor dem Servieren oder bei Tisch über relativ trockene Speisen streut.

Doch es ist witzlos, damit zu kochen.

Dafür muß man nicht jüdisch sein

Viele Küchenchefs und Rezepte schreiben vor, man solle koscheres Salz verwenden. Was ist daran so anders?

Koscheres Salz ist eine irreführende Bezeichnung; es müßte eigentlich »koscher machendes Salz« heißen, weil es verwendet wird, um Speisen koscher zu machen, wozu auch gehört, rohes Fleisch oder Geflügel mit Salz zu bedecken, um es so zu reinigen.

Koscheres Salz kann entweder bergmännisch oder aus dem Meer gewonnen werden – das scheint niemanden zu interessieren. Seine Kristalle müssen jedoch stets grob und unregelmäßig geformt sein, damit sie an der Oberfläche des Fleisches haften, während es koscher wird. Gewöhnliches Salzgranulat würde einfach abfallen. Wenn man davon absieht, daß die Herstellung koscheren Salzes vom Rabbinat überwacht wird, unterscheidet es sich lediglich durch die Größe seiner Kristalle von anderem Salz.

Weil es so grob ist, kann man koscheres Salz besser in Prisen als aus dem Streuer verwenden. Nimmt man es zwischen die Finger, kann man genau sehen und spüren, wieviel man nimmt. Deshalb nehmen die meisten Küchenchefs koscheres Salz. Ich habe es stets in einer kleinen Auflaufform zur Hand, nicht nur in der Küche, sondern auch bei Tisch. Den Streuer verwende ich nur, um Vögeln Salz auf den Schwanz zu streuen.

Manch einer glaubt, koscheres Salz enthalte weniger Natrium als granuliertes Tafelsalz. Das ist Unsinn. Beides besteht praktisch aus reinem Natriumchlorid, und dieses enthält immer 39,3 % Natrium. Gramm für Gramm ist jedes für Speisezwecke geeignete Salz genauso salzig wie alle anderen.

Allerdings gibt es tatsächlich einen Unterschied bei der zum Kochen verwendeten Menge koscheren Salzes. Wenn ein Rezept schlicht »Salz« verlangt, ist meist granuliertes Tafelsalz gemeint: Seine Kristalle müssen klein genug sein, daß sie durch die Löcher eines Salzstreuers passen. Da koscheres Salz nun aber größere, unregelmäßige Kristalle besitzt, sind diese in einem Teelöffel weniger dicht gepackt als beim Tafelsalz. Deshalb ist in einem Teelöffel voll koscherem Salz tatsächlich weniger Natriumchlorid enthalten, weshalb man ein größeres Volumen davon hinzufügen muß, um dieselbe salzige Wirkung zu erzielen. Das steckt hinter dem Mythos »weniger Natrium«; verwendet man die gleiche Zahl von Teelöffeln voll Salz, erhält man natürlich weniger Salz und folglich weniger Natrium als bei Salzgranulat.

Um die folgenden Umrechnungsfaktoren zu bestimmen, habe ich je eine Tasse voll von jeder Sorte sorgfältig gewogen. Bei koscherem grobem Salz der Firma Morton (»Coarse Kosher Salt«) muß man das für granuliertes Tafelsalz angegebene Volumen um ¼ vermehren. Bei der Sorte »Diamond

Crystal Kosher Salt« ist genau das doppelte Volumen zu verwenden*.

Oft wird gesagt, koscheres Salz enthalte keine Zusatzstoffe. Da seine Kristalle ja in der Tat keine winzigen Würfel wie beim normalen Tafelsalz sind, haften sie nicht so leicht aneinander und benötigen deshalb nicht in jedem Fall Trennmittel. Doch sollte man die Etiketten genau lesen. Diamond Crystal Kosher Salt kommt ohne Trennmittel aus, doch das grobe Salz von Morton enthält tatsächlich eine winzige Menge – die FDA hat sie auf dreizehn Zehntausendstel eines Prozents begrenzt – des Trennmittels Natrium-Ferrozyanid.

Ferro- was? Ganz ruhig bleiben. Obwohl Ferrozyanid ohnehin etwas ganz anderes ist als das giftige Zyanid, setzt das Etikett auf die sicherer klingende Bezeichnung »Gelbes Blutlaugensalz«.

Jede Salzsorte, ob aus dem Bergwerk oder dem Meer, ob koscher oder weltlich, kann jodiert sein. Zum Schutz gegen die Jodmangelkrankheit, die an einer Kropfbildung zu erkennen ist, wird maximal das Hundertstel eines Prozents Kaliumjodid** daruntergemischt. Jodiertes Salz erfordert jedoch einen weiteren Zusatzstoff, da Kaliumjodid nicht sehr stabil ist und in warmer, feuchter oder saurer Umgebung zerfällt, worauf der Jodanteil in die Luft übergeht (im Jargon der Wissenschaft: Das Jodid wird zu freiem Jod oxidiert). Um das zu verhindern, gibt man oft eine winzige Menge – vier Hundertstel eines Prozents – Dextrose zu.

Was? Zucker in Salz? Ja. Dextrose ist als reduzierender Zukker bekannt und verhindert die Oxidation des Jodids zu freiem Jod. Doch bei den hohen Temperaturen, mit denen man bäckt, kann einiges von dem Jodid dennoch zu Jod oxidiert werden, das sauer schmeckt. Deshalb verwenden viele Bäcker für ihren Teig und ihre Backmischungen kein jodiertes Salz.

---

* Im Zweifelsfall kann man auch mit jeder Küchenwaage selbst nachwiegen. – Anm. d. Ü.

** Bei manchen Herstellern auch Kaliumjodat. – Anm. d. Ü.

Das gute alte Mühlenverfahren

Warum ist frischgemahlenes Salz angeblich besser als granuliertes Salz?

Es ist besser für die Leute, die in den sogenannten Gourmetläden jene schicken Salzmühlen und Kombinationen aus Salz- und Pfeffermühlen verkaufen. Anscheinend entspringt das der Vorstellung, wenn frischgemahlener Pfeffer so viel besser ist als das staubfeine Zeug in Dosen, warum dann nicht auch frischgemahlenes Salz?

Das ist ein Irrglaube. Anders als Pfeffer enthält Salz keine flüchtigen aromatischen Öle, die durch das Mahlen freigesetzt werden könnten. Salz ist durch und durch nichts als solides Natriumchlorid, und deshalb unterscheidet ein kleiner Brocken sich abgesehen von Größe und Form in keiner Weise von einem großen Brocken. Vergnügen bereitet eine Salzmühle, weil sie statt kleiner Körnchen kleine grobe Bröckchen auf Ihr Essen streut, was eine salzige Explosion auslöst, wenn Sie sie zerkauen. Wie »frisch« sie gemahlen wurden, spielt dabei jedoch keine Rolle.

Hoppla!

Bei der Zubereitung einer Suppe gab ich versehentlich zuviel Salz hinein. Hätte ich da irgend etwas tun können? Wie ich gehört habe, soll eine rohe Kartoffel den Überschuß absorbieren.

Diesen Rat hat fast jeder schon gehört: Ein paar Stücke rohe Kartoffeln hineingeben und eine Weile köcheln lassen, damit sie einen Teil des überschüssigen Salzes aufnehmen. Doch wie so viele allgemein verbreitete Überzeugungen ist auch diese, soweit ich weiß, niemals wissenschaftlich überprüft worden. Ich habe das als Herausforderung angesehen und ein kontrolliertes Experiment durchgeführt. Nachdem ich rohe Kartoffeln in Salzwasser hatte köcheln lassen, maß ich mit Hilfe des Laborassistenten eines Chemieprofessors und Kollegen von mir, wieviel Salz im Wasser enthalten war – vor und nach der Kartoffelbehandlung.

Hier die Einzelheiten: Ich bereitete zwei versalzene Pseudosuppen vor – eigentlich nichts als Salzwasser, damit nicht andere Zutaten mit ihren eigenen Vorlieben für Salz alles durcheinanderbringen konnten. Doch wie salzig sollte ich meine Proben machen? Viele Rezepte fangen bei einem Teelöffel Salz für ca. 5 Liter Suppe oder Eintopf an, und am Ende wird mit zusätzlichem Salz »nach Belieben« abgeschmeckt. Also bereitete ich meine Suppenprobe Nr. 1 mit einem Teelöffel gelöstem Tafelsalz pro Liter Wasser zu, während Suppe Nr. 2 einen Eßlöffel pro Liter Wasser mitbekam. Das ist die vier- bzw. zwölffache Menge des in Rezepten für den Anfang vorgeschlagenen Salzgehalts und wahrscheinlich die doppelte bzw. sechsfache Menge einer Suppe, die bereits »nach Belieben« nachgewürzt worden ist.

Ich erhitzte jede der beiden Suppenproben bis zum Kochen, gab sechs etwa einen halben Zentimeter dicke Scheiben einer rohen Kartoffel hinzu, ließ alles 20 Minuten lang in einem dicht verschlossenen Topf schwach köcheln, entfernte die Kartoffelscheiben und ließ die Flüssigkeit abkühlen.

Weshalb verwendete ich Kartoffelscheiben und nicht große Stücke? Weil ich möglichst viel Oberfläche mit der »Suppe« in Berührung bringen wollte, was den Erdäpfeln alle Gelegenheit geben sollte, ihren Ruf als Salzschlucker auszuleben. Und in beiden Proben kam die gleiche Kartoffeloberfläche zum Einsatz (jeweils 300 Quadratzentimeter, falls Sie das wissen müssen). Natürlich ließ ich die jeweils gleiche Menge der beiden Flüssigkeiten im selben bedeckten Topf auf demselben Brenner köcheln. Wissenschaftler, wie Sie sich inzwischen sicher selbst denken können, versuchen nämlich absolut fanatisch, alle vorstellbaren (und sogar manche unvorstellbaren) Variablen außer den zum Vergleich stehenden zu kontrollieren. Wäre es anders, würden sie niemals wissen können, was die Unterschiede verursacht hat, die sie möglicherweise beobachten. Ich finde es immer ärgerlich, wenn jemand etwas unter völlig unkontrollierten Bedingungen ein einziges Mal ausprobiert und dann durch die Gegend rennt und erzählt: »Ich habe es versucht, und es funktioniert.«

Die Salzkonzentration in den vier Proben – den beiden Salzwassermengen vor und nach dem Kochen mit den Kartoffelscheiben – wurde durch Messung der elektrischen Leitfähigkeit bestimmt. Dahinter steckt, daß Salzwasser elektrisch leitend ist und die Leitfähigkeit direkt mit der Salzkonzentration zusammenhängt. Und was kam dabei heraus? Haben die Kartoffeln tatsächlich die Salzkonzentration verringert? Nun …

Lassen Sie mich zuerst etwas über die Geschmacksprüfungen erzählen. Ich hob die Kartoffelscheiben auf, nachdem sie im salzigen Wasser gekocht worden waren. Dazu hatte ich auch Kartoffelscheiben in ungesalzenem Wasser (bei ansonsten gleichen Mengen Wasser und Kartoffeln) gekocht. Meine Frau Marlene und ich probierten dann, wie salzig sie alle waren. Marlene wußte nicht, welche Proben welche waren. Wie zu erwarten war, schmeckte die in purem Wasser gekochte Kartoffel neutral, die in dem mit einem Teelöffel pro Liter gesalzenen Wasser gekochte Kartoffel schmeckte salzig, und die in dem mit einem Eßlöffel pro Liter gekochte war noch viel salziger. Heißt das, die Kartoffeln nahmen aus den »Suppen« wirklich Salz auf?

Nein. Es heißt nur, daß die Kartoffeln eine gewisse Menge Salzwasser aufgesaugt, nicht aber selektiv nur das Salz aus dem Wasser aufgenommen haben. Wären Sie überrascht, wenn ein in Salzwasser gelegter Schwamm anschließend salzig schmeckte? Natürlich nicht. Die *Konzentration* von Salz in Wasser – die Salzmenge pro Liter – wäre davon nicht betroffen. Also war mit dem salzigen Geschmack der Kartoffeln nichts bewiesen, außer, daß wir des Geschmackes wegen unsere Kartoffeln – und, was das angeht, unsere Nudeln – eher in gesalzenem als in purem Wasser kochen sollten.

Nun gut, was also kam bei der Messung der Leitfähigkeit heraus? Sind Sie bereit? *Vor und nach dem Kochen mit der Kartoffel war kein meßbarer Unterschied der Salzkonzentrationen festzustellen!* Das heißt, die Kartoffel senkte die Salzkonzentration überhaupt nicht, weder in der »Suppe« mit dem einen Teelöffel Salz pro Liter noch in der mit einem Eßlöffel Salz pro Liter. Der Trick mit der Kartoffel funktioniert ganz einfach nicht.

Man hört auch noch von anderen Kniffen, mit denen etwas weniger salzig werden soll, etwa durch Zugabe von ein wenig Zucker, Zitronensaft oder Essig, um den *wahrgenommenen* salzigen Geschmack zu verringern. Gibt es denn nun irgendwelche Reaktionen zwischen salzig und süß bzw. sauer, mit denen die Wahrnehmung des salzigen Geschmacks zu vermindern wäre? Schließlich wollen wir den salzigen *Geschmack* verringern, selbst wenn das Salz noch vorhanden ist.

Es war an der Zeit, daß ich die Experten für Geschmack aufsuchte – die Wissenschaftler am Monell Chemical Senses Center in Philadelphia, einer Einrichtung, die sich der Erforschung des komplexen Gebietes der menschlichen Sinne für Geschmack und Geruch widmet. Keiner von ihnen konnte sich irgendwelche Gründe vorstellen, daß eine Kartoffel oder deren Stärke die Empfindung des salzigen Geschmacks verringern könnte. Dr. Leslie Stein war hilfreich und verschaffte mir einen wissenschaftlichen Aufsatz von 1996 über die Wechselwirkungen von Geschmackswahrnehmungen*.

Kann ein Geschmack einen anderen unterdrücken? Ja und nein. Es hängt sowohl von den absoluten Mengen als auch den relativen Mengen der interagierenden Aromen ab. »In der Regel«, schreibt der Autor, »verstärken Salze und Säuren (saure Geschmacksrichtungen) einander bei mäßigen Konzentrationen, unterdrücken einander jedoch bei höheren Konzentrationen.« Das könnte darauf hinweisen, daß man mit einem anständigen Schuß Zitronensaft oder Essig in eine recht salzige

* Verfaßt von Paul A. S. Breslin vom Monell Center für die Zeitschrift *Trends in Food Science & Technology.*

Suppe in der Tat den salzigen Geschmack verringern könnte. Doch wie Breslin betont, »gibt es gegenüber diesen allgemeinen Aussagen ... auch Ausnahmen«. Für den speziellen Fall von Salz und Zitronensäure (der Säure im Zitronensaft) zitiert er die Ergebnisse einer Studie, in der Zitronensäure die salzige Wirkung verminderte, eine Studie, in der der Salzgeschmack unverändert blieb, und zwei Studien, in denen die wahrgenommene salzige Wirkung gesteigert war.

Was tun? Zitronensaft zugeben? Essig? Zucker? Es ist tatsächlich nicht vorherzusagen, wie welche Zutat in Ihrer speziellen Suppe mit Ihren speziellen Mengen von Salz und anderen Zutaten wirkt. Doch Sie sollten in jedem Fall eine dieser Maßnahmen ausprobieren, ehe Sie das Zeug an Ihren Hund verfüttern.

Wie es scheint, gibt es nur eine sichere Methode, versalzene Suppen oder Eintöpfe zu retten: Geben Sie mehr von den ursprünglichen Zutaten hinein – natürlich ohne Salz. Damit verschieben Sie den Geschmack in Richtung auf die reinen Ausgangsstoffe, aber das kann man korrigieren.

Epilog

Dieses Experiment ergab noch ein paar interessante Nebenaspekte, die ich den Wissenschaftsfans unter Ihnen nicht vorenthalten möchte (alle anderen können inzwischen zur nächsten Frage übergehen).

Erstens stellte sich heraus, daß die Leitfähigkeit der Salzwasserproben, nachdem sie mit den Kartoffelscheiben gekocht worden waren, ein wenig höher – und nicht niedriger – lag als die der Wasserproben vor der Behandlung. Demnach müssen Kartoffeln selbst einiges zur elektrischen Leitfähigkeit des Wassers beitragen, in welchem sie gekocht werden. Das überraschte mich, da man auf den ersten Blick annehmen sollte, daß von Kartoffeln nichts als Stärke ins Wasser übergehen kann, und Stärke ist nicht elektrisch leitfähig. Kartoffeln enthalten jedoch viel Kalium, es sind in der Tat zwei Zehntelprozent, und

Kaliumverbindungen leiten den Strom ja ebenso wie Natriumverbindungen. Jedenfalls trug ich diesem Effekt Rechnung und zog den Beitrag der Kartoffeln zur Leitfähigkeit von den entsprechenden Werten der mit Kartoffeln gekochten Salzwasserproben ab.

Falls, zweitens, trotz des dichten Deckels und des sanften Köchelns vielleicht eine nennenswerte Menge Wasser in Form von Dampf aus dem Topf entwichen war, während die Kartoffeln kochten, wäre die Leitfähigkeit gestiegen, nicht gesunken. Ein derartiger Effekt war, nachdem wir die durch die Kartoffeln selbst hervorgerufene Leitfähigkeit von den Gesamtwerten abgezogen hatten, nicht festzustellen.

Das ist, wie ich meine, ein wasserdichter Fall, oder?

Salz zurückstellen

Warum soll ich nach einem Rezept erst ungesalzene Butter verwenden und später dann Salz zugeben?

Das klingt blöd, doch es gibt einen Grund dafür.

Ein Viertelpfund normaler gesalzener Butter enthält vielleicht 1,5–3 Gramm oder bis zu einem halben Teelöffel Salz. Verschiedene Marken und regionale Produkte können sehr unterschiedliche Mengen enthalten. Wenn Sie ein sorgfältig formuliertes Rezept befolgen, besonders eines, das viel Butter vorsieht, können Sie es sich nicht leisten, mit einer so bedeutenden Zutat wie Salz russisches Roulette zu spielen. Deshalb bestehen seriöse, auf hohe Qualität bedachte Rezepte auf ungesalzener oder »süßer« Butter, während das Salzen dem eigentlichen Würzen vorbehalten bleibt.

Viele Küchenchefs ziehen auch deshalb ungesalzene Butter vor, weil diese oft von besserer Qualität ist. Salz wird zum Teil wegen seiner konservierenden Wirkung zugesetzt, und bei Butter, die unverzüglich verwendet wird, wie das in einer Restaurantküche der Fall ist, ist das nicht erforderlich. Außerdem sind in ungesalzener Butter Geschmacksabweichungen wie beginnendes Ranzigwerden leichter festzustellen.

Spiel nicht mit den Plätzchen rum!

Buttersterne

Bei diesen Butterplätzchen will niemand leichtfertig mit der Salzmenge spielen, weshalb wir ungesalzene Butter nehmen und genau die richtige Menge Salz in den Teig geben. Es handelt sich um jene Art knuspriger Zuckerplätzchen, die man mit Formen aussticht. Sie können ohne Belag gelassen, mit Zucker bestreut oder mit Streuseln oder buntem Zuckerguß dekoriert werden. Am einfachsten ist es, wenn man den Teig zwischen Bögen von Backpapier ausrollt.

320 Gramm Mehl, dazu Mehl zum Bestäuben
1 Teelöffel Weinsteinpulver
½ Teelöffel Backpulver
¼ Teelöffel Salz
110 Gramm ungesalzene Butter
200 Gramm Zucker
2 große Eier, leicht geschlagen
½ Teelöffel Vanillezucker
1 Eidotter, vermischt mit 1 Teelöffel Wasser
Zucker zum Bestreuen

1. Mehl, Weinstein, Backpulver und Salz in einer mittleren Schüssel miteinander vermengen. Butter und Zucker mit einem elektrischen Mixer in einer großen Rührschüssel cremig schlagen. Eier und Vanillezucker glatt einarbeiten. Die trockenen Zutaten zugeben und mit einem Holzlöffel mischen, bis ein Teig daraus wird.
2. Teig in drei Teile aufteilen. Ein Drittel der Masse zwischen zwei Bögen Backpapier auf eine glatte Oberfläche legen. Mit einem Nudelholz gleichmäßig etwa drei Millimeter dick ausrollen. Diese »Teigpackung« auf einem Kühlschrankgitter flachliegend aufbewahren. Mit den beiden anderen Teigstücken verfährt man

ebenso, und anschließend stapelt man alles aufeinander und legt es in den Kühlschrank. Man kann den Teig vor dem Backen bis zu zwei Tage im Kühlschrank aufbewahren.

3. Backrohr auf 180 °C vorheizen. Einen Teigfladen aus dem Kühlschrank nehmen. Das obere Backpapier abheben, aber nicht wegwerfen. Die Oberfläche des Teigs leicht mit Mehl einstäuben und dieses mit der Handfläche überall gleichmäßig verteilen. Das abgenommene Backpapier wieder lose auflegen und das »Sandwich« umdrehen. Das zweite Papier abnehmen und wegwerfen. Auch die andere Seite mit Mehl bestäuben und dieses mit der Handfläche gleichmäßig verteilen.

4. Plätzchenformen kurz in Mehl tauchen, die gewünschten Teigformen ausstechen und die Plätzchen auf ein Backblech legen, das vorher mit Ölspray eingesprüht wurde. Mit der Eigelb-Wasser-Mischung einpinseln und dünn mit Zucker oder bunten Zuckerstreuseln bestreuen. Man kann die Plätzchen auch unverändert belassen oder sie nach dem Backen dekorieren.

5. 10–12 Minuten backen, bis sie hellbraun sind. 2 Minuten auf dem Blech ruhen lassen, ehe man sie mit einem breiten Metallwender zum Abkühlen auf eine geeignete Oberfläche bringt. Die Plätzchen halten sich in einem luftdichten Behälter mehrere Wochen frisch. Im Gefrierschrank kann man sie auch länger aufbewahren.

Ergibt etwa 4 Dutzend, je nach Dicke des ausgerollten Teigs und der Größe der Formen.

3. KAPITEL

Was immer oben schwimmt: Fett

Unsere Nahrung setzt sich aus den drei Hauptbestandteilen Protein, Kohlenhydrat und Fett zusammen. Urteilt man jedoch nach der Flut von Druckerschwärze, die in Zeitungen, Illustrierten und offiziellen Diätrichtlinien an das Thema Fett verschwendet wird, könnte man meinen, Fett sei das einzige, um das wir uns Sorgen machen müßten – nicht darum, ob wir genug von diesem essentiellen Nährstoff zu uns nehmen, sondern ob wir zuviel und/oder die falschen Arten davon verzehren.

Zwei Punkte bereiten hier besondere Sorge: der Kaloriengehalt aller Fette, etwa 9 Kalorien pro Gramm im Vergleich zu nur 4 Kalorien pro Gramm bei Proteinen wie Kohlenhydraten, und die ungesunden Folgen, wenn man bestimmte Arten von Fett verzehrt.

Ich bin kein Ernährungswissenschaftler und deshalb nicht qualifiziert, die gesundheitlichen Aspekte der unterschiedlichen Fette aufzugreifen – wo schon die Fachleute sich bei manchen Themen nicht einigen können. Statt dessen möchte ich hervorheben, was Fette überhaupt sind und wie wir sie verwenden. Wer diese Grundlagen versteht, sollte imstande sein, jene Flut von Druckerschwärze intelligenter zu bewerten.

Von Fetten und Säuren

Wann immer ich etwas über gesättigte und ungesättigte Fette lese, handelt der Artikel anfangs von »Fetten« und schaltet dann ohne Vorwarnung von »Fetten« auf »Fettsäuren« um. Anschließend geht es fast be-

liebig zwischen den beiden Begriffen hin und her, als stünden sie für ein- und dieselbe Sache. Stimmt das? Und falls nicht, wo liegt der Unterschied?

Wahrscheinlich habe ich diese unkorrekte Ausdrucksweise weit längere Zeit hindurch gelesen als Sie. Mir als Chemiker drängt sich der Verdacht auf, daß viele Autoren den Unterschied schlicht nicht kennen. Denn einen Unterschied gibt es hier tatsächlich.

Jedes Fettmolekül schließt drei Fettsäuremoleküle ein. Die Fettsäuren können entweder gesättigt oder ungesättigt sein, und diese jeweilige Eigenschaft übertragen sie auf das betreffende Fett.

Sehen wir uns zunächst an, was eine Fettsäure ist. Es handelt sich hier um Säuren, die Bestandteile von Fetten sind (und zur größeren Familie der von Chemikern als Carboxylsäuren bezeichneten Verbindungen gehören). Als Säuren sind sie sehr schwach – beispielsweise im Vergleich mit der stark korrosiven Schwefelsäure in der Batterie Ihres Autos.

Ein Fettsäuremolekül besteht aus einer langen Kette von immerhin 16 oder 18 (manchmal auch mehr) Kohlenstoffatomen, von denen jedes ein Paar Wasserstoffatome trägt (im Jargon der Wissenschaft: Die Kette besteht aus CH_2-Gruppen). Falls die Kette ihre vollständige Garnitur von Wasserstoffatomen besitzt, bezeichnet man die Fettsäure als gesättigt (nämlich mit Wasserstoff). Wenn dagegen irgendwo im Verlauf der Kette ein Paar von Wasserstoffatomen fehlt, liegt eine sogenannte einfach ungesättigte Fettsäure vor. Fehlen zwei oder mehr Paare Wasserstoffatome, nennt man sie mehrfach ungesättigt (eigentlich fehlt von zwei benachbarten Kohlenstoffatomen jeweils ein Wasserstoffatom, aber wir wollen nicht kleinlich sein).

Zu den verbreiteten Fettsäuren gehören Stearinsäure (gesättigt), Oleinsäure (einfach ungesättigt) und Linol- sowie Linolensäure (mehrfach ungesättigt).

Für Chemiker, und anscheinend auch für unseren Körper,

kommt es darauf an, wo die ungesättigten Abschnitte der Fettsäuremoleküle (im Jargon der Wissenschaft: die Doppelbindungen) genau liegen. Haben Sie davon gehört, daß die Omega-3-Fettsäure, die man in fettem Fisch findet, möglicherweise bei der Verhütung von Krankheiten der Herzkranzgefäße und des Schlaganfalls eine Rolle spielt? Nun, mit »Omega-3« kennzeichnet der Chemiker den genauen Abstand, den das erste fehlende Paar von Wasserstoffatomen (die erste Doppelbindung) vom Ende des mehrfach ungesättigten Moleküls hat: drei Positionen vor diesem Ende (Omega ist der letzte Buchstabe – das Ende – des griechischen Alphabets).

In der Regel sind Fettsäuren übel schmeckende und faulig riechende chemische Substanzen. Zum Glück liegen sie in Nahrungsmitteln gewöhnlich nicht in diesen freien »Igitt-Formen« vor. Gezähmt werden sie, weil sie chemisch an einer Substanz namens Glycerin befestigt sind, wobei jeweils drei Fettsäuremoleküle an ein Glycerinmolekül geknüpft sind. *Drei an ein Glycerinmolekül gebundene Fettsäuremoleküle bilden ein Molekül Fett.* Chemiker geben den Aufbau des Fettmoleküls schematisch wieder, indem sie eine Art kurzen Flaggenstock (das Glycerinmolekül) zeichnen, von dem drei lange Banner (die Fettsäuren) flattern. Das so entstandene Molekül bezeichnen sie als Triglycerid (*tri-* steht für *drei* Fettsäuren), doch bekannt ist es unter der einfachen Bezeichnung »Fett«, weil bei weitem die meisten natürlichen Fettmoleküle Triglyceride sind.

Die Fettsäuren (im folgenden als FS bezeichnet) in jedem gegebenen Fettmolekül können entweder alle von der gleichen Art sein oder eine Kombination verschiedener Arten darstellen. Beispielsweise können das zwei gesättigte plus eine mehrfach ungesättigte FS sein, oder es handelt sich um eine einfach ungesättigte FS plus eine mehrfach ungesättigte FS plus eine gesättigte FS, oder alle drei können zu den mehrfach ungesättigten FS gehören.

Jedes natürlich vorkommende tierische oder pflanzliche Fett ist ein Gemisch vieler verschiedener Fettmoleküle, die vielfältige Kombinationen von FS enthalten. Allgemein ergeben die

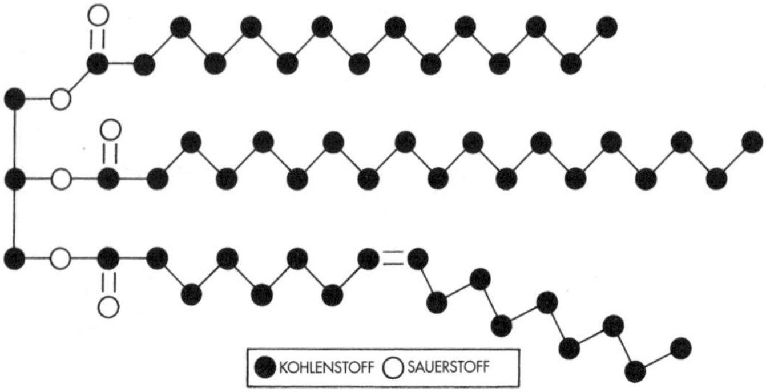

Darstellung eines Fett- oder Triglyceridmoleküls. Drei Fettsäureketten hängen an einem links zu erkennenden Glycerinmolekül (dem »Flaggenstock«). Die beiden oberen Fettsäuren sind gesättigt, die untere ist einfach ungesättigt, enthält also eine Doppelbindung.

kurzkettigen und weniger gesättigten FS weichere Fette, während langkettige und gesättigtere FS härtere Fette bilden. Das Molekül einer ungesättigten FS weist nämlich an jeder Stelle, wo ein Paar von Wasserstoffatomen fehlt (im Jargon der Wissenschaft: an jeder Doppelbindung), einen Knick auf. So können die Fettmoleküle sich nicht eng zu einer harten, festen Struktur aneinander lagern, weshalb das Fett wahrscheinlich eher flüssig als fest ist. Aus diesem Grund sind die vorwiegend gesättigten tierischen Fette in der Regel fest, während die vorwiegend ungesättigten pflanzlichen Fette meist als Flüssigkeit vorliegen. Wenn Sie lesen, ein bestimmtes Olivenöl sei zum Beispiel zu 70 % einfach ungesättigt, zu 15 % gesättigt und zu 15 % mehrfach ungesättigt, sind damit die Prozentanteile der drei Arten von FS gemeint, die man aus all den unterschiedlichen Fettmolekülen des Öls aufaddiert hat. Es interessiert uns nicht, wie die FS sich auf die Fettmoleküle verteilen, da *nur die relativen Mengen der drei Arten von FS, über die Gesamtmenge der Fettmoleküle addiert, festlegen, wie gesund oder ungesund das Fett ist.* Die Glycerinanteile all dieser Fettmoleküle sind für die Ernährung nicht so wichtig und laufen nur so mit. Sogenannte »essentielle Fettsäuren« sind jene FS, die unser Körper benötigt, um wichtige Hormone, die Prostaglandine, herzustellen.

Wo wir schon von Fettsäuren und Triglyceriden reden, können wir auch ein paar andere mit Fett verbundene Begriffe klären, die Sie vielleicht schon gehört haben:

Monoglyceride und Diglyceride sind so ähnlich wie Triglyceride, besitzen aber, wie Sie wohl schon erraten haben, nur ein (Mono-) oder zwei (Di-) FS-Moleküle, die mit dem Glycerinmolekül verbunden sind. Sie kommen neben den Triglyceriden in sehr geringen Mengen in allen natürlichen Fetten vor, und ihre FS gehen ebenfalls in das Profil von gesättigten / ungesättigten Anteilen der Fette ein. Außerdem verwendet man sie in vielen industriell hergestellten Nahrungsmitteln als Emulgatoren (Substanzen, mit deren Hilfe Öl und Wasser zu mischen sind). Sieht man sie selbst aber auch als Fette an? Gewissermaßen. Bei der Verdauung werden Triglyceride zu Mono- und Diglyceriden abgebaut, weshalb sie sich in völlig gleicher Weise auf die Ernährung auswirken.

Schließlich ist da noch das Wort Lipid, abgeleitet vom griechischen *lipos*, was einfach Fett bedeutet. Wir verwenden das Wort jedoch in einem sehr viel breiteren Spektrum. Lipid ist eine Sammelbezeichnung für alles und jedes innerhalb von Lebewesen, was irgendwie ölig, fettig oder fettliebend ist. Dazu gehören nicht nur Mono-, Di- und Triglyceride, sondern auch solche chemische Substanzen wie Phosphatide, Sterole und fettlösliche Vitamine. Wenn der Bericht mit Ihren Blutwerten aus dem Labor kommt, findet sich da möglicherweise auch eine Rubrik mit den »Lipidwerten«, in der nicht nur die Menge der Triglyceride (»fettes« Blut ist schlecht) aufgeführt ist, sondern auch die Menge der verschiedenen Formen des Cholesterins, das ein fettiger Alkohol ist (»Cholesterol«).

Was kann man tun, um die Verwirrung wegen der »Fette« und »Fettsäuren« in der Ernährungsliteratur abzubauen?

Erstens müssen wir anerkennen, daß das Wort *Fett*, obwohl

es im strengen Sinn für eine ganz bestimmte chemische Substanz steht – für ein Triglycerid im Gegensatz zu einem Protein oder einem Kohlenhydrat –, umgangssprachlich eine Mischung von Fetten bezeichnet, also Butter, Speck, Erdnußöl und so weiter (jedes dieser Produkte wird in der Ernährungskunde als »Fett« geführt). Ein Leser kann gegen diese Zweideutigkeit wenig unternehmen. Er kann allenfalls feststellen, ob das Wort nun im Zusammenhang mit einer bestimmten chemischen Substanz oder mit einer Nahrungsmittelkategorie verwendet wird.

Zweitens können wir den Autoren auf dem Sektor Ernährung dringend nahelegen, besser darauf zu achten, daß sie nicht unterschiedslos zwischen »Fett« und »Fettsäuren« hin und her springen. Hier ein paar Vorschläge: In welchem Verhältnis ein aus Fett bestehendes Nahrungsmittel gesättigte und ungesättigte Anteile enthält, läßt sich auch ohne einen der beiden Begriffe ausdrücken. Man kann etwa einfach sagen, es sei zu X Prozent gesättigt, zu Y Prozent einfach ungesättigt und zu Z Prozent mehrfach ungesättigt, ohne das Objekt (»Fettsäure«) hinzuzufügen, auf das diese Adjektive sich tatsächlich beziehen. Statt von einem »gesättigten (oder ungesättigten) Fett« zu reden, sollten wir besser sagen, es sei ein »Fett mit hohen gesättigten (oder ungesättigten) Anteilen« oder ein »hochgradig gesättigtes (oder ungesättigtes) Fett«. Damit hätten wir kürzere Versionen der Aussage »reich an gesättigten (oder ungesättigten) Fettsäuren«.

Allgemein wäre es besser, den Begriff »Fettsäuren« so wenig wie möglich zu verwenden, da die Menschen den Ausdruck *Fett* bereits verstehen (oder das zumindest glauben) und das Wort deswegen weniger einschüchternd ist. Wenn man jedoch einzelne Fettsäuren abhandeln will, sollte man vielleicht, wenn man den Begriff erstmals verwendet, erklären, es handle sich dabei um die »Bausteine der Fette«.

Wenn gutes Fett schlecht wird

Was läßt Fett ranzig werden?

Freie Fettsäuren. Also Fettsäuremoleküle, die von ihren Fettmolekülen abgetrennt wurden. Die meisten Fettsäuremoleküle sind faulig riechende und übel schmeckende chemische Substanzen, und wenige davon genügen, einem fetthaltigen Nahrungsmittel einen schlechten Geschmack zu geben.

Die Fettsäuren werden vorwiegend auf zwei Wegen abgetrennt: Entweder reagiert das Fett mit Wasser (Hydrolyse), oder es reagiert mit Sauerstoff (Oxidation).

Sie glauben vielleicht, Fette und Öle würden mit Wasser nicht reagieren, weil sie so schwer miteinander zu mischen sind. Doch mit der Zeit können Enzyme, die in vielen fetthaltigen Speisen von Natur aus vorhanden sind, diese Reaktion stattfinden lassen (im Jargon der Wissenschaft: Sie katalysieren die Hydrolyse). Demnach können Waren wie Butter und Nüsse einfach dadurch ranzig werden, daß sie längere Zeit gelagert werden. Butter ist besonders anfällig, weil sie viele kurzkettige Fettsäuren enthält, und diese kleineren Moleküle können leichter in die Luft übergehen (im Jargon der Wissenschaft: Sie sind leichter flüchtig) und einen üblen Geruch erzeugen. Bei ranziger Butter ist Buttersäure (Butansäure) die Hauptschuldige.

Auch hohe Temperaturen beschleunigen das Ranzigwerden eines Öls durch Hydrolyse, etwa wenn wasserhaltige Lebensmittel darin fritiert werden. Das ist einer der Gründe, weshalb zu oft verwendetes Fritierfett anfängt, übel zu riechen.

Oxidation, der zweite wichtige Auslöser, der etwas ranzig werden läßt, läuft bevorzugt in Fetten ab, die ungesättigte Fettsäuren enthalten, wobei die mehrfach ungesättigten leichter oxidiert werden als die einfach ungesättigten. Wärme, Licht und Spuren der Metalle, die von den Produktionsanlagen der Nahrungsmittel stammen können, beschleunigen (katalysieren) die Oxidation. Konservierungsstoffe wie Ethylendiamin-Tetraacetylsäure, gnädigerweise mit dem Spitznamen EDTA versehen, verhindern eine durch Metalle katalysierte Oxidation, indem sie die Metallatome einschließen (sequestrieren).

Fazit: Weil die Reaktionen, die etwas ranzig werden lassen, durch Wärme und Licht katalysiert werden, sollten Speiseöle und andere fetthaltige Nahrungsmittel an einem kühlen, dunklen Ort aufbewahrt werden. Jetzt wissen Sie, warum man Ihnen das auf den Etiketten ständig nahelegt.

Es reicht!

Auf Packungen lese ich oft den Hinweis, ein Pflanzenöl sei »teilweise hydriert«. Was hat es damit auf sich, und warum macht man das nicht immer, wenn es so vorteilhaft ist?

Öle hydriert man, indem man Wasserstoffatome unter Druck dazu bringt, sich an die Fettmoleküle zu binden, wodurch diese stärker gesättigt werden, denn gesättigte Fette sind härter als ungesättigte Fette. Die Wasserstoffatome binden sich an wasserstoffarme Abschnitte (im Jargon der Wissenschaft: Doppelbindungen, die starrer sind als Einfachbindungen) der Ölmoleküle, was diese biegsamer macht. So können sie enger beieinander liegen, fester aneinander haften und deshalb nicht mehr so leicht fließen. Ergebnis: Das Fett wird härter, weniger flüssig und fester.

Hätte man die Fette in der Margarine nicht teilweise hydriert, müßten Sie sie gießen, nicht aufstreichen. Doch mit einer Teilhydrierung füllt man nur etwa 20 % der in den Molekülen fehlenden Wasserstoffatome auf. Wäre Ihre Margarine zu 100 % hydriert, wäre das, als wollten Sie versuchen, Kerzenwachs auf Ihren Toast zu streichen.

Leider sind gesättigte Fette weniger gesund als ungesättigte. Deshalb wandeln Lebensmittelhersteller auf dem schmalen

Grat zwischen einer minimalen Hydrierung zugunsten der Gesundheit und ausreichender Hydrierung zugunsten der erwünschten Konsistenzen.

Fett-Mathe

Wie kommt es, daß die auf der Verpackung angegebenen Fettmengen nicht aufsummiert werden? Wenn ich die Anteile der gesättigten, einfach ungesättigten und mehrfach ungesättigten Fette in Gramm addiere, kommt weniger heraus, als beim »Gesamtfett« als Gewicht angegeben ist. Gibt es noch andere Fettarten, die nicht aufgelistet werden?

Nein, alle Fette fallen in diese drei Kategorien.

Die von Ihnen angesprochene seltsame Arithmetik hatte ich vorher nie bemerkt, doch als ich Ihre Frage erhielt, lief ich sofort in meine Küche und schnappte mir eine Schachtel Nabisco-Weizencracker. Bei den Angaben der Nährstoffgehalte waren folgende Fettmengen pro Portion genannt: »Fett insgesamt 6 g. Gesättigte Fette 1 g. Mehrfach ungesättigte Fette 0 g. Einfach ungesättigte Fette 2 g.« Ich holte meinen Taschenrechner heraus. Wollen wir doch mal sehen: Ein Gramm gesättigte plus null Gramm mehrfach ungesättigte plus zwei Gramm einfach ungesättigte Fette ergibt drei Gramm Gesamtfett, nicht sechs. Was war mit den restlichen drei Gramm passiert?

Als nächstes griff ich mir eine Schachtel Salzstangen. Noch schlimmer! Die zwei Gramm Gesamtfett setzen sich anscheinend aus »null Gramm« gesättigten, »null Gramm« mehrfach ungesättigten und »null Gramm« einfach ungesättigten Fetten zusammen. Seit wann ist null plus null plus null gleich zwei? Ich brauchte noch nicht einmal meinen Taschenrechner, um zu wissen, daß da etwas faul war. Hier geschahen äußerst seltsame Dinge. Ich eilte an den Computer und rief die Website der FDA auf. Von dieser Behörde stammen die Vorschriften, wie der Nährstoffgehalt industriell hergestellter Lebensmittel zu kennzeichnen ist. Diese Website schließt eine Rubrik ein, auf der häufig gestellte Fragen zur Kennzeichnung von Lebensmitteln beantwortet werden. Und das habe ich gefunden:

»Frage: Sollte die Summe aus gesättigten, mehrfach sowie einfach ungesättigten Fetten dem angegebenen absoluten Fettgehalt entsprechen?

Antwort: Nein. Die Summe der Fettsäuren wird in der Regel niedriger sein als das Gesamtgewicht der Fette, da die Gewichte von Fettbestandteilen wie etwa Transfettsäuren und Glycerin nicht mit aufgenommen werden.«

Aha, so ist das also!

Immer noch nicht klar? Dann noch einmal mit anderen Worten: Ein Fettmolekül besteht aus zwei Teilen, einem Anteil Glycerin und einem Anteil an Fettsäuren. Obwohl nun das unter »Gesamtfett« genannte Gewicht tatsächlich alle Fettmoleküle erfaßt, also sowohl Glycerin wie auch Fettsäuren, geben die Zahlen für »gesättigte«, »mehrfach« und »einfach ungesättigte« Fette eben nur die Gewichte der Fettsäuren allein wieder. Die Differenz stellt die Summe der Gewichte aller Glycerinanteile der Fettmoleküle dar (zu den Transfettsäuren komme ich später).

Warum bezeichnet man dann auf den Etiketten all diese Mengen als »Fette« und nicht als das, was sie wirklich sind, nämlich Fettsäuren? Dafür gibt es wohl zwei Gründe: Erstens wollen die Leute in der Regel nur das Verhältnis von gesättigten und ungesättigten Anteilen in ihren Fetten wissen, und das wird allein durch die Fettsäureanteile festgelegt, und zweitens ist der Platz auf den Etiketten kostbar, und »Fettsäuren« ist einfach länger als »Fette«. (Ich denke, das ist in Ordnung, aber die falsche Bezeichnung ärgert Erbsenzähler wie mich weiterhin.)

Wie auf der Frage-und-Antwort-Seite der FDA eingeräumt wird, gibt es bei den Angaben der Nährstoffgehalte noch mehr Verwirrendes, weil die Gewichte der Transfettsäuren nicht auf den Listen erscheinen. Diese tragen in Wahrheit sogar in größerem Umfang zu der Differenz der Fettgewichte bei als die Glycerinanteile.

In den *Furchterregenden Fett-Festspielen* stellen diese Transfettsäuren die neuesten Schurken des Stücks dar. Sie scheinen den Anteil des »schlechten« Cholesterins LDL im Blut fast ebenso stark zu erhöhen wie die natürlichen gesättigten Fettsäuren. In pflanzlichen Ölen kommen die Transfettsäuren natürlicherweise nicht vor, entstehen aber, wenn diese hydriert werden. Dabei können die beiden hinzugefügten Wasserstoffatome sich eventuell an gegenüberliegenden Seiten der Kohlenstoffkette anlagern (im Jargon der Wissenschaft: in der *trans*-Konfiguration), anstatt beide an derselben Seite zu landen (in der *cis*-Konfiguration). Dadurch verschwindet der Knick im Molekül der Fettsäure, und sie verhält sich wie eine gesättigte Fettsäure.

Teilhydrierte pflanzliche Öle können erhebliche Mengen von Transfettsäuren enthalten. Diese werden aber auf den Etiketten von Lebensmitteln derzeit nicht eigens aufgeführt, vor allem, weil es ziemlich schwierig ist, ihre jeweiligen Anteile genau zu bestimmen.

In Ihrem persönlichen Streben nach einem langen Leben werden Sie wohl weiterhin im Auge behalten wollen, wieviel an »Gesamtfett« auf dem Etikett aufgeführt ist. Um aber zu erfahren, ob es sich dabei hauptsächlich um »gutes Fett« oder »schlechtes Fett« handelt, sollten Sie das genaue Gewicht in Gramm außer Acht lassen und auf die *relativen* Mengen gesättigter, mehrfach sowie einfach ungesättigter Fette (bzw. Fettsäuren) achten. Darauf kommt es nämlich an. Und vergessen Sie nicht: Während ich dies schreibe, lauern noch immer die heimtückischen Transfettsäuren irgendwo abseits des Etiketts. Die FDA erwägt, sie in der Gruppe der ungesättigten Fettsäuren eigens angeben zu lassen.

Ach ja, noch etwas: Was ist mit jenen »null Gramm Fett(säuren)« in meinen Salzstangen, die auf geheimnisvolle Weise eine Summe von zwei Gramm Gesamtfett ergaben? Existieren vielleicht einige Arten von Fett, an denen überhaupt keine Fettsäuren hängen? Nein, dann wäre es kein Fett. Die FDA erlaubt den Herstellern ganz einfach, »null Gramm« eines Fetts oder einer Fettsäure aufzuführen, wenn die Menge kleiner ist als 0,5 Gramm pro Portion.

Die Rechenregeln, die wir in der Schule gelernt haben, sind nicht in Gefahr.

Alles in Butter – ist das vollkommen klar?

In einem Rezept steht, ich soll geklärte Butter verwenden. Wie mache ich das? Und was erreicht man mit dem Klären von Butter, abgesehen, na ja, von klarer Butter?

Kommt darauf an, wie Sie das sehen. Durch das Klären befreit man die Butter von allem außer jenem köstlichen, die Arterien verstopfenden, hochgesättigten Butterfett. Wenn wir dieses jedoch statt der normalen Butter zum Sautieren verwenden, meiden wir die gebräunten Proteine, die wegen möglicher krebserregender Bestandteile ebenfalls ungesund sein können. Suchen Sie sich Ihr Gift doch einfach aus.

Manche stellen sich Butter als einen Block Fett vor, der mit Schuldgefühlen verpackt ist. Doch ob Schuld oder keine Schuld, es ist nicht alles Fett. Butter ist eine Drittelmischung aus Fett, Wasser und Proteintrockenmasse. Wenn wir Butter klären, trennen wir das Fett ab und verwerfen alles andere. Mit dem puren Butterfett können wir bei höherer Temperatur sautieren, ohne daß etwas brenzlig wird oder es zu rauchen beginnt, denn zum einen hält der wäßrige Anteil der Butter die Temperatur niedrig, und zum anderen zeigen die Proteine in der Tat eine gewisse Neigung, anzubrennen und zu rauchen.

Beim Erhitzen in einer Bratpfanne fängt die Proteintrokkenmasse der Butter bei etwa 110 °C an, braun zu werden und Rauch zu entwickeln. Eine Möglichkeit, diese Vorgänge zu reduzieren, besteht darin, die Butter in der Pfanne zu »schützen« und ein wenig Öl hinzuzugeben, das vielleicht eine Rauchtemperatur von 220 °C hat. Dennoch werden die Proteine der Butter ein wenig braun.

Oder Sie nehmen geklärte Butter. Das ist das pure »Öl« (das Butterschmalz) ohne die Proteine, und dieses wird Ihren Rauchmelder erst ab etwa 180 °C auslösen.

Geklärte Butter hält sich viel länger als normale Butter, weil Bakterien zwar in Proteinen vor sich hinwerkeln, nicht aber in reinem Öl. In Indien, wo Kühlungsmöglichkeiten rar sein können, stellt man geklärte Butter (*usli ghee*) her, indem man sie langsam schmelzen läßt und dann das Wasser allmählich herauskocht. Die Proteine und Zucker werden dabei leicht gebrannt, was einen angenehm nussigen Geschmack erzeugt.

Am Ende wird geklärte Butter ranzig. Doch im ranzigen Zustand schmeckt sie nur sauer, ist aber nicht mit Bakterien kontaminiert. Die Tibeter bevorzugen ihre geklärte Butter ja tatsächlich in der ranzigen Variante.

Will man (gesalzene oder ungesalzene) Butter klären, muß man nichts weiter tun, als sie bei möglichst niedriger Temperatur langsam schmelzen zu lassen, und dabei beachten, daß sie sich durch zuviel Hitze schnell braun verfärben kann. Butterschmalz, Wasser und Feststoffe trennen sich ansonsten in drei Schichten: oben eine schaumige Lage Kasein, in der Mitte das klare gelbe Schmalz, unten eine wäßrige Aufschwemmung der Milchtrockenmasse. Nimmt man gesalzene Butter, verteilt das Salz sich auf die obere und die untere Schicht.

Man schöpft die obere Schaumschicht ab und gießt das Schmalz – die geklärte Butter – in einen anderen Behälter (das geht auch mit einem Schöpflöffel), wobei das Wasser und die abgesetzten Feststoffe zurückbleiben. Man kann auch einen Scheidetrichter verwenden, um das Wasser zu entfernen. Noch besser ist es, das ganze Kuddelmuddel in den Kühlschrank zu stellen, worauf die obere Schaumschicht von dem festgewordenen Schmalz abgekratzt werden kann, welches sich dann leicht von der wäßrigen Schicht abheben läßt.

Den Kaseinschaum sollte man nicht wegwerfen; er enthält den größten Teil des buttrigen Geschmacks. Man kann damit gedämpftes Gemüse geschmacklich bereichern. Auf Popcorn schmeckt es auch hervorragend, vor allem, wenn man gesalzene Butter geklärt hatte.

Ich kläre immer gleich zwei Pfund auf einmal und gieße das flüssige Schmalz in Eiswürfelbehälter aus Plastik, wobei ich pro Portion annähernd 30 Milliliter einfülle. Nachdem diese »Butterwürfel« tiefgefroren sind, packe ich sie lose in einen Plastikbeutel und hebe sie im Tiefkühlfach auf, bis ich sie nach Bedarf einzeln entnehme.

250 Gramm Butter ergeben etwa drei Viertel dieser Menge an geklärter Butter. Dieses Schmalz kann man genau nach den Rezeptangaben für die Buttermenge verwenden.

Und ganz nebenbei enthält die wäßrige Schicht den ganzen Milchzucker, die Laktose. Wer Butter meiden muß, weil er Milchzucker nicht verträgt, kann immer noch mit geklärter Butter kochen. Das dürfte einer der Hauptgründe sein, Butter zu klären.

Raucht nicht!

Knusperkartoffeln Anna

Verwendet man für dieses klassische Gericht geklärte Butter, können die Kartoffeln goldbraun und knusprig werden. Obwohl die Temperatur im Herd hoch ist, wird das Fett nicht verbrennen oder zu rauchen beginnen, da die Feststoffe der Milch fehlen. Eine gußeiserne Bratpfanne ist am besten geeignet.

4 mittelgroße Kartoffeln, vorzugsweise Salatware
2–4 Eßlöffel (30–60 Milliliter) Butterschmalz
Grobes Salz
Frischgemahlener Pfeffer

1. Backrohr auf 220 °C vorheizen. Eine (gußeiserne) Bratpfanne (etwa 20 cm Durchmesser) mit passendem Deckel wählen, großzügig Butter hineingeben. Kartoffeln waschen, trocken tupfen und je nach Vorliebe geschält oder ungeschält in etwa 3 mm dicke Scheiben schneiden.
2. Den Boden der Pfanne kreis- oder spiralförmig von der Mitte her mit einer Schicht Kartoffelscheiben belegen, die Scheiben sollen sich überlappen. Diese Schicht mit Butter einpinseln und mit Salz und Pfeffer bestreuen. In gleicher Weise weitere Schichten darüber legen und buttern, bis alle Kartoffelscheiben verbraucht sind.
3. Die verbliebene Butter über die oberste Lage verteilen. Auf dem Herd die Kartoffeln bei mittlerer Hitze auf der Flamme lassen, bis erste Bläschen aufsteigen. Deckel auflegen und im Rohr 30–35 Minuten backen, bis die Kartoffeln oben goldbraun sind und sich bei einer Probe mit der Gabel oder einem Zahnstocher weich anfühlen. Hebt man sie mit einem Messer oder einer Gabel an, sollte auf der Unterseite der Scheiben eine leichte Kruste sichtbar sein. Ansonsten muß man die Backzeit ein wenig verlängern.
4. Pfanne kräftig schütteln, damit alles, was vielleicht am Boden anhaftet, gelöst wird. Falls nötig, mit einem breiten Wender darunter fahren. Den Inhalt der Pfanne auf eine Platte oder einen großen Teller stürzen und die Kartoffeln mit der Krustenseite nach oben servieren.

Ergibt 4 Portionen.

Mehr als gute Butter

In Frankreich habe ich wundervoll aromatische Butter bekommen – besser als alles, was hier in den USA erhältlich ist. Wie kommt dieser Unterschied zustande?

Durch mehr Fett.

Handelsübliche Butter besteht zu 80–82 % aus Milchfett (auch Butterfett genannt), zu 16–17 % aus Wasser und 1–2 % aus Milchtrockenmasse (bei gesalzener Butter kommen noch etwa 2 % Salz hinzu). Das amerikanische Landwirtschaftsministerium setzt die Untergrenze des Butterfettgehalts amerikanischer Butter auf 80 % fest, während die meisten europäischen Buttersorten mindestens 82 % oder gar bis zu 84 % enthalten.

Das hört sich nicht nach einem großen Unterschied an, doch mehr Fett heißt weniger Wasser, und von daher hat man ein reichhaltigeres, sahnigeres Produkt. Konditoren in den USA bezeichnen europäische Butter oft als »trockene« Butter. Zudem ergibt Butter mit höherem Fettanteil glattere Saucen sowie lockereres und geschmacklich opulenteres Gebäck (vergleichen Sie nur einmal die Croissants, die Sie in Frankreich bekommen haben, mit diesen amerikanischen Imitationen der Sorte *Alles-was-in-der-Mitte-gebogen-ist*).

Wie Sie wissen, stellt man Butter her, indem man Sahne oder nicht entrahmte, nicht homogenisierte Milch »buttert«. Die Bewegungen des Butterns trennen die Emulsion (winzige, in Wasser schwebende Fettkügelchen) der Sahne auf, was es den Fettkügelchen ermöglicht, sich zu reiskorngroßen Körnchen zusammenzulagern. Diese verschmelzen miteinander und trennen sich vom wäßrigen Anteil der Milch, der Buttermilch (die heutigen künstlichen Buttermilchprodukte werden dann noch weiter behandelt). Anschließend wird das Fett mit Wasser gewaschen und »durchgewalkt«, um weitere Buttermilch herauszupressen. Europäische Butter wird allgemein in kleinen Chargen hergestellt, wodurch die Buttermilch vollständiger abgetrennt werden kann.

Es gibt einige amerikanische Buttermarken, die der europäischen Art nachempfunden sind und früher als Plugrá (eine Verballhornung des französischen »plus gras«, fetthaltiger) bekannt waren. In Spezialitätenläden erhält man auch aus Frankreich und Dänemark importierte europäische Butter. Bringen Sie einen Haufen Euro mit.

Das große Pressen

Wie ich das sehe, ist Mais ein Nahrungsmittel mit wenig Fett. Wie schaffen die es nur, solche Mengen Maiskeimöl herauszuholen?

Sie verwenden eine Menge Mais.

Diese Körnerfrucht enthält in der Tat sehr wenig Fett – etwa 1 Gramm pro Kolben, ehe Sie diesen Haufen Butter draufklatschen. Doch es ist die bei weitem häufigste Ackerfrucht in den USA, wo sie in 42 Bundesstaaten mit einem jährlichen Umschlag von fast 250 Millionen Tonnen angebaut wird, die um die 15 Milliarden Liter Öl enthalten – das reicht, um den ganzen Bundesstaat Delaware zu fritieren.

Das Öl befindet sich im Keim des Korns, wo Mutter Natur es als eine konzentrierte Form der Energie – neun Kalorien pro Gramm – einlagert, um den Treibstoff für das alltägliche Wunder zu liefern, bei dem aus Samenkörnern vollständige neue Pflanzen heranwachsen. Der Keim macht nur etwa 8 % des Korns aus, und davon ist nur die Hälfte Öl: Ein Maiskolben ist nicht gerade das, was man als sprudelnde Ölquelle bezeichnen könnte.

Wie Sie sich vorstellen können, muß man einiges unternehmen, um das Öl da herauszubekommen. In der Ölmühle weicht man die Maiskörner für ein oder zwei Tage in heißem Wasser ein, ehe man sie grob mahlt, um die Keime herauszulösen. Diese werden dann ausgeschwemmt oder mit der Zentrifuge abgetrennt, getrocknet und zermahlen, ehe man das Öl herauspreßt.

In Rauch aufgegangen

Wie unterscheiden sich die verschiedenen Ölsorten für die Küche hinsichtlich ihres Siedepunkts, und was bedeutet das für den Koch?

Ich glaube nicht, daß Sie den Siedepunkt meinen, denn trotz der so poetischen wie sadistischen Reize des Ausdrucks »in siedendem Öl« siedet Öl nicht.

Schon lange bevor es heiß genug wird, ans Brodeln auch nur zu denken, wird ein Speiseöl sich zersetzen. Dabei zerfällt es in unangenehme chemische Substanzen und verkohlte Partikel, die Ihre Geschmacksknospen mit einem verbrannten Aroma, Ihre Nüstern mit einem säuerlichen Geruch und Ihre Ohren mit einem kreischenden Alarm des Rauchmelders überfallen. Falls Sie die höchste in der Praxis mögliche Kochtemperatur für eine Ölsorte im Sinn haben, so ist diese nicht durch einen Siedepunkt begrenzt, sondern durch die Temperatur, bei der das jeweilige Öl zu rauchen beginnt.

Bei normalen Pflanzenölen, die meist aus Pflanzensamen gewonnen werden, können die jeweiligen Rauchpunkte zwischen 120 °C und mehr als 230 °C liegen. Doch trotz der in manchen Büchern aufgeführten ausgesprochen genauen Werte kann man für den Rauchpunkt keine exakte Temperatur angeben, weil sie bei jedem Öl in einem recht großen Umfang schwanken kann. Das hängt vom Grad des Raffinierens und der Zuchtsorte der Pflanze ab und kann sogar vom Klima und dem Wetter während der Wachstumsperiode der Pflanze beeinflußt werden.

Das Institut für Backfette und Speiseöl gibt dennoch die ungefähren Rauchpunkte für einige gebräuchliche Speiseöle an: Färberdistelöl 162–180 °C, Maiskeimöl 205–210 °C, Erdnußöl 215–220 °C, Baumwollsamenöl 218–232 °C, Rapsöl 223–229 °C und Sonnenblumen- sowie Sojabohnenöl 225–231 °C. Olivenöle können je nach Sorte zwischen 208 und 236 °C variieren; bei Ölen der Qualität *extra vergine* ist der Wert allgemein niedriger, während helles Olivenöl am hitzebeständigsten ist, weil man es filtriert hat. Tierische Fette beginnen in der Regel bei niedrigeren Temperaturen zu rauchen als pflanzliche Öle, weil gesättigte Fettsäuren leichter zerfallen.

Die meisten Speiseöle erreichen ihren Flammpunkt, wenn sie auf etwa 315 °C erhitzt werden. Das ist der Punkt, an dem

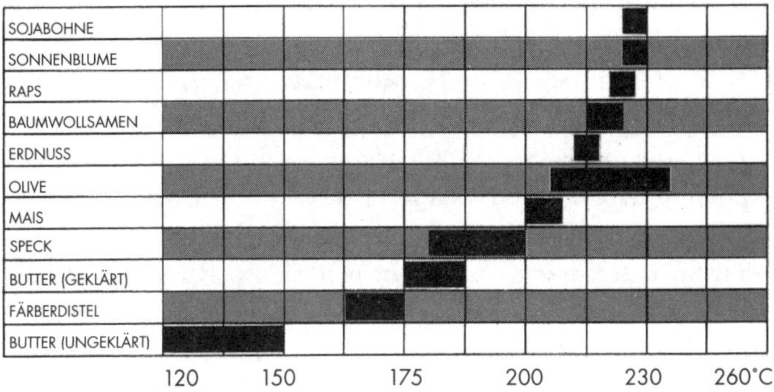

Die ungefähre Bandbreite der Rauchpunkte einiger frischer Speiseöle, erweitert um die Werte von Speck. Die genauen Rauchpunkte hängen davon ab, wie das Öl raffiniert wurde, und können bei gebrauchtem Öl entscheidend niedriger liegen.
Quelle (außer für Speck): Institute of Shortening and Edible Oils (Institut für Backfette und Speiseöle), USA.

ihre Dämpfe durch eine Flamme entzündet werden können. Wenn man sie noch stärker (bis auf etwa 390 °C) erhitzt, erreichen die meisten Ölsorten ihren sogenannten Brennpunkt, an dem sie spontan zu brennen beginnen.

Die Köche in den USA schätzen die meisten Speiseöle, wenn man von einigen Ölspezialitäten absieht, wegen ihrer Neutralität, also wegen des Mangels an eindringlichem Geschmack. Olivenöl dagegen preist man wegen seiner komplexen Aromen, die von nussig über pfeffrig und grasig bis hin zu fruchtig reichen können, je nachdem, aus welchem Land und welcher Region es kommt, und je nach Olivensorte und Wachstumsbedingungen. Die einzigartigen Eigenschaften der verschiedenen Küchen des Mittelmeerraums sind weitgehend darauf zurückzuführen, daß man dort fast ausschließlich Olivenöl verwendet, das eine Geschmackskomponente der Rezepte darstellt und nicht allein als Medium zum Garen angesehen wird. Man nutzt es in allen Bereichen, vom Backen bis zum Fritieren. Und einen Spanier oder Italiener, der sich über ein wenig Rauch in der Küche beschweren würde, habe ich noch nicht kennengelernt.

Zum Glück liegen die Rauchpunkte mehrerer gebräuchlicher Speiseöle höher als die besten Temperaturen für das Fritieren, die bei 185–190 °C liegen. Wenn Sie jedoch nicht sorgfältig darauf achten, kann das Fritierfett bis zu 205 °C erreichen, es gibt also nicht allzuviel Spielraum. Wenn man vom Speisefett mit dem absolut niedrigsten Rauchpunkt von allen, dem Butterschmalz mit 120–148 °C, einmal absieht, sollte beim Sautieren der Rauch kein Problem sein, solange Sie den Regler des Brenners nicht mit bleierner Hand bedienen.

Zu beachten ist, daß alle oben genannten Rauchpunkte für frisches Öl gelten. Wenn Öl entweder erhitzt oder oxidiert wird, zerfällt es in freie Fettsäuren, die einmal den Rauchpunkt senken und dazu sauer schmecken. Fritierfett oder anderes Öl, das nennenswert erhitzt oder mit Luft in Berührung gebracht wurde und erneut verwendet wird, beginnt deshalb weit früher zu rauchen und einen unangenehmen Geschmack zu entwickeln. Zudem polymerisieren heiße Öle gern – ihre Moleküle verbinden sich zu erheblich größeren Molekülen, die dem Öl eine dickflüssige, zähe Konsistenz und eine dunklere Farbe verleihen. Und am Ende kann heißes Öl in gesundheitsschädliche chemische Stoffe wie jene sehr reaktionsfreudigen Bruchstücke zerfallen, die man freie Radikale nennt.

Alles in allem ist es also sowohl für die Gesundheit als auch für den Gaumen das beste, Fritierfett nach einem oder höchstens zwei Einsätzen wegzuwerfen – oder auch sofort, falls man es in nennenswertem Umfang hat rauchen lassen.

Nachtisch, schmalzgebacken
Ricotta-Beignets

Fritierte oder schwimmend in Fett herausgebackene Gerichte müssen nicht schwer sein, und die Küche kann eine rauchfreie Zone bleiben. Diese Beignets fürs Dessert sind leicht und knusprig, und sie schmecken nicht nach Olivenöl und sind auch nicht fettig, wenn eine Fritiertemperatur zwischen 180 und 185 °C eingehalten wird. Traditionell träufelt man zum Schluß Honig darüber, aber auch jeder Fruchtsirup ist geeignet, besonders Erdbeersirup.

240 Gramm Ricotta-Käse
2 große Eier, leicht geschlagen
20 Gramm ungesalzene Butter, geschmolzen
15 Gramm Zucker
Schale einer ungespritzten Zitrone
1/8 Teelöffel Muskatnuß, frisch gerieben
1/8 Teelöffel Salz
60 Gramm Mehl
Olivenöl
Fruchtsirup oder Honig

1. Ricotta in eine mittlere Schüssel geben. Die geschlagenen Eier gut einarbeiten. Butter, Zucker, Zitronenschale, Muskat und Salz hinzufügen, gut durchmischen. Das Mehl einrühren, bis alles glatt verbunden ist. Die Mischung zwei Stunden ruhen lassen.
2. Olivenöl etwa 3 cm hoch in einen kleinen, tiefen Kochtopf gießen und auf mittlerer Stufe erhitzen (wir nehmen einen schweren Topf von 18 cm Durchmesser). Öl auf 185 °C erwärmen, mit einem geeigneten Thermometer prüfen. Wer das Öl ohne dieses Instrument testen will, läßt ein wenig Teig hineintropfen. Kommt er sofort an die Oberfläche, ist die Temperatur einigermaßen richtig.
3. Den Teig sachte und in Form kleiner Klößchen mit Hilfe eines Eßlöffels in das Öl geben, mit einem zweiten Löffel vom ersten lösen. Nicht zuviel auf einmal herausbacken. Die Beignets werden größer und bräunen allmählich. Mit einem Kochlöffel oder dem Griff eines Holzlöffels wenden, damit auch die andere Seite bräunen kann. Sind die Beignets fertig, werden sie mit einem Schaumlöffel aus dem Öl genommen und zum Abtropfen auf Küchen-

tücher von der Rolle gelegt. Weitermachen, bis aller Teig aufgebraucht ist.
4. Heiß servieren und dazu Fruchtsirup oder Honig reichen.

Ergibt etwa 30 Stück oder 4–6 Portionen, es sei denn, der Helfer des Kochs nascht zuviel davon.

Häßliches Fett loswerden

Wohin mit dem gebrauchten Fett, nachdem ich Speisen fritiert habe? Ich kann es doch nicht einfach in die Umwelt entsorgen, oder?

Richtig. Zwar sind Speisefette und Öle letztlich biologisch abbaubar, aber in einer Mülldeponie können sie auf Jahre hinaus alles verkleben. Sie sind jedoch nicht so schlimm wie Erdölderivate, die nur von ein oder zwei Bakterienarten verdaut werden können und im Grunde für immer vorhanden bleiben. Kleine Fettmengen kann man mit ein paar Küchentüchern von der Rolle aufsaugen und in den Hausmüll werfen. Etwas größere Mengen fülle ich in eine leere Konservendose, die ich im Gefrierschrank aufbewahre, wo alles Öl fest wird. Ist die Dose voll, packe ich sie in einen Plastikbeutel, verschließe diesen und werfe ihn in die Mülltonne, wobei ich hoffe, daß das Zeug erst geschmolzen ist und ausläuft, wenn es ganz weit weg ist und nicht mehr bis zu mir zurückverfolgt werden kann. Das ist »unverschämt«, ich weiß, doch immer noch besser, als es in den Ausguß zu schütten. Außerdem gibt es eine hübsche Stichflamme, wenn der Müll verbrannt wird.

Große Mengen gebrauchten Fritierfetts sind ein größeres Problem. Restaurants schließen Verträge mit Entsorgungsfirmen ab, welche die gebrauchte »Schmiere« in Fässern abholen und an Seifenhersteller und Chemiefirmen weiterverkaufen. Doch was machen Sie zu Hause damit, wenn es nicht möglich ist, es in Geschenkpapier einzuwickeln und in der Hoffnung, jemand möge es stehlen, in einer üblen Gegend im unversperrten Wagen zurückzulassen?

Wie ein von mir befragter Hydrogeologe (er untersucht, wie Flüssigkeiten durch Erdschichten fließen) der Umweltschutzbehörde rät, können Sie, falls Ihr Haus nicht an ein keimfreies Abwassersystem angeschlossen ist, das Öl mit einer großzügig bemessenen Menge Haushaltsspülmittel mit seinem gesegneten Appetit auf Fettschmiere mischen. Dann wird das Gemisch gut umgerührt oder geschüttelt, damit es homogen wird, und anschließend gemeinsam mit viel kaltem fließenden Wasser langsam in den Abfluß gefüllt, damit es am Ende von der örtlichen Kläranlage aufgearbeitet werden kann. Ich empfehle dieses Verfahren jedoch nicht: Falls Sie Ihre Abwasserrohre im Haus aufgraben müssen oder Ihre örtliche Kläranlage lahmlegen, sollten Sie mir keine Vorwürfe machen*.

Noch besser wäre es natürlich, eine Umweltverpflichtung in einen bewahrenden Wert umzuwandeln: Verwenden Sie das Öl doch als alternativen Treibstoff für Ihren Diesel. Schließlich verwendete Rudolf Diesel, als er anläßlich der Weltausstellung von 1900 in Paris seinen neuen Motor vorführte, Erdnußöl. Allerdings sollten Sie das erst versuchen, nachdem Sie sich mit Hilfe einschlägiger Literatur** kundig gemacht haben. Falls Sie diesem Vorschlag folgen, rate ich Ihnen, kein Fett mehr an Ihr Auto zu verfüttern, sobald es für die Garage zu dick wird.

Wann ist ein Öl kein Öl?

Wie funktionieren diese Antihaftsprays für die Küche? Den Etiketten ist zu entnehmen, daß kein Fett und wenig Kalorien enthalten sind, doch wenn ich eine Pfanne damit einsprühe, sieht mir das doch sehr

* In Deutschland sollte man im Zweifelsfall bei den Stadtwerken oder der Gemeindeverwaltung anfragen, wie Küchenfette zu entsorgen sind. – Anm. d. Ü.

** Z. B. mit Joshua Tickells Buch *From the Fryer to the Fuel Tank* (etwa: Aus der Friteuse in den Tank), erschienen bei Greenteach Publications, 2000.

nach Öl aus. Gibt es so etwas wie fettfreies Öl? Oder enthalten sie irgendeine Art von chemischem Ersatz für Öl?

Nein, so etwas wie fettfreies Öl gibt es nicht. Fette sind eine Familie spezieller chemischer Stoffe, und ein Öl ist nichts weiter als ein flüssiges Fett. Und die Sprays müssen auch keinen Ersatz für Öl enthalten, weil sie – sind Sie bereit? – schlichtes Öl *sind.*

Jene praktischen kleinen Dosen, mit denen man Backformen und Muffinbleche so prima einsprühen kann, anstatt sie mit Fett einpinseln zu müssen, enthalten in erster Linie ein pflanzliches Öl, dem gewöhnlich ein wenig Lecithin und Alkohol beigemengt wurde. Lecithin ist eine fettähnliche Substanz (im Jargon der Wissenschaft: ein Phospholipid), die unter anderem im Eidotter und in Sojabohnen vorkommt und zu verhindern hilft, daß etwas anklebt. Dennoch bestehen die Sprays immer noch fast vollständig aus Öl.

Der größte Vorteil ist, daß Sie damit Kalorienaufnahme und Fettverbrauch besser in den Griff bekommen. Statt mit ungelenker Hand einen kräftigen Schuß Öl in die Pfanne kippen zu müssen, geben Sie ihr nur einen schnellen Spritzer aus der Dose mit. Der Alkohol verdampft, Öl und Lecithin bleiben zurück und bilden in der Pfanne einen dünnen Film. Sie garen immer noch auf einer Schicht Öl, doch diese ist sehr dünn und liefert deswegen sehr wenig Kalorien.

Wegen der Bemühungen der Hersteller, jene höchst einträgliche Bezeichnung »fettfrei« genehmigt zu bekommen, können die Etiketten solcher Kochsprays sich zu einigermaßen bizarrer Rechenkunst versteigen. Eine Marke in den USA rühmt sich beispielsweise, in ihrer Dose seien »nur zwei Kalorien pro Portion« enthalten. Doch was ist eine »Portion«? Die Aufschrift definiert sie über einen Sprühvorgang von einer Drittelsekunde Dauer, was laut Etikett gerade ausreichen soll, um ein Drittel der Oberfläche einer Pfanne von 25 cm Durchmesser zu überziehen (also genau richtig, müssen wir annehmen, um ein Drittel eines Omeletts zuzubereiten). In dem Rennen um die Angabe von immer weniger Kalorien wirbt das Etikett eines Ölsprays damit, daß eine »Portion« einem Spritzer von einer Viertelsekunde Dauer entspreche …

Falls Sie nicht über den präzise eingestellten Zeigefinger eines »Billy the Kid« verfügen oder auch alle Vorsicht in den Wind schießen und ihre Pfanne wagemutig eine ganze Sekunde lang einsprühen, kommen Sie immer noch mit weniger als sechs Kalorien davon. Doch auch hier gilt, ein klein wenig Fett heißt nicht *kein* Fett. Wie klein muß also die Menge an Fett sein, damit man auf einem Etikett zulässigerweise »fettfrei« angeben kann?

Der FDA zufolge darf jedes Lebensmittel, das pro Portion weniger als 0,5 Gramm Fett enthält, mit der Aufschrift »enthält 0 Gramm Fett« gekennzeichnet werden. Die eine »Portion«, die in einer Drittelsekunde aus einem Kochspray kommt, enthält etwa 0,2 Gramm Fett, ist also nach dem Gesetz »fettfrei«. Hätte man die Portion durch einen Spritzer von einer ganzen Sekunde Dauer definiert, wäre man über dem Grenzwert von 0,5 Gramm gelegen und hätte es nicht als fettfrei bezeichnen dürfen. Hübscher Trick, was?

Übrigens, falls Sie der Typ sind, der zum Gürtel vorsichtshalber noch Hosenträger trägt, können Sie Ihre antihaftbeschichtete Teflonpfanne noch mit einem kleinen Spritzer Antihaftspray einsprühen. Das Bratgut wird besser gebräunt als ganz ohne Fett. Entschuldigung – ich meinte, ohne das fettfreie Fett.

Es kann schwierig werden, Olivenöl in einem sauberen Strahl aus einer Flasche zu gießen. Jede Marke scheint eine andere Art von Ausgießer zu verwenden. Und diese Behälter vom Typ »Ölkännchen« sind nur sehr mühsam nachzufüllen. Ich lasse mein Öl in der Originalflasche, ersetze aber den ursprünglichen Plastikaufsatz durch einen dieser Ausgießer, wie sie für Schnapsflaschen im Handel sind. Er paßt fast auf alle Olivenölflaschen und erlaubt es, das Öl in einem gleichmäßigen dünnen Strahl auszugießen, ohne daß etwas daneben tropft.

Achtung: Fette Nudeln voraus

Ich esse sehr gern diese japanischen Nudeln, habe aber bemerkt, daß sie eine Menge Natrium und Fett pro Portion enthalten. Sind es die Nudeln selber oder die Aromamischung, die das Fett enthalten?

Die Inhaltsstoffe der Nudeln und jene in der Packung mit der Würzmischung sind getrennt aufgelistet. Sie können also problemlos herausfinden, was wo enthalten ist. Das Salz (gewöhnlich in großen Mengen) findet sich in den Gewürzen. Daß die Nudeln Fett enthalten, würde man wohl nicht erwarten, doch überraschenderweise ist in ihnen der größte Anteil verborgen.

Ich weiß, Sie haben sich schon immer gefragt, wie die Nudelhersteller diesen kompakten, rechteckigen Block aus vollständig ineinander verdrehten Schnörkeln zustandebringen, und da es mir auch so ging, folgt hier, was ich aufgrund Ihrer Frage dazu herausgefunden habe:

Der Teig wird zunächst durch eine Reihe von Düsen gepreßt, was ein Band aus langen, nebeneinanderliegenden welligen Strängen ergibt. Dieses Band wird dann auf die richtige Länge geschnitten, einmal gefaltet und, in eine entsprechende Form eingebettet, fritiert, was die Nudeln trocknet und dazu führt, daß der Nudelblock in der Folge diese verschlungene Form beibehält. Natürlich wird den Nudeln mit dem Fritieren Fett zugeführt, und selbst wenn in manchen Würzmischungen ein wenig Öl enthalten sein sollte, ist praktisch das gesamte Fett in den Nudeln zu finden.

Bei einigen wenigen Marken werden die Nudeln luftgetrocknet und nicht fritiert, doch wenn das nicht auf der Packung vermerkt ist, kann man es nur über das fehlende Fett in der Liste der Zutaten herausfinden. Mit ein wenig Mathematik, angewandt auf die Listen der Nährstoffe von vier führenden Marken, ergab sich, daß eine Schüssel Nudelsuppe, abgesehen von heißem Wasser, zwischen 17 und 24 % Fett enthält. Falls Sie also glauben, die japanischen Suppennudeln seien ja »bloß Nudeln«, sollten Sie sich das vielleicht noch einmal überlegen.

Eine todsichere Kneipenwette

Ein Freund wollte mit mir wetten, daß vollfette (»schwere«) Sahne weniger wiegt als »leichte« Sahne. Hätte ich die Wette annehmen sollen?

Nein. Sie hätten verloren.

»Schwere« Sahne enthält einen höheren Prozentsatz an Milchfett (gewöhnlich Butterfett genannt, da man Butter daraus machen kann) als »leichte« Sahne: 36–40 % Fett in schwerer Schlagsahne gegenüber 18–30 % in leichter Sahne (und, falls es Sie interessiert, schwere Sahne kann bis zu doppelt soviel Cholesterin enthalten). Bei gleichem Volumen wiegt Fett weniger als Wasser, weil es nicht so dicht ist. Je höher also der Fettanteil einer Flüssigkeit auf Wasserbasis, desto leichter die gesamte Flüssigkeit. Der Unterschied ist nicht gerade gewaltig: In meinem Küchenlabor wog eine Pinte (etwa 0,6 l) schwerer Schlagsahne 475,0 Gramm, das gleiche Volumen leichte Sahne dagegen 476,4 Gramm: drei Zehntel eines Prozents schwerer.

Die Bezeichnungen »schwer« und »leicht« waren in Bezug auf Sahne nie als Gewichtsangabe gemeint, sondern stehen für Fettgehalt oder Dickflüssigkeit. Fettere Substanzen sind dickflüssiger – viskoser – und fühlen sich deshalb auf der Zunge kräftiger oder »schwerer« an.

Fett zerteilen

Wie wird Milch homogenisiert?

Manche meiner älteren Leser erinnern sich vielleicht noch daran, wie Milch in Flaschen an die Haustür geliefert wurde (ich selbst habe in Geschichtsbüchern davon gelesen). Auf der Milch befand sich damals eine getrennte Sahneschicht. Warum? Weil Sahne einfach Milch mit einem höheren Anteil Butterfett ist, und da Fett leichter (weniger dicht) ist als Wasser, steigt es zur Oberfläche auf. Wir – ich meine damit natürlich diese Veteranen – mußten die Flasche heftig schütteln, um die Sahnigkeit gleichmäßig zu verteilen.

Könnte man die Fettkügelchen in noch viel kleinere Partikel zerschlagen – etwa auf vier Millionstel eines Millimeters Durchmesser –, würden sie nicht mehr aufsteigen. Sie würden in Suspension (»in der Schwebe«) gehalten, weil sie aus allen Richtungen von Wassermolekülen bombardiert werden. Um das zu erreichen, pumpt man die Milch mit hohem Druck (etwa 230 kg pro Quadratzentimeter) durch eine Düse auf ein Metallsieb, wo sie auf der Rückseite als feiner Sprühnebel austritt, dessen Fettpartikel klein genug sind, um in Suspension zu bleiben.

Joghurt und Eiskrem werden gewöhnlich aus homogenisierter Milch hergestellt, Butter und Käse jedoch nicht, weil wir hier wünschen, daß die Kügelchen des Butterfetts groß genug sind, um sich in einer getrennten Fraktion zusammenzulagern.

Pasteur neu aufgelegt

Heutzutage ist all die Milch und die Sahne im Angebot meines Supermarktes »ultrahocherhitzt«. Was ist aus dem schlichten alten »Pasteurisieren« geworden? Wurden dabei nicht genug Keime abgetötet?

Ich freue mich über diese Frage, weil ich damit ein altes Problem von mir lösen kann.

Es war 1986, während eines sechsmonatigen Aufenthalts in Südfrankreich, als ich etwas bemerkte, was ich in den USA noch nie gesehen hatte. In den Supermärkten wurde die Milch auf Regalen ohne Kühlung angeboten. Statt in Flaschen oder Kartons war sie in ziegelförmigen Behältern aus einer Art dünner Pappe abgefüllt.

Ich fragte mich, wie machen die das? Sicherlich ist Milch in Frankreich nicht gerade das Lieblingsgetränk, aber wie kommen sie damit durch, so unbekümmert damit umzugehen? Verdirbt sie denn nicht? Ich nahm mir vor, das herauszufinden, sobald ich wieder in den Staaten war, aber es scheint, als hätte ich das doch ein wenig lange hinausgeschoben.

Die 1884 erfundene Milchflasche aus Glas wurde nach dem Zweiten Weltkrieg allmählich durch wachsbeschichtete Pappkartons ersetzt. Mittlerweile ist an die Stelle des Wachses eine Kunststoffbeschichtung getreten, und heute steht der beschichtete Pappkarton vor allem bei größeren Gebinden in Konkurrenz mit durchsichtigen Kunststoffbehältern. Diese ziegelförmigen, ungekühlten Packungen werden als aseptische Verpackung bezeichnet, was selbstverständlich keimfrei heißen soll*.

Aber ist denn nicht alle Milch in unserem Land keimfrei? Überraschenderweise nein, obwohl sie ausnahmslos auf die eine oder andere Weise pasteurisiert wird. Es ist ein Unterschied, ob man alle Keime vollständig abtötet oder einige wenige, die überleben, an der Vermehrung hindert.

Ziel des Pasteurisierens ist es, alle krankheitserregenden Mikroorganismen durch das »Kochen« abzutöten oder zu inaktivieren. So wie man ein Hähnchen bei relativ niedriger Temperatur über längere Zeit grillen kann oder bei höherer Temperatur in kürzerer Zeit, kann man auch mit einer Vielfalt

* Bei uns wird so verpackte Milch unter der Bezeichnung H-Milch angeboten. – Anm. d. Ü.

verschiedener Kombinationen von Zeit und Temperatur wirksam pasteurisieren. Bei der traditionellen Pasteurisierung, die ursprünglich vor allem dafür gedacht war, Tuberkulosebazillen abzutöten, wurde die Milch unter anderem auf 63–65 °C erhitzt und 30 Minuten auf dieser Temperatur gehalten. Dieses herkömmliche Verfahren wird nicht mehr oft angewandt, weil es hitzeresistente Bakterien wie *Lactobacillus* und *Streptococcus* nicht abtötet und inaktiviert. Deshalb muß gewöhnliche pasteurisierte Milch immer noch gekühlt werden.

Dann folgte die Blitzpasteurisierung, wo man die Milch für nur 15 Sekunden bei 72 °C hält. Heute können die modernen Verarbeitungsmaschinen jedoch Milch sterilisieren, indem sie sie für ganze 2 Sekunden auf 137 °C erhitzen. Dazu wird die Milch durch einen schmalen Spalt zwischen parallel liegenden, beheizten Platten geschickt und dann rasch auf 3 °C abgekühlt. Das nennt sich dann Ultra-Pasteurisierung. So behandelte Milch und Sahne müssen zwar immer noch gekühlt werden, doch ihre Lagerfähigkeit ist je nach Kühltemperatur von 14–18 Tagen auf 50 Tage verlängert (die Temperatur sollte nie über 4 °C liegen).

Sagte ich, bei der Ultra-Pasteurisierung würde die Milch auf 137 °C erhitzt? Ja. Aber würde die Milch dann nicht vorher zu kochen beginnen? Ja, das würde sie, wenn sie sich in einem gegenüber der Atmosphäre nicht abgeschlossenen Behälter befände. Doch so wie ein Dampfkochtopf den Siedepunkt des Wassers erhöht, wird die Milch in der Pasteurisierungseinrichtung unter hohem Gasdruck erhitzt, was sie daran hindert, wie üblich zu kochen.

Bei der Einführung der Ultra-Pasteurisierung war Europa uns einen Schritt voraus, und dasselbe gilt für die aseptische oder keimfreie Verpackung. Hierbei wird die Milch wie bei der Ultra-Pasteurisierung bei hoher Temperatur in kurzer Zeit sterilisiert und dann zu den Vorratsbehältern und der Verpackungsmaschine weitergeleitet, die ihrerseits eigens mit Dampf oder Wasserstoffperoxid keimfrei gemacht wurden. Dann wird unter sterilen Bedingungen abgefüllt und verschlossen. Das entsprechende Produkt hält sich ungekühlt mehrere Monate bis zu einem ganzen Jahr. Außerdem kann das Butterfett nicht durch Oxidation ranzig werden, weil die Packung ohne eingeschlossene Luft hermetisch versiegelt ist.

In unseren US-Supermärkten sehen wir selten keimfrei verpackte Milch oder Sahne. Diese Art der Verpackung finden wir vor allem bei Produkten aus Sojamilch und Tofu in den Abteilungen für organisch-biologische und »gesunde« Ernährung sowie bei den kleinen »Trinkkartons« mit Fruchtsäften. In Europa wird die Methode der keimfreien Verpackung weit häufiger angewandt, vielleicht weil die Energie dabei effizienter eingesetzt wird. Die Nahrungsmittel müssen beim Transport nicht gekühlt werden, und die Verpackungen sind leichter als bei der Verwendung von Dosen aus Stahlblech oder Glasflaschen. Wie ich von Informanten aus der Industrie weiß, liegt ein weiterer Grund darin, daß die amerikanischen Verbraucher einer »komisch aussehenden« und nicht gekühlten Milch einfach mißtrauen. Viele Leute haben mir aber auch gesagt, die Milch würde unangenehm gekocht schmecken.

Doch gleichgültig, wie Ihre Milch oder Sahne pasteurisiert oder verpackt worden ist, sie hat wie Sie und ich ein Verfallsdatum. Achten Sie also immer auf das aufgedruckte Datum.

4. KAPITEL

Chemische Verbindungen in der Küche

Ein altes Klischee sagt, Kochen sei Chemie. Klar, die Einwirkung von Wärme auf Nahrungsmittel läßt chemische Reaktionen ablaufen und chemische Veränderungen eintreten, von denen wir dringend erhoffen, daß sie Geschmack, Konsistenz und Verdaulichkeit verbessern. Doch im Unterschied zu den handwerklichen Aspekten der Zubereitung liegt die Kunst des Kochens im Wissen, welche Zutaten wir als »Reagenzien« zusammenstellen und wie wir sie behandeln und kombinieren müssen, damit die lohnendsten chemischen Veränderungen zustande kommen.

Ist diese Darstellung einer der größten Freuden des Lebens noch zu unromantisch? Natürlich. Doch das ändert nichts an der Tatsache, daß alle Speisen chemische Substanzen sind. Kohlenhydrate, Fette, Proteine, Vitamine und Mineralien bestehen alle aus jenen winzigen chemischen Einheiten, die man als Moleküle und Ionen bezeichnet. Eine breite Vielfalt verschiedener Moleküle spielt die unterschiedlichsten Rollen in dieser Melange von fast unendlich verwickelten chemischen Reaktionen, die wir Kochen, Stoffwechsel und tatsächlich auch Leben schlechthin nennen.

Neben den grundlegenden Nahrungsmitteln gibt es noch viele andere Substanzen – chemische Stoffe –, denen wir beim Kochen begegnen. In diesem Kapitel sehen wir uns einige der »chemischen Verbindungen in unserer Nahrung« an, wenn auch nicht unter jenem furchterregenden Aspekt, der diesem Ausdruck oft von Gegnern von Nahrungszusätzen beigelegt wird, sondern in Anerkennung der Tatsache, daß unsere Nahrungsmittel letztlich nichts anderes sind als chemische Stoffe.

Reines Wasser, H_2O, ist natürlich die wichtigste chemische Substanz von allen.

Alles klar beim Wasserfiltern

Was machen diese Wasserfilter eigentlich genau? Ich habe so eine Brita-Filterkanne gekauft, und die soll angeblich mit »Ionenaustauscher-Harzen«, was immer das sein mag, Sachen wie Blei und Kupfer entfernen. Holen die auch nützliche Dinge wie Fluorid heraus?

Der Name Wasserfilter ist irreführend. Das Wort *gefiltert* heißt buchstäblich nur: Wasser ist durch ein Medium geflossen, in dem winzige Löcher oder feine Durchlässe Schwebstoffe zurückhalten. Sind Sie in einem Land unterwegs, wo Ihnen die Wasserversorgung verdächtig vorkommt, und Sie fragen einen Kellner, ob das Wasser filtriert ist, bedeutet eine positive Antwort vielleicht einfach nur, daß Sie hindurchsehen können.

Bei uns in den USA ist *Filter* zu einem Sammelbegriff für Vorrichtungen geworden, die das Wasser nicht nur klären; sie reinigen es, indem sie störenden Geschmack, Gerüche, giftige Chemikalien und krankmachende Mikroorganismen entfernen. Dabei kommt es darauf an, das Trinkwasser sicher und genießbar zu machen.

Mit Nase und Gaumen werden Sie erkennen, ob Sie Gerüche und manchen Geschmack beseitigen wollen. Soweit giftige Chemikalien und Krankheitserreger im Spiel sind, können viele örtliche Wasserversorger oder unabhängige Labors eine Analyse liefern. Je nachdem, wie ausgeprägt Ihre Paranoia ist, suchen Sie vielleicht nach einem Filter, der alles aus dem Wasser entfernt außer der Nässe. Sie sollten jedoch nicht vergessen, daß es Geldverschwendung ist, wenn Sie ein Gerät kaufen, das Sachen entfernt, die gar nicht vorhanden sind. Es kann teuer werden, ständig Filterpatronen zu erneuern.

Welche Arten von »üblem Zeug« können Wasser verseuchen? Industrielle und landwirtschaftliche Chemikalien, Chlor und dessen Nebenprodukte, Metallionen und sogenannte Zysten: winzige, gegen Chlor resistente Kapseln einzelliger Parasiten wie Cryptosporidium und Giardia (*Lamblia intestinalis*), die Darmkrämpfe und Durchfall verursachen können – bei Menschen mit geschwächtem Immunsystem auch ernsthaftere Symptome.

Die Zysten von Cryptosporidium und Giardia sind in der Regel größer als ein Mikron (ein Millionstel Meter), also werden sie durch jede Sperre mit kleineren Löchern ausgefiltert. Da aber nicht alle Filtervorrichtungen mit solchen Partikelfiltern versehen sind, sollten Sie, falls derartige Verschmutzungen bei Ihnen ein Problem sind, in der Produktbeschreibung nachlesen, ob auch die Entfernung von Zysten eingeschlossen ist.

Handelsübliche Wasserfilter, die entweder als Gefäße für jeweils eine bestimmte Menge oder als Einbaugerät für den Wasserhahn oder die Leitung ausgelegt sein können, entfernen andere Verunreinigungen auf drei Wegen: mit Holzkohle, mit Ionenaustauscher-Harzen und mit den eigentlichen Partikelfiltern.

Das Arbeitspferd der meisten Wasserfilter ist Aktivkohle, ein Material mit einem gewaltigen und unterschiedslosen Appetit für Chemikalien ganz allgemein und speziell für Gase (einschließlich Chlor). Deren Ausgangsmaterial, die Holzkohle, gewinnt man, indem man organisches Material wie etwa Holz bei begrenzter Luftzufuhr erhitzt, wodurch es zu porösem Kohlenstoff zerfällt, ohne zu verbrennen. Je nach Herstellungsverfahren kann Holzkohle im mikroskopischen Maßstab eine ungeheure innere Oberfläche besitzen. Eine Unze (etwa 30 Gramm) sogenannter Aktivkohle – die beste Sorte gewinnt man aus Kokosnußschalen – kann etwa 85 Quadratmeter innerer Oberfläche aufweisen. Diese Fläche stellt einen attraktiven Landeplatz für wandernde Moleküle der Verunreinigungen in Wasser oder Luft dar, die haftenbleiben, wenn sie landen.

Aktivkohle verwendet man, um farbige Verunreinigungen

aus Zuckerlösungen zu adsorbieren, und in Gasmasken, um giftige Gase zu adsorbieren. (Das ist kein Druckfehler. Adsorption mit »d« bezeichnet das Anhaften einzelner Moleküle an einer Oberfläche, während Absorption mit »b« für das vollständige Aufsaugen einer Substanz steht. Holzkohle adsorbiert, Schwämme absorbieren.) In Wasserfiltern entfernt die Kohle Chlor und andere geruchsbildende Gase sowie eine Vielfalt von Chemikalien, etwa Herbizide und Pestizide.

Nun zu jenen Ionenaustauscher-Harzen. Das sind kleine kunststoffähnliche Körnchen, die Metalle wie Blei, Kupfer, Quecksilber, Zink und Cadmium entfernen. Diese liegen im Wasser natürlich nicht als Metallstücke vor, sondern als *Ionen*.

Wenn die chemische Verbindung eines Metalls sich in Wasser löst, geht das Metall in Form von Ionen, positiv geladenen Atomen, in die Lösung über. Diese Ionen können wir beispielsweise nicht einfach mit Holzkohle aus dem Wasser angeln. Würde man nämlich positive Ladungen entfernen, bliebe das Wasser mit einem Überschuß negativer Ladung zurück, und die Natur macht das hinsichtlich der aufzuwendenden Energie zu einer kostspieligen Angelegenheit, da sie es weitgehend vorzieht, die Welt elektrisch neutral zu halten.

Dennoch können wir etwas tun: Wir können diese positiven Ionen gegen harmlosere positive Ionen austauschen, zum Beispiel gegen Natrium- oder Wasserstoffionen. Genau das erfolgt in einem Ionenaustauscher-Harz. Es enthält schwach gebundene Natrium- oder Wasserstoffionen, die mit den Metallionen im Wasser den Platz tauschen können, wobei die Metalle letztlich im Harz festgehalten werden. Das Harz (wie auch die Aktivkohle) ist am Ende vollständig mit den Verunreinigungen beladen und muß ersetzt werden. Wie lange es seine Aufgabe erfüllt, hängt davon ab, wie verunreinigt Ihr Wasser ist. Falls das Wasser hart ist, wird der Ionenaustauscher auch Kalzium- und Magnesiumionen entfernen, weshalb Sie ihn früher ersetzen müssen.

Die meisten Filtersysteme für den Haushalt enthalten sowohl Aktivkohle als auch Ionenaustauscher-Harz, die gewöhnlich in einer einzigen Patrone vereint sind. Deshalb entfernen sie Metalle und andere Chemikalien, aber nicht zwangsläufig auch krankmachende Zysten. Wie gesagt, lesen Sie, was die Produktbeschreibung über diese Kapseln sagt.

Wird durch Reinigungsfilter auch Fluorid entfernt? In der Regel nicht. Fluorid ist ein negativ geladenes Ion, kein positiv geladenes. Das Ionenaustauscher-Harz, das nur dazu da ist, positive Ionen auszutauschen, nimmt es deshalb gar nicht zur Kenntnis. Wenn eine Filterpatrone neu ist, kann es sein, daß aus den ersten fünf bis zehn Litern Wasser das Fluorid entfernt wird, vermutlich durch Adsorption an der Holzkohle. Danach läßt der Filter das Fluorid jedoch im Wasser.

Die weißen Pulverzwillinge

Manche Rezepte schreiben zum Backen Natron vor, manche Backpulver, und einige verlangen sogar beides. Was ist der Unterschied?

Der liegt in den Chemikalien.

Natron ist eine einzige chemische Substanz, nämlich reines Natriumbikarbonat, während im Backpulver das Natron mit einem oder mehreren sauren Salzen kombiniert ist, etwa mit Kalziumhydrogenphosphat, Dikalziumdihydrogenphosphat, Natriumaluminiumsulfat oder Natriumaluminiumphosphat.

Nachdem ich nun die Herzen der Chemiefans erwärmt und meine übrigen Leser verwirrt habe, sollte man mir die Chance geben, die letzteren zurückzugewinnen.

Sowohl Natron als auch Backpulver verwendet man, um den Teig aufgehen zu lassen. Dabei werden Millionen winziger Bläschen aus Kohlendioxidgas erzeugt, die die Backwaren »aufblähen«. Diese Gasbläschen werden innerhalb des feuchten Teigs freigesetzt, worauf die Hitze des Ofens sie dazu bringt, sich auszudehnen, bis der Backvorgang den Teig versiegelt und sie darin einschließt. Das ergibt (hoffentlich) einen leichten, lockeren Kuchen statt sitzengebliebenen, verklebten Matsch.

Und so funktionieren diese beiden so verwirrend benannten Treibmittel:

Das NATRON setzt Kohlendioxid frei, sobald es mit einer beliebigen sauren Flüssigkeit in Berührung kommt, etwa mit Buttermilch, saurer Sahne oder natürlich auch Schwefelsäure (nicht zu empfehlen). Das leisten alle Karbonate oder Bikarbonate.

Das BACKPULVER hingegen besteht aus Natron, dem bereits eine trockene Säure beigemengt wurde. Man braucht es, wenn ein Rezept keine anderen sauren Zutaten vorsieht. Sobald das Pulver feucht wird, lösen die beiden Chemikalien sich auf und reagieren miteinander, wobei Kohlendioxid entsteht. Sollen sie nicht vorzeitig »losgehen«, muß man genau darauf achten, sie vor Luftfeuchtigkeit zu schützen, und sie dazu in einem dicht verschlossenen Behälter aufbewahren.

Natron ist fast unbegrenzt haltbar, kann aber saure Gerüche und Geschmacksnuancen aufnehmen, weshalb manche Leute eine offene Packung davon in den Kühlschrank stellen. Dagegen kann Backpulver seine Fähigkeit innerhalb einiger Monate verlieren, weil seine chemischen Bestandteile langsam miteinander reagieren, besonders an feuchter Luft. Ihr Backpulver können Sie prüfen, indem Sie eine Prise in Wasser geben. Falls es nicht heftig zu sprudeln beginnt, hat es seine Wirksamkeit verloren und wird einen Teig kaum aufgehen lassen. Werfen Sie es weg und kaufen Sie eine frische Packung.

In den meisten Fällen ist es nicht erwünscht, daß unser Backpulver sein gesamtes Kohlendioxid freisetzt, sobald wir den Teig anrühren – noch ehe er so weit gebacken ist, daß die Blasen festgehalten werden. Deshalb kaufen wir ein »doppelt wirkendes« Backpulver (was die meisten ohnehin sind, auch wenn es auf der Packung nicht eigens vermerkt ist), das bei Kontakt mit Feuchtigkeit nur einen Teil des Gases abgibt, während der

Rest erst frei wird, wenn im Ofen eine hohe Temperatur erreicht ist. In der Regel sind in dem Pulver zwei verschiedene Chemikalien für diese beiden Reaktionen verantwortlich.

Doch weshalb sollte ein Rezept *sowohl* Natron *als auch* Backpulver vorschreiben? In diesem Fall geht der Kuchen- oder Plätzchenteig eigentlich schon durch das Backpulver auf, das genau die richtigen Anteile von Bikarbonat und Säure enthält, die vollständig miteinander reagieren. Wenn nun zufällig eine saure Zutat wie Buttermilch dazukommt, die dieses Gleichgewicht stören würde, nimmt man eine Portion zusätzliches Bikarbonat in Form von Natron, um die überschüssige Säure zu neutralisieren. (Fragen Sie eine/n Chemiker/in nach diesem Vorgang, aber machen Sie sich eilig davon, falls er oder sie etwas von *Titration* stammelt.)

Bäcker mischen sich als Treibmittel ihr eigenes Hexengebräu aus Chemikalien, das bei den jeweils passenden Zeitpunkten und Temperaturen des Backvorgangs genau die richtigen Mengen Gas abgeben soll. Zu Hause fährt man am sichersten, wenn man hinreichend erprobte Rezepte einfach nicht abändert und die jeweils vorgeschriebene(n) Menge(n) von Treibmittel(n) verwendet.

Verursacht Aluminium diese – wie heißt sie doch gleich wieder – Krankheit?

Wie ich dem Etikett auf dem Behälter meines Backpulvers entnehme, enthält es Natriumaluminiumsulfat. Ist es denn nicht gesundheitsgefährdend, Aluminium zu sich zu nehmen?

Natriumaluminiumsulfat und noch einige andere Aluminiumverbindungen werden von der FDA* als AU eingestuft: **A**llgemein **U**nbedenklich.

---

* Auch innerhalb der EU. – Anm. d. Ü.

Vor etwa 20 Jahren fand man bei einer Studie im Gehirn verstorbener Alzheimer-Patienten erhöhte Aluminiumwerte. Seither läuft immer wieder der Verdacht um, Aluminium könne, ob es nun in der Nahrung, im Wasser oder von sauren Lebensmitteln wie Tomaten aus Aluminiumgeschirr herausgelöst vorliegt, Krankheiten wie Alzheimer, Parkinson und/oder amyotrophische Lateralsklerose verursachen.

In der Folge hat man eine große Zahl von Untersuchungen durchgeführt, die umstrittene und widersprüchliche Resultate erbracht haben. Während der Arbeit an diesem Buch stimmen die Alzheimer-Gesellschaft der USA, die FDA sowie das kanadische Gesundheitsministerium darin überein, daß es bis heute keinen wissenschaftlichen Beweis für einen Zusammenhang zwischen Aluminiumaufnahme und der Alzheimer-Krankheit gibt, weshalb für die Menschen kein Anlaß besteht, Aluminium zu meiden. Die Alzheimer-Gesellschaft formuliert es so: »Die genaue Rolle von Aluminium (und ob es überhaupt eine gibt) wird noch immer erforscht und diskutiert. Die meisten Forscher glauben jedoch, es lägen nicht genügend Beweise vor, um Aluminium als Risikofaktor für Alzheimer oder als Auslöser von Demenz betrachten zu können.«

Als einer von Millionen Menschen, die an chronischem Sodbrennen leiden, nahm ich jahrelang Präparate aus Magnesiumaluminiumhydroxid in starker Dosierung sowie ähnliche aluminiumhaltige Säurehemmer ein, ehe man die neuen Medikamente gegen Reflux erfand. Dennoch kann ich bei mir keinerlei Anzeichen für Alzheimer entdecken.

Also, wie war doch gleich Ihre Frage?

Aluminiumfolie hat eine glänzende und eine stumpfe Seite. Manche Leute glauben, für bestimmte Anwendungen sollte man besser jeweils die eine oder die andere Seite benutzen. Die beiden Oberflächen sehen jedoch nur deshalb verschieden aus, weil beim Auswalzen des Metalls in den letzten Stufen zwei aufeinanderliegende Schichten gleichzeitig durchlaufen. Wo sie mit den polierten Walzen in Kontakt waren, kommen sie glänzend heraus, wo sie einander berührt haben, ist die Oberfläche ein wenig stumpfer.

Ammoniak, das unbekannte Wesen

Ich habe ein altes Rezept, in dem zum Backen Ammoniak vorgeschrieben wird. Was ist das?

Ammoniak ist an sich ein stechend riechendes Gas, das gewöhnlich in Wasser gelöst ist und zum Waschen sowie für Reinigungszwecke verwendet wird. Zum Backen nimmt man jedoch Ammoniumbikarbonat, ein Treibmittel, das in drei Gase zerfällt, wenn man es erhitzt: Wasserdampf, Kohlendioxid und Ammoniak. Es wird nicht mehr oft benutzt – wenn man es überhaupt noch bekommt –, weil das Ammoniakgas einen bitteren Geschmack hinterlassen kann, wenn es beim Backen nicht vollständig ausgetrieben wird. Gewerblich kann man es für Plätzchen verwenden, weil dieses flache Gebäck mit seiner verhältnismäßig großen Oberfläche das Gas leicht entweichen läßt.

Sauer-Power

Das Rezept meiner Mutter für Kohlrouladen schreibt Sauersalz vor. In keinem der Geschäfte, wo ich danach gefragt habe, wußte man, was das sein soll. Und wie Sie sich denken können, weiß ich es auch nicht. Was also ist das, und wo kann ich es kaufen?

Sauersalz ist eine falsche Bezeichnung. Mit Tafelsalz oder Natriumchlorid hat es nichts zu tun. In Wahrheit ist es nicht einmal ein Salz, sondern eine Säure. Das sind zwei unterschiedliche Klassen chemischer Substanzen.

Jede Säure ist eine einzigartige Chemikalie mit Eigenschaften, die sie von allen anderen Säuren unterscheidet. Dafür kann sie aber Dutzende von Derivaten haben, die man Salze nennt; aus jeder Säure leitet sich eine ganze Brut solcher Salze ab. Das sogenannte Sauersalz ist keiner dieser Abkömmlinge in Form eines Salzes, sondern vielmehr eine eigene Ausgangssäure, die *Zitronensäure*. Sie schmeckt extrem sauer und wird deswegen Hunderten von industriell hergestellten Speisen beigemischt, angefangen bei Softdrinks bis hin zu Marmeladen und Tiefkühlfrüchten.

Neben ihren sauren Eigenschaften verzögern Zitronensäure und andere Säuren die durch Enzyme und Oxidation ausgelöste Braunfärbung von Früchten. Gewonnen wird sie aus Zitrusfrüchten oder fermentierter Melasse, und man verwendet sie im Nahen Osten und in Osteuropa in vielen Gerichten, am häufigsten in Borschtsch. Sie finden sie unter der Bezeichnung »Sauersalz« in Läden mit koscheren Lebensmitteln, in den internationalen Abteilungen mancher Lebensmittelketten oder als »Zitronensalz« in Läden des Mittleren Ostens.

Was ihre Säureeigenschaften angeht, steht die Zitronensäure in keiner Weise allein. Alle Säuren sind sauer. Eigentlich sind *nur* Säuren sauer, weil nur sie über die einzigartige Fähigkeit verfügen, sogenannte Wasserstoff- oder Hydrogenionen zu erzeugen, die unsere Geschmacksknospen veranlassen, dem Gehirn kreischend »sauer« zu melden. Die stärksten Säuren in der Küche sind Essig und Zitronensaft. Doch Sauersalz (100 % Zitronensäure in kristalliner Form) ist sehr viel saurer als Essig, der meist nur als fünfprozentige wäßrige Lösung der Essigsäure vorliegt, oder Zitronensaft, der lediglich etwa 7 % Zitronensäure enthält.

Zitronensäure ist insofern einzigartig, als sie die Säure praktisch ohne jeden anderen Geschmack bereitstellt, während das ausgeprägte Eigenaroma von Zitronensaft und Essig in der Geschmacksbilanz eines jeden Gerichts ausbalanciert werden muß. Küchenchefs in den USA könnten sehr wohl davon profitieren, wenn sie für Gerichte, die einen Hauch Säure ohne die begleitenden Zitronen- oder Essigaromen benötigen, einmal Sauersalz ausprobieren würden.

Ein böser Schlag für die Tartaren

Was ist eigentlich Cream of Tartar? Hat es etwas mit Tartarensauce oder mit einem Tartarbeefsteak zu tun?

Absolut nicht. Die Begriffe stammen aus zwei unterschiedlichen Bereichen.

Erstens heißt das Gericht aus gehacktem Rindfleisch korrekt eigentlich Tatarbeefsteak; das Wort ist aus der persischen Bezeichnung »Tataren« für die Mongolenhorden des Dschingis Khan hergeleitet, die im Mittelalter durch Asien und Osteuropa tobten. Von den Europäern wurden die Tataren, wie sollen wir sagen, als kulturell rückständig angesehen, oder zumindest insofern als politisch unkorrekt, als sie sich mit vollständigen Tierhäuten bekleideten und ihr Fleisch oft roh aßen. Einer unserer zeitgenössischen Delikatessen hat man deswegen ihren Namen gegeben: durch den Wolf gedrehtes oder kleingehacktes rohes, mageres Rindfleisch mit gehackten rohen Zwiebeln, rohem Eidotter, Salz und Pfeffer, dazu nach Belieben ein Hauch Tabasco, Worcestershire-Sauce, Dijonsenf, Anchovis und Kapern: *Beefsteak Tatar.* (James Beard wagte es, seines mit Cognac zu kultivieren.)

Ta(r)tarensauce ist Mayonnaise, in die gehackte Gürkchen, Oliven, Schnittlauch, Kapern und dergleichen gemischt werden. Man serviert sie traditionell mit gebackenem Fisch. Die klassische Sauce dieser Art kann Essig, Weißwein, Senf und Kräuter enthalten, und so hat man sie vielleicht wegen ihrer Potenz und ihres eindringlichen Geschmacks mit dem Beinamen »Tartar« versehen. Tatsächlich bezeichnen die Franzosen eine ganze Reihe kräftig gewürzter Gerichte als *à la tartare.* Offenbar schiebt man den Tataren praktisch alles in die

Schuhe, pardon, unter den Sattel, was roh, scharf oder primitiv ist.

Das »Tartar« in *Cream of Tartar* stammt aus einer ganz anderen Ecke. Es ist von dem arabischen Wort *durd* abgeleitet, das die Rückstände oder den Bodensatz in einem Faß gärenden Weins bezeichnet und das über das Lateinische in die romanischen Sprachen und letztlich auch ins Englische gelangt ist*. Die englischsprachigen Winzer unserer Tage verwenden den Ausdruck *tartar* speziell für den bräunlichroten, kristallinen Bodensatz, der nach dem Abzug des Weins in den Fässern zurückbleibt. Chemisch gesehen handelt es sich um verunreinigtes Kaliumhydrogentartrat (auch als Kaliumbitartrat oder Weinstein bekannt). »Cream of Tartar« ist eine etwas hochgestochene Bezeichnung für das entsprechende hochreine, weiße Salz, das in Lebensmittelgeschäften angeboten wird.

Der Bodensatz in Weinfässern stammt aus der Weinsäure des Traubensafts, von der der Wein etwa die Hälfte seiner Gesamtsäure hat (fast der ganze Rest kommt von der Apfel- und der Zitronensäure). Das Salz namens Tartrat war lange vor seiner Muttersäure bekannt, und als diese dann von den Chemikern dingfest gemacht wurde, hat man sie (im Englischen) nach dem Rückstand in den Weinfässern benannt, nämlich *tartaric acid*. Es handelt sich hier um einen Fall, in dem die Mutterchemikalie nach ihrem Sprößling getauft wurde.

In der Küche wird Weinstein vor allem dazu verwendet, geschlagenes Eiweiß zu stabilisieren. Dieser Trick funktioniert, weil das Salz sauer reagiert (im Jargon der Wissenschaft: Es senkt den pH-Wert der Mischung). Ob Eischnee stabil ist, hängt von der Koagulation seiner verschiedenen Eiweißbestandteile ab, deren beste Schaumproduzenten als Globuline bekannt sind. Die passenden sauren Bedingungen entziehen den Globulin-Proteinen die elektrischen Ladungen, mit denen sie sich gegenseitig abstoßen, was es ihnen erleichtert, sich in

* Im Deutschen wird es nur in der Sprache der Chemiker verwendet: Die Salze der Weinsäure heißen Tartrate. – Anm. d. Ü.

den Blasenwänden zusammenzulagern und diese zu verstärken, etwa so, als würden Ballons aus dickerem Gummi hergestellt.

In einer ganzen Reihe von Büchern wird fälschlicherweise behauptet, das weiße Pulver sei Weinsäure und nicht deren Salz namens Weinstein oder auch Kaliumhydrogentartrat. Diesen Fehler begeht man leicht, weil es tatsächlich ein wenig wie eine Säure reagiert, obwohl es ein Salz ist.

Ohne Weinstein würde eine Suppe draus

Portugiesische pochierte Meringen

Dieses ungewöhnliche, schonend gebackene Dessert aus Portugal hört sich möglicherweise nach einer Art »Engelskuchen« an, ist aber eine andere Art von Meringengebäck und kein Kuchen, auch wenn es in einer Napfkuchenform zubereitet wird. Es ist ein Eischneebiskuit mit einer ungewöhnlich leichten und luftigen Konsistenz, die Sie überraschen wird. Ohne den halben Teelöffel Weinstein würde die Eiweißmasse zusammenfallen und wieder in den flüssigen Zustand zurückkehren.

Die Portugiesen sind berühmt für ihre Süßspeisen aus Eidotter und Zucker, die Ovos moles, von denen es buchstäblich Tausende von Variationen gibt. Diese spezielle Meringenart könnte von einem frustrierten Koch erfunden worden sein, der den dabei übrigbleibenden Hort an Eiweiß aufbrauchen wollte. Wenn Sie dieses Rezept zubereitet haben, stehen Sie vor dem umgekehrten Problem: Was fängt man mit 10 Eidottern an? Die Lösung: Machen Sie doch zweimal Zitronencreme (siehe S. 335).

Etwa 30 Gramm Zucker zum Bestreuen
10 Eiweiß mit Raumtemperatur
½ Teelöffel Weinstein
210 Gramm Zucker
½ Teelöffel Vanillezucker
¼ Teelöffel Mandelextrakt (falls erwünscht)
In Scheiben geschnittene, gesüßte Früchte, Beeren oder Fruchtsauce

1. Zwei Liter Wasser aufkochen und für spätere Verwendung simmern lassen. Eine Napfkuchenform (Fassungsvermögen etwa 3 Liter) mit Ölspray einsprühen, überschüssiges Fett mit Küchenpapier abtupfen. Mit Zucker bestreuen und schwenken, bis die gesamte Innenfläche gezuckert ist. Überschüssigen Zucker abklopfen. Den Rost im Backrohr auf der untersten Stufe einschieben und das Rohr auf 175 °C vorheizen.
2. Eiweiß samt Weinstein mit dem elektrischen Handmixer in einer mittelgroßen Schüssel zu Eischnee schlagen. Zucker eßlöffelweise einarbeiten. Weiterschlagen, bis die Rührbesen eine Spur hinterlassen und leichte Spitzen stehenbleiben. Vanillezucker und gegebenenfalls Mandelextrakt unterziehen. Nicht zuviel schlagen, da die Mischung im Rohr sonst übermäßig aufgeht.
3. Eischneemischung in die Form füllen, dabei mit einem Messer oder einem Metallwender sachte durch die Mischung schneiden, damit größere Luftblasen entweichen können. Die Napfkuchenform in eine flache Bratpfanne und mit dieser auf den Rost stellen. Das schwach siedende Wasser etwa 3 cm hoch in die Bratpfanne gießen, damit eine Art Wasserbad entsteht. Etwa 45 Minuten backen, bis die Meringe fest und an der Oberseite braun ist. Falls sie zu sehr aufgeht, keine Bange, sie wird sich auch wieder setzen.
4. Aus dem Rohr nehmen und das Gebäck sofort mit einem Spatel von der Form lösen, falls es anzuhaften scheint. Normalerweise sollte es leicht herausgleiten. Auf eine große, hell gefärbte Platte stürzen. Auf Zimmertemperatur abkühlen lassen. Man kann sie so oder gekühlt servieren. Sie läßt sich im Kühlschrank aufbewahren, sollte aber innerhalb 24 Stunden verzehrt werden, wenn man den frischen Geschmack genießen will. Zum Servieren keilförmige Stücke herausschneiden und diese mit gesüßten frischen Früchten, Beeren oder Fruchtsauce anreichern.

Ergibt etwa 12 Portionen.

Jekyll und Hyde in einer Flasche

Warum duftet Vanilleextrakt so wunderbar und gibt Speisen einen so guten Geschmack, während er aus der Flasche so gräßlich schmeckt?

Vanilleextrakt besteht zu etwa 35 % aus Äthylalkohol, der scharf und raß schmeckt. Whisky und andere destillierte Getränke enthalten sogar noch mehr Alkohol, das ist klar (gewöhnlich um die 40 %), aber sie werden durch altehrwürdige Aromatisierungs- und Reifungsprozesse liebevoll veredelt, was die Schärfe mildert.

Damit »reiner Vanilleextrakt« als solcher gekennzeichnet werden darf, muß er aus echten Vanilleschoten extrahiert werden. Die chemische Substanz, die den Schoten den größten Teil ihres großartigen Geschmacks und Aromas verleiht, ist das Vanillin, und Chemiker können Vanillin um einiges billiger herstellen als der Vanillestrauch. Synthetisches Vanillin wird gewerblich eingesetzt, um Backwaren, Süßigkeiten, Eiskrem und dergleichen zu aromatisieren. Es ist mit der natürlich gewonnenen Substanz identisch (ein »naturidentisches« Aroma) und die wichtigste Zutat für nachgeahmten Vanillegeschmack.

Allerdings ist der echte Vanilleextrakt sehr viel komplexer zusammengesetzt (man hat darin mehr als 130 verschiedene chemische Verbindungen nachgewiesen) als das chemisch reine Vanillin, weshalb es sich nicht lohnt, das imitierte Zeug zu kaufen, besonders da man so wenig von dem Extrakt benötigt und er sich unbegrenzt hält.

In manchen Fällen ist es sogar am besten, eine ganze Vanilleschote zu verwenden, die man für wenig Geld in einem luftdichten Reagenzröhrchen aus Glas oder Kunststoff kaufen kann. Die Schote sollte von elastischer, lederartiger Konsistenz sein, nicht vertrocknet und hart. Geschmack und Aroma der Vanille sind vor allem in den Samenkörnern und ganz besonders in der sie umgebenden öligen Flüssigkeit innerhalb der Schote konzentriert. Will man bei einem Rezept den intensivsten Geschmack gewinnen, sollte man also die Schote mit einem scharfen Messer der Länge nach aufschneiden und die Samen verwenden, die man mit dem Messerrücken herauskratzt.

Doch auch die Schoten selbst sind aromatisch und voller Geschmack und sollten nicht einfach weggeworfen werden. Bedecken Sie sie in einem dicht verschließbaren Glas für einige Wochen vollständig mit Zucker und schütteln Sie das Glas in regelmäßigen Abständen. Der Zucker nimmt das Aroma der Vanille in sich auf und bereichert Kaffee oder kann zum Aromatisieren von Backwaren verwendet werden.

Wird es wirklich besser?

Was ist Natriumglutamat, und kann es wirklich »Geschmack verbessern«?

Es kommt einem sicherlich mysteriös vor, daß diese so unschuldig aussehenden, feinen weißen Kristalle ohne einen echten Eigengeschmack wirklich imstande sein sollen, die natürlichen Geschmackseigenschaften einer Vielfalt von Speisen zu verstärken. Das Geheimnis liegt dabei nicht sosehr darin, ob Natriumglutamat tatsächlich wirkt – das bezweifelt niemand –, sondern *wie* es wirkt. Wie bei so vielen alten durch Zufall gefundenen Methoden hat fehlendes wissenschaftliches Verständnis die Leute nicht davon abgehalten, die Segnungen von Glutamat seit mehr als zwei Jahrtausenden zu genießen.

Der Ruf des Natriumglutamats, es würde den Geschmack verbessern, ist deshalb so schwer zu schlucken, weil die Terminologie ein wenig irreführend ist. Sogenannte Geschmacksverbesserer heben den Geschmack von Speisen nicht in dem Sinn, daß diese anschließend besser schmecken. Es hat eher den Anschein, als würden sie bestimmte, bereits vorhandene Geschmackseigenschaften intensivieren oder verstärken, weshalb ich sie als Geschmacks*verstärker* bezeichne.

An dieser Stelle bin ich verpflichtet, die Debatte über die Wirkungen von Natriumglutamat auf empfindliche Personen aufzugreifen.

Wer hätte nicht schon einmal vom Chinarestaurant-Syndrom (CRS) gehört? Dieses unglückliche und politisch unkorrekte Etikett hat man 1968 einer diffusen Sammlung von Symptomen angehängt, zu denen Kopfschmerzen und ein brennendes Gefühl gehören, von denen Leute berichteten, nachdem sie ihr nach den Nummern auf der Speisenkarte ausgewähltes Menü verzehrt hatten. Der Schuldige hinter CRS schien Natriumglutamat zu sein, und so entbrannte ein dreißigjähriger Krieg um dessen Sicherheit als Nahrungszusatz.

In der einen Ecke haben wir in den USA die National Organization Mobilized to Stop Glutamate (etwa: Landesorganisation für das Verbot von Glutamat), deren unkomplizierte Lösung für das Problem aus dem Namen abzulesen ist. Dieser Gruppierung zufolge sind Glutamate in ihren vielen Verkleidungen (siehe unten) für mindestens 23 Leiden verantwortlich, von der triefenden Nase und den Ringen unter den Augen bis hin zu Panikattacken und teilweisen Lähmungen.

In den anderen drei Ecken finden sich, wie leicht vorherzusagen, die Hersteller industriell gefertigter Nahrung, in deren Augen Glutamat und ähnliche Verbindungen höchst wertvoll sind, weil sie ihre Produkte für den Verbraucher attraktiver machen.

Offizieller Schiedsrichter ist die FDA, die, nachdem sie viele Jahre hindurch Daten ausgewertet hat, davon überzeugt bleibt, daß »Natriumglutamat und verwandte Substanzen für die meisten Personen unschädlich sind, wenn sie in üblichen Mengen verzehrt werden«. Das Problem ist, daß »die meisten Personen« nicht alle Personen einschließen, und die FDA kämpft noch immer darum, die Kennzeichnung glutamathaltiger Nahrungsmittel in den USA so zu regeln, daß sie für alle Verbraucher von größtem Nutzen ist.

Ein japanischer Chemiker war es, der 1908 erstmals Natriumglutamat aus Kombu-Algen isolierte. Die Japaner nennen es *aji-no-moto*, was »Geschmacksessenz« oder »Ursprung des Geschmacks« bedeutet. Heute werden in 15 Ländern insgesamt 200 000 Tonnen reines Natriumglutamat hergestellt. Man verkauft es lastwagenweise an Hersteller industriell gefertigter Nahrung und unter verschiedenen Marken grammweise an Verbraucher.

Natriumglutamat ist ein Salz der Glutaminsäure, die zu den häufigsten Aminosäuren gehört, aus denen sich wiederum die Proteine zusammensetzen. Die Fähigkeit zur Verstärkung des Geschmacks findet sich im Glutamat-Teil des Moleküls, weshalb jede Verbindung, die Glutamat freisetzt, für diesen Trick geeignet ist. Die Mononatriumform ist lediglich die konzentrierteste und gebräuchlichste Variante von Glutamat.

Parmesankäse, Tomaten, Pilze und Algen sind gute Quellen für freies Glutamat. Deswegen kann ein kleiner Anteil einer dieser Zutaten dem Geschmack eines Gerichts einen gewaltigen Schub verpassen. Die Japaner haben sich das Algen-Glutamat traditionell in feinen, delikaten Suppen zunutze gemacht.

Unser Geschmackssinn ist mit einigen sehr komplizierten chemischen und physiologischen Reaktionen verbunden. Wie das Glutamat sich hier genau einfügt, ist nur schwer dingfest zu machen. Doch es gibt eine Reihe von Einfällen, mit denen man herumgespielt hat.

So weiß man, daß unterschiedliche Geschmacksmoleküle sich für unterschiedlich lange Zeit an unsere Geschmacksknospen anlagern, ehe sie sich wieder lösen. Demnach könnte es sein, daß bestimmte Moleküle durch Glutamate länger einwirken können und deshalb kräftiger schmecken. Wahrscheinlich gibt es für Glutamate auch eine eigene Gruppe von Geschmacksrezeptoren, die sich von den Rezeptoren für das traditionell genannte Quartett süß, sauer, salzig und bitter unterscheiden. Um die Angelegenheit noch komplizierter zu machen, sind außerdem eine ganze Menge anderer Stoffe imstande, den »Geschmack zu heben«.

Vor langer Zeit haben die Japaner ein Wort erfunden, mit dem die einzigartigen Wirkungen der Algenglutamate auf den

Geschmackssinn beschrieben werden: *umami*. Heute wird allgemein anerkannt, daß *umami* für eine eigene, durch Glutamate angeregte Familie pikanter Geschmackseigenschaften steht, ähnlich der Familie süßer Geschmacksrichtungen, die durch Zucker, Aspartam und deren Saccharin-Verwandte ausgelöst wird.

Glutaminsäure ist in vielen Proteinen vorhanden, die auf mehreren Wegen zu freien Glutamaten abgebaut werden können, unter anderem durch bakterielle Fermentation und unsere eigene Verdauung (die Proteine des menschlichen Körpers enthalten etwa vier Pfund Glutamat). Der chemische Abbau wird Hydrolyse genannt: Wann immer wir also »hydrolysiertes Protein« beliebigen Ursprungs – aus Pflanzen, Soja oder Hefe – auf einem Nahrungsetikett lesen, ist wahrscheinlich freies Glutamat enthalten. Hydrolysierte Proteine sind die am häufigsten gebrauchten Geschmacksverstärker in industriell gefertigten Speisen.

Auch wenn ein Nahrungsprodukt vielleicht kein Glutamat im eigentlichen Sinn enthält und sogar mit der Aufschrift »ohne Glutamat« versehen ist, kann es sehr wohl andere Glutamate enthalten. Wenn Sie also den Verdacht haben, zu der kleinen Anzahl der Menschen zu gehören, die auf Glutamat überempfindlich reagieren, sollten Sie auch auf folgende schönfärberische Bezeichnungen auf den Packungen von Suppen, Gemüsen und kleinen Zwischenmahlzeiten achten: hydrolysiertes pflanzliches Protein, autolysiertes Hefeprotein, Hefe-Extrakt, Hefe-Nährstoffe und natürliche Aromen oder Aromastoffe.

Sie fragen, was ein »natürliches Aroma« ist? Das ist eine Substanz, die aus einem natürlich vorkommenden Stoff abgeleitet und nicht von Grund auf im Labor hergestellt worden ist. Damit es als »natürlich« bezeichnet werden darf, kommt es nicht darauf an, wie chemisch kompliziert oder vielschichtig das Verfahren sein mag, mit dem der am Ende isolierte Geschmacksstoff gewonnen worden ist, solange der Vorgang nur mit etwas begonnen wurde, was nicht der Mensch erzeugt hat.

In den einschlägigen Vorschriften der EU* liest sich das folgendermaßen (Aktenzeichen Aromen, Anlage 1 zu Abs. 1 und § 4 Abs. 1 Nr. 3 Buchstabe a): »Natürliche Aromastoffe [sind] chemisch definierte Stoffe mit Aromaeigenschaften, gewonnen durch geeignete physikalische Verfahren (einschließlich Destillation und Extraktion mit Lösungsmitteln), durch enzymatische oder mikrobiologische Verfahren aus Ausgangsstoffen pflanzlicher oder tierischer Herkunft, die als solche verwendet oder mittels herkömmlicher Lebensmittelzubereitungsverfahren (einschließlich Trocknen, Rösten und Fermentieren) für den menschlichen Verzehr aufbereitet werden.«

Haben Sie's kapiert?

Neue Mathematik: Null $\neq$ 0

Warum steht auf der Verpackung meines Sahnekäses, er würde kein Kalzium enthalten? Er ist doch schließlich aus Milch, oder?

Verzeihen Sie bitte die doppelte Verneinung, aber Sahnekäse enthält nicht »kein Kalzium«. In der sinnleer-geschwätzigen Welt der Lebensmittel-Etiketten heißt null nicht dasselbe wie nichts.

Genaugenommen gibt es so etwas wie die Menge Null einer beliebigen Substanz gar nicht. Man kann nur sagen, eine Menge sei zu klein, als daß man sie mit einem Analyseverfahren, welcher Art auch immer, feststellen könnte. Wenn man eine bestimmte Substanz nicht findet, heißt das noch lange nicht, daß nicht ein paar Millionen Moleküle davon unterhalb Ihrer Empfindlichkeitsschwelle herumlungern.

Mit diesem grundlegenden Prinzip im Hintergrund sah die

* Die im Original zitierte Regelung des U. S. Code of Federal Regulations mit dem Aktenzeichen 101.22(a)(3) wurde in der deutschen Fassung durch die betreffende EU-Regelung ersetzt. – Anm. d. Ü.

FDA sich einem Problem gegenüber: Welche Obergrenzen sollte sie für bestimmte Zutaten festlegen, ehe den Nahrungsmittelherstellern erlaubt werden könnte, auf der Liste der Inhaltsstoffe anzugeben, dieser Stoff sei »nicht« oder zu »0 Prozent« enthalten oder das Gericht sei »keine nennenswerte Quelle« dafür? Das war keine leichte Aufgabe, besonders bei so aufgeladenen Fragen wie der, ab wann ein Nahrungsmittel als »fettfrei« bezeichnet werden kann (es amüsiert mich immer wieder, wenn ich statt »3 % Fett« lesen darf, etwas sei zu »97 % fettfrei«).

Sahnekäse ist ein besonders interessanter Fall, weil sein Kalziumanteil geradewegs auf den Rand von »null« fällt.

Da diese Käsesorte, erstens, nun einmal aus Sahne oder einer Mischung aus Milch und Sahne hergestellt wird, enthält sie weniger Kalzium, als Sie vielleicht glauben. Der überraschende Grund dafür: Sahne enthält wesentlich weniger Kalzium als eine Milchmenge gleichen Gewichts. In 100 Gramm Vollmilch finden sich durchschnittlich 119 Milligramm Kalzium, während vollfette Sahne nur 65 Milligramm enthält. Milch ist nämlich weniger fettig und wäßriger als Sahne, und der größere Teil des Kalziums liegt in den wäßrigen Anteilen vor. Deshalb kann es möglicherweise weitgehend in der wasserhaltigen Molke zurückbleiben, wenn der Weißkäse gerinnt. Das gilt ganz besonders für Sahnekäse, dessen Molke relativ sauer ist (im Jargon der Wissenschaft: pH 4,6–4,7) und deshalb mehr Kalzium zurückhalten kann.

Dadurch bringt Sahnekäse es schließlich nur auf 23 Milligramm Kalzium pro Unze (entspricht 740 Milligramm pro Kilo), während eine Unze Mozzarella (etwa 30 Gramm) beispielsweise 147 Milligramm davon enthält. Natürlich sind auch 23 Milligramm immer noch ein wenig Kalzium und nicht gar keines. Wie kommt es dann, daß es auf dem Etikett mit »0 Prozent« aufgeführt ist?

Jetzt heißt es aufpassen, denn hier wird es ein wenig kompliziert. Der Prozentsatz eines Nährstoffs, der auf der Liste der Inhaltsstoffe angegeben ist, gibt nicht den Anteil des Nährstoffs im Produkt wieder. Es handelt sich vielmehr um den Prozentsatz der für diesen Nährstoff empfohlenen *täglichen Aufnahmemenge*. Dieser Wert gibt an, welchen Teil jener empfohlenen Menge ein Verbraucher mit einer Portion dieses Lebensmittels aufnimmt.

So liefert eine Portion Erdnußbutter von 32 Gramm laut Etikett beispielsweise 25 % der für einen Tag empfohlenen Fettmenge. Doch diese Portion von 32 Gramm enthält 16 Gramm Fett, so daß der Fettgehalt in Wahrheit 50 % beträgt.

Nun zurück zum Sahnekäse. Die empfohlene Menge für Kalzium liegt bei satten 1000 Milligramm täglich, die 23 Milligramm in einer Unze Sahnekäse entsprechen also nur 2 % der empfohlenen täglichen Aufnahmemenge. Und nun raten Sie mal! Die FDA gestattet es, einen Anteil von 2 % oder weniger pro Portion mit »0 Prozent« wiederzugeben.

Und die Moral von der Geschicht':

Wenn die kleine Miss Muffet auf den Doktor gehört hätt',
Gäb' es Molke statt Quark
Und nicht Osteoporose
Als Diagnose.
Denn mit Kalzium blieben die Knochen stark.

Alufolie? Ätsch, nichts (mehr) da!

Als ich das letzte Mal Lasagne zubereitet habe, schob ich die mit Alufolie abgedeckten Reste in den Kühlschrank. Als ich sie zum Aufwärmen wieder herausholte, stellte ich fest, daß die Folie überall, wo sie mit der Lasagne in Berührung gewesen war, kleine Löcher aufwies. Ist da etwa Chemie im Spiel gewesen? Und wenn ja, was stellt die Lasagne dann erst mit unserem Magen an?

Wie Sie schon befürchtet haben, frißt die Lasagne tatsächlich Löcher ins Metall (das soll keine Anspielung auf Ihre Kochkünste sein). Aluminium ist, wie die Chemiker sagen, ein reaktionsfreudiges Metall, das von Säuren wie der Zitronensäure und anderen in Tomaten enthaltenen organischen Säuren angegriffen wird. Tatsächlich sollten Sie Tomatensauce oder andere säurehaltige Speisen nicht in Aluminiumgeschirr kochen, da diese genug Metall lösen können, daß das Gericht metallisch schmeckt. Die Magenschleimhäute hingegen umschließen eine weit stärkere Säure (Salzsäure) als die in Nahrungsmitteln je vorkommenden Säuren und sind sogar gegen den Kaffee im Büro resistent.

In Ihrem Fall jedoch hat sich neben der schlichten Auflösung eines Metalls durch eine Säure noch etwas anderes abgespielt. Wie sich zeigen läßt, kann Tomatensauce nur dann Löcher in eine Alufolie auf einem Speiserest in einem Behälter fressen, wenn das Gefäß aus Metall und nicht aus Glas oder Kunststoff hergestellt ist. Ich weiß also, ohne Sie überhaupt danach gefragt zu haben, daß Ihr Lasagnerest in einer Kasserolle oder Schüssel aus Edelstahl gewesen sein muß, oder nicht? (Das ist Grundlagenwissen, mein lieber Watson.)

Wenn das Metall Aluminium gleichzeitig Kontakt mit einem anderen Metall und einem elektrischen Leiter wie Tomatensauce hat (Sie wußten selbstverständlich, daß Tomatensauce elektrisch leitfähig ist, oder?), ergibt die Kombination dieser drei Materialien eine elektrische Batterie. Ja, eine richtige, echte Batterie. Es ist also nicht ein einfacher chemischer, sondern ein elektrischer (genauer gesagt, ein elektrolytischer) Vorgang, der die Folie verschlingt. Obwohl es schwierig und zudem eine ziemlich schmuddelige Angelegenheit wäre, Ihren Walkman mit Lasagne-Energie zu betreiben, könnte man es grundsätzlich durchaus tun.

Folgendes läuft dabei ab:

Ihre Schüssel aus Edelstahl besteht natürlich vorwiegend aus Eisen. Nun ziehen Eisenatome ihre Elektronen weit stärker an als Aluminiumatome die ihren. Wenn sich also eine Gelegenheit bietet, werden die Eisenatome der Schüssel den Aluminiumatomen der Folie Elektronen stehlen. Diese Gelegenheit wird durch die Sauce bereitgestellt, da sie einen elektrisch leitfähigen Pfad anbietet, durch den die Elektronen vom Aluminium zum Eisen kommen können. Ein Aluminiumatom, das Elektronen verloren hat, ist jedoch kein Atom metallischen Aluminiums mehr, sondern ein Atom einer Aluminiumverbindung, die sich in der Sauce auflösen kann (im Jargon der Wissenschaft: Das Aluminium ist zu einer säurelöslichen Verbindung oxidiert worden). Wie Sie sehen können, hat die Alufolie sich nur dort aufgelöst, wo die Sauce es ermöglicht, daß Elektronen vom Aluminium zum Eisen übertragen werden.

Hätten Sie die Lasagne in einem nicht aus Metall bestehenden Behälter aufbewahrt, wäre nichts dergleichen geschehen, weil Glas und Kunststoff nicht bestrebt sind, anderen Stoffen Elektronen abzusaugen. Das müssen Sie mir entweder glauben oder sich für den nächsten Chemiekurs an der VHS eintragen.

Sie können das auch selbst ausprobieren. Geben Sie in drei Schüsseln – aus Edelstahl, Kunststoff und Glas – je etwa einen Eßlöffel Tomatensaft (Ketchup geht auch). Legen Sie einen Streifen Alufolie auf jeden Saucenklecks, wobei Sie dafür sorgen müssen, daß die Folie auch mit dem Behälter in guten Kontakt kommt. Wie Sie nach zwei Tagen erkennen werden, ist die Folie in der Stahlschüssel überall dort weggefressen, wo sie die Tomatensauce berührt hat, während die Folie in den anderen beiden Schüsseln unverändert ist.

Diese Geschichte liefert uns ein paar praktische Regeln: Erstens können Sie Ihre übriggebliebene Sauce – und nicht nur Tomatensauce, sondern jede säurehaltige Sauce wie etwa eine Weißweinreduktion oder eine mit Zitronensaft oder Essig – in jeder Art von Behälter aufbewahren und diesen mit allem abdecken, was Sie wollen. Wenn es jedoch zufällig eine Metallschüssel mit einer Abdeckung aus Alufolie ist, sollten Sie einfach darauf achten, daß die Folie nicht mit der Sauce in Berührung kommt.

Zweitens können Sie Lasagneformen aus Aluminium, die im Supermarkt verkauft werden, ohne Bedenken benutzen.

Sie sind nicht teuer und recyclingfähig, und sie erfüllen ihren Zweck. Selbst wenn Sie sie mit Alufolie abdecken, liegt einfach Aluminium auf Aluminium – keine zwei verschiedenen Metalle, also auch keine elektrolytische Korrosion.

Essig »passiert« einfach

Ich habe so viel darüber gelesen, was Essig alles kann – angefangen bei der Reinigung von Kaffeekannen bis hin zur Linderung arthritischer Schmerzen und einer erleichterten Gewichtsabnahme. Was ist an Essig so besonders?

Essig ist seit Tausenden von Jahren bekannt. Er mußte ursprünglich nicht einmal hergestellt werden, weil er sich letztlich selbst produziert. Wo immer ein wenig Zucker oder Alkohol herumsteht, ist Essig nicht weit.

Wie Ihnen jeder Chemiker, ohne einen Augenblick zu zögern, sagen wird, ist Essig eine Lösung von Essigsäure in Wasser. Doch wir könnten auch Wein als Lösung von Alkohol in Wasser bezeichnen. Essig ist aber weit mehr als das. Die beliebtesten Essigsorten werden aus Weintrauben (roter oder weißer Weinessig), Äpfeln (Apfelessig), Gersten- oder Hafermalz (Malzessig) und Reis (... igitt, Reisessig!) hergestellt. Alle behalten chemische Substanzen ihrer Ausgangsstoffe, denen sie einzigartige Geschmacksvarianten und Aromen verdanken. Darüber hinaus gibt es auch noch Essigsorten, die man vorsätzlich mit Himbeeren, Knoblauch, Estragon und praktisch allem anderen aromatisiert, was man in eine Flasche stopfen und ein paar Wochen ziehen lassen kann.

Am oberen Ende des Reinheitsspektrums findet sich der vertraute destillierte farblose Essig, der in der Tat nichts anderes ist als 5 % reine Essigsäure in Wasser und der in der Wäschepflege ebenso eingesetzt wird wie in der Küche. Da man ihn aus Industriealkohol herstellt und durch Destillation reinigt, enthält dieser Essig keinerlei Geschmack von Früchten, Getreide oder anderen Ausgangsstoffen.

Zuletzt kommt dann der Balsamessig. Echten *aceto balsamico* stellt man in der italienischen Emilia Romagna und dort besonders in und um Modena schon seit fast tausend Jahren her. Dort zerquetscht man Trebbiano-Trauben zu Most (Saft und Schalen gemeinsam), der dann vergoren wird und in einer Abfolge von Holzfässern mindestens zwölf und manchmal sogar hundert Jahre lang reift. Das ergibt ein dickflüssiges braunes Gebräu mit herbsüßem, an Eichenholz erinnernden Geschmack. Man verwendet ihn in kleinen Mengen als Gewürz und nicht sosehr in der vertrauten Weise, in der wir den gewöhnlichen Essig benutzen.

Leider gibt es keine bindenden Vorschriften, wer das Wort *balsamico* auf das Etikett drucken darf, und so findet sich der Begriff manchmal auf kleinen, phantasievoll geformten Flaschen mit gesüßtem und karamelgefärbtem Essig, die zu jedem Preis verkauft werden, den der Markt hergibt. Selbst wenn auf dem Etikett *Aceto Balsamico di Modena* steht, gibt es in Wahrheit keine Möglichkeit, den Inhalt zu beurteilen. In ihrem Buch *The Splendid Table* (William Morrow, 1992) drückt Lynn Rosetto Kasper es so aus: »Balsamessig zu kaufen konfrontiert einen mit allen Risiken des russischen Roulettes« (nun ja, vielleicht nicht mit allen), und: »Der Preis ist kein Hinweis auf die Qualität.« Ihr Rat: Die echte Ware, die in Italien nach dem langwierigen, herkömmlichen Handwerksverfahren hergestellt wurde, erkennt man an der Aufschrift *Aceto Balsamico Tradizionale di Modena* oder der merkwürdig zweisprachigen Kennzeichnung *Consortium of Producers of Aceto Balsamico Tradizionale di Reggio-Emilia.* Und vergessen Sie Ihre Kreditkarte nicht.

Aber, ey, wenn Sie eine Flasche Essig mit der Aufschrift *balsamico* finden, die Ihnen gefällt, dann sollten Sie sie, ganz egal, wie bescheiden der Preis sein mag, mitnehmen und verwenden, wie es Ihnen gefällt.

Nun folgt die Beschreibung, wie jede Art von Essig »passiert«, ob spontan in der Natur oder durch vorsätzliches Eingreifen des Menschen.

Es läuft in zwei chemischen Reaktionsschritten ab: 1) Zukker wird in Äthylalkohol und Kohlendioxidgas zerlegt. 2) Der Äthylalkohol wird zu Essigsäure oxidiert. Die erste Umwandlung, die Gärung, macht in Gegenwart von Enzymen der Hefe oder von Bakterien aus den Zuckern der Trauben Wein und aus unzähligen anderen Kohlenhydraten unzählige andere alkoholische Getränke. In der zweiten Stufe tragen Bakterien mit dem Namen *Acetobacter aceti* dazu bei, daß der Alkohol mit dem Luftsauerstoff reagiert und Essigsäure bildet. Auch ohne *Acetobacter* können Weine oxidieren und damit sauer werden, doch dieser Prozeß verläuft langsamer*.

Essig können Sie zu Hause aus Wein oder anderen alkoholischen Flüssigkeiten selbst herstellen, indem Sie eine kleine Menge Essig mit einer großen Zahl Essigsäurebakterien (der Essigmutter) zugeben, um die Reaktion in Gang zu setzen. Alles weitere, was Sie über die Herstellung von Essig wissen müssen, erfahren Sie bei Vinegar Connoisseurs International unter www.vinegarman.com.

Handelsüblicher Essig enthält zwischen 4,5 und 9 % Essigsäure, wobei die gängigen Sorten bei 5 % liegen. So stark muß er mindestens sein, um Nahrungsmittel haltbar machen zu können, was zu den verehrungswürdigsten Anwendungen des Essigs gehört, da die meisten Bakterien in Flüssigkeiten mit diesem oder einem stärkeren Säuregrad nicht gedeihen können.

Wo ich schon mal dabei bin, noch ein paar Worte über Säuren. Für viele Leute scheint das Wort *Säure* fast gleichbedeutend mit *korrosiv* zu sein. Dabei denken sie zweifellos an Mineralsäuren wie Schwefelsäure und Salpetersäure, die tatsächlich einen Volkswagen auflösen könnten. Essigsäure können wir je-

* Das englische Wort *vinegar* (Essig) ist vom französischen *vin aigre* abgeleitet, was saurer Wein bedeutet.

doch aus zwei Gründen ohne schädliche Folgen für die Gesundheit zu uns nehmen: Einmal ist es eine schwache Säure, und außerdem ist Essig eine ziemlich dünne Lösung. Hundertprozentige Essigsäure ist dagegen recht korrosiv, Sie sollten sie nicht auf der Haut haben und noch viel weniger auf dem Salat. Selbst mit 5 % ist Essig nach dem Zitronensaft die zweitstärkste Säure in der Küche.

Wozu taugt Essig? Wozu taugt er, zumindest angeblich, *nicht*? Die Volksmedizin kennt eine Fülle von Behauptungen, wonach er gegen Kopfschmerzen, Schluckauf und Schuppen helfen soll, Sonnenbrand und Insektenstiche lindert, und glaubt man einer Werbung für chinesischen Reisweinessig, ist er »das Geheimnis für langes Leben, Ruhe, Gleichgewicht und Kraft«. Die Anhänger dieser und ähnlicher Volksheilmittel werden Sie eifrig davon in Kenntnis setzen, daß die Wissenschaft nicht in der Lage sei, ihre Unwirksamkeit zu beweisen. Der Grund liegt natürlich einfach darin, daß Wissenschaftler ihre Zeit besser nutzen können, als hinter solchen Irrlichtern herzujagen.

Ein Schneidbrett oder einen Metzgerklotz, auf dem Sie rohes Fleisch oder Geflügel zerlegt haben, sollten Sie am besten mit einer desinfizierenden Lösung abspülen, die Sie beispielsweise erhalten, wenn Sie ein oder zwei Eßlöffel Chlorbleiche in einem Liter Wasser auflösen. Dieses Mittel hinterläßt auf dem Holz jedoch einen lange anhaltenden Chlorgeruch, der nur sehr schwer abzuwaschen ist.

Mit Essig läßt er sich beseitigen. Spülen Sie das Brett mit einem beliebigen Essig nach – die Essigsäure neutralisiert das alkalische Natriumhypochlorit der Bleiche und tötet den Geruch ab.

Ich will mich zwar nicht auf das Gebiet von Frau Clementine vorwagen, aber wenn Sie nach der Wäsche Ihrer weißen Kleidung in Chlorbleiche dem letzten Spülwasser einen Schuß Essigessenz (oder anderen weißen Essig aus destilliertem Alkohol) zugeben, werden Ihre Einstecktüchlein nicht wie ein Chemielabor stinken.

Vorsicht bei Kartoffelkeimen

Wird eine Kartoffel mit grüner Schale am Ende irgendwann reif?

Nein, nein, nein. Sie ist nicht grün, weil sie unreif ist; Kartoffeln sind in jedem Entwicklungsstadium zum Verzehr geeignet. Und sie stellen das Grün auch nicht deswegen zur Schau, weil es sich um ein traditionelles irisches Nahrungsmittel handelt. Die grüne Farbe ist der »Pfui-Teufel-Aufkleber«, mit dem Mutter Natur uns vor Gift warnt.

Kartoffelpflanzen enthalten Solanin, ein bitter schmeckendes Mitglied der berüchtigten Familie der Alkaloide, einer Gruppe hochwirksamer und giftiger pflanzlicher Chemikalien, zu denen Nikotin, Chinin, Kokain und Morphin gehören. Der größte Teil des Solanins in Kartoffelpflanzen findet sich in und unter der Schale der Knolle und in geringerem Maß in den Augen.

Wird eine Kartoffel, die gewöhnlich im Untergrund zu Hause ist, während des Wachstums zufällig freigelegt oder nach der Ernte für einige Zeit dem Licht ausgesetzt, glaubt sie, es sei an der Zeit, aufzuwachen und mit der Photosynthese zu beginnen. Also produziert sie Chlorophyll und legt sich an der Oberfläche eine grüne Färbung zu. In den gleichen Bereichen produziert sie auch Solanin.

Zwar schadet Ihnen das Solanin nicht, solange Sie keine großen Mengen davon essen, aber vorsichtshalber sollten Sie die grünen Teile immer abschneiden und wegwerfen. Die übrige Kartoffel ist dann völlig in Ordnung. Weil das Solanin nahe an der Oberfläche konzentriert ist, können Sie den größten Teil davon auch loswerden, indem Sie die Kartoffeln eher großzügig schälen. Allerdings sollten Sie keinen Sack Kartoffeln kaufen, bei dem mehr als ein paar wenige grüne Bereiche erkennbar sind, weil es einfach lästig ist, sie bei allen wegzuschneiden.

Der Solaninspiegel steigt an, wenn die Kartoffel ihre besten Tage bereits hinter sich hat und verschrumpelt oder schwammig geworden ist. Diese traurigen Schlappsäcke, die zu lange gelagert worden sind, sollten Sie also auf alle Fälle wegwerfen. Die Sprosse der Kartoffeln, die bereits ausgetrieben haben, enthalten besonders viel Solanin, vor allem dann, wenn sie anfangen, grün zu werden.

Kartoffeln werden am besten an einem dunklen, trockenen und kühlen Ort gelagert, aber nicht zu kalt. Bei Kühlschranktemperatur neigen sie dazu, Solanin zu produzieren. Außerdem wandeln sie einen Teil ihrer Stärke in Zucker um, was für eine eigentümliche Süße sorgt und sie beim Garen braun werden läßt.

Grüne Welle

Warum sind die gewellten Ränder mancher Kartoffelchips grün? Kann man sie trotzdem unbesorgt essen?

Solche Chips bestehen aus Scheiben von Kartoffeln mit grüner Oberfläche. Sie enthalten deshalb kleine Mengen giftigen Solanins, das beim Fritieren nicht zerstört wird. Sie können unbesorgt verzehrt werden, denn um davon krank zu werden, müßten Sie so viele Beutel Chips vertilgen, daß Sie im Gesicht grüner wären als die Chips an den Rändern.

Ach ja, und falls Sie glauben, Sie könnten die Packungen im Supermarkt vor dem Kauf daraufhin überprüfen, wie viele grüne Kartoffelchips darin enthalten sind, sollten Sie eines bedenken: Ist Ihnen je aufgefallen, daß die Verpackung der Chips immer undurchsichtig ist, anders als bei Salzbrezeln und anderen Snacks, wo Sie den Inhalt sehen können? Damit sollen nicht etwa neugierige Augen abgehalten werden, sondern ultraviolettes Licht, das die Fette in den Chips schneller oxidieren und damit ranzig werden läßt. Alle Fette und Speiseöle sollten in der Tat vor starkem Licht geschützt werden.

Beutel mit Kartoffelchips sind in der Regel auch noch mit

Stickstoffgas abgefüllt, das die sauerstoffhaltige Luft ersetzt. Deshalb sehen sie wie aufgeblasene Ballons aus. Als der Zyniker, der ich nun mal bin, muß ich aber auch darauf hinweisen, daß undurchsichtige, aufgeblasene Packungen mehr Raum im Regal einnehmen und es uns nicht merken lassen, wenn sie vielleicht nur halb voll sind.

Ohne Augen kein böser Blick

Seit ein wohlmeinender Freund mir erzählt hat, daß die Augen der Kartoffeln giftig sind und ich sie besser sorgfältig entfernen sollte, habe ich immer das Gefühl, mit dem Tod zu flirten, wenn ich Kartoffeln schäle. Wie gefährlich sind sie denn?

Nicht so gefährlich wie wohlmeinende Freunde, die Gruselgeschichten verbreiten. Die Geschichte enthält jedoch ein Körnchen Wahrheit.

Als die Kartoffel in der zweiten Hälfte des 16. Jahrhunderts in Europa eingeführt wurde, hatte man sie im Verdacht, entweder als Gift oder wie ein Aphrodisiakum zu wirken oder gar – ein faszinierender Gedanke – beides. (Was für eine Art, zu sterben!) Die Europäer neigten dazu, alle exotischen Nahrungsmittel aus der Neuen Welt so einzuschätzen, darunter auch die Tomaten. (Zweifellos war es deren scharlachrote Farbe, welche die Franzosen dazu brachte, sie *pommes d'amour*, Liebesäpfel, zu nennen.)

Doch wir müssen die argwöhnischen Bewohner der Alten Welt ein wenig in Schutz nehmen, denn sowohl Kartoffeln als auch Tomaten gehören in der Tat zur Familie der Nachtschattengewächse, deren heimtückischster und tödlich giftiger Vertreter die Belladonna-Pflanze ist.

Ich kann nicht umhin, an dieser Stelle darauf hinzuweisen, daß das italienische *bella donna* auf deutsch »schöne Frau« heißt. Warum hat man die Pflanze so benannt? Weil sie Atropin enthält, ein Alkaloid, das die Pupillen erweitert. Sie wurde (sagt man) von Frauen im Italien des 16. Jahrhunderts als kosmetisches Hilfsmittel verwendet, das die sexuelle Erregung steigern sollte.

Schneller Vorlauf ins 21. Jahrhundert und zu Ihrem wohlmeinenden Freund: Das giftige Alkaloid Solanin, das üblicherweise in kleinen Mengen in Kartoffeln vorkommt, entsteht in deren Augen, sobald sie auszutreiben beginnen. Deshalb sollten Sie Augen, die bereits Sprosse bilden, sicherlich herausschneiden, besonders wenn sie schon grün werden. Doch auch da liegt das Solanin nicht sehr tief, und ein kleiner Schnitt mit dem Gemüsemesser erledigt das Problem.

Was gibt mehr Kraft: Charakterstärke oder Maisstärke?

Hier im Süden der USA werden Gerichte oft mit Maisgrieß statt mit Kartoffeln oder Reis als stärkehaltige Beilage serviert. Doch wie ich das verstehe, wird der mit Hilfe von Lauge hergestellt. Ist Lauge nicht eine sehr aggressive Chemikalie, die man auch in Abflußreinigern verwendet?

Ja, aber die wird sorgfältig herausgewaschen, bevor der Grieß auch nur in die Nähe Ihres Frühstückstellers gerät.

Das Wort Lauge stammt von einem althochdeutschen Wort für *waschen* ab und bezog sich ursprünglich auf die stark alkalische Lösung, die man erhielt, wenn man Holzasche mit Wasser tränkte oder auswusch. (Die alkalische Substanz in der Asche ist Kaliumkarbonat, und weil Alkalien und Fette miteinander zu den chemischen Substanzen reagieren, die wir Seifen nennen, hat man die ersten Seifen aus Holzasche hergestellt, der Tierfette beigemengt wurden.)

Heute bezieht man Lauge meist auf Ätznatron, das die Chemiker als Natriumhydroxid bezeichnen. Das ist sicherlich ein übles Zeug. Es ist nicht nur giftig, sondern würde auch Ihre

Haut auflösen, wenn es eine Chance dazu bekäme. Damit werden Abflüsse einerseits frei, weil es Fette in Seifen umwandelt, und andererseits, weil es Haare auflöst.

Weicht man Maiskörner in einer schwachen Laugenlösung ein, verlieren diese ihre zähen Zellulosehüllen. Außerdem wird so der ölhaltige Keim abgetrennt, worauf nur noch der stärkehaltige Teil, das sogenannte Endosperm, zurückbleibt. Dieses wird gewaschen und Maisstärke getauft. Der Schritt, mit dem die Befürchtungen schwinden, ist die sorgfältige Wäsche, bei der alle überschüssige Lauge entfernt wird. Die getrocknete Maisstärke wird dann grob zu Maisgrieß zermahlen, der in den USA südlich der Mason-Dixon-Linie verzehrt wird*.

Weniger alkalisch als Ätznatron ist gebrannter Kalk (Kalziumoxid), der ebenfalls Maiskörner abbaut, wenn man ihn lose darüber streut. Gebrannter Kalk ist durch Erhitzen von Kalkstein oder Muschelschalen (Kalziumkarbonat) so leicht herzustellen, daß er schon seit Jahrtausenden bekannt ist. Die eingeborenen Völker in Süd- wie Nordamerika verwendeten ihn über Jahrhunderte, um Mais zu behandeln oder zu garen. In Mexiko und Mittelamerika kocht man den Mais heute in Kalkwasser, worauf man ihn wäscht, entwässert, trocknet und zu *masa* mahlt, dem Mehl, aus dem die Tortillas gemacht werden.

Durch die Behandlung mit Kalk verbesserten die Ur-Amerikaner unwissentlich sowohl den Geschmack als auch den Nährwert von Mais. Diesem mangelt es an gewissen essentiellen Aminosäuren, die durch Alkalien besser verfügbar werden. Kalk reagiert mit der Aminosäure Tryptophan, wobei eine sehr aromatische chemische Substanz (2-Aminoacetophenon) entsteht, die den Tortillas ihren einzigartigen Geschmack verleiht. Außerdem reichert Kalk die Ernährung mit Kalzium an, und, was möglicherweise am wichtigsten ist, er verbessert unsere Aufnahme von Niacin, einem essentiellen B-Vitamin.

* In Europa südlich der Alpen als Polenta. – Anm. d. Ü.

Fehlt es in der Ernährung an Niacin, führt das zu Pellagra, einer den Organismus schwächenden Krankheit, deren Kennzeichen Dermatitis, Diarrhöe und Demenz sind. In Gesellschaften, deren Nahrung hauptsächlich aus Mais bestand, wie etwa in Italien, wo man Polenta verzehrt, oder im ländlichen Süden der USA, war diese Krankheit sehr häufig, bis man 1937 herausfand, daß sie durch Niacinmangel verursacht wird. Mexikaner und Mittelamerikaner, die ihren Mais mit Kalk behandelten, blieben von Pellagra immer einigermaßen verschont.

Aber zurück zu den (wahrlich kleinen) Einzelheiten der Grießkörnchen: Ich bin zwar im grießlosen Norden der USA aufgewachsen, doch da mir die Tatsache, daß dieses Buch auch im Süden zum Kauf angeboten wird, zutiefst bewußt ist, möchte ich eiligst ein erinnerungswürdiges ausgedehntes Frühstück preisen, das ich einst im Cajun-Land westlich von New Orleans genießen durfte. Es bestand aus Champagnercocktails, Spiegeleiern, *Maisgrieß*, Blutwurst, *Maisgrieß*, Biskuits, *Maisgrieß* und Café au lait. Ich war bekehrt.

Wollen Sie noch mehr über Maisgrieß wissen? Klicken Sie die Seite www.grits.com an (welche denn sonst? Nun ja, vielleicht liefert ja die Suchmaschine Ergebnisse, wenn Sie *Maisgrieß* eingeben). Und das ist keine Lauge, äh, Lüge.

Der Backnatron-Blues
Blaubeerpfannkuchen aus blauem Mais

Blauer Mais ist im Südwesten der USA verbreitet und besitzt einen vollen, nußähnlichen Geschmack. Er wird mit Holzasche behandelt, die alkalisch ist und wie Kalk und Lauge gewisse Aminosäuren besser verfügbar macht. Viele Menschen schätzen das blaue Maismehl wegen seines überlegenen Nährwerts. Die Alkalibehandlung verstärkt zudem die blaue Farbe, was auch für das Backnatron im folgenden Rezept gilt.

Das Maismehl wird manchen Lesern enttäuschend grau vorkommen. Kein Grund zur Verzweiflung: Während die Pfannkuchen gebacken wer-

den, wird die blaue Farbe des Maismehls intensiver, weil sie mit dem Backnatron reagiert. Selbstverständlich sorgen die Blaubeeren für noch mehr Blau.

Da das blaue Maismehl kein genormtes Produkt ist, findet man es verschieden ausgemahlen vor, von fein bis ziemlich grob. Kein Problem. Die grobe Variante verleiht diesen Pfannkuchen einen netten »Biß«.

Blaues Maismehl wird in Geschäften angeboten, die sich auf Zutaten aus Mexiko oder dem Südwesten der USA spezialisiert haben. Falls es nicht aufzutreiben ist, kann nach Belieben auch gelbes oder weißes Maismehl verwendet werden, aber Farbe und Konsistenz können dann vielleicht abweichen.

150 Gramm blaues Maismehl
15 Gramm Zucker
2 Teelöffel Backpulver
1 Teelöffel Backnatron
½ Teelöffel Salz
250 Milliliter Milch
2 große Eier, leicht geschlagen
40 Gramm ungesalzene Butter, geschmolzen
60 Gramm Mehl
200 Gramm Blaubeeren
Butter oder Öl zum Einfetten der Pfanne
Butter und Sirup

1. Maismehl, Zucker, Backpulver, Backnatron und Salz in einer großen Schüssel gut durchmischen. In einer kleinen Schüssel Milch, Eier und Butter gründlich verrühren. Die flüssigen Zutaten mit den trockenen vermengen und gerade so weit mischen, daß ein dünner, homogener Teig entsteht. Den Teig 10 Minuten ruhen lassen.
2. Mehl einrühren und mit dem Mixer einarbeiten, bis alle weißen Klümpchen verschwunden sind. Nicht zuviel durchrühren. Blaubeeren unterheben.
3. Pfanne auf dem Feuer erwärmen, bis die Handfläche sich heiß anfühlt, wenn sie ca. 10 cm über die Pfanne gehalten wird. Leicht mit Butter oder Öl einpinseln. Pro Pfannkuchen etwa 60 Milliliter Teig abmessen und in die Pfanne geben.
4. Sobald sich oben Blasen bilden, die Ränder fest werden und der

Boden braun ist (nach jeweils 2 Minuten), wird der Pfannkuchen gewendet und weitergebacken, bis auch die zweite Seite leicht gebräunt ist. Mit Butter und Sirup servieren.

Ergibt 14–16 Pfannkuchen.

5. KAPITEL

Turf and Surf (Weide und Meer)

Wir von der Spezies *Homo sapiens* sind eine Horde von Allesfressern, bei denen Zähne und Verdauungssystem gut an pflanzliche wie tierische Nahrung angepaßt sind. Doch ungeachtet all derer, die sich für die Rechte der Tiere einsetzen, ist es eine nicht zu leugnende Tatsache, daß in unserer Gesellschaft Fleisch und Fisch meistens im Mittelpunkt stehen und bei den Hauptgerichten die entscheidende Rolle spielen.

Aus der praktisch unendlichen Anzahl von Tierarten auf Erden hat der Mensch zu Nahrungszwecken vielleicht nur ein paar hundert routinemäßig gejagt, in Fallen gefangen oder gefischt, und von diesen hat er wiederum nur eine kleine Handvoll domestiziert. In der heutigen westlichen Gesellschaft verzehren wir üblicherweise eher noch weniger Arten. Geht man in den USA durch die Fleischabteilung eines Supermarkts, findet man selten mehr als vier Fleischarten: Rind oder Kalb, Lamm, Schwein und Geflügel.

Andererseits sind in den USA etwa fünfhundert Fisch- und Schalentierarten erhältlich, und weltweit sind es sogar mehr als zweimal so viel. Die Meere enthalten eine unvorstellbare Vielfalt eßbarer Arten, doch was deren Domestizierung betrifft, also deren »landwirtschaftliche« Aufzucht in nennenswerter Menge, stehen wir praktisch erst am Anfang.

Unsere relativ armselige Auswahl ist demnach nicht etwa auf einen Mangel an natürlicher Vielfalt zurückzuführen, sondern auf selbstauferlegte kulturelle und wirtschaftliche Beschränkungen. Viele von uns haben schon Köstlichkeiten anderer Kulturen ausprobiert, etwa Heuschrecke, Klapperschlange, Alligator, Herzmuschel, Seeigel und Seegurke, und eine noch größere Zahl von uns fängt an, Kaninchen, Bison, Reh, Strauß und Emu zu genießen, weil sie im Handel immer häufiger angeboten werden.

Dennoch ist es nach wie vor möglich, unsere alltäglichen tierischen Nahrungsmittel in zwei Kategorien zu unterteilen: Fleisch und Fisch oder »Turf and Surf« (etwa: Weide und Meer), wie es manche Restaurants in den USA für Gäste mit dem dicken Spesenkonto anbieten, wenn diese nicht wissen, für welches der teuren Gerichte sie sich entscheiden sollen – es ist eine Kombination aus Steak und Hummerschwanz, die etwa so gut zusammenpaßt wie Anchovis und Eiskrem.

Zu Lande

Rot, weiß und bleu

Ich mag Steaks und Roastbeef gerne »englisch«. Doch oft sitzt jemand mit am Tisch, der böse Sticheleien äußert, weil ich »blutiges« Fleisch esse. Was kann ich zu meiner Verteidigung anführen?

Nichts. Einfach nur lächeln und ungerührt weiterspachteln, denn die Leute liegen falsch. In rotem Fleisch findet sich praktisch kein Blut. Der größte Teil des Blutes, das durch die Venen und Arterien eines Rindes fließt, schafft es nie bis in den Fleischerladen, geschweige denn bis auf den Eßtisch.

Ich möchte das nicht zu anschaulich ausmalen, doch im Schlachthaus läßt man das Tier, gleich nachdem es getötet wurde, größtenteils ausbluten, wobei nur im Herzen und in der Lunge noch etwas Blut eingeschlossen bleibt, aber diese Teile sind, da werden Sie mir sicher zustimmen, von geringem gastronomischen Interesse.

Blut ist rot, weil es Hämoglobin enthält. Dieses eisenhaltige Protein transportiert Sauerstoff von der Lunge zum Muskelgewebe, wo er für die Bewegung benötigt wird. Bei rotem Fleisch stammt die Farbe jedoch nicht in erster Linie vom Hämoglobin. Sie ist hauptsächlich auf ein anderes rotes, eisenhaltiges Protein namens Myoglobin zurückzuführen, das Sauerstoff trägt. Aufgabe des Myoglobins ist es, den Sauerstoff direkt im Muskelgewebe zu speichern, damit er sofort abgerufen werden kann, wenn ein Muskel zur Aktion aufgefordert wird. Gäbe es dieses Myoglobin an Ort und Stelle nicht, ginge dem Muskel bald der Sauerstoff aus, und er müßte auf weiteres Blut warten. Eine andauernde angestrengte Tätigkeit wäre dann unmöglich.

Beim Garen wird Myoglobin genau wie Hämoglobin braun. Gut durchgebratenes Rindfleisch sollte demnach graubraun sein, während es »englisch« weiterhin rot bleibt. Wollen Sie in Frankreich Ihr Steak sehr roh, dann bestellen Sie es am besten »bleu«. Ja, das heißt blau, aber seit wann müssen ausgerechnet die Franzosen logisch sein? (Gut, wir wollen fair sein: Frisches rohes Rindfleisch zeigt tatsächlich die irgendwie violette Farbe des Myoglobins.)

Im Muskelgewebe verschiedener Tierarten findet sich das Myoglobin in unterschiedlichen Mengen, da bei jeder Art jeweils andere Sauerstoffvorräte für anstrengende Tätigkeiten erforderlich sind. Schweinefleisch (diese faulen Schweine!) enthält weniger Myoglobin als Rindfleisch, was es den Vermarktungsstrategen für Schweinefleisch erlaubt, es als »weißes Fleisch« anzupreisen, obwohl es eigentlich rosa ist. Fisch enthält eher noch weniger davon. Das Fleisch von Tieren kann also von Natur aus rot, rosa oder weiß sein, je nach den bei den verschiedenen Arten evolutionär entwickelten Anforderungen für ausdauernde Muskeltätigkeit. Thunfischfleisch ist beispielsweise ziemlich rot, weil Thunfische gut und schnell schwimmen und quer durch die Weltmeere große Entfernungen zurücklegen.

Jetzt wissen Sie auch, weshalb Hühnerbrüstchen weißes Fleisch besitzen, während Hals, Beine und Schenkel dunkler sind. Der Hals wird beim Picken trainiert, die Schenkel beim Laufen, doch die Brust ist nichts als »Übergepäck«. Man hat sie den Tieren angezüchtet, weil Amerikaner im Vergleich zum

Rest der Welt eine größere Vorliebe für weißes Fleisch haben. Tatsächlich sind die in den USA produzierten Hühner, solange man ihnen keinen freien Auslauf ermöglicht, so »verzärtelt«, daß sogar ihr »dunkles Fleisch« so weiß ist wie die Brust.

> Wenn bei mir zu Hause »englisch« gebratenes Fleisch wie Steak, Roastbeef oder Lamm übrigbleibt, möchte ich es am nächsten Tag aufwärmen, aber nicht weiter garen. Selbst ein kurzer Schub in der Mikrowelle würde es weniger »englisch« werden lassen, da gerade Mikrowellen tief eindringen. Statt dessen verstaue ich es in einem wiederverschließbaren Plastikbeutel, aus dem ich alle Luft herausdrücke, und lege diesen in eine Schüssel mit heißem Wasser aus der Leitung. Damit wird das Fleisch erwärmt, aber nicht gegart, weil die Hitze dazu nicht ausreicht.

Wow, braune Cowburger?

Das Rinderhack im Supermarkt ist außen immer hellrot, innen dagegen eher graurot. Sprühen die es mit einer Art Färbemittel ein, damit es frisch wirkt?

Nein, wahrscheinlich treiben die keine solchen Spielchen.

Die Oberfläche frischgeschnittenen Fleisches ist nicht hellrot, sondern von Natur aus rotviolett, weil es Myoglobin enthält, ein Muskelprotein mit dieser Farbe. Setzt man das Myoglobin jedoch dem Sauerstoff der Luft aus, verwandelt es sich rasch in das helle, kirschrote Oxymyoglobin. Deshalb zeigt nur die äußere Schicht Ihres Rinderhacks diese schöne hellrote Farbe, die wir in der Regel mit Frische assoziieren, während die inneren Anteile dafür nicht ausreichend mit Luft in Berührung kommen.

Von der Verpackungsabteilung des Schlachthauses wird das frischzerlegte rotviolette Rindfleisch in luftdichten Behältern zu den Märkten transportiert. Nachdem es im Supermarkt durch den Wolf gedreht worden ist, verpackt man es gewöhnlich in einer Folie, die Sauerstoff durchläßt. Dadurch kann die äußere Fleischschicht in der roten Farbe des Oxymyoglobins »erblühen«. Setzt man es dem Sauerstoff jedoch für längere Zeit aus, oxidiert das rote Oxymyoglobin zu bräunlichem Metamyoglobin, das nicht nur schlecht aussieht, sondern dem Fleisch einen Hauch von »verdorben« mitgibt. Es ist die braune Farbe des Metamyoglobins, die uns zeigt, daß das Fleisch »hinüber« ist. In Wahrheit vollzieht diese Verwandlung sich schon lange, bevor das Fleisch wirklich unbekömmlich wird.

Im Einzelhandel verwendet man Folien aus Kunststoffen (entweder Polyäthylen niedriger Dichte oder Polyvinylchlorid, PVC), die gerade so viel Sauerstoff durchlassen, daß die äußere Schicht des Fleisches im hellroten Oxymyoglobin-Stadium bleibt.

Kurzum: Zeigt Ihr Rindfleisch, ob nun geschnitten oder durch den Wolf gedreht, ein stumpfes Purpurrot, ist es wirklich sehr frisch. Doch selbst wenn es durch Metamyoglobin braun gefärbt ist, kann es immer noch für einige Tage genießbar sein. Nicht das Auge, die Nase ist letztlich das beste Sinnesorgan, um festzustellen, ob Ihr Cowburger vielleicht *allzu* braun ist.

Diese Knochen

Was tragen Knochen zu einer Brühe bei? Ich kann verstehen, wie Fleisch und Fett ihren jeweiligen Geschmack weitergeben, aber werden die Knochen irgendwie abgebaut? Oder werden sie nur wegen des Marks hinzugegeben?

Diese Knochen sind eine wesentliche Zutat, wenn Sie eine Suppe, Fleischbrühe oder einen Eintopf zubereiten, ganz genau so wichtig wie Fleisch, Gemüse und Gewürze. Ihr Zweck mag jedoch nicht sofort ersichtlich sein, wenn wir sie nur als harte, nicht reaktionsfähige mineralische Substanz ansehen. Ja, sie sind aus mineralischem Stoff aufgebaut, genauer gesagt, aus Kalziumphosphaten. Doch Kalziumphosphate lösen sich in heißem Wasser weder auf, noch werden sie abgebaut, weshalb wir, wenn Knochen wirklich nur daraus bestünden, ebensogut Stein statt Bein hineingeben könnten. Sie würden einer Brühe keinerlei Geschmack mitgeben.

Nun enthalten Knochen neben den mineralischen auch organische Substanzen, von denen vor allem die Knorpel und das Kollagen hervorzuheben sind. Bei jungen Tieren können die Knochen sogar mehr Knorpelsubstanz enthalten als mineralische Bestandteile, und alle Knorpel enthalten Kollagen, ein Protein, das beim Garen zu weicher Gelatine abgebaut wird. Knochen vermitteln der Brühe also letztlich ein fülliges und fettiges Mundgefühl.

Schienbein und Oberschenkelknochen mit ihren verbindenden Knöchelgelenken sind besonders reich an Kollagen. Wenn Sie eine Brühe oder einen Fleischtopf wollen, der beim Abkühlen wirklich fast wie mit Gelatine fest wird, sollten Sie einen stark kollagenhaltigen Kalbsfuß oder zwei Schweinsfüße mitkochen. Gekochte kalte Schweinsfüße im eigenen Aspik sind ein altehrwürdiger ländlicher Genuß. Falls Sie sie zubereiten, sagen Sie Ihren Gästen, es gäbe ein edles französisches Gericht namens *Pied de cochon*.

Die harten Anteile der Knochen scheinen sehr fest zu sein, doch sie enthalten eine verblüffende Menge Wasser, Nervenfasern, Blutgefäße und anderes Zeug (Sie würden auf der Stelle zum Vegetarier werden, wenn ich Ihnen all das aufzählte). Ein typischer Knochen besteht aus drei Schichten. Der Kern ist aus einem schwammigen Material aufgebaut, das eine Menge lekkerer organischer Substanzen enthält, und in den Hohlräumen der langen Röhrenknochen findet sich das eher noch leckerere Mark. Deshalb – und das ist wichtig – hacken oder brechen wir die Knochen auf, ehe wir sie in den Topf für die Brühe geben. Um den Kern liegt die harte, weitgehend mineralische Schicht, gefolgt von einer zähen, faserigen äußeren Membran namens Periosteum (Knochenhaut).

An den Knochen, die wir in die Brühe werfen, hängt natürlich auch noch was dran. Haben Sie außer bei einem Halloween-Skelett oder in einer Anatomievorlesung je einen vollkommen sauberen Knochen gesehen, an dem keinerlei Fleisch, Fett, Knorpel oder anderes Bindegewebe hing? Wahrscheinlich nicht. All diese Teilchen tragen stark zum Geschmack der Brühe bei. Zudem werden sie schön braun, wenn wir unsere Kalbsknochen anbraten, ehe wir sie dem Topf überantworten, um eine braune Brühe zuzubereiten.

Heben Sie also alle Knochen in der Tiefkühltruhe auf, bis der Tag der Fleischbrühebereitung gekommen ist. Oder nutzen Sie das letzte, was es außer guten Ratschlägen auf der Welt noch umsonst oder fast umsonst gibt: Knochen von Ihrem Metzger.

Häute dünn – Gelatine
Griechische Lammhachse

Die Schienbeine junger Tiere wie etwa der Lämmer sind von einer Überfülle kollagenhaltiger Knorpel umgeben, die zu einer Menge den Mund wäßrig machender Gelatine im Fleisch zusammenkochen und gemeinsam mit den Fleischsäften, dem Fett und dem Knochenmark zu einer üppigen braunen Sauce beitragen (es dürfte kaum gelingen, das Mark aus den ziemlich dünnen Knochen zu lösen – ein Osso buco wird nicht daraus –, aber beim Garen tropft das wohlschmeckende Fett in die Sauce).

Der Erfolg hängt hier in hohem Maß vom richtigen Kochgefäß ab. Am besten nimmt man einen emaillierten gußeisernen Schmortopf mit dichtschließendem Deckel, der die Hitze hält und so für gleichmäßiges Garen und Bräunen sorgt. Das gegarte Fleisch ist braun, glänzend, mit Kräutern besprenkelt und fällt zart vom Knochen.

Das Gericht kann man einen Tag im voraus zubereiten. Hachsen und Gemüse getrennt von der Sauce im Kühlschrank aufbewahren, damit das erstarrte Fett von der Sauce abgehoben werden kann.

4 Lammhachsen von jeweils etwa 300–500 Gramm
30 Milliliter Olivenöl
Salz und frischgemahlener Pfeffer

2 große Karotten, grob in Stücke geschnitten
2 Stangen Sellerie, grob in Stücke geschnitten
1 große Zwiebel, grob gehackt
4–6 Zehen Knoblauch, grob gehackt
⅛ Liter Wein
⅛ Liter Wasser
240 Milliliter Tomatensauce (aus der Dose)
1 Teelöffel getrockneter Oregano, vorzugsweise aus Griechenland
½ Teelöffel getrocknete Thymianblätter oder 1 Eßlöffel frische Thymianblätter

1. Bratrohr auf 180 °C vorheizen. Lammhachsen von überschüssigem Fett befreien. Olivenöl in einem schweren Schmortopf auf mittlerer Hitze erwärmen. Die Lammhachsen auf allen Seiten gut anbräunen, erforderlichenfalls nur je zwei zusammen. Großzügig pfeffern und salzen. Mit einer Zange herausnehmen und auf einem Teller beiseite stellen.
2. Karotten, Sellerie und Zwiebel bei mittlerer Hitze im selben Bräter etwa 5 Minuten lang leicht andünsten, bis alles weich, aber nicht braun ist. Knoblauch zugeben und weitere 2 Minuten auf dem Feuer lassen. Die Lammhachsen auf das Gemüsebett im Bräter legen.
3. Wein und Wasser mischen und über das Lamm gießen. Tomatensauce über das Fleisch und in den Bräter gießen. Mit Thymian und Oregano bestreuen. Auf der Flamme lassen, bis die Flüssigkeit leicht zu kochen beginnt.
4. Mit einem dicht schließenden Deckel oder Aluminiumfolie gut verschließen und im Bratrohr zwei Stunden oder so lange garen, bis das Fleisch zart ist und fast vom Knochen fällt.
5. Die Hachsen herausnehmen und auf eine Servierschüssel legen, mit Folie abdecken, damit sie warm bleiben. Gemüse mit einem Schaumlöffel herausheben und um das Fleisch legen. Sauce in einen Meßbecher gießen, überschüssiges Fett entfernen (siehe S. 165) und wegwerfen. Es sollten etwa 250 Milliliter Sauce bleiben. Falls nötig, nachwürzen und über das Lamm gegossen oder in einer Sauciere servieren.

Ergibt 4 Portionen.

Wenn es niemand sieht ...

Warum sagt man, das Fleisch direkt am Knochen sei immer am süßesten?

Wir können diese Feststellung nicht *cum grano salis*, sondern höchstens mit einem Körnchen ... Zucker nehmen, weil das Wörtchen *süß* im gastronomischen Sprachgebrauch sowohl überstrapaziert als auch falsch verwendet wird. Oft bezeichnet man damit einen angenehmen Geschmack, ohne es buchstäblich so zu meinen. Vielleicht liegt es daran, daß von den Geschmacksempfindungen des Menschen die Süße uns das größte Vergnügen bereitet. Doch wie dem auch sei, das Fleisch direkt am Knochen ist jedenfalls aus mehreren Gründen schmackhafter.

Erstens sind der Knochen und seine Umgebung unter Fleisch begraben; diese Zone wird nicht so heiß und deshalb nicht so schnell gar wie die äußeren Teile. Wenn Sie beispielsweise ein T-Bone-Steak grillen, ist das Fleisch am Knochen schließlich blutiger als der Rest, und je »englischer« das Fleisch, desto saftiger und geschmackvoller ist es.

Ein zweiter Effekt ergibt sich aus der Fülle der Sehnen und anderen Bindegewebe, die das Fleisch am Knochen verankern. Das Kollagenprotein in diesen Geweben zerfällt beim Erhitzen und wird zu Gelatine, einem erheblich weicheren Protein. Gelatine hat zudem die Eigenschaft, große Mengen Wasser speichern zu können – etwa das Zehnfache ihres Eigenvolumens. Deshalb wird das Fleisch, wo immer der größte Anteil Kollagen vorliegt – und das ist gewöhnlich nahe beim Knochen –, sowohl zarter als auch saftiger bleiben.

Ein dritter Effekt der Knochennähe ist leichter zu erkennen. Bei gewissen Zuschnitten, besonders bei Rippen und Koteletts, befindet sich in der Umgebung des Knochens eine Menge Fett. Wenn also keiner zuguckt und Sie wie Heinrich der Achte an einem dieser Knochen nagen, können Sie es gar nicht vermeiden, eine große Dosis Fett abzubekommen. Und sehr zu unserem Bedauern (und dem unserer Arterien) sind hochgesättigte tierische Fette einfach köstlich.

Thermometrie-Geometrie

In Kochbüchern wird gewarnt, ich solle in jedem Fall vermeiden, mit dem Fleischthermometer bis auf den Knochen durchzustoßen, wenn ich feststellen will, wie weit ein Braten schon durch ist. Eine Erklärung dafür habe ich noch nie gefunden. Explodiert der Braten sonst, oder was?

Ich hasse grundlose Warnungen, Sie nicht auch? Sie verbreiten lediglich Ängste, aber keine Informationen. Wann immer ich auf einer Kiste die Warnung »Am anderen Ende öffnen!« lese, mache ich sie am falschen Ende auf, nur um zu sehen, was passiert. Ich bin immer noch am Leben.

Ein Knochen leitet die Wärme schlechter als das Fleisch. Zum einen ist der Knochen porös, und die Luftzellen wirken wie eine Wärmeisolation. Außerdem sind Knochen relativ trocken, und der Wärmetransport in einem Braten kommt weitgehend durch das Wasser im Fleisch zustande. Wenn also der größte Teil des Fleisches eine gewisse Temperatur erreicht hat, dürften die Bereiche um den Knochen wahrscheinlich immer noch einigermaßen kühl sein. Dadurch würde das Thermometer eine niedrigere Temperatur anzeigen und Sie dazu verleiten, Hühnchen, Truthahn oder Braten zu lange zu garen.

Hat jeder sein Fett weg?

Wenn ich Fleischbrühe oder Eintopf zubereite, schwimmt am Ende immer eine ölige Schicht darauf: Fett, das sich aus dem Fleisch ausgekocht hat. Ich möchte es abschöpfen, doch das ergibt immer eine Sauerei, und ich erwische auch nie alles. Gibt es ein einfaches Verfahren?

In Rezepten steht, man solle Suppen und Eintöpfe »entfetten«, als wäre das so leicht wie das Schälen einer Banane. Es wird unterstellt, man könnte einfach einen Löffel nehmen und die Fettschicht abschöpfen, ohne auch etwas von den darunterliegenden festen Bestandteilen oder der Flüssigkeit zu entfernen. Doch der Ausdruck *schöpfen* ist eine schöpferische Irreführung.

Zum einen ist nur schwer zu erkennen, wie tief man schöpfen kann, ohne eine Menge der darunterliegenden Flüssigkeit zu entfernen. Sind Topf oder Bratpfanne breit, dann kann die Fettschicht so dünn sein, daß sie mit einem Löffel nicht abzuheben ist. Zudem dürften wahrscheinlich Fleischbröckchen und Gemüsestücke über die Oberfläche ragen, was jede Abschöpfung behindert. Und zuletzt kann auch noch eine Menge Fett unter den festen Bestandteilen verborgen sein.

Wenn Sie nicht zuviel Flüssigkeit im Topf haben, können Sie alles in einen Schwerkraftseparator füllen – eines dieser Gefäße aus Glas oder Kunststoff, die wie kleine Gießkannen aussehen und den Inhalt von unten her abziehen lassen. So fließt der wäßrige Teil aus, die obere Fettschicht bleibt zurück.

Sie können die Flüssigkeiten auch in einen hohen, schmalen und hitzebeständigen Glasbehälter füllen, wodurch die Fettschicht an Mächtigkeit gewinnt und mit einer Tülle mit Gummiballon per Unterdruck abgesaugt werden kann.

Die verführerischste Methode ist es, den ganzen Topf in den Kühlschrank zu stellen. Das Fett wird hart, und Sie können es wie Eis von einem gefrorenen Teich in Stücken abheben. Das ist aber gefährlich, weil der Topf den Inhalt Ihres Kühlschranks auf eine bakterienfreundliche Temperatur aufheizen kann. Heiße Lebensmittel sollten Sie zunächst in mehreren kleinen Behältern abkühlen lassen, ehe Sie sie in den Kühlschrank bringen.

Für ein wunderbar schnelles und einfaches Verfahren ist eine Art kleiner Pinsel erforderlich, der das Fett gewissermaßen wegpinselt. Sie streichen damit über die Oberfläche Ihrer Brühe (oder Suppe oder Ihres Eintopfs), und er nimmt selektiv das Fett auf, ohne die wäßrige Flüssigkeit zu absorbieren. Aber wie, so fragen Sie vielleicht, kann ein Pinsel zwischen öligen und wäßrigen Flüssigkeiten unterscheiden?

Ein gewöhnlicher Pinsel nimmt Wasser auf, weil Wasser dessen Fasern benetzt, also an ihnen haftet. Zwischen den Wassermolekülen und der Oberfläche der Pinselfasern besteht eine Anziehungskraft. Zudem wird Wasser aufgrund von Kapillarkräften sogar zwischen den Fasern aufsteigen. Wenn Sie also einen gewöhnlichen Pinsel in Wasser tauchen und wieder herausziehen, kommt ein Menge Wasser mit.

Doch Wasser benetzt bei weitem nicht alle Substanzen – seine Moleküle haben für bestimmte andere Moleküle einfach nicht genug Anziehungskraft. Wenn Sie beispielsweise eine Kerze in Wasser tauchen, kommt sie trocken wieder heraus. An Wachs oder vielen Kunststoffen haftet zwar kein Wasser, Fette jedoch – und das ist der Punkt – sehr wohl. Der Fettpinsel besteht aus Plastikfasern, die von Öl, nicht aber von Wasser benetzt werden. Deshalb saugt er nur das flüssige Fett ab.

Nachdem der Pinsel mit Öl beladen ist (er kann bei jedem Durchziehen nur eine bestimmte Menge aufnehmen): Wie werden Sie das Fett vor dem nächsten Einsatz wieder los?

Sie können heißes Wasser über den Pinsel und das flüssige Fett in den Abfluß fließen lassen, doch es könnte am Ende ein kühles Plätzchen finden und dort fest werden. Damit verstopft es die Rohre vielleicht außerhalb der Reichweite jedes Klempners, es sei denn, er reißt das Haus ab. Alternativ dazu können Sie auch in den Garten hinters Haus gehen und den Pinsel flott ausschütteln. Ein kleiner Schauer aus flüssigem Fett schadet dem Gras nicht, und es ist biologisch abbaubar. Die Ameisen werden es Ihnen danken. Dann rasch zurück in die Küche und wieder drüberstreichen und ausschütteln, bis alles Fett aus dem Topf entfernt ist.

Schinkenprüfung

Seit ich nach Virginia gezogen bin, irritiert mich die Tatsache, daß »Virginia-Schinken« nie im Kühlschrank gelagert, sondern sogar von fliegenden Händlern am Straßenrand oder in Supermärkten direkt vom Regal verkauft wird. Was schützt ihn vor dem Verderb?

Schinken verdirbt nicht, weil er »haltbar gemacht« bzw. »gepökelt« worden ist, was ein Sammelbegriff für alle Verfahren ist, mit denen man das Wachstum von Bakterien auch bei Raumtemperatur hemmt. Doch Schinken können einen ganz schön verwirren. Wie macht man sie haltbar? Werden alle Schinken gesalzen? Geräuchert? Müssen sie eingelegt werden? Gekocht?

Auf diese Fragen gibt es keine einheitliche Sammlung von Antworten, weil es so viele verschiedene Arten von Schinken gibt, die zudem noch auf unterschiedlichste Weise zubereitet werden. Nur wenige Herausforderungen scheinen die Menschheit zu einer solchen Vielfalt von Lösungen angeregt zu haben wie die Frage, wie man das hintere Ende eines Mastschweins verzehrt.

Soweit es um Zuschnitte geht, findet man ganze Schinken, halbe Schinken (Ober- oder Unterschinken), Schinken mit und ohne Schwarte sowie gerollte und gebundene Schinken, ganz zu schweigen von Knochenschinken oder auch ausgebeintem Schinken.

Dann gibt es noch die Schinken, die nicht nach den chirurgischen Prozeduren benannt sind, die sie über sich ergehen lassen mußten, sondern nach der Art oder dem Ort ihrer Herstellung. Jede Region und Kultur außerhalb von Israel und den islamischen Ländern scheint ein eigenes Verfahren zu haben, mit dem die Hinterbacken eines Mastschweins behandelt werden. Einige der bekanntesten Schinken stammen aus England, Frankreich, Deutschland, Polen, Italien und Spanien. Und in den USA gibt es hochgelobte Schinken aus Kentucky, Vermont, Georgia, North Carolina und … ja, Virginia (ich habe mir immer gewünscht, als Antwort auf eine Frage einmal »ja, Virginia« schreiben zu können).

Verzichten Sie bitte darauf, mir jetzt zu schreiben, ich hätte den »besten Schinken der Welt« ausgelassen. Über Politik, Religion oder Schinken diskutiere ich nicht.

Diese vielen Produkte werden deshalb unter dem allgemeinen Begriff »Schinken« geführt, weil sie alle aus den Hinterbeinen von Mastschweinen hergestellt werden, die man (mit Ausnahme von »frischem Schinken«, der unbehandelten Schweinekeule) nach einem oder mehreren der folgenden fünf Verfahren bearbeitet: Pökeln (Einsalzen), Räuchern, Trocknen, Würzen und Reifen. Es gibt fast so viele verschiedene Schinken wie Kombinationen und Abwandlungen dieser fünf Methoden, nur daß das Einsalzen allen Methoden gemeinsam ist und oft schon für sich allein als »Haltbarmachen« bezeichnet wird.

Einsalzen, Räuchern und Trocknen tragen dazu bei, Bakterien abzutöten, die die Nahrung verderben würden. Nun folgt, wie man das macht.

Pökeln

Fleisch ist über viele tausend Jahre hinweg mit Salz konserviert worden. Salz macht Nahrungsmittel haltbarer, weil es Bakterien durch Osmose abtötet oder deaktiviert.

Ein Bakterium ist im wesentlichen ein Klümpchen Protoplasma in einer Zellmembran, etwa wie ein mit Gelee gefülltes Kissen. Das Protoplasma enthält Wasser mit darin gelösten Stoffen – Proteinen, Kohlenhydraten, Salzen und einer Menge anderer chemischer Substanzen, die für das Bakterium von vitalem Interesse sind (uns aber im Augenblick nicht interessieren).

Nun wollen wir ein unglückliches Bakterium in sehr salziges Wasser tauchen, damit außerhalb seiner Zellmembran eine stärker salzhaltige Umgebung vorhanden ist als innerhalb. Wo auf den gegenüberliegenden Seiten einer wasserdurchlässigen

Sperre (der Zellmembran) ein Ungleichgewicht dieser Art vorliegt, versucht Mutter Natur, die Ungleichgewicht haßt, die Ausgewogenheit wieder herzustellen. In diesem Fall schafft sie das, indem sie Wasser von der Seite der geringeren Konzentration (den Innereien des Bakteriums) zwangsweise auf die Seite der höheren Konzentration (das Salzwasser der Umgebung) schafft. Das Ungleichgewicht verringert sich, weil die starke Lösung schwächer und die schwache Lösung stärker wird. Für das Bakterium hat das leider zur Folge, daß es Wasser verliert, einschrumpelt und stirbt. Zum allermindesten stellt es jedoch für uns keine Gefahr mehr dar, weil es von der Vermehrung abgehalten wird (»Heute abend nicht, Liebes – ich bin so dehydriert«).

Die spontane Wanderung von Wasser durch eine Membran, angetrieben vom Konzentrationsgefälle der Lösungen auf den beiden Seiten, nennt man Osmose. Dieser Vorgang spielt auch mit, wenn man Fleisch in Lake einlegt (beizt), um dessen Geschmack und Gareigenschaften zu verbessern (siehe S. 174). Und ganz nebenbei, eine starke Lösung von Zucker in Wasser kann das gleiche bewirken wie Salzwasser. Deshalb können wir zum Konservieren von Früchten und Beeren Unmengen Zucker verwenden, um, nun ja, Konserven herzustellen. Im Prinzip könnten Sie Ihre Erdbeermarmelade ebensogut mit Salz anstelle von Zucker herstellen. Aber laden Sie mich dann bitte nicht zum Frühstück ein.

Heutzutage werden Schinken und andere Produkte aus Schweinefleisch möglicherweise auch mit Salz haltbar gemacht, dem man zusätzliche Substanzen beigemischt hat, etwa Zucker, Gewürze und Natriumnitrit. Nitrite bewirken dreierlei: Sie hemmen das Wachstum des Bakteriums *Clostridium botulinum*, dem berüchtigten Urheber des Botulinustoxins; sie tragen zum Geschmack bei; sie reagieren mit Myoglobin, das frischem Fleisch die rote Farbe verleiht, wobei Stickoxid-Myoglobin entsteht, eine chemische Verbindung, die dem Fleisch während der beim Haltbarmachen erfolgenden leichten Erwärmung eine hellrosa Farbe gibt.

Im Magen werden Nitrite in Nitrosamine umgewandelt, die krebserregend sind. Die FDA legt deshalb (wie die EU) eine Obergrenze der Nitritmenge fest, die in haltbar gemachten Fleischprodukten vorhanden sein darf.

Räuchern

Beim Pökeln wird der Schinken nicht gegart, weshalb er in der Regel noch weiter behandelt werden muß. Räuchern über offenem Feuer tötet ebenfalls Keime ab, teils weil es das Fleisch trockener werden läßt, teils weil es eine Art Garen bei niedriger Temperatur ist, und auch, weil der Rauch bösartige chemische Stoffe enthält (die wollen Sie gar nicht erst kennenlernen). Doch es kann dem Fleisch, je nach Holzart, Temperatur, Dauer der Behandlung und dergleichen, auch eine wunderbare Vielfalt von Geschmacksrichtungen vermitteln. In der Regel müssen geräucherte Schinken, und das sind die meisten, nicht mehr zusätzlich gegart werden, ehe man sie verzehrt.

Nun also zu Ihrer Frage: Virginia-Schinken, darunter auch die renommierten Smithfields, sind sowohl durch Pökeln als auch durch Räuchern sorgfältig haltbar gemacht und müssen deshalb weder gekühlt noch gegart werden. Doch das scheint manche Leute nicht davon abzuhalten, sie einzulegen, zu köcheln, zu braten, zu glasieren und ganz allgemein daran herumzumachen, sobald sie einen davon nach Hause gebracht haben.

Trocknen

Die Aufgabe, Bakterien zu dehydrieren und abzutöten, läßt sich auch durch lange Perioden des Abhängens in trockener Luft erledigen. Der italienische *Prosciutto* und der spanische *Serrano* werden mit trockenem Salz gepökelt und dann zum Trocknen aufgehängt, herkömmlicherweise in winddurchwehten Höhlen oder Dachböden. Da sie nicht heiß geräuchert wurden, sind sie technisch gesehen immer noch roh und werden, in hauchdünne Scheiben geschnitten, auch so gegessen. Bakterienfreies rohes Fleisch kann man bedenkenlos essen.

Würzen und Reifen

Hier kommen nun wirklich individuelle Spezialitäten ins Bild. Man kann Schinken mit Salz, Pfeffer, Zucker und verschiedensten geheimen Gewürzmischungen einreiben und dann jahrelang reifen lassen. Falls sie gepökelt und getrocknet wurden, werden sie nicht durch Bakterien verdorben, doch mit dem Reifen können sie Schimmelbeläge entwickeln, die man abreiben muß, ehe man etwas von dem Schinken ißt. In dieser Kategorie finden sich oft sogenannte Landschinken. Der Schimmel mag widerlich aussehen, doch das Fleisch im Inneren kann köstlich sein. Auch hier kommt niemand zu Schaden, der davon ißt.

Am untersten Ende des Schinkenspektrums rangieren diese in Kunststoff eingeschweißten, quadratischen oder runden rosa Scheiben in den Kühlregalen der Supermärkte. Sie dürfen Schinken genannt werden, weil sie gepökeltes Schweinefleisch enthalten, aber damit hört jegliche Verwandtschaft mit echtem Schinken auf (oder haben Sie schon einmal ein vollkommen quadratisches Schweinebein gesehen?). Dafür werden Fleischfetzen in geometrisch geformte Laibe gepreßt (»Formschinken«), damit die Scheiben zwischen die labbrigen Weißbrotscheiben passen, die sie sich redlich verdient haben. Sogar geräuchert verderben sie schnell, weil sie so viel Wasser enthalten, weshalb sie im Kühlregal gelagert werden müssen.

Dort sollten Sie sie auch lassen.

Konservieren mit Zucker und Salz
Graved Lachs

Schinken und anderes Fleisch wird gewöhnlich durch Pökeln haltbar gemacht, während man Früchte normalerweise mit Zucker konserviert. Doch Salz wie Zucker sind beide sehr gut geeignet, Bakterien abzutöten. Sie entziehen ihnen das Wasser auf dieselbe Weise – durch Osmose.

Eine seit jeher haltbar gemachte Fleischsorte – eigentlich ist es Fisch – ist der skandinavische gravad Lachs. Ob man es nun schwedisch Lax, dänisch und norwegisch Laks, deutsch Lachs oder jiddisch Lox buchstabiert, es handelt sich immer um einen Fisch aus der Familie der Salmoniden, und Graved Lachs heißt »beerdigter Lachs«. Die Skandinavier hatten im Mittelalter die Gewohnheit, Lachs und Hering in Erdlöcher einzugraben, um sie fermentieren zu lassen. Heute macht man Lachs haltbar, indem man ihn mit Zucker und einem Schuß Salz einreibt. Die Franzosen nehmen dazu manchmal auch Salz mit einem Schuß Zucker. Beim vorliegenden Rezept verwenden wir beides halb und halb, weil wir das so mögen, doch das Verhältnis von Salz und Zucker kann jeder so wählen, wie es ihm paßt. Jedenfalls benötigt man insgesamt etwa 100 Gramm der Mischung.

Graved Lachs ist kinderleicht zuzubereiten, aber man muß vorausplanen, weil es insgesamt zwei oder drei Tage dauert. Am Ende hat man dann eine der hübschesten und schmackhaftesten Vorspeisen. Serviert wird er in dünnen Scheiben, mit süßer Senfsauce (Rezept unten) und Roggenbrot mit Butter.

1,5–1,8 Kilo frischer filetierter Lachs (Mittelstück)
mit unversehrter Haut, nicht flachgeklopft
1 großer Bund frischer Dill (etwa 120 Gramm)
50 Gramm grobes Salz
50 Gramm Zucker
2 Eßlöffel weiße oder schwarze Pfefferkörner,
im Mörser grob zerkleinert

1. Die fleischige Seite des Fischs mit dem Finger vom Kopfende zum Schwanzende nach Gräten abtasten. Mit einer Pinzette oder einer kleinen Zange mit spitzen Enden Gräten herausziehen und wegwerfen. Dill waschen und abtropfen lassen. Salz, Zucker und zerkleinerte Pfefferkörner in einer kleinen Schüssel miteinander

vermengen. Filet der Breite nach halbieren und die beiden Hälften mit der Hautseite nach unten nebeneinander auf eine Arbeitsfläche legen. Die Mischung aus Salz / Zucker / Pfeffer gleichmäßig über die Filets streuen und sanft in alle offenliegenden Fleischflächen einreiben.

2. Dillzweige auf eines der Fischstücke legen, mit dem anderen, Hautseite nach oben, bedecken. Es sollte wie ein dickes Sandwich mit Dillfransen aussehen.

3. Dieses »Sandwich« in zwei Lagen Plastikfolie einwickeln, in eine enge Backform legen und mit etwa 3–4 Kilo Gewicht beschweren. Gut geeignet sind volle Konservendosen oder in Folie eingeschweißte Bücher (wir selbst verwenden einen in Folie gewickelten Bleibarren, doch nicht alle Haushalte sind so privilegiert).

4. Drei Tage im Kühlschrank lassen, dabei den Lachs etwa alle 12 Stunden wenden. Auswickeln und mit Hilfe eines Messerrückens oder Spatels die salzig-zuckrigen Dillreste vom Fisch abkratzen. Zum Servieren diagonal in sehr dünne Scheiben schneiden, die einzeln von der Haut abgelöst werden müssen.

Ergibt 10–12 Portionen.

Süße Senfsauce

60 Gramm braunen Gewürzsenf, 1 Teelöffel Senfpulver, 40 Gramm Zucker und 30 Milliliter roten Weinessig mischen. In stetigem Strom 80 Milliliter pflanzliches Öl zugeben und die Mischung schlagen, damit die Konsistenz einer dünnen Mayonnaise erreicht wird. 3 Eßlöffel feingehackten Dill einrühren und im Kühlschrank 2 Stunden ziehen lassen.

Erst beizen, dann heizen

Beizen scheint heutzutage schwer in Mode zu sein – als hätten all die Küchenchefs und Kochbuchautoren plötzlich das Salzwasser entdeckt. Was soll damit genau bewirkt werden?

Beizen, also Fleisch, Fisch oder Geflügel in einer Lösung von Salz in Wasser ziehen lassen, ist alles andere als neu. Sicherlich gab es in der Geschichte der Meere jemanden, der eines Tages – vielleicht durch Zufall? – entdeckte, daß Fleisch, welches im Meerwasser gelegen hatte, saftiger war und besser schmeckte, wenn man es zubereitete.

Was geschieht beim Beizen? Was wird durch ein Bad in Salzwasser erreicht, wenn man davon absieht, daß dieser Vorgang die Nahrungsmittel ... nun ja, naß und salzig macht? Ist die Behauptung, es werde saftiger und zarter, gerechtfertigt?

Zunächst sollten wir unsere Terminologie klarstellen. Das Wort *Beizen* wird oft fälschlicherweise für alles mögliche verwendet, angefangen beim Einreiben eines Bratens mit Salz bis hin zum Einlegen in irgendein Gebräu aus Salz, Zucker, Pfeffer, Essig, Wein, Cidre, Öl, Gewürzen und, ach ja, Wasser. Doch etwas mit Salz einzureiben bedeutet eben nicht, es zu beizen; man macht eine Einreibung, was einem völlig anderen Zweck dient. Manche bezeichnen es als Beizen, wenn sie Fleisch in eine flüssige Mischung aus vielen Zutaten einlegen, obwohl das eigentlich Marinieren heißt, was wiederum eine andere Baustelle ist. Andererseits sagt die Fleischindustrie, die Injektion von Salzwasser in Schweinefleisch sei Marinieren, obwohl es sich in Wirklichkeit um eine Form des Beizens handelt.

Um diesen Abschnitt dennoch ein wenig kürzer zu halten als den ebenfalls salzhaltigen *Moby Dick*, werde ich meine Ausführungen auf das beschränken, was das Einlegen von Fleisch in pures Salzwasser bewirkt, auch wenn die meisten Beizen auch Zucker enthalten.

Eine typische Fleischzelle (Muskelzelle) ist eine lange, zylindrische Faser aus Protein und einer Flüssigkeit, die gelöste Stoffe enthält, und alles zusammen ist von einer Membran umschlossen, die für Wassermoleküle durchlässig ist. Badet man eine solche Zelle in einer Lake, die weit mehr freie Wassermoleküle pro Kubikzentimeter enthält als sie selbst, bemüht die Natur sich um einen Ausgleich und zwingt freie Wassermoleküle von dem Ort, wo sie im Überschuß vorliegen – in der Lake –, an einen Ort, wo sie geringer konzentriert sind – ins Innere der Zelle. Dieser Vorgang, bei dem Wasser von einer wasserreichen Lösung in eine relativ wasserarme Lösung wandert, heißt Osmose, und der dafür verantwortliche Druck heißt osmotischer Druck. In unserem Fall führt das dazu, daß Wasser aus der Beize in die Zelle übergeht, wodurch das Fleisch saftiger wird.

Was ist nun mit dem Salz? Innerhalb der Zelle liegt nur sehr wenig gelöstes Salz vor (im Jargon der Wissenschaft: sehr wenige Natrium- und Chlorionen), in der Lake dagegen Unmengen davon, gewöhnlich etwa 130–1000 Gramm auf 5 Liter. Auch hier versucht die Natur auszugleichen, dieses Mal durch den Vorgang der Diffusion: Aus der Überfülle der Salzionen außerhalb der Zelle diffundieren (oder wandern) einige durch die Membran in die Zelle. Dort erhöhen sie über einen Mechanismus, den wir noch nicht vollständig verstehen, die Fähigkeit der Proteine, Wasser an sich zu binden. Das ergibt ein gewürztes, feuchteres Stück Fleisch. Als Zugabe wird das Fleisch auch noch zarter, weil Proteinstrukturen, die Wasser binden, anschwellen und weicher werden.

Beizen wirkt deshalb am besten bei relativ geschmacklosem, magerem Fleisch, das beim Garen zum Trockenwerden neigt, etwa die weißfleischigen Puten oder die fettlosen Schweinelenden unserer Tage. Doch hier, meine Freunde, endet die Wissenschaft, und die Kunst übernimmt, weil es Dutzende verschiedener Möglichkeiten zum Beizen und Garen unterschiedlicher Fleischsorten gibt. Es kann keine allgemeine Antwort geben, wie lang in wie starker Salzlösung eine bestimmte Art Fleisch zu beizen ist, die anschließend in einer bestimmten

Art und bei bestimmter Temperatur für eine vorgegebene Zeit gegart werden soll. An dieser Stelle muß Ihr Vertrauen in den Erfinder des Rezepts zum entscheidenden Faktor werden, weil das Prinzip von Versuch und Irrtum regiert. Falls Sie auf ein Beizrezept stoßen, das Ihnen zarte, saftige, nicht zu salzige Ergebnisse liefert, dann sollten Sie das schätzen und keine Fragen stellen.

Wo wir schon in gesalzener Stimmung sind, wollen wir auch gleich über die Fähigkeit von Salz reden, aus Nahrungsmitteln »Feuchtigkeit herauszuziehen«. Bei dieser historischen Methode werden Fleisch und Fisch getrocknet und konserviert, indem man sie mit Steinsalz bedeckt. Ist das nicht genau das Gegenteil von dem, was ich gerade über die Fähigkeit von Salzwasser gesagt habe, die Feuchtigkeit in gebeiztem Fleisch zu *erhöhen*? Keineswegs (schauen Sie mir dabei zu, wie ich mich da wieder herauswinde).

Salzwasser und trockenes Salz wirken sich auf Nahrungsmittel nicht in gleicher Weise aus. Osmose findet statt, weil auf den verschiedenen Seiten einer Zellmembran unterschiedliche Mengen Wasser verfügbar sind. Beim Beizen sind außerhalb der Zelle mehr Wassermoleküle vorhanden als innerhalb, deshalb preßt der osmotische Druck einiges von dem Wasser nach innen. Wenn man dagegen ein Stück sehr viel Wasser enthaltende Nahrung (und das schließt fast alle Nahrungsmittel ein) mit festem Salz bedeckt, löst sich ein wenig von dem Salz in der Feuchtigkeit der Oberfläche auf. Das ergibt eine extrem konzentrierte Salzlösung mit einem extrem niedrigen Wassergehalt – geringer als innerhalb der Zelle. Damit liegen innerhalb der Zellen mehr verfügbare Wassermoleküle vor als außerhalb, und es wird Feuchtigkeit herausgezogen.

Gebeizte Wildhühner aus Cornwall

Bobs Mahagoni-Wildhühner

Wildhühner aus Cornwall besitzen viel Geschmack und sind saftig, besonders wenn man sie vor dem Braten beizt. In diesem Rezept geben wir ihnen einen Hauch von Asien mit, indem wir sie mit einer Soja-Knoblauch-Ingwersauce einpinseln, die für eine wundervoll mahagonibraune Haut sorgt.*

Wieviel Beize braucht man? Man legt die Hühner in die Schüssel, den Topf oder den verschließbaren Plastikbeutel, in dem man sie beizen möchte, und gibt so viel Wasser hinzu, daß sie vollständig bedeckt sind. Dann nimmt man die Hühner heraus und mißt die zurückbleibende Wassermenge.

Wie stark sollte die Beize sein? Als Faustregel gelten 130 Gramm grobes Salz auf jeweils 4 Liter Wasser. Um den Geschmack abzurunden, kann man noch Zucker und andere Zutaten hinzufügen.

2 Wildhühner (oder 4 Rebhühner)
4 Liter Wasser
130 Gramm grobes Salz
180 Gramm lose gepackter brauner Zucker
80 Milliliter Sojasauce
30 Milliliter Erdnußöl
4 Knoblauchzehen
3 Scheibchen Ingwer

1. Hühner aus der Folie nehmen, die Körperhöhlung säubern, gut waschen. Wasser in eine große Schüssel oder einen Suppentopf geben. Salz und Zucker einrühren, bis alles aufgelöst ist. Die Vögel mit der Brustseite nach unten in die Flüssigkeit legen. Mit einem Teller beschweren, damit sie völlig bedeckt sind. An einem kühlen Ort oder im Kühlschrank 1 Stunde ruhen lassen. Die Vögel aus der Beize nehmen, abspülen und mit Papierhandtüchern abtrocknen. Falls sie nicht sofort weiterverarbeitet werden, wieder in den Kühlschrank legen.
2. Das Backrohr auf 200 °C vorheizen. Die Beine mit einem Faden locker zusammenbinden, damit sie nicht abstehen.

---

* Auch Rebhühner sind geeignet. – Anm. d. Ü.

3. Die Sojasauce in einen Meßbecher von ¼ Liter Fassungsvermögen gießen, Öl dazugeben. Die Knoblauchzehen mit der Knoblauchpresse zerdrücken und zu Sojasauce und Öl hinzufügen. Ingwer zerkleinern, in die Knoblauchpresse geben und Saft sowie alle eventuell hindurchgehenden Stückchen in die Sojamischung tropfen lassen. So gut wie möglich durchmischen (das Öl verbindet sich natürlich nicht vollständig mit dem Rest) und die Vögel rundherum damit einpinseln. Mit der Brustseite nach unten auf einen Rost über einen Bräter legen.
4. 30 Minuten grillen, dabei nach 10 und nach 20 Minuten mit der Sojamischung bestreichen. Die Mischung jedesmal gut aufrühren, damit Knoblauch und Ingwerstückchen vom Bratpinsel aufgenommen werden und auf der Haut haften können. Falls die abtropfende Flüssigkeit im Bräter zu rauchen beginnt, mit ⅛ Liter Wasser ablöschen. Die Vögel wenden und mit der Brust nach oben weitere 30–40 Minuten grillen, dabei alle 10 Minuten mit Sauce bestreichen. Es sollten auf jeden Fall feste Bestandteile der Sauce auf der Haut haften bleiben, vor allem beim letzten Einpinseln.

Die Vögel werden zart, saftig und rundherum mahagonibraun sein.

Ergibt 2 reichliche Portionen.

Läuft Saft davon, gibt's kein Pardon
Salzgetrocknete Hamburger

Hamburger (Buletten), die man auf einem Gas- oder Holzkohlengrill zubereitet, verlieren eine Menge Saft, der in die Flammen tropft. Brät man sie dagegen in einer Pfanne, bleiben durch Verdampfen des Wasseranteils der Säfte wohlschmeckende »braune Reste«, auch Bratfond genannt, zurück. Das wäre wunderbar, wenn man die Pfanne mit Wein oder einer anderen Flüssigkeit ablöschen würde, um eine Sauce zu erhalten. Brät man jedoch pure Buletten ohne Sauce in der Pfanne, sind diese braunen Rückstände verloren.

Die Lösung: Man brät die Buletten in der Pfanne auf einer dünnen Lage Salz. Das Salz zieht Säfte heraus und läßt sie schnell gerinnen. Es bildet sich eine Kruste, das Fleisch klebt nicht an der Pfanne, und die braunen Köstlichkeiten bleiben nicht darin zurück. So erhält man Buletten, die außen knusprig sind und delikat salzig schmecken.

350–450 Gramm Rinderhack vom Kamm
½ Teelöffel grobes Salz

1. Mit den Händen das Hackfleisch zu zwei dicken ovalen Bratlingen formen. Nur so stark zusammendrücken, daß das Fleisch die Form behält.
2. Das grobe Salz gleichmäßig auf den Boden einer gußeisernen Pfanne von ca. 18 cm Durchmesser streuen. Es sollte keine völlig geschlossene Schicht ergeben. Die Pfanne mit dem Salz 5 Minuten bei mittlerer Stufe anheizen.
3. Die Buletten direkt auf das Salz legen und auf einer Seite 3 Minuten braten, dann wenden und weitere 3 Minuten braten, wenn es blutig gewünscht wird, oder so lange, bis es gar ist wie gewünscht.

Ergibt 2 Buletten.

Gute Nacht, süße Marinade!

In den Rezepten lese ich dauernd, ich soll etwas über Nacht marinieren, über Nacht stehenlassen usw. Wie lange dauert »über Nacht«?

Ich bin auf Ihrer Seite. Warum über Nacht? Sollen wir glauben, Tageslicht würde den Vorgang des Marinierens irgendwie beeinflussen? Was ist, wenn wir bereits um zwei Uhr nachmittags den kritischen Punkt des Rezepts erreicht haben? Wie früh darf »über Nacht« anfangen? Wenn wir etwas über Nacht stehenlassen, müssen wir dann mit dem Rezept weitermachen, wenn der Hahn kräht? Wie, um Himmels willen, bringt man etwas davon ab, weiterhin einfach dazustehen?

Mit »über Nacht« meint man in der Regel acht bis zehn Stunden, und in den meisten Fällen würden wahrscheinlich auch zwölf Stunden nicht schaden. Ein sorgfältig verfaßtes Rezept sollte uns jedoch die Freiheit lassen, unseren Zeitplan selbst zu bestimmen. Sagt uns doch einfach, wie viele Stunden – vielen Dank, wir sind alt genug, selbst zu entscheiden, wann wir ins Bett gehen.

Schöpf den Schaum!

Wenn ich Hühnersuppe zubereite, erscheint kurz nachdem das Wasser um den Vogel zu kochen beginnt, ein flockiger weißer Schaum. Den größten Teil kann ich abschöpfen, doch der Rest verschwindet bald darauf. Was ist das für ein Zeug, und ist es korrekt, wenn ich es entferne?

Das Zeug besteht aus geronnenem Protein (Eiweiß), das durch Fett zusammengehalten wird. Es schadet Ihnen zwar nicht, schmeckt aber auch nicht gut, und am besten entfernt man es allein schon aus rein ästhetischen Gründen.

Wird Eiweiß erhitzt, gerinnt es, das heißt, seine langen, verwickelten Moleküle entfalten sich und verklumpen dann wieder in anderer Anordnung. In Ihrem Suppentopf hatte sich ein Teil des Hühnerproteins im Wasser gelöst, wo es mit steigender Temperatur zu gerinnen begann. Inzwischen war ein Teil des Vogelfetts flüssig geworden und, wie das bei flüssigem Fett eben so ist, an die Wasseroberfläche gestiegen, weil es weniger dicht ist als Wasser. Wo immer Protein und Fett aufeinandertrafen, umhüllte das Fett das geronnene Eiweiß und spielte den Lebensretter, indem es alles in Form eines öligen Schaums weiterschwimmen ließ. Alles eßbares Zeug, aber kein schöner Anblick.

Wenn die Temperatur steigt und das Ganze leicht zu köcheln beginnt, wird das Fett dünnflüssiger und fließt davon, und das Protein kann weiter verklumpen. Am Ende bildet es jene kleinen braunen Teilchen, die Sie in der fertigen Suppe sehen – aber nur dann, wenn Sie den Schaum nicht im frühen

Stadium entfernt haben. Er ist dann nicht verschwunden, sondern hat sich lediglich zu diesen kleinen braunen Fitzelchen verdichtet, von denen ein Teil an der Wasserlinie der Topfwand haftet und eine Art (man möge mir das Bild nachsehen) Badewannenrand bildet. Sie sollten also frühzeitig und rasch abschäumen, dann werden Sie mit einer hübschen klaren Suppe belohnt.

Der zum Abschäumen von Suppen und Eintöpfen weithin empfohlene Schlitzlöffel ist nicht wirklich am besten geeignet, da seine Zwischenräume zu groß sind und einiges zurücklassen. Das beste Werkzeug zum Abschäumen nennt sich (Überraschung!) Schaumlöffel. Er ist rund und mit einem feinmaschigen Netzgewebe versehen. Man erhält ihn in der Küchengeräteabteilung von Kaufhäusern.

Schau doch, schau doch, ei: Was für eine Sauerei!

Nachdem ich ein Hähnchen gegrillt habe, bleiben in der Pfanne all diese widerlichen, heruntergetropften Reste zurück. Kann ich die für irgend etwas verwenden?

Nein. Wenn Sie das überhaupt fragen müssen, haben Sie es nicht verdient. Gießen Sie das Fett ab, kratzen Sie das verbleibende »widerliche Zeug« in ein Schraubglas, und senden Sie es per Expreß an mich … Im Ernst, diese »Reste« setzen sich aus wundervoll aromatischen Fleischsäften und Gelees zusammen, und es wäre kriminell, sie an Ihre Geschirrspülmaschine zu verfüttern. Ich habe mir oft gedacht, ich würde, wenn ich ein König oder Kaiser wäre, meine Köche anweisen, hundert Hühner zu grillen, sie den Bauern zum Fraß vorzuwerfen und mir die abgetropften Reste zusammen mit ein paar frischen französischen Weißbrotstangen auf einem Silbertablett zu servieren.

Ansonsten hätte ich dann ein Fäßchen mit dem besten Bratenfond, der je hergestellt wurde, weil all diese wunderbaren Fette, Säfte von Hühnerfleisch, das gelierte Eiweiß und die gebräunten Reste die geschmacklichen Grundlagen großer Saucen sind.

»Weightwatcher« würden so etwas nicht anfassen

Warum wird meine Bratensauce entweder klumpig oder fettig?

Sie muß weder klumpig noch fettig sein. Und doch kennt jeder von uns Leute, die sie klumpig und fettig zugleich zubereiten können, oder?

Klumpen und fettige Schmiere verdanken sich demselben Grundphänomen: Öl und Wasser lassen sich nicht mischen. In Ihrer Bratensauce wollen Sie von beidem etwas, müssen es aber mit Tricks dazu bringen, sich zu vermischen.

Lassen Sie mich zunächst die Terminologie ein wenig klarstellen. Öl, Fett und Fettschmiere sind alle aus demselben Stoff. Fett heißt es, wenn es fest, und Öl, wenn es flüssig ist. Jeder Feststoff kann zu einer Flüssigkeit geschmolzen werden, und jedes flüssige Öl kann durch Abkühlung verfestigt werden.

In ihrer natürlichen Form findet man feste Fette in der Regel bei Tieren, flüssige Öle in Pflanzensamen. Profis für Nahrungsmittel bezeichnen ohnehin alles als Fett, weil es in der Ernährung immer dieselbe Rolle spielt.

Fettschmiere ist ein Übergangszustand zwischen festem Fett und flüssigem Öl. Das Wort riecht ein bißchen unappetitlich (ein mieses Restaurant wird in den USA als »fettiger Löffel« und in Deutschland schlimmstenfalls als »schmierig« bezeichnet), und am Eßtisch ist es nie zu hören, außer vielleicht unter den gräßlichsten Umständen. Im folgenden benutze ich die Ausdrücke *Fett*, *Öl* und *Fettschmiere*, um jeweils zu vermitteln, was ich sagen will. Oder, ehrlich gesagt, ich werde sie so verwenden, wie es mir gerade einfällt.

Noch ein wenig Nomenklatur: Ursprünglich war mit *Bratenfond* nur der Saft gemeint, der beim Garen von einem Stück Fleisch herabtropft. Wird ein Braten mit dieser relativ unveränderten Flüssigkeit serviert, läuft das oft unter der Bezeichnung *au jus* – so sagen die Franzosen, wenn sie »mit Bratensaft« meinen (ist auf einer Speisekarte »mit *au jus*« zu lesen, hat es ein zweisprachiger Stotterer geschrieben). Leider besteht *jus* in den meisten Restaurants einfach aus einer pulverförmigen, industriell vorgefertigten »Grundlage« aus Salz, Geschmackszusätzen und Zuckercouleur, die in heißem Wasser aufgelöst wird.

Wenn Sie den in die Pfanne getropften Säften andere Zutaten beigeben und alles zusammen kochen, stellen Sie Bratenfond her. Und was ist dann eine Sauce? Diese wird in einer separaten Pfanne zubereitet, gewöhnlich unter Verwendung derselben abgetropften Fleischsäfte, aber angereichert mit einer beliebigen Zusammenstellung von Gewürzen, Geschmackszusätzen und anderen Zutaten.

Sprechen wir doch von der am meisten verbreiteten Art von Bratenfond – jenem, der aus den herabgetropften Säften von gegrilltem Fleisch oder Federvieh zubereitet wird.

Niemand mag einen wäßrigen Bratenfond, also muß man ihn andicken. Hier kommt das Mehl ins Spiel. Mehl enthält sowohl Stärke als auch Eiweiß. Das Andicken einer Sauce mit Stärke aus Mais oder Pfeilwurz, die keine Proteine enthalten, ist etwas ganz anderes – versuchen Sie also nicht, sie bei den folgenden Vorschlägen anstelle von Mehl zu verwenden.

Wenn Ihr Truthahn gar ist, dann nehmen Sie ihn aus dem Grill und begutachten das scheußlich aussehende Durcheinander in der Pfanne darunter. Wie Sie feststellen werden, gibt es da zwei Arten von Flüssigkeit: eine ölige, die aus geschmolzenem Putenfett besteht, und eine wäßrige, die sich aus den Fleischsäften, dem Gemüsesaft und der Brühe oder dem Wasser zusammensetzt, das Sie vielleicht zugegeben haben. Das Kunststück ist nun, diese beiden unvereinbaren Flüssigkeiten in Ihren Bratenfond einzuarbeiten, weil jeder Bestandteil seine je einzigartige Garnitur von Geschmackskomponenten beisteuert. Das heißt, bestimmte Aromen sind fettlöslich, andere dagegen wasserlöslich. Ihr Ziel ist es, die auf Fett wie auch die auf Wasser aufbauenden Aromen zu einer sämigen, homogenen Sauce zu vermischen.

Alles hängt davon ab, wie Sie das Mehl behandeln, denn es ist nicht nur zum Andicken da, sondern auch dafür zuständig, Öl und Wasser zu verbinden.

Mehl ist ein äußerst feiner Puder und enthält bestimmte Proteine (Glutenin und Gliadin), die, wenn sie Wasser aufnehmen, gemeinsam eine klebrige Substanz, das Gluten, bilden. Wenn Sie nun einfach ein wenig Mehl in die Bratreine geben und umrühren, würden diese Proteine und das Wasser vermengt und einen klebrigen Klumpen bilden. Und da dieser Klumpen auf Wasser aufgebaut ist, könnte das Öl nicht in ihn eindringen. Am Ende hätten Sie Ansammlungen von Klümpchen, die in einem Teich aus schmierigem Fett schwimmen. In manchen Haushalten mag das die normale Kost sein, aber die meisten Fachleute sind übereinstimmend der Meinung, daß bei einem festlichen Weihnachtsessen nicht ausgerechnet der Bratenfond den kernigsten Biß haben sollte.

Was können Sie statt dessen machen? Das geht so einfach wie Eins-Zwei-Drei (plus Zwei): 1) Sie trennen die wäßrigen und fetten Bestandteile in einem jener pfiffigen Schwerkraftseparatoren, die von der untersten Schicht her auszugießen sind (das Fett ist die oberste Schicht, falls Ihnen die Frage auf der Zunge liegt). 2) Sie mengen das Mehl unter einen Teil des Fetts. Diese Mischung aus Mehl und Fett heißt *Roux* (etwas profaner auch Mehlschwitze). 3) Diese Mehlschwitze bräunen Sie ein wenig an, damit der Geschmack des rohen Mehls verschwindet. 4) Erst jetzt rühren Sie die wäßrigen Flüssigkeiten hinein. Als wären Mehl, Fett und Wasser keine natürlichen Feinde, vermischen sie sich wie durch Zauberei zu einer glatten Sauce. 5) Am Ende lassen Sie die Sauce schwach köcheln, damit die Mehlkörnchen zerfallen und ihre eindickende Stärke freigeben. Und das funktioniert so:

Indem Sie zunächst Mehl und Fett mischen, sorgen Sie dafür, daß jedes mikroskopisch kleine Mehlkörnchen mit einer Schicht flüssigen Fetts überzogen wird. So können die wäßrigen Säfte nicht durchdringen und das Protein des Mehls verklumpen lassen. Wenn Sie dann die Säfte in die Mehlschwitze einrühren, werden die Mehlkörnchen weiträumig verteilt, wobei sie ihre Fetthülle mitnehmen. Und genau das wollten Sie ja: Fett und Mehl sind gleichmäßig in der gesamten Flüssigkeit verteilt, was eine sämige, homogene Mischung ergibt. Kurz, Sie haben Fett und Wasser überredet, sich zu verbrüdern, weil Sie das Mehl dafür eingesetzt haben, das Öl im Wasser zu verteilen. Wenn Sie dann die Sauce köcheln lassen, damit das Mehl seine Aufgabe des Andickens erfüllen kann, tut es das überall gleichmäßig. Keine dicken oder dünnen Zonen, keine Klümpchen.

Bereiten Sie die Mehlschwitze jedoch mit zuviel Fett, dann wird nicht alles vom Mehl aufgenommen, und der Überschuß wird in schmierigen kleinen Pfützen herumdümpeln und Ihren Ruf ruinieren. Nehmen Sie dagegen zuviel Mehl, dann wird nicht alles mit dem verfügbaren Fett überzogen, und das zusätzliche Mehl wird sich in einen klebrigen Mehlpapp verwandeln, sobald Sie die wäßrige Flüssigkeit zugeben. Es ist deshalb entscheidend, Mehl und Fett in annähernd gleichen Mengen zu verwenden.

Wieviel Mehl, Fett und wäßrige Flüssigkeit? Zu einem Teil Mehl und einem Teil Fett nehmen Sie acht oder mehr Anteile flüssiger Säfte und / oder Fleischbrühe, je nachdem, wie dünnflüssig Sie es gern haben. Ihr Bratenfond wird ein Gedicht sein.

Legen Sie Wert darauf, Hähnchen und anderes Geflügel zu säubern, ehe Sie es braten? Haben Sie Probleme, all den Innereienschmodder aus der Körperhöhle zu entfernen? Ich persönlich verwende als »Innereienbürste« eine Haarbürste mit steifen Plastikborsten. Ich drehe sie in der Höhlung des Geflügels, um alle Reste von Leber, Lunge, und Gott-weiß-was-noch-alles aus dem Bereich zwischen den Rippen herauszubekommen. Anschließend spüle ich die Bürste unter dem Wasserhahn mit heißem Wasser ab und lege sie dann in die Geschirrspülmaschine.

Ein Schnäppchen-Häppchen!
Jederzeit perfekter Bratenfond von Hühnchen oder Truthahn

Will man einen Bratenfond herstellen, sind drei wichtige Dinge zu beachten:

1. Gleiche Anteile Fett und Mehl vermengen und anbräunen.
2. Die entsprechende Menge Brühe für die bevorzugte Konsistenz einrühren.
3. Den Bratenfond insgesamt 7 Minuten schwach köcheln lassen.

Für Bratenfond werden normalerweise 1 Teil Fett, 1 Teil Mehl und 8–12 Teile Flüssigkeit verwendet. Ein Beispiel: 120 Milliliter abgetropftes Fett, 60 Gramm Mehl, 1–1½ Liter Flüssigkeit. Oder: 60 Milliliter Fett, 30 Gramm Mehl, ½–¾ Liter Flüssigkeit. Für Bratenfond bei Rindfleisch gelten dieselben Mengenverhältnisse.

Und so geht es: Puter oder Hühnchen sind schon aus dem Bratrohr genommen und ruhen. Nun folgt ein Blick in die untergestellte Bratreine. Sie sollte ein Gemisch aus Fett, Fleischsäften und gebräuntem Gemüse enthalten. Das Wesen eines Bratenfonds stammt aus diesen herabgetropften Resten, dazu kommt noch die Brühe, die man aus den Innereien kocht.

Natürlich können Sie den Bratenfond gleich in der Reine zubereiten, doch das hat einen Nachteil. Die Menge des Fetts ist nur schwer abzumessen, und das allein kann das richtige Verhältnis schon kippen lassen. Außerdem ist es nicht leicht, die gigantische Bratreine auf zwei Flammen aufzusetzen, und nach dem Essen muß man sowieso den großen Abwasch veranstalten.

Besser ist es, den Bratenfond so zu machen: Den Inhalt der Bratreine ohne das mitgebratene Gemüse, dafür aber Fett und Fleischsäfte gemeinsam in ein großes Meßgefäß gießen. Dort trennen die Bestandteile sich, wobei das Fett oben schwimmt, und lassen sich so leichter abmessen.

Grundfond für Truthahn oder Hähnchen (gebraten)

Truthahn oder Hähnchen
Je 100 Gramm Zwiebeln, Sellerie und Karotten in groben Stücken
60 Milliliter Fett aus der Bratreine
30 Gramm Mehl
Bratensäfte
Etwa ½ Liter Truthahn- oder Hühnerbrühe
Salz und frischgemahlener Pfeffer

1. Geflügel zum Braten vorbereiten. Zerkleinerte Gemüse in die Reine geben, dann alles ins Bratrohr schieben.
2. Vogel je nach Rezept grillen.
3. In der Zwischenzeit mit den Innereien eine Brühe kochen.
4. Ist das Geflügel gar, läßt man es auf einem Teller ruhen, während man den Bratenfond zubereitet.
5. Alle Flüssigkeiten in ein gläsernes Meßgefäß umfüllen.
6. 60 Milliliter Fett abmessen und in die Reine zurückgeben.
7. Die braune herabgetropfte Flüssigkeit abmessen und aufheben (überschüssiges Fett wegwerfen oder aufbewahren, um für Reste zusätzlich Bratenfond bereiten zu können).
8. Gemüse und angebackene Reste aus der Reine kratzen.
9. Mehl in die Bratreine geben.
10. Fett und Mehl mit Hilfe eines Holzlöffels zu einer dicken, glatten Mischung vermengen.
11. Inhalt der Bratreine bei kleiner Hitze 2 Minuten anbräunen. Dadurch verschwindet der Geschmack nach rohem Mehl.
12. Die zurückgestellten braunen Bratensäfte und ausreichend Brühe für die gewünschte Konsistenz des Bratenfonds langsam einrühren, insgesamt etwa ½ Liter Flüssigkeit.
13. Knapp 5 Minuten weiter köcheln lassen, bis der Bratenfond dickflüssig und glatt ist. Mit Salz und Pfeffer würzen.
14. In eine Sauciere umfüllen.

Ergibt etwa ½ Liter Bratenfond.

Im Meer
Das echte weiße Fleisch

Warum wird Fisch so viel schneller gar als andere Fleischsorten?

Genau wie Wein kann Fleisch rot oder weiß sein. Rindfleisch ist rot, Fisch und Schalentiere sind in der Regel weiß. Der Lachs ist rosa, weil er Krustentiere mit rosa Hülle frißt. Flamingos sind, falls es Sie interessiert, aus demselben Grund rosa.

In der Küche lernen wir schnell, daß weißes Fischfleisch weit schneller gar wird als rotes Fleisch. Das liegt natürlich nicht einfach nur an der Farbe: Bei Fisch ist Fleisch von Natur aus anders strukturiert als bei den meisten Kreaturen, die rennen, herumrutschen oder fliegen.

Vor allem kann man das Durchpflügen des Wassers nicht unbedingt als Training für Bodybuilder durchgehen lassen, zumindest nicht im Vergleich mit dem Galoppieren über Prärien oder mit dem Durchdüsen der Lüfte. Fischmuskeln entwickeln sich deshalb nicht so stark in Richtung Schwarzenegger wie die Muskeln anderer Tiere. Bei aktiveren Fischen wie etwa dem Thunfisch ist das Muskelfleisch stärker rot gefärbt, weil es mehr Myoglobin (siehe S. 157) enthält und deshalb dunkler ist. Wichtiger ist jedoch die Tatsache, daß das Muskelgewebe der Fische sich grundsätzlich von dem der meisten Landtiere unterscheidet. Um ihren Feinden pfeilschnell entkommen zu können, brauchen Fische schnelle, energiereiche Geschwindigkeitsexplosionen, während andere Tiere zum Laufen eher Ausdauer benötigen – oder einst benötigten, ehe wir einige von ihnen bis zur Trägheit domestiziert haben.

Muskeln bestehen im allgemeinen aus Faserbündeln, und die Fischmuskeln bauen sich in erster Linie aus sogenannten schnell kontrahierenden Fasern auf. Diese sind kürzer und dünner als die großen, langsamen Muskelfasern der meisten Landtiere und deshalb leichter zu zerteilen, etwa durch Kauen, oder chemisch abzubauen, wie das durch die Kochhitze geschieht. Deshalb ist Fisch so zart, daß man ihn in Sushi roh essen kann, während ein Steak zu Steak Tatar zerkleinert werden muß, damit unsere Backenzähne damit fertig werden.

Daß Fische in einer Umgebung leben, in der sie fast schwerelos sind, ist ein weiterer wichtiger Grund, weshalb Fischfleisch zarter ist als das Fleisch anderer Tiere. Im Wasser benötigen sie weniger Bindegewebe – Knorpel, Sehnen, Bänder und dergleichen, was andere Tiere brauchen, um ihre Körperteile gegen die Schwerkraft abzustützen und sie am Skelett zu befestigen. Deshalb besteht Fisch vor allem aus Muskeln mit nur sehr wenig knorpeligen oder zähen Anteilen, und in der Abteilung Knochen reicht wenig mehr als ein einfaches Rückgrat völlig aus. Der relative Mangel an Bindegewebe heißt auch, Fischfleisch enthält relativ wenig Kollagen, jenes Protein, das sich beim Erhitzen in schöne saftige Gelatine verwandelt. Unter anderem deshalb wird Fisch beim Garen leichter trokken als viele andere Fleischsorten. Dazu kommt, daß die Fische als Kaltblüter wenig isolierendes Fett benötigen, das ebenfalls für mehr Saftigkeit sorgen würde.

Aus all diesen Gründen besteht bei Fisch das Hauptproblem darin, ihn nicht übermäßig zu garen. Man sollte ihn nur so lange garen, bis das Fleisch seine Lichtdurchlässigkeit verliert und undurchsichtig weiß wird, ziemlich genau so, wie das mit dem Protein von Eiklar geschieht. Gart man Fisch zu lange, wird er trocken und fasrig, weil die Muskelfasern sich zusammenziehen, wodurch das Fleisch schrumpft und zäh wird. Gleichzeitig verliert es zuviel Wasser, was das Gewebe austrocknen läßt. Als Faustregel gilt: 8–10 Minuten Garzeit pro 2,5 Zentimeter Dicke.

Fisch auf den Punkt gegart
Fisch im Päckchen

Fisch läßt sich so leicht garen, daß man ihn sogar dämpfen kann, eine Methode, die ihn auch vor dem Austrocknen bewahrt. Ein klassisches Verfahren heißt ebenso klassisch en papillote (in der Papierhülle), der Fisch wird also in Pergament gepackt und in der Packung im Rohr gegart. Heutzutage können wir auch Alufolie verwenden.

Es funktioniert fast mit jedem Fischfilet: Zackenbarsch, Lachsforelle, Seelachs, Kabeljau, Viktoriabarsch oder Wels. Der Fisch gart jederzeit perfekt (und unbeobachtet). Die Säfte des gedämpften Fischs vermischen sich mit den Aromen der Gemüse und Gewürze.

2 Abschnitte Alufolie von jeweils ca. 40 cm Länge
2 Teelöffel Olivenöl
2 Fischfilets
Salz und Pfeffer
2 Lauchzwiebeln, grüne wie weiße Teile, einmal durchgeschnitten
2 Zweige Petersilie
2 kleine Zwiebelscheiben
8 reife Kirschtomaten
30 Milliliter trockener Weißwein oder Zitronensaft
Eventuell 30 Gramm Kapern, abgetropft

1. Backrohr auf 220 °C vorheizen. Filets unter kaltem Wasser abspülen, auf Papierhandtüchern abtrocknen. Zwei Bahnen Alufolie von der Rolle abschneiden. Olivenöl jeweils auf die Hälfte einer jeden Folie träufeln.
2. Ein Filet am Ende nehmen und durch das Olivenöl ziehen, bis es ganz mit Öl überzogen ist. Vorgang mit dem anderen Filet in dessen eigener Folie wiederholen. Beide mit Salz und Pfeffer würzen. Mit den Lauchzwiebeln und der Petersilie belegen, darauf kommen die Zwiebelscheiben. Kirschtomaten, Wein und, falls gewünscht, Kapern zugeben.
3. Folie über dem Fisch und den Beigaben falten. Die Ränder umknicken und falten, damit ein dichtes Paket entsteht. Die Pakete auf einem Backblech mit Rand ins Rohr schieben und 10–12 Minuten garen.

4. Aus dem Rohr nehmen. Jedes Folienpaket auf einen großen Suppen- oder Pastateller legen, die ungefaltete Seite mit einem Messer oder einer Schere aufschlitzen und den Inhalt mitsamt der Flüssigkeit auf den Teller gleiten lassen.

Ergibt 2 Portionen.

Da fischelt was

Muß Fisch eigentlich immer nach Fisch riechen?

Absolut nicht. Die Leute nehmen fischelnden Fisch hin, weil sie wahrscheinlich denken: Nun, wonach sollte er denn sonst riechen? Doch auch wenn es seltsam erscheinen mag, muß Fisch keineswegs nach Fisch riechen.

Wenn Fische und Schalentiere, nur wenige Stunden nachdem sie noch fröhlich durchs Wasser gekurvt sind, vollkommen frisch sind, haben sie praktisch keinen Geruch. Vielleicht einen »frischen Hauch von Meer«, aber sicherlich nichts, was im geringsten unangenehm riecht. Erst wenn Meeresgetier anfängt, sich zu zersetzen, nimmt es dieses fischige Aroma an. Und Fisch beginnt sich sehr viel schneller zu zersetzen als andere Fleischarten.

Das Fleisch der Fische – das Muskelgewebe – besteht aus ganz anderen Proteinen als etwa Rindfleisch oder Huhn. Es wird nicht nur durch Garen schneller weich, sondern auch schneller durch Enzyme und Bakterien angegriffen; anders gesagt, es verdirbt rascher. Jener fischige Geruch stammt von den Abbauprodukten, insbesondere von Ammoniak, Schwefelverbindungen und chemischen Verbindungen mit der Bezeichnung Amine, die bei der Zersetzung der Aminosäuren in den Proteinen entstehen.

Die Gerüche jener chemischen Stoffe treten bemerkenswert lange vor dem Zeitpunkt auf, zu dem diese Nahrungsmittel wirklich nicht mehr genießbar sind. Insofern zeigt ein schwacher Fischgeruch nur, daß Sie eine gute Nase haben und der Fisch nicht mehr ganz so frisch ist, wie er vielleicht sein könnte, aber nicht zwangsläufig schlecht sein muß. Amine und Ammoniak werden von Säuren neutralisiert – deshalb wird Fisch oft mit Zitronenvierteln serviert. Jakobsmuscheln, die ein wenig überreif riechen, sollten Sie rasch mit Zitronensaft oder Essig abwaschen, ehe Sie sie kochen.

Es gibt noch einen Grund, weshalb Fisch rasch verdirbt. Die meisten Fische besitzen die unfreundliche Angewohnheit, andere Fische im ganzen zu verschlucken, und sind deshalb mit Enzymen ausgerüstet, die Fisch verdauen. Falls diese Enzyme nach dem Fang durch groben Umgang mit dem Fisch aus den Eingeweiden freigesetzt werden, machen sie sich rasch über das eigene Fleisch her. Aus diesem Grund sollte Fisch nach dem Fang so schnell wie möglich ausgenommen werden.

Zudem sind die zersetzenden Bakterien in und auf den Fischen wirksamer als jene in Landtieren, weil sie dafür eingerichtet sind, in den kalten, kalten Meeren und Flüssen zu funktionieren. Will man sie von ihrer schmutzigen Tätigkeit abhalten, muß man sie erheblich schneller und tiefer abkühlen, als wir das mit dem Fleisch von Warmblütern machen, wenn wir es konservieren. Deshalb ist Eis, weil es nie wärmer wird als 0 °C, Fisherman's (best) friend. Der Kühlschrank bei Ihnen zu Hause bietet etwa 4 °C.

Es gibt noch einen dritten Grund, weshalb Fischfleisch rascher verdirbt als das Fleisch von Landtieren: Es enthält mehr ungesättigte Fette. Ungesättigte Fette werden viel leichter ranzig (also oxidiert) als beispielsweise die gesättigten Fette in Rindfleisch. Durch Oxidation werden Fette in übelriechende Fettsäuren umgewandelt, die noch mehr zum fischigen Geruch beitragen.

Seehecht, echt toller Hecht?

Ich habe kürzlich sogenannte Krabbenstäbchen gekauft. Laut Etikett handelt es sich um Surimi, und die waren gar nicht mal schlecht. Was ist das, und wie wird es hergestellt?

Surimi ist Fleisch von Fischen, das man zerkleinert und in eine Form gebracht hat, die der von Krabben und Shrimps ähnelt. Es wurde in Japan entwickelt, um die Abfälle beim Filetieren von Fisch und einige der weniger begehrten, im Netz mitgefangenen Arten verwerten zu können. Als billige Alternative zur echten Ware hat es inzwischen weltweit Fuß fassen können.

Die Fischabfälle, meist von Pollack (einer Kabeljauart) und Seehecht, werden zerkleinert, gründlich gewaschen, um Fett, Pigmente und Geschmackskomponenten zu entfernen, gespült, durchgesiebt und so weit getrocknet, daß der Feuchtigkeitsgehalt auf unter 82 % sinkt, wonach man sie bis zu ihrer Verwendung einfriert. Das ist Surimi.

Damit ein bestimmtes Produkt daraus entsteht, wird das Surimi dann zum Beispiel zu Fasern zerrieben, worauf man Eiweiß, Stärke und etwas Öl hinzufügt. So nimmt es eine Konsistenz an, die der von echten Krebsen, Shrimps oder Hummern ähnelt. Diese Mischung walzt man dann zu Platten, die man kurz erhitzt, um sie als Gel zu stabilisieren. Die Platten werden dann aufgerollt, gefaltet und/oder mit Formen in Stäbchen oder in andere Gestalt umgewandelt, aromatisiert und gefärbt, um so die echten Vorbilder nachzuahmen, und für den Versand in den Handel eingefroren.

Möchten Sie das für Fritten oder für Kaviar?

In einem Katalog sind mir mehrere Arten von Kaviarlöffeln aufgefallen, deren Preis zwischen 12 und 50 Dollar lag. Warum muß Kaviar mit einem speziellen, schicken Löffel serviert werden?

Dafür kann man sich mehrere Gründe vorstellen: 1) Die Händler gehen davon aus, daß man jedem, der regelmäßig Kaviar ißt, leicht etwas andrehen kann. 2) Kaviar *verdient* so etwas. 3) (weniger romantisch) Es gibt dafür einen chemischen Grund.

Kaviar ist der Rogen des Störs, eines riesigen Fisches aus der Ära der Dinosaurier, der statt Schuppen eine Rüstung aus Knochenplatten trägt. Der Stör lebt vor allem im Kaspischen und im Schwarzen Meer, doch es gibt auch immer mehr Lieferungen guten amerikanischen Kaviars von Stören und anderen Fischen, die in Fischfarmen in den USA gezüchtet werden. Die Küsten des Kaspischen Meeres waren früher ein Monopol des Iran und der Sowjetunion, während heute Iran, Rußland, Kasachstan, Turkmenistan und zu einem kleinen Abschnitt auch Aserbeidschan sie unter sich aufteilen.

Von den drei wichtigsten Spezies des kaspischen Störs ist der *Beluga* die größte (bis zu 800 Kilo) und hat die größten Eier, deren Farbe von hellem zu dunklem Grau bis hin zu Schwarz rangiert. Als nächstes folgt der *Ossetra*, der bis zu 250 Kilo erreichen kann und dessen Eier grau, graugrün oder braun sein können. Am kleinsten ist der *Sevruga* (bis zu 120 Kilo), dessen kleine Eier grünlich-schwarz sind.

Da Kaviar zwischen 8 und 25 % Fett (und sehr viel Cholesterin) enthalten kann, verdirbt er leicht und muß mit Salz haltbar gemacht werden. Kaviar der höchsten Qualitätsstufe enthält höchstens 5 Gewichtsprozent zugefügtes Salz und wird *Malossol* genannt, was die russische Bezeichnung für »leicht gesalzen« ist.

Und hier liegt das Problem: Salz wirkt korrosiv. Es kann mit silbernen und stählernen Löffeln reagieren und dabei Spuren von Verbindungen entstehen lassen, die dem Kaviar angeblich einen metallischen Geschmack geben.

Deshalb hat man für Kaviar schon immer Löffel aus reaktionsträgen Materialien verwendet. Häufig benutzt man Gold, das von Salz nicht angegriffen wird, obwohl das bewährteste Material Perlmutt ist, die harte, weiße, glänzende Substanz, aus der Perlen sowie die Innenflächen von Molluskenschalen bestehen.

Doch dies ist das 21. Jahrhundert. Wir verfügen inzwischen über ein äußerst billiges Material, das durch und durch genauso reaktionsträge, korrosionsbeständig und geschmacksneutral ist wie Perlmutt: Wir sagen Kunststoff dazu. Zum Glück ist eine Vielzahl von Plastiklöffeln erhältlich, die man in Fast-Food-Restaurants auf Nachfrage kostenlos erhält, obwohl ich vermutlich nicht eigens darauf hinweisen muß, daß sie nicht für Kaviar gedacht waren.

Als Dienst für die Öffentlichkeit habe ich die Kaviarverträglichkeit der Löffel von Wendy's, McDonald's, KFC und Dairy Queen untersucht (Taco Bell stellt keine Löffel zur Verfügung. Dort gibt es *Gaböffel*: Geräte in Form eines Löffels mit Zinken am vorderen Ende). Leider waren all diese Löffel zu groß. Am Ende fand ich, daß die Probierlöffel einer großen Eisdiele das ideale Format besitzen – und obendrein herrlich rosafarben sind (die Höflichkeit gebietet allerdings, eine Portion Eis zu bestellen, wenn Sie sich Ihren kostenlosen Löffel beschaffen).

Falls es Ihnen als Sakrileg erscheint, Kaviar auf Plastik zum Mund zu führen, Sie aber dennoch keine 600 Dollar für einen vergoldeten Kaviarlöffel von Fabergé ausgeben wollen, können Sie ihn ja auch einfach aus der Hand essen (das ist der sogenannte *body shot*): Ballen Sie eine Hand so zur Faust, daß Daumen und Zeigefinger eine Vertiefung bilden, und bringen Sie dort einen Schlag Kaviar unter. Dann essen Sie ihn aus besagter Vertiefung und spülen ihn mit einem Schuß eiskalten russischen oder polnischen Wodka aus einem engen Tequilaglas runter.

*Na sdorowje**!

* Russisch: »Auf die Gesundheit«, »Prost«.

Diese Welt ist – ach! – so grausam

Sind Venusmuscheln und Austern auf der Halbschale noch am Leben, wenn wir sie essen?

Sie sind an der Küste in Ferien, oder? Restaurants mit Meeresfrüchten im Überfluß. In vielen gibt es eine Bar, an der Horden hechelnder Hedonisten unbekümmert Hunderte unglücklicher Mollusken schlürfen, die man gewaltsam vom zweischaligen zum einschaligen Zustand degradiert hat. Es ist nur zu natürlich, sich einfühlsame Gedanken über das Herummampfen auf einem Geschöpf zu machen, das man vor so kurzer Zeit seiner behütenden Schalen beraubt hat, und Sie, edle Seele, die Sie nun mal sind, Sie müssen sich einfach fragen, ob es noch am Leben ist.

Um diese Frage ein für alle Mal beizulegen, lassen Sie mich folgende definitive Feststellung treffen: Frischgeöffnete Venusmuscheln und Austern sind in der Tat in gewisser Weise, sozusagen, irgendwie mehr oder weniger lebendig, könnte man sagen, wenn man es so ausdrücken will. Falls Sie also zu denen gehören, die glauben, Pflanzen würden Schmerzen spüren, wenn man sie abschneidet, dann sollten Sie den Rest dieser Antwort lieber auslassen.

Schauen Sie sich doch einmal die bescheidene Venusmuschel an. Sie verbringt ihre Tage, in die Schalen gekuschelt, in Sand oder Schlick vergraben, saugt durch eine ihrer beiden Röhren Wasser an, filtert die leckeren Sachen (Plankton und Algen) heraus und speit das Abwasser durch die andere Röhre wieder aus. Und selbstverständlich vermehrt sie sich ab und an. (Ja, auch bei den Venusmuscheln gibt es Mädels und Buben.)

Das ist aber auch schon alles, was sie so macht. Und wenn sie dann einmal im Restaurant ankommt, Schalen dicht geschlossen gegen die Unbill, in die Lufthülle befördert worden zu sein, tut sie nicht einmal mehr so viel. Sie hat keine Sinnesorgane zum Sehen oder Hören und spürt fraglos weder Freude noch Schmerz, besonders dann, wenn sie auf Eis liegt und deshalb betäubt ist. Nennen Sie das Leben?

Soweit die Biologie. Nun zur Physik: Wie kriegen Sie die verdammten Dinger auf, ohne *sich selbst* ums Leben zu bringen?

Au ... Austern!

Auf dem Fischmarkt habe ich lebende Venusmuscheln erstanden, aber es hat mich elend viel Zeit gekostet, sie aufzubekommen. Gibt es da eine einfache Methode?

Auf das Öffnen von Muscheln ist fast so viel menschlicher Erfindergeist verwendet worden wie auf das Öffnen kindersicherer Arzneifläschchen, allerdings mit erheblich mehr Verletzungen. Man hat dafür allen Ernstes alles mögliche empfohlen, angefangen bei Hämmern, Feilen und Metallsägen bis zur Hinrichtung in der Mikrowellenkammer. Doch brutale Gewalt ist vollkommen überflüssig, und die Hitze der Mikrowelle kann den Geschmack ziemlich beeinträchtigen.

Wollen Sie Venusmuscheln auf einfache Weise öffnen, legen Sie diese Meeresfrüchte zunächst, je nach Größe, 20–30 Minuten ins Gefrierfach. Sie sollen sehr kalt, aber nicht gefroren sein. In diesem anästhesierten Zustand können sie ihre Schalen nicht mehr fest zusammenhalten. Nun nehmen Sie die Muschel fest in eine mit einem Handtuch geschützte Hand und drücken ein flaches, vorne abgerundetes Venusmuschelmesser – *kein* spitzes Austernmesser – an der leichten Einkerbung in der Nähe des spitzeren Endes der Muschel zwischen die Schalen (hier streckt sie ihre Röhren, die Siphone, heraus). Ziehen Sie das Messer an einer Innenfläche der Muschel entlang, um die beiden Muskeln zu durchtrennen, von denen die Schalen zusammengehalten werden (im Jargon der Wissenschaft: die Adduktoren), klappen Sie die Schale am Scharnier auf und werfen Sie sie weg. Dann lösen Sie die Muskeln in gleicher Weise von der verbleibenden Schale, ohne das Muschelfleisch herauszunehmen. Geben Sie einen Schlag Meerrettich und die gleiche Menge Chilisauce und vielleicht noch einen Hauch Tabasco oder einen Spritzer Zitrone dazu, und lassen Sie alles zusammen in den Mund gleiten.

Sauber, sauber!

Im Urlaub an der See fand ich einmal einige lebende Venusmuscheln. Ich nahm sie mit ins Hotel und bat das Küchenpersonal, sie für mich zuzubereiten. Ich wollte sie roh essen. Nachdem ich sie verzehrt hatte, fragte ich den Küchenchef, wie er sie zubereitet hatte. »Ich habe sie geöffnet«, antwortete er. Warum müssen diese lebenden Wesen, direkt aus ihrem natürlichen Lebensraum geholt, nicht gereinigt oder sonstwas werden, ehe man sie unzerlegt verspeist?

Sollten sie eigentlich schon, aber es muß nicht unbedingt sein. Dieser Schritt wird häufig ausgelassen.

Wenn sie aus dem Meer oder vom Fischmarkt kommen, müssen Venusmuscheln in der Regel gereinigt werden. Als man sie ihren kuscheligen kleinen Sandbetten entriß, zogen sie ihre Siphone ein und machten die Schalen dicht, wobei sie möglicherweise ein wenig Sand und was sonst noch zufällig an Strandgut in der Umgebung lag, mit einschlossen. Zudem besitzen Venusmuscheln ähnlich wie Shrimps einen Verdauungskanal. Auch wenn Ihnen das nicht schadet, kann er ein wenig sandig sein, und er ist nicht besonders appetitlich zu essen. Es ist gut, ihn durchzuspülen.

Wenn Sie also die Schalen außen abgeschrubbt haben, sollten Sie Ihren Venusmuscheln ein erholsames Bad in vorgetäuschtem Meerwasser gönnen – 40 Gramm Tafelsalz auf 5 Liter Wasser –, in das Sie etwa 10 Gramm Maismehl eingerührt haben. Lassen Sie sie eine gute Stunde in Ruhe. Wenn Sie sie ruhig beobachten (sie schrecken bei Schwingungen zusammen, nicht sosehr bei Geräuschen), werden Sie sehen, wie sie das Maismehl aufnehmen und sich dabei innerlich reinigen. Nach einer Weile werden Sie sich wundern, wieviel ausgestoßene kleine Teilchen auf dem Grund des Behälters liegen. Es nützt jedoch nichts, sie allzulang dort zu lassen, weil sie den Sauerstoff im Wasser verbrauchen, ihre Öffnungen zuklappen und aufhören, sich zu reinigen.

In vielen Kochbüchern und Zeitschriftenartikeln wird uns erzählt, wir sollten lebende Venusmuscheln reinigen, indem wir sie in Leitungswasser setzen, mal mit, mal ohne Maismehl. Eine kurze Überlegung zeigt jedoch, wie zwecklos das ist. Es gibt zwar auch Süßwassermuscheln dieses Typs, aber die, von denen hier die Rede ist, leben in Salzwasser. Wären Sie eine Salzwassermuschel, die in Süßwasser geworfen wird, dann würden Sie sich auf der Stelle zuklappen und es nicht wagen, die Schalen auch nur einen Spalt breit zu öffnen, sondern darauf hoffen, daß die Umgebung irgendwann wieder salziger und damit gastlicher wird. Es bringt also gar nichts, Venusmuscheln in Leitungswasser zu legen. Ein Bad in Salzwasser der richtigen Konzentration täuscht die Muscheln hingegen so, daß sie glauben, wieder daheim zu sein, worauf sie ihre Siphone ausfahren, Nahrung aufnehmen und sich von Abfällen reinigen.

Manche Restaurants sparen sich die Reinigungsstufe, und so können die Muscheln dort sandig sein. Das ist nicht so wichtig, wenn sie gekocht werden, doch Sand auf dem Boden der Schüssel mit Muschelsuppe ist ein Hinweis auf dieses abgekürzte Verfahren. Immerhin wissen Sie dann, daß die Suppe aus lebenden und nicht aus tiefgefrorenen oder Dosenmuscheln zubereitet wurde.

Klaff- oder Sandmuscheln haben große Siphone und können ihre Schalen nicht vollständig verschließen. Darum wird immer ein wenig Sand in ihnen zu finden sein. So schwenkt man sie erst in Muschelbrühe, ehe man sie in geschmolzene Butter taucht und verspeist.

Zwischen Stein und Rückenpanzer

Die Schalen von Venusmuscheln und Austern sind hart wie Stein, die Schalen von Shrimps und Krebsen dagegen wie aus dünnem Kunststoff gemacht. Warum dieser Unterschied?

Schalen heißen sie, weil sie außen getragen werden, doch wenn wir von »Schalentieren« sprechen, fassen wir damit zwei völlig verschiedene Klassen von Tieren zusammen: Krebstiere (*Crustacea*) und Mollusken oder Weichtiere.

Zu den Krebstieren gehören Krabben, Hummer, Krevetten und Garnelen. Deren Schalen sind hornige, elastische Platten, die über Scharniere eine Art Rüstung ergeben. Die obere Hülle einer Krabbe oder eines Hummers bezeichnet man auch als deren Rückenpanzer (das mußte ich noch loswerden, um die Wortwahl in der Überschrift zu rechtfertigen).

Krebstiere stellen ihre dünnen Schalen vor allem aus organischem Material her, dem Chitin, einer komplexen Kohlenhydratverbindung, die sie aus ihrer Nahrung zusammenbauen. Es dürfte Ihnen wohl keine Freude bereiten, das zu erfahren, doch Krevetten, Krabben und Hummer sind enge Verwandte von Insekten und Skorpionen, die ihre äußere Hülle ebenfalls aus Chitin fabrizieren. (Falls Sie deswegen schockiert sind, sollten Sie wissen, daß viele Biologen inzwischen eher der Überzeugung zuneigen, Krebstiere und Insekten hätten sich unabhängig voneinander entwickelt. Auch Biologen essen gern Meeresfrüchte, müssen Sie wissen.)

Andererseits bauen zweischalige Weichtiere – Venusmuscheln, Austern, Miesmuscheln, Jakobsmuscheln und andere Kreaturen, die ihr Leben zwischen einem Paar harter Schalen zubringen – ihre Hülle vor allem aus anorganischen Mineralien auf, die sie aus dem Meer beziehen, in erster Linie Kalziumkarbonat, derselben vielseitigen Substanz, aus der auch Kalkstein, Marmor und Eierschalen bestehen. Wenn Sie das nächste Mal eine ganze Venus- oder Miesmuschel auf dem Teller haben, sollten Sie die gebogenen Wachstumslinien oder

Wachstumskanten beachten, die parallel zum äußeren Rand verlaufen. Diese stehen für das neue Schalenmaterial, das von dem Tier immer dann angelagert wurde, wenn es um so viel größer geworden war, daß es mehr Platz brauchte, gewöhnlich in der warmen Jahreszeit.

Schalenwild? Schalenspiel? Wilde Muscheln!
Miesmuscheln in Weißwein

Miesmuscheln sind Fastfood aus der Natur, das uns vom Meer geschenkt wird. In ihren ebenholzschwarzen, mit konzentrischen Wachstumslinien gezierten Schalen sind sie schön anzusehen. Sie sind fast auf der Stelle gar (sobald ihre Schalen aufklappen) und enthalten sehr wenig Fett, aber viel Eiweiß. Von fleischiger Konsistenz, bringen sie uns den Geschmack des Meeres, ein wenig salzig und eine Spur süßlich.

Miesmuscheln (Mytilus edulus) von Züchtern aus fast allen Küstenländern Europas werden in allen Fischfachgeschäften und auf vielen Märkten nach Gewicht verkauft. Die besten, größten, dicksten, saftigsten und schmackhaftesten, die wir je gegessen haben, sind jedoch die Miesmuscheln der Art Mytilus galloprovincialis eines Züchters aus dem Bundesstaat Washington, USA, die es natürlich auch in den Mittelmeerländern gibt.

Miesmuscheln aus der Zucht sind auf alle Fälle frei von Sandkörnchen und Seepocken und müssen vor dem Kochen nur leicht abgebürstet werden. Die meisten der dunklen, an Stahlwolle erinnernden Bartfasern sind bereits entfernt. Was noch zwischen den Schalen hervorschaut, läßt sich durch leichtes Ziehen lösen.

Zum Kochen und bei Tisch sollten Sie den gleichen Wein nehmen.

1 Kilo Miesmuscheln, gereinigt und von Bartfasern befreit
¼ Liter trockener Weißwein, etwa Sauvignon blanc, Sancerre, Muscadet oder Moselriesling
50 Gramm gehackte Schalotten
2 Zehen Knoblauch, zerkleinert
1 Bund Petersilie, gehackt
30 Gramm gesalzene Butter

1. Muscheln unter fließendem Wasser abspülen, eventuell durch die Schalen schauende Bartfasern abzupfen. Alle Muscheln aussortieren, deren Schalen zerbrochen sind oder die sich nicht sofort schließen, wenn man sie mit einer anderen Muschel anstößt. Sie sind entweder tot oder todkrank und verderben sehr rasch.
2. Wein, Schalotten, Knoblauch und Petersilie in einen großen, tiefen Topf mit dicht schließendem Deckel geben. Der Topf muß groß genug sein, um die Muscheln auch nach dem Aufklappen der Schalen aufnehmen zu können, dazu wird noch ein wenig Spielraum zum Schütteln benötigt – es sollte zumindest das Doppelte des Volumens der rohen Muscheln verfügbar sein. Den Wein aufkochen lassen, auf kleiner Flamme noch etwa 3 Minuten köcheln lassen. Dann die Flamme wieder auf groß stellen. Muscheln hineingeben; dicht abdecken und garen, den Topf dabei mehrmals schütteln, bis die Muscheln aufgehen. Das dauert 4–8 Minuten, je nach Größe des Topfes und der Muscheln.
3. Muscheln mit einem Schaumlöffel aus der Flüssigkeit heben und auf zwei große Suppenteller verteilen. Rasch die Butter in die Flüssigkeit einquirlen, so daß eine leicht gebundene Sauce entsteht.
4. Brühe über die Muscheln gießen und gleich servieren. Dazu knuspriges Weißbrot und den gekühlten Wein reichen.

Ergibt 2 Portionen.

Die beiden unterschiedlichen Arten von Schalen bei Krebstieren und Weichtieren weisen darauf hin, daß diese Geschöpfe beim Wachstum verschiedene Strategien verfolgen müssen. Weichtiere, die wachsen, indem sie an die äußeren Ränder ihrer Schalen weiteres Material anlagern, lassen gewissermaßen die Hosen ein Stück aus, während Krebstiere sich vollständig neue Anzüge fabrizieren.

Wenn Krabben oder Hummer aus ihren Wanderhosen herauswachsen, häuten sie sich: Sie trennen die Säume ihrer Hülle auf, kriechen heraus und produzieren eine neue, größere. Falls wir unmittelbar nach dem Entkleiden einen erwischen, dürfen wir uns die epikureische Köstlichkeit einer Krabbe oder eines

Hummers mit weicher Schale gönnen. Diese »weichen Schalen«* sind die neuen Hüllen im allerfrühesten Baustadium.

So benötigt die blaue Atlantikkrabbe zum Beispiel 24–27 Stunden, um den Aufbau abzuschließen, was lüstern sabbernden Raubtieren wie uns Menschen gerade genug Zeit läßt, sie zu fangen – was nicht leicht ist, da sie sich, weil ohne Rüstung, im Seetang verstecken und erst herausgekitzelt werden müssen. Wenn wir jedoch Glück haben, können wir sie noch im Freien erwischen, kurz bevor sie sich häuten. Erfahrene Wassermänner können auf einen Blick angeben, wann ein Krebs kurz davor steht, seine Hülle abzustreifen, und wenn solche »Häuter« gefunden werden, hält man sie in einem separaten Käfig, bis die Tat vollbracht ist.

Und was machen wir dann mit ihnen? Nun, wir kochen sie sobald wie möglich und essen sie sozusagen mit Stumpf und Stiel. Warum sollten wir Zeit darauf verschwenden, das Fleisch aus einer Schale zu pulen, wenn wir Krebse ohne Schalen finden? Es bleiben uns nur drei kleine Säuberungsschritte, die man am besten erledigt, solange die Krebse noch lebendig sind. Gut, wenn Sie da heikel sind, lassen Sie es Ihren Fischhändler erledigen. Trotzdem folgt hier, was zu tun ist: 1) Die Bauchschürze (siehe weiter unten) abziehen und wegwerfen. 2) Augen und Mundwerkzeuge abschneiden, die zwischen den großen Scheren jeweils auf der Längsseite des Kopfes sitzen. 3) Die spitzen Beinchen anheben und die gefiederten Kiemen suchen und entfernen. Diese werden von überschwenglichen Folkloristen gerne als Teufelsfinger bezeichnet, weil Kiemen wirksame Filter für alle möglichen Verunreinigungen des Wassers darstellen, so daß es riskant sein kann, sie zu essen. Übrigens schmecken sie auch nicht gut. Und was ist mit »all dem gelbgrünen Zeug« in den Krabben? Fragen Sie nicht. Einfach essen. Es ist köstlich.

Bei den blauen Krebsen sind die Männchen in der Regel größer als die Weibchen, weshalb man sie zumeist zum Dämp-

* Der entsprechende englische Begriff »soft shells« steht zudem auch für alle Krebstiere, die in diesem Stadium in den Handel kommen. – Anm. d. Ü.

fen und Pulen nimmt, während die Weibchen eher in Konservendosen wandern. Sie fragen, wie man Männchen und Weibchen unterscheidet? Schauen Sie auf die Unterseite, und Sie sehen eine Art Schürze, einen dünnen Chitinlappen, der den größten Teil des Hinterleibs überdeckt. Falls die Schürze genau die Form der Kuppel des Kapitols in Washington, D. C., zeigt (wirklich!), handelt es sich um ein reifes Weibchen. Hat die Schürze dagegen die Form des Pariser Eiffelturms, ist es ein Männchen. Bei einem noch jungen, unreifen Weibchen sieht dieses Anhängsel dagegen wie die Kuppel des Kapitols mit einem Stückchen Eiffelturm an der Spitze aus. Bei der letzten Häutung vor der Geschlechtsreife wirft sie den Turmteil ab.

Ach ja, und haben Sie sich je gefragt, warum diese düsteren, schwarzgrünen Schalen von Krebsen und Hummern beim Kochen rot werden? Die rote Farbe, ein chemischer Stoff namens Astaxanthin, ist in den ungekochten Schalen zwar vorhanden, aber unsichtbar, weil dieser an bestimmte Proteine gebunden ist (im Jargon der Wissenschaft: einen Komplex bildet), mit denen er blaue und gelbe Verbindungen bildet, die zusammen grün aussehen. Beim Erhitzen zerfällt der Astaxanthin-Protein-Komplex und setzt das Astaxanthin frei.

Susis »Soft Shells« an der See schmecken sensationell

Sautierte weichschalige Krabben

Manche Küchenchefs ziehen gern die große Schau ab und brezeln ihre Krabben mit Teig, Semmelbröseln, Crackerschrot, Mehlbestäubung oder Gewürzen auf. Das alles ist überflüssig. In Wahrheit überdecken sie den delikaten Geschmack einer wirklich frischen Krabbe. Die Gewürze kann man besser für die Verwendung bei Tisch aufsparen. Man benötigt nichts weiter als frische, lebende Krabben, brodelnd heiße Butter und ein wenig Aufmerksamkeit. Pro Portion sollte man 2 große oder 3 kleine Krabben vorsehen.

Sind die Krabben nicht schon vom Fischhändler vorbereitet

worden, zieht man die Schürze am Hinterleib ab und wirft sie weg, schneidet Augen und Mundwerkzeuge an der Längsseite zwischen den beiden großen Scheren ab und hebt die spitzen Beine an, um die gefiederten Kiemen zu finden und zu entfernen.

Eine Bratpfanne auf mittlerer Stufe erhitzen.

Ein oder zwei Stücke ungesalzener Butter in die Pfanne geben. Wenn die Butter zu rauchen beginnt und Bläschen bildet, die Krabben hineingleiten lassen. Nicht zuviel auf einmal in die Pfanne legen.

Etwa 2 Minuten anbraten, bis die Krabben goldbraun sind. Mit Salz und Pfeffer würzen. Mit einer Zange wenden und die andere Seite 2 Minuten bräunen lassen, bis die Krabben rundum eine schöne Farbe haben und knusprig sind. Sofort servieren.

Wasser oder Wasserdampf? – Meinungskampf!

Manche Leute sagen, lebende Hummer sollte man am besten kochen. Andere beharren darauf, Dämpfen sei besser. Welche Methode sollte ich anwenden?

Um eine verbindliche Antwort geben zu können, fuhr ich nach Maine* und befragte mehrere führende Küchenchefs und Hummerleute. Dabei stieß ich auf zwei Lager: die überzeugten Dämpfer und die leidenschaftlichen Tauchbad-Kocher.

»Ich werf' sie rein«, erklärte trotzig der Küchenchef eines bekannten französischen Restaurants. Er wirft seine Hummer in kochendes Wasser mit einem Schuß Weißwein und großen Mengen geschältem Knoblauch.

Der Küchenchef eines anderen Top-Restaurants meinte dagegen: »Kochen entzieht dem Hummer zuviel Aroma. Man kann sogar sehen, wie das Wasser sich grün verfärbt, weil die

* Dieser amerikanische Bundesstaat verfügt über das üppigste Hummerangebot in den USA. – Anm. d. Ü.

Leber ausläuft. Wir dämpfen unsere Hummer über Fischbrühe oder Gemüsebouillon.«

Der Chefkoch eines anderen renommierten Lokals schwor zunächst auf die Denkschule mit dem Motto »Kochen-zieht-Geschmack-raus« und erklärte, er würde seine Hummer über Salzwasser dämpfen: »So haben sie am Ende weniger Wasser drin.« Als ich jedoch nachbohrte, räumte er ein, für den Geschmack sei »Kochen und Dämpfen gleich gut. Darüber zu debattieren ist Haarspalterei.«

Diese Überzeugung wurde auch vom Inhaber einer ehrwürdigen Hummerstation geäußert, der seit vierzig Jahren Hummer fischt, verkauft und kocht. »Ich habe sie immer etwa 20 Minuten lang gedämpft«, berichtete er. »Einige meiner Kunden bestehen darauf, daß sie unbedingt über Salzwasser gedämpft werden müssen. Jeder hat seine eigene Meinung. Inzwischen koche ich sie 15 Minuten lang in Meerwasser.« Als Anhänger der Philosophie, wonach der Kunde immer recht hat, weigerte er sich, nach Steuerbord *oder* Backbord überzuhängen und das eine Verfahren gegenüber dem anderen zu bevorzugen.

Meine Schlußfolgerung? *Wer die Wahl hat, hat die Qual – Dämpfen, Kochen, ganz egal.* Also ein Unentschieden.

Immerhin schienen alle in einem Punkt übereinzustimmen: Dämpfen dauert länger. Warum das? fragte ich mich. Theoretisch sollte der Dampf über kochendem Wasser dieselbe Temperatur wie das Wasser besitzen. Aber stimmt das denn auch? Für die Antwort auf diese Frage bequemte ich mich in mein »Küchenlabor«.

Ich füllte einen Hummertopf mit 15 Litern Fassungsvermögen ein paar Zentimeter hoch mit Wasser, brachte es zum Kochen, deckte den Topf so dicht ab, wie das zum Dämpfen von Nahrungsmitteln nötig ist, und maß dann mit einem geeichten Laborthermometer die Temperatur des Dampfs in unterschiedlichen Höhen über der Wasseroberfläche. (Wie ich es geschafft habe, das Thermometer in den zugedeckten Topf zu halten, während ich außen die Temperatur ablas, erfahren Sie, wenn Sie mir einen frankierten Rückumschlag nebst Verrechnungsscheck in Höhe von 19,95 Dollar zusenden, damit ich allmählich meine Ausgaben für medizinische Behandlung wieder hereinbekomme.) Und was kam dabei heraus? Bei hoch eingestellter Brennerflamme und entsprechend ständig brodelnd kochendem Wasser lag die Temperatur in jeder Höhe über der Oberfläche exakt auf dem Wert des Wassers, nämlich auf 98,8 °C. (Nein, nicht auf 100 °C. Meine Küche liegt wie der Rest des Hauses 320 Meter über dem Meer, und in größerer Höhe kocht Wasser bei entsprechend niedrigerer Temperatur.)

Als ich die Flamme jedoch so weit reduzierte, daß das Wasser nur noch schwach kochte, fiel die Dampftemperatur beträchtlich ab. Ich erkläre das damit, daß ein Teil der Wärme des Dampfes ständig über die Topfwand (sie war in diesem Fall ziemlich dünn) abgeleitet wird, weshalb das Wasser ausreichend heftig kochen muß, damit diese Wärme immer wieder durch frischen heißen Dampf ergänzt wird.

Schlußfolgerung: Dämpfen Sie Ihre Hummer in einem gut verschlossenen, schweren Topf auf einem Rost über heftig kochendem Wasser, dann sind die Viecher genau derselben Temperatur ausgesetzt wie in kochendem Wasser auch.

Es bleibt dann aber rätselhaft, warum alle Köche erzählen, sie würden Hummer ein wenig länger dämpfen, als wenn sie sie kochen würden. In seinem umfassenden Werk *Lobster at Home* (Scribner, 1998; etwa: Hummer in der eigenen Küche) empfiehlt Jasper White beispielsweise, einen Hummer von 700 Gramm 11–12 Minuten zu kochen oder 14 Minuten zu dämpfen. (Diese Zeiten sind kürzer als die von den Küchenchefs in Maine genannten, weil diese immer mehrere Hummer in einer Charge garen, und da gilt die einfache Regel: Mehr Fleisch, mehr Hitze.) Meiner Ansicht nach liegt die Antwort in der Tatsache, daß flüssiges Wasser bei gleicher Temperatur mehr Wärme speichert (im Jargon der Wissenschaft: eine höhere Wärmekapazität besitzt) als Wasserdampf und damit mehr Wärme an die Hummer abgeben kann. Zudem ist flüssiges Wasser ein weit besserer Wärmeleiter als der Dampf, kann also diese Kalorien auch effektiver an die Hummer weitergeben, weshalb sie schneller gar werden.

Nun, ich bin kein Küchenchef. Andererseits sind die Köche keine Wissenschaftler. Insofern kann man es den von mir befragten Küchenchefs nachsehen, wenn sie aus wissenschaftlicher Sicht irrige Aussagen machen. Hier folgen einige davon, zusammen mit der Erklärung, weshalb sie falsch sind:

»Beim Dämpfen ist die Gartemperatur höher als beim Kochen.« Wie sich in meinen Versuchen gezeigt hat, sind die Temperaturen gleich.

»Salzwasser ergibt eine höhere Dampftemperatur.« Na schön, vielleicht ein ganz klein wenig, weil die Siedetemperatur mit dem Salz ansteigt, aber das macht höchstens ein paar Hundertstel Grad aus.

»Meersalz im Wasser verleiht dem Dampf einen besseren Geschmack.« Salz bleibt restlos im Wasser, es geht nicht in den Dampf über, die Variante Salz / gar kein Salz kann also keinerlei Auswirkungen haben. Ich habe sogar meine Zweifel, ob die Aromen von Wein oder Brühe im Kochwasser die Hummerschale so weit durchdringen können, daß der Geschmack des Fleisches davon irgendwie beeinflußt würde. Hummer sind gutgepanzerte Biester.

Nun folgt noch, wie ein Mann von der Ostküste (namens Chip Gray, aber das nur nebenbay) seine Hummer am Strand zubereitet: Als erstes besorgt man sich im Eisenwarengeschäft ein Ofenrohr von 120–180 Zentimeter Länge. Am Wasser legt man ein Lagerfeuer an. Nun verstopft man das eine Ende des Ofenrohrs mit Seetang und wirft zwei Hummer und eine Handvoll Venusmuscheln hinein. Dann stopft man wieder eine Lage Seetang in das Rohr, gefolgt von weiteren Hummern und Muscheln. Das setzt man fort, bis man entweder keine Hummer oder kein Ofenrohr mehr hat. Nun wird das Rohr mit einem letzten Stopfen aus Seegras verschlossen und quer über das Lagerfeuer gelegt. Während des Garens immer wieder mit ein oder zwei Tassen Seewasser begießen, das man in das höhergelegene Ende der Röhre einfüllt; es verdampft, während es hinabläuft. Nach etwa 20 Minuten leert man den Inhalt auf ein Tischtuch oder dergleichen. »Das ist schweinemäßig gut«, sagt Chip.

So kocht man Hummer
Lebendfrischer Hummer, gekocht

Beim Fischhändler wählt man pro Person einen lebhaften Hummer aus, der die Scheren anhebt. (Einen Hummer nimmt man hoch, indem man ihn hinter dem Kopf am Rücken packt.) Wenn er sich beim Hochheben hängen läßt, vergessen Sie's und kommen an einem anderen Tag wieder: Er ist nicht frisch.

Die Hummer transportiert man in einem Behälter nach Hause, der ihnen eine Menge Platz läßt, und hält sie kühl. Es sind zwar Wasserbewohner, aber sie können ein paar Stunden an der Luft überleben, wenn sie es kühl und feucht haben.

Nehmen Sie einen tiefen Suppentopf mit Deckel, in dem die Hummer vollständig mit Wasser bedeckt werden können (man braucht etwa 3 Liter Wasser pro 700–1000 Gramm Hummer, wobei zu berücksichtigen ist, daß der Topf nur zu drei Vierteln voll sein sollte). Wenn der Augenblick der Wahrheit naht, gibt man pro Liter Wasser etwa 6–8 Gramm Salz zu (um Meerwasser zu imitieren) und läßt das Wasser sprudelnd aufkochen. Hummer einzeln und mit dem Kopf voran ins kochende Wasser geben. Deckel auflegen, erneut aufkochen lassen, dann auf kleiner Flamme weiterköcheln lassen. Ein Hummer von 600 Gramm benötigt etwa 11 Minuten, bei 450 Gramm sind es 8, bei 900–1000 Gramm ungefähr 15 Minuten. Nicht zu lange garen, da das köstliche Fleisch sonst zäh und trocken wird.

Hummer mit einer Zange aus dem Wasser nehmen; aufpassen, daß er nicht zurückplumpst und heißes Wasser aus dem Topf spritzt. Auf eine mit Papier oder einem Tuch bedeckte Arbeitsfläche legen.

Überschüssiges Wasser läßt man aus dem Hummer ablaufen, indem man mit der Spitze eines kleinen Messers zwischen den Augen eine kleine Öffnung stößt. Dann hält man ihn mit dem

Kopf nach unten über einen Topf oder den Ausguß, damit die Flüssigkeit aus der Hülle abfließen kann. Sie würde sonst eine ziemliche Sauerei verursachen, wenn man den Hummer öffnet.

Rasch und mit geschmolzener Butter und Zitronenvierteln servieren.

6. KAPITEL

Feuer und Eis

Schauen Sie sich all die modernen Hilfsmittel in Ihrer Küche an: Toaster, Stabmixer, Küchenmaschine, Kaffeemühle, Mixer, Kaffeemaschine – lauter Geräte, die Sie nur ab und zu für ganz bestimmte Zwecke verwenden.

Und nun werfen Sie einen Blick auf die beiden einzigen Vorrichtungen in Ihrer Küche, die Sie täglich nutzen und nicht missen könnten: Eine erzeugt Hitze, eine erzeugt Kälte. Verglichen mit den anderen Küchenmaschinen kommen Ihnen Herd und Kühlschrank vielleicht nicht als moderne Geräte vor, aber sie sind dem menschlichen Arsenal für die Zubereitung und Konservierung von Nahrung erst vor überraschend kurzer Zeit hinzugefügt worden.

Der erste Küchenherd, ein Gehäuse um einen entflammten Brennstoff (anfangs war es Kohle), der zum Kochen eine glatte Oberfläche beheizt, wurde vor weniger als 375 Jahren »patentiert«, womit das Ende von mehr als einer Million Jahren des Kochens über offenem Feuer eingeläutet war. Und der Kühlschrank ersetzte das (natürliche) Eis zum Kühlen zu einer Zeit, an die manche Leser dieses Buches sich vielleicht noch erinnern können.

Wenn Sie frische Lebensmittel eingekauft haben und nach Hause bringen, dürften Sie diese in den Kühlschrank legen, dessen niedrige Temperaturen sie vor dem Verderb bewahren. Anschließend nutzen Sie vermutlich die hohen Temperaturen des Herds, um einen Teil dieser Nahrungsmittel in eine Form zu überführen, die besser genießbar und leichter verdaulich ist. Nachdem Sie die Speisen zubereitet und serviert haben, legen Sie einige Reste zum Aufbewahren vielleicht in den Kühlschrank oder die Gefriertruhe. Und einige Zeit darauf holen Sie das aus der Kühlung und wärmen es erneut auf. In der Küche scheint der Umgang mit Lebensmitteln ein immerwährender Kreislauf von Erwärmen und Kühlen zu sein, bildlich gesprochen: eine ständige Anwendung von Feuer und Eis. Erst heutzutage erledigen wir das alles mit Hilfe von Gas und Elektrizität.

Wie wirken Wärme und Kälte sich auf unsere Nahrung aus? Wie können wir sie so steuern, daß wir die besten Resultate erhalten? Mit zuviel Hitze können wir unsere Speisen verbrennen, doch andererseits können sie auch im Gefrierfach »Frostbrand« bekommen – aber was soll das überhaupt sein, Frostbrand? Und was läuft eigentlich ab, wenn wir einfach nur die elementarste Form aller Küchenoperationen durchführen, nämlich Wasser kochen? Da steckt mehr drin, als mancher sich vorstellen mag.

Das Zeug ist heiß

K steht für Kalorien

Eine Kalorie ist eine Wärmeeinheit, ich weiß, aber warum werde ich dick, wenn ich Wärme verzehre? Was wäre, wenn ich nur kalte Speisen essen würde?

Der Begriff der Kalorie umfaßt mehr als einfach nur Wärme – man kann damit den Betrag jeder beliebigen Art von Energie angeben. Zum Beispiel könnten wir die Energie eines rasenden 40-Tonners in Kalorien ausdrücken, wenn wir das wollten.

Energie ist alles, was etwas geschehen läßt; Sie könnten sie auch als »Umpf« bezeichnen, wenn Ihnen das besser gefällt. Sie tritt in vielerlei Formen auf: als Bewegung (sprich 40-Tonner), chemische Energie (sprich Dynamit), Kernenergie (sprich Reaktor), elektrische Energie (sprich Batterie), Gravitationsenergie (sprich Wasserfall) und, sicher, auch als die am meisten verbreitete Energieform überhaupt, Wärme.

Nicht die Wärme ist Ihr Feind, sondern die Energie – der Betrag an Energie-zum-Leben, den Ihr Körper gewinnt, indem er Nahrung durch den Stoffwechsel umwandelt. Und wenn Ihr Stoffwechsel mit diesem Stück Käsekuchen mehr Energie erzeugt, als Sie auf dem Weg vom Kühlschrank zum Fernseher verbrauchen, dann speichert der Körper diese überschüssige Energie als Fett. Fett ist ein Vorratslager konzentrierter Energie, weil es potentiell große Mengen Wärme freisetzen kann, wenn es verbrennt. Aber keine vorschnellen Schlüsse. Verspricht eine Anzeige, daß etwas »Fett verbrennt«, ist das nur eine Metapher – eine Lötlampe ist kein geeignetes Werkzeug zum Abspecken.

Wieviel Energie hat eine Kalorie, und warum »enthalten« (also erzeugen) verschiedene Lebensmittel unterschiedliche Kalorienbeträge, wenn sie den Stoffwechsel durchlaufen?

Da Wärme die allgemeinste und vertrauteste Energieform ist, hat man die Kalorie über die Wärme definiert – wieviel Wärme man benötigt, damit man die Temperatur von Wasser um einen bestimmten Betrag erhöhen kann. Genau gesagt entspricht eine Kalorie, wie sie auch im Bereich der Ernährungswissenschaft angewandt wird, der Wärmemenge, mit der man ein Kilogramm Wasser um ein Grad Celsius erwärmen kann.

(Im Gegensatz zu den Ernährungswissenschaftlern verwenden Chemiker eine »Kalorie« weit geringerer Größenordnung, die nur ein Tausendstel davon ausmacht. In ihrer Welt heißt die Nahrungskalorie »Kilokalorie«*. In diesem Buch werde ich *Kalorie* jedoch in dem gebräuchlichen Sinn verwenden, von dem Bücher über Ernährung, Etiketten von Lebensmitteln und Diäten ausgehen.)

Verschiedene Nahrungsmittel versorgen uns, wie jeder weiß, mit unterschiedlichen Mengen Nahrungsenergie. Ursprünglich

* Abkürzung Kcal; dies ist die wissenschaftlich korrekte Bezeichnung, die inzwischen jedoch durch die Einheit Joule ersetzt wurde: 1 Kcal = 4186,8 Joule = 4,1868 Kilojoule (kJ). – Anm. d. Ü.

hat man den Kaloriengehalt von Lebensmitteln gemessen, indem man sie in einem vollständig von Wasser umgebenen, sauerstoffgefüllten Behälter verbrannte und dann maß, wie stark die Temperatur des Wassers anstieg (diese Vorrichtung nennt man Kalorimeter). Das könnte man auch mit einer Portion Apfelkuchen machen, um herauszufinden, wie viele Kalorien sie freisetzt.

Stimmt aber der Energiebetrag, der beim Verbrennen von Apfelkuchen in Sauerstoff freigesetzt wird, überhaupt mit dem überein, der entsteht, wenn er im Stoffwechsel des Körpers umgesetzt wird? Bemerkenswerterweise ist das der Fall, auch wenn dabei etwas ganz anderes abläuft. Über den Stoffwechsel wird Energie sehr viel langsamer freigesetzt als bei der Verbrennung, und zum Glück geschieht das auch ohne Flamme (Sodbrennen wollen wir hier außer acht lassen). Insgesamt gesehen spielt sich jedoch genau die gleiche chemische Reaktion ab: Nahrung plus Sauerstoff ergibt Energie plus verschiedene Reaktionsprodukte. Und wenn die Ausgangs- und Endprodukte dieselben sind, so ist der dabei abgegebene Energiebetrag nach einem der Grundprinzipien der Chemie ebenfalls derselbe, gleichgültig, auf welchem Weg die Reaktion stattgefunden hat. Der einzige praktische Unterschied besteht darin, daß Nahrung im Körper nicht vollständig verwertet oder »verbrannt« wird, weshalb wir letztlich nicht den ganzen Energiebetrag aus ihr herausbekommen, der bei einer Verbrennung in einer reinen Sauerstoffatmosphäre freigesetzt würde.

Am Ende gewinnen wir aus jedem Gramm Fett durchschnittlich 9 Kalorien, aus jedem Gramm Eiweiß oder Kohlenhydrat jeweils 4 Kalorien. Anstatt also ins Labor zu rennen und jedes in Sicht kommende Nahrungsmittel in Brand zu stecken, nehmen die Ernährungswissenschaftler unserer Tage einfach das Gewicht von Fett, Protein oder Kohlenhydrat in einer Portion und multiplizieren mit 9 bzw. 4.

Der normale Grundstoffwechsel – der Energiebetrag, den jeder Mensch mindestens verbraucht, wenn er einfach nur atmet, das Blut durch den Körper pumpt, die Gewebe repariert, die Körpertemperatur normal hält und Leber, Nieren usw. ihre Aufgaben erfüllen läßt – liegt etwa bei einer Kalorie pro Stunde und Kilogramm Körpergewicht. Das ergibt bei einem männlichen Erwachsenen von 68 Kilo einen täglichen Energieverbrauch von ungefähr 1600 Kalorien. Dieser Wert schwankt jedoch ziemlich stark – je nach Geschlecht (Frauen benötigen etwa 10 % weniger), Alter, Gesundheitszustand, Körpergröße, Figur und dergleichen.

Eine Gewichtszunahme hängt unter anderem davon ab, wie weit die Aufnahme von Nahrungsenergie jenseits des jeweiligen Grundstoffwechsels den Verbrauch von Energie durch Tätigkeiten aller Art übersteigt (wobei Gabelstemmen nicht mitgerechnet wird). Für einen durchschnittlichen gesunden Erwachsenen empfehlen einschlägige Lehrbücher 2700 Kalorien für Männer und 2000 Kalorien für Frauen – mehr bei Sportlern und weniger bei *couch potatoes* (den berüchtigten schlaffen Säcken vor dem Fernseher).

Die hoffnungsfrohe Theorie einer Ernährung mit kalten und deswegen kalorienarmen Speisen ist einige Zeit in verschiedenen Versionen umgelaufen, doch leider funktioniert das nicht. Nach einer Variante, von der ich gehört habe, soll es einem beim Abnehmen helfen, wenn man Eiswasser trinkt, weil der Körper Kalorien aufwenden muß, um das Wasser auf seine Normaltemperatur zu bringen. Das ist prinzipiell richtig, aber belanglos. Um ¼ Liter Eiswasser auf Körpertemperatur zu bringen, braucht man weniger als 9 Kalorien, was gerade mal einem Gramm Fett entspricht. Wären Schlankheitsdiäten so einfach, würden die Wellness-Farmen zum Abspecken ihre Schwimmbecken mit Eiswasser füllen (auch Zittern verbraucht Energie). Und während die meisten Substanzen schrumpfen, wenn man sie abkühlt, geschieht das beim Menschen nicht. Jedenfalls nicht auf Dauer.

Wie Randfaktoren (z. B. Schokoladencreme) sich auf Schlankheitsdiäten auswirken

Wenn ich davon ausgehe, daß ein Gramm Fett 9 Kalorien enthält, dann sind das bei einem Kilo Fett 9000. Nun habe ich aber gelesen, daß ich, um ein Kilo Fett zu verlieren, nur 7000 Kalorien weniger aufnehmen muß. Wo kommt diese Diskrepanz her?

Ich bin kein Ernährungsfachmann. Deshalb habe ich Marion Nestle, Professorin und Vorsitzende des Fachbereichs für Ernährung und Nahrungsmittelforschung an der Universität New York, gefragt.

»Randfaktoren«, erklärte sie.

Zunächst einmal liegt der Energiegehalt eines Gramms Fett eher bei 9,5 Kalorien. Doch das würde den Unterschied sogar noch vergrößern. Tatsächlich aber liegt die nutzbare Energie der Kalorien, die wir beim Verzehr von einem Gramm Fett aufnehmen, ein ganzes Stück niedriger, weil Verdauung, Absorption und Stoffumsatz unvollständig ablaufen. Das ist einer der Randfaktoren.

»Ein weiterer Randfaktor«, fuhr Nestle fort, »hängt mit der Kalorienmenge in einem Kilo Körperfett zusammen. Dahinter steht der Gedanke, daß Körperfett letztlich nur zu 85 % aus Fett besteht.« Der Rest setzt sich aus Bindegewebe, Blutgefäßen und anderen Dingen zusammen, von denen Sie möglicherweise eher nichts wissen wollen.

Deshalb müssen Sie sich, um ein Kilo Schwabbelmasse zu verlieren, unter der Gürtellinie – Verzeihung, unter dem Strich – nur etwa 7000 Kalorien verkneifen.

Und halten Sie sich von den Randfaktoren (auch den Schokoladencremes) fern.

Wahrhaft *hohe* Kochkunst

Mein Mann, meine Tochter und ich werden wieder nach La Paz in Bolivien reisen, um noch ein Baby zu adoptieren. Wegen der Höhenlage kann es Stunden dauern, bis man etwas im Wasser gargekocht hat. Gibt es eine Faustregel, wie lange es auf verschiedenen Höhen jeweils dauert, um etwas zu kochen? Und kann man in dieser Höhenlage durch Abkochen Keime abtöten?

La Paz liegt auf Höhen zwischen 3500 und 4000 Metern über dem Meer, je nachdem, in welchem Ortsteil Sie sich befinden. Und wie Ihnen bewußt ist, kocht Wasser in größeren Höhen bei niedrigeren Temperaturen. Die Wassermoleküle müssen nämlich, um der Flüssigkeit entkommen und kochend in die Luft übergehen zu können, gegen den abwärts gerichteten Druck der Atmosphäre ankämpfen. Bei geringerem Luftdruck, wie er in größeren Höhen vorliegt, können die Wassermoleküle bereits abdampfen, wenn sie noch nicht so heiß sind.

Die Siedetemperatur des Wassers nimmt pro 300 Meter Höhendifferenz über dem Meeresspiegel um etwa 1 °C ab. Somit wird Wasser auf 4000 Meter Höhe etwa bei 86 °C kochen. In der Regel gelten 74 °C als ausreichend, um die meisten Keime abzutöten, und insofern sollten Sie damit noch auf der sicheren Seite sein.

Es ist schwierig, bei den Garzeiten zu verallgemeinern, weil verschiedene Speisen sich unterschiedlich verhalten. Ich würde vorschlagen, Sie erkundigen sich bei den Einheimischen, wie lange sie Reis, Bohnen und dergleichen kochen. Natürlich können Sie immer einen Dampftopf mit ins Flugzeug schleppen und nach Belieben Ihre eigene Hochdruckatmosphäre erzeugen.

Backen ist dagegen eine ganz eigene Geschichte. Erstens verdampft Wasser in großer Höhe viel leichter, weshalb Sie mehr Wasser an den Teig rühren müssen. Und weil zweitens weniger Luftdruck vorhanden ist, der das aus dem Backpulver freigesetzte Kohlendioxid zurückhalten würde, kann das Gas problemlos aus dem Kuchen entweichen, so daß dieser sitzenbleibt. Das dürfte alles ziemlich vertrackt sein. Ich würde vorschlagen, das Backen den örtlichen *Pastelerías* zu überlassen.

Projekt Frühstart

Mein Mann behauptet, warmes Wasser würde später kochen als kaltes Wasser, da ersteres sich mitten in der Abkühlungsphase befindet, wenn man es aufsetzt. Ich halte das für lächerlich. Aber er hat im College Physik gehabt, ich dagegen nicht.

Welchen Abschluß in Physik hat er denn gemacht? Wie es aussieht, ist Ihre Eingebung mehr wert als seine Verausgabung im Unterricht. Sie haben nämlich recht, und er liegt falsch. Ich kann mir jedoch vorstellen, welche Gedanken da bei ihm abgelaufen sind. Irgendwas mit Impulserhaltung, würde ich wetten, denn wenn ein Objekt bereits fällt – in seiner Temperatur, wie ich annehme –, müßte zusätzliche Zeit und Energie erforderlich sein, um das umzukehren und es wieder steigen zu lassen. Zuerst muß der abwärts gerichtete Impuls vernichtet werden.

Das ist alles sehr schön und trifft für physikalische Objekte auch zu, doch die Temperatur ist kein Objekt im physikalischen Sinn. Wenn es im Wetterbericht heißt, die Temperaturen würden fallen, werden wir wohl kaum erwarten, einen Aufprall zu hören.

Der Begriff Temperatur steht lediglich für die künstlich von Menschen geschaffene Art, die durchschnittliche Geschwindigkeit der Moleküle einer Substanz anzugeben, denn es ist diese Geschwindigkeit, die für die Wärme eines Stoffs verantwortlich ist – je schneller die Moleküle sich bewegen, desto wärmer ist er. Wir können nicht in die Substanz eingreifen und die Geschwindigkeit jedes einzelnen Moleküls stoppen, weshalb wir die Vorstellung von der Temperatur erfunden haben. Sie ist wirklich kaum mehr als eine handliche Zahl.

In einem Topf mit warmem Wasser flitzen die Abermillionen Moleküle mit höherer Durchschnittsgeschwindigkeit umher als in einem Topf mit kaltem Wasser. Um den Topf weiter zu erhitzen, müssen wir diesen Molekülen mehr Energie zuführen und sie noch schneller werden lassen – am Ende sind sie so schnell, daß sie kochend in Dampf übergehen. Demnach muß warmen Molekülen offenkundig weniger Energie zugeführt werden als kalten, weil sie ja auf dem Weg zur Ziellinie, dem Siedepunkt, schon ein Stück weiter sind. Das warme Wasser kocht also zuerst.

Und Sie können ihm mitteilen, ich hätte das gesagt.

Es könnte jedoch aus anderen Gründen unklug sein, heißes Wasser aus der Leitung zum Kochen zu verwenden. In älteren Häusern können die Wasserleitungen aus Kupfer sein, die man noch mit bleihaltigem Lötzinn verbunden hat. Heißes Wasser kann Spuren von Blei herauslösen, das giftig ist und sich im Körper anreichert. Insofern sollten Sie zum Kochen besser immer kaltes Wasser nehmen. Sicher dauert es länger, bis es kocht, doch da Sie vielleicht länger leben, holen Sie die Zeit locker wieder rein.

Deckel drauf!

Meine Frau und ich sind darüber uneins, ob ein Topf mit Wasser früher kocht, wenn man den Deckel darauf läßt. Sie sagt, das ist so, denn ohne Deckel ginge Wärme verloren. Ich dagegen sage, es dauert dann länger, bis es kocht, weil der Deckel den Druck im Topf und damit den Siedepunkt des Wassers wie in einem Dampftopf erhöht. Wer hat recht?

Ihre Frau gewinnt, auch wenn Sie einen Punkt gemacht haben.

Erwärmt man Wasser in einem Topf, entsteht über der Oberfläche mit steigender Temperatur immer mehr Wasserdampf. Das liegt daran, daß eine zunehmende Zahl von Wassermolekülen der Oberfläche genug Energie gewinnen, um in die Luft hinausfliegen zu können. Die wachsende Menge des Wasserdampfs trägt immer mehr Energie davon, die ansonsten dazu dienen könnte, die Temperatur des Wassers steigen zu lassen. Zudem nimmt jedes Molekül Wasserdampf, je näher das Wasser dem Siedepunkt kommt, entsprechend mehr Energie mit sich fort, weshalb es immer wichtiger wird, sie nicht zu verlieren. Ein Deckel verhindert zum Teil, daß all diese Moleküle davonfliegen können. Je dichter der Deckel schließt, desto mehr heiße Moleküle werden zurückgehalten, und desto früher kocht auch das Wasser.

Der Punkt, den Sie vorbringen, wonach ein Deckel den Druck im Topf wie in einem Dampftopf erhöht, was auch den Siedepunkt steigen läßt und das Kochen hinauszögert, ist theoretisch richtig, aber praktisch bedeutungslos. Selbst ein gut sitzender dicker, einpfündiger Deckel auf einem Topf von 30 Zentimetern Durchmesser würde den Innendruck um weniger als ein Zehntelprozent ansteigen lassen, was den Siedepunkt wiederum nur um ein Zweihundertstel Grad Celsius erhöhen würde. Wahrscheinlich könnten Sie das Kochen weit länger hinauszögern, wenn Sie den Topf beobachten – Sie wissen doch, daß es stets doppelt so lang dauert, wenn man auf etwas wartet.

Reduzieren ist nicht leicht

Kürzlich habe ich Kalbsbrühe auf einen Bruchteil ihres Volumens reduziert, um Fleischglasur zu erhalten. Doch das schien ewig zu dauern! Warum ist es so schwierig, Brühe einzukochen?

Wasser verdampfen zu lassen, das hört sich an, als sei es die einfachste Sache der Welt. Was soll schon groß dabei sein? Überlassen Sie eine Wasserpfütze einfach sich selbst, und alles geht von allein in Dampf über. Doch das erfordert Zeit, weil die dazu notwendigen Kalorien nicht besonders schnell von der relativ kühlen Raumluft ins Wasser übergehen. Selbst auf dem Herd, wo Sie mit dem Gasbrenner viele Kalorien in den Bouillontopf pumpen, müßten Sie den Inhalt wohl eine Stunde oder länger brodeln lassen, um diese blödsinnig einfach klingende Rezeptanweisung »auf die Hälfte einkochen« zu Ende zu bringen.

Überschüssiges Wasser zu reduzieren kann genauso frustrierend sein wie überschüssiges Körperfett abzubauen, da man es sehr viel schwerer los wird, als Sie vielleicht annehmen. Es erfordert einen überraschend großen Energiebetrag, auch nur eine kleine Menge Wasser wegzukochen.

Und hier folgt, warum das so ist:

Wassermoleküle haften sehr fest aneinander. Deshalb ist eine Menge Arbeit, also der Einsatz von viel Energie, erforderlich, um einzelne Moleküle aus der flüssigen Versammlung herauszulösen und als Dampf in die Luft zu schicken. Um beispielsweise einen halben Liter Wasser verkochen zu lassen, es also aus der flüssigen in die Dampfform zu überführen, wenn es bereits den Siedepunkt erreicht hat, muß der Gasbrenner Ihres Herds mehr als 250 Kalorien Wärmeenergie hineinpumpen. Das entspricht dem Energiebetrag, den eine 60 Kilo schwere Frau verbraucht, wenn sie 18 Minuten lang ohne Pause Treppen steigt. Nur um einen halben Liter Wasser zu verdampfen.

Natürlich können Sie den Brenner weiter aufdrehen, um rascher Wärme zuzuführen. Die Temperatur der Flüssigkeit wird zwar nie über den Siedepunkt ansteigen, aber sie wird heftiger sprudeln und mit mehr Blasen auch mehr Dampf davonfliegen lassen. Bei einer Brühe ist das jedoch nicht zu empfehlen, solange Sie sie nicht abgegossen und entfettet haben. Bis dahin werden durch Kochen (anders als durch schwaches Köcheln) nämlich feste Bestandteile in kleinste Partikel und Fett in winzige, schwebende Kügelchen zerlegt, was beides die Flüssigkeit trübt. Besser ist es, die Brühe in eine breitere, niedrigere

Pfanne umzufüllen. Je größer die freie Oberfläche der Flüssigkeit, desto mehr von ihr kommt mit der Luft in Berührung, was sie schneller verdampfen läßt.

Warum es nicht möglich ist, über einer Kerze zu kochen

Ich suche nach einem neuen Gasherd, und überall lese ich von »Btu's«. Ich weiß, das hat damit zu tun, wie heiß die Brenner werden können, aber was könnten diese Btu-Zahlen für mich bedeuten?

Ebenso wie die Kalorie bezeichnet die Btu (*British thermal unit*: Britische Wärmeeinheit) einen Energiebetrag. Beide werden sehr viel verwendet, um Energiemengen zu messen.

Diese Btu wurde von Ingenieuren erfunden, und so ist sie für die Jungs, die Herde entwerfen, sicherlich sinnvoll, während sie für uns in der Küche nicht viel bedeutet. Doch wie sich herausstellt, steht sie durch reinen Zufall ziemlich genau für ein Viertel einer Nahrungskalorie. Demnach entsprechen die 250 Kalorien, die nötig sind, um einen halben Liter Wasser zu verdampfen, 1000 Btu.

Noch ein Beispiel: Die Wärmemenge, die eine durchschnittliche Kerze beim Verbrennen insgesamt abgibt, beträgt etwa 5000 Btu. Dies ist die chemische Energie, die das Wachs von Natur aus enthält, und durch den Verbrennungsvorgang wird diese chemische Energie in Wärmeenergie umgewandelt. Eine Kerze gibt ihre Wärme jedoch über einen Zeitraum von mehreren Stunden ab, weshalb man mit ihr nicht gut kochen kann. Falls Ihnen die Frage bereits auf der Zunge lag: Deshalb können Sie über einer Kerzenflamme keinen Hamburger brutzeln.

Zum Kochen benötigen wir sehr viel Wärme, die in einem sehr kurzen Zeitraum bereitgestellt werden muß. Die Brenner von Gasherden werden deshalb danach eingestuft, wie schnell sie Wärme abgeben können, was auf dem Brennerdeckel in

Btu pro Stunde aufgeführt wird*. Die Verwirrung entsteht, sobald jemand nicht »Btu pro Stunde« sagt, sondern sich auf »Btu« beschränkt. Die Btu-Stufen der Brenner geben nämlich keine *Wärmemengen* an, sondern stehen für die maximale *Rate*, mit der sie Wärme abgeben können.

Die meisten Brenner bzw. Elektroplatten von Küchenherden stellen zwischen 9000 und 12000 Btu pro Stunde bereit (etwa 1,5–2 kW). Gasbrenner von Gastronomieherden können die Wärme fast doppelt so schnell liefern, weil zum einen die Gaszuleitungen dicker sind und mehr Gas pro Minute zuführen. Außerdem besitzen die Gastro-Brenner in der Regel mehrere konzentrische Brennerringe, nicht nur einen. In Chinarestaurants, die bei sehr hoher Temperatur auf dem Wok kochen, verwendet man breite Gasbrenner, die Hitze speien wie ein Drache, der das Maul voller Chilischoten hat.

Sie wissen noch, daß 1000 Btu Wärme benötigt werden, um ½ Liter Wasser einer Brühe einzukochen? Nun, mit dem Brenner, der 12000 Btu pro Stunde schafft, sollte das ein Zwölftel einer Stunde, also 5 Minuten, dauern. Doch wie Sie aus Erfahrung wissen, dauert es um einiges länger. Der größte Teil der vom Brenner abgegebenen Wärme wird nämlich vergeudet. Anstatt direkt in die Flüssigkeit im Topf zu gelangen, heizt sie vor allem den Behälter selbst sowie die Luft der Umgebung auf. Zwei verschiedene Töpfe mit Speisen, auf zwei übereinstimmende Brenner mit gleicher Reglerstufe gesetzt, werden je nach Form, Größe, Material der Töpfe und Art der enthaltenen Nahrungsmittel ganz unterschiedlich warm werden und das Essen garen. Deshalb müssen Sie den Topf im Auge behalten und den Brenner auf die jeweilige Situation einregulieren.

Achten Sie beim Kauf eines Herdes darauf, daß mindestens ein Brenner 12000 oder besser noch 15000 Btu pro Stunde (2 bzw. 2,5 kW) Leistung liefert. Mit einer so gro-

* In der übrigen EU wird jede Brennerleistung in den physikalischen Grundeinheiten Watt = W bzw. Kilowatt = kW angegeben. – Anm. d. Ü.

ßen Wärmeabgabe können Sie Wasser im Handumdrehen kochen, Fleisch schnell scharf anbraten und im Wok unter Rühren rasch andünsten wie ein chinesischer Küchenchef.

Wein oder nicht Wein?

Wenn ich mit Wein oder Bier koche, wird dann der gesamte Alkohol herausgekocht, oder bleibt etwas davon zurück, was für einen strikten Abstinenzler, etwa einen trockenen Alkoholiker, ein Problem sein könnte?

Geht der Alkohol wohl flöten aus dem Tontopf über Nacht?
Oder wird der Gast betrunken, wenn man Mozartkugeln macht?
Brennt der Sprit auch wirklich alle, wenn den Pudding ich flambier'?
Und bei Hühnchen in Burgunder, steigt der Wein zu Kopfe mir?
Merke: kochst mit Wein du oder Schnäpsen, hier der Hit:
Alkohol kriegt jeder Gast – immer noch ein wenig mit!

In vielen Kochbüchern wird behauptet, der gesamte oder fast der gesamte Alkohol würde beim Kochen »verbrennen« (gemeint ist verflüchtigen, denn er brennt ja erst, wenn Sie ihn anzünden). Als gängige »Erklärung«, wenn es denn überhaupt eine gibt, führt man an, Alkohol würde bei 78 °C zu sieden beginnen, während Wasser erst bei 100 °C koche, weshalb der Alkohol verdampfen würde, ehe es das Wasser tut.

Nun, so funktioniert das eben nicht.

Es trifft zwar zu, daß reiner Alkohol bei 78 °C und reines Wasser bei 100 °C siedet. Doch wenn man sie mischt, verhalten die beiden Stoffe sich keineswegs unabhängig voneinander, sondern beeinflussen wechselseitig ihre Siedetemperatur. Eine

Mischung aus Alkohol und Wasser siedet deshalb zwischen 78 und 100 °C – näher bei 100 °C, wenn es sich vorwiegend um Wasser handelt, und näher bei 78 °C, wenn der Alkoholanteil überwiegt, was in Ihrer Küche hoffentlich nicht der Fall ist.

Wenn eine Mischung aus Wasser und Alkohol leise oder sprudelnd kocht, ist auch der Dampf aus Wasser- und Alkoholdampf zusammengesetzt – sie verdampfen gemeinsam. Weil aber der Alkohol bereitwilliger in dampfförmigen Zustand übergeht, ist sein Anteil im Dampf ein wenig höher als in der Flüssigkeit. Gleichwohl sind die Dämpfe immer noch bei weitem kein reiner Alkohol, und wenn sie von der Pfanne abziehen, nehmen sie nicht viel Alkohol mit davon. Dieser Vorgang, bei dem Alkohol verschwindet, ist weit weniger wirksam, als die Leute meinen.

Welche Menge Alkohol nun in Ihrer Pfanne wirklich zurückbleibt, hängt von so vielen Faktoren ab, daß eine für alle Rezepte gültige Antwort unmöglich ist. Aber die Ergebnisse einiger Tests dürften Sie doch überraschen:

1992 maßen einige Ernährungswissenschaftler an verschiedenen Institutionen der USA die Alkoholmenge, die jeweils vor und nach dem Kochen in zwei in Burgunder schwimmenden Gerichten von der Art eines *Bœuf bourguignon* und eines *Coq au vin* enthalten war, und dazu untersuchten sie noch eine Kasserolle mit überbackenen Austern, die mit Sherry zubereitet waren. Sie fanden heraus, daß die fertigen Gerichte noch zwischen 4 und 49 % des ursprünglich vorhandenen Alkohols enthielten, je nach Speise und Zubereitungsverfahren.

Höhere Temperaturen, längere Kochzeiten, unbedeckte Pfannen, breitere Pfannen, auf dem Herd statt im Backrohr – alle Voraussetzungen, mit denen die Verdunstung von Wasser wie auch von Alkohol ganz allgemein zu steigern ist, führten erwartungsgemäß zu verstärktem Abbau des Alkohols.

Glauben Sie vielleicht, Sie würden den ganzen Alkohol abbrennen, wenn Sie mit einem Tablett voller flambierter Himbeeren oder mit *Crêpes Suzette* triumphierend in Ihr abgedunkeltes Eßzimmer einziehen? Überlegen Sie doch noch mal:

Nach den Testergebnissen von 1992 dürften Sie allenfalls 20 % des Alkohols abgefackelt haben, ehe die Flamme erlischt. Damit eine Flamme aufrechterhalten werden kann, muß nämlich der Alkoholanteil im Dampf einen bestimmten Wert überschreiten. Denken Sie daran, Sie mußten einen hochprozentigen Cognac verwenden und sogar noch anwärmen, damit mehr Alkoholdämpfe freiwurden, bevor sie ihn überhaupt anzünden konnten (Wein läßt sich zum Beispiel nicht entflammen). Sobald der Alkohol in dem Gericht bis auf einen bestimmten, immer noch kräftigen Pegel verbrannt ist, sind die Dämpfe nicht mehr brennbar, und das Feuer erlischt. Das ist alles Show.

Wieviel Gewicht sollten Sie den genannten Testergebnissen beilegen, wenn Sie versuchen, Ihren Gästen gerecht zu werden? Was Sie unbedingt bedenken sollten, ist der Verdünnungsfaktor. Wenn Ihr Rezept für das Hühnchen in Burgunder bei sechs Portionen eine Flasche Wein vorsieht und etwa die Hälfte des Alkohols nach dreißigminütigem Köcheln verkocht ist (das fanden die Tester heraus), dann bleibt in jeder Portion ungefähr eine Menge Alkohol zurück, wie sie in 60 Milliliter Wein enthalten ist. Dieselbe Flasche Wein in sechs Portionen eines *Bœuf bourguignon*, das drei Stunden auf kleiner Flamme gart und dabei (den Tests zufolge) 95 % des Alkohols verliert, läßt jedem Teilnehmer gerade noch so viel Alkohol übrig, wie in 6 Milliliter Wein enthalten sind. Aber *ein wenig* Alkohol ist immer noch Alkohol. Sie müssen schon selbst entscheiden.

Isses dadefür heiß jenuch?

Kann es je so heiß werden, daß man auf dem Gehsteig ein Ei braten kann?

Das ist unwahrscheinlich. Doch es ist nie bekanntgeworden, daß die Wissenschaft Menschen davon abgehalten hätte, uralte Trivialmythen auf den Prüfstand zu stellen.

Als ich in der großen, großen Stadt vor dem Zeitalter der Klimaanlagen noch ein Kind war, kochte immer zumindest eine Zeitung die Story vom Ei auf dem Gehweg wieder auf – in der »Sauregurkenzeit«, jenen Hundstagen im Sommer, wo selbst die Bankräuber zu träge waren, für Nachrichten zu sorgen, und die Reporter wenig zu tun hatten. Aber soweit ich mich erinnere, behauptete nie jemand, den Eiertrick wirklich hingekriegt zu haben.

Das hat die 150 Einwohner des alten Bergbauortes Oatman in der Mojave-Wüste Arizonas nicht davon abgehalten, jedes Jahr am 4. Juli* entlang der sagenhaften Route 66 einen Wettbewerb im Eierbraten mit Sonnenenergie abzuhalten. Wie der erhabene Eierbratkoordinator von Oatman, Ay Spiegel (alles klar?), erklärt, gewinnt der Teilnehmer, dem es gelingt, allein mit Sonnenenergie ein Ei innerhalb von 15 Minuten so weitgehend wie möglich zu garen. Ab und zu ist in Oatman tatsächlich ein Ei gegart worden, doch die Regeln erlauben auch solche Scherze wie Vergrößerungsgläser, Spiegel, Aluminiumreflektoren und dergleichen. Ich sage, das ist nicht fair. Wir reden hier davon, ein Ei direkt über dem Boden aufzuschlagen und es sich selbst zu überlassen.

Als es mich vor ein paar Jahren während einer Hitzewelle nach Austin, Texas, verschlagen hatte, beschloß ich herauszufinden, ob es möglich sei, ohne optische oder mechanische Hilfsmittel ein Ei auf dem Bürgersteig zu braten. Um tragfähige Schlußfolgerungen ziehen zu können, mußte ich die Temperaturen des Gehsteigs messen. Zum Glück hatte ich einen wunderbaren kleinen Scherzartikel dabei, der sich »berührungsloses Thermometer« nennt. Es sieht aus wie eine kleine Pistole, mit der man auf eine Oberfläche zielt, worauf es, wenn man den Abzug betätigt, die Temperatur jener Oberfläche zwischen -20°C und 260°C anzeigt. Dieses Gerät namens MiniTemp des Herstellers Raytek im kalifornischen Santa Cruz analysiert die von einer Oberfläche ausgehende

* Unabhängigkeitstag (Nationalfeiertag) der USA. – Anm. d. Ü.

und / oder reflektierte Infrarotstrahlung; heißere Moleküle senden mehr infrarote Strahlung aus. Für den Versuch, auf dem Bürgersteig zu kochen, war meine Sonde das ideale Werkzeug, weil ich bereits wußte, wie heiß es sein muß, damit man ein Ei braten kann. Wenn Sie weiterlesen, werden Sie es auch bald wissen.

An einem besonders glühendheißen Tag wanderte ich umher und maß die Nachmittagstemperaturen zahlreicher Bürgersteige, Fahrbahnen und Parkplätze, wobei ich mich bemühte, keinen Texaner zu verärgern, nur weil es aussah, als würde ich mit einer echten Kanone auf ihn zielen. Die Bodentemperaturen variierten, nicht ganz unerwartet, ein wenig, je nachdem, wie dunkel die Oberfläche war. Schwarzer Asphalt war weit heißer als Beton, weil dunkle Gegenstände mehr Licht und somit auch mehr Energie absorbieren. Hier also ein wertvoller Hinweis für alle, die draußen Eier braten wollen: In der Mitte einer schwarz asphaltierten Fahrbahn sind die Chancen besser als auf dem Gehweg.

Obwohl die Lufttemperatur um die 37 °C schwankte, kam mir nie eine Fläche unter, die bei Beton mehr als 51 °C und bei Asphalt mehr als 62 °C gehabt hätte (merken Sie sich diese Zahl). In allen Fällen fiel die Temperatur fast sofort ab, wenn die Sonne hinter einer Wolke verschwand (na schön, wenn eine Wolke vor die Sonne zog), weil ein großer Teil der von der Oberfläche kommenden infraroten Strahlung schlicht reflektiertes Sonnenlicht ist. Helle, glänzende Metallflächen reflektieren in der Tat so viel Sonnenstrahlung, daß das Mini-Temp keine exakten Temperaturen der Oberfläche anzeigen kann.

Nun war es Zeit für das entscheidende Experiment. Zuvor hatte ich ein Ei aus dem Kühlschrank genommen und auf Zimmertemperatur erwärmt. Ich schlug es um 12 Uhr mittags direkt über der 62 °C heißen Oberfläche eines asphaltierten Parkplatzes auf. Speiseöl ließ ich weg, weil es die Fläche vielleicht zu stark abgekühlt hätte. Dann wartete ich.

Und wartete …

Wenn man die schrägen Blicke nicht rechnet, die mir Passanten zuwarfen, geschah absolut nichts. Na schön, vielleicht wurde das Eiweiß an den Rändern ein wenig dicker, aber da war nichts, was auch nur entfernt einem Garvorgang geglichen hätte. Die Fläche war einfach nicht heiß genug, um darauf ein Ei zu braten. Aber warum???

Zunächst einmal war es nur das flüssige Eiweiß, das mit der heißen Oberfläche Kontakt hatte – der Dotter schwimmt auf diesem –, folglich kam es darauf an, welche Temperatur nötig sein würde, um dieses Eiweiß zu garen. Und was meinen wir überhaupt mit »garen«? Eiweiß ist eine Mischung aus mehreren Proteinarten, von denen jede anders auf Hitze reagiert und bei jeweils anderer Temperatur gerinnt. (Hatten Sie vielleicht eine einfache Antwort erwartet?)

Doch kurz und knapp – also in der, nun ja, hier wohl Eierschale, nicht Nußschale* – läßt sich alles auf folgende Aussage einkochen: Eiweiß beginnt bei etwa 62 °C einzudicken, hört bei 64 °C zu fließen auf und wird bei 70 °C einigermaßen fest. Der Dotter hingegen beginnt bei 64 °C einzudicken und verliert bei 70 °C seine Fließfähigkeit. Will man also ein ganzes Ei in einen nicht mehr flüssigen Zustand versetzen, bei dem die Dotterseite oben liegt, dann sollten Eiweiß wie Dotter 70 °C erreichen und diese Temperatur lange genug halten, daß die ziemlich langsam ablaufenden Gerinnungsreaktionen stattfinden können.

Leider ist das um einiges heißer als jede unter vernünftigen Bedingungen erreichbare Bodentemperatur. Stärker wirkt sich jedoch aus, daß ein Ei von 21 °C, das man über einem Untergrund mit 62 °C aufschlägt, die Oberfläche beträchtlich abkühlt, wobei von unten keinerlei Wärme nachgeliefert wird, wie das bei einer Bratpfanne über einer Flamme der Fall ist. Zudem ist der Straßenbelag ein sehr schlechter Wärmeleiter, und damit kann auch keine aus der Umgebung nachfließen. Selbst wenn also die schwarze Oberfläche eines Parkplatzes an

* Kurz und knapp heißt auf englisch »in a nutshell«. – Anm. d. Ü.

einem wirklich sehr heißen Tag in die Nähe der Gerinnungstemperatur von 70 °C kommen sollte, dürfte die Vorstellung, man könnte ein Ei auf dem Bürgersteig braten, wie ich fürchte, für immer nur ein Mittsommernachtstraum bleiben.

Aber halt! Das Dach eines sonnendurchglühten, dunkelblauen 94er Ford zeigte gemessene 96 °C, mehr als ausreichend heiß, um sowohl Eiweiß als auch Dotter gerinnen zu lassen. Und weil Stahl ein guter Wärmeleiter ist, könnte diese Temperatur durch Wärme aufrechterhalten werden, die von anderen Partien des Dachs zum Ei weitergeleitet würde. Vielleicht wären Autos eine Möglichkeit, wie man vorgehen könnte?

In der Tat teilte, nachdem ich diese Experimente in meiner Zeitungskolumne geschildert hatte, ein Leser mir brieflich mit, er hätte in einer deutschen Wochenschau aus dem Zweiten Weltkrieg gesehen, wie zwei Soldaten des Afrikakorps ein Ei auf dem Schutzblech eines Panzers brieten. (Die Straßen von Austin waren zum Glück frei von Panzern, obwohl einige schwere Geländewagen in meine Nähe kamen.) »Sie reinigten eine kleine Fläche«, schrieb er, »träufelten ein wenig Öl darauf, verteilten es und zerschlugen dann zwei Eier auf der Fläche. Das Eiweiß wurde ebenso schnell undurchsichtig wie in meiner Bratpfanne.« (Ich sah in einem Almanach nach und fand heraus, daß die höchste je registrierte Temperatur mit 57,7 °C am 13. September 1922 im libyschen El Azizia gemessen worden ist, nicht weit weg von jenem späteren deutschen Panzer.)

Eine Leserin berichtete, sie und einige Freunde hätten einst auf einem Gehweg in Tempe in Arizona ein Ei gebraten, als die Lufttemperatur bei 51 °C gelegen hatte, wobei sie allerdings die Temperatur des Bürgersteigs nicht gemessen hatten. »Das Ei kam direkt aus dem Kühlschrank«, schrieb sie. »Wir schlugen es über dem Bürgersteig auf, und das Eiweiß begann sofort zu braten. In weniger als 10 Minuten platzte der Dotter … breitete sich aus, und das ganze Ei wurde gar. Wir dachten, es sei vielleicht nur Dusel gewesen, daß der Dotter platzte, und versuchten es noch mit einem zweiten Ei, doch auch da zerlief der Dotter innerhalb der gleichen Zeitspanne.«

Nun mußte ich natürlich herausfinden, weshalb die Dotter platzten und so die Chance vermasselten, Straßenfutter mit dem sonnigen Dotter auf der Oberseite zu bereiten. Ich konnte nur raten, doch die Leserin gab mir einen Hinweis: »Wir gingen wieder ins Haus, und ein wenig später meinte meine Freundin, wir sollten die Eier besser beseitigen, bevor ihr Mann nach Hause käme. Wir gingen also wieder raus. Die Eier waren völlig eingetrocknet und in kleine Krümel zerfallen, und ein Haufen Ameisen war dabei, alles wegzutragen; wir mußten überhaupt nichts saubermachen.«

Aha! Das ist die Antwort: *Eingetrocknet.* In Arizona kann die Luftfeuchtigkeit praktisch auf Null sinken, so daß Flüssigkeiten blitzartig verdampfen und eintrocknen. Hier mußte also die Oberfläche des Eidotters schnell getrocknet sein, worauf sie brüchig wurde und die noch flüssigen Anteile ausfließen konnten. Am Ende trocknete die gesamte Eierschmiere ein und zerbröckelte in kleine Plättchen, wie man das auch bei Schlamm in einer Pfütze beobachtet. Die Plättchen hatten gerade die richtige Größe für die glücklichen Ameisen, die sie dorthin schleppen konnten, wo immer Ameisen ihren Nachmittagstee einnehmen mögen.

Das Wundervolle an der Wissenschaft ist, daß sie sogar Dinge erklären kann, die kein Mensch wissen muß.

Spiel mit dem Feuer

Womit kann man am besten grillen: mit Holzkohle oder mit Gas?

Die Antwort auf diese Frage ist ein entschiedenes »Hängt davon ab«. Außen verbrannte, innen rohe Hühnchen können Sie ebensogut über Holzkohle wie über einer Gasflamme zubereiten.

Wie bei jeder Art des Garens kommt es auch hier darauf an, wieviel Wärme die Nahrung letztlich aufnimmt – damit wird festgelegt, wie »durch« sie ist. Beim Grillen wird die notwendige Wärmemenge dadurch übertragen, daß das Grillgut für kurze Zeit einer sehr hohen Temperatur ausgesetzt ist. So kann ein geringfügiger Unterschied in der Garzeit entscheiden, ob etwas saftig bleibt oder zu Schlacke wird.

Grillen ist jedoch vor allem deshalb so schwierig, weil die Temperatur schwer zu steuern ist. Eine Gasflamme läßt sich leicht regulieren, doch bei Holzkohle müssen Sie die Temperatur fortlaufend kontrollieren. Das geht mit solchen Mätzchen wie etwa: das Grillgut immer wieder an heißere oder kühlere Stellen zu verschieben, den Grillrost zu heben, zu senken oder die Holzkohle aufzuhäufen, damit die Hitze steigt, oder sie auszubreiten, damit sie sinkt. Und die Spielregeln ändern sich, je nachdem, ob Sie einen abgedeckten Grill verwenden oder »oben ohne« grillen.

Jedes Feuer benötigt zwei Zutaten: Brennstoff und Sauerstoff. Ist nicht genügend Sauerstoff verfügbar, verläuft die Verbrennung unvollständig, und unverbrannter Brennstoff wird als Rauch und in Form einer gelben Flamme in Erscheinung treten. Die gelbe Farbe stammt von unverbrannten Kohlenstoffteilchen, die aufgeheizt werden, bis sie leuchtend glühen. Da Verbrennung niemals zu 100 % vollständig abläuft, wird statt Kohlendioxid auch ein wenig giftiges Kohlenmonoxid erzeugt. Aus diesem Grund sollten Sie niemals in der Wohnung grillen, ganz egal, wie niedlich Ihr japanischer Gartengrill sein mag.

Zum Garen wünschen wir uns vollständige Verbrennung, und dazu muß der Brennstoff in jedem Fall genug Luft erhalten. (Geräuchert werden Lebensmittel, indem man das erhitzte Holz vorsätzlich mit zuwenig Sauerstoff versorgt.) In einem richtig eingestellten Gasgrill wird das Gas auf dem Weg in den Brenner stets mit der richtigen Luftmenge gemischt; beim Holzkohlengrill müssen wir die Belüftungsöffnungen entsprechend steuern.

Als die Höhlenmenschen das Feuer zu nutzen begannen und ihre ersten Mastodonburger grillten, verwendeten sie zweifellos Holz als Brennstoff. Holz enthält jedoch Harze und Säfte, die nicht vollständig verbrennen und deshalb schmutzige Flammen erzeugen. Harthölzer enthalten weniger von diesen Substanzen, und Hartholz ist immer noch das bevorzugte Brennmaterial der Puristen, die glauben, nur alter Brennstoff sei guter Brennstoff, und die den einmaligen, rauchigen Geschmack schätzen, den ein Holzfeuer verleiht.

Am häufigsten stellen die Leute heutzutage die wahrhaft brennende Frage, ob sie nun Holzkohle oder Gas verfeuern sollen – und natürlich, in welchem Gerät das zu geschehen hat. Das Angebot reicht vom japanischen Heimgrill für die Feuertreppe bis zum feuerspeienden Drachen für den Vorstadtgarten, der mit allem außer Heckflossen und Radar ausgestattet ist.

Holzkohle gewinnt man, indem man Holz unter Luftabschluß sehr hoch erhitzt, wobei es nicht wirklich verbrennen kann. Alle Säfte und Harze werden zersetzt oder ausgetrieben, so daß fast reiner Kohlenstoff zurückbleibt, der später langsam, ruhig und sauber abbrennt. Natürliche Holzkohle aus Hartholz, die noch die Form der Aststümpfe zeigt, aus denen sie hergestellt wurde, enthält keine Zusätze und gibt keinen abstoßenden Geschmack an die Speisen ab. Andererseits werden Holzkohlebriketts aus Sägemehl, Holzschnitzeln und Kohlenstaub fabriziert, die von einem Bindemittel zusammengehalten werden. Kohle ist jedoch alles andere als reiner Kohlenstoff – sie enthält eine Auswahl petroleumähnlicher chemischer Substanzen, deren Rauch den Geschmack der Speisen beeinträchtigen kann.

Von allen Brennstoffen brennt Gas am saubersten ab, ob es nun das in Flaschen verkaufte Propan ist oder Erdgas (Methan), das über Rohrleitungen ins Haus geliefert wird. Für beide Sorten Gas sind Gasgrillgeräte erhältlich. Diese Gase enthalten keine nennenswerten Verunreinigungen, und beim Verbrennen entsteht im wesentlichen nur Kohlendioxid und Wasser.

Aber was ist mit diesem »Holzkohlegeschmack«, den alle so sehr schätzen? Kriegt man den wirklich hin, wenn man über einer Gasflamme grillt?

Jener wunderbare Geschmack von Gegrilltem kommt nicht von der Holzkohle, sondern von der intensiven Bräunung, die sich wegen der hohen Temperatur auf der scharf angebratenen Oberfläche der Speisen einstellt. Außerdem ist geschmolzenes Fett daran beteiligt, das auf eine sehr heiße Fläche tropft – auf ein glühendes Brikett oder die Lavasteine oder die Porzellanauskleidung eines Gasgrills –, dort verdampft und seinen Rauch wieder hinaufschickt, wo es auf der Oberfläche des Grillgutes kondensiert.

Tropft hingegen zuviel Fett herab, entstehen Stichflammen, die nicht erwünscht sind, weil sie zwar ein großartiges Brennmaterial abgeben, aber weder genügend Zeit noch Sauerstoff zur Verfügung haben, um vollständig verbrennen zu können. Deshalb erzeugen sie eine rußige gelbe Flamme, die über die Speisen leckt, sie verkohlen läßt und gräßliche chemische Substanzen sowie unangenehmen Geschmack hinterläßt. Um Verbrennungen Ihrer Steaks zu vermeiden, sollten Sie vorher das meiste Fett abschneiden und, falls dennoch Stichflammen auftreten, das Fleisch beiseite schieben, bis die Flammen nachlassen.

Dann haben wir da noch das Problem, ein Holzkohlenfeuer in Gang zu bringen. Kein Brennmaterial beginnt zu brennen, ehe es nicht so heiß ist, daß ein Teil davon verdampft. Erst dann können seine Moleküle sich mit den Sauerstoffmolekülen der Luft mischen und mit ihnen die Verbrennung genannte Reaktion eingehen, die Wärme erzeugt. Sobald die Reaktion angelaufen ist, verdampft in der dadurch erzeugten Wärme weiterer Brennstoff, und der ganze Vorgang wird selbsterhaltend.

Gas liegt natürlich schon als Dampf vor, und so brauchen Sie nichts weiter als einen Funken oder ein Streichholz, damit es losgeht. Doch beim Grillen mit Holzkohle ist es eine schreckliche Angelegenheit, das Zeug so stark zu erhitzen, daß jenes alles entscheidende erste Verdampfen beginnt. Hier kommt der flüssige Grillanzünder ins Spiel, jener Brennstoff, welcher Brennstoff entfacht. Es handelt sich hier um eine aus Petroleum gewonnene Flüssigkeit, irgendwas zwischen Benzin und Dieselöl. Wenn Sie vor dem Anzünden einen Augenblick warten, damit sie in die Holzkohle eindringen kann, dürften die meisten Dämpfe absorbiert sein. Doch meiner Ansicht nach ist Holzkohle Weltmeister im Zurückhalten von Gerüchen (sie wird in Wasserfiltern und Gasmasken eingesetzt), und so brennt der Geruch des flüssigen Grillanzünders nie wirklich vollständig ab. Elektrische Heizspiralen arbeiten langsam, aber gut, wenn eine Stromquelle in der Nähe ist. Am besten zum Anheizen von Holzkohle eignet sich meiner Meinung nach jedoch der mit Zeitungspapier betriebene Kleinkamin, der sowohl schnell als auch geruchlos funktioniert. Man stopft einfach ein wenig Zeitungspapier hinein, belädt ihn mit Holzkohle und zündet das Papier an. Nach 15–20 Minuten ist die Holzkohle gut angebrannt und bereit, in den Grill geschüttet zu werden.

Die brennendste aller Fragen ist jedoch noch immer, welcher Brennstoff denn nun eigentlich besser ist, Gas oder Holzkohle? Na ja, welche politische Partei ist besser? Jede hat ihre glühenden Anhänger. Persönlich ziehe ich Holzkohle vor, und zwar aus zwei Gründen: Erstens sind zu viele mickrige Gasgrillgeräte auf dem Markt, die nicht viel mehr Hitze erzeugen als ein Sturmfeuerzeug. Und zweitens setzt das Verbrennen von Holzkohle nur Kohlendioxid frei, bei brennendem Gas dagegen entsteht Kohlendioxid plus Wasserdampf. Ich habe zwar keinerlei einschlägige Versuche gemacht, glaube aber, daß das Grillgut wegen des Wassers wohl nicht so heiß wird wie über einem Holzkohlenfeuer, und große, trockene Hitze ist das, worauf es beim Grillen vor allem ankommt.

Gemüse, im Backrohr »gegrillt«

Aus dem Garten auf den Rost

Grillen im Freien ist großartig, wenn es um Fleisch oder Fisch geht, aber bei den meisten Gemüsearten kann Grillen problematisch werden. Wenn Sie sie auf den Rost legen, fallen sie leicht zwischen den Stäben hindurch ins Feuer, und auf Spieße gesteckt, verbrennen einige Teile, während andere nur gedämpft werden.

Dagegen ist es sehr viel leichter, Gemüse im Backrohr zu rösten. Das ergibt hübsch gebräunte, zarte Gemüse, die durchaus wie gegrillt schmekken, aber süßer sind. Sie können eine Auswahl glänzend farbiger Gemüsearten rösten und sie im selben Geschirr auftischen, in dem sie geröstet worden sind, einer breiten, niedrigen, feuerfesten Backform oder Kasserolle. Oder Sie rösten sie auf einem Backblech und legen sie dann auf ein Serviergeschirr. Die verschiedenen Gemüse werden alle zur gleichen Zeit gar, weil sie annähernd die gleiche Größe haben.

2 große Gemüsezwiebeln, geschält und oben quer eingeschnitten
1 rote Gemüsepaprika, halbiert, entkernt, Rippen und Samen entfernt
1 gelbe Gemüsepaprika, halbiert, entkernt, Rippen und Samen entfernt
1 ganze mittelgroße grüne Zucchini
1 ganzer gelber, mittelgroßer Gemüsekürbis
4 reife Pflaumentomaten, halbiert, Kerne entfernt
3 große ganze Karotten, geschält
6 dicke Spargelstangen
1 Knolle Knoblauch, Oberteil abgeschnitten
Olivenöl *extra vergine*
Grobes Salz
Thymianzweige und Basilikumblätter zum Garnieren

1. Backrohr auf 200 °C vorheizen. Gemüse waschen und in einer breiten, niedrigen, feuerfesten Form, in der man auch servieren kann, gefällig arrangieren. Oder in einer Schicht auf ein Backblech mit Rand legen. Überall mit Olivenöl beträufeln.
2. Im Rohr auf einem unteren Rost etwa 50–60 Minuten rösten, bis die Ränder der Gemüse ein wenig gebräunt sind. Form oder Backblech herausnehmen und das Gemüse abkühlen lassen.
3. Wurde ein Backblech verwendet, Gemüse auf einem Servierteller anrichten. Zwiebeln zum Servieren vierteln. Die Haut der Gemüsepaprika mit den Fingern abrubbeln und das Fleisch in große Abschnitte schneiden. Zucchini, Kürbis, Tomaten und Karotten in grobe Stücke oder in Streifen schneiden. Spargel und Knoblauchknolle ganz lassen. Darauf achten, daß nichts von den

Säften verlorengeht, und sie mit dem Löffel über die Gemüse verteilen.

4. Mit dem Olivenöl beträufeln und mit grobem Salz bestreuen. Mit den Kräutern garnieren. Zimmerwarm oder warm servieren, dazu gibt es getoastetes herzhaftes Brot. Die Brotscheiben werden mit den weichen, gerösteten Knoblauchzehen bestrichen.

Ergibt etwa 4 Portionen.

Echt cooles Zeug

So tauen Sie Ihre Schätze auf

Wie kann man eingefrorene Lebensmittel am besten und schnellsten auftauen?

Ich weiß, was Sie meinen. Sie kommen nach einem harten Arbeitstag nach Hause. Ihnen ist nicht nach Kochen oder danach, ein Restaurant aufzusuchen. Wohin lenken Sie Ihren Schritt? Natürlich zum Gefrierschrank. Und eine kleine Stimme in Ihrem Kopf fängt wie eine Horde Fußballfans zu skandieren an: AUF-TAUN! AUF-TAUN!

Während Ihr Blick prüfend über die tiefgefrorenen Schätze schweift, fragen Sie sich weniger, was wohl drin sein mag (»Warum hab ich diese Beutel nicht beschriftet?«), sondern eher, was in der kürzesten Zeit aufzutauen ist.

Ihre Optionen: a) Sie lassen es auf dem Küchentisch liegen, während Sie die Post durchsehen, b) versenken es in einem mit Wasser gefüllten Waschbecken oder c) verwenden das beste und schnellste aller Verfahren, das ich Ihnen in angemessener Zeit preisgeben werde und das Sie, versprochen, in Erstaunen versetzen wird.

Bei handelsüblichen gefrorenen Lebensmitteln brauchen Sie sich nur an die Anweisungen auf der Packung zu halten. Sie würden nicht glauben, welche Armeen von Haushaltsökonomen und Technikern Fronarbeit verrichtet haben, um die besten Verfahren zum Auftauen der eigenen Firmenprodukte im Haushalt auszutüfteln. Vertrauen Sie ihnen einfach.

Die Auftauanweisungen auf kommerziellen Produkten beziehen häufig eine Mikrowelle mit ein, was beim Auftauen der selbst eingefrorenen Speisen in der Regel nicht funktioniert, weil es schwierig ist, die äußeren Regionen des Gefrierguts vom Garen abzuhalten.

»Gefrorene Lebensmittel« ist ein in gewisser Weise irreführender Ausdruck. Technisch gesehen bedeutet Einfrieren, eine Substanz aus ihrer flüssigen Form durch Abkühlen unter ihren Gefrierpunkt in ihre feste Form zu überführen. Fleisch und Gemüse sind jedoch bereits fest, wenn man sie ins Gefrierfach legt. Es ist das in ihnen enthaltene Wasser, welches zu winzigen Eiskristallen gefriert, und diese lassen das gesamte Nahrungsmittel hart werden. Um es wieder aufzutauen, muß man also jene winzigen Eiskristalle wieder in die flüssige Form schmelzen lassen.

Wie bringt man Eis zum Schmelzen? Na wie schon? Man erwärmt es natürlich. Als erstes steht man also vor dem Problem, Wärme niedriger Temperatur aufzutreiben. Wenn Ihnen dieser Satz paradox erscheint, sollten Sie sich bitte bewußt machen, daß Wärme und Temperatur zwei sehr unterschiedliche Dinge sind.

Wärme ist Energie, nämlich die Energie, welche die sich bewegenden Moleküle besitzen. Nun bewegen alle Moleküle sich in gewissem Maß, weshalb überall, in allen Dingen, Wärme vorhanden ist. Selbst ein Eiswürfel enthält Wärme. Nicht soviel wie eine heiße Kartoffel, aber doch ein wenig.

Andererseits ist die Temperatur, wie ich oben ausgeführt habe, nichts weiter als eine bequeme Zahl, mit der wir ausdrücken, wie schnell diese Moleküle sind. Liegt die Geschwindigkeit der Moleküle in einer Substanz im Durchschnitt höher als in einer anderen, so sagen wir, die erste habe eine höhere Temperatur als die andere, sei also wärmer.

Nun wandert Wärmeenergie automatisch von einer wärmeren zu einer benachbarten kälteren Substanz, weil die schnelleren Moleküle der ersteren gegen die Moleküle der letzteren stoßen und *diese* schneller werden lassen. Gefrorene Lebensmittel können wir demnach offensichtlich am schnellsten erwärmen, wenn wir sie mit einem heißen Material in Berührung bringen, etwa der Luft in einem heißen Backrohr. Dabei würden allerdings die äußeren Bereiche der Speisen gar werden, ehe viel Wärme in die inneren Zonen eindringen könnte.

Im Vergleich zur Luft in einem heißen Ofen ist die Luft der Küche nur mäßig warm, enthält aber trotzdem noch immer eine Menge Wärme, die man anzapfen kann, um gefrorene Nahrung aufzutauen. Sollten wir die Speisen also einfach an der Luft liegen lassen? Nein. Es würde zu lange dauern, bis die Luft ihre Wärme weitergibt, einfach weil Luft so ziemlich der schlechteste Wärmeleiter ist, den man sich vorstellen kann. Ihre Moleküle sind zu weit voneinander entfernt, als daß sie sehr oft mit anderen Molekülen zusammenstoßen könnten. Außerdem ist es gefährlich, etwas langsam an der Luft aufzutauen, weil auf den Randzonen, die zuerst getaut sind, rasch Bakterien wachsen können.

Was ist mit Eintauchen in Wasser? Wasser ist ein weit besserer Wärmeleiter als Luft, weil seine Moleküle viel enger beieinander liegen. Falls die Verpackung der Speise wasserdicht ist (sind Sie nicht sicher, dann stecken Sie sie in einen Gefrierbeutel mit Zippverschluß, aus dem Sie die Luft größtenteils herausgepreßt haben), sollten Sie sie auf alle Fälle in eine Schüssel – ist es ein Hühnchen oder ein Truthahn, auch in ein Waschbecken – mit kaltem Wasser legen. Da das Wasser dabei natürlich abkühlt, sollten Sie es etwa alle 30 Minuten wechseln, was den Vorgang weiter beschleunigt.

Und jetzt verrate ich die schnellste Methode überhaupt: Legen Sie die ausgepackte gefrorene Speise in eine nicht erwärmte, schwere Pfanne oder Bratreine. Ja, nicht erwärmt. Metalle sind unter allen Substanzen die besten Wärmeleiter, weil sie über Abermillionen freier Elektronen verfügen, mit denen Energie sich sogar noch besser übertragen läßt, als das kollidierende Moleküle können. Die Pfanne aus Metall wird die Raumwärme sehr effektiv auf das gefrorene Nahrungsmittel übertragen und es in Rekordzeit auftauen. Je schwerer die Pfanne, desto besser, weil dickeres Metall mehr Wärme pro Zeiteinheit übertragen kann. Flache Lebensmittel wie Steaks oder Koteletts tauen am schnellsten auf – sie kommen am besten mit der Pfanne in Berührung, und das sollten Sie mit bedenken, wenn Sie Ihre Päckchen für das Gefrierfach vorbereiten. (Runde, dicke Bratenstücke und ganze Hühner oder Puten tauen in der Pfanne nicht wesentlich schneller auf als auf dem Tisch. Die beiden Methoden sind hier aber ohnehin nicht zu empfehlen, weil allzuleicht Bakterien wachsen können. Sie sollten sie lieber in kaltem Wasser oder im Kühlschrank auftauen lassen.) Teflonpfannen eignen sich übrigens nicht dafür, weil die Beschichtung Wärme nur schlecht leitet, ebensowenig Pfannen aus Gußeisen, da sie zu porös sind.

Reservieren Sie also die Wassermethode für die umfangreichen Sachen, und legen Sie dafür das gefrorene Steak oder Filet in eine schwere Bratpfanne. Alles wird aufgetaut sein, bevor Sie sagen können: »Wo hab ich bloß die Tiefkühlerbsen hingelegt?« Nun ja, vielleicht nicht ganz, aber doch weit früher, als Sie glauben.

So macht man einen coolen Haufen Teig

Warum wird in Kochbüchern empfohlen, Pastetenteig auf einer Marmorfläche auszurollen?

Pastetenteig muß beim Ausrollen kühl gehalten werden, damit das Backfett – zumeist ein festes Fett wie Butter, Schmalz oder Palmin – nicht schmilzt und in das Mehl eindringt. Wenn das passiert, bekommt die Pastetenhülle eine Konsistenz wie Pappkarton. Blätterteiggebäck entsteht, wenn viele dünne Lagen Teig durch Fettschichten voneinander getrennt sind. Im Ofen fangen die separaten Teigschichten an, sich zu verfestigen, und wenn dann das Fett schmilzt, hat der Dampf aus dem Teig die Schichten perfekt auseinandergehalten.

Marmor wird als Fläche zum Ausrollen empfohlen, weil dieser den Büchern zufolge »kühl« ist. Doch da spielt man leichtfertig mit dem Konzept der Temperatur, denn Marmor ist um kein bißchen kühler als alles andere im Raum.

Aber, protestieren Sie, Marmor *fühlt sich* kalt an. Ja, das schon. Doch das gilt auch für den »kalten Stahl« Ihres edlen Messers und für all Ihre Töpfe, Pfannen und Teller. Laufen Sie doch gleich jetzt in Ihre Küche (ich warte so lange), nehmen Sie irgend etwas, nur nicht die Katze, und halten Sie es sich an die Stirn. Alles fühlt sich kalt an! Was ist da los?

Nun, ganz einfach. Die Temperatur Ihrer Haut liegt bei etwa 34 °C, während die Küche mit allem, was darin ist, etwa 21 °C hat. Ist es denn irgendwie überraschend, daß Dinge sich kalt anfühlen, die 13 Grad kühler sind als Ihre Haut? Wenn Sie einen solchen Gegenstand berühren, fließt Wärme von der Haut auf das Objekt ab, einfach weil Wärme stets von der höheren zur tieferen Temperatur übergeht. Die Haut, der Wärme entzogen wird, signalisiert Ihrem Gehirn die Botschaft: »Mir ist ungewöhnlich kalt.«

Nicht der Gegenstand ist demnach kalt, sondern Ihre Haut ist warm. »Alles ist relativ« – was Einstein aber nie gesagt hat.

Allerdings fühlen nicht alle Gegenstände sich gleich kalt an, auch wenn sie alle die 21 °C der Raumtemperatur aufweisen. Bitte gehen Sie noch mal in die Küche. Überzeugen Sie sich, daß die Stahlklinge des edlen Küchenmessers kälter wirkt als, sagen wir, das hölzerne Schneidebrett. Ist sie wirklich kälter? Nein, denn die beiden Gegenstände waren so lange in derselben Umgebung, daß sie dieselbe Temperatur angenommen haben. Die Stahlklinge auf der Stirn kommt Ihnen kälter vor als das hölzerne Brettchen, weil Stahl, wie alle Metalle, die Wärme sehr viel besser leitet als Holz. Berührt er Ihre Stirn, transportiert er die Wärme viel schneller ab, als das Holz es kann, was die Haut natürlich rascher abkühlt.

Marmor ist ein schlechterer Wärmeleiter als Metall, aber immer noch zehn- bis zwanzigmal besser als Holz oder die plastikbeschichtete Arbeitsfläche. Und wie der Marmor sich auf der Stirn kühl anfühlt, weil er Wärme klaut, kommt er auch dem Pastetenteig kalt vor, weil er die beim Ausrollen erzeugte Wärme rasch ableitet. Damit wird der Teig nicht so weit erwärmt, daß das Backfett schmelzen könnte.

Also gut, ich gebe zu, das sind Haarspaltereien. Wenn etwas sich kalt anfühlt, kalt verhält und nur nicht quakt wie eine kalte Ente, warum zum Teufel können wir nicht einfach sagen, es sei kalt? Ich bitte Sie: Sagen Sie ruhig, Marmor ist kalt. Aber gönnen Sie sich das Vergnügen, insgeheim zu wissen, daß dies nicht wirklich korrekt ist.

Kalt gerollter Teig
Empanadas, leicht gemacht

Das spanische Wort Empanada ist aus dem Wort pan (Brot) hergeleitet und heißt auf deutsch »im Brotteig«. Allerdings ist das ein wenig irreführend, denn im heutigen Lateinamerika ist eine Empanada eine gefüllte Teigtasche – fast jede Art Teig aus Weizen- oder Maismehl, gefüllt mit so gut wie allem, was man sich vorstellen kann, zumeist aber mit Fleisch oder Meeresfrüchten bestimmter Art. Man könnte sie auch Maultaschen oder kleine Fleischpastetchen nennen, und man kann sie entweder backen oder fritieren. Jedes Land Lateinamerikas kennt seine eigenen Variationen. Sie lassen sich rasch herstellen, wenn man seinen Arbeitsbereich wie ein Montageband einrichtet.

Bei der vorliegenden Variante umhüllen wir eine traditionelle Füllung mit einem gekauften fertigen Blätterteig, anstatt die Pastetenkruste selbst zu fabrizieren. Das erspart einem die Mühe, einen Teig herzustellen. Bei Blätterteig ist es jedoch besonders wichtig, ihn auf einer »kühlen« Oberfläche wie etwa Marmor auszurollen. Ist keine Marmorplatte verfügbar, sollte man ihn auf einem Holzbrett möglichst schnell ausrollen.

Tiefgekühlten Blätterteig gibt es in der Tiefkühlabteilung der meisten Supermärkte. Statt Rindfleisch kann man auch gehacktes Puten- oder Hühnerfleisch verwenden.

1 Packung (500 Gramm) tiefgefrorener Blätterteig
15 Milliliter Olivenöl
100 Gramm Zwiebeln, gehackt
100 Gramm rote Gemüsepaprika, feingehackt
1 Knoblauchzehe, zerdrückt
500 Gramm mageres Rinderhack
2 Teelöffel Mehl
20 Gramm Chilipulver
1 Teelöffel Salz
½ Teelöffel getrocknete Chilischoten
½ Teelöffel getrockneter Oregano
½ Teelöffel Curcuma (Gelbwurz)
¼ Teelöffel Nelken, gemahlen
Frischgemahlener Pfeffer nach Belieben
50 Milliliter Ketchup
1 großer Eidotter, mit 15 Milliliter Wasser verquirlt

1. Blätterteig für 8–12 Stunden im Kühlschrank auftauen lassen.
2. Öl in einer großen Pfanne bei mittlerer Hitze erwärmen und Zwiebel sowie Paprika etwa 5 Minuten lang weich dünsten. Knoblauch hinzugeben und noch 1 Minute weiterdünsten. Hackfleisch zugeben und ungefähr 5 Minuten braten, bis es braun ist und grobe Krumen bildet. Ausgeschmolzenes Fett abgießen. Vom Feuer nehmen.
3. Mehl, Gewürze und Kräuter in einer kleinen Schüssel vermengen. Die Fleischmischung zugeben und gut durchmischen. Ketchup hinzufügen und erneut gut mischen. Das Ergebnis sollte herzhaft würzig schmecken.
4. Die Mischung auf ein Backblech bringen, zu einer dünnen Schicht ausbreiten und abkühlen lassen. Die Empanadas sind schnell zubereitet, wenn man sie nach dem Fließbandmodell fertigt. Die Füllung wird in 18 kleine Portionen von jeweils etwa 30 Milliliter Volumen zerteilt. Das geht zum Beispiel so: Die Mischung auf dem Blech mit einem Spatel in drei lange Reihen unterteilen, dann jede Reihe quer dazu in 6 Abschnitte zerlegen, was 18 kleine Portionen ergibt. Beiseite stellen, bis sie gebraucht werden.
5. Backrohr auf 200 °C vorheizen.
6. Eines der aufgetauten Teigblätter aus dem Kühlschrank nehmen und auf eine gut mit Mehl bestäubte Arbeitsfläche legen. Der Teig

dürfte ziemlich steif sein. Sobald er gerade so warm ist, daß man ihn ohne Brüche entfalten kann, flach auslegen. Beide Seiten mit ein wenig Mehl bestäuben.

7. Den Teig mit einem scharfen Messer in drei lange Streifen schneiden. Jeden Streifen in Rechtecke von etwa 8 cm Seitenlänge zerschneiden, anschließend diese Rechtecke mit dem Nudelholz auf ca. 12 x 12 cm ausrollen. Die Quadrate leicht mit Mehl einstäuben und stapeln. Dasselbe geschieht mit dem zweiten Teigblatt, was insgesamt 18 Teigquadrate ergibt.

8. Nun zu den Empanadas: Ein Teigquadrat auf die mehlbedeckte Arbeitsfläche legen. Mit Hilfe eines kleinen, weichen Pinsels einen etwa 1,5 cm breiten Streifen der Eidottermischung entlang der Unterkante sowie der linken Kante des Quadrats auftragen. Eine Portion der Füllung, ein wenig zur eingepinselten Ecke hin versetzt, auf diese Teigschnitte legen. Die andere Hälfte des Quadrats diagonal zu einer dreieckigen Teigtasche falten. Die Ränder zusammendrücken und mit den Zinken einer Gabel perforieren, damit sie miteinander verschweißt werden. Falls notwendig, unregelmäßig geformte Randbereiche mit einem scharfen Messer gerade schneiden. Die Teigtasche auf ein Backblech legen. Den Vorgang wiederholen, bis alle Teigstücke und die Füllung verarbeitet sind.

9. Die fertigen Empanadas leicht mit der übrigen Eidottermischung einpinseln. Mit der Messerspitze je zwei kleine Löcher in die Oberseite stechen, damit der Dampf entweichen kann. 18–20 Minuten backen, bis sie aufgegangen und braun sind. Einzeln verpackt einfrieren.

Ergibt 18 Empanadas.

Heißes Wasser gefriert schneller

Die Gäste meiner Party sollten schon in drei Stunden kommen, und ich mußte eilig noch Eiswürfel vorbereiten. Wie ich gehört habe, gefriert warmes Wasser angeblich schneller als kaltes. Hätte ich heißes Wasser in meine Eiswürfelschalen einfüllen sollen?

Das Paradoxon vom schneller gefrierenden warmen Wasser ist zumindest seit dem 17. Jahrhundert, als Sir Francis Bacon darüber schrieb, immer wieder diskutiert worden.* In Kanada behauptet man, ein Eimer mit heißem Wasser würde, wenn man ihn bei Kälte im Freien stehen läßt, schneller gefrieren als ein Eimer mit kaltem Wasser. Wissenschaftlern ist es jedoch nicht gelungen, zu erklären, weshalb Kanadier bei Kälte Eimer mit Wasser im Freien stehen lassen.

Aber ob Sie es glauben oder nicht, heißes Wasser kann wirklich schneller gefrieren als kaltes. Manchmal. Unter gewissen Umständen. Das hängt von vielen Faktoren ab.

Vom Gefühl her kommt es einem unmöglich vor, weil das heiße Wasser auf seinem Abfahrtslauf hinunter zur Marke von 0 °C einfach einen längeren Weg zurückzulegen hat. Um jeweils um etwa 2 °C abzukühlen, muß ein halber Liter Wasser ungefähr eine Kilokalorie Wärme abgeben. Je mehr Grad das Wasser also zu verlieren hat, desto mehr Wärme muß ihm entzogen werden, und das bedeutet eine längere Abkühlungszeit, solange alle anderen Bedingungen dieselben sind.

Doch laut »Wolkes Gesetz der um sich greifenden Abwegigkeit« sind alle anderen Bedingungen nie dieselben. Wie wir noch sehen werden, unterscheiden heißes und kaltes Wasser sich in vielfältigerer Weise voneinander als nur in ihrer Temperatur.

Versucht man Chemikern eine Erklärung abzunötigen, wieso heißes Wasser möglicherweise zuerst gefrieren könnte, murmeln sie wahrscheinlich etwas von mehr gelöster Luft in kaltem Wasser und daß gelöste Stoffe den Gefrierpunkt des Wassers herabsetzen würden. Wahr, aber nichtssagend. Die in kaltem Leitungswasser gelöste Luftmenge würde dessen Gefrierpunkt um weniger als zwei Tausendstel Grad Celsius senken, und kein Wettlauf zwischen heiß und kalt könnte so präzise kontrolliert werden. Die Erklärung mit der gelösten Luft ist ganz einfach nicht wasserdicht.

* So auch in dem Buch *Warum fallen schlafende Vögel nicht vom Baum?* (Piper 1998, Hg. Nick O'Hare, S. 199–205). – Anm. des Verlags

Ein wirklicher Unterschied zwischen heißem und kaltem Wasser besteht darin, daß eine Substanz desto mehr von ihrer Wärme in die Umgebung abstrahlt, je heißer sie ist. Das heißt, heißes Wasser kühlt relativ schneller ab – um mehr Grad pro Minute – als kühleres Wasser. Besonders groß ist dieser Unterschied, wenn die Behälter flach sind und das Wasser somit eine große Oberfläche besitzt. Doch deswegen erreicht das heiße Wasser die Ziellinie noch lange nicht schneller, denn gleichgültig, wie schnell es anfangs abkühlt, gelingt es ihm allerhöchstens, mit dem kalten Wasser gleichzuziehen. Danach geht es Kopf an Kopf weiter.

Ein bedeutsamerer Unterschied zwischen heißem und kaltem Wasser besteht darin, daß das heiße Wasser schneller verdampft als das kalte. Wenn wir also versuchen, jeweils gleiche Mengen heißes und kaltes Wasser einzufrieren, wird im Behälter mit dem heißen Wasser weniger Wasser übrig sein, sobald die Schlottertemperatur von 0 °C erreicht ist. Und weniger Wasser gefriert natürlich in kürzerer Zeit.

Kann das wirklich einen erheblichen Unterschied ausmachen? Nun, Wasser ist in mehrfacher Hinsicht eine sehr ungewöhnliche Flüssigkeit. Zum einen muß dem Wasser außerordentlich viel Wärme entzogen werden, ehe seine Temperatur nennenswert fällt (im Jargon der Wissenschaft: Wasser hat eine hohe Wärmekapazität). Wenn also der heiße Behälter durch Verdampfen auch nur ein wenig mehr Wasser verloren hat als der kalte, kann bereits erheblich weniger Zeit zum Einfrieren erforderlich sein.

Jetzt laufen Sie doch bitte nicht gleich in die Küche, um es mit Eiswürfelschalen auszuprobieren, denn hier sind einfach zu viele andere Faktoren beteiligt. Wolkes Gesetz zufolge können zwei solche Schalen nie völlig übereinstimmen. Sie befinden sich nicht bei exakt derselben Temperatur an exakt derselben Stelle, und sie werden nicht zwangsläufig mit derselben Geschwindigkeit abgekühlt (steht nicht eine näher an den Wärmetauschern im Gefrierfach?). Außerdem, wie wollen Sie genau feststellen, wann das Wasser gefriert? Sobald oben das erste

Eishäutchen erscheint? Damit ist nicht gesagt, daß die gesamte Schale samt Inhalt schon 0°C erreicht hat. Und allzuoft können Sie nicht reinschauen, denn das Öffnen der Tür des Gefrierschranks kann unvorhersehbare Luftströmungen erzeugen, die sich auf die jeweiligen Verdampfungsraten auswirken.

Was einen jedoch am meisten frustrieren dürfte: Wasser hat die abartige Angewohnheit, unter 0°C abzukühlen, ehe es gefriert (im Jargon der Wissenschaft: Es ist unterkühlt). Es kann sich einfach weigern, zu gefrieren, ehe es nicht durch einen weithin nicht vorhersagbaren äußeren Einfluß gestört wird – etwa durch eine Schwingung, ein Staubkörnchen oder einen Kratzer auf der Innenseite des Behälters. Kurz, Sie veranstalten ein Rennen mit einer höchst unscharfen Ziellinie. Tja, Wissenschaft ist nicht einfach.

Aber ich weiß, das wird Sie nicht aufhalten. Also machen Sie schon: Messen Sie gleiche Mengen heißen und kalten Wassers ab, füllen Sie diese in identische (ha!) Eiswürfelschalen, und schließen Sie keine allzu hohen Wetten auf das Ergebnis ab.

So schlecht hatte Humpty Dumpty es nie

Kann man rohe Eier, wie sie sind, einfrieren? Ich habe fast zwei Dutzend Eier, die ich einfach nicht aufbrauchen kann, ehe ich eine Reise antrete, und ich möchte sie nur höchst ungern auf den Müll werfen.

Auch ich sehe es nicht gern, wenn Nahrungsmittel weggeworfen werden, doch in diesem Fall könnte das Einfrieren der Eier mehr Ärger verursachen, als sie wert sind. Erstens dürften die Schalen wahrscheinlich bersten, weil das rohe Eiweiß, wie man sich denken kann, sich ausdehnt, wenn es gefriert, wie das auch Wasser tut, wenn es zu Eis wird. Das können Sie nicht beeinflussen. Außerdem kann es zu einigen negativen Geschmacksveränderungen kommen, je nachdem, wie lange die Eier im Gefrierfach aufbewahrt werden.

Ärgerlicher ist die Tatsache, daß die Dotter dickflüssig und gummiartig sein werden, wenn Sie die Eier auftauen. Das nennt man Gelieren – es bildet sich ein Gel. Das tritt ein, weil beim Einfrieren der Eier die Proteinmoleküle sich teilweise zu einem Netz verbinden, welches große Mengen Wasser an sich zieht, die beim Auftauen nicht wieder frei werden. Diese eingedickten Dotter eignen sich nicht mehr sehr gut zur Herstellung von Nachspeisen oder Saucen, wo es auf eine glatte Konsistenz ankommt. Feste Eidotter für andere Rezepte zu verwenden kann riskant sein, und wenn ein Gericht den Bach hinuntergeht, müssen Sie weit mehr als nur ein paar Eier wegwerfen.

Legen Sie sie beim nächsten Mal doch einfach in den Kühlschrank, falls die Reise nicht länger als zwei Wochen dauert, oder kochen Sie vor der Abfahrt alle hart.

In der industriellen Lebensmittelproduktion verwenden die Hersteller tonnenweise gefrorene Eier für Backwaren, Mayonnaise und andere Speisen. Eine zähe Konsistenz verhindert man durch die Zugabe von jeweils 10 Teilen Salz oder Zucker auf 100 Teile geschälter, verrührter Eier, bevor man sie einfriert. Ich nehme an, das könnten Sie auch machen, wenn es Ihnen die Mühe wert ist, aber Salz oder Zucker würden die spätere Verwendung der Eier einschränken.

Brennender Frost? Frostiger Brand!

Was ist eigentlich mit Lebensmitteln passiert, die Frostbrand zeigen?

»Frostbrand« muß man schon als ziemlich lächerliches Oxymoron (einen Widerspruch in sich) werten. Aber sehen Sie sich doch das Schweinekotelett für Notfälle genauer an, das schon weit länger in Ihrem Kühlschrank schmachtet, als Sie je vorhatten. Sieht dessen verdorrte und geschrumpelte Oberfläche nicht genauso aus, als wäre sie durch Hitze geschädigt worden?

Doch diese Schäden müssen nicht zwangsläufig auf Wärmeeinwirkung zurückzuführen sein. Eine »verwitterte« oder ausgetrocknete Oberfläche kann auch anders zustande kommen. Beachten Sie, daß die »verbrannten« Stellen Ihres vereinsamten Koteletts in der Tat trocken und rauh aussehen, als wäre alles Wasser herausgesaugt worden.

Kann denn Kälte allein tiefgekühlte Lebensmittel austrocknen lassen, besonders dann, wenn das Wasser in der Form von Eis vorliegt? Das geht tatsächlich. Während Ihr glückloses Kotelett in der Gefriertruhe schmachtete, hat irgend etwas Wassermoleküle von seiner eisigen Oberfläche gestohlen.

Hier folgt nun, wie Wassermoleküle, selbst wenn sie fest in solidem Eis verankert sind, beflügelt werden und an einen anderen Ort gelangen können.

Ein Wassermolekül wird immer spontan dorthin wandern, wo ihm ein gastfreundlicheres Klima geboten wird. Und für Wassermoleküle ist das ein möglichst kalter Ort, denn dort besitzen sie den kleinsten Betrag an Wärmeenergie, und wenn ansonsten »alle anderen Bedingungen dieselben sind« (siehe »Wolkes Gesetz der um sich greifenden Abwegigkeit« auf S. 245), bevorzugt die Natur immer den Zustand der niedrigsten Energie. Wenn also die Verpackung des Gefrierguts nicht absolut moleküldicht ist, wird Wasser hindurchwandern, nämlich von den Eiskristallen des Nahrungsmittels zu jedem anderen Ort, der ein klein wenig kälter ist, etwa zu den Wänden des Gefrierfachs. (Aus diesem Grund müssen Gefriergeräte ohne automatische Abtauvorrichtung entfrostet werden.) Unter dem Strich haben dann Wassermoleküle das Gefriergut verlassen, weshalb dessen Oberfläche verdorrt, verschrumpelt und entfärbt zurückbleibt. Und verbrannt aussieht.

Dies geschieht natürlich nicht über Nacht. Es handelt sich um einen langsamen Prozeß, der Molekül auf Molekül abläuft. Man kann ihn allerdings fast auf Null verlangsamen, wenn man die Lebensmittel mit einem Material umhüllt, das keine wandernden Wassermoleküle durchläßt. Das können manche Kunststoffhüllen besser als andere.

Moral Nr. 1: Wollen Sie tiefgekühlte Lebensmittel für längere Zeit aufbewahren, sollten Sie geeignetes Verpackungsmaterial verwenden, das für wandernde Wassermoleküle nicht durchlässig ist. Am besten sind hier vakuumversiegelte, dicke Kunststoffhüllen wie etwa Cryovac, die keinerlei Wasserdampf passieren lassen. Lesen Sie das Kleingedruckte auf dem Etikett, dann wissen Sie, was Sie verwenden können, etwa spezielle »Gefrierbeutel« aus extra dickem Polyethylen, die zudem gut wiederzuverwerten sind und (im Gegensatz zu PVC) keinem umweltschädlichen Produktionsverfahren entstammen.

Moral Nr. 2: Verpacken Sie die Lebensmittel ganz dicht und lassen Sie möglichst keine restliche Luft darin. Alle Luftblasen im Inneren eines Gefrierbeutels erlauben es den Wassermolekülen nämlich, zur kälteren Innenwand der Verpackung zu fliegen und sich dort als Reif niederzuschlagen.

Moral Nr. 3: Wenn Sie fertige Tiefkühlkost kaufen, sollten Sie darauf achten, ob Sie im Inneren der Packung Eiskristalle oder »Schnee« ertasten können. Wo könnte dieses gefrorene Wasser herkommen? Richtig: aus der Nahrung. Diese hat also entweder Wasser verloren, weil sie zu lange in einer lockersitzenden Packung aufbewahrt oder zwischendurch aufgetaut wurde, wobei Wasser aus dem Nahrungsmittel floß und anschließend wieder gefroren ist. In beiden Fällen ist es falsch behandelt worden, und selbst wenn es noch zum Verzehr geeignet ist, wird es doch unangenehm schmecken und eine jämmerliche Konsistenz zeigen.

Heiß und kalt geblasen

Warum kann man heiße Speisen abkühlen, indem man darüber bläst?

Wie wir alle aus der Erfahrung gelernt haben, als unser Anstandswauwau gerade in die andere Richtung schaute, funktioniert das Abkühlen durch Blasen am besten bei Flüssigkeiten oder zumindest wasserhaltigen Speisen. Einen Hot Dog kriegen Sie durch Blasen nicht entscheidend kühler, aber heißer Tee, Kaffee oder auch Suppe sind bekannt dafür, daß sie einen zu so unschicklichen Manieren inspirieren. Es funktioniert in der Tat so gut, daß noch andere Faktoren im Spiel sein müssen als die bloße Tatsache, daß die darüber geblasene Luft kühler ist als die Speise oder das Getränk.

Was dabei abläuft, nennt sich Verdampfen. Wenn Sie blasen, beschleunigen Sie das Verdampfen der Flüssigkeit in genau der Weise, wie Sie Nagellack schneller trocknen lassen, wenn Sie darüber blasen. Nun weiß zwar jeder, daß Verdampfen ein Kühlverfahren ist, doch fast niemand scheint zu wissen, warum.

Hier also der Grund:

Die Moleküle im Wasser sind mit unterschiedlichen Geschwindigkeiten unterwegs. Das Durchschnittstempo spiegelt sich in dem wider, was wir Temperatur nennen. Doch die ist eben nur ein Mittelwert. In Wahrheit ist die Spannweite der Geschwindigkeiten recht groß, und während einige Moleküle dahintrödeln, schießen andere wie verrückt durch die Gegend. Nun raten Sie mal, welche von denen mit größter Wahrscheinlichkeit in die Luft hinausfliegen, wenn sie zufällig in die Nähe der Oberfläche kommen? Richtig – die mit der hohen Energie, die flott unterwegs sind, die heißeren. Mit fortschreitendem Verdampfen fliegen folglich mehr heiße als kühle Moleküle davon, und das verbleibende Wasser wird kühler als vorher.

Aber warum dann blasen? Bläst man über die Oberfläche, wird das Verdampfen beschleunigt, weil die zuletzt verdampften Moleküle weggeschafft werden und so Platz für neue machen. Schnelleres Verdampfen führt zu rascherem Abkühlen.

Nur Herr Knigge mag einige der Anwendungen der Wissenschaft in der Gastronomie nicht so gern.

7. KAPITEL

Flüssige Erfrischungen

Wie wir alle im Chemieunterricht gelernt haben, kommt Materie in drei physikalischen Formen (im Jargon der Wissenschaft: Aggregatzuständen oder Zustandsformen) vor: fest, flüssig und gasförmig. Bei unserer Nahrung ist das genauso, obwohl die meisten Lebensmittel einer dieser Formen nicht eindeutig zuzuordnen sind.

Dauerhafte Kombinationen aus festem *und* gasförmigem Zustand nennt man Schäume und Schwämme, also poröse feste Strukturen, die mit Bläschen voller Luft oder Kohlendioxid ausgefüllt sind und gewöhnlich durch Schlagen und kräftiges Quirlen hergestellt werden. Darunter fallen Brot, Kuchen, Meringen, Marshmallows, Soufflés und Schaumcremes. Ein Schwamm liegt vor, wenn das Gebilde große Mengen Wasser aufnehmen kann, ohne sich aufzulösen, wie das bei Brot und Kuchen der Fall ist, während man von einem Schaum spricht, wenn es in Wasser zerfällt und sich auflöst, wie etwa die Meringen.

Dauerhafte Kombinationen aus zwei Flüssigkeiten, die sich gewöhnlich nicht mischen lassen, zum Beispiel Öl und Wasser, nennt man Emulsionen. In einer Emulsion ist eine der beiden Flüssigkeiten in so kleinen Kügelchen gleichmäßig im gesamten Volumen der anderen verteilt, daß sie in der Schwebe (suspendiert) bleibt und sich nicht absetzt. Ein bekanntes Beispiel dafür ist die Mayonnaise, eine aromatisierte Mischung aus Pflanzenöl, Ei oder Eidotter (die zur Hälfte aus Wasser bestehen) sowie Essig oder Zitronensaft. Man stellt sie her, indem man das Öl allmählich zugibt und kräftig in die wäßrige Mischung aus Ei und Essig einrührt. Das Öl wird dabei in winzige Tröpfchen zerlegt, die sich nicht von Ei und Essig abtrennen.

Getränke sind Nahrungsmittel in flüssiger Form. Ihr Grundbestandteil ist ausnahmslos Wasser, aber viele können unterschiedliche Mengen einer anderen Flüssigkeit enthalten: Äthylalkohol, manchmal auch Kornsprit genannt, weil er am einfachsten und wirtschaftlichsten durch Vergärung der Stärke in Getreidearten wie Mais, Weizen oder Gerste zu gewinnen ist. Gärung oder Fermentation (vom lateinischen *fervere*, brodeln oder brausen, abgeleitet) ist die chemische Zerlegung einer Substanz durch Enzyme – Bakterien und Hefen setzen diese frei, während sie sich von der Substanz ernähren. Verschiedene Arten der Gärung führen zu unterschiedlichen Produkten, aber meist verwendet man das Wort für die Umwandlung von Stärke und Zucker in Äthylalkohol (Äthanol) und blubberndes Kohlendioxidgas.

Die alkoholische Gärung wird seit mindestens zehntausend Jahren dazu eingesetzt, aus verschiedenen Stärkearten Bier und aus Fruchtzuckern Wein herzustellen. Unsere frühesten Vorfahren entdeckten schnell, daß sie nichts weiter zu tun brauchten, als ein paar zerstampfte Weintrauben oder andere Früchte an einem warmen Ort zu belassen, worauf die Säfte immer zu gären begannen und faszinierende berauschende Eigenschaften entwickelten.

In diesem Kapitel wollen wir uns die drei Hauptarten von Getränken ansehen: Auszüge aus pflanzlichem Material mit Hilfe heißen Wassers; Getränke mit Kohlensäure, ob diese nun durch Gärung entstand oder absichtlich zugegeben wurde, weil sie uns mit ihrer Spritzigkeit aufmöbelt; und Getränke mit Alkohol, ob dieser nun direkt aus der Gärung stammt oder durch Destillation vorsätzlich angereichert wurde, weil er einem einen Kick der anderen Art vermitteln soll.

Auf denn zu unseren Kaffees, Tees, Sprudeln, Champagnern, Bieren, Weinen und Schnäpsen. *Skol!*

Noch 'n Täßchen?
Schieben Sie es nicht auf den Kaffee

Können Sie mir sagen, wie ich den Kaffee mit den niedrigsten Säurewerten finde? Ich suche einen, der nicht bitter ist und mir nicht den Magen zerreißt.

Säure wird oft zu Unrecht beschuldigt. Vielleicht liegt es an all den Werbespots im Fernsehen, in denen man Arzneimittel anpreist, die gegen Sodbrennen und sauren Reflux helfen sollen. Doch die Säure, die sich von Natur aus in unserem Magen befindet (Salzsäure), ist einige tausendmal stärker als jede Säure, die im Kaffee vorkommt. Erst wenn die Säure des Magens in die Speiseröhre hochschwappt, entsteht dieses Brennen. Bei manchen Menschen wird das durch Kaffee ausgelöst, aber was da brennt, ist nicht die Säure des Kaffees, sondern die aus dem Magen.

Einige der in Kaffee vorhandenen schwachen Säuren finden sich auch in Äpfeln und Trauben, und sie ärgern den Magen in keiner Weise. Wenn Sie aber noch immer nicht überzeugt sind: Die meisten dieser Säuren sind leicht flüchtig und werden beim Rösten freigesetzt. Auch wenn es Sie überrascht: Die dunkelsten Röstungen haben vielleicht die niedrigsten Säurewerte.

Zitronen-, Apfel- und Essigsäure sowie andere Säuren im Kaffee machen den Geschmack aufregender, nicht bitterer. Säuren schmecken in der Regel nicht bitter, sondern eben sauer. Koffein ist bitter, doch es ist nur zu etwa 10 % für den bitteren Geschmack des Kaffees verantwortlich. Und Sie sollten wegen seiner Bitterstoffe nicht die Nase rümpfen – sie tragen nicht unerheblich zum Wohlgeschmack des Kaffees bei, ebenso wie bei den anderen beiden Gruppen von Nahrungsmitteln, nämlich Bier und Schokolade.

Vergessen Sie also das mit der Säure, und suchen Sie sich einfach eine Kaffeesorte, die Sie mögen. Falls jeder Kaffee »Ihren Magen zerreißt«, muß ich Ihnen sicher nicht sagen, was zu tun ist. Sagen Sie einfach: »Nein, danke.«

Hibbelige Schöne

Nach einer Tasse Espresso ist meine Frau stundenlang high. Enthält Espresso mehr Koffein als normaler Kaffee?

Kommt darauf an. (Sie wußten, daß ich das sagen würde, oder?)

Ein direkter Vergleich wird durch die Tatsache erschwert, daß es so etwas wie »normalen Kaffee« nicht gibt. Wir haben schon alles erlebt, vom Spülwasser aus dem Kaffeeautomaten bis hin zur Batteriesäure in der Fernfahrerkneipe. Sogar zu Hause gibt es so viele Arten, Kaffee zu brühen, daß man nichts verallgemeinern kann.

Und wir sollten uns nichts vormachen: Was in unserer mit Starbucks-Filialen geschlagenen Gesellschaft in jedem Stehausschank, der das Geld für eine Maschine und einen Schüler als Aushilfskraft zusammenkratzen kann, als Espresso gilt, würde einen professionellen italienischen *barista* (der macht den Espresso in italienischen Bars) in seinen *Grappa* weinen lassen. Auch hier findet man also keine einheitlichen Standards.

Auf jeden Fall ist bei jedem Espresso das Volumen erheblich kleiner als bei einer normalen Tasse amerikanischen (und europäischen) Kaffees. Aber bietet die höhere Konzentration des Espresso mehr als einen Ausgleich für die geringe Menge?

Jeder Tropfen der Flüssigkeit in einem typischen Espresso von 30 Milliliter enthält sicherlich mehr Koffein – und insofern auch mehr von allem anderen – als ein Tropfen der Flüssigkeit in einer üblichen Portion Kaffee mit 180 Milliliter Inhalt. Doch in vielen Fällen dürfte die ganze Tasse eines gutgebrühten amerikanischen Kaffees insgesamt mehr Koffein enthalten als eine Tasse Espresso. (Nehmen Sie bitte zur Kenntnis, daß ich von »gutgebrüht« spreche. Ich rede nicht von jenem braunen Wasser, das man bei Ihnen im Büro als Kaffee bezeichnet, aber möglicherweise nicht nur eine winzige Menge Koffein enthält, sondern auch nur eine winzige Menge Kaffee.)

Was sagen die Fachleute? Francesco und Riccardo Illy kommen in ihrem wunderschön illustrierten Buch für den Kaffeetisch *From Coffee to Espresso* (1989; dt.: *Kaffee. Von der Bohne zum Espresso*, 1993) zum gleichen Ergebnis wie Sergio Michel in seinem Buch *The Art and Science of Espresso* (CBC Triest, ohne Jahr): Ein typischer guter Espresso kann zwischen 90 und 200 Milligramm Koffein enthalten, während eine Tasse guten amerikanischen Kaffees zwischen 150 und 300 Milligramm enthält. Wie Sie sehen, kann es da Überschneidungen geben, doch im Schnitt enthält Espresso weniger Koffein.

Wieviel Koffein in einer Tasse Kaffee vorhanden ist, hängt zunächst einmal von der Art der Kaffeebohne ab, aus der der Kaffee hergestellt wurde. Bohnen der Sorte Arabica enthalten durchschnittlich 1,2 % Koffein, während die Sorte Robusta es im Schnitt auf 2,2 % und in Spitzenwerten auch mal auf 4,5 % bringt. Solange Sie aber kein ausgesprochener Kenner sind, dürften Sie die Bohnensorte in Ihrem Gebräu – ob in der heimischen Espressobar oder zu Hause in Ihrer bevorzugten Mischung – nicht kennen. Die Chancen stehen gut, daß es sich in beiden Fällen um Bohnen der Sorte Arabica handelt, weil drei Viertel der Weltproduktion auf diese Sorte entfallen, auch wenn der Trend derzeit aus wirtschaftlichen Gründen zu einem größeren Anteil von Robusta geht.

Wichtig ist natürlich, wieviel Koffein beim Brühen aus den Bohnen gelöst wird und ins Wasser übergeht. Das hängt von mehreren Faktoren ab: wieviel gemahlener Kaffee verwendet wird, wie fein er gemahlen ist, wieviel Wasser man nimmt und wie lange das Wasser mit dem Kaffee in Berührung bleibt. Mehr Kaffee, feinere Mahlung, mehr Wasser und längerer Kontakt – all das extrahiert mehr Koffein. Hier kommen nun die Unterschiede zwischen dem Espressoverfahren und den anderen Brühmethoden ins Spiel.

Für Espresso wird der Kaffee feiner gemahlen als das zum Brühen vorgesehene Kaffeemehl, das Sie vielleicht zu Hause verwenden. Andererseits kommen beim Espressoverfahren nur etwa 30 Milliliter Wasser mit annähernd der gleichen Menge Kaffeepulver in Kontakt, die beim normalen Brühen von 180

Milliliter Wasser durchflossen wird. Zudem ist das Kaffeemehl bei der Zubereitung eines Espresso nur für etwa 30 Sekunden mit dem Wasser in Berührung, während es bei den meisten anderen Brühverfahren eher ein paar Minuten sind.

Somit werden Sie in Ihrem Café am Ort mit dem einen Schuß Espresso im großen Milchkaffee oder Cappuccino wahrscheinlich weniger Koffein aufnehmen als mit einem amerikanischen Standardkaffee (oder einem »Haferl« bei Tchibo oder Eduscho – Anm. d. Ü.). Andererseits ist alles wieder offen, wenn der Große Braune, der Caffè Latte oder der Cappuccino mit einem doppelten Espresso hergestellt werden.

Nun zu Ihrer Frau Gemahlin: Warum ist sie nach einer Tasse Espresso so aufgedreht? Einmal kann es an ihrem Stoffwechsel liegen, jener menschlichen Variablen, die mit keiner schlichten chemischen Analyse von 1,3,7-Trimethylxanthin, vulgo Koffein, zu erklären ist. Zwischen den einzelnen Individuen gibt es große Unterschiede in der Stoffwechselrate des Koffeins, und dem Buch von Illy zufolge setzen Frauen es tendenziell schneller um. Doch das würde natürlich für jede Art von Kaffee gelten.

Ich bin weder Mediziner noch Ernährungswissenschaftler, nehme aber an, Koffein wird von manchen Menschen rascher umgesetzt, wenn es in einer kleinen Flüssigkeitsmenge konzentriert und nicht über ein größeres Volumen verteilt ist. Andererseits weiß ich von einer Freundin, daß sie von normalem Kaffee eher Schlafstörungen und ein »hibbeliges« Gefühl bekommt als von Espresso.

Da es keine Reihe kontrollierter physiologischer Studien zu den Wirkungen verschiedener Espressoarten im Vergleich mit denen anderer Kaffees gibt, die alle jeweils mit oder ohne begleitendes Essen zu verschiedenen Tageszeiten getrunken wurden, kann niemand die allgemeine Aussage treffen, daß Espresso mehr koffeinbedingte Erregbarkeit verursacht als amerikanischer (oder irgendein europäischer) »Standardkaffee«. In Wahrheit dürfte es durchschnittlich eher umgekehrt sein.

Sagen Sie das Ihrer Frau, wenn sie wieder von der Decke heruntergekommen ist.

Ein Koffein-Doppelschlag
Mokka-Soja-Pudding

Jenes unbestimmte Geräusch, das Sie gerade hören, stammt von den Horden gesundheitsbewußter Menschen, die händeringend vor dem Rätsel stehen, wie sie ihren täglichen Mahlzeiten noch mehr Soja hinzufügen können. Die meisten würden ja gern, haben aber keine Ahnung, wie sie mehr Soja verzehren könnten. Sie wissen nicht einmal genau, was das eigentlich ist. Probieren Sie die folgende schnelle Lösung, einen fast ohne Vorbereitung zu machenden Pudding, der ohne Kochen auskommt und Soja in Form von Tofu mit der doppelten Koffeinladung von Schokolade und Espresso vereint.

150 Gramm Halbbitter-Schokolade, als Flocken oder zerkrümelt
350 Gramm fester Tofu, abgetropft
60 Milliliter Sojamilch oder Vollmilch
30 Milliliter übriggebliebener starker Kaffee oder Espresso
1 Teelöffel Vanillezucker
1 Prise Salz

1. Schokolade im oberen Einsatz eines Topfes mit doppeltem Boden, in einem schweren Kochtopf oder in einem geeigneten Behälter in der Mikrowelle zum Schmelzen bringen.
2. Tofu, Milch, Kaffee, Vanillezucker und Salz in den Behälter für einen Stabmixer geben und 30 Sekunden lang durchmischen.
3. Bei weiterlaufendem Motor die geschmolzene Schokolade dazugeben und für etwa eine Minute weiter rühren, bis eine glatte und cremige Masse entsteht. Nach einer Stunde im Kühlschrank servierfertig.

Ergibt eine sehr üppige oder 4 normale Portionen.

Die Koffeinfrei-Archive

Sind die chemischen Substanzen, die man zum Entkoffeinieren von Kaffee verwendet, wirklich unschädlich? Wie ein Chemiker mir erzählt hat, sind sie mit der Flüssigkeit verwandt, die in der chemischen Reinigung benutzt wird.

Verwandt ja, aber trotzdem anders. Wie mein Onkel Leon. Wie in den Familien der Menschen gibt es auch in den Familien der Chemikalien sowohl Übereinstimmungen als auch große Differenzen.

So gehört das Koffein beispielsweise zur Familie der Alkaloide, starken pflanzlichen Chemikalien, die Bösewichte wie Nikotin, Kokain, Morphin und Strychnin einschließen. Aber schließlich gehören Tiger und Miezekätzchen auch zur gleichen Familie. Das in manchen Entkoffeinierungsverfahren verwendete Methylenchlorid ist mit dem bei der Trockenreinigung eingesetzten giftigen Perchloräthylen zwar verwandt, unterscheidet sich aber beträchtlich von diesem. Doch es ist immer noch kein Miezekätzchen.

Chemiker haben im Kaffee zwischen 800 und 1500 verschiedene chemische Substanzen gefunden, je nachdem, wen man fragt. Wie Sie sich vielleicht vorstellen können, ist es nicht gerade einfach, diese 1–2 % Koffein herauszuholen, ohne die geschmackliche Ausgewogenheit der übrigen Bestandteile zu zerstören. Koffein löst sich leicht in vielen organischen Lösungsmitteln wie Benzol und Chloroform, aber die fallen klar heraus, weil sie giftig sind. (Nein, Chloroform hebt die Wirkung von Koffein nicht auf, wenn man Sie damit in den Schlaf schickt.)

Seit 1903, als es einem deutschen Chemiker namens Ludwig Roselius schlaflose Nächte bereitete, wie er das Koffein aus dem Kaffee herausbekommen könnte, und er schließlich bei Methylenchlorid landete, ist dieser Stoff das Lösungsmittel der Wahl gewesen. Es löst andere Bestandteile nur minimal und verdampft leicht, so daß verbleibende Spuren durch Hitze auszutreiben sind. Roselius vermarktete seinen Kaffee unter der Marke Sanka, einem Kunstwort, das er aus dem französischen *sans caféine* (ohne Koffein) zusammengezogen hatte. 1923 wurde Sanka in den USA auf den Markt gebracht und 1932 zu einem Markennamen der Firma General Foods.

In den 80ern kam Methylenchlorid jedoch als Karzinogen unter Beschuß. Man verwendet es noch immer zum Entkoffeinieren, doch die FDA begrenzt seine Menge im fertigen Produkt auf 10 ppm (Teile per Million). Aus Kreisen der Industrie wird erklärt, der tatsächliche Rückstand betrage nur ein Hundertstel dieser Menge*.

Das Koffein entfernt man aus den grünen Kaffeebohnen, ehe man sie röstet. Zuerst werden sie mit Dampf behandelt, was den größten Teil des Koffeins an die Oberfläche schafft, und anschließend löst man es mit dem Lösungsmittel heraus. Ehe ein Kaffee als koffeinfrei bezeichnet werden darf, müssen ihm mehr als 97 % seines Koffeins entzogen worden sein.

Sehr oft verfährt man nach einer indirekten, manchmal auch als Wasserverfahren bezeichneten Methode: Das Koffein wird – zusammen mit vielen erwünschten Geschmacks- und Aromakomponenten – zunächst mit heißem Wasser extrahiert (Koffein ist natürlich wasserlöslich, sonst würden wir uns nicht darum sorgen, wieviel davon in unserer Tasse landet). Dann entzieht man dem Wasser das Koffein mit einem organischen Lösungsmittel, und das jetzt koffeinfreie Wasser mit allen ursprünglichen Geschmackskomponenten wird den Bohnen wieder zugeführt, wo man es eintrocknen läßt. Mit den Bohnen kommt das Lösungsmittel letztlich nie in Kontakt.

Ein interessanter neuer Kniff ist der Einsatz des organischen Lösungsmittels Äthylacetat anstelle von Methylenchlorid. Weil dieser chemische Stoff in Früchten und tatsächlich auch in Kaffee vorkommt, kann man ihn als »natürlich« bezeichnen. Auf

* In der EU ist der Einsatz von Methylenchlorid (auch als Dichlormethan bekannt) wegen seiner schädlichen Auswirkungen auf die Ozonschicht gänzlich verboten. – Anm. d. Ü.

dem Etikett eines mit Äthylacetat behandelten Kaffees könnte also behauptet werden, er sei »auf natürliche Weise entkoffeiniert«. Aber Sie sollten sich nicht beeindrucken lassen. Dasselbe könnte man nämlich auch von Zyanid sagen, weil es in jedem Pfirsichkern »natürlich« vorkommt.

Heute wird koffeinfreier Kaffee oft mit einem jüngst entwickelten Verfahren hergestellt, bei dem man das Koffein mit dem vertrauten, harmlosen alten Kohlendioxid extrahiert, das allerdings in einer Form vorliegt, welche die Chemiker als superkritisch bezeichnen – es ist weder gasförmig noch flüssig und auch nicht fest.

Am Ende haben wir noch das geniale »schweizerische Wasserverfahren«, bei dem man die Bohnen mit heißem Wasser wäscht, das bereits vollständig mit allen chemischen Bestandteilen des Kaffees mit Ausnahme von Koffein gesättigt ist. Hier hat außer dem Koffein aus den Bohnen nichts mehr Platz, um in die Lösung übergehen zu können.

Und wie ist nun all das im Supermarkt vor dem Regal mit dem Kaffee umzusetzen?

Als erstes werden Sie auf der Dose vielleicht die Worte »auf natürliche Weise entkoffeiniert« entdecken. Das kann bedeuten, daß man mit Äthylacetat gearbeitet hat, kann aber auch überhaupt nichts besagen. Kommt nicht alles von Mutter Natur? Was sollten wir denn sonst erwarten? Vielleicht Kaffee, der »auf übernatürliche Weise entkoffeiniert« wurde?

Auch der Ausdruck »Wasserverfahren« muß nicht viel bedeuten, denn Wasser wird bei vielen Methoden eingesetzt, nicht nur bei der Methode der Schweizer.

Am besten vergessen Sie alles, was die Technik betrifft – die Verfahren sind alle nicht gesundheitsschädlich –, und wählen Ihren koffeinfreien Kaffee auf der Grundlage objektiver intelligenter Kriterien aus, also zum Beispiel, ob Sie persönlich mehr zu der einen oder der anderen Marke neigen.

Tein oder nicht Tein?

Als ich in einem Restaurant einen heißen Tee verlangte, zeigte man mir einen Karton, aus dem ich mir unter einem Dutzend phantasievoll bezeichneter Sorten, unter anderem Lapsang Souchong, Darjeeling, Jasmin, Kamille und so weiter, einen aussuchen sollte. Wie viele Teesorten gibt es denn überhaupt?

Eine. Das heißt, es gibt nur *eine* Pflanze – *Camellia sinensis* samt einer Reihe ihrer Hybriden –, deren Blätter man für die Herstellung von echtem Tee in heißem Wasser ziehen lassen kann. Allerdings werden sie unter verschiedenen Namen gehandelt, was unter anderem davon abhängt, wo sie angebaut worden sind.

Einige dieser »Tee«-Beutel, die man Ihnen vorsetzte, wie etwa Kamille, enthalten keinen Tee. Sie setzen sich aus einer Vielzahl anderer Blätter zusammen, Kräutern, Blumen und Gewürzen, die man in heißem Wasser ziehen lassen kann. Das ergibt dann einen Kräuteraufguß, der aber leider auch unter dem Namen »Kräutertee« läuft. Wenn Sie das Wort »Kräutertee« hören, sollen Sie denken: Wow! Kräuter! Natur! Gesundheit! Gut! Wenn Sie wollten, könnten Sie jedoch auch aus giftigen Efeublättern einen Aufguß bereiten.

Echter Tee kommt in drei Varianten in den Handel, je nachdem, wie man die Blätter verarbeitet hat: unfermentiert (Grün), halbfermentiert (Oolong) und fermentiert (Schwarz). Die Fermentierung kommt durch Enzyme zustande, durch die einige Tanninbestandteile der Blätter oxidiert werden. Unter den schwarzen Tees, die bei weitem die Mehrzahl stellen, finden Sie Assam, Ceylon, Darjeeling, Earl Grey, Keemun, Souchong und auch Englischen Frühstückstee oder gar eine Friesische Mischung. Bei allen anderen Bezeichnungen sind Sie auf sich selbst gestellt: Es kann sich um echten Tee handeln oder um sonst irgend etwas, wovon jemand glaubt, das heiße Wasser könnte gut schmecken, wenn man etwas von dem Zeug darin ziehen läßt. Letzteres wird Sie wahrscheinlich nicht umbringen, aber nur echter Tee hat seine Bewährungsprobe im Langzeitversuch bestanden, ohne erkennbar schlimme Nebenwirkungen hervorzurufen – abgesehen vielleicht von einem britischen Akzent.

Heißer »Tee«, der kein Tee ist
Aufguß aus frischen Minzeblättern

Für einen Aufguß aus Minzeblättern (der häufig als Pfefferminztee bezeichnet wird) sollten Sie eine gläserne Kanne verwenden, weil die Farbe der Blätter sich in ein leuchtendes Grün verwandelt, das Sie sicher sehen möchten. Das Aroma wirkt zugleich beruhigend und erfrischend.

1 oder 2 Handvoll frischgepflückter Minze
Kochendes Wasser
Zucker nach Belieben

1. Die Minzeblätter waschen und in eine angewärmte Tee- oder Kaffeekanne aus Glas werfen. Kochendes Wasser darüber gießen, bis sie gerade bedeckt sind. 5 Minuten ziehen lassen.
2. In Teegläsern servieren, nach Geschmack süßen und vor dem Trinken tief inhalieren.

Eine (nicht so ganz) schöne Tasse Tee

Wenn ich meinen Tee mit Wasser zubereite, das ich in der Mikrowelle aufgeheizt habe: Warum schmeckt er nicht so gut wie mit Wasser aus dem Teekessel?

Wasser, das in der Mikrowelle erhitzt wird, ist nicht so heiß wie Wasser aus dem Kessel, selbst wenn es aussieht, als würde es kochen.

Wenn das Wasser für den Tee Farbe und Geschmack vollständig extrahieren soll, muß es kochendheiß sein. Koffein zum Beispiel löst sich praktisch nicht in Wasser, das erheblich kälter ist als 79 °C. Deshalb sollte die Teekanne – oder die Tasse, falls Sie zu denen gehören, die den Tee immer nur beutelweise überbrühen – vorgewärmt werden, damit das Wasser während des Überbrühens nicht zu sehr abkühlt.

Wenn das Wasser im Teekessel richtig sprudelnd kocht, dann wissen Sie, es ist durch und durch kochendheiß – es hat überall ungefähr 100 °C. Das aufgeheizte Wasser vom Boden des Kessels steigt nämlich auf, wird durch kühleres Wasser ersetzt, das seinerseits heiß wird und aufsteigt, und so weiter. Folglich erreicht der gesamte Inhalt des Kessels einigermaßen gleichzeitig seine Siedetemperatur. Durch das Sprudeln wird alles noch weiter durchmischt, was für gleichmäßige Temperaturverteilung sorgt.

Die Mikrowelle heizt dagegen nur etwa die äußeren zwei Zentimeter des Wassers in der Tasse auf, weil die Strahlung nur so weit eindringen kann. Das Wasser im Zentrum der Tasse erwärmt sich langsamer, nur durch den Kontakt mit den äußeren Anteilen. Wenn die Außenbereiche den Siedepunkt erreicht haben und zu sprudeln beginnen, werden Sie möglicherweise zu der irrigen Annahme verleitet, das gesamte Wasser in der Tasse sei schon so heiß. Doch die Durchschnittstemperatur kann weit niedriger liegen, weshalb Ihr Tee weniger von den guten Aromen mitbekommt.

Es gibt noch einen anderen Grund, weshalb heißes Wasser aus dem Kessel besser ist: Eine Tasse Wasser in der Mikrowelle zum Kochen zu bringen kann schwierig, wenn nicht gar gefährlich werden (siehe S. 308).

Gut, dann wird eben meine Zunge gegerbt!

Was ist das eigentlich für ein brauner Satz, der sich in meiner Tasse bildet, wenn ich mit der Mikrowelle Tee zubereite?

Patient: Herr Doktor, es tut weh, wenn ich meinen Arm so biege.
Arzt: Dann biegen Sie Ihren Arm doch einfach nicht so.

Meine Antwort auf Ihre Frage lautet ähnlich: Machen Sie mit der Mikrowelle keinen Tee.

Das mit diesem Gerät aufgeheizte Wasser ist nicht so heiß, als wenn Sie sprudelnd kochendes Wasser aus einem Kessel verwendet hätten. Deshalb bleibt ein Teil des Koffeins sowie der Tannine (Polyphenole) im Tee nicht in Lösung, sondern fällt als bräunlicher Schaum aus. Tannine sind eine weit gefaßte Kategorie chemischer Substanzen, die Tee, Rotwein und Walnüssen jene bekannte zusammenziehende (adstringierende) Wirkung im Mund verleihen. Tannine werden sie genannt, weil man sie früher verwendet hat, um Häute zu Leder zu gerben. Und das machen sie, wenn auch in geringem Maß, ebenso mit den »Häuten« Ihrer Zunge und Ihres Mundes.

Prickelnde Physik: Mit Kohlensäure versetzt

Ein phosphoreszierender Sturm im Colaglas

Ich lese gerade von einer medizinischen Studie, wonach Mädchen, die als Heranwachsende sehr viel kohlensäurehaltige Erfrischungsgetränke zu sich nehmen, schwächere Knochen besitzen als Mädchen, die wenig davon trinken. Dem Artikel zufolge spekulieren die Forscher, es könne sich hier um eine Auswirkung »des Phosphors in kohlensäurehaltigen Getränken« handeln. Inwiefern soll Phosphor eine Rolle spielen, wenn Limonaden mit Kohlensäure versetzt werden?

Das hat absolut nichts miteinander zu tun. Der Artikel hätte nicht in diesem Maß verallgemeinern dürfen.

Die Annahme, alle kohlensäurehaltigen Erfrischungsgetränke würden Phosphor enthalten, beruht auf einem Irrtum. Kohlensäurehaltige Erfrischungsgetränke haben nur eines gemeinsam, nämlich Wasser, in dem Kohlendioxid gelöst ist, was wiederum Kohlensäure ergibt. Darüber hinaus enthalten sie eine breite Vielfalt von Geschmackszusätzen und anderen Zutaten.

Einige dieser Getränke, unter anderem Coca-Cola, Pepsi-Cola und noch ein paar andere Colagetränke (Limonaden, denen ein stark koffeinhaltiger Extrakt der tropischen Colanuß zugesetzt wurde), enthalten Phosphorsäure. Sie ist eine schwache Säure des Phosphors, wie auch das Wasser mit dem gelösten Kohlendioxid eine schwache Säure darstellt: Kohlensäure. Alle Säuren schmecken sauer, und die Phosphorsäure soll diesen Effekt verstärken und ein wenig mehr Schärfe beisteuern, um so die Süße zu verdecken. Man verwendet die Phosphorsäure auch, um Backwaren, Süßigkeiten und Schmelzkäse mehr Säure und Aroma zu verleihen.

Was nun die schwächende Wirkung auf die Knochen angeht: Möglicherweise war die Studie auf phosphorhaltige Colagetränke beschränkt. Doch wie eine einzige Schwalbe noch keinen Sommer macht, so beweist auch eine einzige Studie noch keinen kausalen Zusammenhang zwischen Coke und Knochen.

Die Theorie von der großen Brause

Wie ich gelesen habe, kann man eine Geschirrspülmaschine von allen Seifenrückständen und Flecken befreien, wenn man sie einmal leer mit Brausepulver durchlaufen läßt. Außerdem habe ich gelesen, daß Coca-Cola den Rost von der Kurbel eines Tennisnetzes entfernt. Was in aller Welt haben wir eigentlich dauernd getrunken?

Ich weiß nicht, was *Sie* dauernd getrunken haben, aber es gibt eine Fülle von Getränken, die gefährlicher sind als Brause oder Coke. Ich würde mir wegen dieses speziellen Duos nur dann Sorgen machen, wenn mein Magen aus Seifenrückständen oder Rost gemacht wäre. Nur weil eine chemische Substanz bei einer anderen Substanz etwas bewirkt, heißt das noch lange nicht, daß sie bei einer dritten Substanz dieselbe Wirkung hat. Genau das hält die Chemiker ja ständig auf Trab.

Zweifellos ist es die Zitronensäure in Brausepulver, Orangenlimonade und anderen Erfrischungsgetränken mit Fruchtgeschmack, welche die Kalziumsalze im Schmodder der Spülmaschine löst. Doch es ist auch die Zitronensäure, die uns diesen erfreulich sauren Geschmack beschert (ja, auch im Brausepulver). Zitronensäure ist selbstverständlich ein vollkommen natürlicher und harmloser Bestandteil von Zitrusfrüchten. Sie könnten Ihre Geschirrspülmaschine wahrscheinlich ebensogut mit einer selbstgemachten Zitronenlimonade reinigen.

Die Phosphorsäure in Coca-Cola kann Eisenoxid (Rost) lösen. Die Kurbeln von Tennisnetzen haben jedoch nichts Besonderes an sich, außer daß bei ihnen der Rostfilm wegen des häufigen Gebrauchs wahrscheinlich eher dünn ist. Einen rostigen alten Rasenmäher würde ich jedenfalls nicht dadurch zu verjüngen versuchen, daß ich ihn in ein Faß mit Coca-Cola werfe.

Nur ein Rülpser?

Trägt Rülpsen zur globalen Erwärmung bei?

Lachen Sie nicht. Das ist eine gute Frage. Sogar so gut, daß ich schon selbst daran gedacht habe, als ich erfuhr, daß in den USA 1999 ungefähr 75 Milliarden Liter kohlensäurehaltiger Erfrischungsgetränke und etwa 30 Milliarden Liter Bier konsumiert worden sind. Und was glauben Sie, was mit all der Kohlensäure in diesen Getränken passiert ist? Sie wurde letzten Endes über die Atmung und durch Aufstoßen in die Atmosphäre freigesetzt.

Auf der altehrwürdigen Rückseite eines Briefumschlags (wir Wissenschaftler sammeln eigens dafür alte Umschläge) rechnete ich rasch aus, daß die 105 Milliarden Liter amerikanisches Bier und Erfrischungsgetränke ungefähr 800 000 Tonnen Kohlendioxid enthalten. Wow, dachte ich, das ergibt ja wirklich einen höllischen kollektiven Rülpser! Und dabei ist der Chor des wunderbar darauf abgestimmten Aufstoßens rund um den Globus noch gar nicht berücksichtigt.

Warum sollten wir uns wegen des Kohlendioxids Sorgen machen? Es ist eines von den sogenannten Treibhausgasen, die anerkanntermaßen dazu beitragen, die Durchschnittstemperatur der Erde zu erhöhen. Schon klar, es ist nicht leicht gewesen, bei einem Planeten die Temperatur zu fühlen. Aber die neuzeitlichen wissenschaftlichen Analysen sind unendlich viel ausgefeilter als das Verfahren, bei dem man einfach Leute mit Thermometern an Straßenecken postiert. Heute bezweifelt kaum noch jemand, daß Kohlendioxid und andere durch Aktivitäten des Menschen hervorgebrachte Gase den »globalen Thermostat« hochgedreht haben.

Und so funktioniert der Treibhauseffekt:

Zwischen der Strahlung, die von der Sonne auf die Erde gelangt, und der, die von dieser wieder ins Weltall zurückgeworfen wird, besteht ein natürliches Energiegleichgewicht. Trifft Sonnenlicht auf die Erdoberfläche, werden zwei Drittel davon von Wolken, Land und Meer (nicht zu vergessen die vielen tiefbraunen Stars und Urlauber) absorbiert. Vieles von dieser absorbierten Energie wandelt sich in infrarote Strahlung (auch Wärmestrahlung genannt) um – in eine »niedrigere« Energieform. Normalerweise wird ein beträchtlicher Teil dieser Strahlung zurückgeworfen und kehrt durch die Atmosphäre hindurch wieder ins All zurück. Wenn jedoch in der Atmosphäre zufällig eine unnatürlich große Menge eines Infrarot absorbierenden Gases vorhanden ist – und Kohlendioxid ist großartig dazu in der Lage, infrarote Strahlung zu absorbieren –, dann gelangt ein Teil dieser »Wärmewellen« nie wieder hinaus. Sie bleiben in der Nähe der Erdoberfläche gefangen und heizen alles auf.

Sollten wir denn nun alle damit aufhören, Sprudel oder Bier zu trinken, weil wir befürchten müssen, sonst noch mehr Kohlendioxid in die Atmosphäre zu rülpsen? Zum Glück nicht.

Glaubt man den Zahlen des Energieministeriums der USA für 1999 (den neuesten, die verfügbar waren, als dieses Buch entstand), so machen die 800 000 Tonnen der durch kohlensäurehaltige Getränke inspirierten Kohlendioxid-Emissionen gerade mal 0,04 % der Kohlendioxidmenge aus, die durch benzin- und dieselfressende Autos in die Atmosphäre Nordamerikas gerülpst wurden. Was wir so an kohlensäurehaltigen Getränken wegschlürfen, ergibt also im Vergleich zu dem, was an Benzin und Diesel durch die Ansaugrohre gluckert, nichts als ein dezentes Rülpserchen.

Trinken Sie also auf alle Fälle weiter. Aber fahren Sie dafür nicht.

Nicht ganz dicht

Meine sparsame Schwägerin kauft ihr Sprudelwasser in großen Gebinden in einem Getränkegroßmarkt, und sie behauptet, es sei oft abgestanden, wenn sie eine Flasche öffnet. Kann eine Flasche Sprudel die Kohlensäure verlieren, auch wenn sie gar nicht aufgemacht wurde?

Meine erste Reaktion war nein, jedenfalls nicht, solange nicht irgendwo im Flaschenverschluß eine kleine undichte Stelle ist. Doch nach intensiven Nachforschungen, die darin bestanden, daß ich die auf einem Coca-Cola-Etikett angegebene gebührenfreie Telefonnummer der Kundeninformation anrief, stellte ich fest, das ist nicht nur möglich, sondern kommt sogar ziemlich oft vor.

Nachdem ich die nette Dame, die den Anruf entgegennahm, dazu gebracht hatte, die richtigen Worte in ihren Computer einzugeben, erfuhr ich schließlich, daß die entsprechenden Plastikflaschen (sie bestehen aus Polyäthylenterephtalat oder PET) für Kohlendioxidgas ein wenig durchlässig sind, wodurch im Lauf der Zeit so viel von dem Gas durch die Wände diffundieren kann, daß die Spritzigkeit nachläßt. Das ist auch einer der Gründe, weshalb auf dem Verschluß vieler Sprudelflaschen aus Kunststoff – was mich erneut überraschte – ein »Verfallsdatum« angegeben ist, bis zu dem man den Inhalt getrunken haben sollte. Dagegen sind Glasflaschen natürlich absolut nicht porös.

In Plastikflaschen hat klassisches Coke eine empfohlene Mindesthaltbarkeit von neun Monaten, in denen Geschmack und Qualität optimal bleiben, während es bei Diätcola nur drei Monate sind. Warum? »Geben Sie doch versuchshalber mal ›Aspartam‹ in den Rechner«, schlug ich vor, worauf wir nach einigen Sackgassen alle drei darauf kamen, daß der künstliche Süßstoff Aspartam in gewisser Weise instabil ist und mit der Zeit seine Süßkraft verliert.

Mittlerweile hatten wir mächtig viel *fun* mit dem Computer, und so suchte ich weiter nach Faktoren, welche die Qualität des Getränks beeinflussen. Tiefkühlen, meldete der Rechner, kann die Spritzigkeit herabsetzen. Den Grund dafür herauszufinden war mir eine Herausforderung, und hier folgt, was dabei meiner Ansicht nach geschieht: Wenn der Flascheninhalt gefriert, kann das sich ausdehnende Eis die Flasche ausbeulen, und beim Auftauen behält sie dann vielleicht ihre erweiterte Form bei. Das ergibt mehr Raum für Gas, in den mehr Kohlendioxid aus der Flüssigkeit entweichen kann, und damit nimmt die Spritzigkeit ab.

Die Moral von der Geschichte: Achten Sie bei Sprudelflaschen aus Kunststoff (und nicht nur da) immer auf das Haltbarkeitsdatum. Wie ein Besuch in meinem Supermarkt zeigte, tragen Produkte von Coke und Pepsi immer ein Verfallsdatum, was bei vielen anderen Marken nicht der Fall oder allenfalls in unverständlichen Codes vermerkt ist. Bewahren Sie alles kühl auf – Wärme beeinträchtigt den Geschmack – und kühlen Sie die Getränke zusätzlich, ehe Sie eine Flasche öffnen.

Ach ja, und wenn die Lieferanten Ihrer Schwägerin nicht darauf achten, wie sie beim Transport mit dem Sprudel umgehen, oder wenn dieser auf deren Regalen oder denen Ihrer Schwägerin schon Jahre zugebracht hat, dann kann es gut sein, daß das Zeug beim Öffnen so darniederliegt wie ihr Budget.

Abgestanden – auferstanden!

Was kann ich tun, damit mein Mineralsprudel seine Kohlensäure nicht verliert?

Wenn Sie die Flasche nicht ganz austrinken können und den Rest bis zur nächsten Pizza spritzig und witzig erhalten wollen, sollten Sie die Flasche einfach dicht zustöpseln und kalt lagern. Das wußten Sie ja schon. Aber warum macht man das?

Es geht darum, das gesamte verbliebene Kohlendioxid in der Flasche zu halten, weil dieses Gas mit seinen platzenden Bläschen auf unserer Zunge jenes prickelnde Gefühl auslöst. Außerdem ergibt in Wasser gelöstes Kohlendioxid eine Säure, die Kohlensäure, die für (Überraschung!) den angenehm sauren Geschmack sorgt. Ein dichter Verschluß hindert das Gas offensichtlich daran, zu entweichen. Weshalb man das Mineralwasser außerdem kalt aufbewahren soll, ist vielleicht noch nicht so klar.

Aus Gründen, die besser im Chemiekurs als in der Ernährungslehre aufgehoben sind, kann eine Flüssigkeit desto mehr Kohlendioxid (oder jedes andere Gas) absorbieren und bei sich behalten, je kälter sie ist. Ihr Sprudel kann zum Beispiel bei Kühlschranktemperatur doppelt soviel Kohlendioxid aufnehmen wie bei Raumtemperatur. Aus diesem Grund kommt Ihnen ein kräftiger Schwall entweichenden Gases entgegen, wenn Sie eine Dose mit warmer Limo oder warmem Bier öffnen: Da ist weit mehr Gas drin, als in der warmen Flüssigkeit gelöst bleiben kann.

Was ist nun mit diesen Verschlüssen zum Aufpumpen, welche das Prickeln erhalten sollen und überall zu kaufen sind? Sie wissen schon, diese Dinger, die wie eine verkleinerte Fahrradpumpe funktionieren. Sie schrauben das Ding oben in eine zum Teil geleerte Zweiliterflasche Mineralwasser, betätigen den Kolben ein paarmal und legen sie in den Kühlschrank. Wenn Sie die Flasche dann wieder aufmachen, erleben Sie das größte, höchst befriedigende Brausen, das Sie je gehört haben, und Sie werden vermutlich denken: Halleluja, mein Sodawasser ist wieder auferstanden!

Aber was glauben Sie, was das ist? Die Flasche enthält um keinen Pfifferling mehr Kohlendioxid, als wenn Sie einfach den Deckel dicht aufgeschraubt hätten. Sie haben nichts als Luft in die Flasche gepumpt, kein Kohlendioxid, und die Moleküle der Luft haben keinerlei Einfluß auf das, was die Moleküle des Kohlendioxids machen (im Jargon der Wissenschaft: Die Löslichkeit des CO_2 hängt allein von seinem Partialdruck ab).

Dieser Schnickschnack zum Aufpumpen ist nichts weiter als ein hochgestochener Stöpsel. Sparen Sie sich das Geld.

Auf Ihre Gesundheit – Prost!
Duschkraft

Wenn ich eine Flasche Champagner öffne, spritzt er oft durch den ganzen Raum, und ich hasse es, dieses teure Zeug zu vergeuden. Warum verhält der sich so?

Die Flasche ist zweifellos einige Zeit zuvor ein wenig grob behandelt worden, ohne daß Sie ihr genug Zeit gegeben haben, sich davon zu erholen. Sie muß eigentlich mindestens eine

Stunde lang im Kühlschrank auf Eis liegen, ehe sie sachte herausgenommen und geöffnet werden kann.

Champagner ist heutzutage ohnehin nicht zum Trinken gedacht. Vielmehr nimmt man ihn her, um die Sieger eines Endspiels oder eines Autorennens vollzuspritzen.

Die richtige Technik für diesen überschäumenden Unfug, die ich hier ausschließlich wegen ihres wissenschaftlichen und erzieherischen Wertes wiedergebe (MACHEN SIE DAS NICHT BEI SICH ZU HAUSE!), geht so: Erst gießen Sie ein wenig Flüssigkeit ab, damit mehr Platz zum Schütteln da ist. Dann drücken Sie einen Daumen auf die Flaschenöffnung, schütteln die Flasche wie verrückt und schieben den Daumen rasch ein wenig nach hinten – nicht zur Seite! –, so daß Sie einen konzentrierten Strahl heraussprudelnder Flüssigkeit genau nach vorne richten können.

Der wissenschaftliche und erzieherische Aspekt, den ich vermitteln wollte, ist folgender: Die Flüssigkeit schießt nicht – wiederholen Sie: nicht – deswegen so heftig heraus, weil in der Flasche irgendwie ein stärkerer Gasdruck aufgetreten wäre. In diesem Punkt könnten Sie eine beliebige Anzahl von Chemikern und Physikern hereinlegen, aber es stimmt einfach. In einer geschlossenen Flasche steigt der Gasdruck zwar zeitweilig an, wenn man sie schüttelt, aber das treibt die Flüssigkeit nicht an – schließlich fällt der Druck in der Flasche in dem Augenblick auf den Wert der Umgebung ab, in dem Sie sie entkorken oder den Daumen wegnehmen. Und wie sollte Gasdruck im Flaschenhals *oberhalb* der Flüssigkeit überhaupt imstande sein, diese aus der Flasche herausschießen zu lassen? Die Pulverladung einer Patrone muß doch auch *hinter* dem Geschoß sein, oder?

Warum sprudelt die Flüssigkeit dann aber mit solchem Schwung heraus, sobald Sie ihr unmittelbar nach dem Schütteln den Weg freigeben? Die Antwort liegt in der extrem raschen Freisetzung von Kohlendioxidgas aus der Flüssigkeit – sie sorgt für die Duschkraft. Das ist wie bei einem Luftgewehr, das seine Energie aus der plötzlichen Freisetzung eingeschlossener Luft bezieht. Schüttelt man die Flasche, sorgt irgend etwas dafür, daß das Gas fast auf der Stelle aus der Flüssigkeit entkommen möchte. Und in dem irren Wettlauf zum Ausgang reißt es eine Menge Flüssigkeit mit sich.

Hier folgt die Begründung:

Kohlendioxid löst sich sehr leicht in Wasser, doch wenn es erst einmal drin ist, kommt es nur sehr widerstrebend wieder heraus. So können Sie etwa eine offene Flasche Bier, Sprudel oder Champagner mehrere Stunden stehenlassen, ehe der Inhalt völlig abgestanden ist. Das liegt unter anderem daran, daß Gasblasen nicht einfach spontan entstehen können. Die Gasmoleküle benötigen etwas, an das sie sich klammern können, eine Art attraktiven Versammlungsort, wo sie an einer Stelle zusammenbleiben, bis ihre Anzahl ausreicht, eine Blase zu bilden. Diese Versammlungsorte, die sogenannten Bläschenkeime, können etwa als mikroskopisch kleine Staubteilchen in der Flüssigkeit oder als winzige Unregelmäßigkeiten in der Wand des Behälters vorliegen. Sind nur sehr wenige dieser Bläschenkeime vorhanden, dann wird das Gas keine Blasen bilden und in der Flüssigkeit gelöst bleiben. Aus diesem Grund verwenden Getränkeabfüller hochrein gefiltertes Wasser.

Wenn aber zufällig viele Bläschenkeime verfügbar sind, sammeln sich in deren Umfeld rasch Gasmoleküle an und bilden kleinste Bläschen. So kommen immer mehr Gasmoleküle zusammen, die Blasen wachsen und sind schließlich so groß, daß sie an der Oberfläche entweichen können.

Beim Schütteln verteilt man Millionen winzigster Bläschen aus dem Gasvolumen im Flaschenhals über die gesamte Flüssigkeit. Diese Blasenbabys stellen nun äußerst wirksame, sofort verfügbare Bläschenkeime dar, an die rasch Abermilliarden anderer Gasmoleküle sich anlagern, was immer größere Blasen entstehen läßt. Und je größer die Blasen werden, desto mehr Oberfläche bieten sie ihren Genossen zum Anlegen an, wodurch die Blasen immer noch schneller wachsen. Folglich wird die Freisetzung von Gas erheblich beschleunigt, wenn man die Flasche energisch schüttelt, und als Ergebnis schießt es mit so explosivem Schwung heraus, daß es eine Menge Flüssigkeit mitreißt. Schon hat man eine sehr wirksame Waffe für den Krieg der Tröpfe, äh, der Tropfen natürlich.

Abgesehen von Flüssigsalven ergeben sich aus diesen Grundsätzen aber auch ein paar Anregungen als Friedensdividende.

Zum einen müssen Sie nicht befürchten, daß eine ungeöffnete Flasche oder Dose mit einem kohlensäurehaltigen Getränk explodieren könnte, wenn Sie damit irgendwo anstoßen oder sie schütteln. Durch Schütteln wird zwar tatsächlich ein wenig Gas aus der Flüssigkeit in das oberhalb liegende Gasvolumen übergehen, doch das in der Flasche verfügbare Volumen reicht nicht aus, große Druckkräfte aufzubauen. Daneben werden kurz nach dem Schütteln einer Dose oder Flasche all die winzigen Bläschenkeime wieder in das obenliegende Gasvolumen zurückgekehrt sein, wo sie ihre ruchlose Tat, nämlich ein wenig Gas fahren zu lassen (man möge mir den Ausdruck verzeihen), nicht mehr ausführen können. Verzichten Sie einfach darauf, einen Behälter gleich nach dem Schütteln zu öffnen, solange noch Bläschenkeime überall in der Flüssigkeit verteilt sind. Lassen Sie ihn zunächst ruhen, damit er zu dem zurückkehren kann, was die Chemiker einen »Gleichgewichtszustand« nennen.

Der Trick bei Champagner und anderen sprudelnden Getränken besteht darin, sie einige Stunden ruhig liegen zu lassen, ehe man sie öffnet. Der Krieg der Tröpfe, pardon, der Tropfen, verläuft deswegen so effektiv, weil Sie den Inhalt der Flasche direkt nach dem Schütteln freigeben, wo die Bläschen immer noch in der Flüssigkeit sind, um ihr »Blasengasen« zu vollführen. Doch denken Sie daran: Auch wenn der Champagner wohl geruht hat, verbietet die Genfer Konvention strengstens, mit einem Champagnerkorken auf Menschen zu zielen, gleichgültig, ob es sich um Kombattanten handelt oder nicht, denn das kann zu schweren Schäden führen.

Ein letzter Punkt: Da Wärme einen Teil des Gases aus der Flüssigkeit in das obere Gasvolumen treibt, spritzt ein warmes

Getränk nach dem Öffnen stärker als ein kaltes. Das ist der andere Trick beim Champagner – er muß wirklich kalt sein. Tatsächlich kann Hitze im Luftvolumen eines Getränkebehälters für so viel Gasdruck sorgen, daß im Kofferraum eines in praller Sonne geparkten Wagens schon mal eine Dose oder Flasche geplatzt ist.

Savoir faire – so geht's (auch auf deutsch)

Wie öffnet man am besten eine Flasche Champagner, ohne wie ein Vollidiot dazustehen oder den Korken an die Decke knallen zu lassen?

Beim Öffnen einer Flasche Champagner ist es am wichtigsten, die Aufgabe mit so viel Schwung anzugehen, daß Ihre Gäste glauben, Sie würden das jeden Tag machen. Das ist äußerst schwierig auszuführen, solange Sie in Erwartung einer bevorstehenden Katastrophe vor sich hin winseln. Überwinden Sie also Ihre Furcht, üben Sie ein paarmal im stillen Kämmerlein mit einem billigen Schaumwein, und zwar wie folgt:

Entfernen Sie zunächst die Metallfolie, die das Drahtkörbchen und den Korken umhüllt. Damit das leicht vonstatten geht und Sie nicht die ganze Folie vom Flaschenhals abziehen müssen, ist oft ein kleiner Streifen zum Ziehen vorgesehen. (Nach meiner Erfahrung kann ich ihn entweder nicht finden, oder er reißt ab, sobald ich daran ziehe.) Nun nehmen Sie die Flasche fest in die eine Hand, während Sie gleichzeitig mit dem Daumen auf die Oberseite des Korkens drücken, damit Sie die Peinlichkeit einer vorzeitigen Entleerung vermeiden können. Mit der anderen Hand bördeln Sie die Drahtschleife an der Basis des Körbchens auf und entfernen dieses. Jetzt bewegen Sie die Hand, die die Flasche hält, hinunter zu ihrem dicksten Abschnitt, und dann kippen Sie die Flasche im Winkel von 45° von sich weg (mehr dazu gleich). Mit der freien

Hand greifen Sie fest um den Korken, ehe Sie die Flasche – nicht den Korken – drehen, bis der Korken sich zu lösen beginnt. Nun machen Sie langsamer weiter, bis der Korken herausgleitet. Sind Sie mit einem widerspenstigen Korken konfrontiert, der sich einfach nicht bewegen will, dann ruckeln Sie ihn ein wenig vor und zurück, damit die Haftung zwischen Glas und Korken gelöst wird.

Warum habe ich nun gesagt, Sie sollen die Flasche und *nicht* den Korken drehen? Sowohl Newton als auch Einstein sagen übereinstimmend, daß es überhaupt keine Rolle spielt, was Sie drehen, weil Bewegung ja streng relativ ist. Sie könnten auch einen Laib Brot so aufschneiden, daß Sie ihn am Messer vorbeiziehen, oder nicht? Aber überlegen Sie: Wenn Sie einen Korken herausdrehen, müssen Sie die Finger mehrmals umsetzen und dazu zeitweilig den Griff lockern. In einem dieser Augenblicke könnte er unkontrollierbar davonschießen, worauf Ihr Fußboden mit Wein bekleckert wird, während Sie sich selbst nicht gerade mit Ruhm bekleckert haben dürften.

Was das Kippen der Flasche betrifft: Senkrecht werden Sie sie natürlich nicht halten wollen, weil Sie sich sonst der Gefahr aussetzen, sich selbst im Gesicht zu treffen, falls der Korken herausschießt. Wenn die Flasche dagegen fast in der Horizontalen liegt, würde der Hals sich mit Flüssigkeit füllen, während das Gas aus dem »Luftvolumen« in der Schulter der Flasche eine Blase bilden würde. Diese Blase könnte sich, sobald Sie mit dem Entfernen des Korkens den Druck vermindern, plötzlich ausdehnen und die Flüssigkeit im Hals in die Gegend schießen. Ein Neigungswinkel von 45° stellt in der Regel sicher, daß das Gas aus dem Luftvolumen im Flaschenhals bleibt, wo es auch hingehört.

Champagner als Nachtisch
Champagner-Gelee

Champagner kann man essen, nicht nur trinken. In diesem aufsehenerregenden Dessert bleiben Aroma und sogar ein paar Bläschen erhalten. Das funkelnde und weiche Gelee, das der kalifornische Patissier Lindsey Shere erfunden hat, zergeht buchstäblich auf der Zunge. Man kann einen preiswerten Champagner oder Prosecco verwenden. Belegt man das Gelee mit Beeren oder Trauben, ist die Wirkung vollkommen. (Bei den Lebensmittelkonzernen schaut man schon ganz neidisch!)*

1 ½ Päckchen Gelatinepulver
¼ Liter kaltes Wasser
200 Gramm Zucker
1 Flasche (0,75 l) trockener Schaumwein
250 Gramm Himbeeren

1. Gelatine über das kalte Wasser in einem mittleren Kochtopf streuen und 5 Minuten einweichen lassen.
2. Topfinhalt bei mittlerer Hitze erwärmen und mit einem Kochlöffel umrühren, bis die Gelatine aufgelöst ist. Nicht kochen.
3. 1 gehäuften Eßlöffel Zucker zurückbehalten, den übrigen Zucker einrühren, Topf vom Feuer nehmen. Rühren, bis der Zucker vollständig aufgelöst ist, dann den Champagner einrühren. Die Mischung in einen flachen Behälter gießen, zudecken und 8–10 Stunden im Kühlschrank lassen, bis sie fest geworden ist.
4. Kurz vor dem Anrichten Himbeeren mit dem restlichen Zucker bestreuen. Das Gelee mit einer Gabel in kleine Stücke zerbröckeln.
5. Einige Eßlöffel des fertigen Champagnergelees auf sechs Dessertschalen verteilen. Ein paar Beeren hinzugeben, eine Schicht Gelee darüber legen und schichtweise so weitermachen, bis Gelee und Beeren aufgebraucht sind, wobei Beeren den Abschluß bilden sollten. Bis zum Servieren kalt stellen.

Ergibt 6 Portionen.

---

* Natürlich ist auch deutscher Sekt geeignet. – Anm. d. Ü.

Ein ziemlich »verkorkstes« Problem

Einige der Weine, die ich kaufe, sind mit »Korken« aus Kunststoff verschlossen. Gibt es vielleicht eine weltweite Korkknappheit, oder sind eher technische Gründe dafür verantwortlich?

Auf einer Reise durch Portugal und das westliche Spanien, wo mehr als die Hälfte der weltweiten Korkproduktion herkommt, habe ich diese Frage auch gestellt, bekam jedoch keine zufriedenstellende Antwort. Es war, als würde man einen Seidenwurm etwas über Polyester fragen. Zu Hause erfuhr ich dann, daß viele Winzerbetriebe auf Plastikstöpsel umsteigen. Ja, sie sind wirtschaftlicher als natürliche Korken der besten Qualität, aber es geht dabei auch um technische Aspekte.

In der Schule haben wir alle gelernt, daß Kork auf Bäumen wächst, den sogenannten Korkeichen. Nachdem wir uns zunächst vorgestellt hatten, wie Tausende reifer Korken von den Zweigen herabhängen, waren wir enttäuscht, als man uns sagte, Korken würden aus der Borke des Baumes gestanzt.

Für eine erneuerbare Ressource sind Korkeichen das Vorbild schlechthin: Sobald die Bäume das Reifealter erreicht haben, etwa mit 25 Jahren, wächst die Rinde nach dem Schälen immer wieder nach. Dazu werden um den Stamm und um dicke Äste ringförmige Schnitte angelegt, dann schlitzt man die Rinde der Länge nach auf und schält sie in Form von ganzen Platten ab. Diese werden in Wasser gekocht, aufeinandergestapelt und flachgedrückt. In den sich viele Kilometer hinziehenden Korkeichenwäldern, die ich in Portugal sah, war jeder Baum mit einer großen Zahl aus weißer Farbe gekennzeichnet. Sie gibt das Jahr an, in dem die Borke zuletzt abgeschält worden ist; die nächste Ernte folgt dann neun Jahre später.

Beim Anblick einer frisch abgelösten Rinde konnte ich erfreut eine Frage beantworten, die ich mir immer wieder gestellt hatte: Ist die Borke wirklich dick genug für die Länge eines Weinkorkens? Ja, nach neun Jahren ist sie es. Die Korken werden senkrecht aus den geplätteten Rindentafeln gestanzt, ein wenig wie hohe, schmale Plätzchen.

In all den Jahrhunderten, in denen man Kork zum Verstöpseln von Weinflaschen benutzt hat, stellte sich stets ein dringendes Problem. Es handelt sich um den unter der Bezeichnung Korkgeschmack oder einfach »Korken« bekannten Geruch eines Schimmelpilzes, der einen kleinen Prozentsatz von Korken befällt und den Weingeschmack beeinträchtigt. Die Qualitätskontrollen in modernen Winzerbetrieben, besonders in den großen, haben die Chance, daß Ihre Flasche »einen Korken hat« oder »korkt«, auf etwa 2–8 % verringert. Gleichwohl ist es eine attraktive Alternative, den Korken durch einen Verschluß aus Kunststoff zu ersetzen, weil auf Plastik kein Schimmel gedeihen kann.

Und so kommt der Korkengeschmack zustande:

Während man die Korkrinde schält, sortiert, lagert und weiterverarbeitet, gibt es für Schimmelpilze zahlreiche Gelegenheiten, sich darauf anzusiedeln. Die fertigen Korken werden in der Regel mit einer Chlorlösung desinfiziert und gebleicht. Das Chlor schafft es jedoch nicht, alle Schimmelpilze abzutöten, und als Nebeneffekt reagiert es mit natürlichen Phenolen im Kork zu sogenannten Chlorphenolen. Die überlebenden Schimmelarten sowie andere, die sich zum Beispiel während der langen Seereise von Portugal in die Abnehmerländer zu ihnen gesellen, können einige dieser Chlorphenole in eine stark riechende Chemikalie namens 2,4,6-Trichloranisol verwandeln, die man freundlicherweise mit dem Spitznamen TCA belegt hat. Dieses TCA läßt den Wein nach Korken riechen und schmecken. Man kann es noch in Konzentrationen von wenigen Teilen pro Billion wahrnehmen.

Mittlerweile werden »Korken« aus Plastik (der Handel nennt sie synthetische Verschlüsse) von mehr als zweihundert Winzerbetrieben in aller Welt in unterschiedlichem Ausmaß verwendet. Einige Hersteller setzen gepreßte Kunststoffstöpsel in Millionen ab, während ein anderer seine Plastikstöpsel im Spritzgußverfahren herstellt.

Wie bewähren die synthetischen Korken sich im Vergleich zu echten? Die Prüfungen auf Durchlässigkeit, Sauerstoffausschluß und Bedruckbarkeit – eines der geforderten Kriterien, weil viele Winzer mit einem Aufdruck auf dem Korken für sich werben – scheinen sie zu bestehen. Weil die synthetischen Verschlüsse aber noch nicht lange genug im Einsatz sind und somit keine Langzeitstudien zu ihrem Alterungsverhalten vorliegen, nehmen die meisten Winzer sie nur für Weine, die jung getrunken werden sollten – innerhalb von, sagen wir, sechs Monaten nach der Abfüllung (die Spanne reicht bis zu 18 Monaten).

Doch wenn Kenner mehr als 100 Dollar (oder Euro) für eine Flasche Wein der Spitzenqualität ausgeben, wollen sie in der Regel keine neumodischen Spielereien sehen. In einem Versuch, jeglichem Snobismus den Boden zu entziehen, haben manche Winzerbetriebe damit angefangen, einige ihrer Spitzenprodukte mit Plastikstöpseln und sogar – können Sie das fassen? – mit Schraubverschlüssen auszustatten. Schließlich ist eine Aluminiumkapsel wahrscheinlich der ideale Verschluß: Sie ist luftdicht, in keiner Weise anfällig für Schimmel und kann ohne jedes Werkzeug entfernt werden.

Was kommt als nächstes? Mouton-Rothschild im Weinschlauch aus Plastik?

Heutzutage sind manche Weinflaschen mit synthetischen »Korken« verschlossen, die möglicherweise aus einem ziemlich zähen Kunststoff bestehen und Ihnen samt Ihrem Korkenzieher das Leben schwermachen. Prüfen Sie, ob die Spitze Ihres Korkenziehers wirklich scharf ist. Falls nicht, sollten Sie sie mit einer Feile anschärfen, damit sie auch in die zähesten »Korken« problemlos eindringt.

Naseweis

Was soll ich mit dem Korken anfangen, den der Kellner im Restaurant auf den Tisch legt, nachdem er den Wein geöffnet hat?

Niemand erwartet von Ihnen, daß Sie daran schnüffeln, um Anzeichen von Schimmel zu entdecken. Heutzutage kommt so etwas eher selten vor. Außerdem werden Sie, wenn der Kellner einen kleinen Schluck Wein eingegossen hat, damit Monsieur oder Madame ihn verkosten mögen, mit ein paar Schwenkern und ein wenig Schnuppern alles erfahren, was Sie wissen müssen. Wen interessiert schon, wie der Korken riecht, wenn der Wein gut schmeckt und duftet?

Falls Sie den unwiderstehlichen Drang verspüren, an irgend etwas zu schnüffeln, dann schnüffeln Sie doch am Glas, bevor der Wein eingeschenkt wird. Riecht es nach Desinfektionsmittel oder Seife oder sonstwas, dann sollten Sie – sauberes Glas ist geruchlos – um ein anderes Glas bitten, es sei denn, Sie hätten eine Flasche *Katzenstiege Hinterhof* geordert, denn dann könnte ein wenig Seife vielleicht sogar eine Verbesserung darstellen.

Aber vielleicht werfen Sie ja angelegentlich einen Blick auf den Korken und sehen nach, ob er ein Stück weit feucht (und bei Rotwein auch verfärbt) ist. Dann ist der Wein nämlich liegend aufbewahrt worden, wie es sich gehört, damit der Korken immer feucht bleibt und die Flasche richtig abdichtet.

Historisch gesehen diente die Präsentation des Korkens durch den Patron einem ganz anderen Zweck als dem Schnüffeln nach Korkengeruch. Diese Praxis setzte im 19. Jahrhundert ein, als skrupellose Händler darauf verfielen, billige Weine als teure auszugeben. Die Weinhersteller kämpften dagegen an, indem sie als Beleg der authentischen Herkunft ihren Namen auf den Korken druckten. Und dazu gehörte natürlich, daß die Flasche immer in Anwesenheit des Patrons geöffnet wurde, was bis heute so geblieben ist.

Anstatt den Weinkellner eines guten Restaurants vielleicht dadurch zu kränken, daß Sie entweder am Korken schnüffeln oder die Lesebrille aufsetzen, um ihn gründlich zu mustern, ist es heute wohl am besten, ihn einfach zu ignorieren. Ich persönlich spiele in Vorlesungspausen, in denen ich mir früher eine Zigarette angesteckt hätte, gerne ein wenig damit herum.

Sag »Halt!«

Immer wieder lese ich, mäßiger Alkoholkonsum könne für die Gesundheit des Herzens förderlich sein. Aber was ist »mäßiger Konsum« denn überhaupt?

Normalerweise lautet die ausweichende Antwort auf diese Frage: »Ein oder zwei ›Drinks‹ pro Tag.« Doch was soll das sein, ein »Drink«? Eine Flasche Bier? Ein Glas Wein? Ein randvoller Martini mit 18 cl Spirituosen? Es gibt lange, kurze, steife und schwache Drinks. Was dem einen sein Gläschen, mag dem anderen wie ein Fingerhut oder wie ein ganzer Eimer voll vorkommen.

Wenn Sie gewohnt sind, bei sich zu Hause eine Ladung Scotch ins Glas schwappen zu lassen, ohne sie abzumessen, werden diese Ladungen mit den Jahren tendenziell immer größer ausfallen. Aber wieviel Alkohol teilt Ihnen dieser Barmann in einem Lokal wirklich zu, wenn er entweder großzügig oder knickerig ist? Kurz, wieviel Alkohol enthält ein solcher »Drink« denn eigentlich?

Diese Frage geht keinem mehr aus dem Sinn – nun ja, zumindest mir nicht –, seit das Ernährungsministerium der USA seine jüngsten »Ernährungsrichtlinien für Amerikaner« (fünfte Auflage, 2000; das Buch wird alle fünf Jahre überarbeitet) herausbrachte. Ich bin wild entschlossen, diese brennende Frage gleich hier und jetzt zu beantworten. Vorab jedoch: Nachdem in den Richtlinien zunächst gewarnt wird, daß übermäßiges Trinken zu Unfällen, Gewalt, Selbstmord, hohem Blutdruck, Schlaganfall, Krebs, Fehlernährung, Geburtsfehlern sowie zu

Schäden an Leber, Bauchspeicheldrüse, Gehirn und Herz führen könne, wird unumwunden festgestellt, daß »mäßiges Trinken das Risiko für Herzkrankheiten verringern kann, vor allem bei Männern über fünfundvierzig und bei Frauen über fünfundfünfzig Jahren«.

(Aber aufgepaßt, ihr Jungs und Mädels im hoffnungsvollen Schulalter: Da steht auch, daß »mäßiger Konsum bei jüngeren Menschen, wenn überhaupt, nur sehr geringen gesundheitlichen Nutzen bringt«. Dann folgt: »Die Gefahr von Alkoholmißbrauch wächst, wenn in jungen Jahren mit dem Trinken begonnen wird.«)

Praktisch gleichzeitig berichtete eine im Juli 2000 im *New England Journal of Medicine* veröffentlichte epidemiologische Studie der Universität Harvard, eine Langzeituntersuchung an 84 129 Frauen zwischen 1980 und 1994 habe ergeben, daß für jene, die mäßig tranken, das Risiko einer Erkrankung der Herzkranzgefäße um 40 % geringer war als für jene, die überhaupt nicht tranken. Ähnliche Untersuchungsbefunde sorgen seit mehr als zehn Jahren für Schlagzeilen. Daraus scheint sich eindeutig ableiten zu lassen, daß, um es mit den Worten der Autoren der Harvard-Studie zu sagen, »mäßiger Alkoholkonsum mit einem verringerten Risiko einer Erkrankung der Herzkranzgefäße« bei Männern wie bei Frauen einhergeht.

Mäßiger Alkoholkonsum? Übermäßiges Trinken? Was bedeuten diese Begriffe denn nun?

In dem Bestreben, dem Mann und der Frau auf der Straße – oder in der Bar – hilfreich zur Seite zu stehen, dampft der Bericht des Ministeriums den Begriff »mäßiger Konsum« auf »nicht mehr als ein Drink pro Tag bei Frauen und nicht mehr als zwei Drinks pro Tag bei Männern« ein. Der Unterschied ist nicht durch Machismo zu erklären, sondern beruht auf dem unterschiedlichen Gewicht und Stoffwechsel der Geschlechter.

Doch das hilft noch immer nichts, solange »ein Drink« für Sie alles bedeuten kann, was Sie darin sehen wollen. Die Medizinforscher, allesamt gute Wissenschaftler, die sie nun mal sind, sprechen hier ausnahmslos nicht von »Drinks«, sondern formulieren alles in Gramm Alkohol, was selbstverständlich allein zählt. Mäßiger Konsum – jener eine Drink für Frauen – ist in vielen Studien definiert worden und liegt zwischen 12 und 15 Gramm reinem Alkohol. (Es freut einen zu sehen, daß ein »Standard-Drink« in anderen Ländern von 8 Gramm Alkohol in England bis zu 20 Gramm in Japan reicht.) 12–15 Gramm entspricht etwa der Menge Alkohol, die in ½ Liter Bier, ¼ Liter Wein oder 4 cl Schnaps von 40 % enthalten ist. Aber fragen Sie mal versuchshalber einen Barmann nach einem Drink, der 15 Gramm Alkohol bietet. Der glaubt, Sie hätten schon ein paar Gramm zuviel erwischt.

Die Eine-Million-Dollar-Frage lautet also: Wie kriegen Sie raus, wieviel Gramm reinen Alkohol Sie mit Ihren »ein oder zwei Drinks« abkriegen?

Das ist wirklich ganz einfach. Um herauszufinden, wieviel Gramm Alkohol Ihr Drink enthält, müssen Sie nur die Menge des alkoholischen Getränks in Millilitern mit dem Prozentsatz des Alkohols pro Volumeneinheit multiplizieren. Diesen Wert multiplizieren Sie dann mit der Dichte von Alkohol (sie wird in Gramm pro Milliliter angegeben), und am Ende dividieren Sie alles durch 100. Hier die Formel: *Multipliziere Volumen mit Alkoholgehalt in Prozent, dividiere durch 100 und multipliziere das Ergebnis mit 0,789.*

Beispiele: 4 cl (40 ml) *Gin*, *Wodka* oder *Whisky* von 40 % enthalten 40 x 40 : 100 x 0,789 = 12,6 Gramm reinen Alkohol.

Für Weintrinker: 0,1 l (100 ml) eines Weins von 13 % enthalten 100 x 13 : 100 x 0,789 = 10,2 Gramm Alkohol.

Für Bierfreunde: Eine Halbliterflasche Exportbier von 5 % enthält 500 x 5 : 100 x 0,789 = 19,7 Gramm reinen Alkohol.

Auf diese »typischen« Alkoholgehalte können Sie sich aber nicht immer verlassen. Die meisten Schnäpse sind zwar auf 40 % Volumenprozent Alkohol verdünnt, aber es sind auch ein paar harte Sachen mit bis zu 80 % in Umlauf (schöne Grüße aus Österreich). Wein kann zwischen 7 und 24 % (bei Süßweinen und Sherrys) variieren, und Bier gibt es zwischen 3 und 9 oder

10 Prozent*. Daheim sollten Sie die Etiketten lesen und Ihre Drinks entsprechend abmessen. Im Restaurant oder in der Bar sollte der Barmann immer das Volumen des Drinks sowie den Alkoholgehalt der darin vermischten Getränke angeben können.

Zusammengefaßt läßt sich sagen: Sind Sie bei guter Gesundheit und beschließen, etwas zu trinken, sollten Sie Ihre tägliche Alkoholaufnahme ausrechnen und sie auf etwa 15 Gramm beschränken, wenn Sie eine Frau, und auf 30 Gramm, wenn Sie ein Mann sind**.

Ein guter Barmann kühlt immer erst das Glas, ehe er einen Martini mixt und eingießt. Nach meiner Erfahrung machen es die meisten jedoch nicht richtig. Sie füllen das Glas mit Eis, geben in der Absicht, den thermischen Kontakt zwischen Eis und Glas zu verbessern, ein wenig Wasser dazu, und lassen es eine oder zwei Minuten stehen. Doch es ist falsch, Wasser hinzuzugeben. Eis aus der Maschine ist immer kälter als 0 °C. Das muß es auch sein, sonst wäre es kein Eis. Das Wasser kann dagegen nie kälter als 0 °C werden, vermindert also die Kühlfähigkeit des Eises. Für Ihre Martinis am heimischen Herd füllen Sie etwas Eis ins Glas (es kann ein wenig zerstoßen sein, wenn Sie wollen), aber bleiben Sie dicht, Verzeihung, hart, was das Wasser angeht. Direkt aus dem Gefrierschrank sollte Ihr Eis zumindest 15° unter Null haben. Wegen der Kälteübertragung brauchen Sie sich keine Sorgen zu machen – wo immer das Eis mit dem Glas in Berührung kommt, schmilzt es ohnehin.

---

* In Deutschland etwa die beliebten Starkbiere vom -ator-Typ. – Anm. d. Ü.

** In Deutschland ist vorgeschrieben, die entsprechenden Zahlen in der Getränkekarte auszuweisen. Bei komplizierten Mixgetränken muß man allerdings schon mal raten, und meist liegt man da ohnehin bereits mit dem ersten weit über dem »Tagessoll«. – Anm. d. Ü.

Zeit für die Margaritas!

Bob's Best Margarita

Nach drei Tagen erschöpfender Forschungsarbeit, in denen ich in San Antonio (Texas) so viele Margaritas wie möglich ausprobierte, kehrte ich nach Hause zurück, um ein eigenes Rezept zusammenzurühren, in das alles eingehen sollte, was ich für Spitzenqualität hielt. Viele Rezepte schreiben Orangenlikör der oberen Regalklasse wie Cointreau oder Grand Marnier vor, doch deren Öle aus der Orangenschale und die Branntweine übertönen den Geschmack des Tequila, um den es bei den Margaritas ja letztlich geht. Nach meiner Erfahrung ist ein anspruchsloser Triple Sec wie Hiram Walker am besten. Diese Margaritas gehen runter wie nichts, weil sie süß sind, doch sie enthalten 16 Gramm Alkohol pro Portion und sollten deshalb mit Vorsicht genossen werden.

Das Salz auf dem Rand des Margaritaglases sollte nur außen am Glas sein, weil es dann nicht in den Drink fallen kann. Ich feuchte den Rand mit dem Finger an, den ich vorher in den Limettensaft getaucht habe, und beschränke mich dabei auf die Außenseite des Glasrands.

30 Milliliter frischgepreßter Limettensaft
Grobes Salz mittlerer Körnung (etwa koscheres Salz)
90 Milliliter Tequila
30 Milliliter Hiram Walker triple sec
Kleine Eiswürfel oder zerstoßenes Eis

1. Einen Finger in den Limettensaft tauchen und damit den äußeren Rand von 2 Martinigläsern anfeuchten. Die Ränder im Salz rollen, so daß außen ein Salzrand bleibt. Gläser ins Gefrierfach stellen, bis die Drinks fertiggemixt werden.
2. Mit einem Schnapsglas mit Eichstrich die flüssigen Zutaten in einen Cocktailshaker einmessen. Eis zugeben, 15 Sekunden kräftig schütteln. In die gekühlten Gläser verteilen.

Ergibt 2 Margaritas mit jeweils 16 Gramm Alkohol.

Nichts fragen, nichts sagen

Manchmal sagt das Etikett auf einer Bierflasche, wieviel Prozent Alkohol drin sind, und manchmal nicht. Gibt es denn dafür kein Gesetz?

Es gab einmal eine Zeit, da verboten die US-amerikanischen Behörden den Brauereien, den prozentualen Alkoholgehalt des Bieres auf dem Etikett anzugeben, weil man die Leute davon abhalten wollte, ihre Getränke nach dem Alkoholgehalt auszuwählen. Doch das trifft nicht mehr zu.

1935, zwei Jahre nach der Rücknahme der Prohibition*, wurde gesetzlich untersagt, die alkoholische Potenz von Bier auf das Etikett zu drucken, weil man befürchtete, unter den Brauern würden »Kämpfe um das stärkste Bier« ausbrechen. Ironischerweise wollten die Brauer 60 Jahre später, als leichte und alkoholfreie Biere in Mode kamen, das Recht erhalten, herauszustellen, wie *wenig* Alkohol ihre Produkte enthielten, worauf sie das Gesetz mit der Vorschrift »Nichts angeben« angriffen. 1995 entschied der Oberste Gerichtshof der USA, das Angabeverbot verstoße gegen den Ersten Verfassungszusatz, weil es das Recht der Brauer auf freie Rede behindere.

Hiermit zitiere ich aus der vom 1. April 2000 stammenden Neufassung des US-Gesetzes über bundeseinheitliche Regelungen, Punkt 27 (Alkohol, Tabakprodukte und Feuerwaffen), Kapitel 1 (Büro für Alkohol, Tabak und Feuerwaffen beim Schatzministerium), Teil 7 (Kennzeichnung und Werbung bei Malzgetränken), Unterabteilung C (Kennzeichnungsanforderungen bei Malzgetränken), Abschnitt 7.71 (Alkoholgehalt), Unterabschnitt (a): »Der Alkoholgehalt ... kann auf dem Etikett angegeben werden, soweit dem kein staatliches Gesetz entgegensteht.«

Den einzelnen Bundesstaaten der USA ist somit ausdrücklich gestattet, das Bundesgesetz nach Belieben außer Kraft zu

* Allgemeines Alkoholverbot (1919–1933) in den USA. – Anm. d. Ü.

setzen, was bei Wein oder destillierten Schnäpsen nicht gilt, weil hier Bundesgesetze den Vorrang haben. Wie Sie sich vorstellen können, variieren die Vorschriften zur Kennzeichnung von Bier je nach Bundesstaat erheblich.

Vom amerikanischen Bierinstitut erhielt ich im *Modern Brewery Age Blue Book* veröffentlichte Informationen, in denen der irre Flickenteppich der gesetzlichen Kennzeichnungsvorschriften aller 50 Bundesstaaten einschließlich des District of Columbia und von Puerto Rico zusammengefaßt ist.

Nach meiner Zählung ist es in etwa 27 Bundesstaaten immer noch verboten, den Alkoholgehalt anzugeben, vier Staaten verlangen die Kennzeichnung von Bieren mit weniger als 3,2 % Alkohol, und bei den übrigen scheint man sich entweder nicht darum zu kümmern oder hat so komplexe Vorschriften, daß sich die Frage nach dem Alkoholgehalt der Gesetzgeber stellt (Minnesota schießt dabei den Vogel ab). In Alaska ist, soweit ich sehe, eine Angabe der Stärke gleichzeitig verboten und erforderlich*.

Wieviel ist gar nichts?

Ist in alkoholfreiem Bier wirklich gar kein Alkohol enthalten?

Das US-Gesetz über bundeseinheitliche Regelungen, Punkt 27, Kapitel 1, Teil 7 usw. usw. usw. besagt: »Die Begriffe ›alkoholarm‹ oder ›alkoholreduziert‹ dürfen nur für Malzgetränke verwendet werden, deren Alkoholgehalt weniger als 2,5 Volumenprozent beträgt.« Alkoholfreies Bier muß weniger als 0,5 Volumenprozent Alkohol enthalten.

Volumenprozent? Ja, das geht nach Volumen. Diese Änderung liegt auch noch nicht sehr lange zurück. Viele Brauer hat-

* In Deutschland wie in der EU ist die Angabe des Alkoholgehalts auf der Verpackung zwingend vorgeschrieben. – Anm. d. Ü.

ten sich angewöhnt, den Alkohol in Gewichtsprozenten anzugeben, also in Gramm Alkohol pro 100 Milliliter des Gebräus. Andere dagegen gaben ihn in Volumenprozent an, also in Milliliter Alkohol pro 100 Milliliter Bier. Aber auch hiergegen ist das US-Gesetz über bundeseinheitliche Regelungen, Punkt 27 usw., eingeschritten: »Eine Angabe des Alkoholgehalts soll in Prozent Alkohol pro Volumen und nicht in Prozent Gewicht erfolgen ...« Das ist gut, weil die Alkoholgehalte von Wein und Spirituosen ebenfalls in Volumenprozent angegeben werden, so daß nun alles einheitlich ist.

8. KAPITEL

Diese geheimnisvollen Mikrowellen

Den Schalk fest im Nacken, erzählt der britische Essayist und Kritiker Charles Lamb (1775–1834) in seiner »Dissertation on Roast Pig« (Eine gelehrte Abhandlung über Spanferkel), wie die Menschen erstmals entdeckten, daß man etwas kochen – oder genauer: rösten – konnte, nachdem sie »die ersten siebzigtausend Generationen hindurch« Fleisch roh gegessen hatten, indem sie »es mit Nägeln oder Zähnen aus dem lebenden Tier herausrissen«.

Die Geschichte, angeblich in einer alten chinesischen Handschrift entdeckt, berichtet vom jungen Sohn eines Schweinehirten, der durch Zufall die eigene Hütte in Brand steckte. Diese brannte bis auf die Grundmauern nieder, und die neun Schweine darin kamen um (Schweinehirten wohnten anscheinend so). Als der Sohn sich bückte und eines der toten Schweine berührte, verbrannte er sich die Finger und steckte sie instinktiv in den Mund, um sie zu kühlen, worauf er einen köstlichen Geschmack wahrnahm, den die Menschheit nie zuvor gekannt hatte.

Der Schweinehirt und sein Sohn, die Gutes auf der Stelle erkannten, wenn sie es schmecken konnten, bauten fortan eine Reihe immer nachlässiger konstruierter Hütten, die sie dann mitsamt den eingeschlossenen Schweinen niederbrannten, um dieses wunderbar geschmackvolle Fleisch herzustellen. Ihr Geheimnis wurde jedoch bekannt, und es dauerte nicht lange, bis alle Dorfbewohner schäbige Hütten bauten und mit eingeschlossenen Schweinen abbrannten. Schließlich »brachte die Zeit es mit sich, daß da ein weiser Mann kam ... welcher entdeckte, daß man das Fleisch von Schweinen, oder in der Tat von jedem anderen Tier, vielleicht kochen (brennen, wie sie es nannten) könnte, ohne gleich ein ganzes Haus abfackeln zu müssen, um es herzurichten«.

Bis zum Anfang des 20. Jahrhunderts machten wir Menschen dann weiterhin Feuer, wann immer wir etwas kochen wollten. Zu jener Zeit hatten wir gelernt, das Feuer in Küchenherden zu machen, und später schlossen wir es dann in eine Vorrichtung ein, die wir Ofen nannten. Doch jeder Koch mußte noch immer Brennmaterial beschaffen und Feuer machen, wenn er ein Schwein braten oder auch nur Wasser kochen wollte.

Doch das muß nicht sein.

Was, wenn wir an einem fernen Ort ein einziges riesiges Feuer machen könnten, dessen Energie wir dann irgendwie einfangen und wie frische Milch direkt in Tausende von Küchen liefern würden? Nun, heute können wir das, durch das Wunder der Elektrizität.

Erst vor hundert Jahren entdeckten wir die Möglichkeit, Brennstoff in großen Mengen in einer zentralen Anlage zu verbrennen, mit der Hitze des Feuers Wasser zum Kochen zu bringen und den Dampf anschließend in elektrischen Strom umzuwandeln. Diese elektrische Energie konnte man dann durch Kupferdrähte über Hunderte von Kilometern in Tausende von Küchen leiten, in denen Tausende von Köchen sie wieder in Hitze zurückverwandelten, um damit zu rösten, zu toasten, zu sieden, zu grillen und zu backen. Und all das mit einem einzigen Feuer.

Diese Form eines übertragbaren Feuers verwendeten wir zunächst nur dazu, das Gas der Straßenbeleuchtung und der Lampen in den Salons (soweit man über einen Salon verfügte) zu ersetzen. 1909 zog die Elektrizität dann in die Küche ein, als General Electric und Westinghouse ihre ersten elektrischen Toaster auf den Markt brachten. Elektroherde, elektrische Öfen und Kühlschränke folgten. Heutzutage können wir ohne unsere elektrischen Öfen, Herde, Grillgeräte, Küchenquirle, Mixer, Stabmixer, Küchenmaschinen, Kaffeemaschinen, Reiskocher, Brotmaschinen, Gefrierschränke, Bratpfannen, Woks, Niedertemperaturkocher, Dampftöpfe, Waffeleisen, Gurkenhobel und Messer (einmal erfand ich eine elektrische Gabel als Ergänzung zum Elektromesser, doch die konnte sich nicht durchsetzen) kaum mehr eine Mahlzeit auf den Tisch bringen.

Ist dies nun das Ende der Geschichte von der Energie zum Kochen für die Menschheit? Bis vor 50 Jahren war es das, doch dann hat man eine völlig neuartige, ohne Feuer auskommende Methode erfunden, mit der Wärme zum Kochen erzeugt werden kann: den Mikrowellenherd. Er funktionierte nach einem völlig neuen Prinzip, das nur wenige Menschen verstanden, weshalb viele Angst davor hatten. Es gibt immer noch Leute, die ihren Mikrowellenherd fürchten und ihm mißtrauen – trotz seiner Allgegenwart bleibt er das erstaunlichste von allen Küchengeräten. Zugegeben, er arbeitet mit Strom, doch er erwärmt Nahrungsmittel auf eine nie zuvor auch nur erträumte Weise, und das, ohne dabei selbst heiß werden zu müssen. Seit mehr als einer Million Jahren ist es die erste völlig neue Art des Kochens.

Zum Thema Mikrowellen habe ich wahrscheinlich mehr Anfragen erhalten als zu jedem anderen. Hier stelle ich nun einige der häufigsten Fragen vor. Ich hoffe, mit den Antworten so viel Verständnis für diese Anwendungen zu liefern, daß Sie imstande sind, Fragen, die sich Ihnen stellen, selbst zu beantworten.

Was ist eine Mikrowelle?

Bei den Köchinnen und Köchen am häuslichen Herd gibt es hinsichtlich der Mikrowellenherde so viele Ängste, daß man glauben möchte, es handle sich um Atomreaktoren im Küchenformat. Einige Kochbuchautorinnen und -autoren tragen auch nicht gerade zu einer Verbesserung dieser Situation bei, da sie den Unterschied zwischen Mikrowellen und radioaktiver Strahlung nicht zu kennen scheinen. Klar, beides sind Arten von Strahlung, doch das gilt auch für die Fernsehwellen, die uns belanglose Sitcoms ins Haus bringen. Schwer zu sagen, welche man eher meiden sollte.

Genau wie bei Radiowellen handelt es sich bei Mikrowellen um Wellen elektromagnetischer Strahlung, wenn auch mit kürzerer Wellenlänge und höherer Energie (Wellenlänge und Energie hängen zusammen: je kürzer die Wellenlänge, desto höher die Energie). Elektromagnetische Strahlung besteht aus Wellen purer Energie, die mit Lichtgeschwindigkeit durch den Raum eilen. Tatsächlich besteht ja auch das Licht aus elektromagnetischen Wellen mit noch kürzerer Wellenlänge und höherer Energie als Mikrowellen. Es sind gerade die spezielle Wellenlänge und die Energie einer Strahlung, auf denen ihre jeweils spezifischen Eigenschaften beruhen. So kann man Speisen nicht mit Licht kochen (mehr dazu auf S. 355) und beim »Schein« von Mikrowellen kann man nicht lesen.

Mikrowellen werden mit einer Art Vakuumröhre namens Magnetron erzeugt, die sie in Ihren Herd speit: eine verschlossene Metallkiste, in der die Mikrowellen ständig hin und her tanzen, solange das Magnetron in Betrieb ist. Ein Magnetron wird nach seinem Ausstoß an Mikrowellen eingestuft, der gewöhnlich zwischen 600 und 900 Watt liegt (dies ist die abgegebene Leistung in Watt, nicht die Leistungsaufnahme des Geräts, die höher liegt).

Doch damit ist noch nicht alles geklärt. Die Kochkraft eines Mikrowellenherds, von der auch abhängt, wie schnell er seinen Pflichten nachkommt, hängt davon ab, in welchem Verhältnis die abgegebene Leistung in Watt zum vorhandenen Garraum in Kubikzentimetern steht. Um Herde vergleichen zu können, müssen Sie die Wattzahl jeweils durch das Volumen des Garraums dividieren. Beispielsweise hat ein Gerät mit 800 Watt und 800 Kubikzentimetern nutzbarem Volumen eine relative Kochkraft von 800 : 800 = 1, was recht typisch ist. Da verschiedene Mikrowellengeräte unterschiedliche Leistungsmerkmale aufweisen, kann in Rezepten nicht genau angegeben werden, wie lange eine bestimmte Zubereitung mit der Mikrowelle dauern sollte.

Wie erzeugen Mikrowellen Wärme?

Nach der Antwort auf diese Frage brauchen Sie in Büchern über Ernährung gar nicht erst zu suchen. Alle einschlägigen Bücher (mit einer Ausnahme) in meiner Sammlung, auch jene, die ausschließlich dem Kochen mit Mikrowellen gewidmet sind, umgehen dieses Thema entweder ganz oder geben die gleiche irreführende Antwort. Doch wenn man dieses Thema meidet, bestärkt man nur die alles andere als hilfreiche Ansicht, es handle sich um eine Zauberkiste. Schlimmer ist es allerdings, wenn man eine falsche Antwort in Umlauf bringt.

Die allgegenwärtige Nicht-Erklärung lautet: »Mikrowellen veranlassen die Wassermoleküle, sich aneinander zu reiben, und diese Reibung erzeugt Wärme.« Diese Fehlinformation reibt *bei mir* sehr gegen den Strich, weil Reibung (Friktion) überhaupt nicht ins Spiel kommt. Die Vorstellung, Wassermoleküle würden sich aneinander reiben und so Wärme hervorbringen, ist einfach nur dumm. Versuchen Sie doch mal, mit dem Reiben von zwei Wasserstückchen Feuer zu machen. Dennoch werden Sie die Fiktion von der Friktion sogar in einigen Gebrauchsanweisungen finden, die mit den Herden geliefert werden.

Hier nun, was wirklich geschieht:

Einige der Moleküle in Nahrungsmitteln – besonders die Wassermoleküle – verhalten sich wie winzige Elektromagneten (im Jargon der Wissenschaft: Die Moleküle sind elektrische Dipole oder, anders gesagt, sie sind polar). Sie neigen dazu, sich nach einem elektrischen Feld auszurichten, genau wie die Magnetnadel im Kompaß sich am Magnetfeld der Erde ausrichtet. Die Mikrowellen in Ihrem Herd, deren Frequenz bei 2,45 Gigahertz, also 2,45 Milliarden Schwingungen pro Sekunde liegt, erzeugen ein elektrisches Feld, das in einer Sekunde 4,9 Milliarden Mal die Richtung umkehrt. Die armen kleinen Wassermoleküle werden völlig verrückt bei dem Versuch, hier durch ständigen Wechsel der eigenen Ausrichtung im selben Rhythmus mitzuhalten. In ihrer Erregung stoßen die frenetisch zukkenden, durch Mikrowellen mit Energie aufgeladenen Moleküle mit benachbarten Molekülen zusammen und kicken diese umher, ungefähr in der Art, wie ein explodierendes Maiskorn bei der Popcornproduktion seine Nachbarn durch die Gegend schleudert. Sobald es einmal getroffen ist, wird ein vorher ortsfestes Molekül zu einem schnell bewegten Molekül, und das ist definitionsgemäß ein heißes Molekül. So verwandelt das durch die Mikrowelle induzierte Umherzappeln sich in weiträumig verteilte Wärme.

Beachten Sie, daß ich an keiner Stelle irgend etwas über »Reibung« zwischen Molekülen gesagt habe. Reibung ist, wenn ich Sie daran erinnern darf, der Widerstand, der zwei feste Oberflächen daran hindert, frei übereinander hinweggleiten zu können. Dieser Widerstand zieht einiges von der Bewegungsenergie ab, und diese abgezapfte Energie muß an einer anderen Stelle wieder auftauchen, weil Energie nun mal nicht ins Nichts verschwinden kann. Also tritt sie als Wärme in Erscheinung. Bei Gummireifen mit hohen Haftwerten und sogar bei Eishockey-Pucks mit niedriger Haftreibung ist das in Ordnung, aber ein Wassermolekül muß nicht von einer Art molekularer Masseuse gerubbelt werden, um in der Mikrowelle warm zu werden. Es muß nichts weiter tun, als sich von einem schnell zuckenden Nachbarn anstoßen zu lassen, der eine Mikrowelle verschluckt hat.

Seltsamerweise sind Mikrowellenherde nicht besonders gut dazu imstande, Eis zu schmelzen. In Eis sind die Wassermoleküle nämlich ziemlich fest in ein starres Gerüst eingebunden (im Jargon der Wissenschaft: in ein Kristallgitter), können also unter dem Einfluß der Mikrowellen-Oszillation nicht hin- und herzucken, selbst wenn sie vielleicht einen starken Drang dazu haben. Wenn Sie gefrorene Speisen in der Mikrowelle auftauen, dann heizen Sie vorwiegend die anderen, nicht aus Eis bestehenden Anteile des Gefrierguts auf, und die dabei entstehende Wärme geht dann auf die Eiskristalle über und läßt sie schmelzen.

Falls Sie Waschbecken und Arbeitsfläche mit einem synthetischen Schwamm reinigen, sollten Sie diesen besser ab und zu sterilisieren, besonders dann, wenn Sie auf der Fläche rohes Fleisch oder Huhn bearbeitet haben (was Sie eigentlich unterlassen sollten – besser nehmen Sie Wegwerf-Wachspapier als Unterlage). Sie könnten den Schwamm auch auskochen, aber schneller geht es, wenn Sie ihn tropfnaß auf einen Teller legen und eine Minute auf höchster Stufe in der Mikrowelle lassen. Nehmen Sie ihn mit Vorsicht heraus – er dürfte zu heiß zum Anfassen sein. Manche waschen ihre Schwämme auch im Geschirrspüler mit, doch viele Geräte erreichen nicht die zum Sterilisieren erforderliche Temperatur.

Warum soll man Speisen nach dem Aufwärmen in der Mikrowelle manchmal eine Weile stehenlassen?

Im Unterschied zu ihren elektromagnetischen Vettern, den Röntgenstrahlen, deren Frequenz und Energie weit höher liegen, können Mikrowellen nicht tiefer als vielleicht 2–3 Zentimeter in die Speisen eindringen. Innerhalb dieser Zone wird ihre Energie vollständig absorbiert und in Wärme umgewandelt. Das ist einer der Gründe, weshalb Rezepte und »intelligente« Mikrowellenherde Sie auffordern: »Zudecken und warten« – es dauert einige Zeit, bis die äußere Hitze sich ins Innere der Speisen vorgearbeitet hat. Falls ein gebieterischer Herd fehlt, werden Sie in Rezepten öfter mal angewiesen, den Vorgang zu unterbrechen und umzurühren, ehe Sie die Erwärmung fortsetzen. Der Grund ist derselbe.

Die Wärme verteilt sich auf zwei Wegen. Zunächst kollidieren die heißesten Moleküle mit benachbarten, weniger heißen Molekülen der Speise und übertragen etwas von ihrer Bewegung – ihrer Wärme – auf diese, wodurch die Wärme sich allmählich tiefer in das Gericht hineinarbeitet.

Außerdem ist ein beträchtlicher Teil des Wassers letztlich in Dampf verwandelt worden, der in die Speise diffundiert und unterwegs seine Wärme weitergibt. Deshalb soll man in der Mikrowelle meist mit lose zugedeckten Behältern arbeiten – der heiße Dampf soll drin bleiben, doch es soll sich kein Druck aufbauen, der den Deckel abwirft. Beide Wege der Wärmeübertragung gehen langsam vor sich. Gibt man der Wärme also nicht genug Zeit, sich gleichmäßig zu verteilen, dann steht man am Ende mit einem Gericht da, in dem heiße und kalte Zonen nebeneinander liegen.

Praktisch alle Nahrungsmittel enthalten Wasser, also können auch praktisch alle mit der Mikrowelle erwärmt werden (mit getrockneten Pilzen sollten Sie es beispielsweise nicht versuchen). Doch bei manchen Speisen sind es nicht nur die Moleküle des Wassers, sondern auch andere wie die von Fetten und Zuckern, die von den Mikrowellen erwärmt werden. Aus diesem Grund kann Schinken so gut in der Mikrowelle gebacken werden, und die süßen Rosinen in einem in der Mikrowelle aufgebackenen Rosinenbrötchen können so gefährlich heiß werden, daß man sich die Zunge daran verbrennt, obwohl das Brötchen selbst kaum warm ist.

Es zahlt sich also aus, mit fett- und zuckerhaltigen Speisen vorsichtig umzugehen. Sehr heiße Wassermoleküle können als Dampf entweichen, aber sehr heiße Fett- und Zuckermoleküle bleiben als unerwartete Zwischenfälle an Ort und Stelle. Auch aus diesem Grund ist es nicht unklug, eine Weile zu warten, damit der Dampf nachlassen kann und die heißen Zonen Wärme abgeben können, ehe Sie mikrowellengegarte Speisen essen.

Warum klingt meine Mikrowelle so, als würde sie ständig aus- und angehen?

Weil das so ist. Das Magnetron wird periodisch an- und abgeschaltet, damit die Hitze immer wieder Zeit hat, sich in der Speise auszubreiten. Wenn Sie einen bestimmten Prozentsatz der »vollen Leistung« vorwählen, stellen Sie nicht die Leistungsabgabe des Magnetrons ein: Dieses kann immer nur mit voller Leistung gefahren werden (weiter unten folgt dazu noch mehr). Sie geben also den Anteil der Zeit vor, in der es eingeschaltet ist. »50 Prozent Leistung« heißt, das Gerät ist die halbe Zeit hindurch an. Das sirrende Geräusch, das hörbar ist, solange das Magnetron läuft, ist dessen Kühlventilator.

Bei einigen der raffinierteren Herde hat man verschiedene Sequenzen und Längen der ein- bzw. ausgeschalteten Perioden einprogrammiert, um sie für spezielle Aufgaben zu optimieren, etwa »Teller mit Speisen wieder aufwärmen«, »gebackene Kartoffeln garen«, »Gemüse auftauen« und, was am wichtigsten ist, »Popcorn«.

Eine relativ neue Entwicklung bei Mikrowellen ist die »Inverter-Technik«. Hier kann der Herd, anstatt sich zyklisch ein- und auszuschalten, letztlich kontinuierlich niedrigere Energiepegel liefern, die eine gleichmäßigere Erwärmung garantieren.

Warum wird in der Mikrowelle alles so viel schneller gar als im Backrohr herkömmlicher Herde?

Bei einem herkömmlichen Gas- oder Elektroherd müssen, ehe die Speisen warm werden, zunächst etwa 0,06–0,08 Kubikmeter Luft aufgeheizt werden (»Backrohr vorheizen«). Diese heiße Luft muß dann ihre Wärmeenergie auf die Speisen übertragen, was wie das Vorheizen sehr langsam und ineffizient abläuft. Dagegen heizt ein Mikrowellenherd die Speisen – und nur sie –, indem er seine Energie unmittelbar in diesen ablädt, ohne dazu auf ein Medium wie Luft oder Wasser (wie beim Kochen) angewiesen zu sein.

Die in manchen Mikrowellen-Kochbüchern zu lesende Begründung, die Wellen könnten alles so schnell garen, »weil sie so winzig sind und deshalb schneller arbeiten«, ist purer Unfug. Alle elektromagnetische Strahlung ist mit Lichtgeschwindigkeit unterwegs, unabhängig von ihrer Wellenlänge. Und das »Mikro« im Namen steht nicht für »winzig«. Die Geräte heißen so, weil sie in erster Linie mit ultrakurzen Radiowellen betrieben werden.

Warum müssen die Speisen beim Kochen rotieren?

Es ist schwer, einen Mikrowellenherd zu entwerfen, bei dem die Intensität der Mikrowellen über das gesamte Volumen des Gehäuses vollständig gleich ist, so daß Speisen in jeder Position der gleichen Wärmeenergie ausgesetzt sind. Zudem absorbiert jede Speise im Ofen Strahlung, was jegliche gleichmäßige Verteilung, die ansonsten herrschen würde, zerstört. Sie können das ausprobieren, indem sie in einem Küchengeschäft irgendein billiges, für Mikrowellen empfindliches Meßgerät kaufen, es im Herd nacheinander an mehreren Orten deponieren und sich davon überzeugen, daß es an verschiedenen Stellen jeweils unterschiedliche Werte registriert.

Als Lösung hält man die Speisen in Bewegung, damit Unregelmäßigkeiten der Strahlungsverteilung sich im Schnitt ausgleichen. Heute verfügen die meisten Mikrowellengeräte über einen automatischen Drehteller, aber auch wenn bei Ihrem keiner vorhanden ist, werden Sie bei vielen Rezepten und in den Ratschlägen für das Auftauen gefrorener Lebensmittel daran erinnert, die Speisen während der Heizperiode immer wieder ein Stück zu drehen.

Warum darf man keine Metallgegenstände in den Mikrowellenherd legen?

Licht wird von Spiegeln zurückgeworfen, Mikrowellen von Metalloberflächen (Radar ist eine Art Mikrowelle, die von Ihrem rasenden Auto reflektiert wird und Ihren Führerschein brutzelt). Wenn das, was Sie in die Mikrowelle legen, zu viele Mikrowellen zurückwirft, anstatt sie zu absorbieren, kann die Röhre des Magnetrons beschädigt werden. Im Herd muß immer etwas sein, was die Mikrowellen absorbieren kann. Deshalb sollten Sie so ein Gerät auch nie leer betreiben.

Metalle in Mikrowellenherden können sich in einer Weise verhalten, die für Sie nicht vorhersehbar ist, solange Sie kein Examen in Elektrotechnik haben. In Metallen verursachen Mikrowellen elektrische Ströme, und falls das Metallstück zu dünn sein sollte und dem Strom nicht standhält, wird es rotglühend und schmilzt wie eine überlastete Sicherung, die durchbrennt. Und wenn es auch noch scharfe Spitzen besitzt, kann es sich sogar wie ein Blitzableiter verhalten und so viel Mikrowellenenergie in den Spitzen bündeln, daß dort blitzähnliche Funken auftreten. (Diese mit Papier beschichteten Verschlußdrähte sind berüchtigt, weil sie sowohl dünn sind als auch Spitzen aufweisen – also Vorsicht!)

Andererseits können die Ingenieure, die Mikrowellenherde konstruieren, für Metallteile sichere Formate und Formen vorsehen, von denen keine Probleme ausgehen, und es gibt ja auch Herde, zu denen Bleche oder Roste aus Metall gehören.

Weil so schwer vorherzusagen ist, welche Größen und Formen bei Metallteilen ungefährlich sind und welche ein Feuerwerk erzeugen, empfiehlt es sich sehr, niemals Metallgegenstände in eine Mikrowelle zu legen. Das gilt auch für edles Geschirr, das mit Gold oder anderem metallischem Zierat versehen ist.

Toasten mit Mikrowellen
Brotkrumen zum Garnieren

Es gibt spezielles Zubehör für Mikrowellengeräte, das wegen seiner dünnen Metallbeschichtung recht heiß wird und die Speisen, die damit Kontakt haben, braun werden läßt. Gewöhnlich können Nahrungsmittel nicht mit Mikrowellen gebräunt werden, weil deren Energie größtenteils im Inneren der Speisen absorbiert wird, weshalb diese an der Oberfläche nicht so heiß werden, daß Bräunungsreaktionen ablaufen können.

Man sollte deshalb nicht erwarten, in der Mikrowelle Croutons oder Toast zubereiten zu können. Aber es ist möglich, mit ihr schnell frische Brotkrümel zu rösten, wenn man diese mit ein wenig Öl mischt. Das Öl absorbiert Mikrowellen, erhitzt sich und »fritiert« die Krumen.

Sind die letzten Scheiben eines Landbrotes zu altbacken, aber zum Wegwerfen zu schade, kann man sie in der Mikrowelle zu diesen Brotkrumen verarbeiten und zum Garnieren von Nudelgerichten oder Gemüse verwenden.

2–3 dicke Scheiben altbackenes Bauernbrot ohne Rinde
2 Teelöffel Olivenöl
Eine Prise grobes Salz

1. Brot in kleine Stücke brechen und in die Küchenmaschine füllen. Während das Brot auf die richtige Größe zerkleinert wird, durch das Einfüllrohr nach und nach das Öl zugeben. Mit einer Prise Salz würzen, im Schnellgang kurz untermischen.
2. Die Brösel in einer dünnen Schicht auf einer mikrowellenfesten Platte ausbreiten. Unbedeckt auf höchster Stufe für eine Minute im Gerät bräunen. Alles einmal umrühren, dann noch einmal für eine Minute einschalten, bis sie gleichmäßig geröstet sind. Sollten die Krumen zu groß und deshalb noch ein wenig feucht sein, für weitere dreißig Sekunden erhitzen. Den Vorgang sorgfältig überwachen, da die Brösel, besonders wenn sie sehr klein sind, leicht zu braun werden.

Ergibt eine gute Tasse voll (etwa 250 Milliliter).

Können Mikrowellen aus dem Gehäuse austreten und den Koch kochen?

Ein alter, zerbeulter Herd mit verzogener Tür könnte in der Tat so viele Mikrowellen durch die Spalten entkommen lassen, daß es gefährlich wird, doch bei den heutigen, sorgfältig konstruierten Modellen tritt extrem wenig Strahlung aus. Außerdem schaltet das Magnetron sich automatisch ab, sobald die Tür geöffnet wird, worauf die Mikrowellen verschwinden wie das Licht, wenn Sie eine Lampe ausschalten.

Was ist mit der Glastür? Mikrowellen können Glas, aber kein Metall durchdringen. Also hat man die Glastür mit einer perforierten Metallfolie ausgestattet, die lichtdurchlässig ist und einen Blick ins Innere erlaubt, aber den Mikrowellen den Weg versperrt, weil deren Wellenlänge (ca. 12 cm) für die Aussparungen in der Metallfolie schlicht zu groß ist – sie passen da nicht hindurch. Es gibt also keinen Grund für die Annahme, man bringe sich in Gefahr, wenn man sich einem eingeschalteten Mikrowellenherd auf weniger als etwa einen Meter nähert.

Wie muß ein Gefäß beschaffen sein, daß es »mikrowellenfest« ist?

Im Prinzip ist die Antwort einfach: Das sind Gefäße, deren Moleküle keine Dipole darstellen und die deshalb keine Mikrowellen absorbieren. Solche Moleküle werden von den Mikrowellen nicht herumgestoßen und erwärmen sich nicht. In der Praxis ist die Antwort jedoch nicht ganz so einfach.

Überraschenderweise scheint es in unserer von vielen Menschen als überreguliert angesehenen Gesellschaft keine behördliche, industrielle oder vom Handel festgelegte Definition der Bezeichnung »mikrowellenfest« zu geben. Ich habe versucht, bei der FDA, der Federal Trade Commission (Handelsausschuß der USA) und der Consumer Product Safety Commission (Ausschuß für Produkt- und Verbrauchersicherheit in den USA) eine genaue Bestimmung zu bekommen, überall ohne Erfolg. Es ist mir auch nicht gelungen, irgendwelche Hersteller »mikrowellenfester« Produkte dazu zu bringen, mir mitzuteilen, weshalb sie diese Behauptung aufstellen. (Sofort Klage erheben! Sofort Sammelklage erheben!)

Es scheint also, als wären wir auf uns allein gestellt. Doch hier ein paar Grundsätze zur Orientierung:

METALLE: Weshalb Metalle besser nicht in Mikrowellenherde eingebracht werden sollten, habe ich bereits erläutert.

GLAS UND PAPIER: Glas (also normales Küchenglas, kein edles Kristallglas), Papier sowie Pergament sind immer gefahrlos zu verwenden – sie absorbieren Mikrowellen nicht. Sogenanntes Kristallglas, also Glas mit hohem Bleigehalt, absorbiert Mikrowellen in gewissem Umfang und kann deshalb möglicherweise warm werden. In einem dickeren Gegenstand könnte die Hitze vielleicht Spannungen aufbauen, die zu Brüchen führen. Es empfiehlt sich, teure Sachen nicht diesem Risiko auszusetzen.

KUNSTSTOFFE: Auch Kunststoffe absorbieren keine Mikrowellen. In der Mikrowelle zubereitete Speisen können jedoch ziemlich heiß werden, und jedes Gefäß wird dann, ungeachtet seines Grundmaterials, erwärmt. Manche schwächlichen Kunststoffbehälter, etwa dünne Frischhaltebeutel, Margarineschälchen und Styroporschalen, können durch die Hitze der Speisen sogar schmelzen. Gewisse Kunststoffbehälter für den Kühlschrank verformen sich möglicherweise. Das müssen Sie einfach ausprobieren.

KERAMIK: Tassen und Teller aus Keramik sind in der Regel in Ordnung, doch einige enthalten möglicherweise Mineralien, die die Energie der Mikrowellen absorbieren und dann heiß werden. Haben Sie Zweifel, dann testen Sie das verdächtige Objekt, indem Sie es leer, aber zusammen mit ein wenig Wasser in einem gläsernen Meßbecher aufheizen. (Das Wasser soll Mikrowellen absorbieren und damit das Problem mit dem leeren Mikrowellenherd ausschalten, von dem ich oben berichtet habe.)

Um uns das Leben noch etwas schwerer zu machen, können manche Krüge und Tassen aus Ton in der Mikrowelle zerbrechen, obwohl sie aus gänzlich unschuldigem Lehm bestehen, der keine Energie absorbiert. Ist die Glasur mit der Zeit abgesplittert oder rissig geworden, kann Wasser in Poren oder hohle Stellen im Ton unterhalb der Glasur eindringen, etwa beim Geschirrspülen. In der Mikrowelle beginnt das eingeschlossene Wasser dann zu sieden, und sein Dampfdruck kann die Tasse sprengen. Das kommt zwar selten vor, aber dennoch empfiehlt es sich, angeschlagene oder rissige Erbstücke nicht in der Mikrowelle zu benutzen.

Weshalb werden manche »mikrowellenfeste« Gefäße in dem Gerät dennoch heiß?

»Mikrowellenfest« heißt nur, daß der Behälter sich nicht direkt über aufgenommene Mikrowellen erwärmt. Die darin enthaltenen Speisen absorbieren die Wellen jedoch und werden deshalb auch heiß, und wie ich schon erwähnt habe, wird ein beträchtlicher Teil der Wärme auf das Geschirr übertragen. Wie heiß dieses dabei wird, hängt davon ab, wie gut es die Wärme aus dem Gericht aufnehmen kann, und verschiedene Materialien – selbst verschiedene »mikrowellenfeste« Materialien – können sich in dieser Hinsicht erheblich voneinander unterscheiden. Beim Herausnehmen eines Behälters aus der Mikrowelle sollten Sie deshalb stets Topflappen verwenden. Und wenn Sie ihn öffnen, müssen Sie sich vor aufsteigendem Dampf in acht nehmen, da dieser sehr heiß sein kann.

Ist es gefährlich, Wasser in der Mikrowelle heiß zu machen?

Nein und ja. Nein, es ist unwahrscheinlich, daß etwas Schlimmes geschieht; ja, Sie sollten vorsichtig sein. Mit in der Mikrowelle erhitztem Wasser, das noch nicht vollständig und sprudelnd kocht, kann man wirklich böse hereinfallen.

Da die Energie der Mikrowellen nur von den äußeren zwei Zentimetern des Wassers in der Tasse aufgenommen wird, muß die dabei entstehende Wärme in die inneren Zonen übergehen, ehe das gesamte Wasser gleichförmig den Siedepunkt erreicht. Dieser Wärmeübergang verläuft langsam, und so kann ein Teil des äußeren Wassers in der Tat sehr heiß werden, ehe der ganze Tasseninhalt sprudelnd kocht. Dieses Wasser im Außenbereich kann sogar über den Siedepunkt hinaus erhitzt werden, ohne zu kochen – in diesem Fall wird es als überhitzt bezeichnet, und das Ergebnis nennt man Siedeverzug. Wasser – eigentlich jede Flüssigkeit – kann über seinen Siedepunkt hinaus erhitzt werden, weil seine Moleküle, damit es sieden kann, einen Ort brauchen, an dem sie sich versammeln können, bis ihre Zahl ausreicht, eine Dampfblase bilden zu können (im Jargon der Wissenschaft: Sie benötigen Bläschenkeime). Als Bläschenkeime kommen Staubkörnchen oder winzige Verunreinigungen des Wassers in Frage, außerdem kleine Luftbläschen und sogar mikroskopische Unregelmäßigkeiten der Gefäßwand.

Nehmen Sie nun einmal an, Sie hätten sauberes, reines Wasser in einer sauberen, glatten und makellosen Tasse, so daß praktisch keinerlei Bläschenkeime vorhanden sind. Die Tasse stellen Sie in die Mikrowelle, und weil Sie es natürlich eilig haben, schalten Sie auf volle Leistung, was die äußeren Bereiche des Wassers intensiv aufheizt. Unter diesen Umständen kann es sein, daß Ihnen einige Einschlüsse mit überhitztem Wasser gelingen, die danach lechzen, heftig zu kochen, sobald sie eine Chance bekommen. Wenn Sie dann die Tür öffnen und nach der Tasse greifen, geben Sie ihnen diese Möglichkeit, weil Sie das Wasser erschüttern. Und durch diese Erschütterung findet ein Teil der »Überhitze« ihren Weg in eine geringfügig kühlere, noch nicht ganz siedende Zone und bringt diese zum Kochen. Diese Störung wiederum läßt die überhitzten Anteile ebenfalls sofort zum Sieden übergehen. Damit beginnt alles in einer unerwarteten Eruption zu sprudeln, wodurch heiße Flüssigkeit verspritzt werden kann.

Bei Wasser, das man auf dem Herd erhitzt, kommt dieser Siedeverzug deswegen nie vor, weil die Hitze unter dem Boden des Kessels ständig kleine Bläschen aus Luft und Wasserdampf erzeugt, die als Bläschenkeime dienen. So kann es nie zu einer lokalen Überhitzung kommen. Außerdem steigt das von unten beheizte Wasser andauernd auf und zirkuliert, was ebenfalls größere Hitzestaus an einzelnen Stellen verhindert.

Gehen Sie einfach auf Nummer Sicher, nehmen Sie die Tasse nicht schon aus der Mikrowelle, wenn Sie erst ein leichtes Sprudeln sehen – es könnten noch immer einige Zonen nicht richtig sieden und dann unerwartet explosionsartig aufkochen. Beobachten Sie das Wasser durch die Glastür und warten Sie einige Sekunden ab, in denen es sprudelnd kocht, ehe Sie den Herd abschalten und es herausnehmen. Dann können Sie sicher sein, daß das gesamte Wasser gut durchmischt ist und überall Siedetemperatur aufweist.

Dennoch sollten Sie heiße Flüssigkeiten jeder Art stets mit Vorsicht aus der Mikrowelle holen, da sie immer noch unerwartet aufwallen und Sie mit ihren Spritzern verbrühen könnten. Ich persönlich habe mir angewöhnt, zuerst eine Gabel in die Flüssigkeit zu tauchen, damit alle überhitzten Zonen freigesetzt werden, ehe ich sie aus dem Herd nehme.

Wenn Sie dann anschließend einen Teebeutel oder (igitt!) löslichen Kaffee in mikrowellengeheiztes Wasser geben, werden Sie noch ein schwaches Aufbrausen beobachten, doch das ist kein Sieden und harmlos, weil es vorwiegend Luftbläschen sind. Die eingebrachten Feststoffe stellen neue Bläschenkeime bereit, die zuvor nicht vorhanden waren, und diese setzen Luft frei, die ursprünglich im kalten Wasser gelöst war, aber in den wenigen Minuten des Aufheizens keine Zeit hatte, zu entweichen.

Gib der Suppe Feuer!
Sommersuppe Jadegrün

Weg mit euch, Vichyssoise (eine eiskalt servierte Lauchsuppe aus Frankreich) und Gazpacho (eine kalte Gemüsesuppe aus Spanien). Unsere Sommersuppe Jadegrün ist ebenso kühl und erfrischend.

Suppen müssen nicht stundenlang geköchelt werden. Diese hier benötigt dank der Mikrowellenzauberei nur etwa 15 Minuten. Sie könnte von einer Bauersfrau erfunden worden sein, die darauf aus war, die mittsommerliche Fülle ihres Küchengartens zu nutzen.

Diese Suppe sieht am hübschesten aus, wenn man sie in eine weiße oder hell gefärbte Schüssel löffelt und mit frischen gehackten Kräutern garniert. Warum sollte man nicht, wo sie doch so wenig Kalorien hat, noch ein wenig mehr hinzufügen? Versuchen Sie es mit einem Schuß Olivenöl extra vergine oder einem Löffelchen saurer Sahne zur Abrundung des Geschmacks.

1 ¼ Liter Hühnerbrühe
250 Gramm grüne Bohnen, roh geschnippelt
150 Gramm Romana-Salat, kleingeschnitten
250 Gramm rohe Zucchini, in Stücke geschnitten
250 Gramm frische grüne oder tiefgefrorene Erbsen
100 Gramm Selleriestangen, kleingeschnitten
50 Gramm Lauchzwiebeln, grüne und weiße Anteile, kleingeschnitten
1 Bund Petersilie, gehackt
Salz und frischgemahlener schwarzer Pfeffer
Frische Kräuter, gehackt
Olivenöl oder saure Sahne (wenn gewünscht)

1. Hühnerbrühe, Bohnen, geschnittenen Romana-Salat, Erbsen, Sellerie, Lauchzwiebeln und Petersilie in eine große Glasschüssel geben. Mit einem Papierteller abdecken und in der Mikrowelle

für 15 Minuten auf höchster Stufe erhitzen – das Gemüse muß weich sein.

2. Die Mischung sollte sehr heiß sein. Vorsichtig aus der Mikrowelle nehmen und ein wenig abkühlen lassen. Im Mixer gründlich pürieren, bis alles glatt ist – nicht alles auf einmal, sondern nach und nach jeweils etwa einen Viertelliter in den Mixer nachgießen. Großzügig mit Salz und Pfeffer würzen, da der Geschmack der Suppe, wenn sie kalt serviert wird, ein wenig abgeschwächt ist. Nun die Suppe auf mehrere kleine Behälter verteilen und weiter abkühlen lassen, ehe sie in den Kühlschrank kommt, da sonst dessen übriger Inhalt zu warm werden könnte.

3. Jede Portion mit gehackten frischen Kräutern garnieren. Man kann auch einen Spritzer Olivenöl oder einen Schlag saure Sahne hinzugeben, wenn man das mag.

Man beachte: Soll die Suppe auf dem Herd zubereitet werden, füllt man Brühe und Gemüse in einen großen Kochtopf und läßt alles, lose zugedeckt, 15–20 Minuten schwach köcheln. Dann geht es wie unter Punkt 2 weiter.

Ergibt 6–8 Portionen.

✣ ✣ ✣ ✣ ✣ ✣

Wird in der Mikrowelle die molekulare Struktur von Nahrungsmitteln verändert?

Ja, selbstverständlich. Den Vorgang nennt man »Garen«. Alle Garmethoden verursachen chemische und molekulare Veränderungen in unserer Nahrung. Ein gekochtes Ei unterscheidet sich in seiner chemischen Zusammensetzung ganz gewiß von einem rohen Ei.

Zerstören Mikrowellen die Nährstoffe in Lebensmitteln?

Keine Garmethode wird Mineralien zerstören. Aber beispielsweise zerstört Hitze Vitamine, ungeachtet der Methode, nach der man die Speisen kocht.

Weil die Speisen in der Mikrowelle ungleichmäßig erhitzt werden, sind Teile der Nahrungsmittel weit höheren Temperaturen ausgesetzt als bei anderen Verfahren. Es kann also sein, daß einiges an Vitaminen zerstört wird. Doch selbst wenn die Mikrowellen den gesamten Gehalt an Vitamin X in Ihrem Gericht zerstören sollten, dürfte es sicherlich in keiner Weise ungesund sein, ab und zu etwas zu essen, was kein Vitamin X enthält. Bei ausgewogener Ernährung muß nicht jedes Gericht alle Vitamine und Mineralien enthalten.

Warum werden die in der Mikrowelle gegarten Speisen schneller kalt als jene, die auf einem herkömmlichen Herd gekocht wurden?

Die Antwort könnte Sie verblüffen, weil sie enttäuschend schlicht ausfällt: Vielleicht war das Gericht aus der Mikrowelle von Anfang an nicht so heiß.

Wie Nahrungsmittel sich in der Mikrowelle erwärmen, hängt von vielen Faktoren ab, etwa von der Art, der Menge oder der Dicke der Speise. Falls zum Beispiel der gewählte Zyklus für das Ein- und Ausschalten des Magnetrons nicht genau auf das spezielle Gericht und dessen Behälter abgestimmt ist, es nicht sorgfältig genug umgerührt oder in Rotation versetzt wird oder falls das Gefäß nicht zugedeckt wurde, um den Dampf darin festzuhalten, dann wird die Wärme möglicherweise nicht gleichmäßig über die ganze Speise verteilt. Deren Randbereiche sind dann vielleicht siedend heiß, während die inneren Zonen noch relativ kühl erscheinen. Dadurch ist die durchschnittliche Temperatur möglicherweise niedriger, als Sie glauben, weshalb alles schneller auf Raumtemperatur abkühlt.

In einem konventionellen Backrohr dagegen ist das Nahrungsmittel längere Zeit hindurch von heißer Luft umgeben, so daß die Wärme reichlich Zeit hat, sich in alle Bereiche des Gerichts vorzuarbeiten. So erreichen die Speisen schließlich dieselbe Temperatur wie die Luft im Rohr (soweit Sie Ihren

Braten nicht vorsätzlich innen roh belassen wollen) und brauchen länger, bis sie abgekühlt sind.

Es gibt noch einen Grund: In einem herkömmlichen Herd wird das Kochgefäß ebenso heiß wie die Luft im Backrohr und leitet seine Wärme direkt an die Speisen weiter. »Mikrowellenfeste« Behälter sind dagegen speziell dafür konstruiert, sich nicht zu erwärmen. Deshalb sind Speisen in der Mikrowelle in Kontakt mit einem Behälter, der kühler ist als sie selbst, was ihnen einiges von ihrer Hitze abzieht.

Zum Schluß noch zwei merkwürdige Mikrowellenrätsel, die ich auf Wunsch ängstlicher und verwirrter Heimköche lösen sollte.

(1) Wenn ich in der Mikrowelle frische Erbsen zubereite, kocht das Wasser auf und spritzt aus dem Behälter. Wenn ich das dagegen mit Erbsen aus der Dose mache, benehmen die sich anständig. Was ist der Unterschied?

Die Energie der Mikrowellen wird in erster Linie vom Wasser der Speisen absorbiert. Die mit Wasser vollgesogenen Erbsen aus der Dose und die sie umgebende Flüssigkeit nehmen die Mikrowellen ziemlich gleich schnell auf, weshalb sie auch mehr oder weniger gleichzeitig heiß werden. Beginnt das Wasser zu sieden, besitzen die Erbsen dieselbe Temperatur, worauf Sie zweifellos alles als gar ansehen und den Herd abschalten.

Die frischen Erbsen enthalten dagegen weit weniger Wasser und absorbieren die Mikrowellen nicht so bereitwillig wie das sie umgebende Wasser, das sich deshalb rascher erwärmt. Doch die relativ kühlen Erbsen verhindern, daß das Wasser gleichmäßig aufgeheizt wird. Gleichzeitig stellen die Erbsen Ansatzpunkte für die Blasenbildung (im Jargon der Wissenschaft: Bläschenkeime) dar, was das Wasser ermutigt, überall dort heftig aufzuwallen, wo es heiß ist. All das läuft ab, bevor die Erbsen richtig gar sind und Sie glauben, sie aus dem Herd nehmen zu können.

Sie könnten es einmal mit einer niedrigeren Leistungsstufe versuchen, bei welcher der Mikrowellenherd sich periodisch ein- und ausschaltet. Das gibt dem Wasser Zeit, seine Wärme an die Erbsen abzugeben. Auf diese Weise sind sie gar, ehe das Wasser eine Möglichkeit findet, überzukochen.

Noch besser ist es, wenn Sie Tiefkühlerbsen kaufen. Der Hersteller hat ausprobiert, wie man sie in der Mikrowelle am besten gart, und die Anweisung ist gleich auf der Packung nachzulesen.

(2) Als ich tiefgefrorenes Mischgemüse in einer gläsernen Schüssel in der Mikrowelle erhitzte, begann es plötzlich Funken zu sprühen, als würde es Metall enthalten. Ich schaltete den Herd schnell ab und untersuchte das Gemüse, konnte jedoch keine Metallteilchen finden. Aber das Gemüse war durch die Funken schwärzlich angekokelt! Ich wiederholte es mit einer frischen Packung derselben Marke, und es passierte wieder. Der Mann vom Mikrowellen-Kundendienst erzählte mir etwas anderes als die Beschwerdeabteilung im Supermarkt, die meine Beschwerde an ihren Lieferanten weiterreichte, welcher den Fall an seine Versicherung abgab. Was ging da eigentlich vor sich?

Da wurde ausgiebig Schwarzer Peter gespielt. Ach so, Sie meinten: in Ihrer Mikrowelle?

Immer mit der Ruhe. Gehen Sie nicht vor Gericht. In Ihrem Gemüse waren keine Metalle enthalten. Ich wette, vor allem die Karotten waren verkohlt, richtig? Nun, wahrscheinlich hat sich folgendes ereignet:

Tiefgefrorene Nahrungsmittel enthalten gewöhnlich Eiskristalle. Festes Eis absorbiert, wie ich oben ausgeführt habe, die Mikrowellen nicht annähernd so gut wie flüssiges Wasser. Die Auftauschaltung von Mikrowellenherden ist deshalb nicht dafür ausgelegt, das Eis direkt zu schmelzen, sondern arbeitet in kurzen Intervallen, in denen die Speisen erhitzt werden, wobei die Wärme zwischen den Heizphasen Zeit hat, sich zu verteilen und das Eis schmelzen zu lassen.

Sie hatten aber nicht das Auftauprogramm gewählt, oder? Möglicherweise ist Ihr Gerät ja auch nicht damit ausgestattet. Jedenfalls haben Sie den Herd auf eine hohe Stufe im Dauerbetrieb eingestellt, wodurch eng umrissene Bereiche des Gerichts sehr stark erhitzt wurden, ohne daß die Wärme genug Zeit bekam, sich im gesamten Schüsselinhalt auszubreiten. Deshalb brannten diese eng umrissenen Bereiche an und verkohlten schließlich.

Warum die Karotten, und warum die Funken? (Das werden Sie mit Vergnügen lesen.) Erbsen, Mais, Bohnen und was sonst noch alles sind eher rund, während Karotten meist gewürfelt oder gestiftelt werden, was scharfe Ränder ergibt. Diese dünnen Randzonen vertrockneten und verkohlten schneller als das übrige Gemüse. Nun kann aber ein verkohlter, scharfer Rand oder eine Spitze sich wie die Spitze eines Blitzableiters verhalten, die elektrische Energie auf sich zieht und diese davon abhält, anderswo einzuschlagen (im Jargon der Wissenschaft: In der Umgebung elektrisch leitender scharfer Spitzen entwickelt sich ein elektrisches Feld mit stark verdichtetem Gradienten). Die hochverdichtete, von den Karotten angezogene Energie erzeugt diese Funken.

Ich weiß, das klingt ein wenig weit hergeholt, ist aber ganz logisch. Das ist schon öfter vorgekommen. Nächstes Mal sollten Sie das Programm »Gemüse auftauen« oder eine andere Schaltung mit niedriger Leistungsabgabe wählen. Oder Sie geben einfach so viel Wasser dazu, daß das Gemüse völlig bedeckt ist.

Jedenfalls ist Ihre Mikrowelle wirklich nicht vom Teufel besessen.

9. KAPITEL

Gerätschaften und Technologie in der Kochkunst

Wie andere Künstler verfügen auch die Köche unserer Tage, bildlich gesprochen, über ihre eigenen Paletten und Pinsel, nämlich über ein Arsenal von Ausrüstungsgegenständen, mit dem überlieferte Tätigkeiten leichter und neue Tätigkeiten erst möglich gemacht werden. Die Küchen von heute sind mit zahlreichen mechanischen und elektrischen Geräten ausgestattet, angefangen beim schlichtesten Mörser mit seinem Pistill bis hin zu technisch höchst ausgeklügelten Mikrowellenöfen und Herden.

Als Spezies haben wir uns so weit von Holzfeuern, heißen Steinen und Geschirr aus gebranntem Ton entfernt (ob künftige Archäologen wohl Überreste von Brotmaschinen aus dem frühen 21. Jahrhundert ausgraben werden?), daß wir möglicherweise nicht einmal mehr wissen, wie manche unserer Geräte funktionieren. Wir gebrauchen sie, und oft gebrauchen wir sie falsch, ohne sie ganz zu verstehen.

Mikrowellenherde waren erst der Anfang. Begleiten Sie mich nun in eine Küche, die angefüllt ist mit solchen High-Tech-Scherzen wie magnetischen Induktionsspulen, Lichtöfen, Thermistoren (»Heißleitern«) und Computer-»Gehirnen«, die manchmal mehr zu wissen scheinen als man selbst. Unterwegs werden wir erfahren, wie wir unsere vertrauten alten Bratpfannen, Meßbehälter, Messer und Backpinsel am vorteilhaftesten benutzen.

Am Ende schließen wir uns noch Alice im Wunderland an – ein angemessener Ort, um unsere Reise durch die einzigen Orte der Welt abzuschließen, wo sich noch jeden Tag Wunder ereignen: in unseren chaotischen und wundervollen Küchen.

Utensilien und Verfahren

Pfanne mit beschränkter Haftung?

Warum bleibt an Kochgefäßen mit Antihaftbeschichtung absolut nichts haften? Und wenn diese Beschichtung schon an rein gar nichts haftet, wie schaffen die es dann, daß sie an der Pfanne haftet?

Haftung verläuft in beiden Richtungen. Damit so etwas wie Anhaften geschehen kann, muß es ein Haftmittel geben, und dazu etwas, was verhaftet, Entschuldigung, verklebt wird. Zumindest einer der beiden Beteiligten muß klebrig sein.

Quiz: Finden Sie heraus, wer bei den nachfolgend genannten Paaren der klebrige Partner ist: Leim und Papier; Kaugummi und Schuhsohle; Dauerlutscher und kleiner Junge.

Sehr gut.

In jedem Fall muß einer aus dem Paar Moleküle besitzen, die sich mit Wonne an anderen festklammern. Leim, Kaugummi und Dauerlutscher enthalten Moleküle, die für ihre wahllose Leidenschaft berüchtigt sind: Fast alles kann zum Objekt ihrer Begierde werden. Chemiker erschaffen vorsätzlich Klebstoffe, die zu möglichst vielen Substanzen starke, haltbare Bindungen herstellen.

Doch weit drüben auf der anderen Seite gibt es PTFE, diese schwarze Antihaftbeschichtung auf der Pfanne. Deren Moleküle weigern sich einfach, Haftmittel zu sein *oder* sich irgendwo ankleben zu lassen, ganz egal, wer der potentielle Partner sein mag. Und in der chemischen Welt der intermolekularen Anziehungskräfte ist das äußerst ungewöhnlich. Selbst der stärkste Sekundenkleber haftet nicht an PTFE.

Was ist an diesem PTFE, was andere Moleküle nicht haben?

Diese klebrige Frage stellte sich 1938, als ein Chemiker namens Roy Plunkett bei der Firma E. I. DuPont de Nemours Corp. eine neuartige chemische Substanz zusammenbraute, die von den Chemikern als *Polytetrafluoräthylen* bezeichnet wird, aber zum Glück das Kürzel PTFE mitbekam und von DuPont unter der Schutzmarke *Teflon* auf den Markt gebracht wurde.

Nachdem Teflon in vielfältigen industriellen Anwendungen eingesetzt worden war, etwa in gleitfähigen Kugellagern, die kein Öl benötigen, tauchte es in den 60ern allmählich in der Küche auf – als Beschichtung von Bratpfannen, die im Handumdrehen wieder sauber waren, weil sie gar nicht erst schmutzig wurden.

Die modernen Varianten sind unter vielen Markennamen bekannt, bestehen aber im wesentlichen aus PTFE, kombiniert mit verschiedenen Verfahren, es an der Pfanne haften zu lassen, was, wie Sie sich vorstellen können, nicht ganz einfach ist. Ich werde darauf zurückkommen. Aber zunächst wollen wir zu verstehen versuchen, warum Eier die Neigung zeigen, an einer nicht antihaftbeschichteten Pfanne klebenzubleiben:

Gegenstände können entweder aus vorwiegend chemischen oder vorwiegend mechanischen Gründen aneinander haften (und auch wieder voneinander gelöst werden). Zwischen Proteinmolekülen und Metallen bestehen zwar geringe Anziehungskräfte, doch ein Ei haftet vor allem auf mechanischem Weg an der Pfanne – das gerinnende Eiweiß krallt sich an mikroskopisch kleinen Erhebungen und in winzigen Spalten fest. Wenn Sie Küchengeräte aus Metall zu heftig einsetzen und damit Kratzer in Ihre Pfannen machen, wird das eher noch schlimmer. Ich verwende teflonbeschichtete Schaber, und das sogar bei Pfannen mit Metalloberfläche.

Um das mechanische Anhaften möglichst gering zu halten, verwenden wir zum Kochen Öl. Es füllt die Spalten und läßt das Ei auf einer dünnen Flüssigkeitsschicht über den Erhebungen schwimmen. (Das funktioniert mit jeder Flüssigkeit, doch in einer heißen Pfanne würde Wasser nicht so lange erhalten bleiben, daß es viel nützen könnte, falls Sie nicht sehr viel davon nehmen. Aber dann hätten Sie am Ende ein pochiertes Ei und kein Spiegelei.)

Demgegenüber ist die Oberfläche der Pfannen mit Antihaftbeschichtung in mikroskopischem Maßstab extrem glatt. Weil hier praktisch keine Risse vorhanden sind, können die Speisen sich an nichts festkrallen. Diesen Vorzug weisen natürlich auch Glas und viele Kunststoffe auf, doch Teflon ist unverwüstlich und hält hohe Temperaturen gut aus.

Allerdings spielt auch das chemische Anhaften eine wichtige Rolle. Die stärksten Haftkräfte überhaupt, etwa in Klebstoffen, beruhen weitgehend auf jenen Anziehungskräften zwischen Molekülen, die ich angesprochen habe. Um sie wieder lösen zu können, ist chemische Kriegführung erforderlich. Die Kaugummireste auf Ihren Schuhsohlen kriegen Sie zum Beispiel mit Farb- oder Universalverdünnung (Mineralöldestillaten) auch dann noch ab, wenn Sie mit dem mechanischen Abkratzen gescheitert sind.

In der Küche können die Atome oder Moleküle der Pfannenoberfläche schwache Bindungen zu gewissen Molekülen von Nahrungsmitteln herstellen. Die Moleküle von PTFE sind jedoch insofern einzigartig, als sie keinerlei Bindungen zu anderen Molekülen eingehen. Warum? PTFE ist ein Polymer, das nur aus den Atomarten Kohlenstoff und Fluor besteht, wobei auf jeweils zwei Atome Kohlenstoff vier Atome Fluor kommen. Tausende dieser sechsatomigen Moleküle sind zu gigantischen größeren Molekülen verknüpft. Diese ähneln einem langen Rückgrat, aus dem die Fluoratome herausragen wie die Borsten bei einer behaarten Raupe.

Nun ist Fluor von allen Atomen dasjenige, welches am wenigsten Neigung zeigt, mit irgend etwas zu reagieren, sobald es sich erst einmal gemütlich mit einem Kohlenstoffatom verbunden hat. Die borstig abstehenden Fluoratome von PTFE stellen somit eine wirksame Hülle nach Art einer Raupenrüstung dar, mit der die Kohlenstoffatome davor bewahrt werden, sich mit anderen möglicherweise auftauchenden Molekülen zu verbinden. Deshalb bleibt an PTFE nichts haften, auch nicht die Moleküle von Eiern, Schweinekoteletts oder diesen weichen Brötchen, den Muffins. PTFE erlaubt es selbst den meisten Flüssigkeiten nicht, sich so stark anzuheften, daß seine Oberfläche benetzt würde. Sie können das sehen, wenn Sie ein paar Tropfen Wasser oder Öl auf eine Pfanne mit Antihaftbeschichtung träufeln.

Was uns (endlich) zu der Frage bringt, wie die Hersteller es anstellen, daß die Beschichtung überhaupt an der Pfanne haftet. Vermutlich ahnen Sie bereits, daß sie eher eine Vielfalt mechanischer als chemischer Verfahren anwenden, um die Pfannenoberfläche so aufzurauhen, daß die aufgesprühte PTFE-Beschichtung gut verankert wird. Aufgrund dramatischer Verbesserungen bei diesen Methoden sind die heutigen antihaftbeschichteten Kochgefäße weit besser als die dünnen, abschilfernden und für Kratzer anfälligen Beschichtungen früherer Jahre. Manche Hersteller trauen ihren Pfannen sogar zu, daß man sie mit Küchenwerkzeug aus Metall mißhandelt.

Es gibt einige Arten von Antihaftbeschichtungen, und die meisten beruhen nach wie vor auf PTFE. Bei einem Verfahren zum Beispiel werden winzige Tröpfchen weißglühend geschmolzenen rostfreien Stahls unter hohem Druck auf die Oberfläche einer Pfanne aus rostfreiem Stahl geblasen. Die Tröpfchen zerplatzen und verschweißen mit der Pfanne, was eine zerklüftete, gezähnte Oberfläche ergibt. Nun sprüht man mehrere Lagen auf PTFE beruhender Substanzmischungen auf, die eine dicke, kräftige und mit den mikroskopisch kleinen Stahlzähnchen fest verbundene Beschichtung bilden. Dieses spezielle Verfahren (Excalibur der US-Firma Whitford Corp.) funktioniert nur mit rostfreiem Stahl, aber andere Prozesse, etwa das Autograph-Verfahren von DuPont, arbeiten mit Aluminium.

Braten sollst du!

(... ich bitte alle Krimiautoren um Verzeihung, die ebenfalls nicht der Versuchung widerstehen konnten, eine Anspielung auf den elektrischen Stuhl zu verwenden.)

Ich möchte eine universell einsetzbare Bratpfanne von hoher Qualität kaufen, aber es gibt so viele verschiedene Arten von Metallen und Be-

schichtungen, daß ich nicht überblicke, was am besten geeignet ist. Worauf sollte ich achten?

Als erstes sollten Sie schon mal Ihre Geldbörse lockermachen, denn Sie reden von »hoher Qualität«, und das kommt nicht billig.

Die ideale Bratpfanne verteilt die Wärme des Brenners gleichmäßig über ihre Oberfläche, überträgt sie rasch auf die Speisen und reagiert sofort auf Änderungen der Brennereinstellung. Das läßt sich auf zwei Eigenschaften eindampfen: Dicke und Wärmeleitfähigkeit. Halten Sie also Ausschau nach einer dicken Pfanne aus einem Metall, das die Wärme möglichst effizient überträgt.

Eine Bratpfanne sollte aus einem Metall schweren Kalibers bestehen, denn je mehr Masse sie hat, desto besser kann sie die Hitze halten. Wenn Sie Zutaten mit Zimmertemperatur in eine heiße, dünne Pfanne legen, kann dem Metall so viel Wärme entzogen werden, daß es bis unter die optimale Gartemperatur abkühlt. Zudem werden die heißesten Zonen der Brennerflamme über den Boden einer dünnen Pfanne direkt auf das Bratgut durchgeleitet und nicht seitlich verteilt, was dort verbrannte oder versengte Stellen hinterläßt. Eine dicke Pfanne hingegen verfügt über ausreichende Wärmereserven (»Wärmeträgheit«), weshalb sie trotz solcher Wechselfälle eine konstante Gartemperatur aufrechterhalten kann.

Die wichtigste Eigenschaft für das Metall einer Bratpfanne ist, wie gut es Wärme übertragen kann – es muß über eine hohe Wärmeleitfähigkeit verfügen. Das gilt aus drei Gründen:

Erstens sollte die Pfanne die Hitze des Brenners rasch und effizient auf die Speisen übertragen. In einer Pfanne aus Glas oder Porzellan würde das Braten nicht besonders zufriedenstellend verlaufen, weil beide die Wärme furchtbar schlecht leiten.

Zweitens sollten alle Bereiche der Pfannenoberfläche die gleiche Temperatur aufweisen, damit alle Teile des Bratguts trotz ungleichmäßiger Temperaturverteilung des Brenners den gleichen Bedingungen ausgesetzt sind. Die separaten Flammenzungen der Gasbrenner heizen den Pfannenboden dort am stärksten auf, wo sie ihn berühren, und elektrische Herdplatten werden mit heißen Metallspulen beheizt, zwischen denen kühlere Zonen liegen. Ein Pfannenboden mit guter Wärmeleitung gleicht diese Unregelmäßigkeiten rasch aus.

Drittens soll die Pfanne schnell darauf ansprechen, wenn Sie die Regelung des Brenners nach oben oder unten verstellen. Beim Braten und Sautieren besteht ein ständiger Widerstreit: Das Bratgut soll auf hoher Temperatur gehalten werden, aber nicht verbrennen, und so müssen Sie häufig den Brenner einregulieren. Eine Pfanne aus hoch leitfähigem Metall reagiert rasch auf solche Veränderungen.

Also gut, welches Metall ist am besten geeignet?

Und der erste Preis geht an ... Silber! Die beste Bratpfanne der Welt hätte einen schweren Boden aus dem einen Metall, das Wärme besser leitet als alle anderen: Silber.

Sie sagen, Sie können sich eine Bratpfanne aus Sterling-Silber nicht leisten? Nun, es gibt einen knapp dahinterliegenden Zweiten, nämlich Kupfer, das über 91 % der Wärmeleitfähigkeit des Silbers verfügt. Zu viel Kupfer in der Nahrung kann jedoch ungesund sein, und deshalb müssen die Innenflächen von Kupferpfannen mit einem weniger giftigen Metall ausgekleidet sein. Jahrelang hat man hierfür Zinn eingesetzt, doch es ist weich und schmilzt schon bei 232 °C. Mit der neuzeitlichen metallurgischen Technik lassen sich aber auch dünne Schichten aus Nickel oder rostfreiem Stahl mit den Innenflächen von Kupferpfannen verbinden.

Meiner Ansicht nach können Sie also nichts Besseres finden als eine schwere Kupferbratpfanne, die mit rostfreiem Stahl oder Nickel ausgekleidet ist. Leider müssen Sie vielleicht einen Teil Ihres anderen edlen Geschirrs verscherbeln, um sich eine leisten zu können. Es ist das teuerste Kochgeschirr, weil Kupfer stärker zu Buche schlägt als Aluminium oder rostfreier Stahl, weil es ein schwierig zu bearbeitendes Metall ist und weil es überdies nicht einfach ist, Kupfer im Rahmen einer Massenproduktion mit einer Auskleidung aus Stahl oder Nickel zu verbinden.

Welches Metall folgt dann auf dem nächsten Platz? Aluminium. Es ist sehr billig, leitet aber die Wärme immerhin mit 55 % der Leitfähigkeit des Silbers – im Derby der Wärmeübertragung kommt es noch lange nicht unter »ferner liefen« ein. Eine dicke Aluminiumpfanne kann sehr gut zum Braten und Sautieren eingesetzt werden, und sie hat außerdem den Vorteil, daß ihr Gewicht (die Dichte) nur 30 % von dem des Kupfers beträgt.

ABER (denn es gibt immer ein Aber): Aluminium wird von den Säuren der Speisen leicht angegriffen, weshalb man es ebenfalls oft mit einer chemisch beständigen Beschichtung wie zum Beispiel rostfreiem Stahl der Klasse 18/10 versieht: Es handelt sich dabei um eine Legierung mit 18 % Chrom und 10 % Nickel. Eine harte Schicht aus rostfreiem Stahl beseitigt auch das Hauptproblem des Aluminiums – es ist nämlich relativ weich. Es läßt sich leicht zerkratzen, und an einer Pfannenoberfläche mit Kratzern bleiben die Speisen haften.

Aluminium ist jedoch auch auf andere Weise zu schützen. Man kann seine Oberfläche elektrochemisch in eine Schicht dichten, harten, chemisch nicht reaktionsfreudigen Aluminiumoxids verwandeln. Diesen Vorgang bezeichnet man als anodische Oxidation – in einem Bad aus Schwefelsäure läßt man zwischen dem Aluminium und einer anderen Elektrode elektrischen Strom fließen. Die ansonsten weiße oder farblose, durch einen Farbstoff im Säurebad jedoch schwarzgefärbte Oxidschicht schützt die Aluminiumoberfläche sowohl mechanisch – sie ist um 30 % härter als rostfreier Stahl – als auch vor den Säuren, obwohl das Oxid von alkalischen Chemikalien wie etwa Spülmitteln angegriffen wird. Die anodisch oxidierte Oberfläche ist auch weniger anfällig für das Anhaften der Speisen, aber keine echte Antihaftbeschichtung. Eine wirklich schwere Bratpfanne aus Aluminium mit anodisch behandelter Oberfläche ist es sicherlich wert, für den Kauf in Betracht gezogen zu werden. Sie sollte mindestens 4 Millimeter dick sein.

Stahl mit der Bezeichnung »rostfrei« belegt im Qualitätsfeld der Bratpfannen den letzten Platz, da er unter allen Materialien für Pfannen mit 4 % des Wertes für Silber der schlechteste Wärmeleiter ist. Neu kann er glänzend und hübsch aussehen, doch die Bezeichnung »rostfrei« ist irreführend, denn er korrodiert oder rostet in Wahrheit sehr wohl: Salz kann ihn anfressen, und bei hohen Temperaturen kommt es zu Farbveränderungen.

Die jeweiligen Vorzüge von Kupfer, Aluminium und rostfreiem Stahl lassen sich im Verbund verschiedener Metallschichten vereinigen, wie wir bei Kupfer und Aluminium mit einer Auskleidung aus rostfreiem Stahl gesehen haben. Zum Beispiel gibt es Pfannen mit einem Aluminiumkern, der zwischen zwei Schichten aus rostfreiem Stahl liegt. Bei den Pfannen einer anderen Serie liegt die Aluminiumschicht zwischen Stahl innen und Kupfer außen, doch oft ist das Kupfer nichts als Kosmetik, weil es nicht dick genug ist. Und da wir schon von Schichten sprechen: Sie können natürlich bei vielen dieser Pfannen eine Ausführung wählen, die innen mit einer Antihaftbeschichtung versehen ist*.

Ganz zum Schluß kommt noch die erschwinglichste von allen, nämlich die gute alte Bratpfanne aus schwarzem Gußeisen, die eine Klasse für sich darstellt. Mit ihr pflegen die Hausfrauen in den Comics ihren Männern eins über den Kopf zu geben. Sie ist dick und schwer (Eisen hat 80 % des spezifischen Gewichts von Kupfer), leitet aber mit 18 % des Wertes von Silber die Wärme nur schlecht. Folglich ist eine Pfanne aus Gußeisen schwer aufzuheizen, aber sobald sie erst heiß ist – und sie kann auf deutlich über tausend Grad erwärmt werden, ohne sich zu verziehen oder zu schmelzen –, wird sie die Hitze ausdauernd aufrechterhalten. Das macht sie zu einer ausgezeichneten

* In Deutschland ist das Angebot verschiedener Hersteller ziemlich vielfältig – die angeführten Kriterien gelten jedoch sinngemäß genauso. – Anm. d. Ü.

Pfanne für bestimmte Anwendungen, bei denen für längere Zeit eine hohe, gleichmäßige Temperatur beibehalten werden muß. Eine solche Pfanne sollten Sie also für häusliches Geflügelbraten wie auch für häusliches »Eins-Überbraten« bereithalten, aber sie ist nicht das Allzweckwerkzeug, nach dem Sie sich erkundigt haben.

Magnetische Zaubereien

Wie kann ich meine Küchenmesser am besten aufbewahren? Hängt man sie an einer Magnetschiene auf, dann kann es, wie ich gelesen habe, dazu kommen, daß die Klingen beschädigt werden. Stimmt das?

Nein. Ob Sie es glauben oder nicht, aber an einer Magnetschiene könnten Ihre Messer sogar länger scharf bleiben. In einem jener Hochglanzkataloge mit technischen Scherzartikeln, die keiner braucht, habe ich doch tatsächlich ein magnetisches Gehäuse zur Aufbewahrung des Rasierapparates entdeckt, das zwischen den Rasuren angeblich die Klinge scharf halten soll. (Wie sie allerdings zwischen zwei Rasuren stumpf werden sollte, wurde nicht erläutert.)

Wie Sie vielleicht bemerkt haben, werden Messer an einer Magnetschiene selbst magnetisch (heben Sie versuchsweise einmal Büroklammern damit auf). Und laut Professor Bob O. Handley vom Fachbereich Materialforschung und Ingenieurwesen am Massachusetts Institute of Technology (MIT) wird ein magnetisiertes Stück Stahl ein wenig steifer als im nicht magnetisierten Zustand. Es kann dann möglicherweise etwas schärfer zugeschliffen werden und bleibt im Gebrauch vielleicht länger scharf.

Darauf sollten Sie sich jedoch nicht verlassen. Es gibt Messerklingen aus verschiedenen Stahllegierungen, von denen einige vielleicht nicht sehr lange magnetisch bleiben. Außerdem ist der Versteifungseffekt wahrscheinlich in keinem Fall besonders groß.

Andererseits können Sie Ihre Messer an der Magnetschiene tatsächlich beschädigen, wenn Sie sie allzu sorglos aufhängen oder abnehmen und dabei mit der Schneide anstoßen oder diese darüber hinwegziehen. So kann die Geschichte aufgekommen sein, Magnetschienen würden die Schneiden stumpf machen.

Falls Sie befürchten, Scharten in die Klingen zu schlagen, wenn Sie Ihre Messer zu hastig von der Magnetschiene pflükken, sollten Sie die Messer vielleicht eher in einem Holzklotz auf der Arbeitsplatte aufbewahren. Manche halten das sogar für die beste Methode. Aber wer, außer vielleicht ein Fernsehkoch oder die Empfänger von Hochzeitsgeschenken, besitzt schon eine Garnitur perfekt abgestufter Messer, von denen jedes in seinem genau passenden Schlitz im Holz steckt? Der Nachteil ist, daß die Schlitze schwer zu reinigen sind und Sie an den herausragenden Messergriffen nicht leicht erkennen können, nach welchem Messer Sie gerade greifen. Mit einer Magnetschiene an der Wand können Sie für jede Aufgabe sofort das richtige auswählen.

Wie jedes kulinarische Lehrbuch warnt, ist nur ein scharfes Messer ein ungefährliches Messer – es rutscht nicht von den Speisen auf den Finger ab. Es gibt im Handel sehr gute elektrische und manuelle Geräte zum Schärfen der Messer – damit ist die seit langer Zeit bewährte, aber auch viel Zeit raubende Methode, sie auf einem Stein zu wetzen, nicht länger notwendig.

Eine Warnung allerdings: Jene brutalen Schärfgeräte, in denen das Messer durch zwei ineinander verschränkte Scheibensätze gezogen wird, schaben ganze Metallpartikel ab, die an der Klinge haften, falls diese magnetisiert ist (diese Geräte sind nicht zu empfehlen, wenn Sie keine Messer mögen, die fortwährend dünner werden). Es ist aber auch nicht gerade schön, Metallteilchen zu verzehren, weshalb Sie das Messer, wenn Sie ein solches Gerät benutzt haben, mit einem feuchten Papiertuch abwischen sollten. Das ist vor allem dann eine gute Idee, wenn Ihre Messer an der Magnetschiene hängen, gleichgültig, womit Sie sie schärfen, weil abgetragene Metallteilchen unsichtbar klein sein können.

Pinsel abpinseln

Wie es scheint, gelingt es mir nicht, meine Backpinsel sauberzuhalten oder unbeschädigt zu lassen. Im letzten Jahr dürfte ich bestimmt zehn neue gekauft haben. Irgendwelche Vorschläge?

Ja. Gründlich waschen und nicht für Zwecke verwenden, für die sie nicht gemacht sind.

Wurde ein Backpinsel dazu benutzt, etwas mit Eigelb oder zerlassener Butter zu bestreichen, dann verklebt er und wird ranzig, wenn Sie ihn nicht sorgfältig waschen, bevor Sie ihn wieder verstauen. Tauchen Sie ihn in heißes Wasser und erzeugen Sie Schaum, indem Sie damit auf einem Seifenstück herumwischen – so, als würden Sie einen Rasierpinsel einschäumen. Anschließend drücken Sie die Borsten wiederholt gegen Ihre Handfläche, um den Schaum einzuarbeiten. Sie können ihn aber auch mehrmals kräftig in ein Gefäß mit heißem Wasser und Spülmittel drücken. In beiden Fällen sollten Sie ihn gründlich mit heißem Wasser nachspülen und an der Luft trocknen lassen, ehe Sie ihn wieder in die Schublade legen.

Was die Beschädigungen angeht: Sie sollten einen Backpinsel niemals mit einem Bratenpinsel verwechseln, wie das in einigen Artikeln in beliebten Zeitschriften zum Thema Essen getan wurde. Das sind zwei verschiedene, für unterschiedliche Aufgaben konzipierte Werkzeuge. Backpinsel sind nicht dafür gedacht, Hitze auszuhalten. Ihre weichen, natürlichen Schweineborsten können schmelzen, wenn man mit ihnen Fett oder Sauce auf heiße Bratenstücke im Backrohr oder auf dem Grill aufträgt. Dagegen können die Bratenpinsel mit ihrem längeren

Stiel und den steiferen synthetischen Borsten die Hitze vertragen, ohne zu schmelzen. Und so wie ein Backpinsel nicht zum Einpinseln von Braten verwendet werden sollte, ist ein Bratenpinsel zu unelastisch, als daß man ihn für zartes Gebäck verwenden könnte.

Die billigen Farbpinsel mit unlackiertem Holzgriff und weißen Naturborsten im Eisenwarenladen oder Baumarkt sind praktisch identisch mit den teuren Backpinseln, die in Küchengeschäften angeboten werden.

Schnell fettig gemacht

Weil ich meinen Fettkonsum einschränken wollte, habe ich Öl in eine Sprühflasche umgefüllt. Es kam aber nur ein schwerer, kalorienbeladener Strahl heraus. Gibt es eine bessere Möglichkeit, mir einen eigenen »Kochspray« zu basteln?

Ja, die gibt es wirklich.

Normale Sprühflaschen aus Kunststoff sind dafür ausgelegt, wäßrige Flüssigkeiten zu versprühen, ölige dagegen nicht. Wasser ist dünner (weniger viskos) als Öl und läßt sich leicht in Nebeltröpfchen zerlegen, doch der armselige Druck der »Wasserpistolenpumpe« reicht nicht aus, das Öl zu mikroskopisch kleinen Tröpfchen zu zerstäuben, wie es eine Sprühdose mit Treibgas kann.

Küchenfachgeschäfte und Versandhäuser bieten Sprühgeräte für Olivenöl an, die sich großartig dafür eignen, Bratpfannen und Grillpfannen mit einer Ölschicht zu versehen, Backformen zu fetten, Knoblauchbrot zuzubereiten, Blattsalate zu besprühen und vieles andere mehr. Sie füllen das Öl hinein, das Sie durch Pumpen mit der Verschlußkappe unter Druck setzen. Das Öl wird dann genau wie bei einer Sprühdose auf Knopfdruck als feiner Nebel versprüht.

In meiner Küche steht immer eine kleine Plastiksprühflasche mit reinem Wasser bereit, mit deren Hilfe alles angefeuchtet werden kann, was so anfällt. Zum Beispiel läßt französisches Stangenweißbrot sich am besten auffrischen, wenn man es mit einem Spritzer Wasser leicht anfeuchtet und bei 175 °C für zwei Minuten aufbäckt. Viele Gerichte wirken glänzender und frischer, wenn man sie unmittelbar vor dem Auftragen anfeuchtet. Fast jedes warme Gericht, das vor dem Servieren für eine Weile in der Küche stehen mußte, wird von dieser Schönheitskur profitieren können. Food-Designer wenden diesen Trick an, um ein Gericht für die Kamera frisch aussehen zu lassen.

Eine saftige Geschichte

Ich stelle oft Zitronencreme her, die ich als Füllung für kleine Törtchen verwende, und selbstverständlich nehme ich dafür frischgepreßten Zitronensaft. Doch anscheinend vergeude ich eine Menge Saft, weil ich ihn nicht vollständig herauskriege. Gibt es eine Möglichkeit, aus Zitronen oder Limetten die maximale Saftmenge herauszuholen?

In diversen Büchern und Zeitschriften, die sich mit Essen befassen, werden Sie lesen, daß Sie sie auf der Arbeitsplatte kräftig rollen sollen. Andere empfehlen, sie für eine Minute oder so in die Mikrowelle zu legen. Das klingt alles vollkommen vernünftig, doch ich habe mich stets gefragt, ob es wirklich funktioniert.

Als mein Freund Jack, der es liebt, Schnäppchen aufzustöbern, entdeckte, daß ein Supermarkt am Ort zuviel Limetten vorrätig hatte und sie zum Preis von einem Dollar für zwanzig Stück anbot, bekam ich meine Chance, das herauszufinden. Visionen von Margaritas ohne Ende tanzten ihm durch den Kopf, und so kaufte er vierzig für sich und rief mich an, um die Nachricht weiterzugeben.

Was für eine Gelegenheit! Hier war meine Chance, das Experiment durchzuführen, das ich mir schon immer gewünscht hatte. Aus meiner langen Erfahrung als akademischer Wissenschaftler wußte ich allerdings, daß bei einem Forschungsantrag an die National Science Foundation der USA die erforderlichen Mittel wohl eher nicht bewilligt werden würden. Also griff ich meine eigenen Reserven an und beschaffte Limetten im Wert von vier Dollar, ohne noch weitere Angebote einzuholen, und lieferte sie persönlich mit einem Toyota an mein Labor – äh, meine Küche. Es waren große, grüne, gut aussehende Limetten, wie sie in unseren Supermärkten vorwiegend angeboten werden.

Ich wollte herausfinden, ob man aus einer Limette (oder Zitrone, das sollte im Prinzip keinen Unterschied machen) wirklich mehr Saft herausholen kann, wenn man sie in der Mikrowelle erhitzt oder auf dem Küchentisch rollt, ehe man sie auspreßt. Diese Empfehlungen, die wie so viele Lehrsätze der Küchenbräuche, soweit ich weiß, niemals wissenschaftlich überprüft worden sind, waren mir schon immer verdächtig vorgekommen. Ich wollte sie nun mit der ganzen Strenge eines kontrollierten wissenschaftlichen Versuchs testen. Das habe ich auch gemacht, und die Ergebnisse dürften Sie vielleicht überraschen.

Hier also die Schilderung, was ich alles getan habe, im Stil eines Laborprotokolls, wie man es mir in den naturwissenschaftlichen Kursen an der Oberschule beigebracht hat.

Experiment Nr. 1

Vorgehensweise:
Ich teilte 40 Limetten in vier Gruppen auf (der mathematische Teil war einfach). Eine Gruppe heizte ich in einem Mikrowellenherd von 800 Watt 30 Sekunden lang auf. Die zweite rollte ich mit der Handfläche kräftig über die Arbeitsfläche. Die dritte wurde sowohl mit der Mikrowelle als auch mit der Hand

bearbeitet. Die vierte Gruppe diente als Kontrollgruppe und blieb unbehandelt. Ich wog jede Limette, unterzog sie der jeweils vorgesehenen Prozedur, schnitt sie in zwei Hälften, preßte den Saft mit Hilfe eines elektrischen Entsafters aus und maß die so erhaltene Menge Saft. Dann verglich ich die Ausbeute in Millilitern Saft pro Gramm Fruchtmasse.

Ergebnisse und Bewertung:
Zwischen den vier Gruppen von Limetten war kein Unterschied festzustellen. Weder Mikrowellenbehandlung, noch Rollen, noch Rollen plus Mikrowelle führte zu einer höheren Ausbeute an Saft.

Warum auch? Eine Frucht enthält je nach Varietät, Wachstumsbedingungen und Behandlung nach der Ernte eine bestimmte Menge Saft. Warum um alles in der Welt sollte man erwarten dürfen, diese Saftmenge durch Erhitzen oder groben Umgang verändern zu können? Für mich hatte dieser Teil der Zitrus-Erzählungen nie einen Sinn ergeben, und nun habe ich bewiesen, daß er falsch ist.

Aber natürlich wird mit einem elektrischen Entsafter praktisch der gesamte Saft einer Limette ausgepreßt. Vielleicht ist der Saft leichter zu gewinnen, wenn man sie in der Mikrowelle erhitzt oder sie rollt. Falls Sie die Früchte mit der Hand auspressen, erhalten Sie also möglicherweise bei gleicher Preßkraft mehr Saft.

Experiment Nr. 2

Vorgehensweise:
Wie zuvor teilte ich weitere Limetten (im Wert von 2 Dollar) in vier Gruppen auf, die ich dieses Mal jedoch mit aller Kraft mit der Hand auspreßte. Natürlich erhielt ich so weniger Saft: durchschnittlich zwei Drittel der Ausbeute bei maschineller Gewinnung. Ein viel stärkerer Mann könnte zweifellos mehr herausholen. Ich halte mir jedoch immerhin zugute, daß die

Kraft meiner rechten Hand die einer typischen Köchin wahrscheinlich übertrifft.

Ergebnisse und Bewertung:
Das Auspressen der unverändert belassenen Limetten mit der Hand ergab im Schnitt eine Ausbeute von 61 % des Gesamtsaftgehalts. Nach Behandlung in der Mikrowelle waren es 65 %, durch Rollen kamen 66 % heraus. Diese drei Resultate stimmen innerhalb der Fehlergrenzen praktisch überein. Erneut war meine Skepsis bestätigt: Preßt man die Früchte von Hand aus, wird die Menge des gewonnenen Safts weder durch Rollen noch durch Erhitzen in der Mikrowelle signifikant erhöht.

Doch hier kommt die große Überraschung: Wurden die Limetten erst gerollt und dann in der Mikrowelle erhitzt, waren sie so leicht auszupressen, daß sie 77 % ihres Saftgehalts lieferten, was 26 % mehr sind als bei unbehandelten Limetten. Der Saft schoß praktisch aus ihnen heraus, und ich mußte sie über dem Auffanggefäß halbieren, damit nichts davon verlorenging.

Nach meinen Schlußfolgerungen ist dabei folgendes abgelaufen: Durch Rollen werden einige der Vakuolen aufgerissen – jene winzigen »Kissenbezüge« voll Saft in den Zellen der Frucht. Weil Oberflächenspannung (dieser »Oberflächenleim« sorgt dafür, daß Tropfen von Flüssigkeiten ihre Kugelform beibehalten wollen) und Viskosität (geringe Fließfähigkeit) des Safts jedoch beide ziemlich groß sind, kann der Saft noch immer nicht sehr leicht herausfließen. Erhitzt man die Flüssigkeit jedoch anschließend, dann lassen Oberflächenspannung und Viskosität erheblich nach. So kann der Saft sehr viel leichter herausfließen, als ich mir ohne einen Blick auf die tatsächlichen Viskositäten erwartet hätte. Es zeigt sich, daß Wasser (das dem Limettensaft insofern ausreichend ähnlich ist) bei den durchschnittlichen Temperaturen vor und nach der Mikrowellenbehandlung viermal leichter fließt, nachdem es erhitzt wurde. Demnach werden durch Rollen die Schleusen geöffnet, und durch Erhitzen kann die Flut dann leichter ausströmen.

Zusammenfassung

Falls Sie einen elektrischen oder mechanischen Entsafter verwenden, wird es nichts nützen, die Früchte zu rollen und/oder in der Mikrowelle zu erhitzen. Das gilt ebenso für die geriffelten Geräte aus Holz oder Plastik, die in die Frucht einzudrehen sind, und auch jene altmodischen gläsernen Entsafter aus gerippten Glas, da auch sie praktisch den gesamten Saft herausholen, den eine Frucht enthält.

Falls Sie Ihre Limetten jedoch von Hand ausquetschen und eine Mikrowelle besitzen, sollten Sie sie erst auf der Arbeitsplatte rollen und dann in die Mikrowelle geben. Allein durch Rollen werden sie schon weicher, was sie saftiger erscheinen läßt, aber die Ausbeute nicht nennenswert erhöht. Und in der Mikrowelle allein erreicht man kaum mehr, als daß der Saft unangenehm heiß wird: In meinen Versuchen waren es 76–87 °C.

Auch wenn ich Zitronen nicht untersucht habe, würde ich erwarten, daß diese Verfahren bei ihnen zu ähnlichen Resultaten führen. Ich habe Jack gebeten, die Augen offenzuhalten.

Und zuletzt, mit welcher Menge Saft können Sie bei einer Limette bestenfalls rechnen? Limetten sind besonders scheinheilige Früchte, und in Rezepten sollte man daher eher das erforderliche Volumen angeben, anstatt »den Saft einer halben Limette« vorzuschreiben. Mit dem elektrischen Entsafter lag die Ausbeute von all meinen Limetten im Durchschnitt bei 60 Milliliter pro Frucht; Rollen, Aufheizen und Ausquetschen mit der Hand erbrachten 45 Milliliter. Der Sieger meiner Stichprobe lieferte 75 Milliliter, während zwei sehr gesund aussehende Exemplare jeweils nur 9 Milliliter hergaben.

Meine Experimente haben es mit sich gebracht, daß ich nun über Limettensaft für 130 Margaritas verfüge. Geben Sie mir einfach ein wenig Zeit (falls Sie mir Gesellschaft leisten wollen, finden Sie auf S. 288 das Rezept).

So wird der Saft schnell weggeschafft
Zitronencreme

Wir können nur unterstellen, daß unsere Technik des Limettenentsaftens bei Zitronen ebenso gut funktioniert (da wir von Jack bisher nichts über Ramschangebote bei Zitronen gehört haben). Jedenfalls ist es der Mühe wert, Zitronen auszupressen, um diesen köstlichen Aufstrich für Toast oder Biskuits herzustellen. Außerdem gibt Zitronencreme eine großartige Füllung für Torten oder Kuchen ab, und in einer süßen Rolle schmeckt sie wunderbar. Im Kühlschrank hält sie sich monatelang.

5 große Eidotter
110 Gramm Zucker
80 Milliliter Zitronensaft
Schale von zwei (unbehandelten) Zitronen, zerkleinert
Prise Salz
60 Gramm Butter, ungesalzen

1. In einem schweren Kochtopf oder im oberen Einsatz eines doppelstöckigen Topfes die Eidotter mit dem Zucker vermengen und bei kleiner Hitze ständig umrühren. Zitronensaft, Schalen und Salz hinzugeben.
2. Die Butter unter Rühren stückchenweise zugeben. 3–4 Minuten kochen, bis die Mischung andickt, dabei ständig weiterrühren.
3. In ein sauberes Marmeladenglas füllen und ein passend zugeschnittenes Wachspapier auf die Oberfläche legen, damit sich keine Haut bilden kann. Im Kühlschrank aufbewahren.

Ergibt ungefähr ¼ Liter.

Autowaschen? Nicht mit einem nassen Champignon

In allen Kochbüchern wird gesagt, man solle Pilze niemals waschen, weil sie das Wasser wie ein Schwamm aufsaugen. Statt dessen sollte man sie nur kurz unter den Wasserstrahl halten oder sie einfach nur abwischen. Aber sind die Dinger nicht in Dung gewachsen?

Wasser aufsaugen? Falsch. Diese Bücher haben unrecht.

In Dung gewachsen? Ich fürchte ja.

Fangen wir mit dem Dung an.

Der gewöhnliche weiße oder braune Zuchtchampignon im Supermarkt (*Agaricus bisporus*) wird in sogenannten Substratmischungen kultiviert, die von Heu über gehäckselte Maiskolben bis hin zu Hühnermist und der gebrauchten Stroheinstreu aus Pferdeställen so ziemlich alles enthalten können.

Das hat mich viele Jahre hindurch gestört. Da ich andererseits wiederholt davor gewarnt worden bin, meine Pilze ins Wasser zu werfen, behalf ich mich mit einer weichborstigen Pilzbürste, die vermutlich geeignet war, die garstigen Sachen von den trockenen Pilzen abzubürsten, ohne daß man sie abbrausen mußte. Doch das half nicht viel. Manchmal schälte ich meine Pilze sogar, eine zeitraubende und lästige Beschäftigung.

Doch wie heißt es in einem Kirchenlied mit dem Titel »Wunderbare Gnade« so schön: »Verirrt ich war, bin wieder da; war blind, doch seh ich nun ...« Ich weiß also inzwischen, daß die Pilzzüchter das Substratmaterial 15–20 Tage kompostieren, wobei die Temperatur auf sterilisierende Werte steigt. Der Kompost ist ungeachtet seiner Herkunft keimfrei, ehe er mit den Pilzsporen »geimpft« wird.

Ich kann mir aber nicht helfen, ich glaube einfach, daß Dung nichtsdestoweniger noch anderes an sich hat als nur Keime. Also säubere ich meine Pilze nach wie vor. Und ja, ich wasche sie in Wasser, weil sie wirklich nicht mehr als eine winzige Menge davon aufnehmen, wie ich gleich belegen werde. Überdies bezweifle ich ernstlich, daß eine Wäsche mit Wasser das Aroma mindert, wie in manchen Büchern behauptet wird. Das würde allenfalls dann zutreffen, wenn das Aroma vor allem nahe der Oberfläche der Pilze säße und größtenteils wasserlöslich wäre.

Die Vorstellung, Pilzfleisch würde einem Schwamm ähneln, hat mich seit jeher mißtrauisch gemacht, weil es mir nie auch nur im geringsten porös erschienen ist, auch nicht unter dem Mikroskop (ja, auch das habe ich gemacht). Als ich dann Harold McGees Buch *The Curious Cook* (»Der neugierige Koch«, North Point Press, 1990) las, fühlte ich mich bestätigt. McGee wog eine Packung Pilze, legte sie für fünf Minuten ins Wasser – etwa zehnmal länger als bei jeder Wäsche –, wischte sie ab und wog sie erneut. Und siehe da, sie wogen nur geringfügig mehr.

Ich habe McGees Versuch mit zwei Packungen weißer Pilze der Gattung *Agaricus* (40 Stück mit einem Gesamtgewicht von ca. 700 Gramm) und einer Packung brauner Pilze (ca. 300 Gramm) wiederholt. Ich wog jede Charge sorgfältig auf einer Laborwaage, legte sie für die von McGee vorgegebenen fünf Minuten in kaltes Wasser, das ich ab und zu umrührte, entfernte den größten Teil des anhaftenden Wassers mit Hilfe einer Salatschleuder und wog sie erneut.

Die weißen Pilze, alle mit dicht geschlossenem Hut, hatten lediglich 2,7 % ihres Eigengewichts an Wasser aufgenommen, was mit dem Resultat McGees übereinstimmte. Die braunen Pilze behielten mehr Wasser bei sich: 4,9 % ihres Eigengewichts, ungefähr vier Teelöffel pro Pfund. Das lag möglicherweise daran, daß die Köpfe schon ein wenig geöffnet waren, weshalb Wasser in den Zwischenräumen der Blätter unter dem Hut eingeschlossen wurde – nicht aber daran, daß ihr Fleisch mehr Wasser absorbiert hätte. Viele andere unregelmäßig geformte Gemüsesorten würden ebenfalls auf mechanischem Wege ein wenig Wasser einschließen. Und mit dem »raschen Abspülen« von Pilzen, das in vielen Kochbüchern empfohlen wird, dürfte höchstens die gleiche Menge Wasser zurückgehalten werden wie bei meinem fünfminütigen Bad.

Also machen Sie schon, waschen Sie Ihre Pilze nach Herzenslust – zumindest die üblichen Zuchtchampignons mit geschlossenen Köpfen, da ich keine der exotischeren Arten getestet habe. Sie sollten jedoch bedenken, daß nicht jede braune Verschmutzung, die Sie sehen, aus Dung besteht. Es könnte wahrscheinlich eher sterilisierter Torf sein, mit dem die Züchter das Substrat abdecken und durch das die Pilze ihre Köpfchen stecken.

Ach ja, übrigens: Falls die Pilze in Ihrer Pfanne so viel Wasser ziehen, daß sie eher gedünstet als gebräunt werden, liegt das nicht daran, daß sie gewaschen wurden. Vielmehr bestehen die Pilze selbst fast ganz aus Wasser, und Sie haben so viele davon in die Pfanne geschichtet, daß der ausgetriebene Dampf nicht entweichen kann. Sie sollten sie in kleineren Portionen oder in einer größeren Pfanne sautieren.

Quietschsaubere Pilze

Bürst sie, spül sie oder wasch sie – wen interessiert das schon? Diese Pilzpastete nach Wäldlerart wird alle Gäste begeistert aufstöhnen lassen.

Verwenden Sie eine Mischung aus Pilzen mit kräftigem Aroma, etwa Steinpilze, Pfifferlinge, Maronen und Täublinge. Damit es nicht zu teuer wird, können Sie auch zur Hälfte weiße Champignons nehmen, obwohl der Geschmack dann nicht ganz so »schwammerlmäßig« wird. Die Füllung kann bis zu einem Tag im voraus zubereitet werden.

Fertigteig für zwei Schichten in einer 20-cm-Pastetenform
3–4 mittlere Zwiebeln, feingehackt
60 Gramm Butter, ungesalzen
1,5 Kilo gesäuberte gemischte Pilze, grob zerkleinert
1 Teelöffel getrocknete Thymianblätter
50 Milliliter trockener Marsala oder Portwein
Salz
Frischgemahlener schwarzer Pfeffer
10 Gramm Mehl
1 Eidotter, mit 1 ½ Teelöffel Wasser verquirlt
Einige Zweige frischen Thymian zum Garnieren, falls gewünscht

1. Für die Füllung zunächst die Zwiebeln bei mittlerer Hitze für etwa 10 Minuten in einer 30-cm-Bratpfanne in Butter sautieren, bis sie weich und goldfarben, aber noch nicht braun sind. Pilze und getrockneten Thymian dazugeben. Die Pilze werden Saft abgeben und Volumen verlieren.
2. Marsala dazugeben und kochen lassen, bis die Flüssigkeit auf die Hälfte eingedampft ist. Großzügig mit Salz und Pfeffer abschmek-

ken. Das Mehl über die Mischung streuen und etwa eine Minute einrühren, bis die Säfte ein wenig angedickt sind. Vom Feuer nehmen. Die Füllung muß abgekühlt sein, bevor die Pastete vorbereitet wird.

3. Backrohr auf 210 °C vorheizen. Den Teig für die untere Kruste in eine 20-cm-Pastetenform einlegen. Pilze dazugeben, gleichmäßig und glatt verteilen. Teigrand mit ein wenig Wasser anfeuchten. Mit dem übrigen Teig bedecken, die Ränder rundum zusammendrücken, um alles zu versiegeln. Ränder zuschneiden und abrunden.

4. Eidotter und Wasser in einer kleinen Schüssel mit einer Gabel verquirlen. Diese Mischung mit einer Fingerspitze oder einem weichen Backpinsel sachte auf die obere Teigschicht auftragen. Pastete 35 Minuten backen – die Kruste muß goldgelb sein. Warm oder mit Raumtemperatur servieren. Wenn gewünscht, jede Portion mit Thymianzweigen garnieren.

Ergibt 6 Portionen für einen kleinen Imbiß oder als Beilage.

Omas Überlebenstest

Mein Vater sagt, mein Großvater sei immer in den Wald gegangen, um Pilze zu sammeln, die meine Großmutter dann zubereitete. Einmal fragte mein Vater sie, wie sie erkennen könne, ob die Pilze auch gefahrlos zu essen seien. Oma erklärte, sie würde einen Silberdollar in die Pfanne mit den Pilzen legen, und wenn dieser sich nicht dunkel verfärbe, seien die Pilze in Ordnung. Mein Dad und ich fragen uns, ob es für diese Methode eine wissenschaftliche Grundlage gibt.

Halt! Ich hoffe, ich habe Sie noch erwischt, bevor Sie Omas angebliche Weisheit ausprobieren. Für den Trick mit dem Silberdollar gibt es keinerlei wie auch immer lautende wissenschaftliche Begründung. Das ist Unsinn. Ich würde es als Altweibergeschwätz abtun, nur daß Frauen, die so alt werden, wohl nie an so etwas geglaubt haben.

Es gibt keine einfache Methode, mit der man giftige Pilze von eßbaren unterscheiden könnte – man muß die einzelnen Arten kennen und benennen können. Wir kennen Zehntausende Pilzarten, und viele der giftigen sehen den eßbaren sehr ähnlich. Ich persönlich habe kein sehr gutes Gedächtnis für Formen, und deshalb wage ich nur, zwei oder drei Arten ohne bösartige Doppelgänger zu sammeln. Ich lasse mich von Pilzkennern (oder meinen Lieblingsrestaurants) mit den Steinpilzen, Morcheln, Goldröhrlingen, Porcini, Shii-Take, Enoki und Austernseitlingen (auf den Speisekarten gern als »Austernpilz« tituliert, weil das vornehmer klingt) beliefern, die in den letzten Jahren so viel dazu beigetragen haben, die Küche in den USA zu beleben.

Übrigens sind die heutzutage auf Speisekarten allgegenwärtigen »Portobellos« keine eigene Art, sondern gewöhnliche braune Egerlinge, die man vor der Ernte groß werden ließ.

Ihre Großmutter hat Ihrem Vater, wenn ich so sagen darf, einen Bären aufgebunden, als sie ihn an den Silbermünzentest glauben ließ. Sie kannte die Pilze einfach.

Von Flecken rein soll Kupfer sein?

Ich habe mir kürzlich einen Satz Kupfergeschirr angeschafft, und es sieht wirklich toll aus. Wie kann ich das neuwertige Aussehen bewahren?

Glänzendes Kupfer ist schön, und es gibt im Handel auch einige wunderbar wirksame Polituren. Aber sind Sie Koch oder Dekorateur? Der große Vorteil von kupferverkleidetem Kochgeschirr ist doch, daß es die Wärme hervorragend und gleichmäßig weitergibt. Deswegen sollten Sie es nutzen und nicht exzessiv putzen. Falls Sie versuchen, Ihr Kupfergeschirr in seinem jungfräulichen Zustand zu erhalten, haben Sie sich eine Vollzeitbeschäftigung eingehandelt.

Mit ein paar einfachen Vorkehrungen können Sie jedoch vermeiden, daß es allzu fleckig aussieht. Reinigen Sie es nie in der Spülmaschine – das äußerst alkalische Spülmittel kann das Kupfer verfärben. Trocknen Sie es sorgfältig ab, nachdem Sie es mit Handspülmittel abgespült haben. Achten Sie darauf, mit einem sanft wirkenden Topfreiniger alles Fett restlos zu entfernen, da es beim Erhitzen zu einem schwarzen, harten Belag verbrennt. Schließlich sollten Sie die Pfannen nicht allzu heiß werden lassen, ob sie nun mit Öl eingefettet oder gar völlig leer sind. Das dunkle Kupferoxid entsteht vor allem an den heißesten Stellen; am Ende bleibt das Muster der Brennerflamme auf dem Pfannenboden wie eingeprägt sichtbar.

Maß für Maß (Shakespeare sei Dank!)

Wenn eine Unze keine Unze ist

Warum haben wir für flüssige und trockene Zutaten verschiedene Meßgefäße? Eine Tasse Zucker hat doch das gleiche Volumen wie eine Tasse Milch, oder nicht?*

Kommt darauf an, wie Sie das definieren wollen.

Eine Tasse (*cup*) ist in der Tat in ganz Amerika eine Tasse: Es sind acht sogenannte *U. S. fluid ounces* (Unzen für Flüssigkeiten, ebenfalls eine Maßeinheit für Volumina), ob naß oder trocken. Aber nun fragen Sie sich vielleicht: Wenn die *fluid ounce* ein Maß für Flüssigkeiten ist, wie kommt es dann, daß wir sie auch verwenden, um Mehl und andere trockene Fest-

* *Cup* ist in den USA eine offizielle Maßeinheit und entspricht 237 Milliliter. Der ganze folgende Abschnitt behandelt ein Thema, das für uns Kontinentaleuropäer fast so exotisch sein dürfte wie die Ernährungsgewohnheiten mancher Eskimos. Weil wir das metrische System schon seit einiger Zeit verinnerlicht haben, können wir die geschilderten Probleme nur mit einem milden Lächeln zur Kenntnis nehmen. – Anm. d. Ü.

stoffe abzumessen? Und was ist der Unterschied zwischen einer Unze Volumen und einer Unze Gewicht?

Die Verwirrung wurzelt in unserem antiquierten amerikanischen System der Maßeinheiten. Hier folgt, was wir eigentlich in der Schule gelernt haben sollten (gut aufgepaßt jetzt, und achten Sie auf die tunzende – Entschuldigung, tanzende – Unze): Eine *U. S. fluid ounce* bezeichnet ein bestimmtes Volumen oder eine entsprechende Masse und muß von der *British fluid ounce* unterschieden werden, mit der ein anderes Volumen gemeint ist. Diese beiden sind wiederum nicht dasselbe wie die *avoirdupois ounce*, die nun absolut kein Volumen bezeichnet, sondern eine Gewichtseinheit darstellt und nicht mit der *troy ounce* verwechselt werden darf, die für eine andere Gewichtsmenge steht und sich ihrerseits *nicht* von der *apothecary's ounce* unterscheidet, welche genau dasselbe darstellt wie die *troy ounce*, außer in einem Februar mit 28 Tagen ... Ist das alles hinreichend klar?

Wenn das kein Argument für das Internationale Einheitensystem ist, das in aller Welt unter der Bezeichnung SI (nach dem französischen »Système International«) bekannt und uns als metrisches System geläufig ist, dann weiß ich nicht, was sonst in Frage käme. Im SI wird Gewicht immer in Kilogramm und Volumen stets in Litern angegeben. Auf der ganzen Welt sind die USA das einzige Land, das noch immer mit etwas arbeitet, was üblicherweise als britisches Maßsystem bezeichnet wurde, bis selbst die Briten es aufgaben und metrisch wurden.

Formulieren wir die Frage nun etwas anders. Stellen acht gute alte amerikanische Flüssigunzen (*fluid ounces*) Milch nicht exakt das gleiche Volumen dar wie acht gute alte amerikanische Flüssigunzen Zucker?

Das ist sicherlich richtig. Wäre das nicht so, hätten wir wirklich ein Problem. Doch wir brauchen immer noch eine Garnitur von gläsernen Meßgefäßen für Flüssigkeiten und einen separaten Satz von Meßbehältern aus Metall für feste Stoffe.

Versuchen Sie doch mal, eine Tasse (*cup*) Zucker in einem gläsernen Meßgefäß mit zwei Tassen Fassungsvermögen abzumessen, und Sie werden nur unter Schwierigkeiten genau feststellen können, wann der Zucker den Meßstrich für eine Tasse erreicht hat, weil die Oberfläche des Zuckers nicht vollkommen eben ist. Aber selbst wenn Sie das Gefäß auf die Unterlage stoßen, um den Zucker einzuebnen und genau mit der Markierung in Übereinstimmung zu bringen, bekommen Sie nicht die Menge, die das Rezept eigentlich vorschreibt. Der Rezept-Tester verwendete nämlich einen metallenen Meßbecher mit einer Tasse Fassungsvermögen (für »trockene« Zutaten), der gestrichen voll war. Und ob Sie es glauben oder nicht, damit erhalten Sie eine andere Zuckermenge, als wenn Sie einen Meßbecher aus Glas verwendet hätten.

Pobieren Sie es aus. Messen Sie exakt eine Tasse (*cup*) Zukker ab, indem Sie ein Meßgefäß aus Metall ein wenig übervoll machen und den Überschuß mit einer geraden Kante, etwa dem Rücken eines Küchenmessers, abstreichen. Nun füllen Sie den Zucker in ein gläsernes Meßgefäß mit zwei Tassen Fassungsvermögen und schütteln dieses, bis die Zuckeroberfläche glatt ist. Jede Wette, daß die Markierung für eine Tasse nicht erreicht wird!

Könnte das vielleicht an Unregelmäßigkeiten der Meßgefäße selbst liegen? Nicht, solange Sie kein Schnäppchen vom alternativen Flohmarkt verwenden, dessen Markierungen aussehen, als wären sie im Kindergarten von Hand aufgepinselt worden. Seriöse Hersteller von Küchengeräten achten ziemlich sorgfältig auf die Maßgenauigkeit ihrer Produkte. Nein, die Antwort liegt in dem fundamentalen Unterschied zwischen Flüssigkeiten und granulierten festen Stoffen wie Zucker, Salz oder Mehl.

Gießen Sie eine Flüssigkeit in einen Behälter, dann fließt diese in jede Vertiefung und läßt nicht einmal mikroskopische Hohlräume frei. Ein Feststoff-Granulat kann sich dagegen je nach Form und Größe der Körnchen sowie des Behälters unvorhersehbar absetzen. Werden solche Stoffe in ein weites Gefäß eingefüllt, dann erhalten die Körnchen in der Regel die Möglichkeit, sich weiter auszubreiten und alle Zwischenräume besser auszufüllen. Damit setzen sie sich kompakter ab, als wenn sie in einem engen Behälter aufeinandergetürmt wären. Und weil sie dichter gepackt sind, nehmen sie ein kleineres Volumen ein. Eine Zuckermenge gleichen Gewichts wird in einem weiten Gefäß letztlich weniger Raum beanspruchen als in einem engen.

Aber zurück in die Küche zu Ihren Meßgefäßen. Dort werden Sie, das ist so sicher wie das Amen in der Kirche, feststellen, daß auf der gleichen Kapazitätsebene der Durchmesser Ihres Meßbechers aus Glas erheblich größer ist als die Öffnung des Metallbechers. Deshalb nehmen Zucker und vor allem Mehl, das für sein unberechenbares Absetzverhalten berüchtigt ist, im Glasgefäß weniger Volumen ein. Wenn Sie also für trokkene Zutaten ein gläsernes Meßgefäß verwenden, werden Sie mehr dazugeben, als das Rezept vorsieht.

Um das festzuklopfen, habe ich den gegenteiligen Effekt überprüft: Ich füllte Zucker aus einem gestrichen vollen Metallmeßbecher in ein hohes, schmales Meßgefäß – einen geeichten Meßzylinder für Chemiker. Wie zu erwarten war, reichte er hier ein ganzes Stück über die Marke von acht Unzen (237 Milliliter).

Die Öffnung der modernen Meßutensilien aus Glas ist leider sogar noch weiter als die ihrer Vorgänger, wahrscheinlich, weil die Leute heutzutage darin auch Milch und andere Flüssigkeiten in der Mikrowelle erhitzen wollen, und in weiten Gefäßen kochen diese nicht so leicht über oder fangen an zu schäumen. Die neuesten Meßbehälter für Flüssigkeiten sind also besonders schlecht geeignet, trockene Zutaten abzumessen. Doch selbst wenn man damit Flüssigkeiten abmißt, gibt es ein Problem. In einem weiten Gefäß kann ein kleiner Fehler in der Füllhöhe zu einer relativ großen Abweichung des Volumens führen. Jene großen Glasmeßgefäße mit weiter Öffnung sind deswegen weniger genau als die alten, schmalen. Falls Sie noch einen der Oldies besitzen, sollten Sie ihn in Ehren halten.

Und dann ist da noch das Problem, Flüssigkeiten nach Teelöffeln oder Eßlöffeln abzumessen. Haben Sie bemerkt, wie die Flüssigkeit wegen der Oberflächenspannung über dem Rand des Meßlöffels sich ein wenig aufwölbt? Diese Löffel sind für feste Stoffe gedacht, nicht für Flüssigkeiten.

Die perfekte Lösung für all diese Probleme ist, wie ich feststellen konnte, der zu Recht so genannte Perfect Beaker (der perfekte Meßbecher) der Firma EMSA Design von Frieling, USA. Er ist für jede Art von Flüssigmaßen geeicht, die Sie sich nur wünschen können: Unzen, Milliliter, Eßlöffel (ebenfalls ein offizielles Hohlmaß: 1/16 *cup*), Teelöffel, Tassen und *Pints* (ca. 0,6 Liter) einschließlich ihrer Bruchteile. Sie brauchen nur dieses eine Meßgefäß, von einer Unze bis hin zu einem *Pint*. Die konische Form in der Art einer Eistüte stellt sicher, daß kleinere Mengen automatisch in einem engeren Behälter abgemessen werden, was größte Ablesegenauigkeit mit sich bringt. Sie können damit auch von einer Einheit in eine andere umrechnen, was sehr praktisch werden dürfte, wenn die USA, berücksichtigt man das bisherige Fortschrittstempo, zu Anfang des nächsten Jahrtausends endlich dazu übergehen, das metrische System anzuwenden. Sie suchen einfach nach der Menge auf der amerikanischen Skala und lesen dann auf derselben Höhe ihr metrisches Äquivalent ab.

(Oder bin ich vielleicht zu pessimistisch? Es ist schließlich erst siebenundzwanzig Jahre her, daß der Kongreß ein Gesetz verabschiedet hat, das die Umstellung auf das metrische System fordert, und Coke sowie Pepsi kriegt man tatsächlich schon in Zweiliterflaschen.)

Die ultimative Lösung für Genauigkeit und Reproduzierbarkeit in der Küche ist ganz einfach, aber abgesehen von professionellen Bäckern und Küchenchefs wollen wir Amerikaner sie einfach nicht akzeptieren: Statt feste Zutaten nach Volumen abzumessen, etwa in »Tassen«, wiegt man sie, denn das machen die meisten Köche in der übrigen Welt. In metrischen Einheiten sind 100 Gramm Zucker immer dieselbe Menge Zucker, egal, ob es sich nun um Kristall- oder Puderzucker handelt oder in welchem Gefäß er abgemessen wird. Für Flüssigkeiten gibt es nur eine metrische Einheit: den Milliliter und dessen

Vielfaches, den Liter (1000 Milliliter). Keine Tassen, Pints, Quarts, Gallonen, mit denen man sich herumschlagen muß*.

Schnell: Wie viele Tassen passen in eine halbe Gallone? Verstehen Sie, was ich meine?

Kuchen zum Kaffee am laufenden Meter

Brombeer-Streuselkuchen

Hier ein Rezept in SI oder metrischen Einheiten, nur um zu zeigen, wie es im Jahr 3000 einmal sein wird. Die amerikanischen Entsprechungen stehen in Klammern dahinter, wer will, kann also die eine oder die andere Variante ignorieren.

Umrechnungstabellen finden sich in vielen Kochbüchern, doch sie sind oft nicht schlüssig. Zum einen werden die Zahlen immer aufgerundet, und jeder scheint das nach anderen Kriterien zu machen, je nachdem, wie pingelig er ist. Die in diesem Rezept angegebenen äquivalenten Mengen sind von abgewogenen Mengen abgeleitet und nur auf die nächste ganze Zahl von Gramm oder Milliliter aufgerundet. Wenn Sie jedoch ein wenig mehr aufrunden und etwa 300 statt 296 nehmen, wird der Kuchen deswegen nicht gleich explodieren. Mengen von weniger als einem halben Teelöffel haben wir nicht umgerechnet, weil sie in Gramm für die Praxis einfach zu klein gewesen wären. Peilen Sie über den Daumen. Oder verwenden Sie Ihren Meßbecher mit den Bruchteilen von Teelöffeln, wenn die Polizei zur Überwachung des metrischen Systems gerade mal nicht herschaut.

Für die Streusel

108 Gramm (½ Tasse) kompakter brauner Zucker
18 Gramm (2 Eßlöffel) Mehl
14 Gramm (1 Eßlöffel) ungesalzene Butter, gekühlt
14 Gramm (½ Unze) Halbbitter-Schokolade, fein zerkleinert

* Sämtliche Mengenangaben in den Rezepten des vorliegenden Bandes wurden selbstverständlich in metrische Einheiten umgerechnet. Aus schwerwiegenden Gründen verzichtete der Übersetzer jedoch darauf, sie alle nachzukochen.

Für den Kuchen

135 Gramm (1 Tasse) Mehl
160 Gramm (¾ Tasse) Zucker
2 Gramm (½ Teelöffel) Backpulver
¼ Teelöffel (¼ Teelöffel) Natron
¼ Teelöffel (¼ Teelöffel) Salz
1 großes Ei
79 Milliliter (⅓ Tasse) Buttermilch
5 Milliliter (½ Teelöffel) Vanilleextrakt
76 Gramm (⅓ Tasse) ungesalzene Butter, zerlassen und wieder abgekühlt
175 Gramm (1 ¼ Tassen) frische Brombeeren oder Himbeeren

1. Den braunen Zucker in einer kleinen Schüssel mit dem Mehl vermengen und die Butter zugeben. Mit dem Teigrührwerk oder mit Hilfe zweier Messer kneten, bis die Mischung mehlig ist. Schokolade hinzugeben und gut durchmischen. Die Streuselmischung bis zur Verwendung beiseite stellen.
2. Backrohr auf 190 °C (375 °F) vorheizen, und eine Springform von 20 cm (8 inch) mit Ölspray einsprühen. Mehl, Zucker, Backpulver, Natron und Salz in eine mittlere Schüssel sieben. In einer zweiten Schüssel Ei, Buttermilch, Vanilleextrakt und zerlassene Butter gut verquirlen.
3. Die flüssige Mischung auf einmal in die Mehlmischung gießen. Glattrühren. Den Teig gleichmäßig in der vorbereiteten Form ausbreiten. Beeren und danach die Streuselmischung gleichmäßig darüber streuen.
4. 40–45 Minuten backen, bis der Kuchen gut braun ist. Warm servieren.

Ergibt 8–10 Portionen.

Ein langer Augenblick

Warum braucht mein »schnell ablesbares« Küchenthermometer so lange, um die Temperatur einer Speise anzuzeigen?

Es gibt zwei Arten sogenannter schnell ablesbarer Thermometer: den Skalentyp sowie den Typ mit digitaler Anzeige. Aber können Sie mit denen die Temperatur wirklich augenblicklich ablesen? Was Sie alles wollen! Diese angeblich rasenden Dämonen können 10–30 Sekunden brauchen, um auf den jeweils höchsten Wert zu klettern, was natürlich genau die Zahl ist, die Sie sehen müssen. Denn wenn Sie das Ding aus dem Kochgut ziehen, ehe die maximale Anzeige erreicht ist, werden Sie die Temperatur für zu niedrig halten.

Sicher, Sie haben es eilig, den Wert angezeigt zu bekommen. Sie wollen nicht mit der Hand im Backrohr rumstehen, bis ein trödelndes Thermometer beschließt, Ihnen die richtige Innentemperatur des Bratens zu verraten. Doch die traurige Wahrheit ist leider, daß kein Thermometer die Temperatur eines Gerichts anzeigen kann, ehe es nicht selbst – das Thermometer oder zumindest sein Fühler – die Temperatur des Bratens erreicht hat, in den es hineingestochen wurde. In Wahrheit könnte man sagen, alles, was ein Thermometer anzeigen könne, sei eigentlich seine *eigene* Temperatur. Auf die Zeit, die das Thermometer benötigt, um sich auf die Temperatur der Speise zu erwärmen, haben Sie nur wenig Einfluß. Sie können sich allenfalls für ein digitales statt für ein analoges Instrument entscheiden, weil digitale Thermometer, wie ich noch näher erläutern werde, in der Regel schneller anzeigen als Skaleninstrumente.

Immerhin haben Sie Einfluß darauf, den genauen Punkt innerhalb des Bratens in Erfahrung zu bringen, an dem Sie seine Temperatur messen. In dieser Hinsicht unterscheiden die beiden Typen der »schnell ablesbaren« Instrumente sich beträchtlich.

Skalenthermometer greifen die Temperatur mit Hilfe eines Bimetallstreifens im Stiel ab. Dieser besteht aus zwei verschiedenen, fest miteinander verbundenen Metallen. Weil die beiden Metalle sich bei Erwärmung unterschiedlich stark ausdehnen, verdreht der Streifen sich durch Wärme, was wiederum auf den Zeiger einer Skala übertragen wird. Leider ist der Bimetallstreifen, der als Temperaturfühler dient, gewöhnlich mehr als 2,5 cm lang, so daß Sie letztlich die Durchschnittstemperatur einer beträchtlich ausgedehnten Zone innerhalb des Bratens ablesen. Oft ist es jedoch notwendig, daß Sie die Temperatur genau an einem bestimmten Punkt nehmen. In einem brutzelnden Truthahn variiert die Temperatur beispielsweise je nach Ort recht stark, doch um zu wissen, wie durch das Fleisch ist, müssen Sie die genaue Temperatur an der dicksten Stelle der Keule kennen.

Dagegen nimmt ein digitales Thermometer die Temperatur an einem genauer umrissenen Punkt der Speisen ab. Es enthält einen winzigen, batteriebetriebenen Halbleiter, dessen elektrischer Widerstand sich mit der Temperatur ändert (im Jargon der Wissenschaft: ein Thermistor). Ein Computerchip rechnet den Widerstand in elektrische Signale um, mit denen die numerische Anzeige gesteuert wird. Da der winzige Thermistor unten an der Spitze des Fühlers sitzt, ist ein digitales Thermometer besonders gut geeignet, beispielsweise ein Steak oder Kotelett auf dem Grill zu kontrollieren, bei denen Sie die Temperatur kennen müssen, die genau in der Mitte herrscht.

Ein weiterer Vorteil der Digitalen besteht darin, daß sie, weil der Thermistor so klein ist, rasch die Temperatur der Speisen annehmen. Deshalb liefern sie gewöhnlich schneller eine Anzeige als die analogen Geräte mit Skala.

Jetzt kochen wir

Kochen unter Druck

Wie es scheint, kommt der diabolische Druckkocher meiner Mutter aus den 1950er Jahren in moderner Gestalt zurück. Was geht in einem solchen Topf eigentlich vor?

Er beschleunigt das Garen, weil das Wasser in ihm bei höherer Temperatur kocht als normal. Dabei kann er pfeifen, rattern und zischen wie eine Höllenmaschine, was wie die Drohung erscheint, er wolle Ihre Küche mit Gulaschfarbtönen neu dekorieren. Doch der Druckkochtopf Ihrer Mutter ist so umgebaut worden, daß er sich manierlicher aufführt und nahezu narrensicher ist. Wie bei allen Küchenanwendungen ist Sicherheit jedoch eine Sache des Verständnisses. Leider sind die mit den Dampftöpfen gelieferten Gebrauchsanweisungen voll mit unheimlichen Anweisungen, was zu tun und was zu lassen ist, die keinen Sinn ergeben, solange man nicht begriffen hat, wie das eigentlich alles funktioniert. Aber dafür bin ja ich da.

Gegen Ende des Zweiten Weltkriegs platzten – entschuldigen Sie, kamen – die Dampftöpfe erstmals ins Bild, nämlich als die »moderne« Art des Kochens für Hausfrauen, deren Zeit mit Kochen, Putzen und Kindern mehr als ausgefüllt war. Heute sind die Kinder jener Jahre des Baby-Booms erwachsen und ihrerseits durch Jobs, Fitneßcenter und gewaltige Geländewagen überfordert. Jeder Schnickschnack, der eine Goldmedaille für Tempo in der Küchenolympiade verspricht, verkauft sich wie von allein.

Doch welche Abkürzungen Sie auch finden mögen – jede Art des Kochens ist mit zwei unvermeidlichen, zeit*raubenden* Schritten verbunden. Der erste ist die Wärmeübertragung – die Hitze muß ins Innere der Speisen gelangen. Bei manchen »schnellen« Rezepten kann dies der Engpaß sein, weil die meisten Nahrungsmittel schlechte Wärmeleiter sind. Der andere zeitaufwendige Schritt liegt in den Garvorgängen selbst. Die chemischen Reaktionen, mit denen unsere Nahrung vom rohen in den gegarten Zustand überführt werden, können recht langsam ablaufen.

Mit einem Mikrowellenherd läßt sich die langsame Wärmeübertragung umgehen, da bei ihm die Wärme direkt im Inneren der Speisen erzeugt wird. Aber viele Gerichte wie Suppen und Eintöpfe gewinnen durch die langsame Vermählung der Aromen, die bei einem Garverfahren auf Wasserbasis wie dem

Schmoren stattfindet, also dem scharfen Anbraten und anschließenden Köcheln von Fleisch und Gemüse bei geschlossenem Deckel und in wenig Flüssigkeit. In der Mikrowelle geht das nicht, weil hier die Mikrowellen und nicht die simmernde Flüssigkeit das Garen erledigen.

Damit das Schmoren schneller geht, hätten wir gern eine höhere Temperatur, weil dann alle chemischen Reaktionen, also auch das Kochen, schneller ablaufen. Doch da gibt es ein schwer überwindbares Hindernis: Wasser hat einen auf 100 °C eingestellten automatischen Temperaturbegrenzer, nämlich seinen Siedepunkt auf Meereshöhe. Wenn Sie die Hitze auf Intensitäten im Bereich eines Flammenwerfers hochdrehen, werden Wasser oder Sauce sicherlich heftiger kochen, aber um kein bißchen heißer werden.

Hier tritt der Dampftopf ins Bild. Er treibt den Siedepunkt des Wassers auf 121 °C hoch. Wie? Es freut mich, daß Sie gefragt haben, denn die Kochbücher verraten das kaum, ebensowenig wie die mit den Dampftöpfen gelieferten Gebrauchsanweisungen.

Soll Wasser sieden, müssen seine Moleküle so viel Energie aufnehmen, daß sie aus der Flüssigkeit entkommen und als gasförmiger Wasserdampf frei in die Luft hinausfliegen können. Dazu müssen sie gegen die Atmosphäre ankämpfen, die den ganzen Planeten wie eine Decke einhüllt. Luft ist zwar leicht, doch sie reicht bis in Höhen von mehr als 160 Kilometern, was diese Decke recht schwer werden läßt. Auf Meereshöhe drückt sie mit etwa 1013,25 Gramm* auf jeden Quadratzentimeter. Unter Normalbedingungen müssen die Wassermoleküle eine Energie erreichen, die 100 °C entspricht, ehe sie es schaffen, diese Decke mit ihren ca. 1000 Gramm pro Quadratzentimeter zu durchstoßen und davonzufliegen.

Nun wollen wir eine kleine Menge Wasser in einem Dampftopf erhitzen, einem dicht verschlossenen Behälter mit einem kleinen, einstellbaren Ventil, durch das Luft und Dampf

---

* Eine »Atmosphäre« gleich 1013 Hektopascal (hPa) Druck. – Anm. d. Ü.

entweichen können. Sobald das Wasser zu sieden beginnt, setzt es Dampf frei, und wenn das Ventil geschlossen ist, baut sich innerhalb des Behälters Druck auf. Erst wenn dieser auf einen Wert von 2100 hPa (1050 von der Atmosphäre plus weitere 1050 vom Dampf, was früher durch die Bezeichnung »1 Atü« gleich »1 Atmosphäre Überdruck« wiedergegeben wurde) gestiegen ist, läßt die Ventilsteuerung Dampf in die Küche ab, um den Druck zu verringern. Anschließend hält sie ihn konstant auf dem Niveau von 2100 hPa.

Um gegen diesen höheren Druck der »Decke« ankommen und weiter sieden zu können, müssen die Wassermoleküle jetzt ein höheres Energieniveau erreichen als zuvor. Bei dem im Dampftopf herrschenden Druck benötigen sie eine Energie, die einer Temperatur von 121 °C entspricht, was nun zum neuen Siedepunkt wird. Der heiße und unter hohem Druck stehende Dampf beschleunigt den Garvorgang, weil er alle Bereiche der Speisen durchdringt.

Wird der dicht verschlossene Dampftopf erwärmt, läßt das Ventil zunächst Luft entweichen, bis das Wasser zu sieden beginnt und Dampf entsteht. Der gewünschte Druck von 1 Atü wird dann durch eine Vorrichtung zur Druckregelung aufrechterhalten. Das ist oft ein kleines Gewicht auf dem oberen Ende der Ventilöffnung. Während des Kochens wird es vom Überdruck hochgehoben, worauf Dampf entweichen kann, bis der Regeldruck wieder erreicht ist. Dabei zischt der Dampf, was bei manchen Leuten die Angst aufkommen läßt, das Ding würde gleich explodieren. Das macht es aber nicht. Neuere Modelle arbeiten statt mit einem Gewicht mit einer Ventilfeder, um den Druck auf der erwünschten Höhe zu halten.

Während des Kochens regeln Sie die Hitzezufuhr so, daß der siedende Inhalt gerade den Überdruck aufrechterhält und nicht so heftig kocht, daß durch das Ventil übermäßig viel Dampf abgeblasen wird. Auf alle Fälle wird die Druckregelung verhindern, daß Sie das Ding in eine Bombe verwandeln. Nach der vorgesehenen Garzeit kühlen Sie den Topf ab, damit der Dampf im Inneren wieder kondensiert – in den flüssigen

Zustand zurückkehrt – und der Druck sich abbaut. Eine Sicherheitsvorrichtung sorgt dafür, daß kein Überdruck mehr herrscht (manche Konstruktionen lassen bis dahin nicht einmal zu, daß Sie den Topf öffnen), und dann können Sie den Deckel abnehmen und servieren.

Magnetismus in der Küche

Meine Nachbarn haben gerade ihre Küche umgebaut und dabei im Küchenherd eine Induktionsheizplatte installieren lassen. Wie funktioniert so etwas?

Der Mikrowellenherd war in mehr als einer Million Jahren die erste neue Methode, mit der die Menschen Wärme erzeugen konnten. Und nun gibt es eine zweite: Heizen mit Hilfe der magnetischen Induktion.

In einigen europäischen und japanischen Gewerbeküchen hat man die magnetische Induktion schon während des vergangenen Jahrzehnts angewandt, in US-amerikanischen erst in jüngerer Zeit. Mittlerweile taucht sie auch in der Heimküche auf.

Induktionsherde unterscheiden sich von Elektroherden insofern, als die herkömmlichen, elektrisch betriebenen Kochplatten die Wärme mit Hilfe des *elektrischen* Widerstands von Metall (in den Heizspulen) erzeugen, während Induktionsheizplatten dazu den *magnetischen* Widerstand von Metall nutzen, nämlich des Metalls, das der Kochtopf selbst mitbringt.

Und das funktioniert so:

Unter der schönen, glatten Keramikoberfläche auf dem Herd Ihres Nachbarn befinden sich mehrere Drahtspulen ähnlich den Spulen eines Transformators. Schaltet man eine der Heizeinheiten ein, fließt Wechselstrom mit seinen 50 Hertz durch deren Spule. Aus Gründen, auf die wir hier nicht eingehen wollen (und die selbst Einstein nicht zu seiner vollen Zufriedenheit erklären konnte), verhält eine Spule, durch die ein Strom fließt, sich wie ein Magnet, komplett mit Süd- und Nordpol. Da Wechselstrom 100mal pro Sekunde seine Richtung wechselt, ändert der Magnet seine Polung mit eben dieser Frequenz.

Bis dahin läßt sich in der Küche nicht feststellen, daß überhaupt etwas geschieht, da wir Magnetfelder nicht sehen, fühlen oder hören können. Die Heizzone auf dem Herd bleibt kühl.

Nun stellt man eine eiserne Bratpfanne über die Spule. Das Wechselmagnetfeld magnetisiert das Eisen abwechselnd in entgegengesetzte Richtungen – seine Polung ändert sich also 100mal pro Sekunde. Magnetisiertes Eisen ist jedoch nicht so leicht dazu zu bringen, seine Polung umzukehren – es widersetzt sich den Schwingungen in beträchtlichem Ausmaß. Dadurch wird ein erheblicher Teil der magnetischen Energie vergeudet, und die vergeudete Energie zeigt sich letztlich als Wärme innerhalb des Eisens. Deshalb wird nur die Pfanne heiß. Es gibt keine Flamme oder rotglühende elektrische Spule, und die Küche bleibt kühl.

Durch diese magnetische Induktion kann jedes magnetisierbare (im Jargon der Wissenschaft: ferromagnetische) Metall erhitzt werden. Beim Eisen ist das ohnehin klar, ob emailliert oder nicht. Bei vielen, aber nicht bei allen rostfreien Stählen funktioniert es auch. Bei Aluminium, Kupfer, Glas und Keramik geht es jedoch nicht. Wollen Sie feststellen, ob ein vorhandenes Utensil auf einer Induktionsplatte verwendbar ist, dann nehmen Sie einen dieser dummen kleinen Magneten von der Kühlschranktür und prüfen, ob er am Pfannenboden haftet. Falls ja, kann die Pfanne zum Kochen mit Induktion genutzt werden.

So kommt zu den erheblichen Kosten für einen Induktionsherd noch hinzu, daß Sie die geschätzten und kostspieligen Kupferpfannen darauf nicht verwenden können. Haben Ihre Nachbarn das bedacht, ehe sie auf diesen eindrucksvollen High-Tech-Kocher abgefahren sind?

Es werde ... heiß!

Es gibt da eine neue Art von Küchenherd, der angeblich mit Licht statt mit Wärme betrieben wird. Wie funktioniert das?

Gibt es nach Feuer, Mikrowellen und Induktionsherden womöglich noch eine vierte Art, Wärme zum Kochen zu erzeugen? Nein. Der sogenannte Lichtofen sorgt so ziemlich auf dieselbe Weise für Wärme wie der Elektroherd, nämlich mit Hilfe der Erwärmung von Metall aufgrund seines elektrischen Widerstands.

Für spezielle gewerbliche Anwendungen werden Lichtöfen seit etwa 1993 eingesetzt, doch mittlerweile stellt man auch Geräte für den Hausgebrauch her. Als ich erstmals von ihnen erfuhr, drückte das kräftig auf meinen Auslöseknopf für Skepsis. Manche der Werbeaussagen klangen wie pseudowissenschaftliche Jubelarien: Sie »machen die Kraft des Lichts nutzbar«. Sie kochen »mit Lichtgeschwindigkeit« und »von innen nach außen« ...

Licht bewegt sich in der Tat, wie es sich ja wohl gehört, mit Lichtgeschwindigkeit, dringt aber nicht gerade weit in Feststoffe ein. Versuchen Sie nur mal, diese Seite durch ein Steak hindurch zu lesen. Wie soll dann aber Licht genug Energie ins Innere einer Speise bringen, um sie zu garen, solange es nicht unglaublich intensiv ist? Mir fielen Laser ein, jene ultrastarken Lichtstrahlen, die wir für alles mögliche verwenden, angefangen bei der Augenchirurgie bis hin zum Ärgern der Nachbarn mit diesen kleinen roten Lichtpunkten. Deren Licht ist jedoch so kompakt gebündelt, daß sie allenfalls ein einzelnes Reiskorn auf einmal garen könnten.

Aber ach, da haben wir »Licht«, und dann haben wir da noch einmal »Licht«. Das Geheimnis des Lichtofens liegt nicht allein in der Intensität seiner Abstrahlung, sondern in der Mischung der Wellenlängen, die er erzeugt. Wie das funktioniert, folgt jetzt, wobei ich mich auf Informationen stütze, die ich von ein paar Technikleuten von General Electric erhalten habe (*alle* ihre Geheimnisse wollten sie allerdings nicht preisgeben).:

»Und Gott sprach: Es werde sichtbares Licht, aber auch ultraviolettes und infrarotes Licht, und dazu ein ganzes Spektrum längerer und kürzerer Wellenlängen.« (Das Zitat ist nicht ganz korrekt.) Was wir Menschen »Licht« nennen, ist nichts als jener schmale Ausschnitt des Spektrums der Sonnenenergie, den unsere Augen wahrnehmen können. In einem umfassenderen Sinn erfordert das Wort Licht jedoch wirklich eine genauere Erläuterung.

In die Lichtöfen sind Bänke mit speziell konstruierten, langlebigen Halogenlampen von 1500 Watt eingebaut, die sich nicht wesentlich von den Halogenlampen in vielen modernen Beleuchtungseinrichtungen unterscheiden. Doch nur etwa 10 % der Energieabgabe einer Haushalts-Halogenleuchte bestehen aus sichtbarem Licht, 70 % werden als Infrarotstrahlung ausgesandt und die verbleibenden 20 % als Wärme. Die Halogenlampen der Lichtöfen erzeugen eine geheimgehaltene Mischung aus sichtbarem Licht, verschiedenen infraroten Wellenlängen und Wärme. Die Kombination dieser drei Komponenten besorgt das Garen.

(Auch wenn das in manchen wissenschaftlichen Büchern behauptet wird, ist infrarote Strahlung nicht gleich Wärme. Es handelt sich vielmehr um eine Form der Strahlungsenergie, die erst dann in Wärme umgewandelt wird, wenn sie auf einen Gegenstand trifft. Ich nenne sie »Wärme unterwegs«. Die Infrarotstrahlung der Sonne ist keine Wärme, solange sie nicht vom Dach Ihres Wagens absorbiert wird. Die »Wärmelampen«, mit denen man in manchen Restaurants Ihr Essen warmhält, bis der Kellner aus dem Urlaub zurück ist, senden infrarote Strahlung aus, und die Speisen bleiben warm, weil sie diese Strahlung absorbieren.)

Die Anteile des sichtbaren und fast sichtbaren Lichts im Lichtofen dringen in der Tat ein Stück weit in Fleisch ein – in einem dunklen Raum können Sie Ihren Daumen mit einer

Taschenlampe durchleuchten. Und weil die Lichtwellen, anders als Mikrowellen, nicht von Wassermolekülen absorbiert werden, können sie ihre gesamte Energie vollständig an die festen Anteile der Speisen abgeben, anstatt sie zunächst für heißes Wasser zu vergeuden. Einige der von den Halogenlampen abgegebenen Wellenlängen können 0,8–1,0 Millimeter weit in Nahrungsmittel eindringen. Das hört sich nicht gerade nach viel an, aber die abgegebene Wärme gelangt durch Konduktion weiter in die Speisen hinein. Und außerdem tricksen diese Öfen, indem sie die Halogenlampen durch Mikrowellen ergänzen, die tiefer eindringen (die Lichtöfen sind auch als reine Mikrowelle zu verwenden).

Während die Oberfläche der Speisen die langwelligeren Infrarotstrahlen und die Wärme nun absorbiert, wird sie braun und knusprig, was mit der Mikrowelle nicht zu schaffen ist. In einem gewöhnlichen Backrohr dauert es lange, bis Speisen schön braun werden, weil nur ein Teil der Wärme durch Infrarotstrahlung übertragen wird; der Rest muß über die Luft dorthin gelangen, die ein sehr schlechter Wärmeleiter ist. Die Infrarotstrahlung des Lichtofens bringt die Oberfläche des Bratens unmittelbar auf eine höhere Temperatur, als das ein herkömmlicher Ofen kann, weshalb das Bräunen schneller geht.

Das wichtigste Verkaufsargument für Lichtöfen ist in der Tat ihre Schnelligkeit. Als die Marktforscher von General Electric fragten, was die Verbraucher sich für ihre Küchenanwendungen am dringendsten wünschen, lagen die Antworten Tempo, Tempo und nochmals Tempo auf den drei ersten Plätzen. Die Leute erklärten, sie würden ein ganzes Hühnchen gern in 20 Minuten braten und ein Steak in 9 Minuten grillen.

Wirklich bemerkenswert an den Lichtöfen ist ihre Computertechnik. Ein mit eigener Software laufender Mikroprozessor steuert das periodische Ein- und Ausschalten der Lampen und des Mikrowellengenerators so, daß jedes Gericht in einer sorgfältig ausgearbeiteten Sequenz genau den optimalen Garvorgang erfährt. Wie die Marktforscher von General Electric herausgefunden haben, wählen 90 % der Verbraucher in den

USA ihre Gerichte aus einem Fundus von lediglich 80 Gerichten (kein Kommentar). Also hat man der Datenbank des Ofens diese Gerichte einprogrammiert, damit jeder auf Knopfdruck kochen kann. Sie, werte/r Leser/in, brauchen nur noch einzugeben, welche Art Steak Sie haben, wie dick und wie schwer es ist und wie durch Sie es wünschen, und schon liegt es auf Ihrem Teller, bevor Sie das Tischgebet sprechen können.

Jetzt bräuchten wir nur noch einen Computer, der uns all dieses zeitraubende Zeug wie leise Musik, Kerzenlicht, gepflegte Unterhaltung und Wein ersparte …

High-Tech, Low-Tech, No-Tech

Warum auch weltliche Cracker löchrig sind*

Warum findet man auf Crackern und Matzen all diese kleinen Löcher?

Es gibt praktisch keine Knabbergebäcksorten vom Crackertyp (die Namen Ihrer Lieblingsmarken kennen Sie sicher selbst am besten), die nicht mit einem Muster aus kleinen Löchern versehen sind. Die Hersteller von Matzen, dem ungesäuerten Fladenbrot zum jüdischen Passahfest, scheinen heiligmäßig (ich bitte den Ausdruck zu entschuldigen) auf Perforierung zu stehen. Matzen sind weit löchriger als weltliche Cracker. Doch das folgt nicht nur einer Tradition, sondern erfüllt einen sehr praktischen Zweck. Und nein, die 18 Löcher in den Crackern mancher Marken sind kein Golfplatz für Elfen.

Glaubt man dem Sprecher eines in den USA bekannten Herstellers, dann bergen die Löcher in den Crackern ein Geheimnis. Sie beschäftigen das Denken von Menschen, die an-

* Das Wortspiel des Originals, holey (»löchrig«) gegenüber holy (»heilig«), ist leider nicht angemessen wiederzugeben. – Anm. d. Ü.

scheinend sehr wenig zu tun haben. Diese neigen dazu, die Nummer der Kundenbetreuung anzurufen und Fragen wie die folgende zu stellen: »Warum haben die Saltines 13 Löcher, während es bei den Graham-Crackern unterschiedliche Zahlen gibt und Cheez-it sogar nur ein Loch besitzt?« Antwort: »Das ergibt sich einfach so.«

Hier also eine Einführung in die Wissenschaft vom Crackerlöchern.

Wenn es darum geht, Mehl und Wasser in ein mächtiges Rührwerk zu kippen, um daraus eine Charge von 500 Kilo Teig herzustellen, wie sie das in der Crackerfabrik tun, dann läßt es sich einfach nicht vermeiden, daß eine gewisse Menge Luft in die Mischung eingearbeitet wird. Wird der Teig dann wirklich dünn ausgerollt und in einen heißen Backofen (bei 340–370 °C) gebacken, dann bilden die eingeschlossenen Luftbläschen Aufwölbungen, die sogar aufplatzen können. Luft dehnt sich beim Erwärmen aus, weil ihre Moleküle sich schneller bewegen und heftiger gegen die sie umgebenden Wände stoßen.

Diese dünnhäutigen Wölbungen sehen erstens nicht gut aus, und zweitens können sie zu schnell gebacken und gedörrt sein, ehe der übrige Teig gar ist. Und falls sie platzen, hinterlassen sie in der Oberfläche Pockennarben und kleine Krater. Ein Cracker, der wie ein ausgedörrtes, von »Fuchslöchern« durchzogenes Schlachtfeld aussieht, macht auf dem gepflegten Teetisch einen erbärmlichen Eindruck.

Deshalb läßt man, unmittelbar bevor der dünne Teig in den Ofen wandert, eine große Walze mit Dornen über seine Oberfläche laufen. Die Dornen punktieren die Luftbläschen und lassen diese verräterischen Löcher im Teig zurück. Für verschiedene Arten von Crackern sind die Dornen je nach Zutaten, Backtemperatur und gewünschtem Aussehen jeweils in anderen Abständen angebracht.

Wenn das nicht schon mehr ist, als Sie je über Cracker wissen wollten, dann sollten Sie noch folgendes bedenken: Bei Crackern, die mit Treibmitteln wie Backnatron hergestellt werden, gleicht der aufgehende und sich ausdehnende Teig die Löcher teilweise wieder aus, während er ruht oder gebacken wird. Doch deswegen sind sie immer noch vorhanden, zumindest als leichte Vertiefungen. Glauben Sie vielleicht, in den dünnen weißen Weizencrackern sind keine Walzenlöcher? Halten Sie einen gegen das Licht, und Sie werden die »fossilen« Spuren entdecken. Sogar bei einem Triscuit mit seiner zerklüfteten Oberfläche finden sich 42 Löcher.

Bei Matzen ist es besonders wichtig, die Bläschen anzustechen, weil man dieses Brot bei sehr hoher Temperatur (420–500 °C) rasch bäckt. Bei dieser Temperatur trocknet die Teigoberfläche schnell aus, weshalb alle sich ausdehnenden Bläschen durch die verhärtete Kruste brechen würden – man bekäme einen Ofen voller koscherer Schrapnellsplitter. Somit ist verschärftes Löchern mit schweren Walzen durchaus in Ordnung. In diesem Fall sitzen die Dornen sehr viel dichter beisammen, was diese parallel laufenden Furchen hinterläßt.

Da die Essensvorschriften für das Passahfest verbieten, irgendwelche Treibmittel zu verwenden, stellt man Matzen ausschließlich aus Mehl und Wasser her. Eigentlich perforiert man den Teig ja auch, um jeden Anschein zu vermeiden, man hätte Treibmittel benutzt, obwohl dieser Anschein ganz unschuldig zustande kommt, weil die Luftbläschen sich ausdehnen. Da der Matzenteig ungesäuert ist, geht er im Ofen nicht auf, wodurch die Spuren der Walzenbehandlung nicht überdeckt werden und im fertigen Produkt ziemlich auffallen. Dennoch kann man bei Matzen zwischen der Perforation noch einige kleine Hohlräume entdecken. Sie stammen von sehr kleinen Luftbläschen, die der Walze entgingen, aber keine Möglichkeit bekamen, zu zerstörerischer explosiver Größe anzuwachsen. Die nicht zerplatzten Bläschen tragen mit zu dem interessanten Aussehen des fertigen Brotes bei, weil ihre dünne Haut schneller bräunt als der übrige Teig.

Ganz nebenbei wissen Sie nun auch, weshalb Sie eine Pastetenhülle vor dem Backen anpieksen oder, um ganz sicher zu gehen, den Teig zusätzlich mit geeigneten Gewichten niederhalten müssen. Neben den Lufteinschlüssen im Teig selbst kann auch zwischen dem Teig und dem Boden der Form noch Luft zurückgeblieben sein. Da wird zwar nichts explodieren, aber wahrscheinlich kriegen Sie am Ende einen aufgewölbten Pastetenboden, wenn Sie diese Vorkehrungen nicht treffen.

Hier eine einfache Methode, wie man eine Olive oder eine Essiggurke aus einem dichtgepackten Glas herausbekommt (aber wie hat man sie überhaupt da reingekriegt?). In Küchengeschäften findet man einen Greifer für kleine Objekte, der ein wenig wie eine subkutane Spritze aussieht. Drückt man auf den Kolben, erscheinen unten drei oder vier spinnwebdünne Drahtfinger. Diese senkt man auf die Beute. Dann läßt man den Kolben los, worauf die Finger bestrebt sind, wieder in das Gehäuse zurückzuspringen, und dabei ihren Fund festhalten. Auf erneuten Druck geben sie den Gefangenen wieder frei.

Strahlende Erleuchtung, was Bestrahlung ist

Die Bestrahlung von Nahrungsmitteln ist heftig umstritten. Was geschieht eigentlich bei dieser Bestrahlung? Und ist sie ungefährlich?

Von einer Bestrahlung von Lebensmitteln spricht man, wenn Hersteller ihre Nahrungsprodukte intensiver Gamma- oder Röntgenstrahlung oder auch Elektronen hoher Energie aussetzen, ehe sie die Ware auf den Markt bringen.

Doch warum sollten sie das tun? Nun, aus folgenden Gründen:

- Strahlung tötet schädliche Bakterien ab, darunter *E. coli*, Salmonellen, Staphylokokken und Listerien, was die Gefahr ernährungsbedingter Erkrankungen vermindert.
- Strahlung tötet Insekten und Parasiten ohne den Einsatz chemischer Insektizide. Viele der in den USA (und in

Europa) verwendeten Gewürze, Kräuter und Würzmittel sind zu diesem Zweck für einige Zeit bestrahlt worden.

– Strahlung hemmt den Verderb von Nahrungsmitteln und kann so den verfügbaren Nahrungsvorrat der Welt strecken. In mehr als 30 Ländern in aller Welt bestrahlt man ungefähr 40 verschiedene Lebensmittel wie Obst und Gemüse, Gewürze, Getreide, Fisch, Fleisch und Geflügel routinemäßig.

Der Widerstand gegen die weitverbreitete Bestrahlung von Lebensmitteln verteilt sich auf zwei Gruppen. Die eine kreist um sozioökonomische Probleme, die andere um Sicherheitsfragen.

Der wichtigste sozioökonomische Einwand lautet, eine Bestrahlung von Lebensmitteln könnte von der Nahrungsmittelindustrie vor allem für eigene, nur ihr selbst zugute kommende Zwecke eingesetzt werden. Anstatt ihre eher unbefriedigenden Hygienemaßnahmen auf ein angemessenes Niveau zu bringen, könnten Nahrungsindustrie und Landwirtschaft sich auf Bestrahlung verlassen, um am Ende der Produktionskette verseuchtes, schlampig hergestelltes Fleisch und andere Lebensmittel zu »neutralisieren«.

Ich bin keiner, der den agroindustriellen Komplex oder, was das angeht, irgendein beliebiges Unternehmen verteidigen würde, welches keinen anderen Zweck verfolgt, als Geld zu machen – wenn es ihnen nutzt, sogar zum Schaden der öffentlichen Sicherheit. Es gibt beispielsweise nicht zu leugnende Geschichten über die illegale Entsorgung giftiger Abfälle, ganz zu schweigen von den geheimen Absprachen innerhalb einer gewissen Branche, das eigene Wissen zurückzuhalten, wonach es tödliche Folgen haben kann, wenn man deren Produkte anzündet und den Rauch inhaliert. In diesem Licht ist nur schwer zu glauben, daß die Bestrahlung von Lebensmitteln für die Produzenten aus Gründen, die so mancher für die falschen halten dürfte, nicht höchst verführerisch sein sollte.

Doch hier umgehe ich die politischen, sozialen und wirtschaftlichen Argumente für und gegen eine Bestrahlung von

Lebensmitteln, auch wenn ich als Bürger durchaus meine Meinung dazu habe. Statt dessen halte ich mich ausschließlich an die wissenschaftlichen Probleme, da ich glaube, für deren Behandlung eher qualifiziert zu sein. Erst wenn die wissenschaftlichen Fakten klar sind, können die anderen Fragen mit einem gewissen Anschein von Objektivität ausgefochten werden.

Ist die Bestrahlung von Lebensmitteln ungefährlich? Ist Fliegen ungefährlich? Sind Impfungen gegen Grippe ungefährlich? Ist Margarine ungefährlich? Ist das Leben ungefährlich? (Natürlich nicht, es endet immer mit dem Tod.) Damit möchte ich die Frage nicht herunterspielen, aber »safe«* ist vielleicht das nutzloseste Wort der englischen Sprache. Es ist so sehr mit verschiedenen Zusammenhängen, Querverbindungen, Deutungen und Implikationen beladen, daß es jegliche Bedeutung verliert. Und natürlich läuft ein bedeutungsloses Wort dem eigentlichen Zweck von Sprache vollkommen zuwider.

Wie Ihnen jeder Wissenschaftler bestätigen wird, ist es praktisch unmöglich, eine negative Aussage zu beweisen. Das heißt, es ist sinnlos, beweisen zu wollen, etwas (zum Beispiel ein unheilvolles Ereignis) werde *nicht* geschehen. Daß etwas *tatsächlich* geschieht, ist dagegen relativ leicht zu demonstrieren: Man versucht es einfach einige Male und stellt fest, es geschieht. Wenn es dagegen nicht eintritt, gibt es immer das nächste Mal, und wer hier ein Ergebnis voraussagt, betreibt Wahrsagerei, keine Wissenschaft. Will man es auf den Punkt bringen, befaßt Wissenschaft sich nur mit der *Wahrscheinlichkeit* des Eintretens von Ereignissen.

Gestatten Sie mir nun, die Frage neu zu formulieren. Wie sind die Chancen – wie wahrscheinlich ist es –, durch den Verzehr bestrahlter Lebensmittel seine Gesundheit zu schädigen? »Sehr gering«, sagt die Wissenschaft übereinstimmend.

Hier ein paar kurze Antworten eines Nuklearchemikers (das

* In diesem Zusammenhang wird »safe« immer mit »ungefährlich« wiedergegeben. – Anm. d. Ü.

bin ich), der zu seiner Zeit seinen Teil Strahlung sowohl erzeugt als auch abbekommen hat:

Rufen bestrahlte Lebensmittel Krebs oder genetische Schäden hervor? Das ist nie eingetreten.

Werden Nahrungsmittel durch Bestrahlung radioaktiv? Nein. Die Energie der Strahlung ist zu gering, als daß sie Kernreaktionen auslösen könnte.

Verändert die Bestrahlung die chemische Zusammensetzung der bestrahlten Substanzen? Ja, natürlich. Deshalb funktioniert es ja. Mehr dazu später.

Ein großes Problem ist, daß viele Menschen das Wort »Strahlung« erstmals im Zusammenhang mit der »tödlichen Strahlung« kennengelernt haben (die Medien lieben diese Phrase), die von Atombomben und geborstenen Atomreaktoren ausgespien wird. Doch Strahlung ist ein viel breiterer – und harmloserer – Begriff.

Jede wellenförmig auftretende Energie sowie alle Teilchen, die sich annähernd mit Lichtgeschwindigkeit von einem Ort zum anderen bewegen, werden unter dem Begriff Strahlung zusammengefaßt. Die Lampe auf Ihrem Schreibtisch sendet sichtbare Strahlung aus, die man Licht nennt. Das Grillelement im Herd sendet unsichtbare Infrarotstrahlung zu Ihrem Steak. Die Mikrowelle sendet entsprechende Strahlen in Ihre tiefgefrorenen Erbsen. Handys, Radio- und Fernsehsender arbeiten mit Strahlung, die dummes Geschwätz, Schrottmusik und schwachsinnige Sitcoms überträgt.

Und richtig, in einem Atomreaktor geben radioaktive Substanzen intensive nukleare Strahlung ab, unter anderem jene Gammastrahlen, mit denen man Lebensmittel bestrahlt. Zusammen mit Röntgenstrahlen und energiereichen Elektronenstrahlen kennt man sie als »ionisierende Strahlung«, weil ihre Energie ausreicht, Atome in »Ionen« zu zerlegen – in deren geladene Bruchstücke. Sie sind in der Tat sehr gefährlich für Lebewesen, angefangen bei Mikroben bis hin zum Menschen.

Aber die Hitze, mit der wir kochen, ist dieselbe, die im Höllenfeuer wütet. Im Ofen neben Ihrem Braten möchten Sie sicher ebensowenig sein wie im Inneren eines Atomreaktors oder in der Nähe von Lebensmitteln, während diese bestrahlt werden. Doch das macht weder Kochen noch Bestrahlen gefährlich. Es kommt immer darauf an, wer oder was diesen Vorgängen ausgesetzt ist.

Röntgen- wie Gammastrahlen dringen tief in pflanzliches und tierisches Gewebe ein und schädigen auf ihrem Weg Atome und Moleküle in lebenden Zellen. Nun setzt man diese beiden Strahlungsarten zusammen mit Elektronenstrahlen genau deswegen zum Bestrahlen von Lebensmitteln ein, *weil* sie die Zellen von Insekten und Mikroorganismen schädigen – sie verändern deren DNA und hindern sie daran, sich zu vermehren, oder sogar daran, am Leben zu bleiben. Selbstverständlich bringt Wärme das auch fertig. Deshalb pasteurisiert man Milch, Fruchtsäfte und andere Lebensmittel durch Erhitzen. Viele Keime sind jedoch nicht so leicht abzutöten wie die Bakterien, zu deren Deaktivierung das Pasteurisieren entwickelt wurde. Hier sind drastischere Maßnahmen erforderlich. Höhere Temperaturen würden aber Geschmack und Konsistenz der Speisen zu sehr verändern. Hier kommt nun die Bestrahlung ins Spiel.

Ionisierende Strahlung kann die chemischen Bindungen aufbrechen, von denen Moleküle zusammengehalten werden, worauf die Bruchstücke sich möglicherweise zu neuen, ungewöhnlichen Konfigurationen zusammenfinden und Moleküle neuer Verbindungen bilden, die man Radiolyseprodukte nennt. Bestrahlung verursacht also tatsächlich zerstörerische chemische Veränderungen. So tötet sie Bakterien ab. Doch während für die Bakterien die Veränderungen ihrer DNA tödlich sind, werden Lebensmittel bei den eingesetzten Strahlungsintensitäten nur in sehr geringem Umfang chemisch verändert. 90 Prozent der so erzeugten neuen chemischen Substanzen sind ohnehin von Natur aus in Lebensmitteln vorhanden, vor allem in gegarten Speisen (auch Kochen führt natürlich zu chemischen Veränderungen). Und die übrigen

10 Prozent? In mehr als 400 Studien, welche die FDA geprüft hat, ehe sie die Lebensmittelbestrahlung genehmigte, hat man keinerlei schädliche Effekte gefunden, die durch den Verzehr bestrahlter Nahrung hervorgerufen worden wären, weder bei Menschen noch bei Versuchstieren, die über mehrere Generationen hinweg damit gefüttert worden sind.

Während nichts, nicht einmal Schokoladenpudding, als nachweislich »unschädlich« bezeichnet werden kann, glaube ich persönlich an das bekannte wissenschaftliche Prinzip, wonach man Pudding überprüft, indem man ihn ißt. Offenbar halten es in den USA die FDA, das Landwirtschaftsministerium, die Zentren für Krankheitskontrolle und Vorbeugung, das Institut für Nahrungsmitteltechnologie, der amerikanische Ärzteverband sowie im globalen Rahmen die Weltgesundheitsorganisation (WHO) genauso, denn sie alle haben die Ungefährlichkeit verschiedener Arten bestrahlter Lebensmittel bestätigt.*

Häufig wird die Befürchtung geäußert, mit einer größeren Verbreitung von Bestrahlungsgeräten könnte es zu erheblichen Problemen bei der Endlagerung radioaktiver Abfälle kommen. Beim Gedanken an die gewaltigen Mengen stark radioaktiver Abfälle aus der Wiederaufbereitung von Kernbrennstoffen fragen die Menschen wohl ganz selbstverständlich danach, wie ausgemusterte Geräte der Lebensmittelbestrahlung zu entsorgen sind. Zwar sind diese Einrichtungen gefährlich, sie unterscheiden sich aber von einem Kernreaktor etwa so wie eine Taschenlampenbatterie von einem Großkraftwerk. Obwohl tatsächlich radioaktive Stoffe verwendet werden, werden dabei keine zusätzlichen Abfälle angehäuft.

Sehen wir uns doch einmal an, welche Gefahren von den drei Typen von Bestrahlungsgeräten jeweils ausgehen:

---

* In der EU ist bislang nur die Bestrahlung einiger Gewürze zulässig. Da man hier jedoch ebenfalls von der Ungefährlichkeit des Verfahrens ausgeht, arbeitet man an einer »Positivliste« von Lebensmitteln, bei denen Bestrahlung zulässig sein soll. Bis dahin gelten allerdings abweichende Regelungen einzelner Mitgliedsländer weiter. Bestrahlte Lebensmittel sind in jedem Fall zu kennzeichnen. – Anm. d. Ü.

Röntgen- und Elektronenstrahlen, mit denen man Lebensmittel bestrahlt, verschwinden wie das Licht einer Lampe, wenn man sie abschaltet. Hier lauern keinerlei unerkannte Gefahren, und Radioaktivität ist überhaupt nicht im Spiel.

Strahlungsquellen auf der Basis von Kobalt-60 sind seit Jahrzehnten in aller Welt gefahrlos eingesetzt worden. Das radioaktive Kobalt, vor dem die Menschen durch dicke Betonmauern abgeschirmt werden müssen, liegt in Form kleiner »Stifte« aus solidem Metall vor, die nicht auslaufen können. Niemand wird sie einfach in den nächsten Bach werfen. Gegner der Lebensmittelbestrahlung bringen vor, 1984 sei eine Kobaltkapsel aus der Strahlentherapie irgendwie auf einem Schrottplatz in Mexiko gelandet, worauf die Radioaktivität am Ende in Produkten aus wiederverwertetem Stahl wie etwa Tischbeinen zu den Verbrauchern gelangt sei. Doch die Angelegenheit war nicht spezifisch für radioaktiven Abfall. Vielmehr war sie ein beklagenswertes Beispiel für Dummheit oder für schuldhaftes Handeln, und diese beiden Züge der menschlichen Psyche lassen sich durch keinerlei Vorbeugungsmaßnahmen oder Regelungen ausmerzen.

Caesium-137, die andere radioaktive Quelle für Gammastrahlung in manchen Geräten, ist als Pulver in rostfreiem Stahl eingekapselt. Die Halbwertszeit dieses Nebenprodukts der Wiederaufbereitung von Kernbrennstoffen beträgt 30 Jahre. Es kann also, wenn seine lange nutzbringende Lebensdauer abgelaufen ist, als ein zusätzliches Sandkorn im Sandhaufen wieder in die Reaktorabfälle zurückgebracht werden. 1989 ist eine zur Sterilisierung medizinischer Geräte verwendete Caesium-137-Quelle mit verheerenden Folgen undicht geworden, doch man hat das Problem erkannt und beseitigt.

Nun einige der üblicherweise angeführten »technischen« Einwände gegen die Lebensmittelbestrahlung:

Die Bestrahlung erfolgt mit einer Intensität, die einer Milliarde Röntgenaufnahmen der Brust entspricht, womit man einen Menschen 6000fach umbringen könnte.

Ich frage mich, inwiefern das von Bedeutung ist. Bestrahlung von Lebensmitteln trifft nur diese, aber keine Menschen. In einer Stahlhütte beträgt die Temperatur des geschmolzenen Stahls 1650 °C, heiß genug, um einen Menschen in Dampf zu verwandeln. Die Arbeiter in Hüttenwerken und in Einrichtungen zur Lebensmittelbestrahlung sind also gut beraten, nicht in Behältern mit Stahlschmelze zu baden oder ein Nikkerchen auf den Förderbändern des Bestrahlungsgerätes abzuhalten.

Mit jedem Bissen bestrahlter Nahrung setzen wir uns indirekt ionisierender Strahlung aus.

In den Lebensmitteln ist keinerlei Strahlung vorhanden, weder indirekt noch direkt, was immer das heißen mag. Oder sind wir bei jedem Stück Stahl, das wir berühren, auch dieser Temperatur von 1650 °C »indirekt ausgesetzt«?

Ionisierende Strahlung kann nützliche wie gefährliche Mikroorganismen töten.

Das stimmt. Doch das gilt auch für das Eindosen und praktisch für alle Verfahren zur Nahrungskonservierung. Na und? Eine Portion eines Gerichts ohne nützliche Mikroorganismen ist ja deswegen nicht gleich schädlich.

Ionisierende Strahlung kann nicht zwischen, sagen wir, E. coli und Vitamin E unterscheiden. Was von ihr getroffen wird, kann Veränderungen unterworfen sein, auch die Nährstoffe.

Auch das ist in gewissem Umfang richtig, je nach Nahrungsmittel und Strahlendosis. Ich sehe im Verlust an Vitaminen jedoch keinen Grund, die Sterilisierung von Lebensmitteln durch Bestrahlung zu verbieten. Alle Konservierungsverfahren verändern das Nährstoffprofil von Speisen in gewissem Umfang. Und ich habe meine Zweifel, ob der Speisezettel irgendeines Menschen ausschließlich auf bestrahlte Lebensmittel beschränkt ist.

Stellt die Bestrahlung von Lebensmitteln also keine Gefahr dar? Ist überhaupt zu beweisen, daß etwas absolut unschädlich ist? Sie brauchen nur das Kleingedruckte mit den »möglichen Nebenwirkungen« auf dem Beipackzettel jeder gesundheitsfördernden und lebensrettenden Arzneidroge zu lesen. Wäre »absolute Unschädlichkeit« ein Kriterium bei der Zulassung neuer Medikamente, gäbe es überhaupt keine marktfähigen Arzneien. Darauf hat etwa James B. Kaper, Professor für Mikrobiologie und Immunologie an der Universität von Maryland, hingewiesen, der die verheerenden Folgen einer E.-coli-Vergiftung bei Kindern erlebt hat: »Vielleicht könnte man am Ende einige geringfügige schädliche Wirkungen mit dem Verzehr von bestrahlten Lebensmitteln in Verbindung bringen. Aber bis dahin werden viele Menschen, vor allem Kinder, an E. coli gestorben sein, die davor zu bewahren gewesen wären, wenn sie bestrahlte Nahrung zu sich genommen hätten.«

Das Leben ist eine fortwährende Kosten-Nutzen-Analyse. Ein gewisses Risiko ist der unvermeidliche dunkle Schatten jeden technischen Fortschritts. Bis ins letzte Jahrzehnt des 19. Jahrhunderts gab es in unseren Häusern zum Beispiel keine Elektrizität. Im letzten Jahrzehnt des 20. Jahrhunderts starben in den USA jedes Jahr durchschnittlich mehr als 200 Menschen an den Folgen eines Stromschlags, der auf elektrische Haushaltsgeräte wie Lampen, Schalter, Fernsehgeräte, Radios, Waschmaschinen, Trockner und so weiter zurückzuführen war, und weitere 300 kamen bei ungefähr 40 000 elektrisch bedingten Bränden ums Leben. Wir beklagen diese Folgen des im Haus verfügbaren elektrischen Stroms, akzeptieren sie aber, weil die Risiken durch die Vorteile bei weitem ausgeglichen werden.

Die Vorteile der Konservierung von Lebensmitteln und der Zerstörung schädlicher Bakterien – was die Nahrungsmittelvorräte der Welt erweitert und Leben rettet – müssen wir gegen die sehr viel weniger wahrscheinlichen und sicherlich nicht lebensbedrohlichen Risiken abwägen.

Gespräch in einem Winter-Wunderland

All die verschiedenen Unterteilungen in meinem Kühlschrank bringen mich ganz durcheinander. Was soll ich jeweils in welchem Abteil aufbewahren? Was zum Beispiel bietet das »Gemüsefach«?

Immer wenn ich den Kühlschrank öffne, schaut Alex, mein Siamkater, auf den Inhalt wie ein Panzerknacker auf Onkel Dagoberts Geldspeicher. Er weiß, dieser weiße, uneinnehmbare Panzerschrank enthält all die Freuden, die ihm das Leben zu bieten hat (er ist kastriert).

Wir Menschen sind nicht sehr viel anders. Unsere Kühlschränke sind unsere Schatzhäuser. Ihr Inhalt spiegelt unseren jeweiligen Lebensstil eher noch mehr wider als die Kleidung, die wir tragen, oder das Auto, das wir fahren.

Vor allem ist ein Kühlschrank natürlich dazu da, jeden albernen Gegenstand auszustellen, der irgendwie an einen Magneten gepappt werden kann, ganz zu schweigen von der gekritzelten »Kunst« der Kinder oder Enkel. Doch darüber hinaus erzeugen Kühlschränke niedrige Temperaturen, und die verlangsamen ihrerseits jeden Prozeß, der Nahrungsmittel verderben läßt, von chemischen Enzymreaktionen bis zu den Verwüstungen durch lebende Schädlinge wie Bakterien, Hefen und Schimmelpilze.

Zwei Arten von Bakterien wollen wir hemmen: pathogene (krankheitserregende) Keime und solche, die für den Verderb verantwortlich sind. Letztere lassen Lebensmittel abstoßend und ungenießbar werden, machen uns aber gewöhnlich nicht krank. Dagegen sind Krankheitserreger aufgrund des Geschmacks oder des Aussehens möglicherweise nicht zu entdekken, ohne deswegen weniger gefährlich zu sein. Niedrige Temperatur dämmt beide Arten ein.

(Als Ausgleich für den eher »trockenen« Artikel über Bestrahlung überläßt der Autor nun dem Weißen Kaninchen aus *Alice im Wunderland* die weiteren Erläuterungen.) (Anm. d. Ü.)

Möchtest du, Alice, jetzt einen Ausflug durch das Kühlschrank-Wunderland machen? Dann trink aus dieser Flasche mit der Aufschrift »Trink mich«, damit du klein wirst, und folge dem weißen Kaninchen in den Kühlschrank.

Alice: *Brr. Ist das kalt hier!*

Weißes Kaninchen: *Richtig. Wir sind im Gefrierfach gelandet, das häufig oben zu finden ist, weil eventuell entweichende kalte Luft nach unten fällt und dazu beiträgt, die unteren Regionen zu kühlen.*

A: *Wie kalt ist es hier eigentlich?*

WK: *Ein Gefrierfach sollte immer auf minus 18 °C oder darunter abgekühlt sein.*

A: *Wie kann ich feststellen, ob das Gefrierfach bei mir zu Hause kalt genug ist?*

WK: *Dafür solltest du dir ein Kühlschrankthermometer kaufen, das bei niedrigen Temperaturen besonders genau anzeigt. Steck es zwischen die Packungen mit Tiefkühlkost, schließ die Tür, und warte sechs bis acht Stunden. Zeigt das Instrument nicht bis auf ein oder zwei Grad die erforderliche Temperatur, mußt du den Regler entsprechend verstellen und nach weiteren sechs bis acht Stunden nochmals kontrollieren. Aber jetzt wollen wir in den wichtigsten Teil des Kühlschranks hinunterklettern, wo es ein ganzes Stück wärmer ist.*

A: *Das nennst du warm?*

WK: *Alles ist relativ. Draußen in der Küche ist es mindestens 16 Grad wärmer. Die Technik des Kühlschranks entfernt Wärme aus der Kiste, in der wir uns befinden, aber Wärme ist Energie, und die kann man nicht einfach zerstören. Wenn du sie irgendwo weghaben willst, mußt du sie an einen anderen Ort schaffen. Und so wird sie vom Kühlschrank in die Küche rausbefördert. Der Verrückte Hutmacher behauptet ja, ein Kühlschrank sei in Wahrheit eine Küchenheizung, und er hat recht. Tatsächlich gibt ein Kühlschrank mehr Wärme ab, als er seinem Innenraum entzieht, weil die Vorrichtung zum Abtransport selbst Wärme erzeugt. Deshalb kannst du ja auch die Küche nicht dadurch kühlen, daß du die Kühlschranktür offenläßt. Du würdest bloß Wärme von einem Ort zum anderen schaffen und sogar noch welche hinzufügen, aber keine loswerden.*

A: *Wie schafft der Kühlschrank die Wärme weg?*

WK: *Das geschieht mit Hilfe einer leicht zu verdampfenden Flüssigkeit, dem Freon, oder zumindest war das so, bis Wissenschaftler entdeckt haben, daß Freon die Ozonschicht der Erde zerstört. Die neueren Kühlschränke enthalten eine freundlichere chemische Substanz mit der irren Bezeichnung HFC134a. Wie dem auch sei, wenn eine Flüssigkeit verdampft (siedet), nimmt sie Wärme aus der Umgebung auf, weshalb diese kälter wird (der Platz reicht nicht für eine Erklärung, warum das so ist). Wird der Dampf dann wieder zu einer Flüssigkeit verdichtet, gibt er die Wärme ab. Bei einem Kühlschrank verdampft die Flüssigkeit hier innerhalb des Kastens, was diese Metallflächen abkühlen läßt, die du da an der Wand siehst. Dann wird der Dampf mit einem Kompressor verflüssigt (das Brummen, das du hörst, ist dessen Motor), und die dabei entstehende Wärme wird außerhalb des Gehäuses verteilt. Dazu dient ein Gitter von feinen Röhren, die dahinter oder darunter verborgen sind. Ein Thermostat schaltet den Kompressor nach Bedarf ein oder aus, damit die richtige Temperatur erhalten bleibt.*
A: *Was gilt als die richtige Temperatur?*
WK: *Das Hauptabteil eines Kühlschranks sollte stets unter 4 °C liegen. Darüber können Bakterien sich schnell genug vermehren, um eine Gefahr darzustellen.*
A: *Kann ich das mit meinem neuen Thermometer messen?*
WK: *Sicher. Stell ein Glas Wasser in die Mitte von deinem Kühlschrank und warte sechs bis acht Stunden. Zeigt es nicht die 4 °C oder darunter an, mußt du den Regler entsprechend verstellen und nach sechs bis acht Stunden erneut die Temperatur ablesen.*
A: *Ich bin sicher, jeder von meinen Kühlschränken wird genau die richtige Temperatur aufweisen, danke. Aber was soll ich denn überhaupt darin aufbewahren?*
WK: *Nun, du weißt schon, das übliche Zeug halt. Lebende Krebse – das dämpft sie sehr, und so werfen sie ihre Scheren nicht ab, wenn du sie dämpfst. Oder Tischtücher mit Kerzenwachs darauf – das kannst du abkratzen, wenn es hart ist. Oder vielleicht feuchte Wäsche im Kunststoffbeutel, wenn du sie nicht sofort bügeln kannst. Alte Unterwäsche …*
A: *Das reicht, du Schlaumeier. Gibt es auch Dinge, die ich besser nicht im Kühlschrank aufbewahren sollte?*

WK: *Ja. Tomaten verlieren Aroma, wenn sie unter 10 °C gekühlt werden, weil ein wichtiger chemischer Aromastoff zerfällt. Kartoffeln werden unangenehm süß, weil ein Teil ihrer Stärke sich in Zucker verwandelt. Brot trocknet aus und wird altbacken, wenn es nicht luftdicht verpackt ist, aber in einem Plastikbeutel können dann Schimmelpilze wachsen. Am besten frierst du es ein. Und eine große Menge übriggebliebener Speisen, die noch warm sind, kann die Temperatur im Kühlschrank auf ein gefährlich bakterienfreundliches Niveau hochtreiben. Du solltest Reste auf kleinere, leicht zu kühlende Behälter verteilen und diese zunächst in kaltem Wasser vorkühlen, ehe du sie hineinstellst. Auf dem Küchentisch dürfen sie nicht abkühlen, weil sie sonst zu lange eine gefährliche Temperatur beibehalten.*
Alice, paß bloß auf! Du bist zu nahe am Rand des Gitters!
A: *Hilfe! Ich bin in diese Schublade hier gefallen. Wo bin ich?*
WK: *Du bist im Fach für knackiges Gemüse.*
A: *Ich glaube, ich will gar nicht knackig sein.*
WK: *Das gilt nur für Obst und Gemüse, und es regelt eher die Feuchtigkeit als die Temperatur. Gemüse wird trocken und welkt, wenn die Luftfeuchtigkeit nicht relativ hoch ist. Das Gemüsefach ist ein geschlossenes Abteil, das den Wasserdampf zurückhält. Obst benötigt aber weniger Feuchtigkeit als Gemüse, deshalb besitzen manche Gemüsefächer einstellbare Öffnungen, die du jedesmal umstellen sollst, wenn du den Inhalt austauschst.*
A: *Ja doch, sicher. Und was soll dieses andere Fach hier unter uns?*
WK: *Das ist für Fleisch. Der kälteste Ort im Kühlschrank, abgesehen vom Gefrierfach. Es liegt ganz unten, weil kalte Luft absinkt. Fleisch und Fisch müssen möglichst kalt gelagert werden, aber frischer Fisch sollte ohnehin höchstens einen Tag aufbewahrt werden.*
Und wo wir schon von der Zeit sprechen, ich habe eine sehr wichtige Verabredung und bin spät dran. Trink diese andere Flasche »Trink mich«, damit du wieder groß wirst und wir hier rauskommen.
Und vergiß nicht, das Licht auszumachen.

Anhang

Weiterführende Literatur

Die Welt der Ernährung ist grenzenlos. Die Welt der Wissenschaft ist gleichfalls grenzenlos. Keine einzelne Arbeit vermag mehr als einen kleinen Kratzer in die Oberfläche eines der beiden Gebiete zu ätzen oder, wie in diesem Fall, in die Schnittstelle zwischen ihnen.

Für dieses Buch habe ich eine Anzahl praktischer Fragen ausgewählt, die dem neugierigen Hobbykoch, wie ich annehme, von Nutzen sein werden, und dabei möglichst auf technische Formulierungen der Fachsprache verzichtet. Ich kann nur hoffen, mit diesen Aperitifs den Appetit meiner Leser auf ein weitergehendes Verständnis der Küchenwissenschaft angeregt zu haben. Für jene, die Lust auf mehr bekommen haben, sind nachstehend ein paar Bücher aufgeführt, die sich eingehender mit der Wissenschaft von den Nahrungsmitteln befassen.

Wissenschaftliche Grundlagenwerke (Ohne Rezepte)

AUTORENKOLLEKTIV: *Lebensmittel-Lexikon.* Leipzig, VEB Fachverlag, 1979. – Gutes Nachschlagewerk, auch für Gerichte und deren Zutaten.

BELITZ, HANS-DIETER und GROSCH, WERNER: *Lehrbuch der Lebensmittelchemie.* Berlin, Heidelberg, Springer Verlag, 5. Auflage, 2001. – Eine sehr detaillierte, anspruchsvolle Abhandlung über die Chemie der Lebensmittel und des Kochens, mit einem umfassenden Stichwortverzeichnis.

FRANZKE, CLAUS: *Lehrbuch der Lebensmittelchemie.* Berlin, Akademie-Verlag, 1982. – Ausführliche Beschreibungen der chemischen Vorgänge beim Konservieren und Kochen.

HEIMANN, WERNER: *Grundzüge der Lebensmittelchemie.* Darmstadt, Steinkopff, 1976. – Ernährungslehre, Bestandteile der Nahrungsmittel und ihr Verhalten bei der Zubereitung.

TERNES, WALDEMAR: *Naturwissenschaftliche Grundlagen der Lebensmittelzubereitung.* Hamburg, Behr's Verlag, 1993.

Allgemeiner gehaltene Werke
(Weniger wissenschaftlich, aber mit Rezepten)

BARHAM, PETER: *The Science of Cooking.* Berlin, Heidelberg, Springer Verlag, 2000. – Einführung in die chemischen Grundlagen, gefolgt von Kapiteln über Fleischarten, Brotsorten, Saucen etc. Mit 41 Rezepten.

CORRIHER, SHIRLEY O.: *Cookwise: The Hows and Whys of Successful Cooking.* New York, Morrow, 1997. – Was die verschiedenen Zutaten eines Rezepts bewirken, wie sie das tun, und wie man sie am vorteilhaftesten anwendet, mit besonderer Betonung des Backens. 224 Rezepte.

GROSSER, ARTHUR. E.: *The Cookbook Decoder, or Culinary Alchemy Explained.* New York, Beaufort Books, 1981. – Eine wunderliche, aber auch praktische Sammlung von Informationen zur Küchenwissenschaft von einem kanadischen Chemieprofessor. Mit 121 Rezepten.

HILLMAN, HOWARD: *Kitchen Science.* Boston, Houghton Mifflin, 1989. – Fragen und Antworten. Mit 5 Rezepten.

MCGEE, HAROLD: *The Curious Cook: More Kitchen Science and Lore.* San Francisco, North Point Press, 1990. – Eine Sammlung spezieller Fragen, die ausführlich abgehandelt werden. Mit 20 Rezepten.

PARSONS, RUSS: *How to Read a French Fry and Other Stories of Intriguing Kitchen Science.* Boston, Houghton Mifflin, 2001. – Bodenständige, praxisnahe Erörterungen, u. a. Fritieren, Gemüse, Eier, Stärke, Fleisch, Fette etc. Mit 120 Rezepten.

Glossar

(Begriffe, die auch ein eigenes Stichwort haben, sind kursiv wiedergegeben)

♦ ALKALI-VERBINDUNG: Im Alltagsgebrauch jede chemische Verbindung, die in Wasser Hydroxid-*Ionen* (OH^-) freisetzt, etwa Natronlauge (Natriumhydroxid) und Backnatron (Natriumbikarbonat). Chemiker bezeichnen solche Verbindungen als Basen. Im engeren Sinn ist eine Alkali-Verbindung eine besonders starke Base, also die Hydroxide von Natrium, Kalium oder einem der anderen sogenannten Alkalimetalle. Säuren und Basen (einschließlich der Alkali-Verbindungen) neutralisieren einander, wobei sie *Salze* bilden.

♦ ALKALOID: Gehört einer Familie bitter schmeckender, in Pflanzen vorkommender chemischer Verbindungen mit starken physiologischen Wirkungen an. Dazu gehören unter anderem Atropin, Koffein, Kokain, Kodein, Nikotin, Chinin und Strychnin.

♦ AMINOSÄURE: Eine organische Verbindung, die neben einer Aminogruppe ($-NH_2$) eine Säuregruppe (-COOH) enthält (N = Stickstoff, H = Wasserstoff, C = Kohlenstoff und O = Sauerstoff). Etwa 20 verschiedene Aminosäuren bilden die natürlichen Bausteine der Proteine (Eiweiße).

♦ ANTIOXIDANS: Eine chemische Verbindung, die in Lebensmitteln oder im Körper unerwünschte *Oxidation* verhindert. Die häufigste zu verhindernde Oxidation in Nahrungsmitteln ist das Ranzigwerden von Fetten. Zu den gebräuchlichsten Antioxidantien für Lebensmittel gehören butyliertes Hydroxytoluol (BHT), butyliertes Hydroxyanisol (BHA) und *Sulfite.*

♦ ATOM: Die kleinste Einheit eines chemischen Elements. Jedes der mehr als 100 bekannten chemischen Elemente besteht aus Atomen, die allein für dieses Element spezifisch sind.

♦ BLÄSCHENKEIM: Ein Punkt, Teilchen, Kratzer oder eine winzige Blase in einem Behälter mit Flüssigkeit, der als Versammlungsort für *Moleküle* eines gelösten Gases dient. Dort können sie sich zu größeren Blasen zusammenfinden.

♦ BTU: British thermal unit, eine englische Wärmeeinheit. Vier BTU entsprechen in etwa einer Nahrungs- oder *Kilokalorie.*

♦ DIPOL: Ein *Molekül,* dessen zwei Enden einander entgegengesetzte, also positive bzw. negative Ladungen tragen.

♦ DISACCHARID: Ein Zucker, dessen *Moleküle* in zwei Moleküle Einfachzucker oder *Monosaccharide* zerlegt (hydrolysiert) werden können. Ein bekanntes Disaccharid ist die Saccharose, der wichtigste Zucker in Zuckerrohr, Zuckerrüben und Ahornsaft.

♦ ELEKTRON: Eines von den sehr leichten, negativ geladenen Elementarteilchen, welche den Raum in der Umgebung der sehr schweren Kerne der *Atome* besetzen.

♦ ENZYME: Proteine, die von Lebewesen produziert werden und dazu dienen, bestimmte biochemische Reaktionen zu beschleunigen (zu katalysieren). Weil biochemische Reaktionen natürlicherweise sehr langsam ablaufen, würden die meisten ohne das passende Enzym überhaupt nicht stattfinden. Da es sich um Proteine handelt, können sie durch extreme Bedingungen wie etwa hohe Temperaturen zerstört werden.

♦ FETTSÄUREN: Organische *Säuren*, die sich mit Glyzerin zu den Glyzeriden in natürlichen Fetten und Ölen verbinden. Die meisten natürlichen Fette sind *Triglyzeride*, in denen jeweils drei Glyzeridmoleküle zu einem *Molekül* Fett verbunden sind.

♦ FREIES RADIKAL: Ein *Atom* oder *Molekül*, das ein oder mehrere ungepaarte *Elektronen* besitzt und deshalb äußerst reaktionsfreudig ist, weil die Elektronen der Atome am stabilsten sind, wenn sie paarweise vorkommen.

♦ GLUKOSE: Ein Einfachzucker oder *Monosaccharid*. Es zirkuliert im Blutstrom und ist unter den *Kohlenhydraten* der wichtigste Energielieferant.

♦ HÄMOGLOBIN: Das rote, eisenhaltige Protein, mit dem der Sauerstoff im Blut transportiert wird.

♦ ION: Ein *Atom* oder eine Gruppe von Atomen, die elektrisch geladen sind. Ein negativ geladenes Ion besitzt einen Überschuß an *Elektronen*, während bei einem positiv geladenen Ion ein oder mehrere Elektronen der normalen Elektronenkonfiguration fehlen.

♦ KILOKALORIE: Energieeinheit, die wie ihre Untereinheit Kalorie meist im Zusammenhang mit der Energiemenge benutzt wird, die ein Lebensmittel bei seiner Umsetzung im Stoffwechsel des menschlichen Körpers liefert.

♦ KOHLENHYDRAT: Gehört zu einer Klasse chemischer Verbindungen, die in Lebewesen vorkommen; dazu gehören verschiedene Zucker, Stärken und Zellulose. Kohlenhydrate dienen Tieren als Energiequelle und Pflanzen als Strukturkomponenten.

♦ LIPID: Alle fettigen, wachsartigen oder öligen Substanzen in Lebewesen, die sich in organischen Lösungsmitteln wie Chloroform oder Äther lösen lassen. Lipide sind letztlich Fette sowie Öle, dazu kommen noch andere verwandte Verbindungen.

♦ MIKROWELLEN: Eine Form elektromagnetischer Energie, deren Wellenlänge über der von Infrarotstrahlung und unter der von Radiowellen liegt. Mikrowellen dringen bis mehrere Zentimeter tief in Feststoffe ein.

♦ MOLEKÜL: Die kleinste Einheit einer chemischen Verbindung aus mindestens zwei oder mehr miteinander verbundenen *Atomen.*

♦ MONOSACCHARID: Ein Einfachzucker, der nicht weiter in andere Zucker zerlegt (hydrolysiert) werden kann. Das bekannteste Monosaccharid ist *Glukose*, der Blutzucker.

♦ MYOGLOBIN: Ein rotes, eisenhaltiges Protein, das dem *Hämoglobin* ähnelt. Es findet sich in den Muskeln von Tieren, wo es als Verbindung zur Speicherung von Sauerstoff dient.

♦ OSMOSE: Bei diesem Vorgang wandern Wasser*moleküle* aus einer stärker verdünnten Lösung einer löslichen Substanz durch eine Membran, etwa eine Zellwand, zur konzentrierteren Lösung dieser Substanz, um so das Konzentrationsgefälle auszugleichen.

♦ OXIDATION: Die Reaktion einer Substanz mit Sauerstoff, in der Regel mit dem der Luft. Weiter gefaßt handelt es sich um eine Reaktion, bei der ein *Atom*, *Ion* oder *Molekül* *Elektronen* abgibt.

♦ POLYMER: Ein riesiges Molekül aus vielen, oft Hunderten von identischen molekularen Untereinheiten, die alle miteinander verbunden sind.

♦ POLYSACCHARID: Ein Zucker, dessen *Moleküle* in mehrere *Monosaccharide* zerlegt (hydrolysiert) werden können. Beispiele sind Zellulose und Stärken.

♦ SALZ: Das Produkt einer Reaktion zwischen einer *Säure* und einer Base oder *Alkali-Verbindung*. Natriumchlorid, das Tafelsalz, ist bei weitem das häufigste.

♦ SÄURE: Jede chemische Verbindung, die in Wasser *Ionen* des Wasserstoffs (H^+) freisetzt (Chemiker verwenden manchmal weiter gefaßte Definitionen). Säuren sind von Natur aus verschieden stark, schmecken aber alle sauer.

♦ SULFIT: Ein Salz der schwefligen *Säure*. Sulfite reagieren mit Säuren unter Bildung des Gases Schwefeldioxid und werden als Bleichmittel und Bakterizid eingesetzt.

♦ TRIGLYZERID: Ein *Molekül* aus drei *Fettsäure*molekülen, die an ein Glyzerinmolekül gebunden sind. Natürliche Fette und Öle sind meist Mischungen von Triglyzeriden.

Verzeichnis der Rezepte

Sachregister

SERIE PIPER

Was Einstein seinem Friseur erzählte

Dieses Buch ist meinem verstorbenen Vater gewidmet, dem es nicht vergönnt war, seine eigenen wissenschaftlichen und schriftstellerischen Neigungen zu verfolgen, und der nicht einmal erleben durfte, daß sein Sohn Wissenschaftler und Autor geworden ist.

Das ist für Dich, Pa.

Inhaltsverzeichnis

»Ein Pferd kann man zur Tränke bringen, aber nicht zum Trinken – oder heißt es Denken?« WOLKE

Wir Menschen dagegen können über die beachtlichen Eigenschaften des Wassers, der häufigsten chemischen Verbindung auf Erden, nachdenken.

Welche Farbe hat das Wasser? Warum sind die Ozeane blau? Und salzig? Wo genau ist eigentlich Meereshöhe? Warum trocknet verschütteter Kaffee zu einem Ring ein? Warum legt sich ein Duschvorhang an den Körper an? Wo gehen die Socken hin, die aus Ihrer Wäsche verschwinden? Was ist die teuerste Zutat von Waschmitteln? (Werbung.) Ist Glas eine Flüssigkeit? Was macht Eiswürfel trüb? Würden wir ertrinken, wenn die Luftfeuchtigkeit 100 Prozent erreicht? Wie bekommt man eine beschlagene Windschutzscheibe klar? Kann ein Bauer den bevorstehenden Regen riechen?… Und andere Fragen.

»Sieger ist, wer mit dem meisten Zeug stirbt.«
Yuppie-Philosophie

Wir haben uns mit Hunderten von materiellen Dingen umgeben, die wir zwar benutzen, aber nicht wirklich verstehen.

Wie sicher sind Flugzeuge? Wie radiert ein Radiergummi? Warum ist Gummi dehnbar? Wieso machen Autos Lärm? Warum knittert unsere Kleidung? Wie funktioniert ein Skateboard? Was geschieht, wenn man eine Flasche Limo

Einführung

Ich weiß, was Sie denken. Sie denken: »Hatte Einstein überhaupt einen Friseur?«

Sie haben sicher Fotos von ihm gesehen, nicht wahr? Es ist wohl vollkommen klar, daß dieser große Mann sehr viel mehr Zeit für die Pflege des Inhalts seines Kopfes als für dessen Außenseite verwendete.

Doch dieses Buch handelt nicht von Friseuren, und es befaßt sich nicht einmal besonders mit Einstein (sein Name taucht nur viermal auf). Es ist ein Buch mit wissenschaftlichem Geplauder; es handelt von Dingen, über die Einstein sich mit seinem Friseur unterhalten haben *könnte* – einfache Sachverhalte, die dem großen Wissenschaftler banal erschienen sein mögen, aber uns anderen zu denken geben.

Es gibt viele Bücher für junge Leser, die Wissenschaft über den »Spaßfaktor« vermitteln wollen. Doch es sind nicht nur die Kinder, die sich fragen, »warum« oder »wie« etwas so ist. Die Neugier endet nicht mit der Pubertät, ebensowenig wie die spezielle Freude, wenn man versteht, warum etwas geschieht. Dennoch stoßen wir, sobald wir die Wissenschaft mit der Schule »hinter uns gelassen haben«, nur auf wenige Bücher für Menschen jeden Alters, die einfach wißbegierig sind, was ihre Alltagsumgebung angeht, und für die es ein Vergnügen ist, wenn sie erfahren, was die Dinge in Gang hält. Dieses Buch gehört in diese Kategorie.

Vielleicht vertreten Sie die Überzeugung: »Wissenschaft ist nichts für mich«, weil sie im wesentlichen eine schwierige Materie darstellt und weil die Antwort auf eine von

Ihnen gestellte Frage wahrscheinlich zu technisch und zu kompliziert und damit für Sie unverständlich wäre. Folglich stellen Sie keine Fragen mehr. Möglicherweise sind Sie zu diesem Schluß gekommen, weil Sie in der Schule unglückliche Erfahrungen mit wissenschaftlichen Fächern gemacht haben, oder einfach wegen der wissenschaftlichen Beiträge in Zeitungen, Zeitschriften oder im Fernsehen. Diese Artikel sind schon deswegen garantiert technisch überfrachtet und kompliziert, weil sie in der Regel von den neuesten Entdeckungen führender Wissenschaftler handeln. Wenn das nicht so wäre, würde man nicht darüber schreiben. Über das Thema, weshalb sich der Badezimmerboden für Ihre nackten Füße so kalt anfühlt, werden Sie keine Sondersendung im Fernsehen finden. Doch die Erklärung dieses Phänomens (siehe S. 127) beruht auf Wissenschaft, und zwar um keinen Deut weniger als eine Diskussion über Quarks oder Neutronensterne.

Alles, was Sie sehen, hören und fühlen, hat mit Wissenschaft zu tun, und Sie müssen kein Einstein oder auch nur Wissenschaftler sein, um sich zu fragen, *weshalb* Sie diese Dinge sehen, hören und fühlen. In den meisten Fällen sind die Erklärungen überraschend einfach und machen sogar Spaß.

Dies ist kein Buch, das Fakten aufzählt. Antworten auf Fragen wie: »Wer entdeckte ...?« oder: »Was ist der/die/das größte ...?«, »Wie viele... gibt es?« oder auch: »Was ist ein/e ...?« werden Sie hier nicht finden. Diese Art von Fragen stellen sich die Menschen in Wirklichkeit nur selten. Mit Antwortsammlungen auf derlei Fragen können Sie vielleicht ein banales Quiz bestreiten, aber sie bleiben unbefriedigend, weil sie nichts zum Vergnügen des Verstehens beitragen. Vergnügen und Spaß leiten sich nicht aus bloßer Faktenhuberei ab, sondern aus *Erklärungen* – Erklärungen in ganz normaler Umgangssprache, die Sie ausrufen lassen: »Donnerwetter! Und das ist *wirklich* schon alles?«

In diesem Buch werden gut hundert Fragen abgehandelt, doch die Zahl der Themen, die hier tatsächlich erklärt werden, kommt damit bei weitem nicht zum Ausdruck. Die reale Welt ist ein kompliziertes Gewebe von Abläufen, und nichts geschieht aus einem einzigen, einfachen Grund. In der Wissenschaft wirft jede Antwort neue Fragen auf; keine Erklärung kann jemals vollständig sein.

Dennoch habe ich jede Frage-Antwort-Einheit als abgeschlossenes Ganzes formuliert, das unabhängig von allem anderen zu lesen und zu verstehen ist. Das führt unvermeidlich zu gewissen Überschneidungen – eine entscheidende logische Verknüpfung kann man nicht einfach deswegen weglassen, weil sie an anderer Stelle ausführlicher behandelt wird. Wie jeder Lehrer weiß, kann ein wenig Wiederholung dem Lernprozeß nie schaden.

Wenn eine andere F-A-Einheit eng mit dem jeweils behandelten Thema verknüpft ist, finden Sie stets einen Querverweis auf die entsprechende Seite. Deshalb ist es auch nicht erforderlich, das Buch in der vorgegebenen Reihenfolge zu lesen. Lassen Sie sich treiben. Auf diese Weise folgen Sie Denkpfaden in einer bestimmten Reihenfolge, wie sie auch in einem Lehrbuch (der Himmel möge es verhüten) vorliegen könnte, das keiner von uns will. Wenn eine vollständige Erklärung ein paar Einzelheiten mehr erfordert, als Sie vielleicht gerade aufzunehmen bereit sind, werden diese Details in die Erbsenzähler-Ecke abgeschoben. Dort können Sie dann entweder weiterlesen oder sie einfach überspringen und zu einer anderen Frage übergehen. Das bleibt Ihnen überlassen.

Ich habe mich bemüht, keine wissenschaftlichen Fachbegriffe zu verwenden. Ich bin davon überzeugt, daß jeder dem Verständnis zugängliche Begriff in normaler Umgangssprache erklärbar sein sollte: Dafür wurde die Sprache erfunden. Um sich die Arbeit zu erleichtern, benutzen Wissenschaftler Abkürzungen, die ich als »Wissenschaftsjargon« bezeichne. Wenn ein solches Wort unvermeidlich ist oder wenn Sie es vielleicht schon gehört haben und seine Vermeidung gekünstelt erscheinen würde, erkläre ich den Begriff an Ort und Stelle in allgemeinverständlicher Sprache. Die Definitionen einiger nützlicher Fachausdrücke finden Sie am Ende des Buches.

Bei meinen Lesern setze ich keinerlei wissenschaftliche Vorkenntnisse voraus. Es gibt jedoch drei allgegenwärtige Fachbegriffe, die ich verwende, ohne sie jedesmal zu definieren: Atom, Molekül und Elektron. Wenn Sie nicht ganz sicher sind, wie gut Sie mit diesen vertraut sind, sollten Sie in dem Glossar am Ende des Buches nachlesen, ehe Sie anfangen.

Über das Buch verteilt finden Sie eine Anzahl von »Selbstversuchen« – kleine Späße, die Sie zu Hause ausführen können, um sich die im Buch erklärten Grundsätze zu veranschaulichen. Hinzu kommt eine Reihe von Kneipenwetten, mit denen Sie möglicherweise eine Runde gewinnen können, in jedem Fall aber eine »durchgeistigte« Diskussion in Gang bringen werden.

Als Albert Einstein am Institute for Advanced Study an der Universität von Princeton residierte, näherte sich ihm eines Tages ein eifriger Zeitungsreporter mit dem Notizblock in der Hand und fragte: »Nun, Professor Einstein, was gibt's Neues in der Wissenschaft?«

Einstein sah ihn mit seinem tiefen, weichen Blick an und erwiderte: »Oh? Haben Sie denn schon über die ganze *alte* Wissenschaft geschrieben?«

Er meinte damit, daß Wissenschaft nicht nur durch die allerneuesten, schlagzeilenträchtigen Entdeckungen bestimmt werden darf. Wissenschaftliche Beobachtungen haben sich über viele Jahrhunderte erstreckt, und in dieser Zeit haben wir eine ungeheure Menge über die Welt gelernt, die uns umgibt. Wir verfügen über ein umfangreiches Erbe von Wissen, das gewöhnliche, vertraute Geschehnisse erklärt.

Das ist die »alte Wissenschaft« – Alltagswissenschaft. Und davon handelt das vorliegende Buch.

Kapitel 1

Rüttel dich, schüttel dich…

Alles ist in Bewegung.

Vielleicht sitzen Sie ja ganz ruhig in Ihrem Sessel, aber von Bewegungslosigkeit sind Sie trotzdem weit entfernt. Ich meine damit nicht nur, daß Ihr Herz schlägt, Ihr Blut durch die Adern kreist und Sie schon ganz aufgeregt hecheln, weil Sie kurz davor sind, so viele faszinierende Dinge aus diesem Buch zu lernen. Kurz, ich meine damit nicht einfach, daß Sie körperlich und geistig am Leben sind.

Ich will damit sagen, daß die Erde unter Ihren Füßen, während Sie friedlich dasitzen, Sie mit etwa 1600 km/h herumwirbelt (die genaue Geschwindigkeit hängt davon ab, wo Sie leben; siehe S. 173). Gleichzeitig schleudert Mutter Erde uns alle mit 107 000 km/h um die Sonne. Ganz zu schweigen von der Tatsache, daß das Sonnensystem und all die Sterne und Galaxien im Universum wie verrückt mit unglaublichem Tempo in alle Richtungen auseinanderstreben.

Nun gut, das wußten Sie alles schon, außer vielleicht die genauen Geschwindigkeiten. Aber wir sind noch lange nicht fertig.

Sie bestehen aus Molekülen. (Ja, auch Sie!) Und alle Ihre Moleküle vibrieren und tanzen äußerst lebhaft umher, wenn wir davon ausgehen, daß Ihre Körpertemperatur irgendwo oberhalb des Absoluten Nullpunkts (siehe S. 125) liegt. Zudem sind viele der Atome in Bewegung, aus denen Ihre Moleküle bestehen, und außerdem die Elektronen, Atome und Moleküle von allem, was es im Universum gibt. All das wurde vor etwa 12 Milliarden Jahren in Gang gesetzt (siehe S. 241) und vibriert seitdem ununterbrochen weiter.

Was also ist das eigentlich, Bewegung? In diesem Kapitel sehen wir, wie alles – angefangen bei Pferden bis hin zu Autos, Schallwellen, Geschossen, Flugzeugen und kreisenden Satelliten – sich von hier nach dort bewegt.

Spielchen auf der Autobahn

Warum wird in manchen Ländern links gefahren und in anderen rechts?

Das geht auf die Tatsache zurück, daß die meisten Menschen Rechtshänder sind.

Lange bevor wir moderne Waffen wie Gewehre und Autos besaßen, mußten die Leute ihre Schlachten mit Schwertern und auf Pferden schlagen. Als Rechtshänder trägt man das Schwert links, damit man es schnell mit der rechten Hand ziehen kann. Aber mit dieser langen, baumelnden Scheide, die einen auf der linken Seite behindert, kann man sein Pferd nur besteigen, wenn man das freie rechte Bein über den Sattel schwingt. Und solange Sie nicht in einem Film von Mel Brooks mitspielen und sich falsch herum aufs Roß schwingen wollen, läuft das darauf hinaus, daß der Kopf des Pferdes von Ihnen aus nach links zeigt. Bis auf den heutigen Tag richtet man Pferde darauf ab, daß sie von links gesattelt und bestiegen werden.

Wenn Sie nun aufgestiegen sind, werden Sie auf der linken Straßenseite bleiben wollen, weil dann jeder, der Ihnen entgegenkommt, auf Ihrer rechten Seite erscheint. Und falls sich dieser eine als Ihr Feind entpuppt, können Sie Ihr Schwert mit der Rechten herausreißen und sind schon in der richtigen Position, um den Schurken damit zu durchbohren. Deshalb also sind vorsichtige Reiter stets auf der linken Straßenseite geritten.

Diese linksgerichtete Angewohnheit wurde auch von Pferdegespannen respektiert, weil sie so unangenehme Zusammenstöße mit Reitern vermeiden konnten. Als dann Wagen ohne Pferde auftauchten, blieben einige Länder bei dieser Praxis, besonders während der Übergangszeit, in der beide Arten von Fahrzeugen sich den Platz auf den Straßen streitig machten.

Warum aber fahren die Leute in den USA und den meisten anderen Ländern heute rechts?

Als die Schwerter aus der Mode kamen wie vorher Pfeil und Bogen, schwand die Notwendigkeit, die rechte Flanke zu verteidigen, womit die Verkehrsregeln plötzlich zur Disposition standen. Jüngere oder weniger traditionsgebundene Länder wechselten auf die rechte Seite, offenbar weil sich die rechtshändige Mehrheit wohler fühlt, wenn sie sich an die rechte Straßenseite anlehnen kann. Für Linkshänder stellte sich rasch heraus, daß es ungesund war, sich dem zu widersetzen.

Ich war allerdings in einigen Ländern, wo es einen großen Bevölkerungsanteil beidhändiger Individuen geben muß: Sie bevorzugen die Straßenmitte.

Vierfach betrübliche Kleeblätter

Warum müssen Autobahnkreuze so kompliziert sein, mit all diesen Schleifen und Rampen?

Das hält alles flüssig – angefangen bei den Baufirmen bis hin zur Wahlkampfkasse der Politiker – wohl nicht nur in den USA. (Entschuldigung.)

Sie ermöglichen uns das Linksabbiegen, ohne vom Gegenverkehr umgebracht zu werden. Das ist einfach eine Frage der Geometrie.

Als man die ersten Autobahnen baute, mußten sich die Planer etwas einfallen lassen, wie man es dem Verkehr ermöglichen konnte, von einer Schnellstraße auf eine Autobahn zu wechseln, ohne die Autos an roten Ampeln aufzuhalten. Da wir in den USA rechts fahren, ist es kein Problem, nach rechts abzubiegen: Man wechselt einfach auf eine Ausfahrtsrampe. Ein Abbiegen nach links erfordert jedoch, die Fahrspuren des Gegenverkehrs zu kreuzen, und das kann zu Konflikten führen, die man sich besser nur vorstellt und nicht näher ausmalt.

Hier kommt das Kleeblatt ins Spiel. Es erlaubt uns, 90° nach links abzubiegen, indem wir eine Wende von 270° nach rechts vollführen.

Sie brauchen es sich nur bildlich vorzustellen: Ein voller Kreis beschreibt 360°; eine Wende von 360° würde also in die ursprüngliche Richtung zurückführen. Bei zwei Autobahnen, die sich im rechten Winkel kreuzen, läuft Linksabbiegen auf eine Richtungsänderung von 90° nach links hinaus. Dasselbe Ergebnis erhalten Sie aber auch, wenn Sie dreimal um 90° nach rechts abbiegen. Wenn in der Stadt das Linksabbiegen verboten ist, machen Sie es doch genauso: Sie biegen dreimal rechts um den nächsten Block ab. Und genau das tut die Schleife eines Verkehrskleeblatts: Sie leitet uns um 270°, also drei Viertel eines Vollkreises, in die entsprechende Richtung, wobei wir entweder ober- oder unterhalb der Fahrspuren des Gegenverkehrs geführt werden.

Das Autobahnkreuz gleicht einem *vier*blättrigen Kleeblatt, keinem zwei- oder dreiblättrigen, weil der Verkehr in vier verschiedenen Richtungen verläuft – zum Beispiel nach Osten, Westen, Norden und Süden –, und für jede ist eine eigene Möglichkeit zum Linksabbiegen erforderlich.

Was Autofahrer in England, Japan und anderen Ländern mit Linksverkehr angeht, so brauchen sie in den vorhergehenden Abschnitten nur die Worte »links« und »rechts« zu vertauschen, dann ist es schon recht(s). Das heißt, schon link(s). Na ja, Sie wissen sicher, was ich meine.

Auf die Plätze, fertig … Sprung!

Würde die Erde auf eine andere Umlaufbahn befördert, wenn alle Chinesen eine zwei Meter hohe Leiter bestiegen und dann alle gleichzeitig herunterspringen würden?

Nein, aber die Orthopäden Chinas hätten Hochkonjunktur.

Ich nehme an, daß alle, die diese Frage stellen, China wählen, weil es das bevölkerungsreichste Land der Erde ist, das 2,5 Milliarden potentiell schmerzender Füße besitzt.

Eigentlich geht es hier um zwei Fragen (wenn man einmal davon absieht, ob Leute, die diese Frage stellen, nichts Besseres zu tun haben). Die erste Frage bezieht sich darauf, wie stark der Aufprall dieses Sprunges wäre. Die zweite ist, ob die Umlaufbahn der Erde überhaupt durch einen beliebig starken Aufprall dieser Art verändert werden könnte.

Die Energie eines durch die Schwerkraft hervorgerufenen Falles ist leicht zu berechnen. (Und kommen Sie mir nicht mit dem Einwand, in China würde keiner abwärts fallen, weil das Land auf dem Kopf steht.) Wenn wir von einer Bevölkerung von 1,2 Milliarden Chinesen mit einem Gewicht von durchschnittlich 68 Kilogramm ausgehen, würde deren kollektiver Aufschlag den Boden mit einer Energie von 1,6 Billionen Joule erschüttern. (Ein *Joule* ist eine Maßeinheit für Energie; deswegen müssen Sie nicht ins Schwitzen geraten.) Das entspricht gerade mal der Energie, die bei einem mittleren Erdbeben von der Stärke 5 auf der Richter-Skala freigesetzt wird. Erdbeben dieser Art ereignen sich schon seit Millionen Jahren, und es gibt keinen Hinweis darauf, daß sie die Erde in unterschiedliche Umlaufbahnen gestoßen hätten.

Ohnehin könnte kein noch so großes Erd- oder Fußbeben die Umlaufbahn ändern – insofern sind sowohl Erdbeben als auch chinesische Leitern bedeutungslos. Unser Planet Erde kreist unablässig um die Sonne, weil er einen bestimmten Impuls besitzt; das heißt, er verfügt über eine bestimmte Masse und eine bestimmte Geschwindigkeit, denn ein Impuls ist eine Kombination aus Masse und Geschwindigkeit. Auf seiner Reise trägt unser Planet alles mit sich, was durch die Schwerkraft mit ihm verbunden ist, einschließlich springender Chinesen und Akrobaten auf Trampolinen. Wir sind alle zusammen ein großes Massepaket, und diese Gesamtmasse der Erde läßt sich durch kein noch so heftiges Auf- und Abhüpfen verändern. Ebensowenig kann man damit die Geschwindigkeit des Planeten verändern, denn alle Chinesen werden mit derselben Geschwindigkeit durch das Weltall befördert wie der übrige Planet: Wir befinden uns alle in einem großen Raumschiff, in dem alles mit allem in Verbindung steht. Die Geschwindigkeit Ihres Autos können Sie schließlich auch nicht ändern, indem Sie gegen die Windschutzscheibe drücken, oder? Und Sie können es ebensowenig dadurch hochheben, daß Sie sich gegen das Dach stemmen.

Wir können es auch in den Begriffen von Newtons Drittem Bewegungsgesetz ausdrücken, das Sie schon millionenmal gehört haben müssen (und wenn ich mich irgendwie damit befasse, hören Sie es wieder): »Für jede Wirkung einer Kraft gibt es eine gleichgroße, ihr entgegengesetzte Reaktion.« Wenn Sie gegen eine Ziegelwand drücken, drückt die Wand zurück. Wenn nicht, würde Ihre Hand einfach hindurchgehen. Wenn die Chinesen landen, treffen ihre Füße mit einer bestimmten Kraft auf dem Boden auf, aber gleichzeitig trifft der Boden ihre Füße mit einer entgegengesetzt gerichteten Kraft gleicher Stärke. Somit gibt es a) keine Kraft (ohne Gegenwirkung), die die Bewegung unseres Planeten beeinflussen könnte, und b) den Chinesen tun die Füße weh.

Und nochmal… Sprung!

Wenn ich mich in einem Aufzug befinde, der plötzlich abstürzt, kann ich dann im letzten Moment hochspringen und so dem Aufprall entgehen?

Ich weiß nicht, wie oft den Angsthasen in Aufzügen diese Frage durch den Kopf geschossen sein mag oder wie oft sie von all den freundlichen Hobbyphysikern in der Nachbarschaft gestellt worden ist. Sie ist leicht und mit einem Wort zu beantworten: Nein. Aber wenn man über sie nachdenkt, wirft das doch eine ganze Menge lustiger Fragen auf.

Fangen wir mit der schnellen Antwort an. Ihr Ziel ist es, wie eine Feder am Boden des Aufzugsschachtes anzukommen, also ohne nennenswerte Abwärtsgeschwindigkeit, nicht wahr? Das heißt, Sie müssen die Fallgeschwindigkeit der Kabine dadurch ausgleichen, daß Sie mit derselben Geschwindigkeit nach oben springen. Die Kabine (und Sie) könnten mit ungefähr 80 km/h fallen. Sind Sie imstande, mit annähernd dieser Geschwindigkeit in die Höhe zu springen? Die besten Basketballspieler schaffen im Sprung vielleicht 8 km/h. Ende der schnellen Antwort.

Wenden wir uns mal dem Augenblick zu, kurz bevor das Kabel reißt. Im siebzehnten Jahrhundert, lange vor allen Aufzügen, erkannte Isaac Newton (1642–1727), daß ein Körper, der eine Kraft auf einen anderen Körper ausübt, von dem zweiten eine gleichgroße, ihr entgegengesetzte Kraft erfährt. Heute bezeichnet man das als das Dritte Bewegungsgesetz Newtons. Wenn Sie auf dem Boden der Aufzugskabine stehen und von der Schwerkraft (Kraft Nummer eins) gegen diesen Boden gezogen werden, drückt der mit derselben Kraft dagegen (Kraft Nummer zwei). Das ist ja der Grund, weshalb die Schwerkraft nicht überwiegt und Sie den Schacht hinunterfallen läßt. Das gleiche gilt auch für die Kabine: In ihrem Fall ist es das Drahtseil, das nach oben zieht und so die Wirkung der abwärts gerichteten Schwerkraft auf die Kabine ausgleicht. So fallen weder Sie noch die Aufzugskabine den Schacht hinunter. Sie bewegen sich gemeinsam auf- oder abwärts, und die Geschwindigkeit wird von einem Motor geregelt, der das Kabel auf eine große Trommel am oberen Ende des Schachtes aufwickelt oder von ihr abwickelt.

Wenn das Seil reißt, sind sowohl die aufwärts gerichtete Zugkraft des Kabels als auch der entsprechende Druck des Kabinenbodens verschwunden, weshalb Sie und auch der Aufzug die Freiheit erhalten, sich dem Willen der Schwerkraft zu beugen: Sie beginnen zu fallen. Für einen Augenblick schweben Sie: Sie fühlen sich »schwerelos«, weil der gewohnte Druck des Bodens gegen Ihre Füße fehlt. Doch unmittelbar nach diesem Moment eines paradiesischen Schwebezustandes kommt die Schwerkraft zu ihrem Recht, und Sie fallen gemeinsam mit dem Aufzug in die Tiefe.

Erbsenzähler-Ecke

Was den Moment der »Schwerelosigkeit« angeht, wenn der Aufzug zu fallen beginnt: Selbstverständlich haben Sie Ihr Gewicht nicht wirklich verloren. Die Schwerkraft der Erde zieht Sie nach wie vor an, und die Stärke dieser Anziehung nennen wir Gewicht (siehe S. 48). Was Sie verloren haben, ist das scheinbare Gewicht. Es tritt nur gerade nicht in Erscheinung, weil Sie nicht auf einer Waage oder einem Fußboden stehen, der Ihren Druck spürt und seinerseits Druck auf Ihre Füße ausübt.

Natürlich ist die ganze Frage mit den fallenden Aufzügen hypothetisch, weil Aufzugskabel einfach nicht reißen. Und selbst wenn sie es täten, würden die federgetriebenen Sicherheitsvorrichtungen dafür sorgen, daß die Kabine allenfalls ein paar Meter fällt. Doch Achterbahnen beweisen, daß manche Menschen das Gefühl einer unmittelbar bevorstehenden Katastrophe zu genießen scheinen.

Sollten Sie zufällig eine solcher Fan von Achterbahnen sein: Das »schwebende« Gefühl, das Sie empfinden, wenn der Wagen von einem hohen Streckenpunkt »abstürzt«, würden Sie genauso auch in einem fallenden Aufzug spüren. Man nennt es »freien Fall« (siehe S. 51). Auch die Astronauten in Raumstationen auf einer Umlaufbahn spüren ihn (siehe S. 48).

Abgefahren

Wo bleibt eigentlich all der Gummi, wenn meine Autoreifen sich abnutzen?

Er ist abradiert worden (Radiergummis behandeln wir aber erst auf S. 295) und auf der Straße gelandet, von wo aus er in Form von feinem Staub in der Umwelt verteilt wird. Ein Teil wurde vom Regen in die Kanalisation geschwemmt; ein weiterer Teil wurde vom Wind in die Gegend geblasen und ist am Ende aus der Luft ausgewaschen worden oder herabgefallen und hat sich auf allen möglichen Oberflächen abgelagert. Zum Schluß landet all der Gummi als Teil der Erde, aus der er hervorgegangen ist, wieder in den Böden und den Meeren. Wie alles andere auch wird ein abgefahrener Reifen zu Staub.

Normalerweise stellen wir uns vor, daß Autoreifen glatt abrollen, ohne irgendwie an der Straße zu wetzen und dadurch abgerieben zu werden. Das wäre aber nur dann der Fall, wenn zwischen der Reifenoberfläche und der Straße keinerlei Widerstand aufträte. Dann würden Ihre Reifen aber keinen Halt finden, und Sie würden nirgendwohin fahren. Auf einen Satz Reifen bekämen Sie eine bemerkenswerte Garantie, denn sie würden sich nie abnutzen.

Zwischen zwei beliebigen Oberflächen, die sich aneinander entlangbewegen – selbst zwischen einem Reifen und der Straße –, bestehen immer Widerstandskräfte, die man Reibung nennt. Auch rollende Reifen erfahren gegenüber der Straße eine Reibung, obwohl Rollreibung sehr viel kleiner ist als Gleitreibung. Falls nötig, können Sie Ihr Auto auch durch Schieben rollen lassen – aber versuchen Sie einmal, es seitwärts zu verschieben!

Reibung schluckt einiges von der Bewegungsenergie und gibt sie als Wärme wieder ab. Wenn Bewegung nicht durch die teilweise Umwandlung in Reibungswärme abgebaut würde, könnte ein Fahrzeug ewig weiterfahren, ohne langsamer zu werden: immerwährende Fortbewegung. Doch da es stets einen gewissen Verlust an Reibungswärme geben muß, ist jedes Gerät, das angeblich ein *Perpetuum mobile* darstellt, notwendigerweise Schwindel, ungeachtet der möglicherweise besten Absichten seines Erfinders.

Probieren Sie es selbst

Wenn Sie nicht glauben, daß die Reibung zwischen Reifen und Straße Wärme erzeugt, brauchen Sie nur Ihre Reifen vor und nach einer etwa einstündigen Fahrt auf der Autobahn zu berühren. Ein großer Teil der fühlbaren Wärme stammt von der Reibung gegenüber der Straße, doch ein Teil rührt auch von der ständigen Walkarbeit des Reifengummis (siehe S. 297).

Was das schwindende Profil der Reifen angeht: Wo immer zwischen zwei Materialien Reibungswiderstand stattfindet, muß eines von beiden »abgeben« – das heißt, einige seiner Moleküle werden vom anderen abgeschürft. Zwischen dem weichen Reifen und dem harten Straßenbelag ist der Fall eindeutig: Der Gummi gibt ab und wird allmählich in Form kleinster Teilchen abgerieben.

Wenn alle unsere Straßen aus einem Material bestünden, das weicher ist als Gummi, würden sich anstelle der Reifenprofile die Straßen abnutzen. Doch unsere Gesellschaft hat entschieden, daß es den Autobesitzern leichter fällt, die Reifen zu wechseln, als den Behörden, ständig die Straßenbeläge zu erneuern. Wieso aber, so könnte nun jemand fragen, müssen wir dann andauernd den Slalom um die roten

Hütchen fahren, um durch die endlosen Straßenbaustellen zu kommen? Aber leider kann ich nur wissenschaftliche Fragen beantworten, keine politischen.

Die quietschenden Reifen bei den Verfolgungsjagden im Kino kommen durch Gleitreibung zustande: Gummi, der nicht über den Belag rollt, sondern rutscht. Unter dem Mikroskop und in Zeitlupe könnten wir sehen, wie der Reifen einige tausendmal pro Sekunde abwechselnd greift und rutscht. Das führt zu einer Reihe von raschen Vibrationen, die im Frequenzbereich des Quietschens liegen. Es ist unschwer zu erkennen, daß mit all diesem Reiben von Gummi auf dem Asphalt eine Menge von dem Zeug abradiert wird. Die Reibung erzeugt dabei sogar so viel Wärme, daß ein Teil des Reifenprofils schmilzt. Das ergibt die schwarzen Abriebspuren auf der Straße.

Es hat mich zwar keiner gefragt, aber …

Warum sind die Reifen von Rennwagen so glatt? Man sollte doch annehmen, daß sie alles an Traktion brauchen, was sie kriegen können.

Genau deswegen sind sie glatt. Normale Reifen verschwenden eine Menge ihrer möglichen zupackenden Aufstandsfläche durch die Profilrillen, die wie Abflußrinnen für Regenwasser und Schmutz wirken. Rennwagen treten dagegen meist bei gutem Wetter an, so daß die Rillen gegen Wasser und Schmutz nicht notwendig sind. Sie wären in diesem Fall nichts weiter als verschwendeter Platz, den man besser für zusätzlichen Reifengummi verwendet, der sich in die Straße krallt und so die Haftung in den Kurven und beim Bremsen verbessert. Um noch mehr Haftungsfläche zu erhalten, verwendet man außerdem sehr viel breitere Reifen als auf Ihrer Familienkutsche. Zudem sind die Rennreifen aus weicherem Gummi hergestellt, der sich wie verrückt abnutzt. Was glauben Sie wohl, warum die bei der Formel 1 ständig anhalten, um Reifen zu wechseln?

Fertig laden! Legt an! Feuer!

In Westernfilmen – und in manchen Gegenden der Welt sogar heute noch – schießen die Leute ihre diversen Feuerwaffen als Warnung senkrecht in die Luft ab oder ballern einfach nur rum, um bei einer Feier Lärm zu machen. Doch die Kugeln müssen ja irgendwo wieder herunterkommen. Wie gefährlich ist es, wenn jemand getroffen wird?

Ziemlich gefährlich. Wie wir noch sehen werden, sagt uns die Physik, daß das Geschoß beim Auftreffen auf den Boden die gleiche Geschwindigkeit haben sollte, mit der es die Mündung der Waffe verlassen hat, was 1100 bis 1300 km/h ausmachen kann. Doch diese Aussage vernachlässigt den Luftwiderstand. Realistischerweise dürfte die Aufschlagsgeschwindigkeit eines solchen Geschosses bei 160 bis 240 km/h liegen. Das reicht allemal aus, menschliche Haut zu durchdringen, und selbst wenn es das nicht schaffen sollte, kann es dennoch ziemlich viel Schaden anrichten. Aber versuchen Sie mal, das diesen Schwachköpfen beizubringen, die ihre Knarren so gern »harmlos« in die Luft abfeuern.

Es gibt zwei Arten von Kräften, die sich auf die Geschwindigkeit der Kugel auf ihrem Weg nach oben und wieder nach unten auswirken: Schwerkraft und Luftwiderstand. Sehen wir uns zunächst die Wirkungen der Schwerkraft an, wobei wir den Luftwiderstand vollständig beiseite lassen.

Der Flug des Geschosses ist leichter zu verstehen, wenn wir ihn in umgekehrter Reihenfolge betrachten. Das heißt, wir fangen in dem Augenblick an, in dem die Kugel den höchsten Punkt erreicht hat und gerade wieder zu fallen beginnt. Anschließend sehen wir uns ihren Aufwärtsflug an und vergleichen die beiden.

Die Schwerkraft oder Gravitation ist eine Kraft, die sich auf ein fallendes Objekt auswirkt – tatsächlich ist sie die Ursache dieses Fallens –, indem sie es anzieht, also zum Mittelpunkt der Erde (siehe S. 154) zieht. Diese Richtung nennen wir »unten«. Solange das Objekt sich in der Luft befindet, wird es durch die Schwerkraft fortwährend angezogen, wodurch es immer schneller fällt. Je länger es fällt, desto länger kann die Schwerkraft darauf einwirken: Es fällt also immer schneller (in der Sprache der Wissenschaft: Es wird *beschleunigt*).

Das Schwerefeld der Erde sorgt dafür, daß das Objekt während jeder Sekunde der Anziehung – das heißt, während jeder Sekunde seines Fallens – um zusätzliche 9,8 m/sec (35 km/h) schneller wird. Wenn es also zehn Sekunden fällt, hat es eine Geschwindigkeit von 350 km/h erreicht, und so weiter.

Doch auch schon auf dem Weg der Kugel nach oben hat sich die Gravitation mit der gleichen Kraft auf sie ausgewirkt. Das hat sie allmählich so abgebremst, daß sie auf dem Scheitelpunkt ihrer Flugbahn – ehe sie wieder zu fallen begann – die Geschwindigkeit Null erreichte. Während jeder Sekunde des Aufstiegs wurde ihre Anfangsgeschwindigkeit um 35 km/h *vermindert*. Natürlich ist die Wirkung der Schwerkraft die ganze Zeit über gleich geblieben. Deshalb muß der Gesamtbetrag der beim Aufstieg verlorenen

Geschwindigkeit mit der beim Fallen zurückgewonnenen Geschwindigkeit genau übereinstimmen. Wenn das nicht der Fall wäre, hätte das Geschoß unterwegs aufgrund einer äußeren Kraft Geschwindigkeit gewinnen oder verlieren müssen. Und abgesehen vom Luftwiderstand, zu dem wir gleich kommen werden, gab es keine äußere Kraft.

Wir sehen also: Die Schwerkraft nimmt weg (auf dem Weg nach oben), die Schwerkraft gibt hinzu (auf dem Weg nach unten). Allein auf der Grundlage der Gravitation sollte die Kugel folglich bei ihrer Rückkehr auf den Boden nicht schneller oder langsamer sein als beim Austritt aus der Waffe: Sie schlägt mit der Mündungsgeschwindigkeit in den Boden ein ... oder in einen unbeteiligten Passanten.

Bis jetzt haben wir die Bremswirkung der Luft vernachlässigt. Wie wir uns leicht verdeutlichen können, wenn wir eine Hand aus dem Fenster unseres fahrenden Autos halten, versucht die Luft desto stärker abzubremsen, je schneller wir fahren. Wenn also die Kugel unter dem Einfluß der Schwerkraft immer schneller wird, arbeitet der Luftwiderstand daran, sie entsprechend stärker abzubremsen. Ziemlich schnell stellt sich dann ein Gleichgewicht zwischen diesen beiden widerstreitenden Kräften ein. Danach spielt es keine Rolle mehr, wie lange das Objekt noch fällt: Es wird nicht mehr schneller werden. Es hat einen Zustand erreicht, den die Physiker als seine »Endgeschwindigkeit« bezeichnen.

(Weil »Endgeschwindigkeit« recht eindrucksvoll klingt, gewinnt so mancher unschuldige Physikstudent – ich war so einer – den Eindruck, es handle sich dabei um eine Art natürlichen Grenzwert, wie ihn die Lichtgeschwindigkeit darstellt. Doch er hat nichts Heiliges oder Endgültiges. Die Endgeschwindigkeit eines fallenden Objekts hängt ganz einfach von seiner Größe und seiner Form ab und davon, wie es die Luft einfängt. Sollten Sie aus einem Flugzeug fallen, wird Ihre Endgeschwindigkeit sicherlich erheblich kleiner sein, wenn Sie an einem Fallschirm hängen. Mannschaften von Formationsspringern variieren ihren Luftwiderstand, indem sie den Körper entweder kompakter machen oder sich ausbreiten; auf diese Weise können sie ihre Endgeschwindigkeiten aufeinander abstimmen und eine Weile gemeinsam in der Luft herumturnen, ehe sie die Reißleinen ziehen.)

Wenn ein Schütze nicht weit von seinem Ziel entfernt ist, kann der Luftwiderstand das Geschoß während seines kurzen Fluges nicht sehr stark verlangsamen. Selbst wenn es senkrecht nach oben abgefeuert wird, erfährt ein stromlinienförmiges Geschoß auf dem Weg nach oben nicht allzuviel Luftwiderstand, weil es unterwegs mit der Spitze immer in Flugrichtung zeigt. Wenn es dann fällt, beginnt es aber möglicherweise zu taumeln, oder es bewegt sich (was noch wahrscheinlicher ist) mit dem Boden voraus, weil das für ein Objekt von der Form einer Gewehrkugel die stabilste Ausrichtung ist. Der Luftwiderstand bei einem taumelnden oder mit dem Boden voraus fallenden Geschoß ist ein ganzes Stück größer, so daß es auf dem Weg nach unten beträchtlich abgebremst werden kann und erheblich langsamer als mit seiner Mündungsgeschwindigkeit den Erdboden erreicht. Ein Fachmann schätzt, daß ein Geschoß vom Kaliber .22LR mit einer Mündungsgeschwindigkeit von 1380 km/h schließlich mit etwa 154–216 km/h (je nachdem, wie es taumelt) auf der Erde aufschlägt. Das ist mehr als ausreichend, um am Landeplatz auf einem Schädeldach ernstliche oder gar tödliche Schäden anzurichten.

Ganz nebenbei: Der Dummkopf, der die Kugel abfeuert, läuft kaum Gefahr, selbst getroffen zu werden, gleichgültig, wie sorgfältig er genau senkrecht nach oben zielt. Bei einem Versuch hat man einmal fünfhundert Geschosse vom Kaliber .30 mit einem Maschinengewehr senkrecht nach oben geschossen. Davon kamen nur vier auf einer Fläche von 3 Quadratmetern um das MG herunter. Der Wind spielt eine große Rolle, vor allem, weil Geschosse der Kaliber .22 bis .30 Höhen von 1200 bis 2400 Metern erreichen können, ehe sie wieder herunterfallen.

Krieg ist ... Drill? ... Drall!

Warum wird den Kugeln bei Feuerwaffen ein Drall mitgegeben?

Ein Geschoß mit Drall fliegt weiter und genauer als ohne Drall (= Rotation). Und falls Ihr Lieblingssport eher Football ist: Alles, was ich über den Drall von Geschossen sage, gilt auch für Pässe mit rotierendem Ei.

Es mag sich seltsam anhören, daß ein Geschoß oder ein Football mit Drall weiter fliegen sollen, weil Sie vielleicht denken, daß die Reichweite nur von der Energie abhängt, die das Geschoß von der Pulverladung oder der Ball vom Arm des *Quarterback* mitbekommen. Aber Geschosse und Bälle müssen durch die Luft fliegen, und der Luftwiderstand spielt bei der Flugbahn aller Projektile eine wichtige Rolle, ob sie nun aus einer Faustfeuerwaffe, einem Gewehr, einem Maschinengewehr, einer Haubitze oder von einem Arm abgefeuert werden.

Sehen wir uns zunächst an, wie ein Gewehr für den Drall der Kugel sorgt. Auf der gesamten Innenfläche des Laufes befinden sich spiralförmige Rillen, die man Züge nennt.

Wenn das Geschoß den Lauf passiert, schneiden die Züge hinein und zwingen es zu einer Rotation, die der Spirale folgt. Bei manchen Feuerwaffen verläuft der Drall im Uhrzeigersinn, bei anderen umgekehrt, das spielt keine Rolle. (Nein, das hängt nicht davon ab, ob sie auf der nördlichen oder der südlichen Erdhalbkugel abgefeuert werden. Doch dazu siehe S. 181.)

Früher waren die Geschosse runde Bleikugeln, wie Miniatur-Kanonenkugeln. Die heutigen zylindrisch-konischen Geschosse wurden um 1825 entwickelt, als man herausfand, daß sie im Flug ihre Geschwindigkeit besser beibehalten können. Das liegt daran, daß ein gegebenes Gewicht an Blei, das in die Länge gezogen ist und vorne in einer Spitze ausläuft (also stromlinienförmig ist), auf weniger Luftwiderstand trifft als eine runde Kugel.

Doch bei länglichen Geschossen gibt es ein Problem, das die kugelförmigen nicht haben. Bei einem abgefeuerten zylindrischen Geschoß kann die Luft an jeder winzigen Unregelmäßigkeit seiner Oberfläche angreifen und es ein wenig zur Seite drücken, so daß die Spitze nicht mehr genau in Flugrichtung zeigt. Diese geringfügige Ablenkung verstärkt den Luftwiderstand an seiner Vorderseite, was das Geschoß weiter verdreht. Es beginnt dann recht schnell, sich in Flugrichtung zu überschlagen, was den Luftwiderstand weiter vergrößert und so die Reichweite ernstlich verringert und es vom Kurs abbringt. Das beeinträchtigt die mögliche Schußentfernung und die Treffsicherheit.

Hier kommen die Züge im Gewehrlauf ins Spiel. Wenn das Geschoß im Flug sauber um seine Längsachse rotiert, widersetzt es sich allen Veränderungen seiner Ausrichtung und seiner Flugbahn. Ein schweres, rotierendes Objekt besitzt nämlich einen erheblichen Gesamtimpuls (das Produkt aus Masse und Geschwindigkeit). Dieser ist nicht allein auf die Richtung seiner Bewegung (den Linearimpuls) beschränkt, sondern weist aufgrund seiner Rotation auch einen Drehimpuls auf. Und diese Bewegungsgröße ist nur schwer zu verändern, ob es sich nun um einen Linear- oder einen Drehimpuls handelt. Tatsächlich bleibt der Impuls eines Objekts bestehen, solange er nicht durch eine äußere Kraft gestört wird (in der Sprache der Wissenschaft heißt das *Impulserhaltung*). Deshalb wird das Geschoß seinen Drehimpuls (die Rotation um seine Längsachse in Flugrichtung) beibehalten, solange es in der Luft ist, weil es von keiner äußeren Kraft gestört wird. Jene winzigen Unregelmäßigkeiten seiner Oberfläche sind nun *peanuts* im Vergleich zu dem erheblichen Betrag an Drehimpuls, über den das Geschoß verfügt.

Da die Spitze genau nach vorn zeigt, wirkt weniger Luftwiderstand auf das Projektil, und es fliegt weiter und mit größerer Treffsicherheit. Wenn es schließlich auf ein Objekt trifft, ist sein Impuls – sowohl der lineare als auch der Drehimpuls – noch immer nicht verschwunden, sondern überträgt sich auf das unglückliche Ziel oder, im Fall des rotierenden Footballs, auf den glücklichen Empfänger.

Nach internationalem Recht *müssen* Geschosse einen Drall haben. Ansonsten könnte ein taumelndes Projektil quer auf seinem Opfer auftreffen und größere Verletzungen anrichten, als wenn es ein sauberes, rundes Loch geschlagen hätte. Das ist so eine jener Nettigkeiten von Kriegen: Wenn du einen umbringen willst, dann mach es bitte ordentlich.

Die Genfer Konvention führt noch gewisse weitere Nettigkeiten auf, wie man Menschen zu töten hat. Weil zum Beispiel Blei weich und verformbar ist, kann es sich beim Auftreffen auf ein Ziel abplatten und ebenfalls ein unansehnliches Loch reißen. Deshalb müssen Geschosse mit einem härteren Metall wie beispielsweise Kupfer ummantelt werden. Die führenden Militärs in aller Welt unterwerfen sich dieser Forderung bereitwillig, aber nicht aus humanitären Motiven. Moderne militärische Feuerwaffen verschießen ihre Kugeln nämlich mit so hohen Mündungsgeschwindigkeiten, daß das Blei, wenn es nicht mit dem schwerer schmelzbaren Kupfer ummantelt wäre, allein wegen der Luftreibung schmelzen würde. Das würde dazu führen, daß die Geschosse unberechenbaren Flugbahnen folgen und ihr Ziel verfehlen würden. Und letztlich ist ein sauberer runder Treffer im Feind auf alle Fälle sehr viel besser als gar kein Treffer.

Es hat mich zwar keiner gefragt, aber…

Warum verwendet der Lone Ranger Silberkugeln?

Sie dienen in erster Linie als »Visitenkarte«, aber sie haben auch einen leichten Vorteil gegenüber Blei.

Normale Geschosse sind aus Blei, weil dieses Metall so schwer ist. Und es ist billig. Eine Kugel soll möglichst schwer sein, weil sie möglichst viel Schaden verursachende Energie auf ihr Ziel übertragen soll, und Energie ist eine Verbindung von Masse und Geschwindigkeit (in der Sprache der Wissenschaftler: *Kinetische Energie ist der Masse und dem Quadrat der Geschwindigkeit direkt proportional*). Nun läßt sich die Energie leichter durch eine Erhöhung der Geschoßmasse steigern als durch eine höhere Geschwindigkeit. Letzteres würde nämlich eine Verlängerung des Laufes erfordern, damit die Explosionsgase mehr Zeit haben, das Projektil zu beschleunigen.

Eine Silberkugel ist um 7,5 Prozent leichter als ein Bleigeschoß gleicher Länge und gleichen Kalibers. Da eine gegebene Menge Schießpulver jedem Geschoß den gleichen Betrag an Energie mitgibt, muß die silberne Kugel zwangsläufig schneller fliegen. Es zeigt sich, daß sie 4 Prozent schneller fliegt als eine Bleikugel.

Damit erreichen die Kugeln des Lone Ranger ihr Ziel geringfügig früher als ein Bleigeschoß. Nehmen wir an, die Kugel sei mit 300 m/sec unterwegs und der Bandit in fünfzehn Meter Entfernung ziehe seine Kanone, dann hat unser Held einen Vorteil von zwei Millisekunden – das reicht nicht einmal, daß der Bandit »Hugh!« sagen könnte.

Außerdem ist Silber erheblich härter als Blei. Wenn der Lone Ranger dem Bösen die Kanone aus der Hand schießt (er schießt nie auf den Schurken selbst), muß das richtig wehtun. Und wenn eine Silberkugel trifft, hört sich das nicht wie der dumpfe Aufschlag von Blei an, sondern sie erzeugt ein kräftiges »Ping« für die Mikrophone, die anscheinend immer irgendwo in der Nähe sind.

Kneipenwette

Die Silberkugeln des Lone Ranger fliegen schneller als Bleikugeln.

Wie man ein Flugzeug anhält

Wenn ein Flugzeug über mich hinwegfliegt und ich in die entgegengesetzte Richtung gehe, wie kommt es dann, daß es so aussieht, als würde der Flieger fast am gleichen Fleck bleiben? Sicherlich ist meine Geschwindigkeit im Vergleich zu der des Flugzeugs nur ein Klacks. Wieso kann sie sich dann überhaupt auswirken?

Wir beurteilen die Bewegung eines Flugzeugs, ob wir uns dessen bewußt sind oder nicht, in bezug auf vertraute Gegenstände am Boden, zum Beispiel Bäume, Telephonmasten oder Häuser. Nur so kann man Bewegung feststellen: in bezug auf etwas anderes. So etwas wie absolute Bewegung gibt es nicht; Bewegung existiert nur in Relation auf einen Bezugspunkt (siehe S. 173). Je schneller also das Flugzeug in Relation zu Bäumen und Häusern vorüberzuziehen scheint, desto höher schätzen wir seine Geschwindigkeit.

Wenn Sie sich jedoch in bezug auf Bäume und Häuser selbst bewegen, stören Sie dieses einfache Verhältnis, weil nun auch diese Objekte sich zu bewegen scheinen. Während Sie vorwärtsgehen, scheinen diese sich rückwärtszubewegen, nicht wahr? Natürlich wissen Sie, daß sie sich nicht *wirklich* in die Gegenrichtung bewegen, weil es Ihnen Ihr Papa so erklärt hat, als Sie zwei Jahre alt waren.

Während Sie also vorwärtsgehen (was, davon bin ich überzeugt, Ihre gewohnte Bewegungsrichtung ist), wenn auch in der *entgegengesetzten* Richtung wie das Flugzeug, scheinen auch die Bäume und Häuser sich in bezug auf Ihre eigene Richtung rückwärtszubewegen; das heißt, sie scheinen sich *in derselben Richtung zu bewegen wie das Flugzeug*. Folglich scheint es so, als würden sich das Flugzeug und die Häuser miteinander bewegen, weil das Flugzeug in bezug auf diese nicht vorwärtszukommen scheint. Und jedes Flugzeug, das nicht einmal ein Haus passieren kann, erscheint uns wie ein äußerst langsames Flugzeug.

Wollen Sie den Passagieren des Flugzeugs einen Gefallen tun und dafür sorgen, daß sie früher ans Ziel kommen? Gehen Sie einfach in derselben Richtung wie der Flieger. Wenn dann die Bäume und Häuser sich »rückwärts« bewegen, sieht es sogar so aus, als würde das Flugzeug sie schneller passieren.

In Wahrheit war es nicht Bernoulli

Ich kann einfach nicht daran glauben, daß diese riesigen Flugzeuge fliegen können, wo sie doch nur von dünner Luft getragen werden.

Willkommen im Klub. Obwohl ich einiges davon verstehe, warum Flugzeuge fliegen (bald geht es Ihnen ebenso), staune ich immer wieder darüber. Ich erinnere mich, wie ich nach einem Transatlantikflug mit der Boeing 747 vom Flugpersonal aufgefordert wurde, das Flugzeug nach der Landung nicht über eine dieser Fluggastbrücken zu verlassen, sondern aufs Rollfeld hinabzusteigen und mit dem Bus zum Abfertigungsgebäude zu fahren. Mit ungläubigem Staunen schaute ich von unten zu dem Vierhundert-Tonnen-Monster auf, das mich gerade in der luftigen Höhe von mehr als 10 Kilometern über den Atlantik getragen hatte.

Daß man mich damals, als man mir »beigebracht« hatte, was Flugzeuge zum Fliegen bringt, in die Irre geführt hatte, steigerte meine Ehrfurcht noch. Ungeachtet der Tatsache, daß die meisten Flughandbücher den Auftrieb des Flugzeugs dem sogenannten Bernoulli-Prinzip zuschreiben, ist dies *nicht* der Hauptgrund, weshalb Flugzeuge oben bleiben. Zufällig liefert dieses Prinzip eine schnelle, einfache Erklärung, aber wie alle einfachen Antworten ist sie irreführend und fast völlig falsch.*

* Die folgende Darstellung der Grundlagen des Fliegens basiert auf dem Artikel von David Anderson und Scott Eberhard »How Airplanes Fly: A Physical Description of Lift« (Wie Flugzeuge fliegen: Eine physikalische Beschreibung des Auftriebs), erschienen in *Spot Aviation* vom Februar 1999, auf den mich Richard E. Eckels aufmerksam machte.

Bitten wir zunächst den schweizerischen Mathematiker Daniel Bernoulli (1700–1782) in den Zeugenstand und hören, was er in eigener Sache zu sagen hat.

1738 entdeckte Bernoulli, daß der Druck einer Strömung (eines Gases oder einer Flüssigkeit) auf angrenzende Flächen mit zunehmender Geschwindigkeit abnimmt. Beispielsweise hat Luft, die als horizontaler Wind vorbeistreicht, sozusagen nicht genug Zeit oder Energie, sehr stark auf den Boden zu drücken.

Wie wirkt sich das auf Flugzeuge aus?

Die Oberseite einer herkömmlichen Tragfläche ist nach oben gewölbt, während die Unterseite relativ flach ist. Im Flug streicht die Luft über beide Oberflächen. Auf ihrem Weg zur hinteren Kante der Tragfläche muß die Luft auf der Oberseite wegen der Wölbung einen längeren Weg zurücklegen. Die Fürsprecher der These »Bernoulli läßt das Flugzeug fliegen« behaupten nun, daß die Luft ober- und unterhalb der Tragfläche gleichzeitig an deren Hinterkante ankommen müsse – man nennt das die Annahme *gleicher Überströmzeiten* –, weshalb wiederum die obere Luft wegen des weiteren Weges auch schneller sein müsse. Bernoulli zufolge übe die schnellere Luft an der Oberseite einen geringeren Druck auf die Tragfläche aus als die langsamere Luft auf der Unterseite, wodurch die Tragfläche durch die resultierende Kraft, die man *Auftrieb* nennt, nach oben gedrückt würde.

Das ist alles sehr schön, bis auf eines: Die Luft auf der Ober- bzw. Unterseite der Tragfläche *muß* nicht gleichzeitig an deren Hinterkante ankommen. Die Annahme gleicher Überströmzeiten ist schlichtweg falsch, daran ändert auch das ganze Armgefuchtel von Physiklehrern und Fluglehrern nichts, die sie rechtfertigen wollen. Ebenso wie ich können Sie die Verlegenheit darüber, daß Sie diesen Punkt in der Schule nie verstanden haben, vergessen. Es gibt einfach keinen triftigen Grund, weshalb die obere Luft zur gleichen Zeit an der Hinterkante eintreffen sollte wie die untere Luft.

Der Bernoulli-Effekt trägt tatsächlich etwas zum Auftrieb an der Tragfläche bei, doch wenn er allein dafür verantwortlich sein sollte, wäre eine Tragfläche erforderlich, die entweder wie ein Buckelwal geformt oder mit extrem hoher Geschwindigkeit unterwegs sein müßte.

Danke, Herr Bernoulli, Sie dürfen den Zeugenstand wieder verlassen.

Wir rufen jetzt Isaac Newton auf.

Newtons drei Bewegungsgesetze sind die ehernen Fundamente unseres Verständnisses von den Bewegungen der Objekte. Die Newtonsche Mechanik (im Unterschied zur Quantenmechanik und zur Relativitätstheorie) kann die Bewegungen aller Objekte erklären, solange sie nicht zu klein (kleiner als ein Atom) und nicht zu schnell (nahe der Lichtgeschwindigkeit) unterwegs sind. Newton formulierte seine Gesetze zwar für die Bewegungen von Festkörpern, doch sie lassen sich ebensogut auf die Wechselwirkungen zwischen Tragflächen und Luft anwenden. Sehen wir uns an, wie das geht.

Newtons Drittes Bewegungsgesetz (schon wieder) besagt, daß es zu jeder Kraft eine gleichgroße, entgegengesetzt gerichtete Kraft geben muß (*actio = reactio*). Wenn also die Tragfläche nach oben gedrückt wird, dann muß etwas anderes nach unten gedrückt werden. Das stimmt. Es ist die Luft. Die Tragfläche muß einen Luftstrom mit einer Kraft nach unten rauschen lassen, die der Auftriebskraft an der Fläche genau entspricht. Diesen nennen wir *Abwind*.

Wie?

Wenn eine Flüssigkeit wie Wasser (oder auch ein Gas

wie Luft) an einer gekrümmten Oberfläche entlangströmt, klammert sie sich enger an diese Oberfläche, als Sie vielleicht glauben. Diese Erscheinung ist unter der Bezeichnung Coanda-Effekt bekannt (siehe die Erklärung auf S. 260, wobei Sie sich anstelle des über eine gekrümmte Oberfläche fließenden Wassers lediglich Luft vorstellen müssen, die über eine gekrümmte Tragfläche fließt). Wegen dieser Anziehung ist die über die Tragflächen strömende Luft gezwungen, sich eng an die Form der Fläche zu schmiegen. Dabei liegt der obere Luftstrom an der oberen, der untere an der unteren Oberfläche an. Diese Strömungen folgen nicht nur unterschiedlichen Wegen, sondern fließen an der Hinterkante infolge der Flächenform in unterschiedlichen Richtungen ab. Die Tragfläche schneidet also nicht einfach wie eine flache Messerklinge durch die Luft, bei der sich der Luftstrom nur teilt, um sie durchzulassen, und sich nach dem Durchgang der Tragfläche wieder in der ursprünglichen Richtung zusammenschließt.

Wenn der obere Luftstrom auf die Vorderkante der Tragfläche trifft, fließt er zunächst über deren Oberfläche aufwärts und dann wieder abwärts, wenn er die Hinterkante der Fläche passiert. *Doch die Form der Tragfläche leitet den Luftstrom weiter abwärts als zu Beginn; dieser verläßt die hintere Flügelkante insgesamt mit einer nach unten gerichteten Bewegung.* Anders gesagt, der obere Luftstrom wird durch die Form der Tragfläche letztlich nach unten geschleudert. Und gemäß Newtons Drittem Bewegungsgesetz wird die Tragfläche deshalb mit einer gleichen Kraft nach oben befördert: Auftrieb!

Sie meinen wohl, das könne nur eine kleine Kraft sein, da sie doch lediglich von dieser »dünnen Luft« hervorgerufen wird? Ha! Überlegen Sie sich das noch einmal. Selbst ein kleines Flugzeug wie die Cessna 172 pumpt bei einer

Fluggeschwindigkeit von 110 Knoten (204 km/h) in jeder Sekunde drei bis fünf Tonnen Luft abwärts. Und denken Sie dann an die Hunderttausende von Tonnen Luft, die eine Boeing 747 mit ihren 400 Tonnen Gewicht in jeder Sekunde nach unten pumpt, um vom Boden abzuheben und oben zu bleiben.

Wir können Isaac Newton sogar noch mehr Kredit für den Auftrieb von Flugzeugen einräumen, da diese Kraft nicht allein vom Abwind (mit geringer Unterstützung von Herrn Bernoulli) stammt. Ein Teil des Auftriebs leitet sich aus einer weiteren Anwendung des Dritten Bewegungsgesetzes ab. Die Tragflächen eines Flugzeugs sind nicht parallel zum Boden ausgerichtet: Sie sind so konstruiert, daß ihre Vorderkante leicht nach oben gekippt ist – in der Regel etwa um vier Grad, wenn das Flugzeug horizontal fliegt. Dadurch ist der Druck auf der Unterseite der Fläche höher als auf der Oberseite, was den Flügel nach oben drückt und zusätzlichen Auftrieb erzeugt (siehe S. 46). Der Pilot kann das Flugzeug sogar noch steiler anstellen (in der Fliegersprache: den *Angriffswinkel* vergrößern), was ihm weiteren Auftrieb verschafft. Newtons Drittes Gesetz kommt hier insofern ins Spiel, als das Flugzeug in seiner Vorwärtsbewegung mit der Fläche die Luft vor sich nach unten drückt, weswegen die Luft wiederum die Fläche aufwärts preßt.

Wir sehen also, daß zwei unterschiedliche Funktionen der Tragfläche Auftrieb erzeugen: einmal ihre Form – der »Tragflügel« – und dazu ihr Anstell- oder Angriffswinkel. Wenn ein schweres Flugzeug während des Starts vom Boden hochgewuchtet wird, müssen beide gemeinsam maximal zur Wirkung gebracht werden. Deshalb steigen startende Flugzeuge so steil auf; der Pilot muß den Angriffswinkel erhöhen, denn er benötigt zusätzlichen Auftrieb, weil das Flugzeug mit soviel Treibstoff beladen ist, ganz zu schweigen von der fetten Dame im Sitz neben Ihnen.

Und Sie hatten geglaubt, der Pilot richte nur die Nase des Flugzeugs in die Richtung, in die er fliegen will, als hätte er ein Pferd unter sich …

Extraprämie

Haben Sie je darüber nachgedacht, weshalb Skispringer sich in der Luft so weit nach vorn legen, daß sie mit der Nase praktisch die Skispitzen berühren? Zwei Gründe: Einmal wäre der Luftwiderstand größer, wenn sie aufrecht stünden, was sie abbremsen würde. Zweitens simulieren sie mit ihrem gebogenen Rücken einen Tragflügel. Ihre obere Oberfläche ist wie eine Tragfläche gekrümmt, und damit gewinnen sie einen bestimmten Auftrieb, der sie länger in der Luft hält.

Rückenflug

Wie ist es möglich, daß ein Flugzeug in der Rückenlage fliegt, wo doch sein Auftrieb durch die Form der Tragflächen erzeugt wird?

Das kann man vielleicht machen, um das Publikum bei einer Flugschau zu begeistern, aber bei einem Zubringerflug nach Paderborn-Lippstadt würde das nicht funktionieren. Es wäre zwar theoretisch möglich, doch Passagierflugzeuge sind nicht so ausgelegt, daß sie die Belastung aushalten würden (und die Passagiere ebensowenig).

Die Tragflächen eines herkömmlichen Flugzeugs sind nach oben gewölbt, was aus Gründen, die alles andere als einfach sind, den Auftrieb liefert (siehe S. 41). Wenn also die Tragfläche mit der Oberseite nach unten geflogen wird, sollte das doch eigentlich die umgekehrte Wirkung haben, den »Auftrieb« also in einen »Abtrieb« verwandeln? Ja, wenn die Piloten diesen Effekt nicht teilweise aufheben würden, indem sie den Anstellwinkel des Flugzeugs ändern, also den Winkel, in dem die Flächen auf die Luft treffen.

Probieren Sie es selbst

Halten Sie Ihre Hand aus dem Fenster eines schnell – natürlich nicht schneller als erlaubt – fahrenden Autos. Wenn Sie Ihre Handfläche parallel zum Boden halten, fühlen Sie, wie die Luft auf das drückt, was die Piloten als Anströmkante bezeichnen würden: die Handkante auf der Daumenseite. Wenn Sie Ihre Hand dann aber ein wenig nach oben kippen, so daß Ihre Handfläche die angreifende Luft voll einfängt, wird Ihre Tragfläche, äh, Hand nach oben gedrückt. Auf der Unterseite ist der Druck höher als auf der Oberseite, und das erzeugt Auftrieb, völlig unabhängig davon, wie Ihre Hand (oder eine Tragfläche) zufällig geformt sein mag, solange sie ausreichend flach ist.

Im Rückenflug richtet der Pilot die Nase (ich meine die seines Flugzeugs) nach oben, so daß die Unterseite der Tragflächen – sonst eigentlich die Oberseite – die angreifende Luft abbekommt und nach oben gedrückt wird. Tatsächlich besitzen kunstflugtaugliche Maschinen nicht einmal nach oben gekrümmte Tragflächen. Ober- und Unterseite sind gleich geformt, also spielt es keine Rolle, welche Seite gerade oben ist – alles wird durch den Anstellwinkel erledigt.

Wie Sie anhand des Experiments mit der aus dem Autofenster gehaltenen Hand gesehen haben, erzeugt ein stärkerer Anstellwinkel nicht nur Auftrieb, sondern *Strömungswiderstand* – höheren Luftwiderstand, der Ihre Hand aufzuhalten versucht. Ähnlich ist es, wenn der Kunstflugpilot den Anstellwinkel erhöht: Das Flugzeug erfährt einen höheren Strömungswiderstand, den die Maschine zu überwinden hat. Deshalb müssen kunstflugtaugliche Maschinen auch über starke Motoren verfügen, ganz abgesehen von den verrückten Piloten. Nun ja, vielleicht sind sie eher besonders gewitzte Flieger: Man benötigt große Kraft und Geistesgegenwart, wenn man dreidimensional denken muß, während man Kräften ausgesetzt ist, die acht- bis zehnmal stärker sind als die Schwerkraft. Und Kunstflieger werden nicht durch Druckanzüge unterstützt, wie sie Kampfjetpiloten tragen, damit das Blut bei Flugmanövern mit starker Beschleunigung nicht aus dem Kopf abfließt und sie ohnmächtig werden.

Aber wie dem auch sei, ich schau mir das alles lieber von unten an.

Wie Astronauten Gewicht verlieren

Hört die Schwerkraft in einer bestimmten Entfernung von der Erde auf? Wenn nicht, wieso können dann Astronauten in der Umlaufbahn schwerelos sein?

Antwort auf die erste Frage: Nein.

Antwort auf die zweite Frage: Sie sind nicht schwerelos. Daß Astronauten all die einfältigen Scherze (freischwebende Purzelbäume oder kopfunter auf gar nichts sitzen, wobei sie eher ratlos als schwerelos wirken) für die Bordkameras vorführen können, hat völlig andere Gründe.

Die auf der Gravitation beruhende Anziehung der Erde hat wie jede Gravitationskraft eine unendliche Reichweite. Sie wird mit wachsender Entfernung immer schwächer, aber sie erreicht nie den Wert Null. Jedes Atom im Universum übt auf jedes andere Atom eine Gravitationskraft aus, egal wo es sich befindet. Aber natürlich ist die kumulierte Anziehungskraft desto stärker, je größer die vorliegende Ansammlung von Atomen in Form eines Planeten oder Sterns ist.

Doch all das geht an der Frage vorbei, weil die läppischen 400 Kilometer Höhe, in denen der *Space Shuttle* seine Runden dreht, im Hinblick auf die Abschwächung der Schwerkraft bedeutungslos sind. Den Mond hält die Erde doch auch ganz gut fest, oder?, und der ist immerhin 385 000 Kilometer entfernt. (Gut, der Mond ist erheblich größer als ein künstlicher Satellit, und die Stärke der Anziehung ist der Masse proportional, aber Sie wissen, was gemeint ist.)

Wenn diese schwebenden Astronauten also nicht schwerelos sind, was bedeutet dann Schwere oder Gewicht überhaupt?

Gewicht ist die *Stärke* der Anziehungskraft, die die Erde auf ein Objekt ausübt. Da die Stärke dieser Kraft auf das Objekt mit zunehmender Entfernung von der Erde abnimmt (siehe S. 154 und S. 178), wird auch dessen »Gewicht« geringer. Aber nie bis auf den Wert Null.

Also gut. Wenn Astronauten in der Umlaufbahn nicht wirklich schwerelos sind, wie kommt es dann, daß sie in dieser Weise in der Fähre umherschweben können? Nun, ihr immer noch beträchtliches Gewicht wird von etwas anderem *ausgeglichen*: durch eine Kraft, die von ihrer Umlaufgeschwindigkeit herrührt (die Wissenschaftler nennen sie *Zentripetalkraft*).

Probieren Sie es selbst

Befestigen Sie einen Stein an einer Schnur und schwingen Sie ihn im Kreis herum (draußen!), wobei Sie Ihre Hand möglichst wenig bewegen sollten. Der Stein ist die Raumfähre und Ihre Hand die Erde. Weshalb fliegt der Stein nicht davon? Weil Sie mittels der Schnur mit genau der Kraft – einer Imitation der Erdanziehung – an dem Stein ziehen, die seiner Tendenz zum Davonfliegen entgegenwirkt. Wenn Sie ein wenig schwächer ziehen (also ein Stück Schnur freigeben), fliegt er ein wenig nach außen, weg von Ihrer Hand. Ziehen Sie dagegen stärker, indem Sie die Schnur aufwickeln – und so eine höhere Anziehungskraft simulieren –, »fällt« der Stein einwärts in Richtung auf den Ort, an dem sich Ihre Hand befindet.

Bei der Raumfähre verhält es sich ebenso. Die Tatsache, daß das Raumfahrzeug nicht in den Raum davonfliegt, sondern eine stabile Kreisbahn beibehält, weist darauf hin, daß seine Tendenz, von der Erde fortzufliegen, von der Erdanziehung genau ausgeglichen wird: Damit wird es festgehalten. Anders gesagt, die Gravitation sorgt dafür, daß die Raumfähre ständig zur Erde »fällt«, und zwar genau in dem Maß, daß sie nicht weiter über die Erdoberfläche »aufsteigt« (siehe auch S. 51).

Dasselbe geschieht mit den Astronauten im Inneren der Fähre. Deren Tendenz, von der Erde wegzufliegen, wird von der Erdanziehung aufgehoben. Sie entfernen sich nicht von ihr, fallen aber auch nicht auf sie zurück, sondern bleiben dazwischen hängen und wissen nicht, wo oben ist. Das geht ganz in Ordnung, weil es kein »oben« gibt. »Oben« hatte immer die Bedeutung »entgegengesetzt zur Richtung der Erdanziehung«, und diese, die Schwerkraft, ist nun nicht mehr feststellbar. Deshalb posieren sie so vergnügt vor den Kameras, während einer von ihnen mit dem Kopf nach unten schwebt. Oder sind die Füße oben?

Daß die Schwerkraft der Erde von der Zentrifugalkraft der Astronauten in der Umlaufbahn genau ausgeglichen wird, heißt übrigens nicht, daß sie von keinerlei Gravitationskräften mehr beeinflußt würden. Nur die *Erdanziehung* ist aufgehoben. Der Mond, die Planeten, die Raumfähre und die Astronauten selbst ziehen einander weiterhin an, weil sie alle Masse besitzen. Doch da der Mond und die Planeten so weit entfernt sind und die Astronauten mitsamt ihrer Ausrüstung so wenig Masse haben, bleibt die Summe dieser Gravitationswirkungen gering. Dennoch sind sie gegenwärtig, und aus diesem Grund reden Weltraumwissenschaftler auch nie von einer Gravitation der Größe Null; sie sagen, die Astronauten arbeiten in einer Umgebung mit *Mikrogravitation.*

Hoch, höher … und im Kreis!

Wie hoch muß eine Rakete aufsteigen, bis sie eine stabile Kreisbahn um die Erde erreicht?

Die Frage ist nicht, wie hoch, sondern wie schnell. Ein Objekt, das in einer stabilen Umlaufbahn um die Erde kreisen soll, muß eine bestimmte Geschwindigkeit, die *Grenz-* oder *Kreisbahngeschwindigkeit* besitzen.

Sehen wir uns das anhand eines Baseballspiels näher an. Angenommen, ein Baseballspieler versucht, einen rennenden Gegner auszuspielen, indem er den Ball mit einem mächtigen Wurf zurückpaßt, anstatt ihn über den zweiten Mitspieler weiterzuleiten. Dazu wirft er den Ball waagrecht oder ein wenig höher direkt zum Fänger. Wenn es keine Schwerkraft (und keinen Luftwiderstand) gäbe, würde der Ball für alle Ewigkeit in gerader Linie weiterfliegen. Isaac Newton drückte das in seinem Ersten Bewegungsgesetz so aus: »Ein Objekt in Bewegung behält seine Richtung mit konstanter Geschwindigkeit bei, solange es nicht durch eine hinzukommende weitere Kraft beeinflußt wird.« (Möglicherweise hat er es nicht genau so gesagt.)

Doch in diesem Fall gibt es eine weitere Kraft: die Schwerkraft, die den Ball ständig nach unten zieht, unabhängig davon, ob er sich bewegt oder nicht. Die Kombination der waagrechten Wurfbewegung mit der senkrechten Bewegung, die durch die Schwerkraft verursacht wird, führt dazu, daß der Ball eine gekrümmte Flugbahn beschreibt. Nur wenige Baseballspieler können den Ball so weit werfen, daß er dem gegnerischen Spieler zuvorkommt; also wird der Ball ein ganzes Stück vor dem Fänger in den Staub plumpsen.

Nun bitten wir Superman, einen Baseball waagrecht über den Pazifik zu werfen (wobei wir erneut den Luftwiderstand außer Acht lassen). Wenn er den Ball mit, sagen wir, 1600 km/h abwirft, wird dessen gekrümmte Flugbahn erheblich länger und flacher verlaufen als bei dem Baseballspieler, aber schließlich gelingt es der Schwerkraft auch in diesem Fall, den Ball nach einigen Kilometern wieder herunterzuholen.

Diese klägliche Leistung ist unserem Helden peinlich, und so holt er gewaltig aus und schleudert den Ball jetzt mit genau 28 440 km/h über den Ozean. Dieses Mal verläuft die Flugbahn des Balles so flach und wenig gekrümmt, daß sie mit der Erdkrümmung übereinstimmt. Deshalb fliegt der Ball in gleichbleibender Entfernung von der Oberfläche weiter und fällt nie mehr herunter. Er ist in eine Umlaufbahn eingeschwenkt.

Es kommt also lediglich darauf an, das Objekt so schnell zu werfen oder abzuschießen, daß seine Flugbahn mit der Erdkrümmung übereinstimmt. Diese Geschwindigkeit, die Grenzgeschwindigkeit, beträgt 7,91 km/sec oder 28 440 km/h. Jeder Gegenstand, der langsamer ist, wird von der Schwerkraft wieder zur Erde herabgezogen, ehe er einen vollen Kreis um die Erde beschrieben hat. Die zur Beibehaltung einer Kreisbahn notwendige Geschwindigkeit nimmt mit zunehmender Höhe ab (die Gravitationskraft verringert sich mit dem Quadrat des Abstands): Ein geostationärer Satellit im Abstand von 35 900 km besitzt eine Bahngeschwindigkeit von ca. 3 km/sec. Erreicht ein Flugkörper die sogenannte *Fluchtgeschwindigkeit* von 11,2 km/sec, verläßt er den Anziehungsbereich der Erde.

In einem sehr realen Sinn hört der Baseball oder Satellit nie auf, zur Erdoberfläche zu fallen; er ist dabei allerdings so schnell nach »draußen« unterwegs, daß die einwärts gerichtete Zugkraft der Gravitation gerade ausgeglichen wird. Aus diesem Grund sprechen Physiker und Weltraumwissenschaftler davon, daß ein Satellit oder eine Raumfähre in der Umlaufbahn sich in einem fortwährenden *freien Fall* befinden. Das heißt, sie fallen frei auf den Erdmittelpunkt (siehe S. 154) zu, als hätte man sie an einem erhöhten Ort fallengelassen. Deshalb schweben die Astronauten in ihrer Raumfähre frei in der Luft (siehe S. 48), wie sie das auch täten, wenn sie sich in einer fallenden Aufzugskabine befänden, deren Kabel gerissen ist (siehe S. 25).

Es hat mich zwar keiner gefragt, aber ...

Wenn man davon ausgeht, daß sich die Erde dreht, warum fliegt dann ihre Atmosphäre nicht in den Weltraum davon?

Um diesen Planeten verlassen zu können, müßte die Luft – wie alles andere auch – mindestens mit der Fluchtgeschwindigkeit unterwegs sein. Das würde auf einen unfaßbar gewaltigen Sturm hinauslaufen. Zwar wirkt sich die Erdbewegung auf die Luftbewegungen aus (siehe S. 181), doch dieser Effekt ist nirgends so groß, daß der Wind die Entweichgeschwindigkeit erreichen könnte.

Einzelne Luftmoleküle können jedoch durchaus die Fluchtgeschwindigkeit erreichen, und einige der leichtesten Atome wie die von Wasserstoff und Helium gehen tatsächlich in eine Umlaufbahn am oberen Rand der Atmosphäre über.

Heimliches Lauschen am See

In meiner Sommerhütte am See kann ich nachts manchmal die Unterhaltungen von Leuten am gegenüberliegenden Ufer hören, obwohl es schätzungsweise einen Kilometer entfernt ist. Wie kommt das?

Es scheint, als würde der See den Schall irgendwie verstärken, nicht wahr? Doch hier wird der Schall nicht verstärkt, wie es bei einem Mikrophon und einem Verstärkersystem der Fall wäre: Es wird lediglich mehr Schall zu Ihren Ohren weitergeleitet.

Schall besteht aus Luftschwingungen. Der Typ auf der anderen Seite des Sees erzeugt Schall, indem er Luft aus den Lungen über die Stimmbänder preßt, worauf diese zu schwingen beginnen. Diese Schwingungen formt er mit den Lippen und der Zunge zu Wörtern, und die modifizierten Vibrationen werden dann von der Luft in Form von Luftdruckwellen ähnlich den Wellen auf einer Wasseroberfläche zu Ihnen übertragen.

Wie Sie mit Hilfe eines in ruhiges Wasser geworfenen Steins feststellen können, breiten sich die Wellen im Wasser gleichmäßig nach allen Seiten aus. Das gilt auch für Schallwellen, allerdings in drei Dimensionen. In Luft breiten Wellen sich in alle Richtungen aus: nach oben, unten, Norden, Osten, Süden und Westen. In einer bestimmten Entfernung vom Sprecher können Sie natürlich nur einen kleinen Bruchteil der sich ausbreitenden Wellen hören, nämlich den, den Ihre Ohren einfangen. Je weiter Sie nun entfernt sind, desto kleiner wird der Anteil der gesamten Schallenergie, die Ihre Ohren aufnehmen können, weil der größte Teil ja in andere Richtungen gegangen ist – mit wachsender Entfernung von der Schallquelle gibt es schließlich entsprechend mehr »andere Richtungen«. Bei einer Entfernung von etwa einem Kilometer ist der Anteil, der Ihre Ohren erreicht, in der Regel so klein, daß Sie den anderen überhaupt nicht mehr hören können, wenn er mit der Lautstärke einer normalen Unterhaltung spricht.

Der von Ihnen beschriebene ungewöhnliche Effekt hat damit zu tun, daß sich Schall in warmer Luft ein wenig schneller ausbreitet als in kalter. Luftmoleküle können Schwingungen nämlich nur übertragen, wenn sie miteinander zusammenstoßen, und wärmere Moleküle kollidieren häufiger mit anderen, weil sie sich schneller bewegen. Wir müssen also die Temperatur der Luft über dem See genauer untersuchen und herausfinden, welche Temperatureffekte vorliegen und wie sie den Schall beeinflussen könnten.

Im Laufe des Tages hat die Sonne auf Luft und Wasser geschienen. Im Vergleich zu Luft ist Wasser aber sehr schwer zu erwärmen, weshalb es kälter als die Luft geblieben ist. (Vielleicht sind Sie sogar in den See gesprungen, um sich abzukühlen?) Das kältere Wasser kühlt die unmittelbar darüber liegende Luftschicht ab, so daß nun eine kalte Luftschicht zwischen dem Wasser und den oberen Schichten wärmerer Luft liegt. Und wenn kein Wind dafür sorgt, daß die Luftschichten verwirbelt werden, bleiben sie bis in den Abend hinein so erhalten.

Sie am Rand des Sees befinden sich ziemlich zuverlässig in der kalten Schicht. Der Schall, der von der großen Klappe am anderen Ufer kommt, wird größtenteils von der oberen, wärmeren Schicht übertragen, doch wenn er bei Ihnen ankommt, tritt er in die kühlere Luft ein und wird langsamer. Dieses plötzliche Abbremsen der Schallwellen lenkt sie nach unten ab; sie werden *gebrochen,* so wie Lichtwellen nach unten abgelenkt werden, wenn sie beim Übergang von Luft in Wasser (siehe S. 98) langsamer werden. Sie können es sich so vorstellen, daß die schnelleren Schallwellen weiter oben die unteren, langsameren Wellen überholen und über diesen zusammenschlagen, wodurch der Schall nach unten fällt. Damit erreicht eine ungewöhnlich große Zahl von Schallwellen Ihre Ohren: Sie hören mehr, als Ihnen eigentlich »zusteht«, wenn es allein von der Entfernung abhinge.

Natürlich funktioniert das in beide Richtungen. Wenn Sie also an einem ruhigen Sommerabend auf der Veranda Ihrer Hütte sitzen, sollten Sie darauf achten, was Sie sagen – vor allem über den Trottel auf der anderen Seite des Sees.

Schnell zuhören!

Wenn ich mein Auto mit Überschallgeschwindigkeit fahren könnte, würde ich dann immer noch Radio hören können?

Aus Ihrer Frage ergibt sich zwangsläufig, daß es sich hier ausschließlich um eine Übung der Kategorie »Was wäre wenn?« handelt. Autos sind selbstverständlich nicht windschnittig oder stark genug ausgelegt, die Schallgeschwindigkeit zu überschreiten oder den physikalischen Belastungen der Schallmauer standzuhalten (siehe S. 208). Aber es macht Spaß, sich damit auseinanderzusetzen.

Die Antwort ist ganz einfach: Ja.

Oder ich hätte eine andere Frage stellen können, die das Problem erledigt: Können sich die Passagiere in der *Concorde*, die mit Überschallgeschwindigkeit fliegt, unterhalten? Bei diesen Flugpreisen *sollten* sie es wirklich können. Doch wie, wenn sie schneller fliegen als der Schall?

Selbst wenn Sie mit mehr als Schallgeschwindigkeit fahren würden, wären Sie, das Auto samt Radio und Ihre verängstigten Passagiere in Relation zur Landschaft alle mit derselben Geschwindigkeit unterwegs. Sie befänden sich sozusagen alle im selben Boot. Und was den Schall angeht, so ist es wichtig, sich klarzumachen, daß Sie und das Radio und die Luft dazwischen sich *im Verhältnis zueinander* nicht bewegen. Das Radio steht in derselben räumlichen Beziehung zu Ihnen, als wenn das Auto stillstehen würde. Es sendet seine Schallwellen durch die Luft mit Schallgeschwindigkeit zu Ihren Ohren, als wäre alles wie immer, weil das im Inneren des Wagens ja auch der Fall ist. Falls der Tacho und die Scheiben des Wagens geschwärzt wären (was Gott verhüten möge!), würden Sie nicht einmal merken, daß Sie sich bewegen, wenn wir vom Lärm des Fahrtwinds und der Reifen (siehe S. 301) absehen.

Und was wäre, wenn Sie ein überschallschnelles Cabrio ohne Windschutzscheibe fahren würden, bei dem die Lautsprecher hinter Ihnen angebracht sind? Könnten Sie das Radio dann immer noch hören? Nein. Selbst wenn wir die Wirkungen des Windes auf Ihre armen, mißhandelten Ohren und Ihr Gehirn ganz außer Acht lassen, könnten Sie es nicht hören. Die Schallwellen der Lautsprecher werden mit Schallgeschwindigkeit durch die Luft zu Ihnen übertragen, doch die Luft – das Überträgermedium des Schalls – bewegt sich schneller von Ihnen weg nach hinten. Folglich wird der Schall Sie nie erreichen. Der Schall ist hier wie ein Ruderboot, das mit geringerer Geschwindigkeit als die Strömung gegen den Strom gerudert wird.

Übrigens empfängt das Radio seine Signale nicht durch Schallwellen, sondern durch Radiowellen, und diese sind mit Lichtgeschwindigkeit unterwegs – eine Million mal schneller als die Schallgeschwindigkeit. Also hat keine Bewegung Ihres Autos irgendeine Auswirkung auf die Fähigkeit Ihres Radios, zu spielen.

Was aber geschieht mit den Geräuschen, die Ihr Auto abgibt? Was würde eine Kuh am Straßenrand hören? (Ich hoffe doch sehr, daß Sie solche Sachen nicht innerhalb geschlossener Ortschaften ausprobieren.)

Die Geräusche Ihres Wagens, ob sie nun vom Radio, den Reifen, dem Motor oder den schreienden Passagieren stammen, werden mit Schallgeschwindigkeit nach allen Seiten abgestrahlt. Doch Sie fahren mit höherer Geschwindigkeit auf die Kuh zu, das heißt, sie fahren Ihrem Schall davon. Während sich Ihr Auto der Kuh nähert, kann sie also nichts von dem hinter Ihnen nachfolgenden Lärm des Wagens hören. Erst kurz nachdem Sie die Kuh passiert haben, hört sie einen Überschallknall (siehe S. 208) und anschließend alle Geräusche des Autos.

Beachten Sie, daß Sie, wenn Sie schneller als der Schall sind, keine Geräusche hören, die von Schallquellen hinter Ihnen stammen, da diese Sie nicht einholen können. Deshalb können Sie zwar das Blaulicht auf dem Polizeiwagen *sehen*, der Sie verfolgt, aber die Sirene können Sie nicht hören. Allerdings habe ich so meine Zweifel, ob die Beamten das als Entschuldigung gelten lassen.

KAPITEL 2

Schau doch mal!

...Und Gott sprach: »Es werde Licht – ultraviolette, sichtbare und infrarote Strahlung!«

Schön, das Zitat ist nicht ganz korrekt, aber es war sicherlich ein weiser Beschluß. Gottes Glühbirne, die Sonne, ist nicht nur die Quelle des Lichts, sondern auch aller Energie, die wir auf Erden verwenden (siehe S. 191), abgesehen von der Energie aus Atomreaktoren, die der Mensch 1942 erfand, und der eigenen Wärmeenergie aus den Tiefen der Erde, die wir aus praktischen Gründen erst jetzt anzuzapfen beginnen.

Doch die auffälligste Rolle der guten alten Sonne – und tatsächlich die einzige, an die der größte Teil der Menschheit überhaupt denkt – besteht darin, daß sie das Licht liefert, das uns das Sehen ermöglicht, das läuternde Licht, das die ganze Erde erhellt und beleuchtet.

Wenn Licht – ob von der Sonne oder künstlich erzeugt – auf einen Gegenstand trifft, wird ein Teil davon zurückgeworfen (reflektiert), einiges davon wird absorbiert und in Wärme verwandelt, und ein gewisser Anteil geht möglicherweise geradewegs durch das Objekt hindurch, wie das (glücklicherweise) bei Luft, Wasser und Glas der Fall ist.

Dieses Kapitel ist eine Biographie des Lichts: woraus es gemacht ist, wo es herkommt und wo es mit seiner unglaublichen Geschwindigkeit von etwa 300 000 km/sec hingeht und wie es uns unterhalten, täuschen und verbrennen kann. Während wir diesem Pfad der Erleuchtung folgen, erhalten wir Gelegenheit, im Schnee zu spielen, ins

Kino zu gehen, mit einer Lupe fernzusehen, uns mit einem elektrischen Ventilator Kühlung zu verschaffen, mit Spiegeln herumzublödeln und sogar ein paar Süßigkeiten zu naschen, die im Dunkeln Funken schlagen.

Heller als hell

Diese strahlenden Fluoreszenzfarben – sind unwirklich! Wie können sie so viel heller sein als alles andere? Sie sehen aus, als würden sie ihr eigenes Licht erzeugen.

Das tun sie auch.

Objekte mit Leuchtfarben enthalten einen chemischen Stoff, der das unsichtbare ultraviolette Licht der Sonne aufnimmt und es in sichtbares Licht mit der gleichen Farbe wie der Gegenstand umwandelt. Dadurch reflektiert das Objekt nicht nur die normale Menge farbigen Lichts, sondern strahlt zusätzliches Licht dieser Farbe ab, wodurch es »extra-farbig« und bis zu viermal heller wirkt.

Die in Cleveland (Ohio) ansässige Leuchtfarbenfabrik namens *Day-Glo Color* ist nur einer der Hersteller von sogenannten Tageslicht-Fluoreszenzpigmenten. Als selbsternannter Weltmarktführer produziert sie ein Dutzend verschiedene Farben, von Nordlichtrosa bis zu Saturngelb. Sie verkauft die Pigmente an Firmen, die sie und ähnliche Farbtöne in so ziemlich alles einarbeiten, angefangen bei orangefarbenen Sicherheitswesten und Plastikhütchen zur Verkehrslenkung bis hin zu gelben Tennis- oder Golfbällen und Filzstiften zur Textmarkierung.

Der entsprechende Vorgang heißt *Fluoreszenz*, eine natürliche Erscheinung, bei der bestimmte Arten von Molekülen Strahlung einer gegebenen Energie absorbieren und sie als Strahlung mit niedrigerer Energie wieder abgeben. Die Moleküle in den Pigmenten absorbieren kurzwellige ultraviolette Strahlung, die das menschliche Auge nicht wahrnehmen kann, und geben sie als Licht größerer, für das Auge sichtbarer Wellenlänge wieder ab. Letztlich wird also Strahlung aus dem unsichtbaren in den sichtbaren Bereich verschoben.

Auf welche Weise absorbieren Moleküle Strahlung und senden sie wieder aus?

Moleküle enthalten eine große Anzahl von Elektronen mit einer für jedes Molekül charakteristischen Energie. Doch diese Elektronen sind immer bereit, bestimmte zusätzliche Energiemengen von außerhalb aufzunehmen. (Für mehr Informationen zu diesem Punkt treffen wir uns in der Erbsenzähler-Ecke.)

Ein Molekül eines typischen Pigments kann Hunderte von herumwirbelnden Elektronen verschiedener Energiezustände enthalten. Wenn ein Teilchen der ultravioletten Strahlung (in der Sprache der Wissenschaft: ein *Photon*; siehe S. 237) auf ein solches Molekül trifft, kann es einige dieser Elektronen in einen höheren Energiezustand befördern (in der Sprache der Wissenschaft: Die Elektronen geraten in einen *angeregten* Zustand; so nennen es die Wissenschaftler tatsächlich). Diesen Überschuß an Energie können sie jedoch nur für ein paar Milliardstelsekunden (Nanosekunden) aufrechterhalten, ehe sie ihn als Strahlung wieder ausspucken – gewöhnlich in Form von Photonen mit einer niedrigeren Energie oder mit größeren Wellenlängen. Das ist etwa so, als würde man Bleischrot ausspucken, nachdem man eine Kugel abgefangen hat.

Nun besitzt diese »Bleischrot«-Strahlung eine etwas niedrigere Energie als das ultraviolette Licht und fällt damit in den Strahlungsbereich, der für menschliche Augen sichtbar ist: farbiges Licht. Als Endergebnis hat also das Pigment-Molekül unsichtbare Strahlung absorbiert und sie als sichtbare Strahlung wieder abgegeben.

Solange die Moleküle des Farbpigments ultravioletter Strahlung ausgesetzt sind – und Tageslicht enthält eine Menge davon –, absorbieren sie es unablässig und emittieren dafür Licht mit einer sichtbaren Farbe. Wenn das Pigment nun zufällig von Anfang an orangefarben ist und das emittierte Licht dieselbe Farbe aufweist, erscheint das gefärbte Objekt in einem unnatürlichen Super-Orange – orangefarbener, als es nach unserem Ermessen je sein dürfte.

Probieren Sie es selbst

Richten Sie eine Ultraviolett-Lampe – eine sogenannte Schwarzlichtlampe – auf ein mit Leuchtfarben eingefärbtes Objekt, zum Beispiel auf ein Stück Papier mit ein paar Strichen eines Filzstifts oder, wenn Sie der Typ sind, der so etwas trägt, auf ein mit Leuchtfarben bedrucktes T-Shirt. Der fluoreszierende Farbstoff wird sehr viel stärker leuchten als im normalen Tageslicht, da die Lampe sehr viel mehr ultraviolette Strahlung abgibt. Wenn Sie keine UV-Glühbirne kaufen wollen, können Sie vielleicht Ihr markiertes Papier oder Ihr T-Shirt auch in eines dieser Geschäfte mitnehmen, wo man geschmacklose Geschenke und fluoreszierende Poster verkauft, und das dortige Schwarzlicht gratis benutzen.

Übrigens sollten Sie, wenn Sie einen fluoreszierenden gelben Filzstift für Ihre Bücher oder Notizen verwenden, daran denken, daß er im Tageslicht mit dessen großem Anteil an UV-Strahlen am hellsten leuchtet. Normale Haushaltsglühbirnen geben nur sehr wenig ultraviolettes Licht ab, das außerdem leicht gelblich ist, was die gelbe Farbe des Filzstiftes blasser erscheinen läßt. Sonst stellen Sie vielleicht, wenn Sie Ihre gelb hervorgehobenen Textpassagen oder Notizen in der Nacht vor dem Examen bei Lampenlicht noch einmal durchgehen, zu Ihrem Leidwesen fest, daß Ihre Hervorhebungen ziemlich unsichtbar sind. Sicherer ist es, die stärkeren Filzstiftfarben wie Orange, Grün oder Blau zu verwenden, ob es nun Fluoreszenzfarben sind oder nicht.

Die Behauptung, das schlechte Abschneiden eines Studenten bei seinem Examen sei auf die verschwundenen Hervorhebungen zurückzuführen, ist so ziemlich die einzige Entschuldigung, die mir während meiner Tätigkeit als Hochschullehrer *nicht* untergekommen ist.

Es hat mich zwar keiner gefragt, aber…

Warum leuchtet ein weißes Hemd unter »Schwarzlicht« so hell auf?

Hier liegt das gleiche Phänomen vor wie bei den Tageslicht-Leuchtfarben. Die meisten Waschmittel enthalten »optische Aufheller« oder »Weißmacher« (siehe S. 265), die die UV-Strahlung des Tageslichts absorbieren und deren Energie als bläuliches Licht abgeben, welches das Hemd »strahlend weiß« erscheinen läßt. Außerdem hebt das Blau jeden vielleicht vorhandenen gelblichen Schimmer auf. Wenn es gar durch eine UV-Lampe angeregt wird, die weit mehr UV-Strahlung abgibt als das Tageslicht, wird die Fluoreszenz so hell, daß man sie als richtiges Leuchten in der Dunkelheit wahrnimmt.

Auch das hat mich niemand gefragt, aber …

Wie funktionieren eigentlich diese selbstleuchtenden Lichtstäbe?

Meinen Sie vielleicht diese mit flüssigen Chemikalien gefüllten Plastikstäbe, die von *Omniglow* und anderen Firmen hergestellt und bei Straßenfesten, Jahrmärkten und Konzerten verkauft werden? Wenn man sie verbiegt, fangen sie an, grün, gelb oder blau zu leuchten, und nach einer Stunde oder so verliert sich das Licht allmählich. Nie davon gehört.

Na schön, dann also ernsthaft.

Inzwischen wissen Sie ja, daß ein fluoreszierender Farbstoff angeregt werden muß. Dabei nimmt er Energie auf, die er anschließend als Licht abstrahlt. Diese Anregungsenergie muß aber nicht aus sichtbarem Licht oder UV-Strahlung bestehen; es kann auch Wärme, elektrische oder chemische Energie sein. Wenn Sie den Stab verbiegen, zerbricht eine kleine gläserne Kapsel mit einer Chemikalie, meist Wasserstoffperoxid, die mit einem anderen Stoff in dem Rohr reagiert. Diese Reaktion setzt Energie frei, die von einem Fluoreszenzfarbstoff aufgenommen und als Licht wieder abgestrahlt wird. Da die beteiligten Chemikalien sich dabei aufzehren, verschwindet das Leuchten allmählich.

Erbsenzähler-Ecke

An verschiedenen Stellen dieses Buches spreche ich davon, daß eine Substanz bestimmte Farben oder Wellenlängen des Lichts absorbiert. Möglicherweise fragen Sie sich, wie Moleküle es eigentlich anstellen, Licht zu absorbieren, und was festlegt, welche Wellenlängen sie absorbieren. Sollte Ihnen dieses Problem allerdings nicht gerade den Schlaf rauben: Die Erbsenzähler-Ecken sind so gehalten, daß man sie auch überspringen kann.

Ein Molekül hat die Oberaufsicht über alle Elektronen, die zu den Atomen gehören, aus denen es sich zusammensetzt. (Moleküle sind nichts weiter als Atome, die in gewisser Weise zusammenkleben.) Doch Elektronen haben eine Eigenheit (was in dieser Hinsicht für alle subatomaren Teilchen gilt): Sie können nur bestimmte Energiezustände annehmen und keine anderen (in der Sprache der Wissenschaft: Sie sind quantisiert). Beispielsweise können die Elektronen in einer bestimmten Art von Molekül die Energien A, B, C oder D usw. annehmen, niemals aber A-einhalb oder C-zweidrittel. Sie können ihre Energie zwischen den Werten A bis D aufwärts oder abwärts jeweils um eine ganze Stufe ändern, aber nie einen Wert dazwischen annehmen. Dafür kann Ihnen niemand einen Grund angeben; es ist einfach so. Wenn wir in den Bereich der Dinge vorstoßen, die kleiner sind als ein Atom, befinden wir uns in einer Welt, die sich von unserem alltäglichen Makro-Land erheblich unterscheidet.

Da aber jede Substanz aus den für sie einzigartigen Molekülen besteht, besitzt sie auch ihre jeweils einzigartige Kollektion von Elektronen mit ihren charakteristischen Kombinationen zulässiger Energien. Wenn nun Lichtenergie auf die Substanz fällt, absorbieren deren Elektronen nur jene Energien, die mit ihren zulässigen Energiesprüngen von A nach B oder B nach C korrespondieren; alle übrigen werfen sie zurück oder reflektieren sie. Das heißt, *die Substanz greift sich nur ihre bevorzugten Lichtenergien (Wellenlängen) heraus,* während sie die anderen als reflektiertes Licht zurückwirft.

Und das ist der Grund, weshalb jede farbige Substanz ihre eigene Farbe besitzt: Es ist die Farbe der Wellenlängen, die sie nicht absorbieren kann und zurückwirft, so daß unser Auge sie sehen kann.

Schneeweißchen und die sieben Farben

Warum ist der Schnee weiß? Er besteht doch aus Wasser, und das ist farblos. Wie kommt es also, daß es einfach durch Einfrieren weiß wird?

Zunächst müssen wir uns ansehen, was »weiß« eigentlich ist.

Sie haben dutzendfach gehört, weißes Licht sei die gleichzeitige Anwesenheit aller Farben. Andere erzählen Ihnen dagegen, daß Weiß überhaupt keine Farbe sei, sondern die Abwesenheit jeglicher Farbe. Sie verwenden Bleichmittel, um alle Farben aus Ihrer Wäsche zu entfernen und sie weiß zu machen, oder? Aber wieso kann Weiß sowohl durch alle Farben als auch durch deren Abwesenheit definiert werden?

Nun, diese beiden Gruppen wohlmeinender Menschen reden von zwei verschiedenen Dingen: von weißem Licht und von weißen Gegenständen.

Weißes Licht, wie es uns von der Sonne erreicht, ist in der Tat eine Mischung aller überhaupt möglichen Farben – aller sichtbaren Wellenlängen. Da wir als Spezies mit dem Sonnenlicht als unserem natürlichen, neutralen Alltagslicht »aufgewachsen« sind, haben wir es »weiß« genannt. Dieses Wort stammt ursprünglich von einem indo-europäischen Wort, das »hell« oder »schimmernd« bedeutet und keinerlei farbliche Anklänge enthält. Weißes Licht ist folglich farbloses Licht – für das menschliche Auge.

Doch 1666 entdeckte Isaac Newton, daß man dieses neutrale Licht in einen Regenbogen von Bestandteilen zerlegen kann, indem man es einfach durch einen dreieckigen Brocken Glas – ein Dreiecksprisma – leitet. Anschließend wies er nach, daß all die so erzeugten Farben tatsächlich im ursprünglichen weißen Licht enthalten waren: Er projizierte einander überschneidende Regenbogen auf eine Wand, und die daraus resultierende Rekombination der Farben ergab wieder weißes Licht.

Newton hielt es für eine gute Idee, den ganzen Regenbogen, das Spektrum der Farben (und zu diesem Zweck erfand er auch das Wort »Spektrum«), in sieben Teilabschnitte zu zerlegen, die den sieben Tonschritten der musikalischen Oktave analog sein sollten. Für diese Farbkategorien wählte er Rot, Orange, Gelb, Grün, Blau, Indigo und Violett. Leider bringt man uns drei Jahrhunderte später in der Schule noch immer bei, daß es sich um die »sieben Farben des Regenbogens« handle, obwohl kein Mensch zu wissen scheint, was »Indigo« ist. Newton mußte ein wenig schummeln, um auf genau sieben Farbbezeichnungen zu kommen.

In Wahrheit gibt es im Sonnenlicht eine unendliche Zahl von Farben – sowohl für den Menschen sichtbare als auch unsichtbare –, wie es auch eine unendliche Zahl von Tönen gibt. Wenn man die Wellenlänge des Lichts oder des Schalls um einen unendlich kleinen Betrag ändert, erhält man eine ganz neue Farbe oder einen neuen Ton, unabhängig davon, ob Menschen den Unterschied wahrnehmen können. Zum Beispiel gibt es Dutzende verschiedener Farbtöne, die wir unter der Bezeichnung »Rot« zusammenwerfen und die nur durch die Fähigkeit unserer Augen, sie zu unterscheiden, voneinander abgegrenzt sind. Man sagt, das menschliche Auge könne sage und schreibe 350 000 verschiedene Farbtöne wahrnehmen. (Ich frage mich nur, wessen Auge?)

Im Unterschied zu weißem *Licht* ist ein weißes *Objekt* weiß, weil es, wenn Licht darauf fällt, all jene Millionen Farben gleichmäßig zu unseren Augen zurückwirft – ihre

Zusammensetzung wird in keiner Weise verändert. Die Moleküle eines solchen Gegenstands absorbieren zufällig keinerlei Anteile des sichtbaren Lichts, weshalb er die gleiche »Farbe« zu haben scheint wie das Licht, das auf ihn fällt: Wir haben beschlossen, sie »weiß« zu nennen. Der Gegenstand selbst liefert dazu keinen eigenen Beitrag.

Farbige Gegenstände tragen jedoch sehr wohl eigene Farben bei. Ihre Moleküle absorbieren selektiv bestimmte Farben des Sonnenlichts und halten sie zurück (siehe S. 61), während sie die übrigen in einer veränderten Mischung reflektieren.

Stellen Sie sich einen Schauspieler auf der Bühne vor, der über einem weißen Hemd ein rotes Cape trägt. Wenn man nun einen roten Scheinwerfer auf ihn richtet, wird alles ganz in Rot erscheinen, sowohl das Hemd als auch das Cape. Das liegt daran, daß alle Teile seines Kostüms nur eine Farbe reflektieren können, nämlich Rot. Kein Teil von ihm kann grünes oder blaues Licht zurückwerfen, einfach deswegen, weil er auch keines empfängt.

Nun richten wir einen weißen Scheinwerfer auf ihn. Das Cape ist immer noch rot, weil das der Natur des darin enthaltenen Farbstoffs entspricht: Diese spezielle chemische Verbindung wurde ausgewählt, weil sie alle anderen Farben des weißen Scheinwerferstrahls absorbiert und nur den roten Anteil reflektiert. Das weiße Hemd dagegen absorbiert *keine* der Farben des Scheinwerfers; es enthält keinen roten Farbstoff (solange der Schauspieler in der Szene mit der Messerstecherei nicht heimlich welchen aufträgt). Das Hemd strahlt einfach die ursprüngliche Mischung der Farben des Scheinwerfers zurück, die genauso weiß wirken wie beim Verlassen des Scheinwerfergehäuses.

Aber jetzt sollten wir uns wieder dem Schnee zuwenden, ehe er ganz geschmolzen ist.

Wie Sie wissen, ist der Schnee weiß, weil seine Moleküle alle Farben des Sonnenlichts reflektieren. Er absorbiert nicht selektiv irgendwelche Farben.

»Moment mal«, denken Sie nun sicher, »*flüssiges* Wasser tut das doch auch nicht, denn es besteht aus den gleichen H_2O-Molekülen. Warum ist dann flüssiges Wasser nicht genauso weiß wie Schnee?«

Weil flüssiges Wasser ein schlechter Reflektor ist. Wenn Licht senkrecht darauf fällt, dringt es eher ein und wird nicht zurückgeworfen. Anders gesagt, flüssiges Wasser ist transparent, durchsichtig. Und wenn praktisch kein Licht reflektiert wird, kann es auch keine Farbe zeigen, nicht einmal Weiß.

Andererseits ist Schnee ein ausgezeichneter Lichtreflektor – das gilt für jede Art von Licht, die auf ihn trifft. Sie möchten grünen Schnee? Hey, Sammy, dreh die grünen Scheinwerfer auf! Im Unterschied zu flüssigem Wasser, das dem Licht passiv erlaubt, einzudringen, ist Schnee ein hervorragender Reflektor, weil er aus vielen Milliarden Eiskristallen besteht. Jedes einzelne davon ist ein winziger Edelstein mit Dutzenden von glitzernden Facetten, die das Licht wie ein Spiegel reflektieren. Und weil all dieses weiße Licht mit der vollständigen Palette seiner ursprünglichen Farben zu unseren Augen reflektiert wird, erscheint uns der Schnee sogar noch weißer als das verschwitzte Hemd des Schauspielers.

Es hat mich zwar keiner gefragt, aber…

Was ist Schwarz? Ist es eine Farbe?

Eine schwarze Oberfläche ist schwarz, weil ihre Moleküle alle sichtbaren Wellenlängen des auf sie einfallenden Lichts absorbieren und praktisch nichts davon wieder abstrahlen. Folglich ist Schwarz im strengen Sinn keine Farbe, da wir Farben ja gerade dadurch definieren, daß sie eine spezielle Kombination von Wellenlängen des Lichts zu unseren Augen zurückwerfen.

Doch wir können einen schwarzen Gegenstand natürlich *sehen*, also muß er auch *etwas* Licht zu unseren Augen reflektieren. Aber wer ist schon vollkommen? Ein schwarzes Objekt reflektiert Licht, weil seine Oberfläche unvermeidlich, wenn auch in geringem Umfang, glänzt. Deshalb reflektiert sie Licht, das in einem sehr flachen Winkel auftrifft. Aus diesem Grund gibt es auch »hellschwarze« und »dunkelschwarze« Gegenstände, das hängt von den mikroskopischen Glanzeigenschaften ihrer Oberfläche ab. Wenn Sie sich in einem Baumarkt die schwarzen Farben ansehen, werden Sie feststellen, daß alle gleich schwarz wirken, während ihre Oberflächenreflexe von völlig stumpf bis hochglänzend reichen.

Erbsenzähler-Ecke

Ich habe gesagt, daß Licht, wenn es senkrecht auf flüssiges Wasser trifft, zum größten Teil hindurchgeht, ohne reflektiert zu werden. Dabei lag die Betonung auf »senkrecht«. Ich bin sicher, Sie haben bemerkt, daß eine Wasserfläche ein ausgezeichneter Reflektor für schräg – in flachem Winkel – auftreffendes Licht sein kann. Wenn die Sonne zum Beispiel tief über einem See steht, kann ihr Reflex auf dem Wasser fast blendend hell sein.

Das gleiche gilt auch für Schneeflocken. Ja, die bestehen aus transparenten Eiskristallen. Aber weil es Abermillionen von ihnen gibt, die alle sehr kompliziert geformt sind und wahllos durcheinander liegen, zeigen ihre glatten reflektierenden Oberflächen in alle Richtungen. Deshalb trifft das Licht praktisch fast immer schräg auf die Facetten und wird reflektiert. Aus diesem Grund ist Schnee ein so guter Reflektor – er wirft das Licht tatsächlich so gut zurück, daß Skiläufer und andere Masochisten, die gern in der Kälte herumtollen, sehr dunkle Sonnenbrillen tragen müssen, damit sie nicht »schneeblind« werden.

Noch ein letzter Punkt. Ich lasse Sie mit der Vorstellung ziehen, daß flüssiges Wasser farblos ist. Es ist *fast* farblos, aber nicht ganz (siehe S. 247).

Schulfarben

Im Physikunterricht hat man uns erzählt, die Grundfarben seien Blau, Grün und Rot. Im Kunstunterricht dagegen sagt man uns, daß die Grundfarben Blau, *Gelb* und Rot seien. Warum können sich Künstler und Wissenschaftler hier nicht einigen?

Weil sie Farben verschieden betrachten.

Wissenschaftler beschreiben objektiv, was die Natur uns liefert. Deshalb sehen sie Farbe als eine grundlegende Eigenschaft des Lichts an sich an. Für einen Wissenschaftler ist Licht verschiedener Farben einfach nur Strahlung verschiedener Wellenlängen. Künstler dagegen schaffen ihre eigene Interpretation der Natur. Deshalb neigen sie dazu, die Farbe subjektiv zu verstehen. Anstatt Licht in seinem Naturzustand hinzunehmen, sehen sie es als etwas an, was man mit Malerfarben oder Farbpigmenten manipulieren kann.

Warum aber müssen diese beiden Lager dann verschiedene Grundfarben verwenden – Farbtriaden, aus denen sich, in verschiedenen Abstufungen miteinander kombiniert, alle anderen Farben herstellen lassen? Kurz gesagt geht es dabei um den Unterschied der Grundfarben des *Lichts* gegenüber den Primärfarben der *Pigmente*. Wie wir noch sehen werden, kann man sie als *additive* beziehungsweise *subtraktive* Grundfarben bezeichnen.

L(e)ichtsinnige Wissenschaftler behaupten, sie könnten Licht jeder wahrnehmbaren Farbe durch die Zusammenstellung verschiedener Intensitäten von blauem, grünem und rotem Licht erzeugen. Andererseits behaupten pigmentsinnige Künstler, einen Gegenstand durch die Mischung blauer, gelber und roter Pigmente unterschiedlicher Menge in jeder beliebigen Tönung einfärben zu können. Und sie haben beide recht, denn zwischen der Farbe des Lichts und der eines Gegenstands besteht ein grundlegender Unterschied.

Farbiges *Licht* hat seine bestimmte Färbung, weil es aus einer Mischung von Lichtwellen unterschiedlicher Wellenlängen aufgebaut ist. Die verschiedenfarbigen Bestandteile *addieren* sich zu der sichtbaren Farbe. Wegen der Arbeitsweise unserer Augen ergibt es sich nun, daß blaues, grünes und rotes Licht alle erforderlichen Wellenlängen enthalten, die man mischen muß, um jede beliebige wahrnehmbare Farbe zu erhalten. Deshalb bezeichnet man Blau, Grün und Rot als die Grundfarben des Lichts (gemeint ist: für das menschliche Auge).

Demgegenüber zeigt ein *farbiger* Gegenstand seine spezielle Farbe, weil er bestimmte Wellenlängen des auf ihn fallenden Lichts *absorbiert* (siehe S. 65 f.). Anders ausgedrückt, er *subtrahiert* bestimmte Wellenlängen des Lichts und wirft die übrigen als die von uns wahrgenommene Farbe zurück. Verschiedene Mischungen von blauen, gelben und roten Pigmenten können fast jede Kombination von Wellenlängen absorbieren. Deshalb werden Blau, Gelb und Rot als Grundfarben für die Mischung von Malerfarben und Farbstoffen betrachtet. (Ein paar Einschränkungen zu diesen drei Farben finden Sie weiter unten.)

Das auf dem Licht beruhende System der Primärfarben nennt man *additiv*, weil unterschiedliche Kombinationen von Wellenlängen aufaddiert werden, was Licht verschiedener Farben erzeugt. Das auf Pigmenten beruhende System der Grundfarben heißt *subtraktiv*, weil verschiedene Wellenlängen des Lichts absorbiert oder aus ihm entfernt werden, wodurch man unterschiedliche Farbtöne von Malerfarben und Farbstoffen erhält.

Betrachten wir zunächst die Grundfarben des *Lichts* und anschließend die Primärfarben für *Gegenstände*, die Pigmente, etwas näher.

Licht: Das menschliche Auge – selbst das eines Künstlers – arbeitet nach dem additiven Prinzip. Auf seiner Netzhaut sitzen drei Arten farbempfindlicher Zellen (die sogenannten Zapfen): Eine davon ist am empfindlichsten für Blau, eine für Grün und eine für Rot. Unsere Wahrnehmung verschiedener Farben hängt vom unterschiedlichen Grad der Anregung dieser drei Zelltypen durch das einfallende Licht ab; das Gehirn addiert sie dann zu den Empfindungen der verschiedenen Farben. Aus diesem Grund haben die Wissenschaftler – als die auf den Menschen fixierten Chauvis, die sie nun mal sind – Blau, Grün und Rot als Grundfarben des Lichts gewählt. (Wissenschaftler aus der Gattung der Bisamratten verwenden zweifellos einen anderen Satz von Primärfarben.) Unsere Augen reagieren nur auf eine Stimulation jener drei Farbrezeptoren, folglich benötigen wir nur sie, um alle für den Menschen unterscheidbaren Farbtöne hervorzubringen. Und genau das ist auch der Grund, weshalb es drei (und nur drei) »Primär«- oder Grundfarben des Lichts gibt.

Beachten Sie aber, daß die Zäpfchenzellen nicht jeweils *ausschließlich* für Blau, Grün oder Rot empfindlich sind; in geringerem Umfang sind sie auch für die anderen Farben empfänglich. Aus diesem Grund können wir auch reines Gelb sehen, obwohl wir keine gelb-empfindlichen Sehzapfen besitzen. Gelbes Licht regt sowohl die grün- als auch die rot-empfindlichen Zellen an, und das Gehirn nimmt diese Kombination als Gelb wahr.

Ihr Farbfernseher und der Bildschirm Ihres PC machen sich die eigentümliche Dreifarbigkeit des menschlichen Sehvermögens zunutze. Sie enthalten blaue, grüne und rote Phosphorverbindungen (diese geben Licht ab, wenn sie durch Elektronen angeregt werden), die mit jeweils unterschiedlicher Helligkeit leuchten. Die Summe all dieser Leuchtpunkte ergibt dann die Farben, die wir wahrnehmen.

Probieren Sie es selbst

Betrachten Sie das Bild auf Ihrem Farbfernseher mit einer Lupe. Sie werden sehen, daß es sich aus winzigen blauen, grünen und roten Rechtecken zusammensetzt – und keinen anderen Farben –, die so angeregt werden, daß sie mit unterschiedlichen Helligkeiten leuchten. Ihr Auge mischt sie zu einem Gesamtbild, weil die einzelnen Rechtecke im normalen Sehabstand zu klein und damit nicht erkennbar sind. Die aus den Grundfarben bestehenden Rechtecke werden so zu den Hunderten verschiedener Farbtöne aufaddiert, die Sie wahrnehmen.

Pigmente: Die Farben des Farbfilms in Ihrer Kamera werden dagegen mit dem subtraktiven System des Künstlers erzeugt. Der Film ist mit drei Schichten versehen, die Blau, Grün und Rot *absorbieren* oder herausfiltern. Und die Filter, die eben dies am besten können, sind zufällig entsprechend gelb, rot und blau. Folglich sind Gelb, Rot und Blau die drei subtraktiven Farben der Farbfilme.

Entsprechen diese Filterschichten des Farbfilms nun genau dem alten Gelb, Rot und Blau, von denen Ihr Kunsterzieher damals sagte, daß es die drei subtraktiven Primärfarben des Künstlers seien? In gewisser Weise ja, aber nicht ganz genau.

Hier sind nun die Einschränkungen, die ich Ihnen angekündigt habe: Die drei Farben, die *wirklich* am besten in der Lage sind, die blauen, grünen und roten Farbtöne für die Empfindlichkeit unserer Sehzapfen herauszufiltern, sind Gelb, ein lila angehauchtes Rot namens Magenta und ein Grünblau, das man Cyan nennt. Deshalb sind Gelb, Magenta und Cyan die *eigentlichen* subtraktiven Grundfarben, die man verwendet, um das ganze Spektrum von Druckertinte, Farbphotographie und Malerfarben zusammenzurühren.

Alle Künstler, von den Kindern im Kindergarten mit ihren Malkreiden bis zum raffiniertesten Aquarellisten, könnten ihre ganze Palette erzeugen, wenn sie verschiedene Mengen von Gelb, Magenta und Cyan mischen würden. Aber es ist dann doch sehr viel einfacher, bereits fertig gemischte Farben und Malkreiden zu kaufen.

Es werde Fluoreszenz!

Wie können Leuchtstofflampen ohne große Wärmeentwicklung soviel Licht erzeugen? Und kann ich eine ausgebrannte Röhre durch jede beliebige andere ersetzen, die in die Fassung paßt, oder gibt es verschiedene Sorten?

Leuchtstofflampen wurden zu einem einzigen Zweck erfunden: den Benutzer zu verwirren. Es freut mich zu sehen, daß ihnen das gelingt.

Wenn eine gewöhnliche Glühbirne ausgebrannt ist, können Sie einfach eine neue einschrauben, wenn Ihnen eine bestimmte Anzahl von Freunden dabei hilft. Das hängt von Ihrer Begabung oder dem Volksstamm ab, dem Sie angehören. Wenn dagegen eine Leuchtstofflampe den Geist aufgibt, schauen Sie auf die Röhre, um herauszufinden, durch welchen Typ Sie sie ersetzen müssen. Dann sehen Sie Aufschriften, die zum Beispiel aussehen wie »F65W22«. Falls Sie sie nun durch die Röhre »F13W/WW« ersetzen wollen, die Sie im Laden gesehen haben, explodiert sie dann beim Einschalten?

Lassen Sie den Kopf nicht hängen. Es ist besser, eine Kerze anzuzünden und dieses Buch zu lesen, als die Finsternis zu verfluchen.

Zuerst wollen wir mal diese Hieroglyphen auf der Röhre entziffern. Es handelt sich hier um einen Geheimkode, der alles über das Leuchtmittel enthüllt. Natürlich nicht Ihnen, dem armen Verbraucher, sondern den Leuten, die sie herstellen und verkaufen und die es offensichtlich nötig haben, schlauer als Sie zu erscheinen.

Ich werden Ihnen verraten, was es mit dem Geheimkode auf sich hat. (Ich nehme an, daß man mich nun umbringen muß.)

Jede Leuchtstoffröhre ist entweder gerade, wie ein U oder wie ein Ring geformt, besitzt eine bestimmte in Watt ausgedrückte elektrische Leistungsaufnahme, gibt eine bestimmte Lichtfarbe ab und hat einen bestimmten Durchmesser. Die Buchstaben und Zahlen auf der Röhre geben die Informationen in dieser Reihenfolge: Form, Wattzahl, Farbe, Durchmesser. Das einzige Problem dabei ist, daß Sie wissen müssen, wie die Information verschlüsselt ist. Für die Form steht ein U für die entsprechende Form, ein C (*circular*) für den Ring oder kein Buchstabe, wenn sie gerade ist. Dann folgt die Leistungsaufnahme in Watt (W): 4, 5, 8, 13, 15, 20, 30, 40 oder was sonst noch alles. (Diese Zahl ist in der Regel niedriger als bei vergleichbaren Glühlampen, da der Wirkungsgrad von Leuchtstoffröhren zwei- bis viermal höher liegt.) Dann folgt der Farbschlüssel: W für Weiß, WW für warmes Weiß, CW für cooles Weiß, dazu kommen noch die Abkürzungen für andere exotische Farbnuancen, mit denen wir uns hier nicht herumschlagen müssen. Zuletzt folgt der Röhrendurchmesser, der allerdings – hätten Sie das gedacht? – in Achteln eines Inches angegeben wird. T8 steht für eine Röhre, deren Durchmesser acht Achtel eines Inches beträgt, was jeder geistig gesunde Mensch als ein Inch bezeichnen würde. Eine T12-Röhre hat demnach einen Durchmesser von zwölf Achteln oder eineinhalb Inch, und so weiter.

Eine Quizfrage: Beschreiben Sie die Eigenschaften einer F40CWT10-Leuchtstoffröhre (Auflösung am Ende dieses Abschnitts).

Oh, ich hatte vergessen, Ihnen zu sagen, daß die Kodebezeichnungen (in Amerika) immer mit einem F für »Fluoreszenz« beginnen, vermutlich, um Sie davon abzuhalten, sie in einen gewöhnlichen Lampensockel einzuschrauben. (Wie viele Ostfriesen braucht man, um eine Leuchtstoffröhre in eine Glühlampenfassung zu schrauben?)

Als aufgeweckter Verbraucher haben Sie vielleicht schon bemerkt, daß Sie eine Röhre von 30 cm Länge nicht durch eine Röhre von 45 cm ersetzen können. Die Hersteller trauen Ihnen gnädigerweise zu, diese Entscheidung ganz allein zu treffen, weshalb Sie keine verschlüsselte Längenangabe auf den Röhren finden werden.

Also dann: Wie funktioniert das Ganze?

Sie wissen, daß das Licht gewöhnlicher Glühlampen (einschließlich der Halogenlampen; siehe S. 82) dadurch erzeugt wird, daß ein Leuchtfaden in der Glühbirne elektrisch zur Weißglut erhitzt wird. Das Glas der Birne kann dabei Temperaturen von mehreren hundert Grad erreichen. Leuchtstofflampen dagegen beruhen auf einem völlig anderen Prinzip.

Die Leuchtstoffröhre ist mit einer kleinen Menge eines Edelgases (in der Regel Argon) gefüllt, dazu kommt noch ein kleiner Schuß Quecksilber. An jedem Ende befindet sich ein kleiner Glühfaden, der durch den elektrischen Strom aufgeheizt wird, damit er Elektronen emittiert. (Sie wissen nicht, warum ein heißer Glühfaden Elektronen abgibt? Marsch, in die Ecke. Ich meine natürlich die Erbsenzähler-Ecke.)

Die von dem Glühfaden emittierten Elektronen fliegen durch das Gas in der Röhre, um von einem Ende zum andern zu gelangen, und dabei stoßen sie mit Quecksilberatomen zusammen, die wegen der Wärme des Glühfadens verdampft sind. Die Quecksilberatome absorbieren die Aufprallenergie und geben sie in Form von Lichtenergie wieder ab. Dieses Licht können wir jedoch nicht sehen, weil es im ultravioletten Bereich der Wellenlängen abgegeben wird. Es muß also noch in sichtbares Licht umgewandelt werden. Das geschieht in der weißen Innenbeschichtung der Röhre. Sie enthält chemische Verbindungen (Kalzium- und Strontiumphosphate sowie -silikate), die das ultraviolette Licht absorbieren und es als sichtbares Licht wieder abstrahlen. Diese Verschiebung der Wellenlängen nennt man *Fluoreszenz* (siehe S. 61 und 65).

Fluoreszenz- oder Leuchtstofflampen sind kühler als Glühlampen, weil sie nur jene beiden schwach aufgeheizten Glühfäden an den Enden besitzen und der Vorgang der Fluoreszenz keinerlei Wärme erzeugt. Doch sie sind schwer in Gang zu setzen, da sich die Elektronen der Glühfäden erst ihren Weg durch das Gas über die gesamte Röhrenlänge bahnen müssen. Dazu sind mehrere hundert Volt als Anstoß erforderlich (siehe S. 144), während unsere Haushaltsstromversorgung nur 220 Volt hat. Also wird eine Einrichtung benötigt, die den Elektronen am Anfang den entscheidenden Spannungsstoß mitgibt. Das ist die Aufgabe des Starters, einer Zündeinrichtung, die in dieser kleinen Aluminiumdose steckt.

Was ist zu tun, wenn Ihr Leuchtmöbel unbekannter Art nicht hell werden will? Zunächst sollten Sie die Röhre durch eine andere mit einer übereinstimmenden Kodebezeichnung ersetzen. Dabei ist es anders als bei Glühbirnen nicht einmal möglich, eine andere Wattzahl zu verwenden, weil die verschiedenen Leistungsstufen (zumindest in Deutschland) nur in unterschiedlich große Fassungen passen. Sie haben einzig und allein die Wahl, ein kühles Weiß durch ein warmes oder durch das sogenannte Normalweiß zu ersetzen. Die kleine Zünderdose in Ihrer Fassung sollten Sie vielleicht auch gleich auswechseln; sie kostet nicht viel und läßt sich problemlos aus dem Sockel heraus- bzw. wieder hineindrehen.

Wenn Sie immer noch – sowohl buchstäblich als auch im übertragenen Sinn – im Dunkeln sitzen, sollten Sie sich eine neue Lampenfassung kaufen.

Und eh ich's vergesse: Eine F40CWT10 ist eine gerade Leuchtröhre von 40 Watt mit kühlem Weiß und einem Durchmesser von eineinviertel Inch.

Es hat mich zwar keiner gefragt, aber...

Warum sind kleine Leuchtstoffröhren so viel teurer als die großen »Gewerbeleuchten« von 120 cm Länge?

Die normalen Leuchtstoffröhren für gewerbliche Zwecke mit 100 oder 120 cm Länge kriegen Sie im Heimwerkermarkt für ein paar Mark, während die dünnen, kleinen Röhren für den Badezimmerspiegel oder den Küchenschrank oft das Fünffache kosten. Das kommt daher, daß die großen Röhren, die zu Tausenden in Schulen, Fabriken und Bürogebäuden im Einsatz sind, bei weitem häufiger verkauft werden als die kleinen, spezielleren Röhren, weshalb deren Massenfertigung zu weit niedrigeren Stückkosten möglich ist. Dies ist ein klassischer Fall aus dem Lehrbuch zum Thema Angebot und Nachfrage.

Erbsenzähler-Ecke

Weshalb emittieren die Glühfäden einer Leuchtröhre Elektronen, wenn man sie erwärmt?

Fast alles gibt Elektronen ab, wenn man es stark genug erhitzt. Atome enthalten negativ geladene Elektronen, die je nach Art des Atoms, von dem die Rede ist, mit unterschiedlicher Kraft an sie gebunden sind. Metallatome halten ihre Elektronen nur sehr locker fest. Wenn man ein Metall erwärmt, nehmen einige jener Elektronen so viel Energie auf, daß sie sich vollständig von ihren Atomen lösen und davonfliegen.

In einer Leuchtstoffröhre gibt es zwei Glühfäden, jeweils einen an jedem Ende, die wegen ihres Widerstandes gegen den mit einer Frequenz von 50 Hertz (Schwingungen pro Sekunde) die Richtung wechselnden elektrischen Strom beide heiß werden. Zu jeder Zeit ist so einer der beiden Glühdrähte im Verhältnis zum jeweils anderen negativ geladen; eine Hundertstelsekunde später jedoch ist er im Verhältnis zum anderen positiv geladen. Zu jedem gegebenen Zeitpunkt werden die Elektronen des jeweils negativen Glühfadens vom positiven angezogen, und der einzige Weg, der ihnen dafür offensteht, führt mitten durch den Quecksilberdampf in der Röhre, der dabei zur Abgabe ultravioletter Strahlung angeregt wird.

Ach du liebe Lampe mein: Welche Birne soll es sein?

Was ist so besonders an Halogenglühlampen?

Sie enthalten ein Gas, das aus Molekülen eines sogenannten Halogens besteht; dadurch leuchten sie heller, nutzen die Energie effizienter und leben länger. Und natürlich sind sie viel, viel teurer.

Eine Halogenbirne ist im Gegensatz zur *Leuchtstofflampe* eine Variante der normalen *Glühbirne* (siehe S. 77). Eine Glühbirne besteht aus einer gasgefüllten Glashülle, die einen Wolframfaden einschließt. Ein elektrischer Strom heizt diesen Faden auf, bis er mit weißem, heißem Licht glüht. Auch wenn er vielleicht sehr hell wirkt, gibt er nur 11–12 Prozent der abgestrahlten Energie in Form sichtbaren Lichts ab; etwa 70 Prozent werden als unsichtbare infrarote Strahlung (siehe S. 164) frei, die eher heizt als leuchtet.

Das Gas in normalen Glühbirnen ist in der Regel ein (nicht reagierendes) Edelgas wie Argon oder Krypton mit einem kleinen Anteil Stickstoff. Diese Edelgase verhindern, daß der Wolframdraht oxidiert oder »verbrennt«, wie das in Luft der Fall wäre. Bei manchen kleineren Birnen hat man das Problem gelöst, indem man sie völlig luftleer gepumpt hat: Sie enthalten praktisch gar kein Gas mehr.

Halogenlampen dagegen enthalten in der Regel Jod oder gelegentlich auch Brom, zwei äußerst reaktionsfreudige Elemente aus einer Familie, der die Chemiker den Namen Halogene gegeben haben. Sie vollführen einen chemischen Tanz in zwei Schritten, der die Lebensdauer des Glühfadens verdoppelt. Doch vorher müssen wir uns erst klarmachen, wie die normale Glühbirne funktioniert.

Der Glühfaden ist eine Wendel aus Wolframdraht. Dieses Metall verwendet man, weil es den höchsten Schmelzpunkt aller Metalle (3400 °C) hat und selbst bei Weißglut (2500 °C) und darüber mechanisch stabil bleibt. Überdies besitzt es den niedrigsten Dampfdruck (siehe S. 283 ff.) aller Metalle, das heißt, es verdampft in geringerem Maß als alle anderen. Richtig, sogar Metalle entlassen ab und zu ein paar Atome in den dampfförmigen Zustand, wenn auch so langsam, daß wir es – außer bei extrem hohen Temperaturen – niemals bemerken. (Keine Angst, Ihr Goldschmuck entweicht nicht langsam in die Luft.)

Doch sogar vom Wolfram verdampft bei Weißglut so viel, daß der Draht ständig dünner wird, während die Lampe brennt; am Ende bricht er ab und unterbricht den Stromfluß. Das ist der Moment, in dem Ihre Glühbirne ausgebrannt ist. Schon einige Zeit, bevor dieses Unglück zuschlägt, können Sie sehen, wie das verdampfte Wolfram sich an der Innenfläche der Glashülle absetzt; es kondensiert dort, weil das Glas relativ kühl ist. Diese Schwärzung verringert natürlich mit dem Älterwerden der Birne auch die Lichtmenge, die sie abgibt.

Gelegentlich ist ein Glühfaden so dünn geworden, daß er auf einen Schlag durchbrennt, wenn Sie das Licht einschalten. Der blaue Blitz, den Sie sehen, ist ein Lichtbogen, der die wachsende Lücke überbrückt, während der dünne Fadenabschnitt unter der Hitzebelastung des Stromstoßes vollständig verdampft.

Noch ein Tip: Wenn eine Glühbirne ausgebrannt ist, können Sie versuchen, sie bei eingeschaltetem Strom sacht zu schütteln oder auf sie zu klopfen. Manchmal gelingt es, die getrennten Enden so weit aneinander anzunähern, daß ein Lichtbogen überspringt und sie wieder zusammenschweißt. Als Belohnung erhalten Sie eine etwa einstündige Erfahrung eines Lebens nach dem Tode.

Die Halogenbirnen verringern nun die Verdampfungsrate des Wolframdrahtes auf sehr interessante Weise. Zunächst reagiert der Joddampf mit den verdampften Wolframatomen, noch ehe diese sich auf dem Glas niederschlagen können. Dabei werden sie zu Wolframjodid, einer gasförmigen Verbindung, umgesetzt. Die Moleküle des Wolframjodids fliegen dann frei in der Birne umher, bis sie zufällig mit dem weißglühenden Draht zusammenstoßen, wo sie wegen der hohen Temperatur wieder in Joddampf und metallisches Wolfram zerfallen. Letzteres schlägt sich wieder auf dem Glühdraht nieder. Das freigesetzte Jod ist nun erneut in der Lage, Wolframatome aufzugreifen und abzuliefern: Der Kreislauf geht weiter, die Jodatome fangen ständig weitere Wolframatome ein und befördern sie zu der Glühwendel zurück. Dieser Recyclingvorgang schafft es, die Lebensdauer des Glühdrahts und damit der Birne annähernd zu verdoppeln.

Der Halogenkreislauf macht es möglich, die Lampe mit weit höherer Temperatur zu betreiben, ohne dabei den Glühdraht übermäßig zu schädigen, was wiederum ein helleres und weißeres Licht hervorbringt. Die Temperatur im Inneren des Glaskolbens *muß* sogar hoch sein – über 250°C –, damit die Wolframatome nicht kondensieren können, ehe sie von den Jodatomen aufgegriffen werden.

Halogenglühbirnen werden aus Quarz hergestellt, der weit höhere Temperaturen aushält – und teurer ist – als normales Glas. Sie sind in der Regel wie eine Röhre geformt und umschließen die Glühwendel sehr eng, damit diese heiß bleibt. Tatsächlich werden Halogenlampen so heiß, daß sie eine Brandgefahr darstellen, wenn sie zu nahe an brennbaren Materialien wie zum Beispiel Vorhängen eingesetzt werden.

Es hat mich zwar keiner gefragt, aber…

Warum leben Glühbirnen eigentlich nicht länger?

Glühbirnen sind sehr sorgfältig für eine bestimmte Lebensdauer konstruiert. Ein mißtrauischer Mensch könnte versucht sein zu sagen, sie würden sorgfältig konstruiert, nach einer bestimmten Zeit *durchzubrennen*. Es gibt auch keinen Grund, Glühbirnen nicht so auszulegen, daß sie fast unendlich lange leben würden. Aber Sie hätten wahrscheinlich keine rechte Freude damit.

Wie bei den meisten Geräten gibt es auch hier einen Zielkonflikt zwischen unterschiedlichen Betrachtungsweisen. Die Lebensdauer einer Glühbirne hängt in erster Linie von der Betriebstemperatur der Glühwendel ab. Bei gegebener Leistungsaufnahme (in Watt) ist eine Birne desto schneller ausgebrannt, je höher die Temperatur und damit der Lichtausstoß ist.

»Langlebige« Glühbirnen besitzen Glühfäden, die für eine niedrigere Betriebstemperatur ausgelegt sind. Doch diese niedrigere Temperatur erzeugt nicht so viel Licht. Da bei höheren Temperaturen ein blaueres, weißeres Licht entsteht, können diese Birnen außerdem einen vergleichsweise gelblichen Farbton zeigen.

Die niedrigere Temperatur der langlebigen Birnen ist auf einen Glühfaden zurückzuführen, der weniger elektrischen Strom durchleiten kann. Ein schwächerer Stromfluß erzeugt weniger Wärme und Licht, weshalb Sie nicht nur ein gelblicheres, sondern auch weniger Licht erhalten. Wenn Sie langlebige Birnen kaufen, müssen sie solche mit einer höheren Wattzahl wählen, wenn Sie dieselbe Lichtmenge wie bei einer normalen Glühbirne erwarten.

In den USA muß auf der Verpackung genormter Glühbirnen deren voraussichtliche Lebensdauer sowie die Lichtmenge (die Lumenzahl) angegeben sein. Nach einem Vergleich der Stunden- und der Lumenzahlen auf einer Packung normaler Glühbirnen mit den entsprechenden Zahlen einer langlebigen Birne hat man die Wahl: Will man geringere Leuchtkraft und höheren Preis in Kauf nehmen, um dafür die Annehmlichkeit einzutauschen, daß man seine Birne für längere Zeit nicht wechseln muß, sollte man die langlebigere kaufen.

Wenn man dagegen üblicherweise zwanghaft nach den Sonderangeboten für Standard-Glühbirnen greift, sollte man einen Taschenrechner mitnehmen. Gewünscht ist die höchste Lichtmenge bei längster Lebensdauer und niedrigstem Preis in einer bestimmten Leistungsstufe (Wattzahl). Man dividiert den Preis in Cents durch die Lumenzahl, das Ergebnis teilt man dann durch die Stundenzahl der voraussichtlichen Lebenserwartung. Die kleinste Zahl weist auf das beste Angebot hin.

Wenn wir schon vom Geldsparen reden: Ein Dimmer reduziert die Spannung (siehe S. 144), die auf die Birne wirkt, wodurch auch weniger Strom durch den Glühfaden fließt; das wiederum mindert dessen Temperatur und damit das

Verdampfen des Wolframs, und am Ende steigt dadurch die Lebenserwartung der Glühbirne beträchtlich. Ein Dimmer ist allerdings nur die zweitbeste Lösung: Sparsamer ist es, das Licht auszuschalten, wenn Sie den Raum verlassen.

Spieglein, Spieglein, an der Wand: Verwechselst rechte und linke Hand!

Wenn ich mich im Spiegel betrachte und meine rechte Hand hebe, hebt mein Abbild die linke. Warum vertauscht ein Spiegel rechts und links, aber nicht oben und unten?

Das ist eine dieser spannenden Fragen, die einen verrückt machen können, weil die Frage selbst in die Irre führt. Sie beginnt mit einer falschen Behauptung und fordert uns auf, von diesem Punkt aus weiterzudenken. Aber die Straße zur Wahrheit läßt sich nicht begehen, wenn man von jemandem in die falsche Richtung geschickt wird.

Ein Spiegel kehrt links und rechts nicht um. Er kehrt vorn und hinten um, und er kehrt einwärts und auswärts um.

Lesen Sie das Ganze noch einmal durch.

Und denken Sie darüber nach.

Ein Spiegel kann nichts weiter als eine *Richtung* umkehren. Er kann nichts rotieren lassen. *Sie* sind es, der sich in der Vorstellung umgedreht vorkommt. Das hat nicht der Spiegel vollbracht.

Stellen Sie sich vor einen Spiegel, der Sie in voller Länge zeigt. Der Person im Spiegel wollen wir den Namen Ogami geben. Wie hat es nun Ogami Ihrer Meinung nach fertiggebracht, in diese Position zu kommen, also mit seinem linken Arm zu Ihrer Rechten und dem rechten zu Ihrer Linken? Ich wette mit Ihnen um sieben Jahre Pech, daß Sie glauben, Ogami sei durch eine halbe Drehung Ihrer Person in diese Stellung gelangt und habe sich so mit dem Gesicht zu Ihnen aufgebaut. Deshalb sind Sie der Meinung, rechts und links seien vertauscht worden. Das haben *Sie selbst* vollbracht, indem Sie sich halb umgedreht haben – in Ihrer Vorstellung.

Aber das stimmt nicht mit dem überein, was der Spiegel getan hat. Der hat, als er das einfallende Licht wieder zu Ihnen zurückwarf, lediglich die Richtung des Lichts umgekehrt. Ogami, das sind ganz einfach Sie, nur daß die Richtungen »auf Sie zu« und »von Ihnen weg« vertauscht worden sind. Nun sind Sie es natürlich gewohnt, »von Ihnen weg« zu schauen, Ogami dagegen blickt »auf Sie zu«; wenn Ihr Blick nach Norden gerichtet ist, ist Ogami nach Süden gewandt. Und immer, wenn jemand in die entgegengesetzte Richtung blickt wie Sie und Sie anschaut, befindet sich sein rechter Arm zu Ihrer Linken, oder? Was soll daran so besonders sein? Dazu sind keine Rotationen oder das Vertauschen von rechts und links notwendig.

Beachten Sie, daß die Begriffe »aufwärts«, »abwärts«, »oben« und »unten« an keiner Stelle der vorstehenden Erörterung aufgetaucht sind. Für zwei Menschen, die einander ansehen, sind sie in dieser Hinsicht völlig belanglos. »Aufwärts« und »abwärts« haben für beide genau dieselbe Bedeutung, außer natürlich, einer von ihnen stünde auf dem Kopf.

Wie können wir einen von den beiden dazu bringen, auf dem Kopf zu stehen? Das ist ganz einfach: Halten Sie den Spiegel parallel zum Boden hoch über Ihren Kopf. Sie können ihn auch auf den Boden legen und sich dicht davor (nicht darauf!) stellen. Ogami steht nun kopf, nicht wahr?

Das beweist uns, daß ein Spiegel nur die Richtungen auf ihn zu und von ihm weg umkehrt, was wegen Ihrer augenblicklichen Blickrichtung zufällig aufwärts und abwärts ist.

Diese Umkehrung von oben und unten können Sie auch in der spiegelnden Oberfläche eines kleinen, stillen Sees oder Weihers beobachten. Schauen Sie sich das Spiegelbild der Bäume am anderen Ufer an. Sie stehen auf dem Kopf, nicht wahr?

Übrigens habe ich Ogami mit männlichen Pronomina bezeichnet, damit ich nicht ständig mit »er oder sie« operieren mußte, wo Ihnen die Erklärung ohnehin schon kompliziert genug vorgekommen sein dürfte. Als Frau sollten Sie jedenfalls nicht glauben, daß ich behaupte, Spiegel würden das Geschlecht umkehren. (Und tragen Sie keinen Rock, wenn Sie den Spiegel auf den Boden legen.)

Ach so, der Name? Falls Sie es nicht bemerkt haben sollten, Ogami ist »Imago«, nur daß rechts und links vertauscht sind.

Es hat mich zwar keiner gefragt, aber…

Wenn ich mich in der Vertiefung eines glänzenden Löffels betrachte, sind bei meinem Bild sowohl links und rechts als auch oben und unten vertauscht. Wie bringt der Löffel das fertig?

Ich habe gerade erläutert, daß bei einem Spiegelbild links und rechts nicht wirklich vertauscht sind, das können wir also abhaken. Aber was ist mit der Umkehrung von oben und unten?

Die Innenfläche des Löffels ist konkav – sie stellt also eine Vertiefung dar. (Für die Unterscheidung von konkav und konvex gibt es eine Eselsbrücke: Der Podex ist konvex, die Kaffeetasse ist konkav.) Sehen Sie sich den Löffel genau an, werden Sie feststellen, daß das Licht im oberen Bereich wie bei einem Spiegel, den man hochhält, ein wenig nach unten reflektiert wird. Im unteren Teil verhält es sich genau umgekehrt: Hier sorgt die Form dafür, daß das Licht wie bei einem auf den Boden gelegten Spiegel ein wenig nach oben reflektiert wird. Diese »oben« und »unten« gelegenen Reflexionsflächen lassen Ihr Bild in der gleichen Weise auf dem Kopf stehen, wie es in der vorhergehenden Erklärung bei dem Spiegel über Ihrem Kopf und auf dem Fußboden der Fall war.

Spieglein, Spieglein, an der Wand: Was ist die schärfste Brille im Land?

Ich bin kurzsichtig. Wenn ich mich ohne Brille im Badezimmerspiegel betrachte, kann ich mein schönes Gesicht ziemlich scharf sehen, alles andere im Raum ist jedoch verschwommen. Sollte nicht alles gleich scharf erscheinen, da doch die Bilder im Spiegel alle gleich weit von meinen Augen entfernt sind?

Der Abstand Ihrer Augen zum Spiegel spielt keine Rolle. Es kommt immer auf den Abstand Ihrer Augen zu einem bestimmten Objekt an, wie das auch der Fall wäre, wenn Sie ihn ohne Spiegel betrachten würden.

Das von einem Gegenstand reflektierte Licht muß irgendwie zu Ihren Augen gelangen, sonst würden Sie ihn nicht sehen. Licht, das von Objekten hinter Ihnen stammt, würde nie bei Ihren Augen ankommen, wenn da kein Spiegel wäre, der es umlenkt. Das ist alles, was ein Spiegel tut: Er nimmt Licht auf, das ansonsten an Ihnen vorbeigegangen wäre, und wirft es in Ihre Augen zurück (siehe S. 87).

Nehmen wir an, Sie schauen in den Spiegel und betrachten einen Gegenstand, der sich hinter Ihnen befindet. Das Licht von dem Objekt erreicht Ihre Augen nicht auf direktem Weg, sondern muß erst an Ihnen vorbei bis zum Spiegel und von dort zu Ihren Augen gelangen. Dieser Weg ist länger, als wenn Sie das Objekt direkt angesehen hätten. Deshalb erscheint es sogar verschwommener, als wenn Sie sich umgedreht hätten, um es unmittelbar zu betrachten. Das Bild Ihres wunderschönen Gesichts ist ebenfalls verschwommener, als wenn Sie es von der Spiegeloberfläche aus angesehen hätten. Das Licht muß nämlich von Ihrem Gesicht zum Spiegel und von dort wieder zu Ihren Augen eilen – doppelt so weit, wie wenn Sie Ihr wunderschönes Gesicht von der Position des Spiegels aus bewundert hätten.

All das beruht auf der Tatsache, daß ein Objekt für kurzsichtige Augen desto unschärfer erscheint, je weiter es entfernt ist. Das ist eine allgemeingültige Aussage, und hier folgt die Erklärung:

Kurzsichtige Augen sind gut geeignet, Lichtstrahlen zu fokussieren, die auseinanderstreben, also in alle Richtungen abstrahlen, wie sie das bei einem Objekt in der Nähe tun. Andererseits können sie Lichtstrahlen, die mehr oder weniger parallel verlaufen, wie das bei entfernteren Gegenständen der Fall ist, nicht so gut scharfstellen. Damit soll nicht gesagt werden, daß nähere und entferntere Objekte das Licht unterschiedlich abstrahlen würden: Jeder Gegenstand strahlt das Licht in viele Richtungen ab. (Erinnern Sie sich noch, wie wir im Kindergarten eine leuchtende Sonne gemalt haben, bei der die Strahlen in allen möglichen Richtungen herauskamen?) Wenn Sie jedoch weit von einem Objekt entfernt sind, erfassen Ihre Augen nur einen kleinen Bruchteil jener »in alle Richtungen« abgehenden Strahlen. Es ist etwa so, als würden alle Strahlen aus einer einzigen, streng eingegrenzten Richtung kommen und wie ein Bündel paralleler Stäbchen vom Gegenstand aus in gerader Linie auf Sie zeigen. Und das ist genau der Vorgang – nämlich parallel verlaufende Strahlen zu fokussieren –, mit dem kurzsichtige Augen nicht so gut zurechtkommen: Der Gegenstand erscheint verschwommen.

Wie herum?

Wieso drehen sich die Räder der Kutschen in Wildwestfilmen manchmal rückwärts?

Angesichts der bemerkenswerten, vom Computer generierten Kino-Effekte von heute, mit denen man alles realistisch aussehen lassen kann, wie bizarr es auch sein mag, ist ironischerweise ausgerechnet das altmodische Speichenrad der Kutschen die einzige verbliebene »künstliche« Erscheinung. Auch in jenen Werbefilmen, in denen Autos über leere Straßen rasen, ist dieser Effekt an den Autorädern zu beobachten.

Wenn Sie genau hinsehen, werden Sie bemerken, daß die Räder nur für gewisse Zeit rückwärtszulaufen scheinen; manchmal sieht es auch so aus, als würden sie ziemlich langsam vorwärtsrollen, und es kommt auch vor, daß sie scheinbar ganz stillstehen, was die Kutsche wie einen Schlitten aussehen läßt. All das hat mit zeitlicher Abstimmung zu tun – damit, wie groß die Geschwindigkeit der Kamerabilder im Vergleich zum Tempo der rotierenden Räder ist.

Eine Filmkamera nimmt eine Folge von Einzelbildern

auf, normalerweise sind es 24 Bilder pro Sekunde. Zum Glück für Hollywood ist unser langsames menschliches Gehirn nicht in der Lage, bei der Projektion so viele getrennte Bilder wahrzunehmen. Für uns gehen sie ineinander über, als würden die vorkommenden Gegenstände sich fließend von einer Position zur nächsten bewegen. (Genauer gesagt sind es unsere Augen, die die Einzelbilder nicht auseinanderhalten können, wenn sie zu nahe beieinander liegen; unser Gehirn wäre durchaus schnell genug. Trotzdem benötigt mein Gehirn schon mal mehr als eine Stunde, um – wenn überhaupt – zu verstehen, was in manchen Filmen eigentlich passiert.)

Nehmen wir einmal an, eine der Speichen des Wagenrades sei rot gestrichen. Und nehmen wir weiter an, daß die rote Speiche bei der ersten Aufnahme der Filmkamera genau senkrecht nach oben weist, also zwölf Uhr anzeigt. Je nach der Umdrehungsgeschwindigkeit des Rades wird die Speiche beim nächsten Einzelbild, eine Vierundzwanzigstelsekunde später, vielleicht zufällig in der Ein-Uhr-Stellung aufgenommen – auch wenn sie in der Zwischenzeit schon ein paar Runden mehr absolviert hat. Das sieht dann aus, als hätte sie sich nach rechts, also im Uhrzeigersinn, bewegt. Nun kann es natürlich auch vorkommen, daß sie in der Elf-Uhr-Stellung im Bild festgehalten wird, was aussieht, als hätte sie sich nach links, also gegen den Uhrzeigersinn bewegt. Während die Kamera ihre 24 Bilder pro Sekunde aufnimmt, sieht die rote Speiche – und mit ihr das ganze Rad – so aus, als würde sie sich fortwährend im Uhrzeigersinn oder gegen ihn drehen.

Wenn Sie sich noch ein paar Punkte holen wollen, wie wir Lehrer gerne sagen: Können Sie ausrechnen, wie schnell das Rad in diesem Beispiel zu rotieren scheint? (Die Antwort finden Sie am Ende dieser Abhandlung.)

Je nach der Zahl der Radspeichen und der tatsächlichen Umdrehungsgeschwindigkeit des Rades im Vergleich zu den 24 Einzelbildern, mit denen der Film geschossen wurde, kann das Rad sich scheinbar vorwärts- oder rückwärtsbewegen oder – wenn die Speichengeschwindigkeit zufällig genau mit der Aufnahmegeschwindigkeit der Kamera synchron läuft – sogar stillstehen. Letzteres erfordert ein recht spezielles Zusammentreffen von Zufällen und tritt deshalb nur selten auf. Wenn Sie jedoch genau hinsehen, können Sie erkennen, wie das Rad aus der »Vorwärtsbewegung« (wenn die Speiche der Öffnung des Kameraverschlusses ein wenig vorausläuft) in die »Rückwärtsbewegung« übergeht (dann läuft sie ihm geringfügig nach).

In Wirklichkeit haben die Räder natürlich nicht nur *eine* rote Speiche: Alle sehen gleich aus. Insofern ist jede einzelne eine Art Double für alle anderen. Deshalb kann sich jede beliebige Speiche in der Ein-Uhr-Position oder der Elf-Uhr-Position befinden, wenn der Kameraverschluß sich öffnet, und es sieht weiterhin so aus, als würde das Rad sich nach links oder nach rechts drehen.

Sobald das Rad sich schnell genug bewegt, sind die Speichen zu schnell für die Verschlußgeschwindigkeit der Kamera. Sie kann ihre Bewegung nicht mehr einfangen, weshalb sie verwischt erscheinen und der gesamte Ablauf einer Vorwärts- oder Rückwärtsbewegung aufhört.

In Filmen, die eine später hinzugekommene Transportmöglichkeit, nämlich Propellerflugzeuge, zeigen, können Sie genau die gleichen Effekte beobachten. Wenn der Motor des Flugzeugs angeworfen wird, sieht es zunächst aus, als würde der Propeller zwischen den beiden Drehrichtungen wechseln. Mit zunehmender Geschwindigkeit durchlaufen die Rotorblätter nacheinander Positionen, die im

Verhältnis zum Kameraverschluß jeweils »ein wenig voraus« und »ein wenig zurück« liegen. Sobald sie dann schnell genug sind, verwischt sich das Bild der Propeller.

Sie wollen diese Effekte bei sich zu Hause bewundern, haben aber keine Postkutsche oder kein Flugzeug zur Hand? Dann machen Sie doch folgendes:

Probieren Sie es selbst

Falls Sie einen tragbaren elektrischen Ventilator besitzen, bringen Sie ihn in einen Raum, der mit Leuchtstofflampen beleuchtet ist. Wenn Sie den Ventilator eingeschaltet haben und er auf Touren kommt, scheinen seine Arme sich erst in die eine und dann in die andere Richtung zu drehen. Das liegt daran, daß Leuchtstoffröhren mit hundert Schwingungen pro Sekunde flimmern (ja, hundert; schauen Sie in der Erbsenzähler-Ecke nach). Da das Flimmern hier viermal schneller abläuft als bei einem Filmprojektor, bemerken wir es nicht. In den Phasen, in denen das Licht »an« ist, sehen Sie etwas. Damit läuft genau das gleiche ab, als würde Ihnen eine Reihe schneller Einzelbilder im Kino vorgeführt.

Erbsenzähler-Ecke

Leuchtstofflampen (siehe S. 76) werden mit Wechselstrom betrieben. Das heißt, die Hälfte der Zeit fließt der elektrische Strom in die eine, die übrige Zeit in die entgegengesetzte Richtung. In Deutschland beträgt die Wechselstromfrequenz 50 Hertz (Schwingungen pro Sekunde), ein abgeschlossener Zyklus dauert also eine Fünfzigstelsekunde.

Nehmen wir an, während der ersten Hälfte des Zyklus sei der Strom »positiv«, während der zweiten »negativ«. Das bedeutet, daß er für eine Hundertstelsekunde (die Hälfte eines Fünfzigstels) »positiv« und anschließend für die gleiche Zeitspanne

»negativ« gepolt ist, und so weiter. Also erfolgen in jeder Fünfzigstelsekunde zwei Stromstöße (wenn auch in entgegengesetzten Richtungen), was in der Sekunde 100 Stromstöße ergibt. Eine Leuchtstofflampe ist nur während der Stromstöße »an« – man könnte also sagen, sie verhält sich wie eine Filmkamera, die 100 Bilder pro Sekunde belichtet.

Es hat mich zwar keiner gefragt, aber...

Warum sah es in den frühen Tagen des Kinos zu Beginn des letzten (des zwanzigsten) Jahrhunderts so aus, als würden sich alle so schnell bewegen?

Damals war das Filmmaterial noch nicht so lichtempfindlich wie heute. Deshalb mußten die Einzelbilder länger belichtet werden, was die Zeitabstände zwischen ihnen vergrößerte. Die Kameras nahmen nicht 24, sondern eher 16 Bilder pro Sekunde auf. In der relativ langen Zeit zwischen den einzelnen Aufnahmen bewegten sich die Menschen jeweils ein Stückchen weiter, und so schienen sie in einer Bildfolge, die einer Sekunde entsprach, eine größere Entfernung zurückgelegt zu haben. Eine größere Entfernung pro Sekunde ist gleich höhere Geschwindigkeit.

Antwort auf die Frage für die Extrapunkte: Auf dem Zifferblatt gibt es immer zwölf Positionen, und die rote Radspeiche wird von der Kamera nach einer Vierundzwanzigstelsekunde in der jeweils nächsten Stellung eingefangen. Deshalb vollführt die Speiche in zwölf Vierundzwanzigstelsekunden (also einer halben Sekunde) eine volle Umdrehung. Eine Umdrehung pro halber Sekunde ergibt zwei Umläufe pro Sekunde, das sind dann 120 Umdrehungen pro Minute (U/min oder neudeutsch rpm = *revolutions per minute*).

Verdammter Fleck!

Warum wirkt ein nasser Fleck dunkler als das Gewebe, auf dem er sich ausbreitet?

Ich unterstelle einfach, daß Sie im Eßzimmer sitzen und sich über die Suppe auf Ihrer Serviette ärgern, auch wenn Sie dieses Phänomen vielleicht in einem anderen Raum und unter anderen Umständen bemerkt haben.

Einen Gegenstand sehen wir, weil Licht von ihm ausgeht, das in unsere Augen fällt. Je mehr Licht der Gegenstand abstrahlt, desto heller erscheint er uns. Und natürlich gilt auch die Umkehrung: Ein Objekt, das weniger Licht in unsere Augen schickt, erscheint uns dunkler. Unsere Aufgabe ist es also, zu erklären, weshalb von dem nassen Fleck weniger Licht ausgeht.

Woher kommt das Licht, das von einem Gegenstand aus in unsere Augen fällt? Wenn er nicht selbst leuchtet wie die Sonne, eine Leuchtstoffröhre oder ein Glühwürmchen, muß er einen Teil des Lichts reflektieren, das von irgendwoher auf ihn fällt. Es gibt jedoch nichts, was *alles* einfallende Licht zurückwirft; jede Substanz absorbiert einen bestimmten Anteil davon und reflektiert den Rest (siehe S. 66). Demnach muß der nasse Fleck weniger Licht zurückwerfen, weil er aus einem bestimmten Grund mehr davon absorbiert.

Wir wollen uns das nasse Gewebe einmal unter starker Vergrößerung ansehen, so, wie es für einen einfallenden Lichtstrahl aussehen würde. Textiles Gewebe besteht aus einem Geflecht miteinander verwobener Fasern. Wenn es naß wird und durch Kapillarkräfte Wasser aufsaugt, füllen sich die Räume zwischen den Fasern mit diesem Wasser.

Viele der ankommenden Lichtstrahlen fallen dann auf eine Wasseroberfläche, anstatt eine Faser zu treffen.

Wenn nun aber ein Lichtstrahl unter einem von der Senkrechten abweichenden Winkel auf die Wasseroberfläche trifft – und allein aus statistischen Gründen werden die meisten Strahlen mit anderen Winkeln als mit perfekten 90 Grad auf die Oberfläche treffen –, geschieht etwas Merkwürdiges: Der Strahl ändert seine Richtung (in der Sprache der Wissenschaft: Er wird *gebrochen*). Anstatt seinen Weg durch das Wasser in der ursprünglichen Richtung fortzusetzen, biegt der Lichtstrahl von der Oberfläche ab und taucht mit einem steileren Winkel als seinem Eintrittswinkel in die wäßrigen Tiefen ab. (Wir treffen uns in der Erbsenzähler-Ecke.) Dieser steilere Winkel bringt es mit sich, daß der Lichtstrahl tiefer in das Gewebe eindringt, wo die Chance wächst, daß er absorbiert und niemals wieder gesehen wird. In einem nassen Fleck geht also mehr Licht »verloren« als auf einer trockenen Stelle, deshalb wird weniger Licht reflektiert, und der Fleck erscheint uns dunkler.

Mit ähnlichen Abläufen kann man auch erklären, weshalb nasse Steine, Blätter und Gras intensiver gefärbt erscheinen, wenn sie naß sind – weshalb die Landschaft nach einem Regen »frischer« aussieht. In erster Linie sind diese Gegenstände farbig, weil sie bestimmte Wellenlängen des vielfarbigen Tageslichts absorbieren und den Rest zu unseren Augen reflektieren (siehe S. 61 und 66). Wenn sie nun mit einem Wasserfilm überzogen sind, werden die einfallenden Lichtstrahlen tiefer in ihre mikroskopisch rauhe Oberfläche hineingebrochen. Dieses gebrochene Licht wandert zwischen den Oberflächenstrukturen hin und her, was dazu führt, daß sein Anteil absorbierbarer Wellenlängen stärker verschluckt werden kann. Dem verbleibenden reflektierten Licht fehlt dann ein größerer Teil jener absorbierten Wellenlängen: Seine Farben wirken intensiver als normal.

Erbsenzähler-Ecke

Warum wird Licht »gebeugt«, wenn es in Wasser eintritt?

Immer wenn ein Wissenschaftler etwas erklären soll, was mit Licht zu tun hat, hat er die Wahl, ob er es auf der Grundlage von Lichtwellen oder von Lichtteilchen (Photonen) tun will. Licht verhält sich nämlich so, als wäre es beides zugleich oder entweder ein Teilchen und/oder eine Welle (siehe S. 236). Wenn ich die Lichtbrechung aufgrund der Wellennatur des Lichts erklären wollte, müßte ich ein Diagramm zeichnen und Begriffe wie »Wellenfront« und »Phasengeschwindigkeit« verwenden. Aber dann sähe es zu sehr nach einem wissenschaftlichen Werk aus (was Gott verhüten möge). Also wähle ich den leichteren Weg und spreche von Lichtbrechung, als wäre der Lichtstrahl ein Geschoß in Form eines Photons (oder besser: in Form eines Pfeils).

Wenn Sie am Rand eines Schwimmbeckens stehen (*Machen Sie das nicht in einer öffentlichen Badeanstalt!*) und einen Pfeil in einem schrägen Winkel – also nicht senkrecht nach unten – ins Wasser schießen, wird es Sie vermutlich nicht überraschen, daß das Geschoß beim Eintritt ins Wasser langsamer wird und seine Richtung nach unten hin, weg von der Oberfläche, abweicht. Das liegt daran, daß der Pfeil sich im Wasser langsamer bewegt als in der Luft und der Strömungswiderstand seine Geschwindigkeit weiter verringert. Nun, das gleiche geschieht auch, wenn wir statt des Pfeils einen Strom von Photonen nehmen. Wenn diese in Wasser eintreten, werden sie langsamer und ändern ihre Richtung, wobei der Winkel im Vergleich zum Eintrittswinkel steiler wird. Damit ist der Lichtstrahl gebrochen. (Beachten Sie, daß der Pfeil, wenn Sie senkrecht nach unten geschossen hätten, zwar langsamer geworden wäre, aber seine Richtung beibehalten hätte. Beim Licht verhält es sich genauso: Wenn es senkrecht zur Oberfläche eintritt, ändert es seine Richtung nicht.)

Habe ich gesagt, das Licht würde langsamer, wenn es in Wasser eintritt? Richtig. Aber die Lichtgeschwindigkeit ist doch immer gleich? Keineswegs.

Wenn wir von der Lichtgeschwindigkeit sagen, sie liege bei 300 000 km/sec, sollten wir nicht vergessen, »im Vakuum« hinzuzufügen. Denn wenn Licht in ein transparentes Medium eindringt, wird es langsamer, und unterschiedliche transparente Medien bremsen das Licht in unterschiedlichem Maß ab. In Wasser ist Licht zum Beispiel nur mit drei Vierteln seiner Geschwindigkeit in Luft unterwegs. Und diese Abbremsung sorgt dafür, daß Licht gebeugt wird, wenn es von Luft in Wasser übergeht.

Die Beugung oder Brechung des Lichts ist sogar noch größer, wenn es von Luft in Glas eintritt, weil die Lichtgeschwindigkeit in einigen Glassorten nur 50 oder 60 Prozent seiner Geschwindigkeit in Luft ausmacht. Was wiederum einfach großartig ist, da es uns erlaubt, speziell geformte Glasstücke – Linsen – zu verwenden, mit denen wir Licht wirklich ziemlich stark beugen können. So ist es uns möglich, alle Arten von schlauen Geräten wie Teleskope, Mikroskope und Brillen herzustellen.

Kein Sonnenbrand im ganzen Land

Mein Hautarzt hat gesagt, daß eine Sonnenschutz-Lotion mit dem LSF 30 *nicht* die doppelte Menge schädlicher Strahlung abhält wie eine mit dem LSF 15. Was soll das heißen?

Ihr Doktor hat recht. Die LSF-Zahlen sagen nichts über die *Filterstärke* gegenüber dem Sonnenlicht aus – sie bezeichnen den *Lichtschutzfaktor.* Sie informieren also nicht darüber, wieviel Strahlung sie zurückhalten, sondern teilen Ihnen mit, wieviel Zeit Sie in der Sonne verbringen können, ehe Ihre Haut sich rot verfärbt, ein Zustand, den die Ärzte *Erythema* nennen. Und das ist etwas ganz anderes.

Wenn Sie sich mit LSF 15 einreiben, können Sie fünfzehnmal länger in der Sonne bleiben als mit ungeschützter Haut. Mit LSF 30 können Sie sich demnach dreißigmal länger sonnen als ohne jeden Schutz. Das ist die doppelte Zeit wie mit LSF 15. Dennoch hält ein Mittel mit LSF 30 nur etwa drei Prozent mehr schädlicher Strahlung ab als eines mit LSF 15!

Mir ist sehr wohl bewußt, daß diese Sätze möglicherweise die verwirrendste Aussage darstellen, die Sie, abgesehen von dem Formular für Ihre Steuererklärung, je gelesen haben. Doch ich werde Ihnen beweisen, daß alles ganz logisch ist.

Zunächst aber: Was ist eigentlich diese bedrohliche Strahlung, die von unserem lebensspendenden Zentralgestirn auf uns herabregnet? Die Atome der Sonne, heiß wie sie nun einmal sind (etwa 5400 °C an der *Oberfläche* des Sterns), geben ständig Strahlung fast aller Energieformen ... na ja, unter der Sonne, ab. Das geht von Radiowellen bis hin zu Röntgenstrahlen. Diese gefährliche Strahlung wird von der Erdatmosphäre in weitem Umfang herausgefiltert, während die Radiowellen der Sonne erheblich ungefährlicher sind als die, die von einem Hardrock-Sender abgestrahlt werden. Es bleiben nur das sichtbare Licht und zwei Arten unsichtbarer Strahlen: Infrarotstrahlung (siehe S. 167), die uns wärmt, aber nicht verbrennt, und Ultraviolett. Letzteres ist der Bösewicht.

UV-Strahlung wird gewöhnlich noch einmal in drei Energiebereiche unterteilt; Wissenschaftler in ihrer phantasievollen Art haben ihnen die Bezeichnungen A, B und C gegeben. Ultraviolette Strahlung vom Typ C (abgekürzt UVC) können wir aus der Liste unserer Ängste streichen, da es von der Ozonschicht der Erdatmosphäre absorbiert wird. Dieser Schutzschild ist zwar durch menschliche Eingriffe gefährdet, aber immer noch ziemlich reichlich vorhanden. Worüber wir uns am Strand, abgesehen von unserer Wampe oder unserer Zellulitis, einzig und allein Sorgen machen müssen, sind UVA und UVB, die uns nicht nur einen Sonnenbrand, sondern bleibende Hautschäden bis hin zu Krebs einbringen können.

Sonnenschutzmittel bestehen aus einer Mischung aktiver chemischer Verbindungen in einer kosmetisch ansprechenden Trägersubstanz. Die Moleküle jeder dieser Verbindungen absorbieren jeweils Strahlung bestimmter Energie (siehe S. 65). Die aktiven Substanzen der Sonnenschutzmittel sind sehr begierig darauf, UV-Strahlung einzufangen, selbst wenn sie nur in einer sehr dünnen Schicht auf unsere Haut aufgetragen wurden. Auf den Packungsetiketten dieser Mittel findet man UVA-Filter wie Avobenzon und Parsol 1789, UVB-Filter wie Octyl-Methoxycinnamat und andere Cinnamate, Titandioxid, Octylsalycylat und Padimat O; ferner zweifach wirksame UVA-UVB-Filter wie Oxybenzon und andere Benzophenone.

(Der Leistungskurs Chemie ist hiermit entlassen. Ich dachte nur, Sie wollten vielleicht in die Lage versetzt werden, das Verzeichnis der Inhaltsstoffe auf den Etiketten zu kapieren. Wobei Sie sich um die einzelnen Bezeichnungen ohnehin nicht weiter zu kümmern brauchen.)

Die meisten dieser Produkte sind ein sorgfältig austariertes Hexengebräu chemischer Substanzen, die die gesamte Bandbreite schädlicher UV-Energie absorbieren sollen. Sie sollten aber daran denken, daß sie in erster Linie auf ihre Eigenschaften zur Verhütung von Verbrennungen getestet worden sind. Die Forschung stößt immer noch auf bestimmte Bereiche der UV-Energie, die schädlicher sind als andere und verstärkt zur Alterung der Haut beitragen oder Krebs verursachen können. Am besten wählen Sie also einen Breitband-Sonnenschutz, um sowohl Ihren Rücken als auch Ihre Risiken abzudecken.

Nun aber zurück zu jenen verzwickten LSF-Zahlen. Das ist alles nur Mathematik. Schauen Sie mir genau auf die Finger: Keine Tricks, kein doppelter Boden, kein As im Ärmel.

Nehmen wir an, ein Sonnenschutz der Marke X filtere die Hälfte – 50 Prozent – der für Verbrennungen verantwortlichen UV-Strahlen heraus. Offensichtlich könnten Sie damit doppelt so lange wie üblich draußen bleiben, ohne verbrannte Haut zu riskieren. Wenn Sie ohne Sonnenschutz normalerweise nach einer Stunde einen Sonnenbrand bekämen, könnten Sie sich jetzt zwei Stunden der Sonne aussetzen. Anders gesagt, der LSF beträgt 2.

Nehmen wir nun weiter an, Marke Y sei in der Lage, 75 Prozent der UV-Strahlung abzufangen. Das würde bedeuten, daß Sie statt 100 nur 25 Prozent der verbrennenden Strahlung abbekämen. Damit könnten Sie viermal so lange in der Sonne bleiben wie ohne Sonnenschutz (100 dividiert durch 25 = 4). Folglich beträgt der LSF 4. *Marke Y hält nur 25 Prozent mehr Strahlung von Ihrer Haut ab als Marke X, doch ihr LSF ist doppelt so hoch: 4 statt 2!*

Die gesamte mathematische Ableitung werde ich Ihnen nicht vorführen (höre ich da, wie jemand erleichtert aufatmet?), aber wenn Sie sich ausrechnen wollen, wie die Prozentzahl der absorbierten Strahlung mit dem LSF zusammenhängt, gehen Sie folgendermaßen vor: Ziehen Sie vom LSF eine 1 ab, multiplizieren Sie mit 100, und dividieren Sie die erhaltene Zahl durch den LSF. Bei einem LSF von 20 sieht das so aus: 20 – 1 = 19 mal 100 = 1900 dividiert durch 20 = 95 Prozent Absorption.

So können Sie ausrechnen, daß ein LSF von 15 ganze 93,3 Prozent der UV-Strahlung absorbiert, während ein doppelt so hoher LSF von 30 lediglich 3,4 Prozent mehr unschädlich macht.

Sie sehen also, daß Sie mit dem zusätzlichen Geld, das ein Produkt mit höherem LSF kostet, nur einen kleinen Betrag zusätzlicher Strahlung von sich abhalten. Das ist ein klassischer Fall einer sinkenden Profitrate. Selbst wenn Sie ein milchweißer Rotschopf sind, dessen Haut schon nach einer Stunde in der Sonne die Farbe Ihres Haares annimmt, benötigen Sie eigentlich keinen LSF, der, sagen wir, höher als 30 liegt. Wie kommen Sie überhaupt auf die Idee, Sie würden sich mehr als 30 Stunden am Stück im Freien aufhalten? Wie Sie vielleicht wissen, hat die Sonne die Angewohnheit, ab und zu unterzugehen.

Kneipenwette

Ein Sonnenschutzmittel mit dem LSF 30 ermöglicht es einem, doppelt so lange in der Sonne zu bleiben wie eines mit LSF 15, schirmt jedoch nur etwa 3 Prozent mehr von den Strahlen ab, die einen Sonnenbrand verursachen.

Falsch, falsch, dreimal falsch!

Was hält diese »Licht-Windräder«, die man in vielen Geschenkeläden sieht, eigentlich in Gang?

Diese sogenannten *Radiometer* sollen angeblich demonstrieren, daß Licht einen Druck ausübt. Doch das tun sie nicht. Wenn eine Maschine so etwas wie ein betrügerischer Taschenspieler sein könnte, dann würde dieser Schnickschnack den Vogel abschießen.

Eines dieser Dinger ist Ihnen sicher schon mal irgendwo aufgefallen. Sie sehen aus wie eine Glühbirne, die man auf einen Sockel montiert hat. Im Inneren des Glaskolbens, aus dem man den größten Teil der Luft abgepumpt hat, befinden sich vier dünne Metallschaufeln, die wie bei einem Windrad auf einer Achse mit geringer Gleitreibung angeordnet sind. Jeweils eine Seite der Metallplättchen hat eine glänzende (oder manchmal weiße) Oberfläche, während die andere schwarz ist. Die glänzende Oberfläche liegt der weißen Fläche der nächsten Schaufel jeweils gegenüber. Sobald Sonne auf den Apparat fällt, beginnen die Rotorblätter sich fröhlich zu drehen, und zwar in Richtung der glänzenden Oberflächen, weg von den schwarzen.

Seit 1873, als das Gerät von William Crookes (1832 bis 1919) erfunden wurde, hat es immer wieder Leute gegeben, die sich an einer Erklärung versucht haben, was das Radiometer zum Laufen bringt. Der Erfinder selbst glaubte, dafür sei der Lichtdruck verantwortlich, der auf irgendeine Weise stärker auf die dunklen Oberflächen wirke als auf die glänzenden. Sir William, der zwar ein kluger Mann war, aber beim Lichtdruckeffekt einem Irrtum erlegen ist, hat eine wissenschaftliche Suche eingeleitet, die bis heute nicht zum Stillstand gekommen ist. Sogar die Lexika unserer Tage bieten eine beliebte, aber nachweislich falsche Erklärung des Funktionsprinzips von Crookes' Radiometer.

Warnung: Sie werden nun mit einer der lediglich zwei Stellen (das hoffe ich jedenfalls) in diesem Buch konfrontiert, wo die Antwort auf eine Frage nicht ganz zufriedenstellend ausfällt. Die derzeit beste Erklärung für das Radiometer, die ich Ihnen am Ende versprechen kann, ist einigermaßen schwer zu schlucken und wird von manchen Wissenschaftlern (darunter auch ich) immer noch angezweifelt. Die andere nicht ganz zufriedenstellende Antwort bezieht sich darauf, weshalb der Duschvorhang beim Duschen stets nach innen gesaugt wird (siehe dazu S. 257). Doch zunächst wollen wir einige der offensichtlich falschen Erklärungen des Radiometers entlarven, die so hemmungslos umlaufen wie ein Radiometer in der Hölle.

Strahlungsdruck

Licht ist, wie jedermann weiß, elektromagnetische Strahlung. Und diese Strahlung, wie Sie entweder schon wissen oder mit Hilfe dieses Buches schnell herausfinden können (siehe S. 237), besteht aus einem Strom winziger Energiepakete, die wir Photonen nennen. Photonen verhalten sich insofern wie winzige Gewehrkugeln, als sie beim Auftreffen auf einen Gegenstand eine physikalische Wirkung ausüben können. Zum Beispiel sind die Photonen des Lichts imstande, Elektronen aus vielen Feststoffen herauszuschlagen. Das wird photoelektrischer Effekt genannt, und die Erklärung mit dem Photon, die ich Ihnen eben geliefert habe, brachte Albert Einstein den Nobelpreis ein. (Er hat es nur ein wenig ausführlicher erklärt als ich.)

Nun könnte man denken, es sei der Strom der Photonen-

Geschosse, der die Schaufeln des Radiometers antreibt, wenn er auf sie trifft, etwa so, wie wenn man – *Machen Sie das nicht bei sich zu Hause!* – mit einem Maschinengewehr auf eine Wetterfahne schießen würde. Zwar gibt es den Strahlendruck wirklich, doch wir wissen auch, daß er viel zu schwach ist, jene Metallschaufeln anzutreiben. Außerdem müßte der Strahlungsdruck das Radiometer in die andere Richtung bewegen!

Und das ist der Grund: Von schwarzen Oberflächen (siehe S. 70) wird Licht absorbiert, von glänzenden dagegen reflektiert. Die schwarzen Oberflächen der Schaufeln verschlucken die Photonen einfach, während die hellen Flächen sie sofort wieder ausspucken (siehe S. 61), was einen Rückstoßeffekt zur Folge hat, ähnlich wie bei einem Gewehr, aus dem man eine Kugel abfeuert. Das würde aber dazu führen, daß die Schaufeln sich von ihrer glänzenden Seite *weg-* und auf die dunkle Seite *zubewegen* – genau das Gegenteil dessen, was wir tatsächlich sehen.

Gasdruck

Dies scheint die beliebteste aller falschen Erklärungen zu sein. Sie wird von der *Encyclopædia Britannica* und anderen Lexika verbreitet, dazu kommen noch viele Lehrer naturwissenschaftlicher Fächer.

Hier läuft die Geschichte so, daß die schwarzen Oberflächen der Schaufeln mehr Lichtenergie absorbieren als die glänzenden und deshalb ein wenig wärmer sind. (Das ist soweit richtig.) Die an die schwarzen Flächen angrenzende Luft – in dem Kolben befindet sich noch immer eine kleine Menge davon – wird durch diese Energie erwärmt (das ist noch immer richtig), wodurch sich der Luftdruck auf den schwarzen Seiten erhöht (falsch!). Dieser angeblich erhöhte Druck wirkt auf die schwarzen Flächen, was das Schaufelrad in Richtung auf die glänzenden Seiten in Bewegung setzt.

Hier stellt sich folgende Frage: Wenn die Luft erwärmt wird, was tatsächlich dazu führt, daß sich ihre Moleküle schneller bewegen, warum sollten diese schnelleren Moleküle sich dann öfter auf die Schaufeln stürzen, anstatt in alle möglichen anderen Richtungen davonzufliegen? Die Bewegung der Moleküle *kann* keine gerichtete Kraft hervorrufen. Andersherum gesagt, der Druck der Luft in diesem Bereich kann nicht steigen, weil sie dort nicht eingeschlossen ist. Innerhalb des Glaskolbens kann sie sich beliebig verteilen und jeden sich aufbauenden Druck wieder abbauen. Es gibt also keinen Grund, weshalb sie sich stärker in Richtung auf die Schaufeln als in jede andere Richtung ausdehnen sollte. Folglich verursacht die erwärmte Luft insgesamt keine Kraft zum Antrieb der Schaufeln.

Ausgasen

Ein paar Verschwörungstheoretiker würden uns gern glauben machen, der schwarze Überzug der Schaufeln enthalte *adsorbierte* (an die Oberfläche gebundene) Gase. Wenn die schwarzen Flächen sich durch absorbiertes Licht erwärmten, würden jene Gasmoleküle in der Art von Popcorn, das aus einer heißen Pfanne springt, freigesetzt. Die hüpfenden Gasmoleküle würden dabei eine Kraft auf die dunkle Oberfläche ausüben, so wie ein Basketballspieler beim Absprung zum Korbwurf eine Kraft auf den Hallenboden ausübt. Diese Kraft wiederum würde dann die Schaufeln im Kreis herumwirbeln lassen. Doch wenn das zuträfe, würde das Radiometer schließlich, wenn alle adsorbierten Gasmoleküle freigesetzt sind, einfach stehenbleiben.

Photoelektrischer Effekt

Wie wäre es, wenn die Photonen des Lichts aus den schwarzen Seiten der Schaufeln Elektronen herausschlagen würden, worauf diese beim Abflug einen Rückstoß ausübten? Auch damit ist kein Blumentopf zu gewinnen: Man kann Radiometer aus Materialien bauen, bei denen der photoelektrische Effekt nicht auftritt; deren Elektronen sind so fest gebunden, daß das sichtbare Licht nicht ausreicht, sie herauszulösen. Außerdem würde der photoelektrische Effekt auch dann auftreten, wenn der Glaskolben vollkommen luftleer wäre, während das Radiometer ohne eine gewisse Luftmenge nicht funktioniert.

Konvektionsströmungen

Die erwärmte schwarze Oberfläche bringt durch Konvektion (siehe S. 166) Luftströmungen in Gang, und diese bewegte Luft treibt die Schaufeln an. Das einzige Problem bei dieser Lösung: Niemand kann irgendwelche Luftströmungen erfinden, die vorwiegend in eine einzige Richtung blasen – auf die schwarzen Flächen der Schaufeln.

Die beste Lösung

1881 veröffentlichte ein englischer Ingenieur namens Osborne Reynolds (1842–1912) eine Arbeit, in der das Radiometer auf eine Weise erklärt wurde, die heute viele Wissenschaftler, wenn auch grummelnd, akzeptieren. Möglicherweise ist sie nicht weiter verbreitet, weil sie nicht leicht zu beschreiben oder nachzuvollziehen ist. Aber wir wollen es mal versuchen.

Die Erklärung hat mit der Temperaturdifferenz zwischen der an die schwarzen Flächen (mit ihrer Fähigkeit, Energie zu absorbieren) angrenzenden Luft und der kühleren Luft an den glänzenden Flächen zu tun. Wenn diese Luft in Richtung auf die Außenkanten der Schaufeln fließt, streichen die wärmeren, schnelleren Moleküle anscheinend in einem schrägeren Winkel an den Kanten vorbei als die kühleren, was die Schaufeln in die den dunklen Flächen abgewandte Richtung treibt. *Warum* das nun so sein soll, ist in komplizierte mathematische Berechnungen verpackt, die ich Ihnen (und mir) besser nicht auseinanderklamüsern werde. Wie ich gestehen muß, kann ich nur schwer glauben, daß es die schmalen Kanten dieser dünnen Schaufeln und nicht ihre breiten Flächen sein sollen, die für den Antrieb sorgen. Aber Mr. Reynolds sagt es, und die anderen Erklärungen halten einer genaueren Überprüfung ja nicht stand.

Aber ich hatte Sie gewarnt, oder?

Es hat mich zwar keiner gefragt, aber …

Wenn die Wissenschaftler heute sogar die Geheimnisse des Lebens enthüllen können, wieso gelingt es ihnen dann in mehr als hundert Jahren nicht, das schlichte kleine Radiometer zu erklären?

Hauptsächlich deswegen, weil sie es nicht wirklich versucht haben. Es hat einfach kein gewaltiges staatliches Förderprogramm gegeben, das ebenso viele Milliarden Dollar in die Erforschung des Radiometers gepumpt hätte wie in das Manhattan-Projekt (die Entwicklung der Atombombe), das Raumfahrtprogramm, die Genforschung und andere auf die Gesundheit bezogene Unternehmungen. Das soll nicht heißen, daß wissenschaftliche Probleme mit Geld allein zu lösen wären, aber Wissenschaftler sind da nicht besser als alle anderen: Sie neigen dazu, das zu tun, für das sie belohnt werden. Niemand erhält ein Forschungsstipendium, einen Doktortitel oder einen Nobelpreis, weil er herausfindet, wie ein Spielzeug funktioniert.

Du Fenster in des Lichtes Lauf, warum hältst du das Licht nicht auf?

Warum sind Luft, Wasser und Glas durchsichtig, während sonst praktisch kein anderer Stoff durchsichtig ist?

Nun, was heißt »durchsichtig« überhaupt? Es bedeutet, daß alles Licht, das zum Beispiel von einem Gegenstand außerhalb eines Fensters zu uns hin reflektiert wird, ungestört durch das Glas dringt und zu unseren Augen gelangt, die es weiter verarbeiten. Deshalb *sehen* wir den Gegenstand *durch* das Fenster.

Ein Lichtstrahl, der auf eine Substanz trifft, wird normalerweise entweder von deren Oberfläche *zurückgeworfen* (reflektiert), oder er dringt in sie ein und wird dort *absorbiert*. Wenn es ihm gelingt, beiden Möglichkeiten zu entgehen, bewegt er sich weiter durch das betreffende Medium; er wird *durchgeleitet*. Wir müssen also erklären, weshalb Luft, Wasser und Glas keinen großen Anteil des empfangenen Lichts reflektieren und/oder absorbieren. Fast alle anderen Substanzen – abgesehen von einigen wasserähnlichen Flüssigkeiten und glasähnlichen Kunststoffen – absorbieren einiges von dem Licht und reflektieren den größten Teil (siehe S. 61 und 66), so daß praktisch nichts übrigbleibt, was durchgeleitet werden könnte.

Zunächst wollen wir die Luft abhaken. Unter Normalbedingungen sind die Zwischenräume zwischen den Molekülen zehnmal größer als die Moleküle selbst. Luft ist also eigentlich fast vollkommen leerer Raum, der praktisch nichts enthält, was den Durchgang von Licht behindern könnte, wenn man von einem gelegentlich auftauchenden Molekül einmal absieht. Das gilt für alle Gase.

Bei Wasser und Glas dagegen geht es ganz anders zu, da ihre Moleküle sehr dicht gepackt sind – dicht genug, um ziemlich viel zu reflektieren. Erinnern Sie sich an das gleißende Licht auf der Oberfläche jenes Sees oder auf der Windschutzscheibe jenes Autos an einem sonnigen Tag? Selbst von den durchsichtigsten Flüssigkeiten oder Feststoffen wird also einiges an Licht reflektiert. Das hängt von dem Winkel ab, in dem das Licht auf die Oberfläche trifft.

Von den Lichtstrahlen, denen es gelingt, in Luft, Wasser oder Glas einzudringen, werden nur sehr wenige absorbiert; fast die gesamte Lichtmenge kann sie passieren. Moleküle absorbieren Licht, weil ihre Elektronen bestimmte Energiezustände bevorzugen (siehe S. 61), und wenn sie die zusätzliche Energie eines Lichtteilchens (eines Photons, siehe S. 237) aufnehmen, können sie einen höheren dieser bevorzugten Energiezustände erreichen. Zufällig kann keines der Moleküle in Luft, Wasser oder Glas Energien des sichtbaren Lichts absorbieren und »für sich verwenden«. Was sie absorbieren *können*, sind bestimmte Strahlungen, die für den Menschen unsichtbar sind, wie UV- und Infrarotstrahlung. Das gleiche gilt auch für Alkohol, Kerosin und andere vertraute durchsichtige Flüssigkeiten. Wenn also sehr wenig Licht absorbiert wird und der Einfallswinkel keine Reflexion bedingt, kann fast das gesamte Licht ungehindert passieren.

Erbsenzähler-Ecke

Es gibt natürlich *farbige* Gläser, Flüssigkeiten und sogar Gase. Sie absorbieren selektiv *einige* der Wellenlängen oder Energien des weißen (oder farblosen) Lichts (siehe S. 66) und leiten nur jene durch, für die sie keine »Verwendung« haben. Die Zusammensetzung der Wellenlängen des hindurchgeleiteten Lichts unterscheidet sich von der des weißen Lichts, was eine wahrnehmbare Färbung ergibt.

Es hat mich zwar keiner gefragt, aber…

Warum reflektiert ein Spiegel so gut?

Spiegel sind die besten Lichtreflektoren, die der menschliche Erfindergeist herzustellen in der Lage war. Beachten Sie jedoch, daß das Licht nur von der *hinteren Fläche* des Spiegels reflektiert wird, nachdem es die Vorderschicht aus lichtdurchlässigem Glas passiert hat.

Was hat es mit dieser hinteren Fläche auf sich, daß sie ein so guter Reflektor ist? Es ist eine dünne, glatte Schicht metallischen Silbers. Alle Metalle haben eine glänzende oder reflektierende Oberfläche, weil ihre Atome von einem Meer frei herumschwärmender Elektronen zusammengehalten werden, die keinem speziellen Atom zugeordnet sind. (Das ist auch der Grund, weshalb Metalle so gute Stromleiter sind: Der elektrische Strom ist eine Bewegung von Elektronen.) Diese umherschwärmenden, ungebundenen Elektronen, die ja nun nicht an bestimmte einzelne Atome gebunden sind, zeigen auch keine besondere Neigung, irgendwelche Wellenlängen des Lichts zu absorbieren (siehe S. 66). Also weisen sie alle Wellenlängen ab und reflektieren sie.

Natürlich würde eine Folie aus glänzendem metallischem Silber auch ohne Glas einen vorzüglichen Spiegel abgeben, aber sie würde rasch anlaufen und blind werden.

Ein blitzender Biß

Warum erzeugen die *WintOGreen Life Savers* Lichtblitze?

Allen, die von diesem Phänomen noch nie etwas gehört haben, dürfte Ihre Frage ein wenig seltsam vorkommen. Aber wenn man herzhaft auf diese kleinen Bonbons beißt, erzeugen sie tatsächlich Lichtblitze. Es wird Ihnen vermutlich wenig helfen, wenn Sie erfahren, daß diese Erscheinung *Tribolumineszenz* genannt wird, aber jetzt habe ich es zumindest ausgesprochen und mich damit meiner Pflicht als Wissenschaftler entledigt.

Diese Hustenbonbons sind, was Sie kaum überraschen dürfte, im Grunde wenig mehr als Zuckerkristalle in der Form eines kleinen Schmalzkringels. Es ist schon seit langem bekannt, daß bestimmte Kristalle, darunter auch die von Rohrzucker, diese Eigenschaft der Tri... dingsbums haben. Tatsächlich berichtete der englische Philosoph Francis Bacon (1561–1626) schon im Jahre 1605, daß er beim Zerschlagen von Zuckerblöcken im Dunkeln (Zucker wurde damals in großen Blöcken verkauft, und Kerzenlicht war schwach) Blitze von »sehr lebhaftem Glanze, aber äußerst kurzlebig« beobachtet habe. Mineralogen ist ebenfalls schon seit langer Zeit bekannt, daß bestimmte mineralische Kristalle Licht aussenden, wenn man sie einer plötzlichen mechanischen Belastung aussetzt.

Hier erfahren Sie nun, was dabei geschieht. Ein Kristall

ist eine ordentliche, geometrische Anordnung von Atomen, die in einer Art dreidimensionaler Gitterstruktur miteinander verbunden sind. Beispiele wie Zucker (Saccharose), Salz (Natriumchlorid), Quarz (Silizium) und Diamant (eine stark überteuerte Form von Kohlenstoff) dürften Ihnen bekannt sein. Man hat herausgefunden, daß Kristalle, deren Molekülstruktur nicht symmetrisch ist (bei denen die Moleküle also nicht in zwei Richtungen übereinstimmend angeordnet sind), am besten blitzen.

Wenn man einen solchen Kristall zerbricht, werden die Atome auseinandergerissen, und bei diesem Vorgang werden einige ihrer Elektronen abgelöst. Das Kristallfragment A bekommt dabei vielleicht mehr Elektronen ab, als ihm zustehen, während Fragment B zuwenig erhält. Während sie sich auseinanderbewegen, werden die überzähligen Elektronen auf Fragment A von dem Ort, an den sie eigentlich gehören, stark angezogen. Deshalb zischen sie über die sich verbreiternde Lücke zwischen A und B hinweg, genau wie ein Blitz, der zwischen einer Wolke und dem Erdboden durch die Luft fährt. Diese Miniaturblitze erzeugen winzige blaue Leuchterscheinungen, weil die Moleküle der Luft durch die Elektronen, die rasch zwischen ihnen hindurchfliegen, mit Energie aufgeladen werden. Die zusätzliche Energie geben sie anschließend in Form von Licht wieder ab (siehe S. 61). Deshalb kann man mit kräftigen, den Kristall zertrümmernden Schlägen schwache Lichtblitze erzeugen.

Das ist eigentlich schon alles, was in den meisten der Tribolumineszenz-Kristalle geschieht. Im Falle der *WintO-Green Life Savers* allerdings ist das *noch nicht* alles. Hier folgt fast augenblicklich eine zweite Stufe, die das Licht sehr viel heller macht. Warum?

Ein großer Teil der »Blitzenergie«, die die von Elektronen durcheilte Luft abgibt, ist für den Menschen unsichtbar: Es handelt sich um UV-Strahlung, deren Energie weit höher ist als die des sichtbaren Lichts. Doch in diesen Hustenbonbons ist eine chemische Verbindung namens Methylsalicylat enthalten, die auch unter der Bezeichnung Teebeeren-Öl bekannt ist. Sie ist für den Geschmack in den Blättern des Wintergrüns verantwortlich, einer kleinen, immergrünen Kriechpflanze, die gelegentlich auch Teebeere genannt wird. Und diese Substanz wiederum besitzt die Eigenschaft der *Fluoreszenz* (siehe S. 61). Ihre Moleküle absorbieren UV-Licht (siehe S. 62) und strahlen es als sichtbares Licht wieder ab. Das, was Sie sehen, wenn jemand in einem finsteren Wandschrank krachend auf einen *WintO-Green Life Saver* beißt, sind größtenteils diese sichtbaren Lichtfrequenzen.

Sie können es wohl gar nicht erwarten, es selbst zu versuchen?

Probieren Sie es selbst

Nehmen Sie eine Rolle *WintOGreen Life Savers* sowie einen Handspiegel oder einen guten Freund mit in einen dunklen Wandschrank. (Wenn Sie schon drin sind, desto besser.) Sorgen Sie dafür, daß es im Schrank vollkommen dunkel ist; erforderlichenfalls müssen Sie warten, bis es Nacht wird, und den Türspalt mit einem Handtuch abdichten. Achten Sie darauf, zehn Minuten nichts als reine Gedanken zu denken. In dieser Zeit gewöhnen sich Ihre Augen ausreichend an die Dunkelheit. Jetzt stecken Sie eines der Bonbons in den Mund, ignorieren, was Ihnen Ihre Mutter immer gesagt hat, und zerbeißen es mit offenem Mund rasch und geräuschvoll zwischen den Zähnen. Ihr Spiegel oder Ihr Freund/Ihre Freundin wird überraschend helle Blitze in Ihrem Mund sehen. Kleine Drachenkinder werden übrigens mit Hilfe von *WintOGreen Life Savers* ausgebildet.

Vielleicht wollen Sie ja auch ein wenig mit Zuckerwürfeln herumspielen. Sie sollten sie, immer noch im Wandschrank, streifend aneinanderschlagen, so als würden Sie ein Streichholz anzünden. Auch hier sehen Sie die Blitze aufleuchten, doch an die Fluoreszenz des Methylsalicylats aus dem Wintergrün reichen sie nicht heran.

Kapitel 3

Heißes Zeug

Alles ist warm. Genauer gesagt, alles enthält eine gewisse Wärmemenge. Und demzufolge hat es auch eine Temperatur. Selbst ein Eiswürfel enthält Wärme. »Warm« ist ein durch und durch relativer Begriff.

Wärme ist die endgültige Form der Energie, jene Form, in der alle anderen Energieformen schließlich enden. Es gibt Bewegungsenergie (in der Sprache der Wissenschaft: *kinetische Energie*), Gravitationsenergie, chemische Energie und elektrische Energie. Mit der richtigen Ausstattung können sie alle ineinander umgewandelt werden. Gravitationsenergie können wir in kinetische Energie umformen, wenn wir einen Felsbrocken über eine Klippe stoßen. Die kinetische Energie eines Wasserfalls können wir in die elektrische Form umwandeln, indem wir ein Wasserrad an einen Generator anschließen. Mit einer Batterie läßt sich chemische in elektrische Energie umwandeln, und so weiter.

Keine dieser Umformungen kann jedoch vollständig, zu 100 Prozent, erfolgen. Ein Teil der Energie wird zwangsläufig »verschwendet«, nämlich in Wärme verwandelt. Der Felsbrocken, der auf den Boden aufschlägt, erwärmt diesen ein wenig, und der entsprechende Energiebetrag geht uns verloren. Die Lager des Wasserrades erwärmen sich aufgrund der Reibung, und so verlieren wir diesen Energiebetrag. Eine Batterie wird wegen der chemischen Reaktionen in ihrem Inneren wärmer, wenn sie Strom abgibt; auch diese Wärmeenergie ist für uns verloren. Kurz gesagt, Energie können wir nicht beliebig in ihre verschiedenen

Formen umwandeln; wir verlieren jedesmal einen Teil davon als Wärme.

Können wir diese »vergeudete« Wärme sammeln und sie in eine andere Form zurückführen? Schließlich wird heutzutage doch fast alles wiederverwertet, warum nicht auch die Wärmeenergie? Sicher können wir das, aber nicht vollständig. Denn physikalisch gesehen ist Wärme eine chaotische Bewegung von Atomen und Molekülen (siehe S. 125), und wenn man sie wieder in einen geordneten Zustand zurückführen will, muß man Arbeit aufwenden: Energie. Wir müssen Energie einsetzen, um jene Wärmeenergie zurückzugewinnen; unter dem Strich wird also die Netto-Energiebilanz stets ein Defizit ergeben.

Die eben dargestellten Gedanken sind im sogenannten Zweiten Gesetz der Thermodynamik enthalten, einer der tiefgründigsten Ansammlungen von Erkenntnissen, die dem menschlichen Geist je aufgegangen sind.

Auch wenn wir die Wärmeenergie nicht mit einem Nutzungsgrad von 100 Prozent verwenden können, ist sie alles andere als ein Nebendarsteller im großen Energiespiel. Die Welt wird von Wärme angetrieben. Sie ist die gemeinsame Währung, sozusagen der Euro der Energie, die wir Menschen handhaben, um unsere Energieziele zu verfolgen. In unseren Öfen führen wir sie zu, aus unseren Kühlschränken entfernen wir sie. Dabei erfolgen die meisten Anwendungen selbstverständlich erst, nachdem wir die Wärmeenergie in elektrische Energie umgewandelt haben, weil mit dieser soviel leichter umzugehen ist.

Wie andere frei bewegliche physikalische Objekte kann auch Wärme sich von einem Ort zum anderen bewegen, solange es »bergab« geht: von einem Ort mit höherer zu einem mit niedrigerer Temperatur. In diesem Sinn hat Wärme sehr viel Ähnlichkeit mit fließendem Wasser.

Fließt aber die Wärme nun, weil das Objekt mit höherer Temperatur mehr Wärme enthält als das mit niedrigerer Temperatur? Nicht notwendigerweise. Die Menschen verwechseln oft Wärme mit Temperatur – das heißt, nur diejenigen, die dieses Kapitel nicht gelesen haben.

Um einen Begriff davon zu bekommen, können Sie sich an folgendem Rätsel versuchen, wobei Sie das Fließen des Wassers als Analogie zum Fluß der Wärme heranziehen sollten.

Wenn ein Wasserfall spontan von See A zu See B abfließt, heißt das dann, daß in See A mehr Wasser vorhanden ist als in See B? (Beachten Sie: Wärme entspricht der Wassermenge, während die Temperatur der Höhe analog ist.)

Dieses Kapitel handelt also von der Wärme und der Elektrizität, die wir daraus erzeugen. Es handelt von globaler Abkühlung (ja, Abkühlung), kalten Füßen, kaltem Stahl, heißem Feuer, Spatzen, Kühlschränken, Thermometern und Badewannen.

Doppelt gemoppelt

Ich lebe in Miami, meine Zwillingsschwester in Tucson (Arizona). Eines Tages erwähnte ich am Telefon, daß wir hier in Miami 80 Grad Fahrenheit (26 °C) hätten, worauf sie im Spaß erwiderte, in Tucson sei es »doppelt so warm«. Wenn das wirklich der Fall wäre, welche Temperatur würde dann in Tucson herrschen?

Sicherlich würde man dort nicht 160 Grad Fahrenheit (71 °C) messen. Das liegt aber nicht daran, daß diese 160 Grad zu warm wären; vielmehr wäre es damit noch nicht warm genug. Die Temperatur, bei der es »doppelt so warm« wäre wie 80 Grad Fahrenheit, liegt (ob Sie es glauben oder nicht) bei 621 Grad Fahrenheit!

Und das geht so: Zuerst müssen wir uns klarmachen, daß Wärme und Temperatur zwei verschiedene Dinge sind. Bitte sprechen Sie mir nach: *Wärme ist Energie, während Temperatur nur unsere menschliche Art und Weise ist, einander mitzuteilen, wie stark diese Wärmeenergie in einem bestimmten Gegenstand konzentriert ist.*

Fangen wir mit der Wärme an. Der Betrag der in einem Objekt enthaltenen Wärmeenergie kann in Kalorien angegeben werden, als handle es sich dabei um Schmalzkringel. (Eine Kalorie ist nichts als ein Energiebetrag, richtig?) Aber Sie werden zugeben, daß ein großer Schmalzkringel mehr Kalorien enthält als ein kleiner, oder nicht? Nun, beim Energieinhalt einer beliebigen Substanz verhält es sich genauso. Ein Liter kochenden Wassers enthält doppelt soviel Wärmeenergie wie ein halber Liter kochenden Wassers, auch wenn die Temperatur in beiden Fällen 100 °C beträgt.

Ein weiteres Beispiel: Eine mit warmem Wasser gefüllte Badewanne enthält erheblich mehr Wärme als ein Glas Wasser, das sie aus dieser Wanne schöpfen, einfach weil sich in der Wanne mehr heiße Moleküle befinden. Kurz gesagt, je mehr von einer Substanz man hat, desto mehr Wärmeenergie ist darin enthalten.

(Vielleicht wollen Sie genau jetzt eine Auszeit nehmen, um sich noch einmal an dem Rätsel von S. 120 zu versuchen. Die Antwort finden Sie am Ende dieser Abhandlung auf S. 126.)

Das Problem Ihrer Schwester, ob sie sich dessen bewußt

war oder nicht, bestand also darin, herauszufinden, wieviel Energie eigentlich in der Außenluft enthalten war – sagen wir mal, in einem Kubikmeter davon. Wenn die Luft in Tucson dann wirklich zweimal soviel Energie pro Kubikmeter enthielt wie in Miami, durfte sie mit Recht sagen, es sei »doppelt so warm«.

Wie können wir den Wärmeinhalt eines Gegenstandes bestimmen? Es reicht sicherlich nicht, nur seine Temperatur zu messen, da seine Größe dabei unberücksichtigt bleibt. Wie wir am Beispiel der Badewanne herausgefunden haben, kann ein großes Objekt, das eine Menge Wärme enthält, die gleiche Temperatur haben wie ein kleinerer Gegenstand, der weit weniger Wärme enthält. Darüber hinaus sind Temperaturangaben, ob man sie nun in Fahrenheit oder in Celsius ausdrückt, nichts weiter als willkürlich festgelegte Zahlen, die von jenen beiden Herren mit den entsprechenden Namen (siehe S. 131) erfunden worden sind. Es handelt sich dabei nur um bequeme Bezeichnungen, mit denen wir uns verständigen – Zahlen, über die allgemeine Übereinkunft besteht, als wäre vom Berg Sinai herab verkündet worden: »*Wenn dein Eis schmilzt, so soll es geschehen bei 32 Grad Fahrenheit oder Null Grad Celsius. Und wenn dein Wasser siedet, sei es bei 212 Grad Fahrenheit oder 100 Grad Celsius!*« Nur daß diese Verkündigungen nicht von Gott dem Herrn stammen, sondern von den Herren Fahrenheit und Celsius.

Doch die Wärmemenge, die in einem Objekt enthalten ist, kann nicht der Neigung des Menschen unterworfen sein, mit Zahlen herumzuspielen. Wir brauchen eine absolut gültige Skala, um den Wärmeinhalt von Gegenständen angeben zu können.

Das Problem an der ganzen Sache ist allerdings, daß auf keiner der beiden Temperaturskalen die Temperatur Null mit dem Wärmeinhalt Null übereinstimmt. Null Grad Celsius bezeichnet nur die Temperatur schmelzenden Eises. Heißt das nun, daß nichts kälter sein kann als schmelzendes Eis? Natürlich nicht.

Man kann es auch folgendermaßen betrachten: Wie können Sie eine Skala zur Messung irgendeines Wertes verwenden, wenn Null nicht wirklich dem Wert Null entspricht? Stellen Sie sich doch einmal einen Zollstock (oder Meterstab) vor, bei dem »Null Zentimeter« irgendwo in der Mitte markiert wäre und nicht am linken Ende. Bedenken Sie nur, was für kuriose Meßwerte dabei herauskämen.

Wenn wir also je in der Lage sein wollen, den Wärmeinhalt eines Gegenstandes (oder in diesem Zusammenhang der Luft) zu messen, benötigen wir eine Skala, bei der Null tatsächlich die Abwesenheit jeglicher Wärme bezeichnet. Und hier kommt ein adliger Herr aus England namens Lord Kelvin (1824–1907) ins Spiel, ein Wissenschaftler, dessen bürgerlicher Name William Thomson lautete.

Kelvin erstellte eine Temperaturskala, die bei »Abwesenheit jeglicher Wärme« beginnt – dem »Absoluten Nullpunkt« der Temperatur, bei dem alle Dinge so kalt sind, wie sie höchstens sein können. Dann lieh er sich die Größeneinteilung des Grades von Herrn Celsius und zählte von diesem Punkt an aufwärts. Bei diesem Vorgehen zeigt sich, daß die Temperatur gefrierenden Wassers, Null Grad Celsius, 273 Grad über dem Absoluten Nullpunkt liegt; die Siedetemperatur von Wasser – 100 Grad Celsius – beträgt demnach 373 Grad über dem Absoluten Nullpunkt. Die Körpertemperatur des Menschen (37 Grad Celsius) verwandelt sich auf dieser Skala in 310 Grad. (*Das* sollten Sie Ihrem Arzt sagen, wenn er Sie nach Ihrer Temperatur fragt!) Sie sehen also, daß man die absolute Temperatur, die zu Ehren

Lord Kelvins in *Kelvin* (K) gemessen wird, durch die Addition von 273 zur Temperatur in Grad Celsius erhält.

Jetzt sind wir bereit, das Rätsel Ihrer Schwester zu beantworten. Wenn die Luft in Tucson im Vergleich zu Miami die doppelte Wärmemenge pro Kubikmeter enthalten soll, dann müssen wir die *absolute* Temperatur der Luft von Miami verdoppeln. Dazu rechnen wir zunächst die 80 Grad Fahrenheit in Celsius um (wie das geht, erfahren Sie auf S. 135), was 27 Grad ergibt. Die Addition von 273 ergibt 300 Kelvin, ein realistisches Maß für den Wärmeinhalt der Luft. Deren Verdoppelung führt uns zu 600 Kelvin, die sich wiederum in 327 Grad Celsius oder 621 Grad Fahrenheit umrechnen lassen. Soviel zur freihändigen Temperaturschätzung Ihrer Schwester! Aber wir wissen ja, Schwesterherz: Das spürt man gar nicht, weil in Tucson die Luftfeuchtigkeit so niedrig ist, stimmt's?

Wenn der Thermostat in Ihrer Wohnung auf 70 Grad Fahrenheit eingestellt ist und Sie die Wärme verdoppeln wollen, ist es ähnlich: Sie müssen ihn auf 599 Grad Fahrenheit hochfahren. Sie dürfen mir das ruhig glauben, oder Sie rechnen es selbst nach. In den Celsius-Ländern müßten Sie den Thermostaten auf 313 Grad stellen, wenn Sie ein Haus mit 20 Grad doppelt so warm haben wollen.

Kneipenwette

Wenn Ihr Zimmer 20 Grad Celsius warm ist und Sie es doppelt so warm haben wollen, müssen Sie Ihren Thermostaten auf 313 Grad einstellen.

Um diese Wette zu gewinnen, müssen Sie keine Berechnungen auf eine Serviette kritzeln. Sie müssen die Jungs an der Theke nur höflich darauf hinweisen, daß die Celsius-

Skala nicht dann Null anzeigt, wenn keinerlei Wärme mehr vorhanden ist. *Unter Null* gibt es eine gewaltige Menge nicht mitgezählter Wärmeenergie. Folglich steht die Zahl »20« keineswegs für die Gesamtwärme, weshalb eine Verdoppelung dieser Zahl auch nicht annähernd zur zweifachen Wärmemenge führt.

Es hat mich zwar keiner gefragt, aber…

Warum gibt es eine unterste Grenze für die Temperatur, die ein Gegenstand annehmen kann?

Wärme ist Energie. Welche Art von Energie? Jedenfalls keine elektrische oder atomare oder die Art von Energie, die Ihr Auto besitzt, wenn Sie über die Autobahn brettern. Vielmehr handelt es sich um die Energie, die ein Objekt *in sich* enthält, weil seine Bestandteile, seine Atome und Moleküle, innerhalb ihres begrenzten Bewegungsspielraums vibrieren und herumhüpfen wie eine Horde von Teenies in der Disco. Je heftiger diese Teilchen sich bewegen, desto wärmer, sagen wir, ist der Stoff: Seine Temperatur ist entsprechend höher. Ein größerer Brocken desselben Materials wird jedoch bei gleicher Temperatur mehr Wärmeenergie enthalten, weil er mehr dieser sich bewegenden Teilchen enthält.

Wenn wir etwas abkühlen, ihm also Wärmeenergie entziehen, sind es diese Teilchen, die Energie verlieren; sie bewegen sich nun entsprechend langsamer. Wenn wir die Substanz weit genug abkühlen könnten, würden wir am Ende einen Punkt erreichen, wo die Partikel völlig zum Stillstand kommen. Dann wären wir bei der niedrigsten möglichen Temperatur angekommen: dem Absoluten Nullpunkt.

Ganz nebenbei: Wenn Sie Ihrem Arzt mitteilen wollen, daß Sie kein Fieber haben, sollten Sie nicht behaupten, Sie hätten »keine Temperatur«. Das würde nämlich bedeuten, daß Ihr Körper den Absoluten Nullpunkt erreicht hat, und dann könnte Ihnen ohnehin kein Arzt mehr helfen.

Erbsenzähler-Ecke

Auch am Absoluten Nullpunkt kommen atomare und molekulare Bewegung nicht vollkommen zum Stillstand. Der Theorie zufolge würde immer ein winziger Rest von Energie verbleiben. Doch die Definition des Absoluten Nullpunkts beruht ohnehin nicht auf der Molekularbewegung. Er ist vielmehr definiert als diejenige Temperatur, bei der ein Gas aufgrund der Kälte so weit geschrumpft wäre, daß es völlig verschwinden würde. Bis jetzt ist es noch keinem Menschen gelungen, eine Substanz bis auf den Absoluten Nullpunkt abzukühlen – tatsächlich sagt die Theorie sogar aus, daß er niemals ganz erreicht werden kann –, obwohl man ihm bei einigen Versuchen bis auf wenige Milliardstel Grad nahegekommen ist. Das liegt unter anderem daran, daß die Substanz vollkommen gegen Wärme isoliert sein müßte: Nicht einmal die einem einzigen Atom innewohnende Wärme dürfte ihn von außen erreichen. Das ist nicht gerade mit einer handelsüblichen Thermosflasche zu gewährleisten.

Nun die Antwort auf das Rätsel von S. 120: Natürlich ist es dem Wasserfall egal, wie groß die beiden Seen sind. Und ebenso wie Wasser unabhängig von seiner Menge aus größerer zur niedrigeren Höhe abfließt, fließt auch Wärme von einem Körper mit höherer zu einem mit niedrigerer Temperatur, gleichgültig wie groß oder klein die beteiligten Körper sind oder wieviel Wärme sie aus diesem Grund enthalten. Es kommt nur auf die *Temperaturdifferenz* an – die Energiedifferenz zwischen den schnellen, heißen und den langsameren, kühleren

Molekülen, mit denen erstere zusammenstoßen und denen sie dabei ihre Energie übertragen.

Kalte Füße

Warum fühlt sich der geflieste Boden in meinem Badezimmer für meine bloßen Füße so kalt an?

Wenn ich einmal davon ausgehe, daß Sie nicht vergessen haben, Ihre Gasrechnung zu bezahlen, liegt das daran, daß Porzellanfliesen die Wärme besser leiten als jene kuschelige Badematte, auch wenn beide die gleiche Temperatur haben.

Allen ist vertraut, daß sich manche Dinge kälter anfühlen als andere. Menschen sprechen von »kaltem Stahl«, als wäre die Klinge eines Schwerts irgendwie kälter als seine Umgebung. Bäcker rollen ihren Teig gern auf einer Marmorunterlage aus, »weil sie kälter ist«. Sie brauchen nur eine stählerne Messerklinge oder eine Marmorplatte zu berühren, und Sie werden mir zustimmen müssen: Beide fühlen sich *tatsächlich* kälter an.

Doch sie sind es nicht. *Der Stahl, der Marmor und die Bodenfliesen sind um kein bißchen kälter als alles andere im Raum.* Sie fühlen sich nur so an.

Alle Objekte, die ausreichend lang im selben Raum sind, haben schließlich dieselbe Temperatur wie alles übrige, da sich die Temperaturen automatisch aneinander angleichen. Heißer Kaffee kühlt sich ab, kaltes Bier wird wärmer. Wenn Sie eine Tasse heißen Kaffee und ein Glas kaltes Bier lange genug nebeneinander auf dem Tisch stehen lassen, nehmen schließlich beide dieselbe – nämlich die im Raum vorherrschende – Temperatur an. (Dennoch würden Sie den Kaffee nun für »kalt« und das Bier für »warm« halten, oder?)

Das liegt daran, daß Wärme immer vom Warmen zum Kälteren fließt. Die Moleküle in einem warmen Gegenstand bewegen sich schneller als die in einem kalten, denn das ist das *Wesen* der Temperatur: Sie ist ein Maß für die durchschnittliche Geschwindigkeit der Moleküle. Wenn also ein warmer Gegenstand mit einem kalten in Berührung kommt, kollidieren die schnelleren Moleküle des ersteren mit den langsameren und beschleunigen sie – machen sie also wärmer.

Wenn ein Gegenstand zufällig kälter ist als seine Umgebung, fließt die Wärme automatisch zu ihm, bis er die Temperatur der Umgebung angenommen hat. Wenn er dagegen zufällig wärmer ist, geht seine Wärme in die Umgebung über. Es hat sich als zweckmäßig erwiesen, sich den Wärmefluß in der Art fließenden Wassers vorzustellen. Wasser fließt immer nach unten, und Wärme fließt immer zur niedrigeren Temperatur hin (siehe S. 119). Man könnte sogar sagen, daß sich die Temperatur ihr eigenes Niveau sucht.

Nicht nur Stahl, Marmor und Fliesen fühlen sich kühl an. Unsere Hauttemperatur liegt bei etwa 37 Grad Celsius, während alles andere im Raum (abgesehen vielleicht von einem heißen Heizkörper) die herrschende Raumtemperatur besitzt – ungefähr 21 Grad Celsius. Wenn Sie also einen Gegenstand im Raum berühren, wird er sich für Ihre Haut kühl anfühlen, weil er *tatsächlich* kühler ist als Ihre Haut. Deshalb fließt Wärme von Ihrer Haut in den Gegenstand, und die der Wärme beraubte Hand vermittelt Ihnen die Empfindung von Kühle.

Probieren Sie es selbst

Nehmen Sie verschiedene Gegenstände im Raum in die Hand, und zwar solche, die nicht offensichtlich kühler oder wärmer sind, wie zum Beispiel eine Flasche Limo, eine Tasse Kaffee oder ein Buch. Drücken Sie einen nach dem anderen gegen Ihre Stirn. Sie werden sich alle ein wenig kühl anfühlen. (Das mag sogar für Ihren Hund zutreffen, falls der sich die Prozedur gefallen läßt.)

Doch wie Sie zu Ihrem Mißvergnügen feststellen mußten, fühlen sich manche Dinge kühler an als andere. Der geflieste Boden wird kälter empfunden als die Badematte, obwohl wir gesehen haben, daß sie dieselbe Temperatur haben müssen. Wie kommt das?

Nun, auch wenn alle Gegenstände im Raum kühler sind als Ihre Haut und ihr deshalb Wärme entziehen, gibt es doch einige Materialien, die ihr die Wärme besser entziehen können als andere: Sie sind bessere *Wärmeleiter* – das heißt, sie transportieren die entwendete Wärme wirksamer ab. Und je schneller ein Material die Wärme ableitet, desto kühler wird sich Ihre Haut anfühlen. Zufällig ist eine Porzellanfliese ein weit besserer Wärmeleiter als die Badematte aus Baumwolle oder aus synthetischen Fasern, deshalb fließt die Wärme schneller aus Ihren zarten Füßchen ab, wenn sie auf dem nackten Fußboden stehen, und sie fühlen sich kälter an.

Verschiedene Stoffe bestehen aus Molekülen mit unterschiedlichen Eigenschaften – *deshalb* sind es ja verschiedene Stoffe –, und folglich übertragen sie die Wärme auch mit voneinander abweichender Geschwindigkeit und Wirksamkeit.

Substanzen, die aus großen, sperrigen oder fest eingebundenen Molekülen bestehen, können ihre Nachbarn nicht besonders leicht anrempeln, deshalb schaffen sie es auch nicht, Wärme sehr schnell abzuführen. Das ist zum Beispiel bei Materialien wie Baumwolle, Holz oder Gummi der Fall. Ihr Holzfußboden fühlt sich doch sicher nicht so kalt an wie der Fliesenboden, oder? Die großen Moleküle des Holzes sind nicht in der Lage, Ihrer Haut so schnell die Wärme zu entziehen.

Gase sind von allen Materialien die schlechtesten Wärmeleiter. Die Moleküle sind so weit voneinander entfernt, daß sie kaum andere finden, mit denen sie zusammenstoßen könnten. Fast alles kann die Wärme besser leiten als Luft, und aus diesem Grund fühlt sich alles, was Sie berühren, mehr oder weniger kühl an. Sie vergleichen es nämlich automatisch mit der Luft, von der Sie normalerweise umgeben und an die Sie gewöhnt sind. Luft isoliert Sie.

Dagegen sind Metalle von allen Substanzen die besten Wärmeleiter. Das liegt an ihrer einzigartigen Struktur. Sie enthalten frei bewegliche Elektronen, die problemlos von einem Atom zum nächsten wechseln können. Deshalb sind sie so gute elektrische Leiter, aber auch so gute Wärmeleiter. Weil die winzigen Elektronen so beweglich sind, können sie Wärmeenergie sehr viel wirksamer von hier nach dort transportieren als große, einander rempelnde Atome oder Moleküle. Metalle können Ihrer Haut die Wärme am besten entziehen, und deshalb fühlen sie sich am kältesten an.

Ingenieure und Physiker haben gemessen, wie gut verschiedene Substanzen die Wärme leiten (in der Sprache der Wissenschaft: ihre *Wärmeleitfähigkeit*). Die folgende Tabelle zeigt in gerundeten Zahlen die Wärmeleitfähigkeit einiger vertrauter Materialien im Vergleich zu Luft, der ich die Zahl 1 zugeordnet habe. Je weiter Sie in der Liste nach unten gehen, desto kälter wird sich die Substanz anfühlen, auch wenn sie in Wahrheit Raumtemperatur hat.

Wie verschiedene Substanzen im Vergleich zu Luft die Wärme leiten

Luft	1
Gummi	6
Holz	6
Wasser	24
Glas	30–40
Porzellanfliese	40
Marmor	70–120
Granit	130
Rostfreier Stahl	600
Eisen	3300
Aluminium	9500
Kupfer	16 000
Silber	17 000

Und die Moral von der Geschichte: Bauen Sie nie ein Haus mit silbernen Fußböden in den Badezimmern (auch nicht mit silbernen Toilettensitzen).

Gabriel, du hast Murks gebaut!

Warum liegen der Gefrierpunkt bzw. der Siedepunkt des Wassers bei so seltsamen Zahlenwerten wie 32 und 212 Grad Fahrenheit?

Für so verbreitete alltägliche Vorgänge wie das Einfrieren und das Sieden des Wassers sind das wahrlich seltsame Zahlenwerte. Wir müssen uns mit ihnen herumschlagen, weil ein deutscher Glasbläser und Amateurphysiker namens Gabriel Fahrenheit (1686–1736) ein paar schlechte Entscheidungen traf.

Schon seit etwa 1592 hatte es Geräte zur Temperaturmessung gegeben, obwohl kein Mensch wußte, was Temperatur eigentlich war, und auch niemand versucht hatte, sie mit Zahlen zu verknüpfen.

1714 konstruierte dann Fahrenheit ein Glasröhrchen, das einen sehr dünnen Quecksilberfaden enthielt – eine schöne, glänzende, gut sichtbare Flüssigkeit –, der bei Erwärmung wegen der Ausdehnung nach oben wanderte und sich bei Abkühlung wieder zusammenzog. Doch Fahrenheits Thermometer war gleich allen seinen Vorgängern wie eine Uhr ohne Zifferblatt. Er mußte dem Ding Ziffern verpassen, denn wie sonst sollte sich jemand über das Wetter beschweren können?

Also mußte Fahrenheit sich einen passenden Zahlensatz ausdenken, den er auf die Glasröhrchen gravieren konnte, damit das Quecksilber in allen Thermometern bei jeweils gleichen Temperaturen auch die gleiche Zahl anzeigte. Und das war der Moment, in dem Gabriel Murks baute. Die Historiker stellen immer noch Spekulationen an, was ihm dabei wohl durch den Kopf gegangen sein mag, doch die folgende Schilderung des Ablaufs könnte der Wahrheit zumindest nahekommen.

Da ein voller Kreis in 360 Untereinheiten oder Grade eingeteilt ist, kam er zu dem Schluß, es sei doch ganz nett, wenn die Skala zwischen dem Gefrierpunkt und dem Siedepunkt des Wassers ebenfalls in 360 Einheiten – die man auch gleich als Grade bezeichnen konnte – unterteilt wäre.

Doch 360 Unterteilungen hätten den Abstand zwischen zwei Graden zu klein werden lassen, und so entschied er sich statt dessen für 180.

Damit war die Größe eines Grades festgelegt: exakt ein Hundertachtzigstel des Abstands zwischen der Markierung des Gefrierpunkts und der des Siedepunkts auf dem Röhrchen. Doch welche Zahlen, so fragte sich Fahrenheit, sollten letztlich auf der Skala stehen? 0 und 180? Oder 180 und 360? Oder, Himmel hilf, 32 und 212? (212 – 32 = 180, stimmt's?)

Nun, er steckte sein Thermometer in das kälteste Gebräu, das er herstellen konnte – eine Mischung aus Eis und einer chemischen Verbindung namens Ammoniumchlorid –, und nannte diese Temperatur »Null«. (Was für eine Arroganz, Gabriel! Würde wirklich kein Mensch in der Geschichte je in der Lage sein, eine kältere Mischung herzustellen? Zwei Jahrhunderte später sind wir jedenfalls imstande, Kältemischungen herzustellen, die fast 460 Grad unter deinem Nullpunkt liegen.)

Als er seine Körpertemperatur maß, stieg sein Thermometer auf etwa 100 Grad. (Gut, es waren 98,6, aber lesen Sie im folgenden, wie diese Zahl zustande kam.) Fahrenheit jedenfalls gefiel dieser Punkt: Menschen, so dachte er, sollten auf seiner Skala den Wert 100 erreichen.

Als nächstes steckte er sein Thermometer in eine Mischung von Eis und Wasser, und dabei stieg das Quecksilber um 32 Grad höher als bei seiner Mischung zur Bestimmung des Nullpunkts. Deshalb also ist der Gefrierpunkt des Wassers bei 32 Grad gelandet. Und schließlich mußte es, weil siedendes Wasser um 180 Grad höher liegen sollte, bis zum Siedepunkt auf 32 + 180 emporklettern, was 212 ergibt. Ende der Geschichte Fahrenheits.

Sechs Jahre nach dem Zeitpunkt, zu dem Fahrenheits

Körpertemperatur sich der Umgebungstemperatur angepaßt hatte, schlug ein schwedischer Astronom namens Anders Celsius (1701–1744) vor, die Temperatur auf eine Skala von 100 Grad festzulegen, was die heutige Celsius-Skala ergab. Dazu legte er fest, daß zwischen dem Gefrier- und dem Siedepunkt des Wassers keine 180, sondern 100 Grad liegen sollten. Außerdem bestimmte er die Gefriertemperatur des Wassers als »Nullpunkt«, da dieser Bezugspunkt für jedermann leicht zu reproduzieren war. Und schon war der Siedepunkt des Wassers auf 100 Grad gefallen. (Seltsamerweise wählte Celsius aus Gründen, die wohl nur schwedische Astronomen des 18. Jahrhunderts kennen, die 100 für den Gefrierpunkt und die 0 für den Siedepunkt. Doch nach seinem Tod hat man das umgedreht.)

Und was hat es mit der Zahl 98,6 als der »normalen« Körpertemperatur des Menschen auf sich? Nichts als Dusel. Die Körpertemperaturen der Menschen sind recht verschieden, abhängig von der Tageszeit, dem Tag des Monats (bei Frauen) und ganz normalen Unterschieden im Stoffwechsel. Bei den meisten Menschen schwankt dieser Wert um den Durchschnitt von 37 Grad Celsius, und so haben ihn die Ärzte als »Normalwert« übernommen. Raten Sie mal, was 37 Grad Celsius in Fahrenheit ergeben? Genau, 98,6, eine Zahl, die für alle Welt viel genauer aussieht, als sie tatsächlich ist. Die sechs Zehntel eines Grads ergeben sich schlicht und einfach aus einem Zufall der Umrechnungsarithmetik, sie haben keinerlei Bedeutung.

Wo wir gerade von Umrechnungen sprechen, kann ich der Versuchung nicht widerstehen – ich nutze jede sich bietende Chance dafür –, eine *leichte* Umrechnungsmethode für Temperaturen zu veröffentlichen. Ich weiß wirklich nicht, warum man in den Schulen immer noch diese komplizierten Formeln lehrt, in denen immer wieder die 32 vorkommt, und dazu Klammern und Brüche, die nicht aufgehen. Schließlich gibt es eine weit einfachere Möglichkeit, die vollkommen korrekt ist:

> *Um Celsius in Fahrenheit umzurechnen, addiere man 40, multipliziere mit 1,8 und ziehe dann wieder 40 ab. Um Fahrenheit in Celsius umzurechnen, addiere man 40, dividiere durch 1,8 und ziehe dann wieder 40 ab.*

Das ist auch schon alles. Es funktioniert, weil (a) 40 Grad unter Null auf beiden Skalen dieselbe Temperatur bedeutet und (b) ein Grad Celsius das 1,8fache eines Grades Fahrenheit beträgt (180 : 100 = 1,8).

Noch ein allerletzter Punkt: *Thermometer messen nur ihre Eigentemperatur*. Überlegen Sie: Ein kaltes Thermometer verzeichnet niedrige, ein heißes hohe Temperatur. Ein Thermometer, das Sie in ein Objekt stecken, zeigt dessen Temperatur erst dann an, wenn es sich selbst an die Temperatur dieses Gegenstandes angepaßt hat, also so warm oder so kalt wie er geworden ist. Deshalb müssen Sie auch warten, bis das Fieberthermometer sich an Ihre Körpertemperatur angepaßt hat, ehe Sie es ablesen können.

Kneipenwette

Ein Fieberthermometer mißt nicht die Temperatur unseres Körpers, sondern seine eigene.

Heiß, heißer, am heißesten?

Wenn man davon ausgeht, daß der Absolute Nullpunkt die tiefste mögliche Temperatur bezeichnet, gibt es dann auch eine höchste mögliche Temperatur?

Ja. Aber wir sollten zunächst bei mäßiger Wärme anfangen und dann allmählich aufdrehen.

Wärme ist diejenige Energie, die eine Substanz aufgrund der Tatsache, daß ihre Atome und Moleküle sich bewegen, in sich selbst enthält (siehe S. 125). Die Temperatur ist jedoch ein vom Menschen erfundener Begriff, der dazu gedacht ist, daß wir uns untereinander über den Wärmeinhalt einer Substanz verständigen und ihm Zahlenwerte zuordnen können. Wenn wir sagen, daß wir »die Temperatur eines Gegenstandes erhöhen«, führen wir seinen Atomen und Molekülen Wärmeenergie zu, wodurch wir sie dazu bringen, sich schneller zu bewegen. Wenn man sie dagegen verlangsamt und damit abkühlt, muß die unterste Grenze notwendigerweise dann erreicht sein, wenn sie sich überhaupt nicht mehr bewegen: das ist der Absolute Nullpunkt (siehe S. 126). Unsere Ausgangsfrage läßt sich also darauf zurückführen, ob es eine obere Grenze für die Geschwindigkeit gibt, mit der sich jene Atome und Moleküle bewegen.

Schon lange bevor wir aber eine solche Geschwindigkeitsgrenze erreicht haben, wird sich einiges ereignen. Zunächst wird die Substanz, sofern es sich um einen Feststoff handelt, flüssig werden. Bei weiter steigender Temperatur wird die Flüssigkeit sieden und zu Dampf oder Gas werden – ein Zustand, in dem die Atome oder Moleküle frei in allen Richtungen umherflitzen. Wenn sie noch weiter aufgeheizt werden, werden sie immer schneller umherfliegen. Beispielsweise erreichen die Stickstoffmoleküle der Luft in Ihrem Backrohr bei 177 °C eine durchschnittliche Geschwindigkeit von 2300 km/h.

Falls die Substanz aus Molekülen (Gruppierungen miteinander verbundener Atome) besteht, zerfallen diese wegen der starken Kräfte, die bei ihren heftigen Zusammenstößen auftreten, schließlich in kleinere Bruchstücke und vielleicht sogar in ihre einzelnen Atome. Anders gesagt, jede molekulare Verbindung wird sich zersetzen, wenn die Temperatur nur hoch genug ist.

Und die einzelnen Atome? Zerbrechen die am Ende auch? Ja, genau das. Bei ausreichend hoher Temperatur lösen sich die Elektronen von ihren Atomen, was ein brodelndes, flüssiges Inferno freier Elektronen und geladener atomarer Bruchstücke, das sogenannte Plasma, entstehen läßt. Das ist der Stoff im Inneren der Sterne, und seine Temperaturen liegen im Bereich von einigen zehn Millionen Grad.

Geht es noch heißer? Warum nicht? Anscheinend kann uns nichts daran hindern, die Elektronen und atomaren Bruchstücke eines Plasmas auf immer höhere Geschwindigkeiten zu beschleunigen, abgesehen von *einer* Einschränkung. Zufällig gibt es im Universum eine allgemeine Geschwindigkeitsbeschränkung: Das ist die Geschwindigkeit des Lichts im Vakuum, 1,08 Milliarden km/h.

Durch Albert Einstein wissen wir, daß die Elektronen in einem Plasma – und alle anderen Objekte – sich der Lichtgeschwindigkeit annähern, aber sie nie erreichen können. Außerdem wird ein Teilchen, wie wir ebenfalls von Einstein wissen, immer schwerer, wenn es schneller wird. Ein Elektron, das mit 99 Prozent der Lichtgeschwindigkeit durch die Gegend fliegt, besitzt das Siebenfache seiner

Ruhemasse; bei 99,999 Prozent der Lichtgeschwindigkeit ist es 223mal schwerer als in Ruhe.

Es muß also eine Obergrenze der Temperatur geben, nämlich dann, wenn die Teilchen eines Plasmas die Lichtgeschwindigkeit erreichen und damit unendlich schwer werden. In theoretischen Berechnungen hat man diese Temperatur bei etwa 140 000 000 000 000 000 000 000 000 000 000 Grad festgemacht – ob Fahrenheit oder Celsius, können Sie sich aussuchen.

Sollte Sie demnächst an einem strahlenden Sommertag jemand fragen: »Hey, wie warm kann's denn werden?«, sagen Sie es ihm doch einfach. Aber keine Sorge: Die globale Erwärmung wird sich noch eine Weile hinziehen.

Wieso brennen Gebäude ab, wenn doch Flammen immer aufwärts lodern?

Woher wissen Flammen eigentlich immer, wo oben ist?

Zünden Sie ein Streichholz an. Wenn es brennt, drehen Sie es in unterschiedliche Richtungen. Die Flamme zeigt unbeirrbar nach oben, unabhängig von der Ausrichtung ihres Brennstoffs. Woher »weiß« sie das nun?

Ihnen ist klar, daß warme Luft aufsteigt. (Wenn Sie wissen wollen, woran das liegt, können Sie es auf S. 158 herausfinden.) Eine Flamme, was immer das auch sein mag, muß deshalb von der aufsteigenden Strömung heißer Luft nach oben getragen werden. Und mehr brauchen wir nicht, um zu wissen, weshalb Flammen nach oben gerichtet sind.

Die interessantere Frage ist allerdings, was eine Flamme

überhaupt ist. Ist es die aufsteigende Luft selbst, die wegen der Hitze glüht? Nein.

Eine Flamme ist vielmehr ein Raumabschnitt, in dem eine chemische Reaktion stattfindet: *Verbrennung* – eine Reaktion zwischen dem Luftsauerstoff und einem brennbaren Gas.

Habe ich Gas gesagt? Ja. Aber Feststoffe und Flüssigkeiten brennen doch auch mit Flammen? Ja. (Und wann werde ich aufhören, mir selbst Fragen zu stellen?)

Holz und Kohle sind Feststoffe, und sie sind in der Tat entflammbar; Benzin und Kerosin sind Flüssigkeiten, und auch sie sind entflammbar. *Brennen* aber wird keiner dieser Stoffe, solange er nicht in Gas oder Dämpfe umgewandelt worden ist. Nur ihre Dämpfe können brennen, denn nur diese können sich so gründlich mit Luft vermischen, daß ihre Moleküle sich mit dem Luftsauerstoff verbrüdern – verschwistern? vermählen? – egal, jedenfalls mit ihm verbinden können.

Moleküle können nur dann reagieren, wenn sie tatsächlich miteinander in Kontakt kommen. Der gasförmige Sauerstoff der Luft kann nicht in einen festen oder flüssigen Brennstoff eindringen, also muß dieser in Dampf übergehen und draußen mit dem Sauerstoff zusammentreffen. Deshalb müssen wir ein Feuer zuerst *anzünden*. Der Brennstoff muß nämlich zumindest in einem kleinen Teilbereich so heiß werden, daß er in den gasförmigen Zustand übergeht. Sobald dieser Dampf zu brennen beginnt, sorgt die Verbrennungswärme – bei der Verbrennungsreaktion wird Wärme frei – dafür, daß immer mehr Brennstoff verdampft. Damit wird der Prozeß so lange aufrechterhalten, bis der gesamte Brennstoff verbraucht ist (vorausgesetzt, es steht ein unerschöpflicher Sauerstoffvorrat zur Verfügung).

Ein Brennstoff, der bereits als Gas vorliegt, wie das Methan im Erdgas für unsere Gasherde und Gasheizungen, mischt sich problemlos mit der Luft: Man kann ihn mit einem einzigen Funken entzünden. Bei den mit Propangas betriebenen Grillgeräten oder Butan-Gasfeuerzeugen liegt der jeweilige Brennstoff (unter Druck) in flüssiger Form vor. Doch sobald dieser freigesetzt wird, verdampft er zu einem Gas und mischt sich mit Luft, worauf er ebenfalls mit einem Funken entzündet werden kann.

Wenn wir eine Kerze mit einem Streichholz anzünden, muß dessen Flamme zunächst ein wenig von dem Wachs schmelzen. Dieses flüssige Wachs muß dann durch Kapillarkräfte im Docht aufsteigen, und das Streichholz muß einen Teil dieser Flüssigkeit verdampfen. Erst jetzt kann sich das dampfförmige Wachs mit der Luft vermischen und sich entzünden. Ohne den Docht, der das flüssige Wachs nach oben befördert, wo ausreichend Luft vorhanden ist, würde eine Kerze nicht brennen.

Wenn aber eine Flamme nichts weiter ist als zwei miteinander reagierende unsichtbare Gase, wie kommt es dann, daß wir sie sehen können? Im Fall der Kerze ist die Flamme sichtbar, weil der Sauerstoff nicht so schnell nachströmen kann, daß das gesamte rasch verdampfende Wachs mit ihm reagieren könnte. Folglich bleibt ein Anteil des Wachses in Form winziger Kohlenstoffpartikel unverbrannt. Dieser Anteil glüht wegen der Hitze gelb und wird von der heißen Luftströmung aufwärts gesogen.

Während die Wolke der glühenden Kohlenstoffteilchen aufsteigt, nagt der Sauerstoff an ihren äußeren Rändern und verbrennt die Partikel weiter zu unsichtbarem Kohlendioxidgas. Dadurch wird die Wolke der glühenden Teilchen immer kleiner, während sie aufsteigt. Aus diesem Grund läuft die Kerzenflamme am oberen Ende in einer Spitze aus.

Globale Abkühlung?

Könnten wir der globalen Erwärmung entgegenwirken, wenn alle Menschen ihre Klimaanlagen und Kühlgeräte auf höchste Stufe stellen würden und gleichzeitig die Türen offenließen?

Leider nein, und zwar aus mehreren Gründen.

Zunächst ist der weltweite Bestand an Klimaanlagen und Kühlgeräten bei weitem nicht so groß, wie Sie vielleicht glauben könnten, wenn Sie sich nur in Ihrer Nachbarschaft umsehen. Doch selbst wenn jeder Bürger in den weniger entwickelten Ländern sich des Privilegs gekühlter Schlafzimmer und tiefgefrorener Pizzas erfreuen könnte, würde der Gesamtbetrag verfügbarer Kühle nicht einmal der Menge eines Eiswürfels im Vergleich zu einem Gletscher entsprechen.

Diese Antwort haben Sie natürlich erwartet, aber vielleicht nicht die folgende: Was Sie vorschlagen, würde die Welt sogar weiter *aufheizen*.

Wie Sie aufgrund Ihrer Stromrechnung nur zu gut wissen dürften, gibt es Raumklimatisierung und Kühlung nicht umsonst, weder in Geld noch in Energie gerechnet. Jemand muß den Strom erzeugen, der dabei verbraucht wird, und schon diese Produktion gibt eine Menge Wärme ab. Das gehört zur Gesamtenergiebilanz und damit auch zur Umweltfrage.

Als erster Schritt der Stromerzeugung wird in den meisten Fällen Wärme erzeugt; das geschieht durch die Verbrennung von Kohle oder Erdgas oder durch Kernspaltung. Diese Wärme dient dazu, Wasser zum Sieden zu bringen und auf diese Weise hochgespannten Dampf zu erzeugen, der wiederum die Schaufeln einer Turbine in Umdrehung versetzt. Die Welle der Turbine treibt dann einen Stromgenerator an.

Diese Ereignisfolge ist bemerkenswert ineffizient, und das ist der Knackpunkt. Oder einer der Knackpunkte. Nur etwa ein Drittel der im Brennstoff enthaltenen Energie schafft es, zu nutzbarem elektrischem Strom zu werden. Die anderen zwei Drittel werden als heiße Abgase durch den Schornstein gejagt oder gehen als heißes Kühlwasser den Bach hinunter. Ein Teil geht auch verloren, während der Strom durch die Drähte zu Ihnen ins Haus transportiert wird, weil die Hochspannungsleitungen sich aufgrund ihres elektrischen Widerstands leicht erwärmen. Das ist übrigens auch der Grund, weshalb Vögel sich bei großer Kälte auf sie setzen (siehe S. 152).

Kraftwerke heizen also in erster Linie die Umgebung auf. Je mehr Strom Sie nachfragen, um Ihre Nahrung und Ihre Lieben zu Hause zu kühlen, desto mehr Wärme müssen die Kraftwerksbetreiber in die Gegend pusten. Anstatt daran zu denken, die Tür Ihres Kühlschranks aufzumachen, würden Sie der Welt einen Gefallen tun, wenn Sie die Kiste abschalten würden!

Na schön, sagen Sie, aber all diese vergeudete Wärme ist doch ohnehin schon Teil des Gesamtszenarios der globalen Erwärmung. Wenn wir nun unsere Kühlschränke und Klimaanlagen nach draußen blasen ließen, würde sich das doch insgesamt positiv darauf auswirken, oder?

Leider auch dieses Mal: Nein.

Bedenken Sie, wie Kühlgeräte arbeiten. Sie saugen warme Luft an, entziehen ihr Wärme und laden diese anderswo wieder ab. Der Kühlschrank entfernt Wärme aus dem Innenraum des Eisfachs und gibt sie über Wärmetauscher hinter oder unter dem Gerät an die Küchenluft ab; die Klimaanlage saugt die Raumluft an, entzieht ihr

Wärme und bläst diese ins Freie. Aber – und das ist der Hauptgrund, weshalb Ihr Plan nicht funktionieren kann – diese Maschinen geben selbst insgesamt mehr Wärme ab, als sie der Luft entziehen. Man könnte sagen, *Kühlschränke und Klimaanlagen erzeugen mehr Wärme als Kälte*. Und das geht so:

Wie wir wissen, fließt Wärme natürlicherweise »bergab«, also von Bereichen mit höherer zu solchen mit niedrigerer Temperatur. Wenn man nun diese natürliche Tendenz umkehren und die Wärme dazu zwingen will, »bergauf« von einem kühlen Innenraum zu einem warmen Außenbereich zu steigen, muß das entsprechende Kühlgerät oder die Klimaanlage elektrische Energie aufwenden (deshalb müssen Sie das Gerät oder die Anlage anschließen). Und diese elektrische Energie wandelt sich in Wärme um, während sie ihre Arbeit verrichtet. Wenn Sie die entsprechenden Teile Ihres Kühlschranks oder Ihrer Klimaanlage anfassen, können Sie es fühlen: Sie sind warm.

Alles in allem kommt also mehr Wärme – etwa ein Drittel mehr – aus Ihrer »Kühlmaschine«, als sie aus dem Eisfach oder dem Raum entfernt. Die unterste Zeile unserer Energiebilanz sagt uns, daß all diese Geräte im Grunde Heizgeräte sind.

Noch einen letzten Nagel zum Sarg Ihrer Kühl-die-Welt-Idee: Selbst wenn alle Kühlaggregate ganz ohne elektrischen Strom auskämen, könnten wir allenfalls eine ausgeglichene Bilanz erhoffen, nämlich eine irgendwo abgelagerte Wärmekalorie für jede Kalorie, die wir an anderer Stelle abführen. Und das würde den Gesamtbetrag der Wärme auf der Welt um nichts ändern. Wir würden sie lediglich ein wenig umherschieben.

Erbsenzähler-Ecke

Kohle oder Kernenergie in elektrischen Strom umzuwandeln ist, wie wir gesehen haben, ein sehr ineffizientes Verfahren, das eine Menge Abwärme an die Umwelt abgibt. Aber was wäre, wenn Ihr Kühlschrank und Ihre Klimaanlage mit Strom aus sauberen, ohne Brennstoff arbeitenden Quellen wie Wasserkraft, Windkraft oder Sonnenenergie betrieben würden? Diese arbeiten sicherlich weniger verschwenderisch als die Verfahren, die Kohle oder Kernenergie verwenden, aber selbst diese Energiequellen können nicht annähernd mit einem Wirkungsgrad von 100 Prozent in elektrischen Strom umgewandelt werden. Und der Anteil nicht umgesetzter Energie tritt unvermeidlich als Erwärmung der Umwelt in Erscheinung.

Kneipenwette

Ein Kühlschrank ist in Wahrheit ein Heizgerät.

Elektroschock!

Wie hoch muß »Hochspannung« sein, damit sie eine ernsthafte Gefahr darstellt?

Spannung an sich ist nicht gefährlich. Ein Stromschlag von 10 000 Volt kann sich wie ein Nadelstich anfühlen, doch eine 12-Volt-Autobatterie kann Ihnen einen ernsthaften Schlag versetzen. Gefährlich ist die *Stärke* des elektrischen *Stroms*, der als Ergebnis dieser Spannung durch Ihren Körper fließt.

Wie Sie zweifellos wissen, läßt sich elektrischer Strom als Fluß von Elektronen beschreiben. Die *Spannung* ist sozusagen der Druck, der sie dazu bringt, von einer Stelle zu einer anderen zu fließen. Wenn es keinen Ort gibt, zu dem sie hinfließen können, kann kein noch so hoher Druck einer Spannung sie in Fluß bringen. Spannung läßt sich mit Höhe vergleichen: Gleichgültig, wie hoch der steile Felsen ist, auf dem Sie stehen, bleibt die Höhe an sich völlig ungefährlich, solange Sie nicht den direkten Weg in die Tiefe nehmen. Um im Bereich der Elektrizität sicherzugehen, müssen Sie ganz einfach dafür sorgen, daß die Elektronen auf einem anderen Weg als durch Ihren Körper in die Erde abfließen können. Wenn sie nicht durch Sie hindurchfließen, können sie Ihnen auch nicht schaden. Deshalb droht den Vögeln, die auf Hochspannungsleitungen sitzen, keine Gefahr (siehe S. 150).

Doch es ist höchste Zeit, daß wir uns auf jene Elektronen konzentrieren, die ich an verschiedenen Stellen dieses Buches anspreche. Elektronen sind die negativ geladenen Teilchen, die praktisch die gesamte räumliche Ausdehnung jedes Atoms ausmachen. Jedes Atom einer beliebigen Substanz besteht im wesentlichen aus einer Ansammlung von Elektronen mit einem unfaßbar winzigen, unfaßbar schweren, positiv geladenen Kern, der irgendwo in ihrer Mitte vergraben ist.

Die Elektronen in den Atomen besitzen bestimmte, für die Atomart des jeweiligen Elements charakteristische Energien (siehe S. 62 und 65). Möglich wird das Fließen eines elektrischen Stroms, weil viele dieser Elektronen sich leicht von ihrem Atom ablösen und unter dem Einfluß eines Spannungsschubs zu einem anderen Ort wandern. Zumeist genügen ein paar Volt, um zumindest einige von ihnen von ihren angestammten Atomen zu vertreiben.

Manche Elektronen sind so locker gebunden, daß man sie einfach abreiben kann. Wenn Sie Ihre Schuhe an einem trockenen Tag auf einem Teppich abstreifen, werden einige der Elektronen von den Atomen Ihrer Schuhsohle abgerubbelt und auf den Teppich übergehen. Da Ihre Füße vermutlich in enger Verbindung mit Ihren Schuhen stehen, weist Ihr ganzer Körper nun einen Elektronenmangel auf, während beim Teppich ein Überschuß vorliegt. Normalerweise sind alle Atome elektrisch neutral, da die positiven Ladungen in ihrem Kern genau den negativen Ladungen ihrer Elektronenhülle entsprechen. Doch jetzt verfügt Ihr Körper über weniger Elektronen, als seine Atome benötigen.

Wenn Sie jetzt einen Elektronenleiter wie zum Beispiel einen metallischen Heizkörper oder einen Wasserhahn anfassen wollen, springen Elektronen aus dem gewaltigen Vorrat, den die übrige Welt – die Erde – darstellt, begierig auf Ihre Fingerspitze über, noch bevor diese das Metall auch nur berührt. Dabei erhellen sie die dazwischenliegende Luft mit einem knisternden blauen Blitz und veranlassen Sie zu einem Kraftausdruck. Statt eines Wasserhahns könnten Sie auch einen anderen Menschen berühren, bei dem wahrscheinlich kein solcher Elektronenmangel herrscht wie bei Ihnen, worauf einige seiner Elektronen auf Ihren Finger überspringen. Das wiederum verleitet den anderen zu einem Kraftausdruck.

Entscheidend ist hier, daß die Spannung, die die Elektronen veranlaßt hat, vom Wasserhahn oder Ihrem schockierten Freund zu Ihrem Finger zu fließen, einige tausend Volt betragen haben kann. Dennoch sind Sie nicht tot, weil die Zahl der fließenden Elektronen – die Stromstärke – viel zu klein war, als daß sie Ihrem Körper hätte schaden können. Schließlich sind Ihre Schuhsohlen nicht gerade Stromgeneratoren von der Art, wie sie drüben im Kraftwerk stehen, die astronomisch große Mengen von Elektronen durch die Stromleitungen in Ihr Haus pumpen.

Wenn Sie in der Wohnung, wo die Spannung auf 220 Volt reduziert ist, einen spannungsführenden Draht berühren, während gleichzeitig ein anderer Teil von Ihnen mit der Erde verbunden ist, wird der Stromlieferant blindlings so viele Elektronen liefern, wie überhaupt durch Ihren Körper fließen können. Anders ausgedrückt, es fließt so viel Strom, wie Ihr Körper bei seinem gegebenen elektrischen Widerstand durchleiten kann. Und Sie sind mausetot.

Kurz, die Gefahr des elektrischen Stroms liegt nicht in der elektrischen Spannung, der Sie vielleicht ausgesetzt sind, sondern in der Menge des Stroms, der durch Ihren Körper fließt. Das Problem ist nur, daß wir nie wissen, welche Stromstärke in einer bestimmten Situation vorliegt. Deshalb müssen wir uns *immer* von jeder elektrischen Spannung oberhalb der in den kleinen Trockenbatterien fernhalten.

Es hat mich zwar keiner gefragt, aber …

Die Stromstärke, nicht die Spannung ist dafür verantwortlich, wenn ein Mensch einen tödlichen Stromschlag erhält. Ab welcher Stromstärke hat ein solcher Schlag tödliche Folgen?

Die Stromstärke mißt man in Ampère. Ein Ampère stellt eine riesige Meßgröße für den Stromfluß dar, es steht für 6 Milliarden Milliarden (eine Sechs mit 18 Nullen) Elektronen pro Sekunde. Deshalb hören Sie so oft den Ausdruck *Milliampère*, der ein Tausendstel Ampère bezeichnet. Ein Milliampère, das durch Ihren Körper fließt, läßt Sie ein leichtes Kribbeln spüren. 10–20 Milliampère können Muskelkrämpfe auslösen, die Sie möglicherweise daran hindern, den »heißen« Gegenstand wieder loszulassen. 200 Milliampère, also zwei Zehntel eines Ampères, führen zu Herzflimmern und können tödlich sein. Höhere Stromstärken können das Herz vollständig zum Stillstand bringen, müssen aber nicht immer tödlich sein, weil man das Herz gelegentlich dazu anregen kann, wieder normal zu schlagen.

Eine normale Autobatterie kann 100 Ampère oder mehr liefern; so viel Strom ist nötig, um einen Motor in Umdrehung zu versetzen. Automechaniker fallen nur deshalb nicht wie die Fliegen um, weil sie einen elektrischen *Widerstand* besitzen; jede Substanz setzt dem Stromfluß einen gewissen Widerstand entgegen, und der des menschlichen Körpers ist ziemlich hoch. Aus diesem Grund ist eine erhebliche Spannung nötig, um die für einen tödlichen Stromschlag erforderliche Menge von Elektronen durch einen menschlichen Körper zu schicken. Eine 12-Volt-Autobatterie hat jedoch nicht soviel Kraft.

Gefährlicher Elektrizität können wir unter sehr vielen unterschiedlichen Umständen begegnen. Ich gehe davon aus, daß Sie sich keine großen Sorgen machen müssen, in aller Form und auf einem eigens dafür konstruierten Stuhl einen tödlichen Stromschlag abzubekommen. Aber was ist mit Blitzschlägen? Der Spannungsstoß der Elektronen zwischen einer Wolke und der Erde (oder zwischen zwei Wolken) wird von einigen zehn Millionen Volt angetrieben, und das kann mehrere 10 000 Milliampère durch die Luft schicken, die normalerweise überhaupt keinen Strom leitet. Wenn Sie da im Weg sind, kann eine Menge von diesen Milliampère durch Sie hindurchgehen.

Und wie schaffen Sie es, »im Weg« zu sein? Zum Beispiel dadurch, daß Sie sich in der Nähe eines Gegenstands befinden, der dem Strom des Blitzschlags einen leichten Weg zur Erde bietet. Wenn der Ausdruck »Weg des geringsten Widerstandes« je eine Bedeutung hatte, dann in diesem Fall. Die Elektronen des Blitzstrahls fließen immer durch den besten elektrischen Leiter – das Material mit dem geringsten Widerstand –, den sie finden können. Wenn Sie ihnen nun einen attraktiven Umweg durch Ihren Körper anbieten, werden sie ihn nehmen.

Metalle haben den niedrigsten elektrischen Widerstand und sind deswegen die besten Stromleiter. In Metallatomen sind die Elektronen nur sehr lose gebunden und können ganz leicht als Teil des Stroms mitfließen. Bei Gewittern, die überraschend über den *Greens* von Golfplätzen aufgezogen sind, hat sich der Sack voller Golfschläger aus Metall schon für so manchen Anfänger als Eintrittskarte für den großen Golfplatz im Himmel erwiesen.

Weil die Luft den elektrischen Strom so schlecht leitet, zieht der Blitz, um sie nicht durchpflügen zu müssen, für die letzten paar Meter zur Erde fast jeden anderen sich bietenden Pfad vor. Bäume, die im Inneren so schön saftig sind, stellen für den Blitz eine verlockende Alternative dar. Wenn Sie also bei Gewitter unter einem Baum Zuflucht suchen, kann Ihnen auch das eine Reise zum neunzehnten und damit allerletzten Loch einbringen. Doch selbst wenn Sie während eines aufziehenden Gewitters am siebten Loch sind, wo kein Baum in der Nähe ist, kann Ihre nette kleine Gestalt mit nicht einmal zwei Metern Höhe einen bevorzugten Pfad für den Blitz darstellen. Am besten legen Sie sich also, fern von Ihren Schlägern und dem Golfwägelchen, flach auf den Boden.

Warum regnet es eigentlich keine gerösteten Spatzen?

Weshalb bekommen Vögel, die auf Hochspannungsleitungen sitzen, keinen tödlichen elektrischen Schlag?

Diese Frage ist so alt wie der (von Menschen erzeugte) elektrische Strom selbst. Man hat sie fast ebenso oft gestellt wie die Frage: »Liebst du mich?« Mit ebensowenig überzeugenden Antworten.

Die übliche Antwort – »Die Vögel erhalten keinen tödlichen Schlag, weil sie nicht geerdet sind« – packt das Problem nicht bei der Wurzel. Weiß jeder, der sich mit dieser Erklärung zufriedengibt, wirklich genau, was »geerdet« bedeutet? Was soll so besonders daran sein, mit der Erde in Kontakt zu kommen?

Wie Sie wissen, ist elektrischer Strom ein Fluß von Elektronen. Der Schlüssel zum Verständnis ist schon in dem Wort »Fluß« enthalten: Solange Elektronen nicht von einem Ort zum anderen fließen können, sind sie auch nicht imstande, nützliche Arbeit zu tun oder Schaden anzurichten, wie auch ein stillstehender Fluß kein Wasserrad antreiben kann. Elektrisches Licht erzeugen wir zum Beispiel dadurch, daß wir Elektronen durch einen dünnen Wolframdraht schicken, wo sie am einen Ende hinein- und am anderen hinausfließen. Unter dem Druck einer Spannung von 220 Volt arbeiten sie sich durch den extrem dünnen Draht und heizen ihn dabei bis zur Weißglut auf (siehe S. 82).

Beachten Sie, daß die Spannung der Antrieb ist; sie ist die Kraft, die die Elektronen von einem Ort zum anderen drückt, damit sie für uns Arbeit verrichten können. Doch unabhängig von der Höhe der Spannung können die Elektronen nichts ausrichten, solange man ihnen keine Möglichkeit gibt, abzufließen. Dieser Pfad steht ihnen mit den Stromleitungen zur Verfügung. Diese leiten Elektronen unter dem Druck der Hochspannung vom Kraftwerk zu unseren Wohnungen. Dort zapfen wir einen Teil von ihrem »Strom« ab, um ihn vielleicht durch eine Glühbirne, einen Toaster oder ein Fernsehgerät fließen zu lassen.

Wohin verschwinden die Elektronen, nachdem sie unsere elektrischen Geräte passiert haben? Sie kehren zu Mutter Erde zurück, von wo die Kraftwerksbetreiber sie zu Beginn abgezogen haben. Woher, um Himmels willen, hätten sie sie denn sonst holen sollen? Vom Mond? Mutter Erde, die wir meist kurz als »Erde« bezeichnen, ist also die eigentliche Quelle der Elektronen im Kraftwerk, und dorthin kehren sie auch wieder zurück, nachdem sie ihre Arbeit für uns vollbracht haben. Die Erde besteht aus einer unvorstellbar großen Anzahl von Atomen, die eine noch viel größere Anzahl von Elektronen enthalten. Grob geschätzt gibt es auf der Erde etwa 10^{51} davon – wir ersparen es uns, die 51 Nullen hinter der 1 vollständig aufzuführen. Ich jedenfalls würde das einen unerschöpflichen Vorrat nennen.

Nun aber zurück zu den Vögeln. Ihre kleinen Füße kommen sicherlich mit einer Menge Elektronen in Kontakt, die nur darauf warten, abgeleitet und auf dem Weg über Ihren Toaster zur Erde zurückzufließen. Doch zum Glück für die Vögel bietet ihr Körper keine Möglichkeit, Elektronen zur Erde abzuleiten. Die Vögel sind einfach an nichts angeschlossen, sozusagen eine Sackgasse für Elektronen. Diese haben also keine Möglichkeit, die Vögel als Leiter zur Erde zu nutzen, und so fließt kein elektrischer Strom. Und wir erleben nicht, daß es geröstete Spatzen regnet.

Ganz nebenbei, was machen diese Vögel eigentlich auf den Stromleitungen, wenn man einmal davon absieht, daß sie Ihr Auto mit Vogelkot bekleckern? Zumindest im Winter sitzen sie dort, weil der durch die Drähte fließende Strom ein wenig Wärme erzeugt, die ihre Füßchen warm hält. Und wo wir schon dabei sind: Wie können sie da oben schlafen, ohne herunterzufallen? Vogelfüße ziehen sich bei einer Entspannung der Muskeln zusammen, während wir in diesem Fall loslassen. Schlafen Sie also möglichst nicht ein, solange Sie von einem Ast herunterhängen.

Wahrscheinlich haben Sie schon mal einen Starkstromtechniker gesehen, der von einem Hydraulikkorb aus mit bloßen Händen an einer Stromleitung arbeitete. Er ist so sicher wie die Vögel, weil die Arbeitsbühne elektrisch vollkommen von der »Erde« getrennt – isoliert – ist. Die Elektronen finden keinen Weg durch den Körper des Technikers zur Erde, und so können sie ihn auch nicht aufleuchten lassen wie einen weißglühenden Wolframdraht.

KAPITEL 4

Die Erde unter unseren Füßen

Es gibt noch andere Planeten im Universum, doch zu unserer ureigenen Mutter Erde haben wir eine feste Bindung. Man nennt sie Schwerkraft oder Gravitation.

Die Schwerkraft setzt nicht nur unseren Golfschlägen Grenzen und läßt unsere Körperteile mit dem Alter zusammensacken, sondern erfüllt auch einige nützliche Funktionen. Nicht zuletzt sorgt sie zum Beispiel dafür, daß unsere Atmosphäre nicht von unserer rotierenden Erde davonfliegt wie Spucke von der Achterbahn.

Die Gravitation bringt den Staub dazu, sich abzulagern, und sie ist dafür verantwortlich, daß warme Luft aufsteigt. Sie erledigt für uns unzählige kleine und große Aufgaben, wobei sie nicht nur den Mond oben hält, sondern auch die Röcke unten. Sie ermöglicht uns sogar, mit Wasser elektrischen Strom zu gewinnen. Die Schwerkraft ist allgegenwärtig. Ohne sie könnten selbst die Astronauten nicht von unserem Heimatplaneten abfliegen.

In diesem Kapitel will ich versuchen, Ihnen zu erläutern, wie diese Kraft mit ihrer unübertroffenen Reichweite – ihre Effekte erstrecken sich durch das gesamte Universum – wirkt, obwohl wir bis jetzt noch nicht einmal erklären können, worauf sie zurückzuführen ist, oder sollte ich besser sagen, »zurückfällt«?

Ganz klar, die Erde dreht sich mit mehr als 1600 km/h um sich selbst, während sie mit mehr als 107 000 km/h um die Sonne kreist. Und uns ist nicht einmal schwindlig (zumindest den meisten). Doch trotz der Tatsache, daß uns diese Bewegungen in keiner Weise bewußt sind (warum, werde ich Ihnen noch erklären), haben sie entscheidende Auswirkungen auf unser Alltagsleben. Sie wirken sich auf Hurrikane, Meeresströmungen und die Gezeiten der Ozeane aus. Sie beeinflussen – nein, sie *verursachen* – jeden Tag, jede Nacht und jede Jahreszeit in unserem Leben.

Während wir die Erde unter unseren Füßen erforschen, werden wir den Mittelpunkt des Planeten, Nord- und Südpol, den Kilimandscharo in Tansania, einen kreisenden Wirbelsturm und ein Waschbecken von den Ausmaßen Nordamerikas aufsuchen.

Und schließlich – wir wollen nicht aus den Augen verlieren, daß das Leben selbst ein ziemlich wichtiger Bestandteil unseres Planeten ist – werden wir noch sehen, wie wir mit Hilfe der Radiokarbonmethode das Leben vergangener Pflanzen, Tiere und Menschen in seinem zeitlichen Ablauf erforschen können.

Nur ein wenig Schwere

Warum zieht die Schwerkraft alle Dinge zum Erdmittelpunkt und nicht beispielsweise nach Mekka oder Disneyland?

Weil der Mittelpunkt des Planeten auch sein *Gravitationszentrum* ist. Diesen Ausdruck haben Sie sicher schon einmal gehört, und jetzt haben Sie die Gelegenheit, seine wirkliche Bedeutung zu verstehen. Aber zunächst die Frage: Was ist das eigentlich, die Schwerkraft oder Gravitation?

Sie ist eine der drei fundamentalen Naturkräfte (bei den beiden anderen handelt es sich um die starke Wechselwirkung, die die Atomkerne zusammenhält, und die elektroschwache Wechselwirkung, die bestimmte radioaktive Veränderungen antreibt und für alle elektrischen und magnetischen Effekte verantwortlich ist). Und was ist nun eine Kraft? Eine Kraft ist das, was die Dinge in Bewegung setzt, und ungeachtet der unzähligen Seiten voller einschlägiger Gleichungen kann das kein Mensch besser definieren.

Die Gravitationskraft wirkt zwischen allen Materieeinheiten und versucht, sie zusammenzubringen. Jedes Materieteilchen im Universum zieht alle anderen Materieteilchen an, weil die gravitationsbedingte Anziehung eine Eigenschaft der Materie selbst ist. (Und niemand weiß genau, warum das so ist.)

Ähnlich wie bei zwei Menschen in einer idealen Liebesbeziehung verläuft auch die Anziehung der Schwerkraft nicht nur in einer Richtung. Sie wirkt wechselseitig: Jeder Körper zieht den anderen an. Je mehr Masse nun ein Körper besitzt – je mehr Materieteilchen er enthält –, desto stärker ist auch seine vereinte Anziehungskraft. Deshalb fällt die Erde, wenn Sie von einer Leiter springen, nicht auf Sie zu. Die überlegene Masse des Planeten siegt, und statt daß der Berg zum Propheten käme, »fällt«, wenn ich das mal so sagen darf, Mohammed dem Berg entgegen.

(Wenn Sie glauben, Sie wüßten nicht, was Masse ist, sollten Sie zunächst die Erbsenzähler-Ecke am Ende dieses Abschnitts aufsuchen. Wenn Sie glauben, Sie wüßten, was Masse ist – und wenn Sie es *glauben*, dann ist es auch so –, dann können Sie gleich weiterlesen.) Wenn es also die Masse ist, die andere Massen durch die Gravitation anzieht, dann sollte die Erde alle Gegenstände dorthin ziehen, wo der größte Teil ihrer Masse konzentriert sein dürfte – an irgendeinen Ort im Inneren des Planeten, nicht in der Nähe seiner Oberfläche. Aber warum soll das nun ausgerechnet der Erdmittelpunkt sein?

Bedenken Sie: Jedes Materieteilchen des Planeten zieht alle anderen Teilchen an und wird von diesen selbst angezogen. Ein Teilchen, das nur ein paar Meter unter der Oberfläche liegt, wird nach unten von sehr viel mehr Teilchen gezogen als nach oben, einfach weil mehr Teilchen unter als über ihm liegen. Deshalb erfährt es insgesamt eine nach unten gerichtete Anziehung. Das gleiche gilt natürlich für alle Teilchen, die mehr Materie unter als über sich haben, und so werden sie alle abwärts gezogen. Abwärts wohin? Zu dem einen Punkt, der nach allen Richtungen hin gleichförmig von Materie umgeben ist. Das ist der Mittelpunkt der Erde. Folglich verhält sich die Erde, als gäbe es nur einen einzigen Punkt, zu dem ihre Gravitation alles hinzieht, nämlich zu ihrem Gravitationszentrum.

Das Gravitationszentrum einer Bowlingkugel muß demnach ihr geometrischer Mittelpunkt sein. Doch ungeachtet einer möglicherweise sehr komplizierten Form hat jeder Gegenstand ein solches Zentrum. Es befindet sich an der Stelle, die das Zentrum seiner gesamten *Masse* bildet, und das muß nicht unbedingt auch der Mittelpunkt seiner äußeren Gestalt sein.

Mutter Erde ist keine vollkommene Kugel: Sie ist an den Polen leicht zusammengedrückt und wölbt sich, wie wir anderen auch, um den Äquator herum ein wenig. Ihr Durchmesser durch die beiden Pole ist um 42 Kilometer kleiner als durch den Äquator. Auch bei dieser leicht von der Kugelform abweichenden Gestalt könnten wir problemlos den geometrischen Mittelpunkt finden und ihn als Gravitationszentrum bezeichnen. Doch die Erdmasse ist nicht überall gleichmäßig verteilt, und bei allem, was mit Gravitation zu tun hat, kommt es auf den Mittelpunkt der Gesamtmasse an.

Wenn zum Beispiel unterhalb Frankreichs eine riesige

Masse Blei vergraben wäre, würde sich das Gravitationszentrum der Erde in diese Richtung verschieben. Ein in Nordamerika herabfallender Gegenstand würde dann ein wenig mehr auf Frankreich zustürzen und von der Richtung abweichen, die derzeit als »genau nach unten« gilt. Außerdem läge Frankreich näher am irdischen Gravitationszentrum, wodurch alles schwerer würde. Das Geräusch all der dort zusammenfallenden Soufflés wäre ohrenbetäubend.

Eine kaum glaubliche Anwendung dieses Prinzips findet man bei der kartographischen Erfassung der Meeresböden. Hier mißt man die geringfügigen Abweichungen der Schwerkraft, die durch unterseeische Gipfel und Gräben hervorgerufen werden. Jede auf unterseeische Berge zurückzuführende Massekonzentration bewirkt eine größere Anziehung auf die darüberliegende Wassermasse. Folglich werden Wassermoleküle von diesem Gebiet stärker angezogen und bewegen sich in seine Richtung, was zu einer geringfügigen Anhäufung dieser Moleküle und damit zu einer Aufwölbung des Meeresspiegels führt. Diese Wölbung kann, ob Sie es glauben oder nicht, von Satelliten gemessen werden. Dazu senden sie Radarstrahlen aus und registrieren die von der Meeresoberfläche reflektierte Strahlung. Umgekehrt kann der Meeresspiegel über einem Tiefseegraben um bis zu 60 Meter abgesenkt sein. Auf diese Weise haben Wissenschaftler detaillierte Karten des Reliefs der Meeresböden erstellt, ohne auch nur naß zu werden. Geologiebücher können Ihnen erstaunlich realistische Bilder des Meeresgrundes zeigen, so als wären die Wasser von einem neuzeitlichen Moses geteilt worden.

Erbsenzähler-Ecke

Die *Masse* eines Gegenstands ist die Menge der Materie, die er enthält. Hier auf der Erde messen wir die Masse eines Objekts, indem wir prüfen, wie stark er von der Erdanziehung auf eine Waagschale gedrückt wird. Je größer die Masse, desto mehr Anziehung. Den Betrag dieser Anziehung nennen wir das *Gewicht* des Gegenstands (siehe S. 48).

Natürlich mißt die Waage den Betrag der *wechselseitigen* Anziehung zwischen Erde und Gegenstand. Doch da die Anziehung der Erde stets gleich bleibt, schreiben wir den Wert, den die Waage anzeigt, der Anziehungskraft des Körpers selbst zu: seiner Masse.

Wenn Ihre Badezimmerwaage also einen höheren Wert anzeigt, können Sie das nicht auf eine Zunahme der Erdmasse schieben. Es ist die schwere Masse, die Sie selbst mit sich herumschleppen.

Viel warme Luft

Alle sagen, Wärme würde aufsteigen. Aber warum?

Warum alle es sagen, oder warum sie aufsteigt? Gesagt wird es, weil die Menschen achtlos daherreden. Die Aussage ist nichts als warme Luft, denn *Wärme* steigt nicht auf. Eigentlich wollen die Leute ausdrücken, daß *warme Luft* aufsteigt.

Wärme ist eine der vielen Formen von Energie, die sich in diesem Fall als Bewegung von Molekülen ausdrückt. Doch zu sagen, irgendeine Energieform steige auf, ab oder krieche seitwärts, ist bedeutungslos. Sicher bewegt Energie sich ständig irgendwohin und vollbringt etwas; das liegt in der Natur der Sache. Aber dabei bevorzugt sie keine bestimmte Richtung, abgesehen natürlich von der Gravitationsenergie, die auf der Erde ganz entschieden nach unten gerichtet ist. Doch das liegt nur daran, daß der Erdmittelpunkt (siehe S. 155) unter unseren Füßen liegt, und das haben wir nun mal als »unten« definiert.

Unser Leben verbringen wir in einem Meer aus Luft. Wenn wir uns also etwas vorstellen, das aufsteigt, denken wir uns, daß es »durch die Luft« aufwärtswandert. Nur die Luft selbst und andere Gase können durch die Luft aufsteigen; Feststoffe und Flüssigkeiten schaffen das nicht, weil sie einfach zu schwer beziehungsweise zu dicht sind.

»Dicht« ist hier der Schlüsselbegriff. Die *Dichte* einer Substanz gibt an, wie schwer ein gegebenes Volumen dieses Stoffes ist. Ein Liter Wasser wiegt beispielsweise ein Kilogramm, ein Liter Luft von Zimmertemperatur wiegt auf Meereshöhe dagegen nur ein Gramm. In der Sprache der Wissenschaft und der Technik heißt das, die Dichte von Wasser beträgt 1 Gramm pro Kubikzentimeter, während die der Luft 1 Milligramm pro Kubikzentimeter ausmacht. Daraus läßt sich leicht ausrechnen, daß Wasser, umgangssprachlich ausgedrückt, eintausendmal »schwerer« (genauer gesagt »dichter«) ist als Luft.

Das gilt überall auf der Welt. Nur in den USA sowie auf dem Gebiet dreier weiterer Großmächte (Brunei, Birma und Jemen) liest sich das etwas komplizierter: Die sogenannten SI-Einheiten (nach dem französischen *Système International d'Unités* = Internationales System der Maßeinheiten), die unser *metrisches* System definieren, werden dort nicht verwendet. Man schlägt sich dafür mit Kubikfuß und Unzen herum, was in unserem Fall zu etwas unübersichtlichen Zahlenwerten führt: Ein Kubikfuß Wasser wiegt 62,4 Pounds, ein Kubikfuß Luft von Zimmertemperatur wiegt etwa ein Unze, das sind 28,35 Gramm. Alles klar?

A propos Zimmertemperatur: Wie fast alles dehnt die Luft sich aus, wenn man sie erwärmt, da ihre Moleküle bei steigender Temperatur schneller werden und damit größere Ellenbogenfreiheit benötigen. Damit werden auch die leeren Zwischenräume zwischen ihnen größer. Und das wiederum bedeutet, daß ein Kubikfuß (und natürlich auch ein Liter) der wärmeren Luft weniger wiegt. Das heißt, ihre Dichte ist kleiner als zu Beginn.

Die 62,4-Dollar-Frage lautet nun aber: »Was bringt diese wärmere, leichtere Luft dazu, durch die kältere, dichtere Luft aufzusteigen?«

Was heißt in diesem Zusammenhang »schwerer«? Nun, die Schwerkraft zieht die kalte Luft stärker an als die warme, da erstere pro Kubikfuß mehr Moleküle enthält, auf die sich die Gravitation auswirken kann. Wenn also irgendwo warme und kalte Luft aufeinandertreffen, wird die kalte Luft an der warmen vorbei nach unten gezogen. Der warmen Luft bleibt nichts anderes übrig, als ihr aus dem Weg zu gehen und sich nach oben abdrängen zu lassen. Schau an! Sie ist aufgestiegen.

Wenn einer dieser wunderschönen Heißluftballons in den blauen Himmel startet, fragen sich die zu ihm hinaufglotzenden Leute unten am Boden vielleicht, welche Kraft ihn »nach oben treibt«. Jetzt wissen Sie, daß es keine aufwärtsgerichtete Kraft gibt. Diese Blase voller Heißluft unterliegt im Vergleich zur kühleren Luft der Umgebung lediglich einer *geringeren abwärtsgerichteten Kraft.* Und das hat exakt, genau, absolut die gleiche Wirkung.

Erbsenzähler-Ecke

Warme Luft, die durch die Atmosphäre aufsteigt, kühlt sich allein wegen dieses Aufsteigens schon ein wenig ab. Ich weiß, das hört sich widersprüchlich an, aber blättern Sie trotzdem nicht gleich weiter.

Wenn eine warme Luftmasse aufsteigt, gewinnt sie – was sonst? – an Höhe. Luftmassen müssen nicht unbedingt warm sein, um Höhe gewinnen zu können; vielleicht werden sie gegen einen Berg getrieben, was sie zwingt, an dessen Hängen hinaufzugleiten. Doch unabhängig davon, warum Luftmassen sich nach oben bewegen: Stets muß eine gleiche Masse Luft absinken, die sie ersetzt. Das führt dazu, daß es auf der ganzen Welt ständig aufsteigende und absinkende Luftmassen gibt.

Sehen wir uns an, was mit einem bestimmten Luftpaket geschieht, während es Höhe gewinnt. In größerer Höhe wird die Luft dünner. Das liegt einfach daran, daß weniger Atmosphäre über ihr liegt, womit sie auch von der Schwerkraft weniger unter Druck gesetzt wird. (Die Gravitation zieht Luft wie alles andere an, denn diese mag zwar leicht sein, hat aber trotzdem ein Gewicht.) Anders ausgedrückt, in größerer Höhe ist der Druck der Atmosphäre geringer, und das gestattet unserem Luftpaket, sich auszudehnen.

Um sich aber ausdehnen zu können, müssen die Moleküle des Pakets andere Luftmoleküle, die den dafür benötigten Platz einnehmen, beiseite schubsen. Und das wiederum verbraucht einiges von der Eigenenergie des Pakets. Welche Art von Energie das ist? Die Luft besitzt nur eine Art von Energie, und zwar die Bewegungsenergie ihrer ständig umherflitzenden Moleküle. Die Moleküle des sich ausdehnenden Luftpakets werden also langsamer, weil sie andere Moleküle verdrängen. Und langsamere Moleküle sind kältere, da Wärme ja nichts anderes ist als deren Bewegung. (Eine Substanz ist desto heißer, je schneller sich ihre Moleküle bewegen, und umgekehrt; siehe S. 125.) Deshalb kühlt unser Luftpaket sich ab, während es aufsteigt und sich ausdehnt.

Je höher eine warme Luftmasse durch die immer dünner werdende Atmosphäre aufsteigt, desto stärker dehnt sie sich aus und wird entsprechend kälter. Das ist einer der Gründe, weshalb es auf einem Berg kühler ist als unten im Tal. (Auf S. 165 können Sie aber den Hauptgrund für die niedrigeren Temperaturen in der Höhe erfahren.)

Zweifellos haben Sie die automatische Abkühlung eines sich ausdehnenden Gases schon erlebt, ob Sie nun darauf geachtet haben oder nicht. Es dürfte zumindest kaum jemanden geben, der nicht eine Sprühdose mit Farbe, ein Haarspray, ein Deodorant oder was auch immer in dieser Art benutzt hat. Schnappen Sie sich die nächstbeste Dose, und machen Sie den folgenden Versuch:

Probieren Sie es selbst

Richten Sie eine Sprühdose irgendwohin, wo Sie keinen Schaden anrichten können, und sprühen Sie drei oder vier Sekunden lang. Achten Sie darauf, wie die Dose kälter wird. Sie enthält ein komprimiertes Gas – normalerweise Propan, nachdem die Fluorchlorkohlenwasserstoffe (FCKW) mittlerweile verboten worden sind, weil sie die Ozonschicht zerstören. Wenn Sie auf das Ventil drücken, um die Flüssigkeit zu versprühen, kann dieses Gas sich ausdehnen und die Sprühflüssigkeit durch die Düse pressen. Während das Gas sich ausdehnt, wird es kälter.

Es hat mich zwar keiner gefragt, aber…

Kann man irgendwie voraussagen, ob das Propangas eines Grillgeräts während des Grillens zur Neige gehen wird?

Es ist ziemlich schwierig, in diesen Stahltank hineinzuschauen und zu prüfen, wieviel Propan noch drin ist, ehe Sie den Grill aufbauen, oder? Nicht bei allen Grillgeräten gibt es einen Druckmesser.

Doch viele Eisenwarengeschäfte führen ein pfiffiges kleines Anzeigegerät, das wie ein Plastikstreifen aussieht, weil es einer ist. Sie kleben es außen auf die Gasflasche, und es zeigt Ihnen durch einen Farbwechsel genau an, bis zu welcher Höhe der Gasvorrat reicht. Der Plastikstreifen reagiert auf die Abkühlung des Propans, während es beim Verbrauch durch das Ventil austritt.

Das Propan im Behälter steht unter Druck. Deshalb liegt es zum größten Teil in flüssiger Form vor, und darüber steht ein wenig Gas. (Sie können hören, wie die Flüssigkeit in der Gasflasche herumschwappt, wenn Sie sie schütteln.) Während Sie Ihre Hamburger verbrennen lassen, zapfen Sie einiges von dem Gas ab, worauf weitere Flüssigkeit verdampft und das verbrauchte Gas ersetzt. Dieses Verdampfen läßt das Gas abkühlen, und deshalb haben Sie jetzt eine Schicht aus kühlem Gas über einer Schicht wärmerer Flüssigkeit.

Der Plastikstreifen der Meßvorrichtung enthält Flüssigkristalle, die bei verschiedenen Temperaturen unterschiedliche optische Eigenschaften besitzen. Oberhalb der Flüssigkeitsoberfläche sehen Sie demnach die eine Farbe, die der Temperatur des kühlen Gases entspricht, und darunter eine andere, die die Temperatur der wärmeren Flüssigkeit anzeigt. Die Grenze zwischen den beiden Farben markiert den Flüssigkeitsspiegel in der Flasche.

Sie werden feststellen, daß die Anzeige nur funktioniert, wenn Sie Gas entnehmen. Nachdem Sie das Ventil geschlossen haben und die Gasflasche sich wieder erwärmt, gleichen sich die Temperaturunterschiede aus, und damit verschwinden auch die verschiedenen Farben auf dem Meßstreifen.

Droben auf der Bergeshöh' liegt auch im Sommer noch der Schnee

Wie kommt es, daß Berggipfel (selbst in den Tropen) das ganze Jahr hindurch mit Schnee bedeckt sind?

Offensichtlich liegt es daran, daß es dort oben immer kälter ist.

Doch *warum* ist es droben in den Bergen stets kälter als unten an der Küste? Schließlich steigt die warme Luft doch auf, oder etwa nicht (siehe S. 161)? Sollte es dort oben dann nicht *wärmer* sein? In Tansania, in der Nähe des Äquators, gibt es sicherlich reichlich warme Luft, doch der Kilimandscharo, der seinen Gipfel 5895 Meter in die tropische Atmosphäre reckt, trägt immer eine Schneehaube.

Mit der Sonne geht es los. Und was begänne nicht mit ihr? Mit Ausnahme der Kernenergie ist die Sonne der Ursprung aller Wärme und aller anderen Energieformen auf der Erde (siehe S. 191).

Die Sonne scheint also auf die Erde, und dabei durchquert ihr Licht die Atmosphäre ziemlich ungehindert, wie Sie schon aus der Tatsache geschlossen haben müssen, daß Sie die Sonne sehen können. Mit dem Licht passiert nicht viel, solange es nicht die Erdoberfläche erreicht hat. Doch dann absorbieren die verschiedenen Arten von Oberflächen – Meere, Wälder, Wüsten, Autodächer, Pamela Anderson – das Sonnenlicht und erwärmen sich (in manchen Fällen bräunen sie auch). Das läßt die gesamte Oberfläche der Erde zu einem gigantischen warmen Heizstrahler werden, und alles in dessen Nähe – wie zum Beispiel die Luft darüber – wird ebenfalls erwärmt, so wie Sie warm werden, wenn Sie in einem alten Haus neben dem Heizstrahler stehen. (Ein solcher *Heizstrahler*, das dürfte niemanden überraschen, ist etwas, was Wärme*strahlung abgibt*; siehe S. 166.)

Logischerweise werden Sie desto mehr Wärme abbekommen, je näher Sie sich an der Wärme abstrahlenden Erdoberfläche befinden, genau so, als würden Sie näher an den Heizkörper in einer Wohnung herantreten. Die Luft unmittelbar an der Erdoberfläche wird also am stärksten erwärmt, und je weiter Sie von dort aufsteigen, desto kälter wird die Luft werden; oberhalb etwa 3000 Metern so kalt, daß alle Niederschläge in Form von Schnee fallen und fast nie schmelzen.

(In geringerem Ausmaß tragen auch Luftmassen, die über Berghänge aufsteigen, zu den niedrigeren Temperaturen in der Höhe bei. Diese Luft dehnt sich dabei wegen des abnehmenden Atmosphärendrucks aus, und wenn Gase sich ausdehnen, kühlen sie sich auch ab. Siehe S. 125.)

Wie geht das nun genau vor sich, daß die von der Sonne erwärmte Erdoberfläche ihre Wärme an die Luft darüber abgibt? Vorwiegend durch *Strahlung* – auf die gleiche Weise, wie ein Heizstrahler Sie aufwärmt. Doch Strahlung ist nicht der einzige Weg, auf dem Wärme von einer wärmeren auf eine kältere Substanz übertragen werden kann. Sie kann auch durch *Konduktion* und durch *Konvektion* weitergegeben werden. Schauen wir uns diese beiden Mechanismen doch kurz an.

Konduktion: Wenn Sie den heißen Stiel einer Bratpfanne anfassen (*Machen Sie das nicht bei sich zu Hause!*), überträgt sich die Wärme durch Konduktion auf Ihre Hand.

Dabei wird die Wärmeenergie durch den direkten Kontakt von Molekül zu Molekül weitergeleitet. Moleküle der heißen Bratpfanne klopfen an die Moleküle Ihrer Hand und übertragen ihre Wärmeenergie unmittelbar auf diese. Wenn Sie aufschreien und loslassen, wird dieser Kontakt von Molekül zu Molekül unterbrochen. (Das Schreien trägt allerdings nicht besonders viel dazu bei.) Leider ist die Wärme bereits in Ihrer Hand und setzt ihr schädliches Werk weiter fort, wobei Ihr Geschrei allmählich in eine geruhsamere Folge von Flüchen übergeht.

(Ein Tip: Da die Wärme viel länger in der Haut bleibt, als Sie vielleicht glauben, und sie währenddessen weiter schädigt – Fleisch ist ein schlechter Wärmeleiter –, können Sie die Verbrennungen mindern, wenn Sie die Wärme so schnell wie möglich abführen: Halten Sie die betroffenen Körperteile unter fließend kaltes Wasser.)

Konvektion: Wenn Sie Ihr Bratrohr schnell aufmachen, um nach dem Braten zu sehen, und dabei einen Schwall heißer Luft auf dem Gesicht spüren, wird die Wärme mit der Luft auf Sie übertragen. Das nennt man Konvektion: Wärme, die auf den Schwingen einer frei beweglichen Substanz wie Wasser oder Luft transportiert wird. In solchen Fällen fährt die Wärme sozusagen per Anhalter bei der Luft mit. Wenn warme Luft aufsteigt (siehe S. 161), wird die Wärme durch Konvektion übertragen. Die sogenannten Konvektionsherde sind ganz gewöhnliche Herde, in denen die Luft mittels eines Ventilators umgewälzt wird; das beschleunigt den Garvorgang.

Strahlung: Bei Ihrem nächsten Besuch in einer Schmiedewerkstatt (na schön, stellen Sie es sich einfach vor) sollten Sie darauf achten, wie Sie die Wärme des rotglühenden Schmiedefeuers über den ganzen Raum hinweg auf dem Gesicht spüren können. Sie kommen mit keinem heißen

Gegenstand in Berührung, also kann es keine Konduktion sein. Und auch die Luft bewegt sich nicht merklich, folglich kommt auch Konvektion nicht in Frage. Die Wärme erreicht Sie in Form von Strahlung: als Infrarotstrahlung.

Wie das sichtbare Licht ist auch Infrarot eine elektromagnetische Strahlung, allerdings mit größerer Wellenlänge und für den Menschen unsichtbar. Sie hat eine einzigartige Eigenschaft: Ihre Wellenlänge ist genau so bemessen, daß die meisten Substanzen sie absorbieren können; sie »schlucken« ihre Energie und erwärmen sich dadurch (siehe S. 62). Infrarotstrahlung ist keine Wärme an sich, auch wenn es in vielen Büchern behauptet wird; ich selbst nenne sie »Wärme im Übergang«. Sie wird von heißen Gegenständen abgestrahlt und durchquert den Raum mit Lichtgeschwindigkeit, doch in Wärme wandelt sie sich eigentlich erst um, wenn sie auf irgendeine Substanz trifft, von der sie absorbiert wird. Nur eine stoffliche Substanz kann warm sein, da Wärme Molekülbewegung ist, und nur Materie – nicht die Strahlung – besitzt Moleküle.

Es hat mich zwar keiner gefragt, aber...

Kühlt sich die Luft eigentlich kontinuierlich und ohne Ende ab, je höher wir aufsteigen?

Nein, aber sie wird fortwährend kälter – durchschnittlich um 6,5 °C pro tausend Höhenmeter –, bis auf eine Höhe von etwa 10 000 Metern über NN (Normalnull = Meereshöhe). Das liegt knapp über der Flughöhe eines großen Verkehrsflugzeugs. Vielleicht haben Sie einmal gehört, wie der Flugkapitän versuchte, Sie zu beeindrucken, als er beim Erreichen dieser Höhe darauf hinwies, daß die Temperatur außerhalb Ihres wenig vertrauenerweckend wirkenden Fensters bei ungefähr minus 40°C liege. Gut zu wissen, daß das Fenster eine Doppelscheibe aus isolierendem Plastikmaterial ist.

Oberhalb von 10 000 Metern befinden Sie sich in der *Stratosphäre.* Dort wird die Luft nicht mehr zunehmend kälter, wenn Sie weiter aufsteigen, sondern bleibt für die nächsten 20 Kilometer einigermaßen konstant auf minus 48°C. Danach wird sie sogar allmählich wieder wärmer. Oberhalb der Stratosphäre springt die Temperatur noch ein paarmal hin und her; die Lufthülle wird zunächst kälter und dann wieder wärmer.

Was spielt sich da ab?

Zum einen sind in der Luft in verschiedenen Höhen jeweils unterschiedliche chemische Bestandteile vertreten. Die schwereren Moleküle (Kohlendioxid, Argon) neigen eher dazu, in die untere Atmosphäre abzuwandern, während die leichteren (Helium, Neon) sich eher auf die Spitze der Säule begeben. Da diese verschiedenen Moleküle die Sonnenenergie jeweils anders absorbieren, können sie sich auch unterschiedlich erwärmen. Zum Beispiel halten sich die meisten Ozon-Moleküle in der Stratosphäre auf. Ozon absorbiert einen großen Teil der extrem kurzwelligen ultravioletten Strahlung der Sonne; es erwärmt sich und macht die Atmosphäre damit wärmer, als sie ohne das Ozon wäre. Die Erdatmosphäre ist ein ziemlich komplexes System.

Und außerhalb der Atmosphäre? Sie haben gehört, die Temperatur im Weltraum sei extrem niedrig, oder nicht? Nun, das stimmt nicht (siehe S. 241).

Es ist die Feuchtigkeit und nicht die Kälte ...

Ich habe oft gehört, es sei zu kalt für Schneefall. Ist da irgendein Körnchen Wahrheit dran?

Es ist wahr, daß es nicht schneit, wenn es sehr kalt ist. Dennoch ist die Aussage irreführend. Sobald die Temperatur unter den Gefrierpunkt fällt und auch andere Bedingungen für Schneefall gegeben sind, hängt die Antwort auf die Frage, ob es schneien wird oder nicht, nur davon ab, wieviel Wasserdampf verfügbar ist.

Damit es schneien kann, müssen in den meisten Fällen zunächst winzige Tröpfchen flüssigen Wassers in der Luft sein, die zu Schneeflocken gefrieren können. Wenn aber das verfügbare Wasser sehr kalt ist, bleibt es bevorzugt dort, wo es ist, nämlich in der Flüssigkeit (siehe S. 284), so daß es nicht viel Wasserdampf an die Luft abgibt. Deshalb ist bei sehr niedrigen Temperaturen einfach nicht genug Wasser in der Luft, aus dem sich diese winzigen Tröpfchen bilden könnten, die dann gefrieren und als Schnee fallen.

Und wenn es für einige Zeit sehr kalt gewesen ist, ist der größte Teil des vorhandenen Wassers ohnehin nicht für die Wasserdampfbildung verfügbar, weil es gefroren ist.

Auf diesen Bildern im *National Geographic*, die blendend weiße Schneestürme in der Antarktis zeigen, fällt kein Schnee – er wird verweht. Äußerst heftige Stürme blasen lockeren, bereits vorher gefallenen Schnee durch die Gegend. Und wann ist dieser bereits vorher gefallene Schnee heruntergekommen? Als die Temperaturen milder (aber immer noch unter dem Gefrierpunkt) waren und reichlich Wasserdampf vorhanden war.

Es hat mich zwar keiner gefragt, aber…

Wo ist es kälter, am Nordpol oder am Südpol?

Am Südpol. Dort liegt die Durchschnittstemperatur ungefähr bei minus 49° Celsius. Am Nordpol sind es relativ linde 20 Grad unter Null.

Die Antarktis ist eigentlich ein eigener Kontinent. Eis und Schnee liegen auf einer gewaltigen Landmasse, während der kleine Eisschild der Arktis auf dem arktischen Ozean schwimmt. Der Südpol selbst ist eine etwa 3700 Meter hohe Erhebung, und in großen Höhen ist es stets kälter (siehe S. 165). Überdies strahlt die sehr viel ausgedehntere Eis- und Schneeoberfläche am Südpol die Wärme nach Sonnenuntergang viel schneller ab.

Als weiterer Faktor kommt hinzu, daß Wasser sich nicht so leicht erwärmt oder abkühlt wie Land, was die Temperaturen am Nordpol vor Extremen bewahrt.

Kneipenwette

Am Nordpol ist es viel wärmer als am Südpol.

Juhuuuuuu!

Die Welt dreht sich doch mit 1600 km/h um sich selbst. Wieso wird uns dann nicht schwindlig, spüren wir keinen Wind oder bemerken die Bewegung sonst irgendwie? Liegt das einfach daran, daß wir uns daran gewöhnt haben?

Nein. Die Erdrotation ist eine gleichförmige, unveränderliche Bewegung, und wir können nur *Änderungen* von Bewegungen (in der Sprache der Wissenschaft: *Beschleunigungen*) wahrnehmen. Jedesmal, wenn ein sich bewegender Körper von dieser Bewegung abgebracht wird, sei es in Form einer Richtungs- oder einer Geschwindigkeitsänderung, sagen wir, er habe eine Beschleunigung erfahren. Beschleunigung heißt also nicht nur, daß ein Objekt schneller wird.

Nehmen wir an, Sie führen in einem Auto mit, das geradeaus fährt und bei dem der Tempomat eingeschaltet ist – diese automatische Geschwindigkeitsregelung, die dafür sorgt, daß der Wagen stets mit gleichbleibendem Tempo dahinrollt. Sie spüren keinerlei Kräfte, die an Ihrem Körper zerren, oder? Doch sobald die Straße in eine Kurve übergeht, nehmen Sie das wahr, weil Sie sanft nach der Kurvenaußenseite gedrückt werden. Oder wenn der Fahrer plötzlich aufs Gaspedal (im Amerikanischen heißt das auch *accelerator*, also Beschleuniger) tritt, registriert es Ihr Körper, weil Sie gegen die Sitzlehne gedrückt werden. Und wenn der Fahrer schließlich in die Bremsen tritt, spürt Ihr Körper auch das, weil Sie mehr oder weniger stark nach vorne gezogen werden. Doch solange das Fahrzeug nicht schneller oder langsamer wird oder durch eine Kurve fährt (in der Sprache der Wissenschaft heißt das *Winkelbeschleunigung*), nimmt Ihr Körper keine Kräfte wahr, die versuchen würden, ihn herumzuwerfen. Tatsächlich spürt Ihr Körper nicht, daß er sich bewegt, selbst wenn das Gehirn es weiß.

Ihr Gehirn weiß also, daß die Erde sich dreht (siehe S. 173), aber Ihr Körper merkt es nicht, weil die Bewegung störungsfrei, gleichförmig und kontinuierlich abläuft. Wie Isaac Newton im Ersten Bewegungsgesetz festgehalten hat, setzt jeder Körper (Ihrer gehört auch dazu), der sich geradlinig und mit konstanter Geschwindigkeit bewegt, seine Bewegung unverändert fort, solange keine äußere Kraft auf ihn wirkt. Ohne eine solche äußere Kraft spürt der Körper (auch Ihrer) gar nicht, daß er sich bewegt.

Aber, so protestieren Sie, wir bewegen uns doch zweifellos auf einer Kurvenbahn, oder nicht? Wir folgen der Krümmung der Erdoberfläche. Vielleicht mit gleichbleibender Geschwindigkeit, aber nicht auf einer geraden Linie. Warum also werden wir nicht nach außen gedrückt? Na ja, wir werden. Doch die Krümmung ist so flach – die Erde ist so groß –, daß die Kreisbahn *praktisch* einer geraden Linie entspricht. Die nach außen gerichtete Kraft ist also verschwindend klein (aber beachten Sie bitte S. 177). Wenn Sie darüber nachdenken, wird Ihnen auffallen, daß selbst Ihr Auto auf seiner vollkommen geraden Strecke dieser weiten Kurve gefolgt ist: der Erdkrümmung. Und wenn Sie dieser »geraden Linie« nur lange genug folgen, kommen Sie wieder genau da an, wo Sie losgefahren sind.

Für die teuflischen Planer von Freizeitparks (ich nenne sie *Zeitklauparks*), die uns jede Art von Bewegung bis zum Exzeß erleben lassen wollen, ist das alles sehr entmutigend. Sie verfolgen die Absicht, daß wir das Gleichgewicht verlieren, schwanken, uns unsicher, orientierungslos und gefährdet fühlen und in alle möglichen Richtungen durchgerüttelt werden. Deshalb bewegt sich auf dem ganzen Gelände nichts mit gleichmäßiger Geschwindigkeit in eine bestimmte Richtung, abgesehen vielleicht von der Flugbahn Ihrer Geldbörse. In jedem der Fahrgeschäfte werden Sie entweder herumgewirbelt, erst aufwärts, dann abwärts geworfen oder durch irgendeine verrückte Kombination von Steigungen, Abstürzen und Kreiseln gleichzeitig geschleudert. Die besten (?) Achterbahnen sind jene, bei denen Auf und Ab mit rasanter Beschleunigung, abrupten Bremsmanövern, Spiralen und Kurven kombiniert sind. Diese Bewegungsänderungen, die wir ja wirklich fühlen *können*, lassen sich alle unter der Kategorie Beschleunigung zusammenfassen. Selbst im Karussell erleben Sie Beschleunigung, denn dort werden Sie ständig von einer geradlinigen in eine kreisförmige Bewegung gezwungen.

Ach ja, haben Sie mich nicht auch gefragt, warum wir keinen Wind spüren, während uns das kosmische Karussell namens Erde im Kreis herumwirbelt? Nun, die Luft wird mit denselben 1600 km/h wie wir, unsere Autos, unsere Häuser und sogar unsere Flugzeuge (siehe unten) im Kreis bewegt. In bezug auf uns bewegt sich die Luft also nicht.

Schwindelerregend

Die Erde dreht sich mit 1600 km/h um sich selbst. Warum kann ich dann diese Bewegung nicht sehen, wenn ich aus einem Flugzeug, das erheblich langsamer ist, auf sie hinunterschaue?

Nun, selbst wenn Sie zu einer einsamen Insel fliegen, um alles hinter sich zu lassen, bleiben Sie trotzdem ein Teil »von alledem«. Ihr Flugzeug ist fast ebenso fest an die Erde gebunden wie die Berge unter Ihnen, außer daß das Flugzeug sich (hoffentlich) in größerer Höhe befindet.

Ihr Pilot wäre der erste, der Ihnen bestätigt, daß das Flugzeug fest an die Luft gebunden ist (siehe S. 46). Und da die Luft an die Erde gebunden ist, könnten Sie sagen, daß wir alle im selben Boot sitzen und zusammen mit der Erdoberfläche fröhlich (und mit 1600 km/h) nach Osten segeln.

(Genau genommen bewegt sich der Boden am Äquator mit 1670 km/h; das ergibt sich aus dem Erdumfang von 40 100 km, dividiert durch 24 Stunden. Je weiter wir uns nach Norden oder nach Süden bewegen, desto mehr verlangsamt sich diese Geschwindigkeit, da die Kreisumfänge abnehmen.)

Während des Fluges sehen Sie natürlich, wie der Boden sich unter Ihnen »bewegt«. Doch das ist die Bewegung Ihres Flugzeugs, nicht die der Erdoberfläche. Das ist nichts anderes als bei den Bäumen, die »nach hinten davonrasen«, wenn Sie im Auto durch eine Allee fahren. Hier kommen wir nun zu einer sehr wichtigen Feststellung: *Eine absolute Bewegung gibt es nicht.* Jede Bewegung ist relativ. Die Feststellung, ob etwas sich bewegt oder nicht, läßt sich nur treffen, wenn man angibt, »in bezug worauf« es sich bewegt. Bewegung ist dann und nur dann Bewegung, wenn sie mit einem unabhängigen Bezugspunkt in Verbindung gebracht wird (in der Sprache der Wissenschaft: einem *Bezugssystem*).

In bezug auf die Bäume sind Sie und Ihr Auto in Bewegung, doch in Relation zu Ihnen und Ihrem Auto sind es die Bäume. Was ist richtig? Wenn Sie erst einen Augenblick zuvor in Ihrem Auto zur Welt gekommen wären, würden Sie schwören, daß es die Bäume sind, die sich bewegen, weil Sie intuitiv und egoistisch sich selbst als Bezugspunkt gewählt hätten. Erst mit zunehmender Erfahrung lernen wir, auch Bezugspunkte außerhalb von uns anzuerkennen. Wenn jeder Autofahrer nur sich selbst als Bezugspunkt annähme, würden die Bäume sich mit unterschiedlichsten Geschwindigkeiten in alle möglichen Richtungen »bewegen«, weil alle diese Bezugspunkte der einzelnen Menschen unterschiedlich schnell in verschiedenen Richtungen unterwegs wären. Mit feststehenden Bäumen kommen wir jedoch erheblich besser zurecht, und deshalb sind wir Menschen übereingekommen, die Bäume und das Land, in dem sie verwurzelt sind, als unsere feststehenden Bezugspunkte anzusehen.

Doch wir sollten einen Schritt zurücktreten und uns einen größeren Überblick über die Erde verschaffen. Wenn wir sagen, eine Palme am Äquator sei am Boden mit 1670 km/h unterwegs, müssen wir uns fragen: »In bezug worauf?« Nun, wie wäre es mit dem Mittelpunkt der Erde als Bezugspunkt? Das ist der einzige Punkt auf oder in der Erde, der keine Kreisbewegung beschreibt. Anders ausgedrückt, wir nehmen den Erdmittelpunkt als unseren »feststehenden« Bezugspunkt an.

Aber wir wollen es aus noch größerem Abstand betrachten. Der Planet als Ganzes bewegt sich mit 107 000 km/h um unser Zentralgestirn, bezogen auf den Mittelpunkt der Sonne, den wir nun als neuen Bezugspunkt wählen. Doch auch die Sonne bewegt sich in Relation zu anderen Sternen. Und die Sterne in bezug auf das Zentrum unserer Milchstraße. Und unsere Milchstraße... Und so weiter, buchstäblich *ad infinitum*, ohne Ende.

Bevor uns zu schwindlig wird, sollten wir wieder in unser Flugzeug zurückkehren. Wenn Sie drinsitzen, werden alle Punkte des Flugzeugs zu Ihrem angenommenen Bezugspunkt. Deshalb sehen Sie, wie die Erde sich mit der (Vorwärts-) Geschwindigkeit des Fliegers »nach hinten« bewegt. Dabei dürfen Sie aber nicht vergessen, daß Sie und Ihre Erdnußtüte und der schreiende Säugling auf der anderen Seite des Mittelgangs gemeinsam ungefähr mit der Umdrehungsgeschwindigkeit der Erdoberfläche unterwegs sind, bezogen auf den Mittelpunkt der Erde. Ich sage »ungefähr«, denn wenn Sie mit der Erdrotation nach Osten fliegen, *addiert* sich die Geschwindigkeit des Flugzeugs zu der der Erdumdrehung; bei einem Flug in westlicher Richtung muß man die Fluggeschwindigkeit dagegen von der letzteren *abziehen.* Bei einem Flug in Richtung Nordosten oder nach Süd-Südwesten sollten Sie Ihren Trigonometrielehrer aus der Oberschule fragen. Sagt Ihnen das Wort »Vektor« was?

Erbsenzähler-Ecke

Ich habe gesagt, das Flugzeug sei fest an die Erde gebunden, weil es fest an die Luft gebunden ist, die wiederum fest mit der Erde verbunden ist. Nun, das stimmt nicht ganz.

Physikalisch gesehen ist Luft gewissermaßen eine Flüssigkeit, sie ist nicht starr, sondern fließt. Die Luft kann deshalb mit der Erdumdrehung nicht ganz Schritt halten; sie hängt ein wenig zurück und schwappt umher (siehe S. 194) wie eine Pfütze in einem Ruderboot. Auch wenn das Flugzeug tatsächlich von der Luft gehalten wird, ist die Bindung der Luft an die Erde ein wenig lockerer. Damit will ich nicht sagen, daß wir irgendwie in Gefahr wären, unsere Atmosphäre zu verlieren: Die Schwerkraft hält die ganze Luftschicht ziemlich fest. Doch innerhalb dieser Schicht ist die Luft eine wirbelnde, stürmende, sich bewegende Masse. Lokale Unregelmäßigkeiten können unser Flugzeug immer noch mit Scherwinden, Gegenwinden und uns nach unten wegsacken lassenden Turbulenzen durchschütteln, so daß Sie den Eindruck haben, mit gar nichts besonders fest verbunden zu sein.

Es hat mich zwar keiner gefragt, aber…

Vom Flugzeug aus kann ich nicht sehen, wie die Erde sich dreht. Gilt das auch für Astronauten, die von ihrer Raumfähre in der Umlaufbahn aus herabblicken?

Ja, denn obwohl sie ein ganzes Stück weiter oben und erheblich schneller fliegen als ein Flugzeug, bleibt die Situation unverändert. Für sie scheint sich die Erde mit *ihrer* Geschwindigkeit von 29 000 km/h »rückwärts« zu bewegen, genau so, wie es Ihnen im Auto oder im Flugzeug vorkommt. Der einzige Unterschied besteht darin, daß sie, weil sie so viel schneller sind, einen ganzen Kontinent in kürzerer Zeit »vorbeiziehen« sehen, als Sie vielleicht für Ihren Weg zur Arbeit benötigen. Wahrscheinlich haben Sie schon Filmaufnahmen von Astronauten beim »Raumspaziergang« gesehen, auf denen sich im Hintergrund die Kontinente »nach Westen« bewegt haben.

Aber warum westwärts? Aha! Das ist eine interessante Geschichte. Haben Sie sich je gefragt, warum man das Kennedy-Raumfahrtzentrum an der Ostküste Floridas errichtet hat und nicht an der Westküste in Kalifornien? Auch Micky Maus ist schließlich an beiden Küsten präsent.

Zunächst sollen unsere Raketen lieber über das Meer als über besiedelte Gebiete hinweg abfliegen, weil dann die Feststoffraketen gefahrlos abgesprengt werden können. Doch der zweite und wichtigere Grund ist der, daß wir unsere Raumfähren und Satelliten ostwärts in ihre Umlaufbahn um die Erde schießen müssen, also in die Richtung der Erdumdrehung. Auf diese Weise schiebt uns Mutter Erde nämlich kostenlos mit zusätzlichen 1600 km/h an. Und deshalb kommt eher die nach Osten zeigende Atlantik- als die Pazifikküste in Frage.

Im Orbit behält die Fähre ihre ostwärts gerichtete Flugbahn bei, und die Astronauten sehen die Erdoberfläche scheinbar nach Westen abwandern, als säßen sie in einem Flugzeug, das von Los Angeles nach New York fliegt. Nur mit sehr viel mehr Beinfreiheit.

Wie Sie Gewicht verlieren

Ich weiß nicht, ob es sich im folgenden um eine wissenschaftliche Frage oder um ein Rätsel handelt, aber meine zehnjährige Tochter hat mich gefragt, ob ein Eisbär am Äquator weniger wiegen würde als am Südpol.

Um beides. Das Rätsel betrifft die Tatsache, daß Eis- oder Polarbären nur am Nordpol, nicht aber am Südpol leben. Außerdem wäre ein Polarbär am Äquator kein Polarbär, oder? Es würde sich dann eher um einen Äquatorial- oder Warmwasserbären handeln.

Doch wir wollen die Frage für bare Münze nehmen: Wiegt ein Bär – oder ein beliebiger anderer Gegenstand – am Äquator weniger als an einem der beiden Pole? Wenn alle anderen Bedingungen unverändert wären (und das sind sie natürlich nie), würde die Antwort »Ja« lauten. Ein bißchen.

Weil die Erde um den Äquator einen kleinen Wulst besitzt, wird sich der Bär dort weiter vom Erdmittelpunkt entfernt befinden; die Schwerkraft wird ihn also ein wenig schwächer anziehen (siehe S. 154).

Doch Ihre Tochter hatte zweifellos die Auswirkungen der Rotation der Erde im Sinn, die sich alle 24 Stunden einmal um sich selbst dreht. (Ist das nicht ein hübscher Zufall? Natürlich nicht. So haben die Menschen die 24 Stunden zu Beginn definiert.) Am Äquator mit seinem Umfang von 40 100 Kilometern ergibt das eine Bodengeschwindigkeit – einschließlich der Palmen, Bären und allem anderen – von 1670 km/h. Daheim genau am Nordpol hätte der Bär dagegen überhaupt keine Geschwindigkeit; er würde sich lediglich auf der Stelle drehen, im Zentrum des Karussells.

Die hohe Rotationsgeschwindigkeit der Erdoberfläche setzt Bären (und alles andere) einer nach außen gerichteten Zentrifugalkraft aus, die sie tendenziell von der Erde wegschleudert, ähnlich wie Wasser von einem Hund, der nach einem Bad sein Fell schüttelt, indem er seinen Rumpf rasch hin und her dreht. Der Weltraum rund um die Erde ist nur deshalb nicht voller fliegender Bären, weil die viel stärkere Schwerkraft des Planeten alles (auch die Bären) am Boden festhält.

Dennoch wird die Gravitationskraft, die uns an die Erde bindet, durch die auswärtsgerichtete Zentrifugalkraft ein wenig vermindert, so daß ein Bär am Äquator etwas leichter wäre – etwa um 0,3 Prozent. Ein Bär von 360 Kilo würde dort also etwa 1,4 Kilo weniger wiegen als am Nordpol. Auf den Menschen umgerechnet würde jemand mit 68 Kilo am Äquator etwa 200 Gramm weniger wiegen als am Nordpol.

Das sind selbstverständlich die Extremwerte. Überall zwischen dem Äquator und den Polen liegt die Rotationsgeschwindigkeit des Planeten in einem Bereich von Null bis 1670 km/h, da die Kreisumfänge zu den Polen hin immer kleiner werden. Demnach verliert jeder, der sich von einem beliebigen Punkt der nördlichen oder südlichen Hemisphäre zum Äquator bewegt, allmählich an Gewicht. Wenn Sie also beispielsweise auf der geographischen Breite von Washington oder Madrid 68 Kilo wiegen, würde die Waage am Äquator 14 Gramm weniger anzeigen.

Das ist keine sehr effektive Methode abzuspecken, es sei denn, Sie gehen zu Fuß dorthin.

Es hat mich zwar keiner gefragt, aber...

Würde ich ganz unten in einem tiefen Bergwerksschacht weniger wiegen als an der Oberfläche?

Junge, Junge, Sie müssen wirklich scharf darauf sein, abzunehmen! Ja, Sie würden ein bißchen weniger wiegen.

Wahrscheinlich glauben Sie, Ihr Gewicht sei eine Folge der Schwerkraft, mit der die Erde Ihren Körper anzieht. Unter der Erdoberfläche hätte die Gravitation einen Teil ihrer Arbeit bereits vollbracht, weshalb die verbleibende Anziehung schwächer wäre. Nun, da ist etwas dran, obwohl ich es ein wenig anders darstellen würde.

Die Anziehungskraft zwischen zwei Körpern wirkt, als käme sie aus den *Gravitationszentren* der Objekte (siehe S. 154), als wäre also die gesamte Masse jedes Körpers in diesen Punkten konzentriert. Bei einem gleichmäßig geformten Gegenstand wie zum Beispiel einer Kugel fällt das Gravitationszentrum mit dem geometrischen Mittelpunkt zusammen. Die Erde bildet zwar keine vollkommene Kugel, doch sie weicht nur so wenig davon ab, daß wir sagen können, ihre Anziehungskraft zieht Sie in Richtung auf den Erdmittelpunkt.

An der Oberfläche sind Sie (durchschnittlich) 6371 Kilometer vom Mittelpunkt der Erde, dem scheinbaren Ort ihrer gesamten Anziehung, entfernt. Am Boden eines etwa zwei Kilometer tiefen Schachts werden Sie von einer geringeren Erdmasse angezogen als zuvor, weil ein Teil dieser Masse jetzt über Ihnen liegt und nicht mehr zur abwärtsgerichteten Anziehung beiträgt (sie zieht Sie sogar nach oben). Wenn Sie von einer kleineren Masse zum Erdmittelpunkt gezogen werden, wiegen Sie auch weniger, denn so ist Ihr Gewicht definiert: als Stärke der zum Erdmittelpunkt gerichteten Anziehungskraft, die auf Ihren Körper wirkt.

Wieviel weniger würden Sie wiegen? In einem 16 Kilometer tiefen Schacht wäre Ihr Gewicht etwa 0,7 Prozent kleiner als an der Oberfläche. Das Gewicht, das Sie beim Graben verlieren würden, ist dabei nicht berücksichtigt.

Verrückt ist allerdings, daß Sie auch Gewicht verlieren würden, wenn Sie sich nach oben von der Oberfläche entfernen. Auf einem Berggipfel sind Sie leichter als im Tal, weil Sie weiter vom Erdmittelpunkt entfernt sind.

Halt, nicht so schnell! Legen Sie die Bergsteigerausrüstung wieder hin, die Sie von einem dieser Versandhändler für gewichtsreduzierende Mittelchen gekauft haben. Wenn Sie auf Meereshöhe 68 Kilo wiegen, würden Sie auf dem Gipfel des Mount Everest, dem höchsten Punkt der Erde, gerade mal 200 Gramm leichter sein. Das ist die Klettertour kaum wert, oder? Abgesehen vom Trainingseffekt natürlich.

Mit Wissen gespült

Dreht sich der Wasserstrudel in einer leerlaufenden Badewanne auf der Nordhalbkugel wirklich gegen den Uhrzeigersinn und auf der Südhalbkugel mit der Uhr?

Nein. Das ist nur eine weitere dieser Trivialmythen, die möglicherweise von einem etwas zu begeisterten Physiklehrer in die Welt gesetzt wurde. Aber immerhin enthält sie ein Körnchen Wahrheit.

Wenn sich fluide Stoffe wie Luft und Wasser bewegen, werden sie ein wenig von der Erdumdrehung beeinflußt.

Dieser sogenannte Coriolis-Effekt ist nach dem französischen Mathematiker Gustave-Gaspard Coriolis (1792 bis 1843) benannt worden, der als erster bemerkte, daß eine sich über eine rotierende Kugeloberfläche (zum Beispiel die Erde) bewegende fluide Substanz in gewissem Ausmaß von ihrem Weg abgelenkt wird.

Übrigens handelt es sich um den Coriolis-*Effekt*, nicht um die Coriolis-*Kraft,* wie so viele Bücher und sogar manche Lexika behaupten. Eine Kraft ist ein Naturphänomen, das Dinge in Bewegung setzen kann, wie wir am Beispiel der Gravitationskraft und der Magnetkraft sehen. Doch der Coriolis-Effekt bewegt gar nichts; er ist lediglich das Resultat zweier vorhandener Bewegungen – der Bewegung von Luft oder Wasser, die durch die Bewegung des Planeten Erde modifiziert wird.

Der Coriolis-Effekt ist jedoch so schwach, daß er nur bei großen Massen von Flüssigkeiten und Gasen in Erscheinung tritt, wie sie in der Erdatmosphäre oder in den Ozeanen vorliegen. Dort beeinflußt er Wind- und Meeresströmungen ziemlich deutlich (siehe S. 186).

Doch selbst wenn der Coriolis-Effekt sehr viel stärker wäre, würde er sich in einer Badewanne nicht bemerkbar machen, weil das Wasser ohnehin aus ganz anderen Gründen in einem Strudel abfließt. In meiner Wohnung läuft das Wasser der einen Badewanne im Uhrzeigersinn, in der anderen gegenläufig ab – und manchmal auch umgekehrt. Dabei liegen sie auf derselben Hemisphäre (das Haus ist eher klein).

Wenn das Wasser abfließt, ist die Richtung des Wirbels allen möglichen Einflüssen ausgesetzt. Am Ende muß dieses Wasser immer einen Strudel bilden, der sich in der einen oder der anderen Richtung dreht: Wenn seine äußeren Anteile sich nach innen zur Abflußöffnung bewegen, kann nicht die gesamte Menge gleichzeitig zur Mitte fließen. Ein Strudel ist gewissermaßen die Technik des Wassers, sich anzustellen und Ehrenrunden zu drehen, während es gleichzeitig in der Mitte ein Loch freiläßt, durch das die Luft aus den Rohren aufsteigen kann. Wenn diese Luft nämlich nicht an die Oberfläche steigen könnte, würde sie das Wasser am Abfließen hindern.

Aber gibt es nicht vielleicht doch auf jeder Hemisphäre eine bevorzugte Richtung, und sei sie noch so klein, in der sich der Wirbel im Waschbecken oder der Badewanne dreht?

Probieren Sie es selbst

Füllen Sie das Waschbecken oder die Badewanne in Ihrem Badezimmer mit Wasser und lassen Sie es für eine Woche oder so in Ruhe, damit es keine Strömungen oder Temperaturunterschiede mehr aufweist, die sich vielleicht zu Gunsten der einen oder anderen Richtung auswirken könnten. Nun öffnen Sie den Abfluß, ohne das Wasser auch nur im geringsten zu beunruhigen. (Viel Glück dabei!) Das Wasser beginnt abzufließen und wird schließlich einen Wirbel ausbilden. Dieses Experiment wiederholen Sie tausendmal und halten fest, wie oft das Wasser sich im Uhrzeigersinn bzw. entgegengesetzt gedreht hat.

Sie haben nicht die Zeit oder die Geduld, das durchzuführen? Gut. Vergessen Sie's. Ihr Waschbecken und Ihre Badewanne sind ohnehin nicht geeignet, weil der Abfluß nicht in der Mitte sitzt, weshalb die Strömungen nicht symmetrisch verlaufen. Die Wasserwirbel sollten jedoch kreisförmig sein.

Wissenschaftler, die offenbar nichts anderes zu tun hatten, haben diesen Versuch mit der größten, sorgfältigst konstruierten, temperaturkontrollierten, vibrationsfreien, automatisch ihren zentralen Abfluß öffnenden »Badewanne« durchgeführt, die Sie sich vorstellen können. Es ist ihnen nicht gelungen, irgendeine bevorzugte Richtung des Wirbels nachzuweisen. Anders gesagt, nicht der Coriolis-Effekt hat die Richtung vorgegeben, sondern zahlreiche andere, unkontrollierbare Faktoren haben das getan. Das ist jedoch kaum überraschend, denn wir können die Stärke des zu erwartenden Coriolis-Effekts berechnen. In einer Badewanne normaler Größe wäre er so schwach, daß er das Wasser allerhöchstens zu einer Umdrehung pro Tag veranlassen könnte – das reicht bei weitem nicht aus, die Effekte unabsichtlich ausgelöster Strömungen zu überwinden.

Jetzt also die Erklärung, was beim Coriolis-Effekt vor sich geht. Stellen Sie sich die Erde als Globus vor, wobei Sie genau auf Nordamerika schauen. Nun ersetzen Sie Nordamerika in Gedanken durch ein gewaltiges Waschbecken. Dessen Abfluß dürfte irgendwo in South Dakota liegen. (Das soll keine Beleidigung für euch in Dakota sein, Leute.) Der Globus einschließlich des Waschbeckens und allem anderen dreht sich von links nach rechts – von Westen nach Osten, genau wie die Erdkugel. Am Äquator bewegt sich die Oberfläche der Erde jedoch schneller als weiter nördlich, genau wie die Pferdchen an der Außenseite des Karussells, die schneller unterwegs sind als die in der Nähe des Zentrums. Ein Punkt auf dem Äquator hat einfach bei jeder Umdrehung einen weiteren Weg zurückzulegen als ein Punkt in der Nähe eines der Pole.

Wenn Sie also von einem beliebigen Ort der Nordhalbkugel aus mit Ihrem Auto nach Norden fahren, werden Sie, je weiter Sie nach Norden vorankommen, von der Erdoberfläche immer langsamer in Richtung Osten befördert.

Das merken Sie natürlich nicht, weil Sie und Ihr Auto ziemlich zuverlässig an die Erdoberfläche gebunden sind und sich gemeinsam mit ihr bewegen. Bei Luft und Wasser dagegen ist das anders: Sie sind nur lose an die Oberfläche des Planeten gebunden und können in gewissem Umfang umherschwappen. Deshalb kann der Coriolis-Effekt nur Luft und Wasser beeinflussen.

Stellen Sie sich nun vor, Sie trieben in einem Ruderboot in dem nordamerikanischen Waschbecken, irgendwo südlich der Abflußöffnung – sagen wir, in Texas. Während Sie nach Norden (weg vom Äquator) zum Abfluß rudern, werden Sie von der Erde unter Ihnen immer langsamer in Richtung Osten befördert. Ihre texanische Trägheit läßt Sie aber weiter mit der aus Texas mitgenommenen Geschwindigkeit nach Osten treiben. Sie überholen die Erdoberfläche und eilen ihr allmählich ein wenig voraus. Mit welchem Ergebnis? Bezogen auf die Erdoberfläche sind Sie nach *Osten* abgewichen. Sie sind gezwungenermaßen ein wenig nach rechts abgebogen, aus der exakten Nordrichtung ein Stück ostwärts.

Ein Boot, das von Kanada aus südwärts triebe, würde in gleicher Weise (den Beweis dürfen Sie selbst antreten) nach rechts abgelenkt, also ein wenig nach Westen. Es ist demnach gleichgültig, in welcher Richtung das Wasser (und Ihr Boot) seinen Weg zum Abfluß beginnt: Auf der Nordhalbkugel wird es immer dazu gebracht werden, nach rechts abzuweichen. Und eine Drehung nach rechts verläuft im Uhrzeigersinn. (Gehen Sie aber nicht weg, ehe Sie nicht die Erbsenzähler-Ecke besucht haben.)

Lassen Sie mich nur noch sagen, daß auf der Südhalbkugel alles andersherum abläuft. Große, sich bewegende Luft- und Wassermassen werden in eine Linksdrehung versetzt und wirbeln demnach gegen den Uhrzeigersinn. Aber vergessen Sie nicht: Die Wassermasse muß gewaltig sein, damit wirklich ein Effekt zu beobachten ist. Meere ja, Waschbecken und Badewannen nein.

Erbsenzähler-Ecke

Zugegeben, Tornados und Hurrikane drehen sich auf der Nordhalbkugel in Wahrheit *gegen den Uhrzeigersinn*, auf der Südhalbkugel dagegen *im Uhrzeigersinn* – genau das Gegenteil dessen, was ich Ihnen gerade weisgemacht habe. Zügeln Sie Ihr Temperament, und alles kommt wieder ins rechte Licht. Oder ins linke, was auch immer. Hören Sie sich's einfach an. Aber wir bleiben auf der Nordhalbkugel, einverstanden?

Hurrikane sind Gebiete mit niedrigem Luftdruck. Das heißt, dort ist die Luft merklich weniger dicht, weniger schwer als die Luft der Umgebung – dort liegt sozusagen eine Art Loch in der Luft vor. Falls nun die ganze schwerere Luft in der Umgebung durch den Coriolis-Effekt nach rechts abgleitet, würde das »Loch« selbst nach links gedreht. Also rotiert der daraus hervorgehende Tiefdruck-Hurrikan gegen den Uhrzeigersinn.

Nein? Wie wäre es mit folgendem Bild: Das Tiefdruckgebiet ist ein Roulette-Rad, und Sie sind die Luft mit dem höheren Druck. Während Sie Ihre Hand nach rechts bewegen, streifen Sie das Rad. Würde das Rad sich dann nicht nach links drehen?

Oder ein anderes: Sie schieben ein paar Kinder auf einem jener Mini-Karussells auf dem Spielplatz an. Sie schubsen das Gerät nach rechts, und es dreht sich linksherum. Stimmt's?

Und was ist mit der Südhalbkugel? Vertauschen Sie einfach in den letzten vier Absätzen »links« und »rechts«, und alle »Uhrzeiger« laufen andersherum.

Bonus: Jetzt bekommen Sie Ihre Belohnung, weil Sie all das Obenstehende gelesen haben, ohne daß sich Ihnen der Kopf im Uhrzeigersinn oder gegen ihn gedreht hat. Ich

werde Ihnen nämlich verraten, warum alle Uhren im Uhrzeigersinn laufen.

Das kommt daher, daß die ersten mechanischen Uhren auf der Nordhalbkugel erfunden worden sind.

Das leuchtet nicht unmittelbar ein? Bedenken Sie folgendes: Für einen Beobachter auf der Nordhalbkugel steht die Sonne praktisch stets am südlichen Himmel. Wenn man nach Süden zur Sonne blickt, bewegt sie sich von Osten nach Westen, für den Beobachter also von links nach rechts. Die Stundenzeiger der frühesten Uhren – und am Anfang gab es *nichts als Stundenzeiger* – sollten diese Bewegung der Sonne von links nach rechts nachahmen. Deshalb überquerten sie den höchsten Punkt der Zifferblatts in der Richtung, die wir heute als »Uhrzeigersinn« bezeichnen. Als dann gegen Ende des sechzehnten Jahrhunderts eine Verfeinerung in Form der Minutenzeiger aufkam, kreisten diese natürlich ebenfalls in dieser Richtung. Oder könnten Sie sich eine Uhr vorstellen, bei der der Stundenzeiger in die eine, der Minutenzeiger in die andere Richtung wandert?

Die höllische Tagundnachtgleiche

Stimmt es, daß man, wie manche Leute behaupten, zur Tagundnachtgleiche im Frühling ein Ei auf die Spitze stellen kann?

Das ist vollkommen richtig. Und genauso zur Tagundnachtgleiche im Herbst. Und auch an Dienstagen im Februar, und zu jeder beliebigen Zeit während des Viertelfinales in der Champions League, wenn es 2:1 für die Mannschaft mit dem linksfüßigen Torjäger steht. Sie verstehen, was ich damit sagen will?

Natürlich geht es darum, daß Tagundnachtgleichen absolut nichts mit dem Versuch zu tun haben, Eier auf der Spitze zu balancieren. Doch alter Aberglaube stirbt nie aus, besonders wenn er Jahr für Jahr von Spinnern zelebriert wird, die gerne zaubern möchten und am Tag der Frühlings-Tagundnachtgleiche in den Wiesen Elfentänze aufführen.

Ein Ei können Sie auf die Spitze stellen, wann immer Ihnen danach zumute ist.

Probieren Sie es selbst

Schauen Sie sich ein Ei ganz genau an. Es ist nicht glatt wie Glas, oder? Man erkennt kleine Unebenheiten. Wenn Sie ein Dutzend überprüfen, finden Sie sicherlich einige, die am dickeren Ende einige kleine Höcker haben.

Nun suchen Sie sich eine Tischplatte oder eine ähnliche Oberfläche, die relativ glatt, aber nicht blank wie Glas ist. Mit einer ruhigen Hand und ein wenig Geduld wird es Ihnen gelingen, dieses wundersame astronomische (genauer gesagt, astrologische) Kunststück zu vollbringen, ohne daß Mutter Erde etwas anderes beitragen müßte als ihre Schwerkraft, die

die Aufgabe so spannend macht. Eine relativ rauhe Unterlage wie eine Betonplatte, ein stark strukturiertes Tischtuch oder ein kurzfloriger Teppich – und das Ganze ist ein Kinderspiel. Ein alter Trick bei Tisch – an jedem Tag des Jahres – bestand darin, heimlich einen Ehering unter das Tischtuch zu schmuggeln und mit vorgetäuschter Umständlichkeit das Ei darauf zu »balancieren«.

Soviel zum guten alten Eierspiel. Aber was ist eine Tagundnachtgleiche (Äquinoktium) überhaupt?

Stellen Sie sich die Erde vor, die pro Jahr einen Umlauf um die Sonne vollendet. Der Kreis, den sie dabei um die Sonne zieht, liegt in einer Ebene, genau wie ein auf Papier gezeichneter Kreis auf der Ebene des Papiers liegt. Man nennt sie *Ebene der Ekliptik*. Nun trägt Mutter Erde noch einen weiteren Kreis um ihre Mitte, den wir Äquator nennen, und auch der liegt in einer Ebene, der sogenannten *Äquatorialebene*. Wir können diese Ebene in Gedanken über die Erde hinaus beliebig weit ausdehnen. Aber seltsam: Sie trifft die Sonne nicht. Normalerweise werden Sie die Sonne nirgends auf der Äquatorialebene finden. Das liegt an der Neigung der Erdachse, die es mit sich bringt, daß die Äquatorialebene ober- oder unterhalb der Sonne liegt. Der Winkel, in dem die Äquatorialebene gegen die Ebene der Ekliptik geneigt ist, beträgt 23 Grad.

Auf ihrem Weg um die Sonne erreicht die Erde zweimal pro Jahr einen Punkt, an dem sich die beiden Ebenen überlagern – das heißt, die Sonne auf ihrer Ebene der Ekliptik liegt gleichzeitig auch auf der Äquatorialebene, steht also direkt über dem Äquator. Ein halbes Jahr lang befindet die Sonne sich nördlich des Äquators, was der Nordhalbkugel Frühling und Sommer beschert; während der anderen Hälfte des Jahres steht sie südlich des Äquators, wo nun (auf der Südhalbkugel) Frühling und Sommer herrschen. Die beiden Zeitpunkte, in denen die Ebenen »zusammentreffen«, fallen in der Regel auf den 21. März und den 23. September, die auf der Nordhalbkugel als Frühlingsanfang bzw. Herbstanfang festgelegt wurden. Man nennt sie auch Äquinoktialpunkte (Frühlings- und Herbstpunkt).

Das Wort *Äquinoktium* stammt aus dem Lateinischen und bedeutet »gleiche Nacht«, denn zu diesen Zeitpunkten sind die Zeitabschnitte mit Tageslicht (Tag) und mit Dunkelheit (Nacht) auf der ganzen Welt gleich lang. Man erkennt das auch daran, daß die Sonne genau über dem Äquator steht, was weder im Norden noch im Süden längeres Tageslicht zuläßt.

Schon in der Frühgeschichte glaubten die Menschen, die das alles nicht wußten, daß die Tage mit gleich langer Helligkeit und Dunkelheit eine besondere Bedeutung hatten. Sie leiten ja tatsächlich die Jahreszeit der Wärme und des Wachstums oder die der Kälte und der Kargheit ein. So entwickelte sich rund um diese Daten auch eine Menge Aberglauben. Aber Sie sehen, daß es keine »Aufreihung der Planeten« oder andere mögliche Schwerkraftwirkungen der Tagundnachtgleichen gibt, die Eier dazu veranlassen könnten, irgendwelche seltsamen Dinge zu tun. Seltsam sind eigentlich nur die Spinner, die immer noch behaupten, jene Daten hätten magische Kräfte.

Ach ja, und dann gibt es auch noch die *Sonnenwenden.* Sie finden jeweils in der Mitte zwischen den Äquinoktien statt. Sommer- und Wintersonnenwende bezeichnen jeweils den Augenblick, in dem die Sonne ihre nördlichste bzw. südlichste Position des ganzen Jahres erreicht. Für die Bewohner der Nordhalbkugel fällt die Sommersonnenwende mit der längsten Dauer des Tageslichts auf den 21. oder 22. Juni; man könnte sie als »Sommerhöhepunkt«

oder als »Mittsommer« bezeichnen. Diese Tage haben ebensowenig mystische Macht über Eier wie die Äquinoktien, auch wenn sie in Skandinavien, wo die Winter lang und dunkel sind und der Mittsommertag einen Anlaß für große Feiern darstellt, einen mysteriösen Einfluß auf den Alkoholkonsum zu haben scheinen.

O Solar mio

Könnte die Menschheit, wenn Kohle und Erdöl zur Neige gehen, ihren gesamten Energiebedarf mit Sonnenenergie decken, die ja unerschöpflich ist?

Wahrscheinlich nicht, wenn Sie damit meinen, man könnte mit Solarzellen soviel Strom erzeugen. Gewiß gibt es eine Menge Sonnenschein, aber das Problem besteht darin, ihn einzufangen und umzuwandeln. Rechnen wir es doch einmal durch.

Mit der Sonnenstrahlung wird der Erdoberfläche täglich das Dreifache der Energiemenge geliefert, die die Welt pro Jahr konsumiert. Um diesen Verbrauch abzudecken, müßten wir also umgerechnet das gesamte Sonnenlicht auf einem Zehntel Prozent der Erdoberfläche einfangen und umwandeln. Das hört sich nach nicht sehr viel an, würde aber eine Fläche von 470 000 Quadratkilometern Sonnenkollektoren erfordern, was etwa der Größe Spaniens entspricht. Das müssen wir aber noch verdoppeln, um der unausweichlichen Tatsache Rechnung zu tragen, daß es auf einer Hälfte der Erdkugel immer Nacht ist. Ach ja, und dann gibt es ja auch noch Wolken.

Wenn man es jedoch recht bedenkt, stammen ohnehin

alle unsere heutigen Energiequellen von der Sonne, mit Ausnahme der Kernenergie, deren praktische Nutzung vor etwa sechzig Jahren entdeckt wurde. Auch die Sonne gewinnt ihre Energie aus Nuklearenergie in Form der Kernfusion. Kosmisch gesehen gibt es also eigentlich nur eine Energiequelle im Universum, und das ist die nukleare Energie. Selbst die Erdwärme, der Ursprung der Vulkane und heißen Quellen, wird von der Kernenergie radioaktiver Mineralien gespeist.

Ehe wir jedoch lernten, hier unten auf der Erde unsere eigene Kernenergie zu produzieren, mußten wir uns unseren Anteil an der kosmischen Nuklearenergie über einen Zwischenschritt beschaffen: über die gute alte Sonne. Unser Zentralgestirn wandelt seine Kernenergie für uns in Licht und Wärme um, und alle unsere derzeitigen Energiequellen beruhen auf dieser Wärme und diesem Licht. Deshalb sind sie in einem ganz realen Sinn Sonnenenergie.

Schauen wir uns unsere Quellen der »Sonnenenergie« nacheinander an.

Fossile Brennstoffe: Kohle, Erdgas und Erdöl sind die Überreste von Pflanzen und Tieren, die vor vielen Millionen Jahren gelebt haben. Aber was brachte diese Pflanzen und Tiere hervor? Die Sonne. Pflanzen nutzten die Energie des Sonnenlichts mit Hilfe der Photosynthese für ihr Wachstum, und die Tiere kamen und fraßen die Pflanzen (und leider auch einander). Alles Leben auf der Erde verdankt seine Existenz der Sonne, und das gilt folglich auch für die Energie, die wir heute aus fossilen Brennstoffen beziehen.

Wasserkraft: Wasserkraftwerke ziehen die Gravitationsenergie aus dem herabstürzenden Wasser, das über Turbinenschaufeln, unsere moderne Version des Wasserrades, geleitet wird. Sie müssen kein Wasserrad oder keine Turbine in der Küche besitzen, um Ihre Kaffeebohnen zu mahlen, weil die Turbinen im Kraftwerk mit der Gravitationsenergie des Wassers Generatoren antreiben, die sie in Strom umwandeln. Der wird dann über Kupferleitungen bis zu den Steckdosen in Ihrer Wohnung befördert.

Wasser stürzt die Niagarafälle hinab oder fließt über zahllose Staudämme in aller Welt, weil es zu Ehren von Isaac Newton (das ist der mit dem fallenden Apfel) versucht, sich dem Erdmittelpunkt zu nähern (siehe S. 154). Ist Wasserkraft dann nicht eigentlich die Energie der Erdanziehung? Wird sie nicht eher von der Erde als von der Sonne verursacht?

Ja, aber zügeln Sie Ihren Eifer. Wie kam das Wasser zu Anfang so weit hinauf, daß es anschließend unter dem Einfluß der Schwerkraft wieder hinabstürzen kann? Das macht wieder die Sonne. Sie scheint auf die Meere, wodurch Wasser verdunstet und in die Luft aufsteigt. Der Wind verteilt den Wasserdampf, der Wolken bildet und schließlich wieder als Regen oder Schnee fällt. Ohne die Kraft der Sonne, die das Wasser nach oben befördert, gäbe es keine Kraft aus fallendem Wasser. Wir hätten keine Wasserfälle und keine Flüsse, denn wenn sie nicht ständig durch den von der Sonne hinaufbeförderten Regen oder Schnee ergänzt würden, würden sie alle trockenfallen.

Windkraft: Windmühlen holen ihre Energie aus der Bewegung der Luft. Aber was setzt die Luft in Bewegung? Sie haben es erraten: die Sonne.

Die Sonnenstrahlen fallen auf die Erdoberfläche, hier ein wenig stärker, dort ein wenig schwächer, das hängt von den Jahreszeiten, der geographischen Breite, der Wolkendecke und einer Reihe anderer Faktoren ab. Das Land wird von der Sonne jedoch weit stärker erwärmt als die Ozeane, und dies erzeugt auf dem gesamten Globus ungleichmäßig erwärmte Luftmassen. Während die wärmeren Luftmassen aufsteigen und am Boden kühlere Luft nachströmt, um sie zu ersetzen (siehe S. 158), fließt die Luft und erzeugt so alles an Wind, vom linden Lüftchen bis zu Monsunstürmen. Da aber alle Luftbewegungen der Atmosphäre letztlich auf die Sonnenwärme zurückzuführen sind, wird die Windenergie wirklich von der Sonne erzeugt.

Erbsenzähler-Ecke

Schön, ich gebe zu, nicht jeder Wind wird von der Sonne verursacht. Einiges davon bringt die Erde auch ohne fremde Hilfe zustande.

Die Erde dreht sich, und dabei nimmt sie auch eine dünne Gasschicht – die Atmosphäre – mit. Nun gehören Gase und Flüssigkeiten zu den fluiden (flüssigen) Stoffen, also Substanzen, die im Unterschied zu Feststoffen leicht fließen. Jede fluide Substanz hat Schwierigkeiten, an Ort und Stelle zu bleiben, wenn der Festkörper sich bewegt, an dem sie sich festzuhalten versucht. Im Flugzeug zum Beispiel schwappt der Kaffee in Ihrer Tasse umher, wenn die Maschine genau in dem Moment durch Turbulenzen fliegt, in dem der Flugbegleiter eingeschenkt hat.

Ähnlich sorgt auch die Rotationsbewegung der Erde dafür, daß die Luft in gewissem Ausmaß umherschwappt wie der Kaffee in der Tasse. Und was ist Luft, die umherschwappt? Wind. Einige der Luftbewegungen in der Atmosphäre werden also tatsächlich von der Erde und nicht von der Sonne verursacht.

Es gibt eine recht interessante Art, wie die Erddrehung sich auf die Luftbewegungen auswirkt: Sie wird Coriolis-Effekt genannt (siehe S. 182).

Rendezvous mit einer Mumie

Kann man mit Hilfe der Radiokarbonmethode das Alter von *allem* bestimmen?

Sie ist nicht geeignet, das Alter noch lebender Organismen zu bestimmen, also auch nicht das einer/eines Zwölfjährigen, die/der sich in einem Internet-Chatroom als Fünfundzwanzigjährige/r aufspielt. Die Altersbestimmung mit der Radiokarbonmethode ist bei Überresten pflanzlicher oder tierischer Lebewesen nützlich, die vor etwa fünfhundert bis fünfzigtausend Jahren gestorben sind.

Seitdem der Chemiker Willard F. Libby(1908–1980) von der University of Chicago in den fünfziger Jahren des zwanzigsten Jahrhunderts die Radiokarbonmethode erfunden hat (wofür er 1960 den Nobelpreis erhielt), hat dieses Verfahren sich als äußerst wertvolles Forschungsinstrument für die Archäologie, die Ozeanographie und mehrere andere Wissenschaftszweige erwiesen.

Wenn wir mit Hilfe der Radiokarbonmethode (C-14-Methode) herausfinden wollen, wie alt ein Gegenstand ist, muß dieser eine gewisse Menge organischen Kohlenstoffs enthalten, der einst Bestandteil einer lebenden Pflanze oder eines Tieres gewesen ist. Dann können wir mit Hilfe dieses Verfahrens bestimmen, vor wie langer Zeit dieses Lebewesen gelebt hat, oder genauer gesagt (wie wir noch sehen werden), vor wie langer Zeit es gestorben ist.

Mit dieser Methode lassen sich Substanzen wie Holz, Knochen, Holzkohle eines alten Lagerfeuers oder sogar das Leinen untersuchen, mit dem eine Mumie eingewickelt wurde, denn Leinen wird aus den Fasern der Flachspflanze hergestellt.

Kohlenstoff ist das einzige chemische Element, das in allen biochemischen Verbindungen eines jeden Lebewesens enthalten ist – in den Proteinen, Kohlenhydraten, Lipiden, Hormonen, Enzymen und so weiter. Die Chemie der auf Kohlenstoff beruhenden Verbindungen heißt in der Tat »organische Chemie«, weil man einige Zeit lang glaubte, diese Verbindungen würden *ausschließlich* in lebenden Organismen vorkommen. Heute wissen wir, daß wir aus Rohöl alle Arten von »organischen« Kohlenstoffverbindungen herstellen können und sie uns nicht ausschließlich von Pflanzen oder Tieren beschaffen müssen.

Doch der Kohlenstoff in Lebewesen unterscheidet sich in einer wichtigen Einzelheit vom Kohlenstoff in unbelebten Substanzen wie Kohle, Erdöl und Mineralien. »Lebender« Kohlenstoff enthält eine kleine Menge eines bestimmten Kohlenstoffatoms, das als Kohlenstoff-14 bekannt ist, während in »totem« Kohlenstoff lediglich Kohlenstoff-12 und Kohlenstoff-13 vorkommen. Diese drei verschiedenen Arten von Kohlenstoffatomen heißen *Isotope*. Chemisch verhalten sie sich alle gleich, aber ihre Gewichte (genau gesagt, ihre Massen) unterscheiden sich geringfügig (siehe S. 48).

Abgesehen von seiner Masse ist Kohlenstoff-14 auch deswegen ungewöhnlich, weil er radioaktiv ist. Das heißt, er ist instabil und neigt dazu, zu zerfallen, wobei er subatomare Partikel, die sogenannten Beta-Teilchen, abgibt. Aus diesem Grund sind alle Lebewesen ein wenig radioaktiv, denn sie enthalten alle Kohlenstoff-14. Ja, auch Sie und ich gehören dazu; wir sind alle radioaktiv. Ein durchschnittlicher Mensch mit 68 Kilo enthält eine Million Milliarden Atome von Kohlenstoff-14, die pro Minute 200 000 Beta-Teilchen abstrahlen!

Kneipenwette

Wir sind alle radioaktiv.

Woher bekommen lebende Organismen den Kohlenstoff-14, wenn der unbelebte Kohlenstoff auf der Welt nicht radioaktiv ist? Und was geschieht damit, wenn die Lebewesen sterben? Hier wird die Geschichte der Radiokarbonmethode richtig aufregend. Professor Libby, der am anderen Ende des Flurs gegenüber meinem eigenen Labor an der University of Chicago arbeitete, gelang es, die Gemeinsamkeiten einer Reihe scheinbar unzusammenhängender Naturerscheinungen zu erkennen. Richtig zusammengesetzt ergaben sie eine raffinierte Methode, mit der wir in unsere weit zurückliegende Vergangenheit und in die Geschichte des ganzen Planeten schauen können. Die folgende Ereignisreihe schildert diese Entdeckung:

1. In der Atmosphäre entsteht ständig Kohlenstoff-14. Grund dafür sind kosmische Strahlen, jene subatomaren Teilchen hoher Energie, die praktisch mit Lichtgeschwindigkeit in allen Richtungen durch unser Sonnensystem schießen. (Einige davon stammen von der Sonne, doch die übrigen aus dem Weltraum.) Wenn diese kosmischen Strahlen auf die Erdatmosphäre treffen, schlagen einige in Stickstoffatome ein und verwandeln sie so in Kohlenstoff-14-Atome. Diese verbinden sich mit dem Luftsauerstoff zu Kohlendioxidgas, das vom Wind gleichmäßig in der gesamten Atmosphäre verteilt wird. Deshalb enthält die Atmosphäre eine bestimmte Menge Kohlenstoff-14, der chemisch gesehen als Kohlendioxid vorliegt. Dieser Prozeß läuft schon seit Äonen ab, und die Atmosphäre enthält inzwischen einen konstanten Anteil von Kohlenstoff-14.

2. Das radioaktive Kohlendioxid wird von Pflanzen auf der Erdoberfläche eingeatmet und zur Herstellung der pflanzeneigenen chemischen Verbindungen verwendet. (Sie wissen natürlich, daß Pflanzen Kohlendioxid für die Photosynthese aufnehmen.) Deshalb enthalten alle Pflanzen auf der Erde Kohlenstoff-14. Auf jeweils 750 Milliarden normale Kohlenstoffatome kommt dabei jeweils 1 Atom Kohlenstoff-14.
3. Solange die Pflanze lebt, nimmt sie ständig Kohlendioxid aus der Atmosphäre auf, wodurch auch das unter (2) genannte Verhältnis der Kohlenstoffisotope konstant bleibt.
4. Sobald die Pflanze stirbt, atmet sie nicht länger Kohlendioxid ein. Da der Bestand an Kohlenstoff-14 nicht mehr aus der Atmosphäre ergänzt wird, sinkt sein Anteil aufgrund des radioaktiven Zerfalls allmählich ab. Im Lauf der Zeit bleiben so immer weniger Kohlenstoff-14-Atome in dem toten Pflanzenmaterial übrig.
5. Wir kennen die genaue Rate, mit der eine Anzahl von Kohlenstoff-14-Atomen zerfällt (siehe die Erbsenzähler-Ecke). Wenn wir also zählen können, wie viele davon in altem Pflanzenmaterial übrig sind, können wir berechnen, wie lange die Zeit zurückliegt, in der die Pflanze noch den vollen Anteil von 1:750 Milliarden enthielt. Daraus ergibt sich auch, wann die Pflanze gestorben ist. Im Falle eines Holzstücks können wir zum Beispiel angeben, wann der Baum gefällt worden ist; bei einer Mumie können wir die Leinenhülle untersuchen und berechnen, wann der Flachs für das Leinen geerntet wurde, und so weiter.

Was aber ist mit Tierresten wie Knochen und Leder? Wie können wir sagen, wann ein Tier gelebt hat und gestorben ist? Nun, Tiere ernähren sich von Pflanzen. Oder von Tieren, die Pflanzen fressen. Oder, wie im Fall der Menschentiere, von beidem. Deshalb beträgt das Verhältnis der verschiedenen Kohlenstoffisotope in der Nahrung, aus der die Tiere ihre lebensnotwendigen chemischen Verbindungen aufbauen, ebenso 1:750 Milliarden wie bei den Pflanzen. Wenn das Tier stirbt, hört es auf, zu fressen und Kohlenstoffatome mit seiner Umgebung auszutauschen, und sein Gehalt an Kohlenstoff-14-Atomen verringert sich auf die genau bekannte Art und Weise. Wir messen, wieviel von diesem Isotop noch vorhanden ist, und daraus können wir die Zeit berechnen, die verstrichen ist, seit der Überrest Teil eines lebenden Tieres war.

In den letzten paar Jahrzehnten ist die Radiokarbonmethode in einigen spektakulären Fällen eingesetzt worden. Dazu gehört die Datierung der Schriftrollen vom Toten Meer, einer Sammlung von etwa achthundert Handschriften, die etwa um 68 v. Chr. von Angehörigen der jüdischen Sekte der Essener in mehreren Höhlen am Ufer des Toten Meeres (etwa 16 Kilometer von Ostjerusalem entfernt) versteckt worden sind. Beduinen hatten sie zwischen 1947 und 1965 entdeckt. Die in Leinen eingewickelten Pergamentrollen enthalten authentische Teile des Alten Testaments, die, wie man mit der Radiokarbonmethode feststellte, um 100 v. Chr. geschrieben worden sind.

Ein weiterer Triumph der Radiokarbon-Datierung war, daß man das Turiner Grabtuch, welches von manchen für das Grabtuch Christi gehalten wird, als mittelalterliche Fälschung entlarven konnte, irgendwann aus der Zeit zwischen 1260 und 1390. Dieses unzweideutige wissenschaftliche Ergebnis, das 1988 von drei unabhängigen Laboratorien in Zürich, Oxford und Arizona erbracht wurde, wird von denen, die lieber am Glauben festhalten, nach wie vor bestritten.

Erbsenzähler-Ecke

Woher kennen wir die genaue Rate, mit der die Menge von Kohlenstoff-14 abnimmt?

Jedes radioaktive oder instabile Atom zerfällt in einem bestimmten Zeitraum mit einer gewissen Wahrscheinlichkeit. Manche Arten radioaktiver Atome sind weniger stabil als andere, das heißt, sie zerfallen mit höherer Wahrscheinlichkeit. Zwar können wir nicht angeben, wann ein einzelnes Atom zerfällt, aber angesichts der Abermillionen Atome, selbst in einem winzigen Stückchen radioaktiver Materie, lassen sich umfassende statistische Vorhersagen ableiten. Das geht wie beim Münzenwerfen: Sie haben keine Ahnung, ob bei einem bestimmten Wurf Kopf oder Zahl kommen wird, aber es ist absolut sicher, daß nach einigen Millionen Würfen ziemlich genau bei der Hälfte der Kopf, bei der anderen die Zahl gefallen sein wird.

Im Falle der radioaktiven Atome sagt uns die Statistik, daß die Hälfte der Atome innerhalb eines bestimmten Zeitraums zerfallen sein wird, den man *Halbwertszeit* nennt. Und diese gilt für jede beliebige Ausgangsmenge der entsprechenden Atome.

Die Halbwertszeit von Kohlenstoff-14 beträgt den Messungen zufolge 5730 Jahre. Wenn man mit zehn Milliarden Atomen Kohlenstoff-14 anfängt, sind nach 5730 Jahren noch 5 Milliarden davon übrig. Nach weiteren 5730 Jahren sind es nur noch 2,5 Milliarden, und so weiter. Wenn wir nun die Zahl der Kohlenstoff-14-Atome in einer Probe von altem Holz bestimmen und finden, daß es genau halb so viele enthält wie ein ähnliches Stück lebenden Holzes, wissen wir, daß es vor genau 5730 Jahren vom Baum geschnitten wurde. Und das läßt sich für jede Menge von

Kohlenstoff-14 und jeden Zeitraum durchführen, auch wenn die Berechnung nicht ganz so einfach abläuft (Infinitesimalrechnung und Logarithmen und so Zeug – das wollen Sie doch jetzt bestimmt nicht wissen).

Kapitel 5

Ihr Himmel dort oben!

Einer der Unterschiede zwischen Menschen und Tieren besteht darin, daß Tiere meist nicht zum Himmel aufschauen. Ihre Nahrung befindet sich in einem relativ engen Bereich im Umfeld der Erdoberfläche, der von den Biologen als Biosphäre bezeichnet wird. Und Nahrung ist alles, was sie brauchen.

Unser menschliches Bedürfnis nach Nahrung ist jedoch sowohl spirituell und geistig als auch körperlich geprägt. Von dem Augenblick an, in dem wir uns erstmals die Frage »wie?« oder »warum?« stellten, haben wir immer zum Himmel aufgeschaut, um Antworten darauf zu erhalten.

Für uns hatte der Himmel – das große *DORT OBEN* – stets eine mystische Anziehungskraft. Er stellt eine begriffliche Sublimierung alles dessen dar, was jenseits unseres Verständnisvermögens liegt. Die frühesten Menschen schauten *dort hinauf* und fragten sich, was die Sterne sind. Dann erfanden sie Götter, und wo sonst hätten sie deren Werkstätten einrichten sollen, wenn nicht *dort oben*? Für die himmlischen Gefilde, letzte, unbekannte Region jenseits des Todes, konnte es keinen anderen Ort geben.

Im weiteren Verlauf der Geschichte spannen Astrologen in dem Versuch, eine handfestere Brücke zum Himmel zu schlagen, ein verwickeltes Netz angenommener Verknüpfungen zwischen den Bewegungen der Sterne und Planeten *dort oben* und all dem, was uns hier unten bewegt und berührt. Man glaubt es kaum, doch selbst im einundzwanzigsten Jahrhundert gibt es noch Leute, die glauben, ein

Milliarden von Kilometern entfernter Planet könne ein Gewinnlos der Lotterie in ihre Tasche zaubern.

Heute, wo wir vieles von Grund auf bis zu den äußersten Rändern der Erde und darüber hinaus erforscht haben, stellen wir fest, daß *dort oben* viel weniger Geheimnisse übriggeblieben sind. Wir können nicht nur bis ans oberste Ende des irdischen Himmels, sondern sogar über ihn hinaus zu anderen Planeten fliegen. Das Reich des Unbekannten, auf das wir unsere Aufmerksamkeit jetzt richten müssen, liegt weiter entfernt, nämlich *dort draußen* im Weltraum: ein ganzes Universum unvorstellbarer Geheimnisse, die sich uns weiterhin, vielleicht auf ewig, entziehen. Und wir blicken weiterhin nach oben und stellen uns Fragen.

Im folgenden Kapitel erkunden wir zunächst die unterste Etage des Himmels, die Atmosphäre, die mit ihrem Sauerstoff (für Tiere) und ihrem Kohlendioxid (für Pflanzen) nicht nur alles Leben aufrechterhält, sondern auch alles Licht zu unseren Augen, alle Töne zu unseren Ohren und alle Gerüche zu unserer Nase bringt. Wir erleben, wie der Mond sich blau färbt, hören einen Überschallknall aus dem Löwenkäfig und riechen eine absolut widerwärtige Substanz. Dann löschen wir die Lichter und schauen zum Nachthimmel auf, der nie aufgehört hat, die Menschheit zu verzaubern. Wissen Sie *wirklich*, warum die Sterne funkeln und der Mond nicht?

Und schließlich verlassen wir die Erde und wagen uns ins Weltall, wo es sehr, sehr kalt ist. Oder vielleicht nicht?

Igitt!

Gelangen Teilchen der Substanz in meine Nase, wenn ich sehr widerwärtiges Zeug rieche?

Leider ja. Keine richtigen Bruchstücke davon, sondern einzelne Moleküle – Moleküle, die von dem »Zeug« verdampft und mit der Luft in Ihre Nase geweht worden sind.

Aber Sie sollten sich von dieser Vorstellung nicht krank machen lassen. Schon eine unglaublich winzige Zahl von Molekülen reicht aus, daß der Mensch einen Geruch wahrnimmt. Und es sind noch nicht einmal Moleküle des »ganzen Zeugs«.

Praktisch alle Substanzen, die Sie sich vorstellen können (und dazu noch weitere, die Ihnen gar nicht einfallen würden, wenn Sie sich nicht darum bemühten), sind komplizierte Mischungen aus vielen verschiedenen chemischen Verbindungen. Jede dieser Teilsubstanzen hat eine mehr oder weniger ausgeprägte Tendenz, einige ihrer Moleküle als Dampf an die Luft abzugeben. Die Moleküle, die in Ihre Nase gelangen, sind kein ordinäres (man beachte den Doppelsinn!) Abbild der vollständigen widerlichen Substanz, sondern nur Moleküle ihrer flüchtigsten (am leichtesten in Dampf übergehenden) chemischen Bestandteile. Wenn Sie sagen: »Ich rieche die Substanz X«, so haben Sie einfach gelernt, den Geruch jener wenigen flüchtigen Verbindungen mit der ganzen, chemisch viel komplizierteren Substanz X zu verbinden. Allein für sich, ohne ihren anrüchigen Kontext, ist jede dieser Verbindungen in Reinform vielleicht ganz unschuldig, selbst wenn sie stinkt.

Nichtsdestoweniger hat man mehrere unangenehm riechende chemische Substanzen nach dem »Stoff« benannt, in dem sie vorkommen und für dessen Geruch sie hauptsächlich verantwortlich sind. Capronsäure (Butyl-Essigsäure) heißt so, weil sie wie Ziege riecht (vom lateinischen *caper* für Ziegenbock). *Kadaverin* (Pentamethylendiamin) ist ein chemischer Bestandteil faulenden Fleisches. Und Skatol riecht wie… nun, *skatos* ist das griechische Wort für Exkrement.

Und nun die erstaunlichste Tatsache der Woche: Skatol wird für Parfums verwendet. Es dient als Fixiermittel, das Geruchsstoffe davor bewahrt, zu schnell zu verdampfen – nicht aber davor, von Werbetextern in leidenschaftlichen, romantischen Begriffen beschrieben zu werden. Ob die wissen…?

Staubsauger saugen – notfalls auch nichts!

Was würde geschehen, wenn ich einen Staubsauger im Vakuum* betreiben würde?

Sie würden ein überaus sauberes Vakuum bekommen.

Aber im Ernst, ich weiß nicht, warum Sie auf eine derartige Idee kommen, denn es gibt nichts Reineres als ein wirkliches Vakuum; es ist der Inbegriff des Nichts. Ich gehe aber davon aus, daß Sie die Frage aus wissenschaftlicher Neugier stellen und nicht, weil Sie sich einen Spaß machen wollen.

Was ist ein Vakuum? Die Menschen benutzen das Wort ziemlich unterschiedslos, um Räume zu beschreiben, die

* Staubsauger heißt im Englischen *vacuum cleaner.*

etwas weniger als die normale Menge von Luftmolekülen in der Atmosphäre enthalten. Ein Kubikzentimeter gewöhnlicher Luft enthält auf Meereshöhe 27 Milliarden Milliarden ($2{,}687 \times 10^{19}$) Moleküle. Wenn Sie ein paar davon absaugen – Sie können dazu hernehmen, was gerade verfügbar ist: Strohhalm, Staubsauger oder Vakuumpumpe –, dürfen Sie das Ergebnis schon als Vakuum bezeichnen. In Wahrheit ist es aber nur ein *Teil*vakuum, das noch eine Menge Luft enthält. Ein Staubsauger kann nicht einmal die Hälfte der Luft aus einem geschlossenen Behälter pumpen.

Dagegen ist ein *absolutes, echtes* Vakuum als ein Raum definiert, der absolut nichts, kein einziges Molekül, enthält. Doch dieses absolute Vakuum ist, wie ein absolut vertrauenswürdiger Politiker, nur eine abstrakte Vorstellung. In der richtigen Welt gibt es so etwas nicht.

Warum nicht? Selbst wenn Sie eine hundertprozentig arbeitende Vakuumpumpe erfinden würden, die auch das allerletzte Luftmolekül aus einem geschlossenen Behälter saugen könnte – und aus einem Grund, der gleich dargelegt werden wird, können Sie das nicht –, würde der Behälter Moleküle der eigenen Oberfläche in den leergepumpten Raum abgeben. Denn wirklich jede Substanz auf der Welt besitzt einen Dampfdruck (siehe S. 287) – das ist eine mehr oder weniger ausgeprägte Tendenz ihrer Moleküle, in Dampfform in den umgebenden Raum davonzufliegen. Das gilt unabhängig davon, wie solide und dem Felsen von Gibraltar ähnlich der Stoff auch scheinen mag. Ein Wissenschaftler würde sagen (und auch ich tue es), daß zwischen der festen und der dampf- oder gasförmigen Substanz ein *Gleichgewicht* besteht (siehe S. 275). Jedes Molekül an der Oberfläche eines Feststoffes hat die Möglichkeit, dort zu verbleiben oder als Gasmolekül davonzufliegen.

Alles, was ich hier über Feststoffe sage, ist Ihnen in bezug auf Flüssigkeiten bereits als zutreffend bekannt: Moleküle einer Flüssigkeit können als Dampf in den umgebenden Raum davonfliegen. Wasser zum Beispiel verdampft ziemlich flott: Sein Dampfdruck ist recht hoch. Öle dagegen gehen nicht so leicht in Dampfform über: Ihre Tendenz, Dämpfe zu bilden, also ihr Dampfdruck, ist niedrig.

Viel, viel kleiner als bei allen Flüssigkeiten ist die Neigung von Feststoffen, in Dampf überzugehen. Sicher haben Sie noch nie gesehen, wie ein Stück Eisen allmählich »geschwunden« ist und sich in Luft aufgelöst hat, oder? Doch das heißt nicht, daß nicht ab und zu ein einzelnes Eisenatom die Bindung zu seinen übrigen Kumpeln im Feststoff löst und in die wilde blaue Weite davonsegelt.

Um die Relationen zurechtzurücken: Die Tendenz flüssigen Wassers, in Dampf überzugehen, ist 500 000 000 000 000 000 000 000 000 000 000 000 000 000 000 000 000 000 000 000 000 000 000mal größer als die von festem Eisen. Doch das heißt noch lange nicht, daß Sie aus Eisen eine *vollkommene* Vakuumkammer bauen könnten. Ein paar Eisenatome würden immer noch in ihr herumfliegen. Außerdem, was würden Sie denn verwenden, um sie abzudichten? Gummidichtungen? Gummi hat einen beachtlichen Dampfdruck, und deswegen hätten Sie jede Menge Gummimoleküle in Ihrem »absoluten« Vakuum.

Und so fort. Selbst wenn es Ihnen gelänge, eine Vakuumkammer aus reinem Wolfram zu konstruieren, das den niedrigsten Dampfdruck aller bekannten Stoffe hat – etwa in der Größenordnung von ein oder zwei Atomen, die im Universum herumfliegen –, könnten Sie sie nicht absolut leerpumpen, weil die *Vakuumpumpe selbst* mit Dichtungen, Ölen und Fetten ausgestattet ist, die ihrerseits jeweils einen bedeutenden Dampfdruck aufweisen.

All das hat Wissenschaftler nicht davon abhalten können, das bestmögliche Vakuum zu erzeugen. Das beste, was ihnen bisher gelungen ist, enthält nur ein paar Millionen Moleküle pro Kubikzentimeter im Vergleich zu den 27 Milliarden Milliarden Molekülen in gewöhnlicher Luft. Das ist erheblich leerer als ein Girokonto vor dem Zahltag.

Doch in Ihrer Frage war auch ausgedrückt, daß Sie mit einem Staubsauger in der Hand in einem vollkommen luftleeren Raum stehen wollten (sofern Sie dort überleben könnten), und nun zu wissen wünschen, was der Staubsauger aufsaugen würde. Nichts. Sein Schaufelrad würde sich einfach drehen und drehen und absolut nichts ansaugen oder hinausblasen, weil da nichts ist, was er ansaugen oder hinausblasen könnte.

Aber das haben Sie ohnehin gewußt, Sie Schlingel, Sie.

Peitschenknall mit Überschall

Wenn ein Löwendompteur seine Peitsche schnalzen läßt, ist ein sehr lauter Knall zu hören. Doch er trifft weder den Löwen, noch sieht es so aus, als würde die Peitsche auch nur den Boden berühren. Wodurch entsteht das laute Geräusch?

Der Knall einer Bullenpeitsche ist eigentlich ein Miniatur-Überschallknall. Er entsteht, weil die Spitze der Peitschenschnur schneller als der Schall durch die Luft rast.

Wenn der Herr der großen Katzen scharf mit der Peitsche schnalzt, überträgt er eine Menge Energie auf das Ende des Griffs. Diese Energie kann nur in eine Richtung weiterwandern, nämlich entlang der Peitsche, und zwar in

Form einer Bewegungswelle. In der Sprache der Wissenschaft nennt man die Energie einer Bewegung *kinetische Energie*, und diese ist eine Funktion von Gewicht und Geschwindigkeit (eigentlich von Masse und Geschwindigkeit, aber wir wollen ja keine Haarspaltereien betreiben). Ein gegebener Betrag kinetischer Energie kann zu einem schweren Objekt gehören, das sich relativ langsam bewegt, oder zu einem leichten Gegenstand, der relativ schnell unterwegs ist. Beispielsweise müßte ein gewöhnlicher PKW mit einer Tonne Gewicht mit 254 km/h fahren, um die gleiche kinetische Energie wie ein Sattelschlepper mit 80 km/h zu erreichen.

(Wer mathematisch sattelfest ist, erkennt sofort, daß diese Geschwindigkeiten nicht umgekehrt proportional zu den Gewichten sind: Die kinetische Energie ist dem *Quadrat* der Geschwindigkeit proportional.)

Auf ihrem Weg zur Spitze der Peitschenschnur, die dünner und dünner wird, hat die Energie immer weniger Masse zu bewegen. Weil diese Energie aber innerhalb der Peitsche bleiben muß – ein anderer Weg steht ihr nicht zur Verfügung –, wächst zwangsläufig die Geschwindigkeit in dem Maß, wie Dicke und Gewicht der Schnur abnehmen.

Haben Sie je das Spiel mit dem »Peitschenknall« auf Schlittschuhen gespielt? Eine lange Reihe von Schlittschuhläufern, die einander an den Händen halten, gleitet gemeinsam in eine Richtung, und wenn der führende Läufer eine Wendung vollzieht, läuft eine immer schneller werdende Welle von Wendeenergie durch die Reihe, bis der letzte Läufer so rasch herumgeschleudert wird, daß er sich kaum mehr aufrechthalten kann. Wenn man kraftvoll mit einer langen Bullenpeitsche schnalzt, kann die Wellenbewegung an ihrem Ende leicht die Schallgeschwindigkeit überschreiten, was einen kleinen Überschallknall erzeugt.

Was passiert mit der Energie, wenn sie das Ende der Peitsche erreicht hat? Wenn Sie eine untersuchen, die oft benutzt worden ist, werden Sie feststellen, daß viele der »Schlittschuhläufer« an ihrem Ende tatsächlich abgetrennt wurden: Die Spitze ist ausgefranst. Ein großer Teil der Energie ist jedoch als Schall direkt in die Luft übertragen worden; ein weiterer Anteil wandert über die ganze Länge zum Griff zurück. Die Umkehr zu dieser Rückwärtsbewegung verläuft unglaublich schnell, und die Welle dieses raschen Rücklaufs trägt ebenfalls zu dem Geräusch bei.

Nun müssen wir nur noch verstehen, warum Löwenbändiger einst beschlossen haben, bei ihren Dressurnummern schlichte Hocker zu verwenden. Wahrscheinlich sind auch Sie der Meinung, daß sich in einem der sicherlich zahlreichen Geschäfte für Dompteurbedarf etwas finden lassen müßte, was raffinierter und professioneller aussieht.

Es hat mich zwar keiner gefragt, aber...

Wie entsteht ein Überschallknall?

Über die Ursache des Überschallknalls ist eine Menge Unsinn im Umlauf. In der *Columbia Encyclopædia* (5. Auflage, 1993) heißt es etwa: »Ein Objekt wie beispielsweise ein Flugzeug erzeugt Schall. Wenn das Objekt die Schallgeschwindigkeit erreicht oder überschreitet, holt es seinen eigenen Schall ein [ich wünschte, manche Politiker würden das tun!], was zu einer Anhäufung des Schalls führt.« Lächerlich! Könnte mir mal jemand sagen, was eine Anhäufung von Schall sein soll?

Andererseits glauben viele Leute, es gebe ein faßbares Ding namens »Schallmauer«. Ein Flugzeug, das sie durchfliegt, sollte demnach ein lautes Krachen erzeugen, als würde es eine unsichtbare Glaswand durchbrechen. Auch das ist falsch. Ich vermute, das Wort »Mauer« hat die Leute auf diesen Gedanken gebracht. Doch damit sollte nie ausgesagt werden, daß es dort oben in der Luft so etwas wie eine physische Barriere gibt, sondern nur, daß die Schallgeschwindigkeit ein Hindernis für die Entwicklung immer noch schnellerer Flugzeuge darstellte. Dennoch erfährt ein Flugzeug, das die Schallmauer »durchfliegt«, durch die dabei auftretende Schockwelle sicherlich erhebliche physikalische Belastungen, wie wir noch sehen werden.

Die eigentliche Barriere für den Überschallflug wird durch die Schallgeschwindigkeit selbst vorgegeben. (Ganz nebenbei: *Überschall* steht für eine Geschwindigkeit über der des Schalls, während *Ultraschall* die Schallfrequenzen oberhalb des menschlichen Hörvermögens bezeichnet.) Tatsächlich kommt es zu einzigartigen Ereignissen, wenn ein Objekt sich der Schallgeschwindigkeit annähert:

Natürlich besteht Luft aus Molekülen, vor allem aus denen des Sauerstoffs und des Stickstoffs. In allen Gasen flitzen die Moleküle hektisch wie ein Schwarm durchgedrehter Bienen in allen Richtungen durch den Raum. Bei Zimmertemperatur rasen zum Beispiel die Sauerstoffmoleküle mit einer Durchschnittsgeschwindigkeit von 1720 km/h umher. Und je heißer das Gas ist, desto schneller werden diese »Bienen« (siehe S. 125).

Ein Flugzeug, das mit ein paar hundert schlappen Kilometern pro Stunde durch die Luft fliegt, läßt diesen lebhaften Molekülen ausreichend Zeit, auszuweichen und die Maschine durchzulassen – das ist so, als würde jemand gemächlich durch eine Menschenmenge spazieren. Wenn die Geschwindigkeit des Flugzeugs sich aber der der Moleküle annähert, können diese nicht mehr ausweichen. Sie häufen sich vor den Tragflächen des Flugzeugs und werden dort wie der Schnee vor einem Schneepflug hergeschoben. Diese rasche Anhäufung komprimierter Luft ergibt einen »Luftschlag«, eine Schockwelle, die sich als lautes Geräusch bemerkbar macht. Dessen Schallwellen verbreiten sich in alle Richtungen; auf dem Boden können sie als »Knall« gehört werden. Das Flugzeug trägt seinen Schallkegel mit sich weiter, so daß die Menschen entlang der Flugroute den Knall hören, wenn die Maschine über sie hinwegfliegt. Damit ist auch das verbreitete Mißverständnis ausgeräumt, daß nur ein einziger Knall auftritt, wenn das Flugzeug die Schallmauer »durchbricht«. Der Knall wandert einfach weiter.

Aber was hat das alles mit der Schallgeschwindigkeit zu tun? Nun, Schall ist ja nichts anderes als eine Folge von Luftverdichtungen und -expansionen (siehe S. 54). Da nun die Luftmoleküle mit einer gegebenen Geschwindigkeit umherflitzen, gibt es eine Obergrenze für die Geschwindigkeit, mit der die Luft komprimiert werden und expandieren kann, denn die Moleküle können diesen Impulsen nur so schnell folgen, wie sie sich einander annähern und wieder voneinander entfernen können. Demnach wird die Geschwindigkeit, mit der der Schall durch die Luftmoleküle weitergeleitet wird, durch die Eigengeschwindigkeit dieser Moleküle begrenzt – für Schall besteht also eine Geschwindigkeitsbeschränkung durch die jeweils vorhandene Luft.

In warmer Luft ist der Schall schneller als in kalter (siehe S. 56), weil die wärmeren Moleküle sich schneller bewegen und effektiver wechselseitig zusammenstoßen können (siehe S. 158). Beispiel: Auf Meereshöhe beträgt die Schallgeschwindigkeit bei 27 °C 1524 km/h, bei 0 °C dagegen nur 1200 km/h. Auch in verdichteter Druckluft kann der

Schall sich schneller ausbreiten, weil die Moleküle hier enger beieinander liegen und die Schallkompressionen besser weiterleiten können.

Insgesamt gesehen ist der Schall also in warmer Luft auf Meereshöhe am schnellsten und in kalter, dünner Luft am langsamsten. Deshalb fliegen Überschallflugzeuge am besten in der Kälte großer Höhen, wo sie nicht ganz so schnell sein müssen, um die Schallgeschwindigkeit zu übertreffen. 9000 Meter über dem Meeresspiegel ist die Luft so kalt und so dünn, daß die Geschwindigkeit des Schalls nur 1100 km/h beträgt.

Blitz und Donner aber auch!

Warum klingt Donner manchmal wie ein scharfes Krachen und manchmal wie ein tiefes Grollen?

Das hängt davon ab, wie weit man von dem Blitz entfernt ist. Je näher Sie dran sind, desto höher der Schallpegel, den Sie hören; je größer Ihre Entfernung, desto tiefer das Grollen.

Zunächst müssen wir uns wieder in Erinnerung rufen, was Donner überhaupt ist. Ein Blitz (siehe S. 148) ist äußerst schnell; man könnte auch sagen, er ist schnell wie der Blitz unterwegs. Seine plötzliche Hitze erwärmt auch die umliegende Luft – sie wird einige zehntausend Grad heiß. Diese Luft dehnt sich zunächst mit ungeheurer Geschwindigkeit aus und kühlt sich dann rasch ab, wobei sie sich zusammenzieht und wieder zu ihrer Ausgangstemperatur und dem entsprechenden Druck zurückkehrt. Luft, die sich so plötzlich bewegt, erzeugt gewaltige Schwingungen, und genau das sind Schallwellen: Luftbeben oder Druckwellen, die sich in der Luft weiter ausbreiten. Daher stammt das Geräusch des Donners.

Daß der Donner mit Schallgeschwindigkeit unterwegs ist, wird Sie wohl kaum überraschen. Licht dagegen ist annähernd millionenfach schneller als der Schall. Folglich werden Sie den Blitz fast augenblicklich aufzucken sehen, während der Donner erst hörbar wird, wenn auch er die Strecke zwischen dem Einschlag und Ihren Ohren zurückgelegt hat.

Probieren Sie es selbst

Wenn Sie das nächste Mal Gelegenheit haben, Zeuge eines bombigen Unwetters zu sein, zählen Sie, wie viele Sekunden zwischen dem Aufleuchten eines Blitzes und dem nachfolgenden Donnerschlag vergehen. Diese Zahl teilen Sie durch drei, was ungefähr angibt, wie viele Kilometer der Blitz von Ihnen entfernt war. Oder Sie multiplizieren sie mit 300, dann erhalten Sie in etwa die Entfernung in Metern (siehe auch die Erbsenzähler-Ecke). Möglicherweise werden Sie ganz schön erschrecken – entschuldigen Sie, ich meine natürlich, überrascht sein –, wenn Sie merken, wie nahe viele der Blitzeinschläge liegen. Und wo Sie schon dabei sind, können Sie auch gleich darauf achten, daß der Ton des Krachens, das Sie hören, desto höher ist, je näher der Blitz einschlägt.

Schall ist nicht immer gleich schnell (siehe S. 54). Zum einen hängt seine Geschwindigkeit davon ab, durch welches Medium er sich ausbreitet. Die Druckwellen können nur dann von einem Ort zum anderen übertragen werden, wenn die übertragende Substanz Moleküle besitzt, die wirksam miteinander zusammenstoßen und so die Energie weiterleiten können.

Nehmen wir an, wir hätten zwei Züge, die frontal zusammenstoßen. (*Probieren Sie das nicht bei sich zu Hause aus!*) Die Energie des Zusammenpralls würde Wagen für Wagen über die gesamte Länge der Züge nach hinten weitergeleitet, angefangen bei der Lokomotive bis zum Ende des Zuges (natürlich nur, wenn sie nicht entgleisen). Jeder Wagen gibt den Aufprall zum nächsten weiter, indem er mit ihm zusammenstößt, und so wandert die Energie wie eine Welle die Züge entlang. Die Druckwellen des Schalls werden in ähnlicher Weise durch die verschiedenen Stoffe weitergegeben, nur daß hier Moleküle und nicht Eisenbahnwaggons zusammenstoßen.

Offensichtlich würde die Schockwelle bis zu den letzten Waggons länger unterwegs sein, wenn diese nicht sehr eng zusammengekoppelt wären. Jeder einzelne Wagen würde ein wenig Zeit verlieren, um die Entfernung zum nächsten zu überbrücken, ehe er mit ihm zusammenstößt. In ähnlicher Weise benötigt auch eine Schallwelle mehr Zeit, wenn sie durch eine Substanz übertragen wird, deren Moleküle nicht sehr dicht gepackt sind.

In Luft sind die Moleküle wie bei allen Gasen sehr weit voneinander entfernt, weshalb der Schall hier relativ langsam vorankommt: Auf Meereshöhe und bei Zimmertemperatur sind es 1400 km/h. Im Wasser liegen die Moleküle sehr viel enger beisammen, und die Schallgeschwindigkeit liegt hier bei 5300 km/h. In einem dichten Feststoff wie Stahl sind es sogar 21 000 km/h.

Soviel zum Thema, wie *schnell* der Schall sich bewegt. Doch jetzt wollen wir uns ansehen, wie er sich verändert, wenn er unterwegs ist.

Wie Sie sich vielleicht vorstellen können, klingt ein Blitz in unmittelbarer Nähe wie ein scharfes, helles Krachen – genau das, was man von einem gewaltigen Funken erwarten sollte. Wenn dagegen ein ferner Donner bei Ihnen ankommt, dürfte er sich eher wie ein dumpfes Grollen anhören. Daraus können wir den Schluß ziehen, daß Töne mit niedriger Frequenz weiter tragen als solche mit hoher Frequenz, die mit zunehmender Entfernung allmählich abklingen. Ist Ihnen schon aufgefallen, daß Sie vorwiegend die Bässe wahrnehmen, wenn Ihr idiotischer Nachbar wieder mal seine Stereoanlage so laut aufgedreht hat, daß es bei Ihnen die Tapeten von den Wänden abzieht? Die hohen Töne tragen einfach nicht so weit und werden auch besser von den Wänden absorbiert. Das liegt daran, daß hochfrequenter Schall die Luft und die Wände öfter pro Sekunde in Schwingungen versetzt, weshalb er seine Energie unterwegs schneller aufbraucht.

Aus diesem Grund tragen auch die niedrigen Frequenzen eines Donnerschlags weiter als das hellere Knallen und Krachen, und je weiter Sie von dem eigentlichen elektrischen Ereignis entfernt sind, desto tiefer wird der Ton sein. Damit haben Sie eine weitere Methode, Nähe oder Ferne von Blitzschlägen einzuschätzen.

Sicher ist Ihnen aufgefallen, daß der Donner nicht einfach hell oder tief klingt, sondern aus Tönen hoher und niedriger Frequenz zusammengesetzt ist. Das wiederum liegt daran, daß auch der Blitz selbst in unterschiedlichen Entfernungen von Ihnen verläuft. Ein Blitzstrahl kann mehrere Kilometer lang sein, und es können gewaltige Verzweigungen vorkommen, so daß die verschiedenen Teile unterschiedlich weit von Ihnen entfernt sind. Daraus ergibt sich die große Bandbreite der Frequenzen, die Sie hören.

Bestimmt haben Sie auch bemerkt, daß der Donner über eine gewisse Zeit hinweg grummelt und grollt. Dafür gibt es zwei Gründe: Erstens legt der Schall von den verschiedenen Verzweigungen des Blitzstrahls unterschiedliche

Entfernungen zurück, und zweitens liefert der Boden noch ein Echo, wenn der Donner unterwegs ist.

Und jetzt dürfen Sie wieder unters Bett kriechen.

Erbsenzähler-Ecke

Schallwellen breiten sich in Luft nicht einfach dadurch aus, daß sie die Luftmoleküle zu Zusammenstößen in gerader Linie veranlassen, wie das bei einer Reihe von Eisenbahnwaggons bei einem Aufprall der Fall ist. Die Schallenergie wandelt »glatte Luft« in eine Folge von Zonen, die abwechselnd komprimiert und dekomprimiert sind. Das heißt, Schall zwingt die Luft dazu, abwechselnd Gebiete mit höherer und geringerer Dichte auszubilden. Diese Druckunterschiede treffen dann mit einer bestimmten Rate von Verdichtung und Dekompression pro Sekunde auf Ihr Trommelfell. Je höher diese Rate ist, desto höher ist die Frequenz und damit auch der Ton, den Sie hören.

Die Geschwindigkeit des Schalls in Luft ändert sich in Abhängigkeit von Druck und Temperatur recht beträchtlich. Die oben geschilderte Faustregel, nach der Sie die Entfernung eines Blitzschlags ermitteln können, ist nur ein grober Anhaltspunkt. Denn wir kennen weder Temperatur und Druck der Luft, in der der Blitz den größten Teil seines Donners erzeugt hat, noch die Luftbedingungen zwischen diesem Gebiet und uns. Aber das ist nicht so wichtig. Wie schon gesagt, Blitzstrahlen sind lang, sie können über die ganze Länge ihres Weges Donner erzeugen, und die Luft, in der das geschieht, kann eine Vielzahl von Temperaturen und Drücken aufweisen und sich in unterschiedlichen Entfernungen von Ihnen befinden. Deshalb haben Sie möglicherweise ohnehin Probleme, den zeitlichen Abstand des Donners zu ermitteln: Zählt man nun die Sekunden vom Blitzschlag bis zum Einsetzen des Donners oder bis zu dessen Ende? Das alles ist weit von exakter

Wissenschaft entfernt, solange wir nicht sehr viel mehr über den Blitz wissen, als das normalerweise der Fall ist.

Trügerischer Mond

Warum ist der Mond im Vergleich zu seinem Umfang hoch am Himmel so viel größer, wenn er auf- oder untergeht?

Praktisch jedermann hat dieses merkwürdige Phänomen schon das eine oder andere Mal beobachtet. Wenn der Mond tief am Himmel steht, knapp über dem Horizont, wirkt er riesig im Vergleich zu der Größe, die er ein paar Stunden später hoch über uns zeigt. Besonders auffällig ist dieser Effekt, wenn er als große, schöne Scheibe zu sehen ist – als Vollmond. Doch grundsätzlich kann man das Phänomen in jeder Phase beobachten.

Die Menschen haben sich schon seit mindestens zweitausend Jahren über diese Kuriosität gewundert, lange bevor sie wußten, was der Mond überhaupt ist oder wie er sich um die Erde bewegt. (*Sie* wissen das natürlich, oder? Irgendwelche Zweifel? Siehe S. 234.) Können Sie sich vorstellen, daß wir heute, im sogenannten Zeitalter der Weltraumfahrt, zwar Himmel-und-Hölle auf dem Mond spielen können, aber immer noch keine Antwort auf das Rätsel seiner scheinbaren Größe haben?

Wie Sie sich denken können, haben die Menschen im Lauf der Jahre Dutzende von »Erklärungen« vorgebracht. Doch abgesehen von ein paar Ausnahmen kann man bei allen leicht beweisen, daß sie falsch sind.

Eine gültige Erklärung der Mondillusion – denn es handelt sich in der Tat um eine optische Illusion – kann die

Wissenschaft nach wie vor nicht liefern. Wenn es sich um eine physikalisch-wissenschaftliche Angelegenheit handeln würde, wüßten wir mittlerweile, was da abläuft. Ich bin mir dessen so sicher, weil die Physik eine sehr weit fortgeschrittene Wissenschaft ist. Doch es geht offenkundig um die menschliche Wahrnehmung, und im Verständnis unserer eigenen Psyche sind wir nicht annähernd so weit vorangekommen wie bei den Erklärungen der uns umgebenden Welt.

Eines wissen wir allerdings mit absoluter Gewißheit: Auf seiner Umlaufbahn um die Erde ändert der Mond seine Gestalt sicherlich nicht wie eine dicke Lady mit einer schicken Diät. Wenn er auf- oder untergeht und in der Nähe des Horizonts steht, ist unser natürlicher Satellit um kein Fitzelchen größer, als wenn er direkt über uns schwebt. Das Phänomen muß also etwas mit der Art zu tun haben, wie er unseren menschlichen Augen und Gehirnen erscheint. Aber was?

Doch ehe wir einige der falschen Theorien abschießen und einige der plausibleren stützen, wollen wir uns selbst beweisen, daß wir es tatsächlich mit einer Illusion zu tun haben – daß es in Wahrheit keinen Unterschied gibt, wenn wir glauben, den Mond größer oder kleiner zu sehen.

Probieren Sie es selbst

Schauen Sie in Ihrer Tageszeitung nach dem Datum des nächsten Vollmonds; in der Regel finden Sie die entsprechenden Angaben in der Rubrik mit der Wettervorhersage. Oder Sie rufen den Kachelmann an. In jener Nacht des Schicksals verlassen Sie, sobald es dunkel ist, das Haus und versenken Ihre Beißerchen im milchweißen Hals einer schönen jungen ... Oh, Verzeihung. Falsches Buch.

In jener schicksalsschwangeren Nacht verlassen Sie, sobald es dunkel ist, das Haus und schauen nach dem Mond, wenn er noch tief in der Nähe des Horizonts steht. Falls nötig, steigen Sie auf den nächsten Hügel. Jetzt nehmen Sie das Lineal (ich weiß, ich hätte Ihnen vorher sagen müssen, daß Sie eines mitnehmen sollen), halten es auf Armeslänge vor den Mond und messen seine scheinbare Größe. Das werden ungefähr 12 Millimeter sein. Diese »Größe« notieren Sie sich auf den Millimeter genau.

Nun warten Sie ein paar Stunden, bis der Mond hoch am Himmel steht, und messen seine scheinbare Größe erneut. Was habe ich Ihnen gesagt? Es ist genau der gleiche Wert, nicht wahr?

Oder:
Machen Sie mehrere Fotos des Vollmondes in der Nähe des Horizonts und bei seinem Aufstieg zum Zenit. Verwenden Sie ein Teleobjektiv, damit die Abbildungen auf dem Film schön groß werden. Wenn es sich um ein Zoom-Objektiv handelt, *müssen Sie darauf* achten, daß Sie alle Aufnahmen mit derselben Brennweite schießen. Stellen Sie bei jeder Einstellung verschiedene Verschlußgeschwindigkeiten ein, damit Sie zumindest *ein* gutes Foto von jeder Position erhalten. Sie werden feststellen, daß der Mond auf allen Aufnahmen exakt dieselbe Größe hat!

Lineale und Kameras lassen sich also, im Gegensatz zu uns Menschen, nicht täuschen. Ganz schön beschämend, wie?

Und jetzt werden wir einige der vorgebrachten Theorien abschießen:

»Wenn der Mond niedrig steht, vergleicht man ihn unbewußt mit Bäumen, Gebäuden und Bergen am Boden, und im Vergleich dazu sieht er groß aus. Wenn er dagegen allein am Himmel steht, wo man ihn mit nichts vergleichen kann, kommt er einem nicht mehr so groß vor.«

Nun, das mag ja sein. Doch selbst draußen in der Prärie, wo es nichts als Horizont gibt, sieht er nach wie vor größer aus, wenn er tief steht.

»*Wenn der Mond niedrig steht, sieht man ihn durch sehr viel mehr Luft als direkt über einem. Diese ganze Luft kann wie eine Linse wirken und die Lichtstrahlen wie ein Vergrößerungsglas beugen (brechen).*«

Sorry, Charlie, aber jeder denkbare Brechungseffekt ist klein und kann allenfalls die Form des Mondes ein wenig verzerren, nicht aber seine Größe.

»*Wenn der Mond niedrig steht, schaut man geradeaus, wenn er sich aber hoch am Himmel befindet, muß man den Kopf in den Nacken legen, was die Augäpfel ein wenig zusammendrückt und dafür sorgt ...*«

Unsinn.

Wie lautet nun die richtige Antwort? Psychologen, die sich mit der menschlichen Wahrnehmung befassen, verfügen über ein paar halbwegs überzeugende Theorien.

Theorie Nummer eins: All unsere Erfahrungen seit dem Tag, an dem wir unsere Augen geöffnet haben (manche Psychologen sagen sogar, das sei angeboren), haben uns gelehrt, daß ein Objekt, das näherkommt, größer wird. Denken Sie nur an ein anfliegendes Flugzeug oder auch an einen Ball, kurz bevor er Sie am Kopf trifft. Doch der »Mondball« scheint gegen alle Regeln zu verstoßen: Während er über unseren Köpfen dahinzieht, kommt er weder näher noch wird er größer. Deshalb interpretiert unser Gehirn ihn als unnatürlich klein, und das ist die Schlußfolgerung, die wir daraus ziehen. Nicht der horizontnahe Mond sieht größer aus, sondern der Mond in der Höhe kommt uns kleiner vor.

Ich wäre eher geneigt, diese Theorie zu glauben, wenn der Mond innerhalb von Sekunden in die Höhe stiege.

Denn oben am Himmel vergleiche ich ihn nun wirklich nicht damit, wie er ein paar Stunden zuvor ausgesehen hat.

Theorie Nummer zwei: Schauen Sie zum Himmel auf. Würden Sie nicht, wenn Sie es nicht besser wüßten, glauben, es sei eine gewaltige Kuppel, die sich da über uns wölbt? Die Astronomen der Vergangenheit glaubten tatsächlich, es handle sich um ein Gewölbe, in das die Sterne und Planeten wie Edelsteine eingesetzt seien. Selbst heute im Raumzeitalter scheinen wir eine eingebaute Impression des Himmels als Kuppel zu besitzen. Die Vorstellung der Unendlichkeit ist uns unbegreiflich, deshalb stellen wir uns den Himmel stillschweigend als endlich und begrenzt vor.

Führen Sie sich den Sachverhalt für einen Moment bewußt vor Augen. Was wäre, wenn ich Sie nun fragen würde, wie weit das Himmelsgewölbe entfernt ist? Höchstwahrscheinlich würden Sie glauben, der am Horizont aufliegende Rand der Kuppel sei weiter weg als ein Punkt direkt über Ihnen. Anders ausgedrückt, wir denken uns den Himmel als ein irgendwie *abgeflachtes* Gewölbe; das kommt uns einfach richtiger vor. Warum? Unsere Erfahrung hat uns immer gesagt, daß Horizonte weit entfernt sind, doch unsere Erfahrung enthält keine Anhaltspunkte, und es gibt auch keine sichtbaren Zeichen oder Hinweise, die uns sagen könnten, daß auch der »Gipfel des Himmels« weit weg ist.

Folglich glauben wir unterbewußt, daß der Mond, wenn er nahe am Horizont steht, weiter entfernt ist, als wenn er über uns hängt. *Doch unsere gesamte visuelle Erfahrung sagt uns, daß weiter entfernte Gegenstände kleiner aussehen.* Wenn der Mann im Mond unseren Erwartungen also eine lange Nase dreht, weil er seine normale Größe auch dann beibehält, wenn er »weit weg« am Horizont steht, sagt unser Gehirn: »Wow! Dieser Bursche muß wirklich groß sein.« Und dieser Eindruck bleibt uns dann.

Auf diese letzte Erklärung habe ich mein Geld gewettet.

Erbsenzähler-Ecke

Alles, was ich über den Mond gesagt habe (außer der Tatsache, daß er die Erde umkreist), gilt auch für die Sonne. Sie wirkt in der Nähe des Horizonts ebenfalls größer, und aus denselben Gründen. Sie haben doch sicher auch schon einen dieser spektakulären Sonnenuntergänge mit einer absolut riesigen Sonne gesehen, oder? Nun wissen Sie, warum Ihre Fotos von Sonnenuntergängen immer so enttäuschend geraten (»Ich hätte schwören können, daß sie viel, viel größer war!«).

Funkle, funkle, kleiner … Planet?

Warum funkeln die Sterne?

Nach der Antwort, die Sie überall finden, wird das Funkeln der Sterne von Turbulenzen der Erdatmosphäre verursacht, was das von den Sternen stammende Licht ablenkt. Doch damit ist nicht erklärt, *weshalb* »atmosphärische Turbulenzen«, was immer das sein mag, das Licht überhaupt ablenken sollten oder was für das Blinken verantwortlich ist oder weshalb nur Sterne, nicht aber die Planeten funkeln. (Das ist richtig. Wenn der Lichtfleck am Himmel nicht funkelt, ist es ein Planet oder ein Flugzeug. Der einzige Stern, der nicht funkelt, ist die Sonne. Warum? Lesen Sie weiter.)

Luftturbulenzen an sich, besser bekannt als Wind, haben

keinerlei Einfluß auf Lichtwellen. Das Licht ist mit mehr als einer Milliarde km/h unterwegs (siehe S. 137), und selbst wenn die Luft, die es durchquert, ihrerseits mit der Geschwindigkeit eines Hurrikans (160 km/h) dahinfegt, dürfte ihm das absolut nichts ausmachen. Was die Lichtwellen wirklich ablenkt, sind die unterschiedlichen Temperaturen der Luft, nicht ihre verschiedenen Geschwindigkeiten.

Die Temperatur der Erdatmosphäre ist offensichtlich nicht überall gleich. Da sind nicht nur die unterschiedlichen Klimazonen, sondern die Lufttemperatur ändert sich auch beträchtlich mit der Höhe über dem Meeresspiegel (siehe S. 164). Und dabei ist der verrückte Flickenteppich aus Zonen warmer Luft über aufgeheiztem Land, über Fabriken und aus den Reden der Politiker noch gar nicht berücksichtigt, den das Sternenlicht durchqueren muß, ehe es bei unseren Augen hier unten am Boden ankommt. Das Licht eines Sterns muß einen wahren Hindernislauf durch Luft verschiedener Temperaturen absolvieren. Turbulenzen sind dabei nur insofern beteiligt, als die Verteilungsmuster der unterschiedlichen Lufttemperaturen durch Windbewegungen ständig durcheinandergewirbelt werden.

Also was? Nun, wenn Licht in ein transparentes Medium wie Luft, Wasser oder Glas eintritt, ändert es normalerweise seine Richtung (in der Sprache der Wissenschaft: Es wird gebrochen; siehe S. 98). Das ist auch der Grund, weshalb diese Glas- oder Kunststoffstücke vor Ihren Augen die Art und Weise korrigieren können, in der das Licht auf Ihrer Netzhaut fokussiert wird. Doch der *Betrag*, um den ein Lichtstrahl von einem gegebenen Medium gebrochen wird, hängt von dessen atomarer Zusammensetzung ab. Luft bricht oder beugt das Licht zum Beispiel weniger als

Glas. Doch hier haben wir den springenden Punkt für alle Fans des Funkelns: Warme Luft bricht das Licht weniger als kalte Luft. Obwohl es sich in beiden Fällen um die gleichen Atome handelt, sind sie in der leichteren, dünneren warmen Luft weiter voneinander entfernt. Damit schaffen sie es nicht so gut, das Licht zu brechen. Das geht ziemlich ähnlich vor sich wie bei der Brechung von Schallwellen, wenn sie auf unterschiedlich warme Luftschichten treffen (siehe S. 54).

Nun sind alle Sterne (außer der Sonne) so weit von uns entfernt, daß wir sie nur als perfekte Punkte am Himmel sehen, als geometrische Orte, die keinerlei dimensionale Ausdehnung besitzen, selbst wenn wir sie durch die mächtigsten Teleskope betrachten. Es sieht so aus, als würden sie nur einen einzigen Lichtstrahl zu uns schicken. Auf seinem Weg durch die Atmosphäre wird dieser Strahl nun hierhin und dorthin geworfen, während er Luftschichten unterschiedlichster Temperaturen und Brechungskräfte durchquert. Jedesmal, wenn der Strahl von unserem Auge weggebeugt wird, scheint der Stern für einen Moment zu verschwinden. Das heißt, er wirkt wie abgeschaltet. Wenn der Strahl dann zufällig wieder in unser Auge geworfen wird, schaltet der Stern sich wieder an. Dieses flackernde An- und Abschalten bezeichnen Romantiker gern als Funkeln.

Bei groß erscheinenden Objekten wie Sonne und Mond spielen all diese Streuvorgänge keine Rolle, weil uns von ihnen so viele Lichtstrahlen erreichen, daß die Menge der Strahlen, die von unseren Augen *abgelenkt* werden, von der Menge der Strahlen ausgeglichen wird, die *zu ihnen hin* gestreut werden. Dadurch bleibt das Bild konstant.

Planeten mögen wie bloße sternähnliche Lichtpunkte aussehen, doch das sind sie nicht. Schon mit einem Fernglas zeigen sie sich Ihnen als Scheiben. Deshalb funkeln sie aus demselben Grund wie die Sonne und der Mond nicht: Einige ihrer Lichtstrahlen werden zwar von unseren Augen abgelenkt, doch das wird von vielen anderen ausgeglichen, die das Bild stabil halten.

Es hat mich zwar keiner gefragt, aber …

Warum scheinen ferne Objekte an heißen Tagen zu wabern und sich zu verzerren?

Dabei läuft das gleiche ab wie beim Gefunkel der Sterne, allerdings gibt das Objekt so viele Lichtstrahlen ab, daß immer einige von ihnen bis zu unseren Augen gelangen, unabhängig davon, wie viele gestreut werden. Deshalb sehen wir kein »Blinken« im eigentlichen Sinn.

Wenn Sie an einem heißen Tag eine Landstraße entlang blicken, sehen Sie vielleicht »Hitzelinien« oder »Hitzewellen«, und ein entferntes Auto wirkt wellenförmig verzerrt. Dabei beobachten Sie die Auswirkungen der Lichtbrechung: Lichtstrahlen werden gebeugt, wenn sie aus einem transparenten Medium in ein anderes übergehen.

Im vorliegenden Fall durchqueren die Lichtstrahlen von dem Auto, das Sie sehen, verschiedene Luftschichten, ehe sie an Ihren Augen ankommen – Luft unterschiedlicher Temperaturen und Lichtbrechungseigenschaften, je nachdem, wie warm die einzelnen Abschnitte der Straße zufällig gerade sind. Der Lichtstrahl von einer bestimmten Stelle des Autos läuft vielleicht durch eine andere Kombination von Lufttemperaturen – weshalb er auch unterschiedlich stark gebeugt (nicht gebogen) wird – als das Licht von einem anderen Abschnitt des Wagens. Und für Sie sieht es dann so aus, als wäre das Auto selbst verbogen.

Doch weshalb wabert das gestörte Bild ständig? Weil aufsteigende Warmluft und andere Luftbewegungen fortwährend das Muster der Temperaturverteilung ändern, das die Lichtstrahlen durchlaufen. Falls das daraus abgeleitete Ausmaß der Strahlenbeugung sich ständig ändert, geschieht das auch mit dem Bild des Wagens.

Der Mann im Mond zeigt der Erde seinen Allerwertesten

Wie bringt es der Mond eigentlich fertig, der Erde stets dasselbe Gesicht zu zeigen?

Kommt einem verrückt vor, oder? Entweder handelt es sich um den kolossalsten Zufall, der sich je abgespielt hat, oder da ist etwas höchst Anrüchiges im Gang. Nun, auch die scheinbar verdächtigsten Zufälle können rational erklärbar sein.

Zunächst könnte man vielleicht annehmen, daß der Mond sich nicht wie die Erde um seine Achse dreht, sondern uns umkreist und dabei immer dieselbe Ausrichtung beibehält. Doch er dreht sich. Denn gerade wenn er es nicht täte, würden wir ihn bei seinem Umlauf um die Erde von allen Seiten sehen. Das geht so:

Probieren Sie es selbst

Sagen wir mal, Sie sind der Mond, und Ihr treuer Freund ist die Erde. Bauen Sie sich ein oder zwei Meter von ihm entfernt auf und wenden Sie sich ihm zu. Während Sie ihn nun umkreisen, richten Sie Ihren Blick fest auf einen Punkt an der Wand – das heißt, Sie drehen sich dabei nicht um Ihre eigene Achse. Beachten Sie, daß Sie es während dieser Umkreisung nicht vermeiden können, Ihrem Freund zeitweilig Ihre Rückseite zu zeigen. Wenn Sie das vermeiden wollen, müssen Sie ihn während der gesamten Umkreisung ansehen, und das läuft darauf hinaus, daß Sie eine vollständige Umdrehung um Ihre Längsachse ausführen.

Da der Mond in der Tat rotiert, während er die Erde umkreist, und uns dabei stets dieselbe Seite zeigt, muß seine Rotationsdauer perfekt synchronisiert sein: Bei jedem Umlauf um die Erde dreht er sich genau einmal um seine Rotationsachse. Wie um alles in der Welt ist so etwas möglich?

Nun, Sie wissen ja, daß der Mond und die Erde sich aufgrund der Schwerkraft gegenseitig anziehen. Außerdem wissen Sie, daß die Anziehung des Mondes die Ozeane auf der Erde zu den sogenannten Gezeiten aufwölbt (siehe S. 231). Möglicherweise haben Sie aber noch nie bedacht, daß die Erde ihrerseits Aufwölbungen auf dem Mond hervorruft – keine Gezeiten in den nicht vorhandenen Ozeanen, sondern im Mondboden. Sicherlich sind diese Aufwölbungen sehr klein, aber nichtsdestoweniger gibt es sie. Sie könnten sie Bodengezeiten nennen, wenn Sie wollen.

Wenn Sie sich daran erinnern, daß die Anziehungskraft der Erde auf den Mond weit stärker wirkt als umgekehrt, weil die Erde über soviel mehr Masse verfügt (siehe S. 154), werden Sie verstehen, daß diese Kraft auch den Mond erheblich stärker deformieren kann als umgekehrt.

Diese Deformierung des Mondes durch die Erdanziehung wirkt wie eine Bremse auf die Umdrehung unseres Trabanten. Es ist etwa so, als würde die irdische Schwerkraft versuchen, die Ausbeulungen des Mondes stärker festzuhalten, weil sie ihr ein winziges Stückchen näher sind. Und das verlangsamt die Drehung. Selbst wenn der Mond also vor Milliarden von Jahren wie ein Kreisel rotiert hat, wurde er durch die Erdanziehung auf seinen heutigen Kriechgang abgebremst. Die Erde hat nach dem Mond gegriffen, hat ihn gezähmt und dazu gebracht, nach ihrer Pfeife zu tanzen.

Und ganz nebenbei, der Mond stellt mit unserem Heimatplaneten das gleiche an, wenn auch in geringerem Ausmaß, da seine Anziehungskraft schwächer ist. Mit der Anziehung unserer Ozeane hat er die Erdumdrehung verlangsamt und unsere Tage verlängert. Vor etwa 900 Millionen Jahren dauerte ein irdischer Tag nur achtzehn Stunden. Damals waren die Gewerkschaften guter Dinge, weil alles, was über sechs Stunden hinausging, als Überstunden galt. Die höheren Angestellten waren weniger glücklich, weil ihr Jahreseinkommen für ein Jahr mit 487 Tagen reichen mußte.

Erbsenzähler-Ecke

Nutzen wir die Gelegenheit, ein paar Punkte über den Mond klarzustellen.

Erstens zeigt uns der Mond nicht ständig genau dasselbe Gesicht. Er dreht sich zwar mit gleichbleibender Geschwindigkeit, doch dabei wackelt er ein wenig hin und her und neckt uns, indem er uns regelmäßig einen Blick auf einen Teil seiner Rückseite gewährt. Er gibt uns gewissermaßen zu verstehen, daß wir ihm mal im Mondschein begegnen können.

Zweitens, und diese Tatsache ist vielleicht eine größere Überraschung, falls Sie es mit dem Erbsenzählen wirklich ernst meinen: Der Mond kreist nicht genau um den Mittelpunkt der Erde. Das heißt, der Mittelpunkt der Mondumlaufbahn liegt nicht im Erdmittelpunkt. Das kommt daher, daß die Gravitation nicht nur in einer Richtung verläuft, wobei die Erde den Mond in seiner Umlaufbahn hält. Der Mond hält seinerseits die Erde, wenn auch schwächer, weil seine Masse kleiner ist. Man könnte also sagen (und ich sage es), daß die Erde in geringem Ausmaß versucht, den Mond zu umkreisen. Als Ergebnis umkreisen die beiden einander in einer Art Walzer.

Das sieht dann so aus, als würde ein schwerer Mann eine leichte Partnerin herumwirbeln. Jeder umkreist den anderen, doch der Frau mit ihrem geringeren Gewicht kommt dabei der größere Teil der Umlaufbewegungen zu. Irgendwo zwischen den beiden liegt ein Fixpunkt, der keine Kreisbewegung durchläuft: das unbewegliche gemeinsame Zentrum beider Umlaufbahnen. Dieser Punkt liegt näher bei dem Mann, weil er schwerer ist und deshalb einen besseren Ankerpunkt für die ganze Wirbelei abgibt.

Diesen stationären Punkt nennen wir das *Massenzentrum* (siehe S. 155) des Paares.

Bei dem Tanz von Marilyn Mond mit Ernie Erde verhält es sich (nach einer kleinen Geschlechtsumwandlung) genauso. Das Zentrum beider Umlaufbahnen – das Massenzentrum des Systems Erde–Mond – liegt sehr viel näher bei Herrn Erde als bei Fräulein Mond. Die Erde (so leicht geht das, auch in der anderen Richtung) ist in der Tat so viel schwerer als der Mond, daß das Massenzentrum sogar irgendwo innerhalb der Erde liegt – ein Stück außerhalb ihres geometrischen Mittelpunkts.

Also: Anstatt zu behaupten, der Mond kreise um die Erde, müssen wir in Wahrheit sagen, daß das System Erde–Mond um ein gemeinsames Massenzentrum kreist.

Es ist der Mond, du Dummchen – und noch einiges mehr

Was ruft die Gezeiten der Ozeane hervor? Ich weiß, es ist der Mond. Aber wie macht er das? Und weshalb gibt es täglich zweimal Flut und zweimal Ebbe, obwohl wir doch nur einen Mond haben?

Immer wenn einer pompös verkündet, daß die Gezeiten der Ozeane vom Mond verursacht werden, murmeln alle: »Ja, ja, schon gut«, und gehen genauso ratlos wie zuvor ihrer Wege.

»Es ist der Mond« ist eine Ausflucht; eine richtige Erklärung erfordert einiges mehr. Die Gezeiten sind das Ergebnis des Zusammenspiels mehrerer Kräfte, die von den Bewegungen des Mondes, der Sonne und der Erde selbst ausgehen. Obwohl ihre Wechselwirkungen recht verwickelt sind, werden sie von den Ozeanographen und Geologen sehr gut verstanden.

Folgen Sie mir, und wir werden das alles nacheinander aufarbeiten. Na ja, zumindest den größten Teil.

Stellen Sie sich Erde und Mond als zwei Kugeln vor; die kleinere Mondkugel umkreist die größere Erdkugel mehr oder weniger entlang der Äquatorlinie. Nun wollen wir das Bild für einen Augenblick anhalten, während der Mond sich rechts von der Erde befindet. Haben Sie's? Erde links, Mond rechts.

Die Gravitationskraft des Mondes versucht, den Erdmittelpunkt in Richtung auf sein eigenes Zentrum zu ziehen – in unserem Fall also nach rechts. (Warum sind es die Mittelpunkte? Siehe S. 154.) Diese Kraft nennen wir »Anziehung der Mittelpunkte«. Doch auf die Ozeane der rechten Erdhälfte wirkt eine etwas stärkere Kraft als diese Anziehung der Mittelpunkte, weil sie sich näher am Mond befinden als der Erdmittelpunkt. Und wie wir wissen, wirkt sich die Gravitation in kleineren Entfernungen stärker aus (siehe S. 48). Diese geringfügig stärkere Anziehung hebt die Ozeane etwas weiter an als den übrigen Planeten, so daß sie sich nach außen wölben. Auf der dem Mond zugewandten Seite der Erde haben wir dann einen Flutberg.

Unterdessen sind die Meere auf der mondabgewandten Seite der Erde (der linken Seite) etwas *weiter* vom Mond entfernt als der Erdmittelpunkt. Die auf sie nach rechts wirkende Kraft ist deshalb geringfügig *schwächer* als die Anziehung der Mittelpunkte. Weil nun die Erde von der stärkeren Anziehung zwischen den Mittelpunkten von den Ozeanen der linken Seite ein wenig nach rechts weggezogen wird, bleiben diese zurück und wölben sich in bezug auf den übrigen Planeten nach außen. Damit entsteht auf der mondabgewandten Seite der Erde ein zweiter Flutberg.

Es gibt also immer zwei Aufwölbungen des Meerwassers – eine verläuft auf der dem Mond jeweils gerade zugewandten Seite der Erde, die andere genau gegenüber.

Jetzt wollen wir die Erde wieder rotieren lassen. Während sie sich unter den beiden Kräften, die für die Aufwölbungen sorgen, fröhlich weiterdreht, wandert jeder Ort der Erde während der vierundzwanzigstündigen Umdrehung zweimal durch eine Flutposition, was zwei Flutberge pro Tag bedeutet. Und was liegt zwischen den Flutbergen? Zweimal Ebbe. Schließlich muß das ganze Fluthochwasser irgendwo herkommen.

Ach übrigens, wenn Sie hinsichtlich der Leute, denen Sie zuhören, nicht allzu wählerisch sind, hat Ihnen vielleicht schon mal einer etwas in der folgenden Art gesagt: »Menschen bestehen zu mehr als der Hälfte aus Wasser, und da der Mond mit seiner Wirkung auf Wasser für die Gezeiten sorgt, wirken sich die Mondphasen auch auf das Verhalten der Menschen aus.«

Also, dann schauen wir mal: Die Weltmeere wiegen 1,5 Milliarden Milliarden Tonnen, doch die Schwerkraft des Mondes bewegt sie kaum ein paar Meter. Ein menschlicher Körper enthält allenfalls ein paar Hundertstel einer einzigen Tonne Wasser. Die Gravitationskräfte sind der Masse proportional, den Rest können Sie selbst ausrechnen. Wenn jemand glaubt, die Anziehungskraft des Mondes könne das menschliche Verhalten beeinflussen, dann hat er sicher Wasser im Gehirn.

Erbsenzähler-Ecke

Die zweimal täglich auftretenden Flutberge liegen nicht exakt zwölf Stunden, sondern zwölf Stunden und fünfzig Minuten auseinander.

Warum? Die Flutberge werden durch die Anziehungskraft des Mondes erzeugt und folgen seiner Bewegung um die Erde. Während diese ihre vollständige Umdrehung nach Osten (siehe S. 175) in vierundzwanzig Stunden vollendet, bewegt sich der Mond in seiner Eigenbewegung ebenfalls nach Osten, wodurch er jedem gegebenen Punkt auf der Erde immer ein wenig vorauseilt. Dieser Punkt benötigt jeden Tag jeweils fünfzig Minuten zusätzlicher Erdrotation, bis er wieder mit dem Mond gleichzieht und damit unter dem jeweiligen Flutberg durchläuft.

Und hier ist noch eine bedeutsame Erbse zu zählen: Die Gezeiten werden nicht allein vom Mond erzeugt. Da draußen gibt es noch etwas, was über eine ehrfurchtgebietende Gravitation verfügt: die Sonne. Ihre Masse ist 27millionenmal größer als die des Mondes, doch sie ist auch 397mal weiter entfernt. Nun wird die Gravitationskraft mit zunehmender Entfernung erheblich rascher abgeschwächt, als sie durch Massenzuwachs größer wird. (In der Sprache der Wissenschaft: *Die Gravitationskraft nimmt im selben Verhältnis wie die Masse zu oder ab, ist ihr also direkt proportional, während sie mit dem Quadrat der Entfernung ab- oder zunimmt.*)

Letztlich werden die Gezeiten durch die Gravitation der Sonne mit 46 Prozent der vom Mond ausgeübten Kraft beeinflußt. Um die subtilen Auswirkungen jener 46 Prozent aufspüren zu können, müßte man erheblich mehr Arbeit aufwenden, als Sie oder ich investieren wollen. Aber selbst wenn wir die Wirkungen der Sonne ignorieren, haben wir die Gezeiten schon recht gut verstanden.

Auch Neumond schützt vor Fluten nicht

Warum steigt die Flut bei Vollmond höher?

Es dürfte nicht allzu schwer sein, sich selbst weiszumachen, daß der Vollmond einfach größer ist und deshalb mit größerer Kraft an den Ozeanen zieht, was höhere Flutberge zur Folge hätte. Doch der Mond auf seiner Umlaufbahn ist immer gleich groß und (annähernd) gleich weit von der Erde entfernt. Zu verschiedenen Zeiten seiner Reise wird er von der Sonne lediglich unterschiedlich beleuchtet. Deshalb sieht er für uns einmal aus wie eine Scheibe (als Vollmond), wie der Ausschnitt aus einer Scheibe (als Halbmond oder Sichel) oder wie eine gar nicht vorhandene Scheibe (als Neumond). Anders ausgedrückt: Er durchläuft Phasen.

Wenn Erde, Mond und Sonne zufällig wie auf einer Linie aufgereiht stehen, sehen wir entweder einen Vollmond oder einen Neumond. (Gratuliere! Ihre Sehkraft ist wirklich außergewöhnlich.) Dabei erscheint er voll, wenn die Erde in der Mitte zwischen Sonne und Mond steht. Sie können sich das so vorstellen, daß wir im Theater Erde sitzen, während der Mann im Mond auf der Bühne steht und die Sonne als Scheinwerfer in unserem Rücken leuchtet. Dann sehen wir das ganze Gesicht des Mondmanns. Wenn der Mond dagegen seinen Kreis zieht und hinter uns Erdlinge gelangt, wo er zwischen uns und dem Scheinwerfer Sonne steht (drehen Sie sich in Ihrem Theatersessel um und schauen Sie auf den Mond hinter Ihnen), erkennen wir den Erdbegleiter nur noch als abgedunkelte Scheibe – als Neumond.

In diesen beiden Stellungen – bei Vollmond wie bei Neumond – wirken die Gravitationskräfte von Sonne und Mond in gleicher Richtung und verstärken einander: Das Ergebnis ist eine »Springtide« oder Springflut.

Blue Moon

Wird der Mond, wie es in dem Song aus den fünfziger Jahren heißt, wirklich manchmal blau?

Ja, aber nur sehr, sehr selten. Dazu muß genau die richtige Art von Rauch oder Staub in der Luft sein.

Sehr spektakulär ist dieses Phänomen im Jahre 1883 aufgetreten, als der Vulkan Krakatau in Indonesien seinen Gipfel absprengte und eine Staub- und Aschewolke sich über den gesamten Erdball verbreitete. Der blaueste Mond nach Krakatau wurde dann 1951 durch eine Reihe von Waldbränden im Westen Kanadas verursacht. Bei solchen

Vorfällen ändert natürlich nicht der Mond seine Farbe, sondern er erscheint uns nur verändert, weil wir ihn durch raucherfüllte Luft sehen.

Um das verstehen zu können, müssen wir die Astronomie für eine Weile verlassen, doch die Erklärung schließt einige grundlegende Vorstellungen über die Natur des Lichts ein, die uns auch in anderen Zusammenhängen gute Dienste leisten können. Selbst wenn Sie sich also absolut nichts aus blauen Monden machen, sollten Sie weiter dranbleiben.

Ein blau erscheinender Mond – und eine Menge anderer Phänomene, die wir sehen können – ist darauf zurückzuführen, daß das Licht gestreut wird. Das bedeutet nicht, daß es reflektiert, also wie im Badezimmerspiegel zurückgeworfen wird, um uns daran zu erinnern, daß wir älter werden. Mit »Streuung« beschreiben die Wissenschaftler das Verhalten einzelner Lichtteilchen, die von einem Molekül oder einem anderen winzigen Partikel abprallen wie eine Billardkugel von der anderen.

Sagte ich Licht*teilchen*? Ja, genau. Sie dachten sicher, Licht bestehe aus Wellen? *Wellen* von Energie, nicht *Teilchen* von Energie? Nun, wir haben beide recht. Dieses kleine Problem wollen wir als erstes aus dem Weg räumen.

Licht – und alle anderen sogenannten elektromagnetischen Strahlungen, von Radiowellen bis hin zu Röntgenstrahlen – besteht tatsächlich aus Wellen aus reiner Energie, die sich mit (na was schon?) Lichtgeschwindigkeit durch den Raum bewegen. Wir können die Lichtwellen manipulieren, indem wir sie durch speziell geformte Glaskörper oder andere transparente Materialien leiten: Linsen und Prismen. Für die Praktiker der Wissenschaft der Optik, die uns mit unseren Mikroskopen, Teleskopen und Brillen versorgen, ist es kein Problem, mit Lichtstrahlen so umzugehen, als seien es reine Wellen. Sie reflektieren und brechen sie und bringen so eine Vielzahl nützlicher optischer Tricks zuwege.

Doch manches andere, was das Licht vollbringt – es schlägt zum Beispiel Elektronen aus Atomen heraus –, kann man nur erklären, wenn man es als Strom winziger Teilchen begreift, ähnlich den Geschossen eines Maschinengewehrs. Diese Lichtgeschosse bezeichnen wir, wie auch die Geschosse anderer elektromagnetischer Strahlungen, als *Photonen.*

Muß man einen Lichtstrahl nun als einen Strom von Wellen *oder* von Teilchen ansehen? Es war die vielleicht erstaunlichste und verstörendste Entdeckung der Menschheitsgeschichte, daß sich Licht und andere elektromagnetische Strahlungen so verhalten, als wären sie *zugleich* Wellen und Teilchen. Oder, wenn Ihnen das lieber ist, daß sie sich so verhalten, als wären sie *entweder* Wellen *oder* Teilchen, je nachdem, bei welcher Aktion wir sie gerade erwischen (das heißt beobachten).

Als dann ein Mann namens Albert Einstein (1879–1955) im Jahre 1905 mit seiner Erklärung des sogenannten äußeren Photoeffekts vorschlug, daß Licht auf eine Weise Elektronen aus Atomen herausschlagen kann, als wäre es ein Strom geschoßähnlicher Teilchen, brachte ihm das einen Nobelpreis ein. (Der Preis wurde ihm für diese Arbeit verliehen, nicht für seine Relativitätstheorien, die später kamen.) Für die Physiker war es fast ebenso schwer wie für Sie, diese zweiseitige Theorie zu schlucken. Doch mittlerweile ist durch eine Fülle eindeutiger Beweise belegt, daß sie wahr ist. Und nicht nur das, sondern (sind Sie bereit?) auch die Umkehrung trifft zu: Waschechte Teilchen wie Elektronen können sich wie Wellen verhalten.

Inzwischen haben die Physiker mit dieser verrückten

subatomaren Bewußtseinsspaltung recht gut leben gelernt. Sie sprechen von *Welle-Teilchen-Dualismus* oder einfach nur von *Dualismus*. Gleichgültig, was ich für meinen Teil noch dazu vortragen könnte: Ihnen würde es dadurch um keinen Deut vernünftiger vorkommen. Das ist einfach so, und wenn es Ihnen nicht paßt, müssen Sie sich ein anderes Universum suchen.

Damit wollte ich Sie nicht vor den Kopf stoßen, doch wir müssen weiterkommen und die blauen Monde erklären.

Ich sagte schon, daß wir sie der Streuung von Lichtphotonen zu verdanken haben, wobei anzunehmen ist, daß diese mit irgend etwas zusammenstoßen. Was also könnte ein Lichtteilchen dazu veranlassen, nach einer Kollision eine andere Richtung einzuschlagen? Offensichtlich muß es dazu mit einem anderen Teilchen zusammenstoßen, das zumindest so groß ist wie es selbst. Denn eines ist gewiß: Ein Fußball würde durch die Kollision mit einer Mücke nicht abgelenkt. Wenn er dagegen auf seinem Weg ins Tor mit dem Kopf eines Fußballspielers zusammenstieße, würde er sicher von seiner Flugbahn abgelenkt werden.

Daraus müssen wir also schließen, daß ein Photon des Lichts am besten gestreut wird, wenn es mit etwas kollidiert, was annähernd seine Größe hat. Doch wie groß ist ein Photon? Wie kann man es messen, wo es doch nicht einmal stillsteht, sondern immer wieder wie eine Welle schwingt, wenn ihm danach ist? Nun, wenn Licht schizophren sein kann, so können die Physiker das genauso, denn auch sie suchen Zuflucht in der *Wellen*-Beschreibung des Lichts, wenn *ihnen* so zumute ist. Sie betrachten die Wellenlänge eines Photons als seine »Größe«, wenn es sich wie eine Welle verhält. (Während eine Welle auf und ab schwingt, wie das Wellen eben so tun, ist die Entfernung zwischen zwei aufeinanderfolgenden »Wellenbergen« oder

»Wellentälern« die Wellenlänge.) Unsere Schlußfolgerung lautet dann wie folgt: Licht wird am besten von Objekten gestreut, deren Größe annähernd seiner Wellenlänge entspricht.

Jetzt nur nicht schlappmachen! Allmählich fängt der Mond an, sich blau zu färben.

Das Licht, das von der Sonne zu uns kommt, ist eine Mischung aller Farben – aller Wellenlängen, von Rot mit der größten bis hin zu Violett mit der kürzesten. Wenn alle Farben des Tageslichts gemischt sind, wie das bei ihrer Ankunft hier auf der Erde der Fall ist, deuten unsere Augen und Gehirne dieses Licht als völlig farblos: Es ist weiß (siehe S. 67). Das ist das Licht, das wir sehen. Doch es gibt noch andere »Farben« – zum Beispiel Infrarot und Ultraviolett –, die von unseren Augen nicht empfangen werden können.

In dem für uns sichtbaren Licht hat Blau die kürzeste Wellenlänge: Es besteht aus den »kleinsten« Photonen. Es wird also von den kleinsten Teilchen, die es auf seiner Reise durch die Luft trifft, am besten gestreut werden, und das sind insbesondere die Moleküle des Stickstoffs und des Sauerstoffs, aus denen die Luft vorwiegend zusammengesetzt ist. Einstein (schon wieder) hat exakt berechnet, wie Moleküle das Licht unterschiedlicher Wellenlängen streuen: Je kürzer die Wellenlänge, desto stärker die Ablenkung.

Was aber, wenn die Luft auch noch größere Teilchen als diese Gasmoleküle enthält, zum Beispiel Staub- oder Rauchpartikel? Dann können die anderen Farben des Lichts, die größeren Wellenlängen, stärker als sonst gestreut werden. Für den Fall, daß ein Waldbrand oder ein Vulkanausbruch zufällig Rauch- oder Staubteilchen in genau der richtigen Größe produzieren, durch die bevorzugt das langwelligere rote Licht gestreut wird, verliert das vom Mond kommende Licht einen großen Teil seiner roten Farbanteile, ehe es den Boden erreicht. Und Licht, dem das Rot fehlt, sieht für uns bläulich aus. Daher kommt uns dann auch der Mond so vor.

Es hat mich zwar keiner gefragt, aber …

Warum liegt um manche Berge immer ein blauer Dunstschleier?

Wintergrüne Bäume wie die Nadelhölzer geben Dämpfe von Harz-Verbindungen ab. Diese Dämpfe können mit dem Ozon der Luft reagieren, wobei extrem winzige feste Teilchen einer chemischen Verbindung entstehen, die genau die richtige Größe haben, um blaues Licht streuen zu können. Dadurch werden blaue Licht-Photonen immer und immer wieder gestreut, während die anderen Farben in gerader Linie passieren können. Somit kommt mehr Blau bei unseren Augen an.

Auch das hat mich keiner gefragt, aber …

Ist das der Grund, weshalb der Himmel blau ist?

Weitgehend, ja. Doch der Himmel ist nicht blau, weil das blaue Licht durch Staub gestreut wird, wie man früher geglaubt hat und manche heute noch glauben. Es wird vielmehr von den Molekülen des Stickstoffs, des Sauerstoffs und anderer Gase gestreut, aus denen sich die Luft zusammensetzt. All diese Moleküle streuen am besten das Licht mit den kürzesten Wellen, wobei der blaue Anteil etwa zehnmal stärker gestreut wird als der rote. Wenn wir zum

Himmel aufschauen, sehen wir das ganze zusätzliche blaue Licht, das zunächst nicht unbedingt in unsere Richtung unterwegs war, aber immer wieder aufs neue gestreut wurde, bis es uns erreicht hat.

Erbsenzähler-Ecke

Die Licht-Photonen prallen auch von sehr viel größeren Gegenständen ab – auch solchen, die weit größer sind als ihre Wellenlänge. Jener rasante Ball von weiter oben würde mit Sicherheit vom Torwart abprallen (und der Schütze vom Trainer abgekanzelt), wenn er diesen auf dem Weg zum Siegtor mitten auf der Brust träfe. Wenn das getroffene Objekt größer ist als alle Wellenlängen des sichtbaren Lichts, spielt die Wellenlänge keine Rolle mehr: Sie werden alle zurückgeworfen. Genau das geschieht, wenn alle Farben des Lichts von einer festen Oberfläche wie der eines Spiegels gleichmäßig abprallen. Hier wird das Gleichgewicht der Farben in keiner Weise verändert.

Ist es nun kalt hier oben, oder ist nur mir kalt?

Warum ist es im Weltall so kalt?

Ist es gar nicht. Satelliten und Raumfähren werden da oben zwar tatsächlich kalt, aber nicht, weil es dort kalt wäre.

Zunächst einmal: So etwas wie Kälte gibt es überhaupt nicht, ganz gleich, was Ihnen die Pinguine erzählen mögen. Kälte ist ein Begriff der Sprache und nicht der Wissenschaft. Unsere Urahnen, die Höhlenbewohner, brauchten einfach ein Wort für »nicht warm«, und dabei kam eben

»kalt« (oder der entsprechende Grunzlaut) heraus. Das ist wie bei hell und dunkel oder naß und trocken. Licht und Wasser sind substantiell vorhanden, während dunkel und trocken die *Abwesenheit* von Licht oder Wasser bezeichnen. Es sind sozusagen – wenn es die Grammatikspezialisten erlauben – negative Adjektive.

Schön, das war der semantische Scherz, aber jeder weiß, was wir mit »kalt« meinen. Erklären Sie nun bitte, weshalb der Weltraum *nicht* kalt ist.

Ist ja schon gut. Also: Wärme ist Energie. Es ist diejenige Energie, die den Molekülen einer Substanz deswegen zukommt, weil sie in Bewegung sind (siehe S. 125). Und warum sind sie in Bewegung? Weil der Big Bang – jene verrückte Explosion, die nach Ansicht der Wissenschaftler die Initialzündung des Universums war – vor etwa 12 Milliarden Jahren (dies ist die neueste Zahl) einen unfaßbar großen Energiebetrag aus dem Nichts (oder was es sonst gewesen sein mag) freigesetzt hat. Seitdem zittern all die Atome immer weiter. Einige, die heißesten, zittern stärker als andere, und diese anderen bezeichnen wir als kälter.

Vor ungefähr vierzig Jahren, als wir die kuschelige Atmosphäre unseres Heimatplaneten verließen, um uns in die Weiten außerhalb zu wagen, stießen wir erstmals auf eine Umgebung, in der es keine Wärme gibt, die man zu irgend etwas in Beziehung setzen könnte, weil es da oben keine (oder nur sehr wenige) Moleküle gibt, die zittern könnten. Damit wurde das Wort »kalt« eher noch bedeutungsloser. Der Weltraum kann in keinem denkbaren Wortsinn warm oder kalt sein, weil er keine Materie enthält.

Warum aber werden dann die Satelliten und Raumfahrzeuge so ... frostig? Die Raumfähren der NASA schaffen es zum Beispiel teilweise bis –130°C hinunter.

Nun, da geschieht folgendes: Ein Raumfahrzeug oder jedes beliebige andere Objekt kann Wärme oder Kälte nicht nur durch den Kontakt mit entsprechend kalten oder heißen Gegenständen aufnehmen oder abgeben (das entfällt dort oben ohnehin, weil da nichts ist), sondern auch durch *Strahlung*. Sonne und Sterne senden alle möglichen Arten von Strahlung aus – Wellen reiner Energie, die für den Menschen teils sichtbar (Licht) und teils unsichtbar (Ultraviolett, Infrarot und andere) sind. Diese Strahlung durcheilt das Weltall unvermindert, weil es nichts gibt, was sie absorbieren könnte. Wenn sie dagegen auf einen Gegenstand wie zum Beispiel eine Raumfähre trifft, wird ein Teil davon reflektiert werden und seinen Weg in eine andere Richtung fortsetzen. Ein Teil wird jedoch absorbiert (siehe S. 65), und dessen Energie verteilt sich in Form von Wärme. So erhält das Raumfahrzeug Wärme, die von der Sonne und den Sternen abgestrahlt worden ist. Natürlich ist die Sonne die Hauptstrahlungsquelle, weil sie uns soviel näher ist als die anderen Sterne.

Gleichzeitig jedoch strahlt die Raumfähre, die noch immer ihre Bürde irdischer Wärme mit sich trägt, einen Teil ihrer eigenen Energie ab, weil alles, was Wärme besitzt, Infrarotstrahlung – »Wärmestrahlung« – abgibt (siehe S. 166). So arbeiten auch die Nachtsichtgeräte, mit denen man in der Dunkelheit Menschen (und Tiere) »sehen« kann: mit der Wärmestrahlung, die von ihnen ausgeht. Und auch die altmodischen elektrischen Heizstrahler funktionieren so: Sie strahlen Wärme in den Raum, anstatt warme Luft durch das ganze Haus zu blasen.

Das Raumfahrzeug empfängt also auf seiner Sonnenseite große Mengen Strahlungswärme, während es auf der

Schattenseite, die dabei äußerst kalt wird, schnell Wärme verliert.

Beachten Sie also, daß man das Raumfahrzeug als kalt bezeichnen kann, weil es ein materielles Objekt ist, während die Umgebung, durch die es fliegt, nicht kalt ist, weder semantisch noch physikalisch.

Kneipenwette

Im Weltraum ist es nicht kalt.

KAPITEL 6

Alles naß

Es ist die einzige Substanz, die für alle Lebewesen unerläßlich ist.

Es macht mehr als die Hälfte unseres Körpergewichts aus.

Es ist die am reichlichsten vorhandene chemische Verbindung auf der Erde: Eine Milliarde Milliarden Tonnen der Substanz bedecken 71 Prozent der Planetenoberfläche, und vermutlich eine weitere Milliarde Tonnen ist in diesen kleinen Plastikflaschen abgefüllt, die heutzutage jeder mit sich herumschleppt.

Sobald auf einem anderen Planeten auch nur eine winzige Menge davon entdeckt wird, wird den Astronomen vor lauter Spekulationen über außerirdisches Leben ganz schwindlig.

Es handelt sich um Wasser, H_2O, eine der einfachsten und stabilsten chemischen Verbindungen.

Normalerweise stellen wir uns Wasser als Flüssigkeit vor, weil es diesen Aggregatzustand über den ganzen für unser Leben zuträglichen Temperaturbereich (sagen wir, zwischen 4 und 27°C) beibehält. Doch wie Sie wissen, liegt es bei allen Temperaturen unterhalb von 0°C als Feststoff vor, den wir Eis nennen. Und oberhalb von 100°C existiert es vorzugsweise in der Form von Wasserdampf – einem unsichtbaren Gas wie der Stickstoff und der Sauerstoff der Luft.

(Wasserdampf ist nicht dasselbe wie Dampf. Dampf besteht aus winzigen Tröpfchen *flüssigen* Wassers, die so klein sind, daß sie in der Luft schweben können.)

Wasser muß nicht zwangsläufig seine Siedetemperatur erreichen, um zumindest teilweise in Wasserdampf überzugehen. Wo immer es Wasser gibt, gibt es auch Wasserdampf in der umgebenden Luft. Wir nennen es manchmal Luftfeuchtigkeit, und diese hat weitreichende Auswirkungen auf viele Aspekte unseres Lebens, was sehr viel mehr umfaßt als nur unser Unwohlsein an einem schwülheißen Sommertag.

Im folgenden Kapitel werden wir uns mit einigen der amüsanten Folgen befassen, die Wasser in seiner flüssigen Form nach sich zieht: Kaffeeflecken, salzige und zugleich blaue Ozeane, der nasse Duschvorhang, der Ihnen direkt auf den Bauch klatscht. Mit einem kleinen Umweg über den Panama-Kanal begeben wir uns in die Küche, wo wir mit ein paar Eiswürfeln und Lutschern spielen, ehe wir in einem Waschsalon herauszufinden suchen, was eigentlich in all den Flaschen und Schachteln mit Waschmitteln drin ist. Anschließend untersuchen wir, wie sich Wasserdampf auf Kosmetika, Wäschetrockner und diese teuflische Luftfeuchtigkeit auswirkt.

Und wie üblich werden wir unterwegs ein paar Mißverständnisse aus der Welt schaffen, wobei es dieses Mal um die Farbe des Wassers, das Fließen von Glas und darum geht, ob warme Luft wirklich »Feuchtigkeit aufnehmen« kann.

Wasserblau

Warum sind die Ozeane blau? Spiegelt sich da nur der Himmel?

Nein. Diese verbreitete Ansicht ist sozusagen nicht wasserdicht. Zunächst entspricht die Meeresoberfläche nicht genau dem, was man einen Spiegel nennen würde. Und zweitens, wieso sollte dieses Blau dann viel dunkler sein als das des Himmels?

Nein, die Weltmeere selbst sind wirklich und wahrhaftig blau. Sie zeigen viele verschiedene Schattierungen dieser Farbe (da können Sie jeden Seemann fragen), das hängt von mehreren Faktoren ab, von denen wir im folgenden einige besprechen wollen.

Doch hier kommt eine Überraschung: Selbst kristallklares reines Wasser – ohne Salz, Schlick und Fische – ist blau. Und dies trotz der Tatsache, daß praktisch alle Lexika Wasser als »farblose, geruchlose Flüssigkeit« definieren. Wenn Sie selbst sehen wollen, daß es nicht farblos ist, brauchen Sie nur Ihre Badewanne zu füllen.

Probieren Sie es selbst

Füllen Sie Ihre Badewanne mit Wasser. Sie sehen, daß es blaßblau ist (ich unterstelle, daß Sie eine weiße Badewanne besitzen). Daß Sie bei einem Glas Wasser keine blaue Färbung entdecken, liegt nur daran, daß Sie nicht *genug* Wasser betrachten. Die Farbe baut sich auf (akkumuliert sich) mit zunehmender Dicke der Wasserschichten, auf die Sie schauen. Wenn die Fensterscheiben in Ihrer Wohnung zehnfach dicker wären, würden Sie erkennen, daß das »farblose« Glas in Wahrheit grün ist.

Warum ist das Wasser blau? Nun, wenn Tageslicht, das eine Mischung aller Farben des Lichts (siehe S. 67) enthält, auf Wasser trifft und es durchdringt, werden von den Wassermolekülen bestimmte Farben absorbiert. Aus dem Licht, das von der Innenfläche der Badewanne reflektiert wird und zu Ihren Augen gelangt, sind jene speziellen Farben entfernt worden, und damit ist es anders zusammengesetzt als normales Tageslicht.

Dabei absorbieren die Wassermoleküle bevorzugt (allerdings nicht sehr ausgeprägt) die orangefarbenen und roten Anteile des Sonnenlichts. Licht, dem diese Bestandteile ganz oder teilweise fehlen, kommt uns aber im Vergleich zu dem, was wir »weißes Licht« nennen, so vor, als enthielte es zuviel Blau. Also scheint das Wasser blau zu sein.

Doch ein Ozean ist ein sehr viel komplexeres Gebilde als nur ein Riesenkessel für Fische, der lediglich H_2O enthält. Zusätzlich zu den üblichen Salzen und Mineralien gibt es vor allem auch *Plankton*: winzige Pflanzen (*Phytoplankton*) und Tiere (*Zooplankton*), die so klein sind, daß sie sich nicht absetzen, sondern ständig im Wasser schweben, bis sie irgendwann von Bakterien zersetzt oder von größeren Lebewesen gefressen werden. (Ja, ja, diese Welt ist grausam.)

Außerdem enthält Meerwasser noch eine Menge unterschiedlichster gelöster organischer Substanzen, die sogenannten Gelbstoffe. Wenn Tageslicht in Meerwasser eindringt, absorbiert das Phytoplankton vor allem seine blauen Anteile plus ein wenig Rot, während die Gelbstoffe vorwiegend blaues Licht absorbieren. Mit dieser Absorption verschiebt sich das Gleichgewicht des verbleibenden Lichts von dem blassen Blau reinen Wassers zu einem tieferen, violett getönten Blau. Deshalb sind die Ozeane dunkler als das Wasser in Ihrer Badewanne.

Die vielen Gesichter, die uns die Weltmeere bei unterschiedlichen Wetterverhältnissen und in verschiedenen Teilen der Welt zeigen, sind leider nicht so einfach zu erklären. Zum einen erhält das Meerwasser seine Farbe nicht nur durch die *Absorption* von Licht, sondern auch durch dessen *Streuung* (siehe S. 236). Bestimmte Farbanteile des Lichts werden von winzigen Materieteilchen im Wasser gestreut. Wenn ein Licht-Photon (siehe S. 237) eines dieser Partikel trifft, das aus allem von der Größe eines einzelnen Moleküls aufwärts bestehen mag, kann es in einer anderen Richtung davon abprallen. Damit ändert sich die Farbverteilung, die bei Ihren Augen ankommt.

Das Blau des Himmels kommt genau durch diese Streuung des Lichts an Molekülen der Luft (siehe S. 239) zustande, denn die Luftmoleküle streuen die blauen Lichtanteile stärker als die anderen Farben. Einige Wissenschaftler haben versucht, die blaue Farbe der Ozeane ausschließlich mit dieser Art von Streuung zu erklären, doch das sind Leute, die offenbar noch nie in ihre Badewanne geschaut haben.

Phytoplankton streut die grünen und gelben Lichtanteile besonders wirkungsvoll; je mehr davon vorhanden ist, desto grünlicher wird das Wasser sein. Für das wunderschöne grünliche Türkis der Gewässer um die Inseln der Karibik und im Südpazifik ist in erster Linie dieser Effekt verantwortlich. Das tropische Klima und die Fülle des Sonnenlichts dort bieten dem Plankton üppige Lebensbedingungen.

Soviel Salz und gar kein Popcorn

Warum ist Meerwasser salzig?

Wenn Sie »salzig« sagen, denken Sie zweifellos an Natriumchlorid, das gewöhnliche Tafelsalz. Für einen Chemiker ist »Salz« jedoch der Oberbegriff für eine große Klasse chemischer Verbindungen, und davon gibt es Dutzende in den Ozeanen.

Damit wir die Bandbreite des Wortes »Salz« richtig ermessen können, sollten Sie mir eine Chemielektion in einem Absatz zugestehen.

Ein »Molekül« Salz (eigentlich ist es gar kein Molekül im strengen Sinn, aber ich werde es keinem weitersagen, wenn Sie es auch nicht tun) besteht aus einem positiv und einem negativ geladenen Teil, die einander wegen der entgegengesetzten Ladungen anziehen. Diese geladenen Teile nennt man *Ionen*. Beim Natriumchlorid ist das positive Ion ein geladenes Natriumatom und das negative Ion ein geladenes Chloratom. Doch das positive Ion eines Salzes kann aus einem geladenen Atom eines beliebigen Metalls bestehen, und wir kennen so um die 85 Metalle. Außerdem gibt es neben dem Chlorid-Ion noch viele andere negative Ionen, und daraus können Sie leicht ersehen, daß es eine sehr große Zahl möglicher Salze geben muß. Das war die Chemielektion.

Die wichtigsten Metallionen im Meerwasser sind die von Natrium, Magnesium, Kalzium und Kalium, und die häufigsten negativen Ionen sind Chlorid, Sulfat, Bikarbonat und Bromid. Sicher fragen Sie sich nun, wie all das Zeug überhaupt erst in die Meere gelangt ist. Kurz gesagt: Es wurde durch Regenwasser aus dem Festland gewaschen und dann mit den Flüssen ins Meer gespült.

Meerwasser wird ständig umgewälzt. Jedes Jahr steigt die oberste Wasserschicht (etwa 1 m) als Wasserdampf in die Luft, bewegt sich durch vielfältige Wettersysteme und fällt dann in Form von Regen oder Schnee wieder auf die Ozeane und das Festland zurück. Diese Niederschläge landen zu 76 Prozent direkt in den Ozeanen, 24 Prozent gehen auf den Kontinenten nieder. Das Wasser, das dort herunterkommt, fließt in Flüssen und Strömen abwärts und erreicht am Ende ebenfalls wieder die Ozeane. Beim Abfließen nimmt dieses Wasser alles mit, was löslich ist, vor allem die Salze, die in den Böden, Gesteinen und Mineralien vorhanden sind.

Jeder Chemiker kann Ihnen bestätigen, daß Natriumsalze sich besser in Wasser lösen als die Salze von Kalium, Magnesium, Kalzium oder der meisten anderen Metalle. Deshalb gehen vor allem Natriumsalze in Lösung und werden in die Meere gespült. Natrium und Kalium sind in den Böden, Gesteinen und Mineralien etwa zu gleichen Teilen vorhanden, doch im Meerwasser finden wir 28mal mehr Natrium als Kalium vor.

All diese gelösten Salze entsprechen 3,47 Gewichtsprozent des Meerwassers. Und es sind nur sechs Elemente, die mehr als 99 Prozent dieser Salze stellen: Chlor, Natrium, Schwefel (als Sulfate), Magnesium, Kalzium und Kalium in absteigender Reihenfolge.

Auch Vulkanausbrüche sind eine Quelle für die Salze im Meer, sowohl die Eruptionen an Land als auch die im Meer; sie speien enorme Mengen von Feststoffen und Gasen aus. Vulkanische Gase enthalten vor allem Chlor und Schwefeldioxid, was möglicherweise dazu beiträgt, daß Chlor mit einem Anteil von 55 Prozent am Salzgewicht das häufigste Element im Meerwasser ist, während Sulfate gleich nach den Chloriden den zweitgrößten Anteil der negativen Ionen in den Salzen ausmachen.

Alles in allem stellen Natrium und Chlor 86 Prozent des Salzes in den Meeren. Wenn Sie also weiterhin sagen, die Ozeane seien wegen des Natriumchlorids so salzig, dürfte Ihnen kaum jemand widersprechen.

Es hat mich zwar keiner gefragt, aber…

Warum sind die Ozeane salzig, nicht aber die Flüsse, Ströme und Seen?

Regenwasser fließt vom Land in Bäche, Flüsse und Seen, wobei es in gleicher Weise gelöste Salze mitführt wie auf seinem Weg in die Meere. Der Unterschied liegt einfach darin, daß die Ozeane sehr viel älter sind als die anderen Gewässer – 4 oder 5 Milliarden Jahre statt der wenigen Millionen Jahre bei den übrigen. Im Verlauf dieser Jahrmilliarden haben die Meere ihr Wasser ständig umgewälzt: Es wurde zu Wasserdampf, der über dem Land abregnete und wieder ins Meer zurückfloß, wobei es jedesmal mit einer neuen Ladung Salz ankam. Durch diese Zyklen hat sich der Salzgehalt der Ozeane ständig angereichert.

Wo zum Teufel ist der Meeresspiegel?

So wie ich es verstehe, ist der Panamakanal mit Schleusen ausgestattet, weil der Atlantik und der Pazifik nicht auf gleicher Höhe liegen. Aber was soll es dann bedeuten, wenn wir von Höhen »über dem Meeresspiegel« reden? Welches Meer ist damit gemeint?

Die Schleusen des Panamakanals sind nicht aus diesem Grund gebaut worden. Sie dienen dazu, Schiffe über den Landrücken zu hieven, den wir als Isthmus (Landenge) von Panama kennen. Dazu müssen die Schiffe 26 Meter über den Ausgangsozean gehoben und anschließend die gleiche Höhendifferenz zum Zielozean wieder hinuntergeschafft werden. Das gilt für beide Richtungen.

Aber warum haben sie dann nicht einfach einen durchgehenden Graben von einem Ozean zum anderen ausgehoben, einen Kanal auf Seehöhe? Vorwiegend deshalb, weil man dazu ungeheure Mengen an Erde hätte abgraben müssen, was unglaublich teuer geworden wäre. Doch außerdem wären durch einen Kanal auf Seehöhe ständig gewaltige Wassermassen geströmt. Das liegt aber nicht daran, daß zwischen den Wasserspiegeln der beiden Meere ein andauernder Höhenunterschied bestünde; die durchschnittlichen Meeresspiegel liegen auf gleicher Höhe. Nein, daran sind die Gezeiten schuld.

Am pazifischen Ende des Kanals kann der Unterschied zwischen Ebbe und Flut bis zu 5,5 Meter betragen, während die Gezeiten auf der Atlantikseite nur um etwa 60 Zentimeter differieren. Deshalb würden durch einen solchen Kanal regelmäßig große Wassermengen vom Pazifik zum Atlantik strömen, also von Osten nach Westen.

Sie glauben wohl, ich hätte da etwas durcheinandergebracht? Liegt der Pazifik nicht am *westlichen* Ende des Kanals? Keine Spur. Da sich die Landenge von Panama wie eine Schlange windet, liegt die pazifische Einfahrt zum Kanal um 43 Kilometer weiter östlich als die atlantische. Schauen Sie doch einfach auf einer Landkarte nach.

Kneipenwette

Ein Schiff, das vom Pazifik aus durch den Panamakanal zum Atlantik fährt, schippert von Osten nach Westen. (Eigentlich von Südosten nach Nordwesten, wenn Sie unbedingt pingelig sein wollen.)

Nun aber zurück zu dem, was wir unter »Meereshöhe« verstehen.

Wegen der Gezeiten können wir offenkundig nur von einem durchschnittlichen oder mittleren Meeresspiegel aller Ozeane und aller Orte sprechen. Aber auch wenn zum Beispiel die mittleren Seehöhen des Atlantiks und des Pazifiks in der Gegend des Panamakanals etwa gleich sein dürften, heißt das nicht, daß alle Meere der Welt sich auf einen einheitlichen Spiegel verteilt haben. Das sollte man zwar erwarten, denn wenn man sich einen Globus betrachtet, erkennt man, daß sie alle miteinander verbunden sind. Die Ozeane der Erde bilden einen gewaltigen Swimming-Pool, in dem ein paar Fleckchen Land verteilt sind. Doch selbst wenn man die Gezeiten herausmittelt, gibt es immer noch Gründe, weshalb die Ozeane unterschiedliche Meereshöhen aufweisen.

Da ist einmal die Wirkung der Gravitation, die bei größeren Massen zunimmt (siehe S. 154), weshalb die Anziehungskraft des Mondes die größeren Ozeane zu höheren Flutbergen auftürmt (siehe S. 231). (Nur bei den größten Binnenseen treten Gezeiten auf.) Außerdem werden die Meeresspiegel auch durch Wetterphänomene beeinflußt. Wenn der Luftdruck über einem Ozean niedrig ist, wird das Wasser sich ausdehnen. Überdies können vorwiegend westliche Winde dafür sorgen, daß das Wasser im Osten ein wenig höher aufläuft. Und zuletzt können auch noch unterschiedliche Wassertiefen eine Schwerkraftwirkung auf den Meeresspiegel ausüben: Je tiefer ein Meer ist, desto dichter wird sein Wasser durch die Schwerkraft zusammengepreßt, was einen entsprechend niedrigeren Meeresspiegel ergibt.

All das sind nur kleine Effekte, doch weil sie sich auf so gewaltige Wasserkörper auswirken, können sie an verschiedenen Orten der Welt große Unterschiede im Meeresspiegel hervorrufen. Da sie alle miteinander verbunden sind, versuchen die Gewässer natürlich, einen einheitlichen Spiegel herzustellen, doch ihre Bewegungen sind einfach nicht schnell genug, um mit all diesen veränderlichen Bedingungen Schritt halten zu können.

Was ist nun aber der mittlere Meeresspiegel? Das ist ein sorgfältig zusammengestellter Durchschnittswert, den man über 19 Jahre hinweg bei vielen Gezeitenabschnitten an vielen Orten der Welt gemessen hat. Wann immer Sie hören, etwas befinde sich so und so viele Meter über dem »Meeresspiegel« oder der Luftdruck auf »Meereshöhe« betrage so und so viele Millimeter Quecksilbersäule (oder Hektopascal), so ist darunter zu verstehen, daß jemand vom mittleren Meeresspiegel spricht: einem weltweiten, langfristig ermittelten Durchschnittswert.

Warum über Kaffeeflecken weinen?

Wenn verschütteter Kaffee auf meinem Küchentisch eintrocknet, bildet sich ein Ring, dessen innere Fläche fast rückstandsfrei ist. Warum wandert der ganze Kaffee nach außen, um dort einzutrocknen?

Jahrelang haben Menschen diese Erscheinung beobachtet, ohne einen zweiten Gedanken – oder auch nur einen ersten – daran zu verschwenden. Vermutlich haben Hunderte von nicht übermäßig aufmerksamen kaffeeschlürfenden Wissenschaftlern einen Blick auf den Ring geworfen, etwas von Oberflächenspannung gemurmelt und ihren Laborassistenten angewiesen, ihn aufzuwischen.

Erst 1997 befaßten sich sechs Wissenschaftler der University of Chicago mit dieser weltbewegenden Frage. Ihre Ergebnisse veröffentlichten sie in der angesehenen wissenschaftlichen Zeitschrift *Nature*: zum Wohle der Menschheit oder zumindest für jene Schlamper unter uns, die ihre Sudelflecken nicht aufwischen, ehe sie eintrocknen.

Hier also die Schlüsse, die sie zogen, nachdem sie, zweifellos durch Unmengen Koffein stimuliert, ganze Bände mit mathematischen Berechnungen gefüllt hatten.

Wenn eine Pfütze verschütteten Kaffees auf einer flachen, ebenen Oberfläche zurückbleibt, breitet sie sich normalerweise in alle Richtungen aus. Dabei kommt die Flüssigkeit überall dort zum Stehen, wo sie auf ein Hindernis trifft. Das kann jede kleine Unregelmäßigkeit der Oberfläche sein, die sie nicht überwinden kann, wie zum Beispiel eine mikroskopische Vertiefung. Je nachdem, wo sich diese Hindernisse befinden, nimmt die Pfütze eine bestimmte Form ein – in der einen Richtung länger, in der anderen kürzer, wie eine Amöbe.

Wenn die Flüssigkeit verdunstet, trocknet die Pfütze zuerst dort ein, wo sie am dünnsten ist: an ihren Rändern. Das sollte dazu führen, daß sie schrumpft und ihre Ränder zurückzieht, doch das kann sie nicht, weil sie in den Vertiefungen festsitzt. Während das Wasser an den Rändern verdunstet, muß es also von irgendwoher aufgefüllt werden. Und das ist nur vom Zentrum her möglich.

Somit wandert das Wasser aus dem Inneren der Pfütze zu den Rändern, wo es verdunstet. Dieser Wasserfluß transportiert die mikroskopisch kleinen, braunen Teilchen, die dem Kaffee seine Farbe geben. Der Weg der braunen Partikel endet an den Rändern, wenn der Pfütze schließlich das Wasser ausgeht.

Probieren Sie es selbst

Als erstes sollten Sie Ihren Küchentisch saubermachen – hier ist keinerlei Fettfilm zugelassen. Wenn der Oberflächenbelag hell gefärbt ist, schütten Sie einen viertel Teelöffel (einen Milliliter) Kaffee – schwarz und ohne Zucker – darauf und lassen Sie ihn über Nacht eintrocknen. Bei einer dunklen Oberfläche ist die Wirkung viel besser, wenn Sie Salzwasser verwenden. Lösen Sie einen halben Teelöffel (ein paar Gramm) Salz in einer halben Tasse Wasser (250 Milliliter) und machen Sie ein paar Pfützen mit jeweils einem viertel Teelöffel (Milliliter) auf der Tischplatte. Wenn diese eingetrocknet sind, sehen Sie weiße Salzringe. Weil die Salzkristalle gröber sind als die Kaffeeteilchen, werden die Ringe unregelmäßiger geformt sein.

Schauer-Power oder der zudringliche Duschvorhang

Warum macht sich der Duschvorhang an mich heran und klatscht auf mein Bein – oder sonstwohin –, wenn ich dusche?

Haben Sie ein Glück, daß Sie die Frage gerade heute gestellt haben, denn heute gibt's alles im Sonderangebot. Sie kriegen vier Antworten für den Preis einer einzigen. Nicht daß ich einen Anfall von Großzügigkeit hätte: Ich weiß einfach nicht, für welche ich mich entscheiden soll.

Soweit mir bekannt ist, hat die *National Science Foundation* (Amerikanische Forschungsstiftung) bisher noch kein umfassendes Forschungsprojekt ausgeschrieben, mit dem dieses irritierende Problem gelöst werden soll. Deshalb blieb den Wissenschaftlern nichts anderes übrig, als ihre diesbezüglichen Theorien bei Kaffee und Bier zu diskutieren. Hier stelle ich vier konkurrierende Lösungen des großen Duschvorhang-Mysteriums vor. Ein wenig Cash, und Sie haben freie Auswahl.

1. *Aufsteigende Warmluft.* Hier läuft die Geschichte so, daß die Luft in der Dusche durch das Wasser erwärmt wird. Und wie jedermann weiß, steigt warme Luft auf. (Sollten Sie allerdings nicht wissen, *warum* warme Luft aufsteigt, können Sie auf S. 160 nachsehen.) Diese aufsteigende Warmluft muß durch kalte Luft ersetzt werden, die am Boden nachströmt und dabei den Vorhang nach innen weht. Diese Erklärung ist eindeutig, einfach, ansprechend und falsch. Sie brauchen es nur mit kaltem anstelle von warmem Wasser zu versuchen, und Sie werden sehen, daß sich der Vorhang genauso bewegt. (Nein, Sie müssen *nicht* selbst unter die kalte Dusche; Sie können das Experiment auch durchführen, wenn Sie draußen stehenbleiben.)

2. *Elektrostatische Aufladung.* Wenn Wasser durch eine enge Öffnung wie die im Duschkopf strömt, kann es sich mit statischer Elektrizität aufladen. Das ist nicht viel anders, als wenn Sie mit den Füßen über einen Teppich schlurfen, worauf einige Elektronen von Ihren Schuhen auf den Teppich übertragen und Sie zum Ausgleich positiv aufgeladen werden (siehe S. 145). Auch dem Wasser können

durch den Duschkopf Elektronen übertragen – oder entzogen – werden, je nachdem, aus welchem Material er gefertigt ist.

Falls aber die Wassermoleküle beim Passieren der Düse beispielsweise einige Elektronen und damit eine negative Ladung angenommen haben, würden diese zusätzlichen Elektronen andere Elektronen auf der Oberfläche des Duschvorhangs abstoßen, wie das bei gleichen Ladungen nun einmal ist. Dadurch entstünde an der Oberfläche des Vorhangs ein Mangel an negativer Ladung, und die entsprechende überschüssige positive Ladung würde die Oberhand gewinnen. Als Folge ziehen sich der negativ geladene Wasserstrahl und die positiv geladene Innenfläche des Duschvorhangs an, wie sich das gehört, und der Vorhang bewegt sich auf den Strahl zu.

Das ist nicht ganz so weit hergeholt, wie es sich vielleicht anhört. (Warten Sie erst ab, bis Sie die anderen Erklärungen kennen.) Induzierte elektrostatische Aufladung, wie diese Erscheinung genannt wird, findet wirklich statt und ist allgemein bekannt. Haben Sie je einen Karton mit diesen erdnußförmigen Verpackungsflocken aus Polystyrol geöffnet, besonders, wenn einige davon in kleinere Teile zerbrochen sind? Dann haben Sie sicher auch versucht, diese nervtötenden Krümel daran zu hindern, herumzuhüpfen, oder sie von Ihren Händen abzustreifen, an denen sie hartnäckig haftenbleiben. Das kommt von der induzierten elektrostatischen Aufladung.

Probieren Sie es selbst

Legen Sie an einem trockenen Wintertag ein paar kleine Bruchstücke von Verpackungsflocken aus Polystyrol auf einen Tisch. (Wenn Sie in letzter Zeit kein Päckchen bekommen haben, können Sie auch Schnipsel von Seidenpapier verwenden.) Nun gehen Sie über einen Teppich in Ihrer Nähe, wobei Sie mit den Füßen scharren, um Ihren Körper aufzuladen. Dann eilen Sie zum Tisch und versuchen, die Kunststoffflocken anzufassen. Noch ehe Sie sie berührt haben, werden sie hochspringen und an Ihrer Hand haftenbleiben. Die statische Aufladung Ihres Körpers induziert dem Kunststoff eine entgegengesetzte Ladung, und die dabei entstehende Anziehung dieser gegensätzlichen Ladungen reicht aus, die Flocken in Ihre Richtung hüpfen zu lassen.

Ob eine induzierte elektrostatische Aufladung allerdings ausreicht, einen Duschvorhang zu bewegen, kann jeder selbst entscheiden.

3. *Bernoulli-Prinzip*. Das Wasser reißt ständig ein wenig Luft mit sich, was entlang der Innenfläche des Vorhangs eine Luftströmung hervorruft. Laut Herrn Bernoulli (siehe S. 41) ist der Druck eines Gases gegen eine Oberfläche, an der es sich entlangbewegt, desto niedriger, je schneller es strömt. Da auf der Außenseite des Vorhangs keine Luftströmung anliegt, ist der Luftdruck an der Innenfläche niedriger, was den Vorhang nach innen zieht.

4. *Der Coanda-Effekt*. Fluide Substanzen (Flüssigkeiten wie Gase) neigen dazu, eng an einer gekrümmten Oberfläche zu bleiben, über die sie hinwegströmen. Zu Ehren Henri Coandas (1886–1972), eines rumänischen Luftfahrtingenieurs, der als erster darauf hingewiesen hat, heißt dies Coanda-Effekt.

Probieren Sie es selbst

Halten Sie ein Wasserglas waagrecht so in einen langsam fließenden Wasserstrahl aus dem Wasserhahn, daß der Strahl auf die Oberseite des Glases fällt. Beachten Sie, daß das Wasser auf der Unterseite nicht senkrecht nach unten stürzt. Es haftet am Glas und folgt seiner gekrümmten Oberfläche, ehe es abtropft.

Wenn der Duschvorhang, vielleicht aufgrund eines der genannten anderen Effekte, bereits ein wenig nach innen gekrümmt ist, zieht ihn das über seine Oberfläche fließende Wasser wegen der Coanda-Haftkräfte möglicherweise weiter einwärts.

Erbsenzähler-Ecke

Coanda und andere Aerodynamik-Ingenieure haben mehr als zwanzig Jahre gebraucht, um herauszufinden, warum eine strömende fluide Substanz sich an eine gekrümmte Oberfläche anlegt. Hier folgt die endgültige Erklärung.

Die Moleküle einer Flüssigkeit haften in gewissem Umfang aneinander; das Verhalten einzelner Moleküle beeinflußt ihre Nachbarn, weil sie gewissermaßen aneinandergebunden sind. (In der Sprache der Wissenschaft: Fluide Stoffe besitzen eine gewisse *Viskosität*.) Falls die erste Molekülschicht einer strömenden Flüssigkeit von der überströmten Oberfläche angezogen werden sollte, werden auch ihre übrigen Moleküle in gewissem Ausmaß zu der Oberfläche hingezogen, wodurch die Flüssigkeit insgesamt stärker haften wird, als wir das vielleicht erwarten.

Im Falle des Wassers auf dem Glas wollen die Wassermoleküle der ersten Schicht haften bleiben, weil Wasser Glas benetzt. (Wachs benetzt es zum Beispiel nicht.) Die zweite

Schicht möchte mit der ersten verbunden bleiben, also wird auch sie ein wenig vom Glas angezogen. Die dritte Lage haftet über die Vermittlung der beiden ersten am Glas, und so weiter, wobei die Bindung der aufeinanderfolgenden Schichten immer schwächer wird. Solange diese Haftkräfte stärker sind als die Anziehungskraft der Gravitation, werden viele Schichten mitgezogen, ehe das Wasser schließlich von dem Glas abfällt. Dabei ist es der Krümmung des Glases ein ganzes Stück weiter gefolgt, als zunächst zu erwarten gewesen wäre.

Die gegenseitige Anziehung der Luftmoleküle ist erheblich schwächer als im Falle des Wassers (wissenschaftlich ausgedrückt: Die Viskosität der Luft ist weit geringer als die des Wassers), deshalb haften sie weit weniger an der Oberfläche des Duschvorhangs. Trotzdem bleibt der Effekt bestehen. Wahrscheinlich tragen sowohl das Wasser als auch die von ihm mitgerissene Luft dazu bei, daß der Duschvorhang angezogen wird.

Das heißt, falls Sie daran glauben, daß der Coanda-Effekt die Ursache ihres flatternden, klatschenden Vorhangs ist. Ich persönlich ziehe die elektrostatische Erklärung vor.

Psycho-Socken

Wenn ich nicht diese Weichspüler-Tücher verwende, kommen all meine Kleider statisch aufgeladen aus dem Trockner und haften aneinander. Was haben diese Gewebe-Weichmacher mit statischer Elektrizität zu tun?

Nicht viel, außer daß der Wirkstoff in diesen Tüchern zufällig für beide Aufgaben gut geeignet ist. Die antistatische Funktion ist auch einzeln in Form eines Sprays erhältlich, so daß Sie Ihre Kleidung sogar antistatisch behandeln können, wenn Sie sie tragen, ohne deswegen *(Machen Sie das nicht bei sich zu Hause!)* gleich in den Trockner steigen zu müssen.

Hauptbestandteil beider Produkte ist ein sogenannter *oberflächenaktiver* Wirkstoff – eine chemische Verbindung, deren Moleküle gewissermaßen bisexuell sind: Sie werden sowohl von Wasser als auch von öligen Substanzen angezogen. Die meisten anderen Verbindungen bevorzugen dagegen entweder die eine oder die andere Gruppe.

Gewöhnliches Salz (Natriumchlorid) besteht zum Beispiel aus elektrisch geladenen Atomen (wissenschaftlich ausgedrückt: Ionen), und diese Ionen mischen sich gern mit Wasser – sie lösen sich darin, weil die Wassermoleküle elektrische Ladungen besitzen, von denen sie angezogen werden. Mit Fetten und Ölen will Salz dagegen nichts zu tun haben, weil es in deren Molekülen keine attraktiven geladenen Teile gibt. Versuchen Sie doch einfach mal, etwas Salz in Olivenöl aufzulösen, und schauen Sie, wie weit Sie damit kommen.

Das Besondere an oberflächenaktiven Substanzen ist nun, daß an einem Ende ihrer Moleküle ein fettähnlicher Bestandteil sitzt, der von öligen Substanzen angezogen wird, während das andere Ende eine Ladung trägt und von Wasser angezogen wird. Seifen und Moleküle von Detergentien sind oberflächenaktiv: Ihre fettliebenden Enden haften sich an öligen Schmutz und ziehen ihn mit Hilfe ihrer wasserliebenden Enden ins Wasser. Man kann es jedoch auch andersherum betrachten: Ihre wasserliebenden Enden locken Wasser an ölige Stellen, zu denen es sonst nie vordringen würde, wodurch das Wasser gewissermaßen nasser wird.

Nun wollen wir ein Blatt Papier mit einer sich fettig anfühlenden oberflächenaktiven Verbindung imprägnieren und zusammen mit unserer feuchten Kleidung in den Wäschetrockner geben. Während sie in der Trommel herumwirbeln, kommen die Kleidungsstücke mit dem Papier in Kontakt und nehmen die oberflächenaktive Substanz auf. Die ziemlich strammen, fettigen Enden ihrer Moleküle verleihen den Textilien eine schlüpfrige, wachsähnliche Oberfläche, die sich »weich« anfühlt.

Während die Kleidung allmählich trocknet, werden durch die gegenseitigen Berührungen einige Elektronen abgerieben, wodurch sich langsam statische Elektrizität aufbaut (siehe S. 144). Solange die Textilien feucht sind, ist das nicht möglich, weil Wasser ein ausreichend guter Leiter ist und die abgeriebenen Elektronen wieder dorthin befördert, wo sie hergekommen sind. Wenn dann kein Wasser mehr da ist, übernehmen die geladenen Enden der oberflächenaktiven Stoffe diese Aufgabe. Sie leiten die Ladungen ab und machen jede vielleicht auftretende »statische Haftung« zunichte.

Wenn ihnen dieser statische Zusammenhalt genommen wird, sehen sich Socken nicht mehr in der Lage, mit ihrem jeweiligen Partner zusammenzubleiben, was ihnen möglicherweise eine schwere Trennungsangst einbringt. Eine einzelne Socke kann in der Tat in einen so depressiven und emotional aufgelösten Zustand geraten, daß sie sich durch die Entlüftungsöffnung davonmacht, um die Hilfe eines Psychiaters in Anspruch zu nehmen. Das ist der Grund, weshalb Ihnen beim Einräumen Ihrer sauberen Wäsche manchmal eine Socke fehlt. Ich weiß, daß Sie sich darüber schon gewundert haben.

Erbsenzähler-Ecke

Es gibt drei Arten oberflächenaktiver Stoffe, deren Namen Sie auf den Etiketten von Trockner-Tüchern, Weichspülern, antistatischen Sprays und synthetischen Detergentien (siehe dazu weiter unten) lesen können. Es handelt sich dabei um *kationische, anionische* und *nichtionische* Wirkstoffe. Die ladungstragenden Enden der Moleküle können entweder positiv (kationisch) oder negativ (anionisch) geladen sein. Die Moleküle der nichtionischen oberflächenaktiven Substanzen tragen überhaupt keine Ladung, weshalb sie zum Weichmachen der Kleidung geeignet sein mögen, aber nichts nützen, wenn statische Haftung beseitigt werden soll.

Ein häufig verwendeter kationischer oberflächenaktiver Stoff ist Dimethyl-Diparaffin-Ammoniumchlorid, und Polyäthylenglykol-Monostearat ist ein verbreiteter nichtionischer Wirkstoff. Waschmittel enthalten in der Regel den anionischen Wirkstoff Natriumalkyl-Benzylsulfonat.

Das geht Ihnen doch sonstwo vorbei, oder? Aber jetzt können Sie sich einen Spaß daraus machen, die kleingedruckten Listen der Inhaltsstoffe auf all diesen Warenetiketten zu entziffern. Laufen Sie gleich runter in die Waschküche und schauen Sie nach, was alles drin ist.

Wunder des Waschtags

Bei jedem Waschmittel wird behauptet, es sei »neu«, »verbessert«, »einzigartig« und natürlich besser als alle anderen. Aber bestehen nicht alle aus schlichter Seife?

Nein, diese Waschmittel enthalten keine Seife, obwohl Seife ein Waschmittel ist. Waschmittel oder Detergentien sind nichts als Reinigungssubstanzen, und das zweite Wort ist vom lateinischen *detergere*, abwischen, abgeleitet.

Nachdem sie mehr als zwei Jahrtausende lang Seife verwendet haben, die leicht herzustellen ist, indem man Holzasche mit Tierfetten verkocht (fragen Sie sich nicht, wie *diese* Entdeckung zustande kam?), haben die Menschen schließlich synthetische Waschmittel hergestellt, die in manchen Fällen sogar besser sind als Seife. Heute haben wir den Ausdruck »Waschmittel« ausschließlich für jene künstlichen chemischen Mischungen reserviert, die so viele Hektar Regalfläche in unseren Supermärkten belegen.

Alle Waschmittel oder Detergentien einschließlich der Seife sind *oberflächenaktive* chemische Verbindungen, die den Trick beherrschen, Öl und Wasser zusammenzubringen (siehe S. 263). Der meiste Schmutz an unserer Haut, unserer Kleidung, unserem Geschirr und unseren Autos haftet mit Hilfe eines klebrigen, öligen Films. Bringen Sie den öligen Film irgendwie dazu, sich ins Wasser zu begeben, und Sie haben es geschafft, den »Kleber« zu entfernen, der den Schmutz an den Gegenständen haften ließ.

Doch neben den oberflächenaktiven Stoffen können all diese bunten Flaschen und Kartons in den Supermarktregalen auch das ganze Labor eines verrückten Chemikers in Form anderer chemischer Verbindungen enthalten. Wie sonst könnten die Hersteller immer wieder behaupten, ihre Produkte seien anders oder besser als all die anderen?

Hier folgt eine Liste von all dem, was sich, abgesehen von den oberflächenaktiven Substanzen, möglicherweise noch in Ihren Waschmitteln, Haushaltsreinigern, Seifen, Fensterputzmitteln, Geschirrspülmitteln und dergleichen mehr befindet. Nicht zu vergessen die teuerste Zutat von allen: Werbung. Werbung, Werbung, und wieder Werbung.

Säuren und Laugen: Säuren tragen dazu bei, mineralische Ablagerungen zu entfernen, während Laugen fettigen und öligen Schmutz angreifen. Beispiele: Essigsäure, Zitronensäure, Ammoniak.

Antibakterielle Wirkstoffe: Sie vernichten krankmachende Mikroorganismen. Beispiele: Kiefernöl, Tricloban, Triclosan.

Wirkstoffe gegen erneute Ablagerung: Sobald der Schmutz entfernt ist, muß man dafür sorgen, daß er sich nicht sofort wieder dort ablagert, wo er hergekommen ist. Beispiele: Carboxyl-Methylzellulose, Polyäthylen-Glykol, Natriumsilikat (»Wasserglas«).

Bleichmittel: Sie entfernen Flecken und machen Ihre Kleidung »blütenweiß und strahlend«. Beispiele: Natriumhypochlorit (»Chlorbleiche«), Natriumperborat (»farbneutrales« Bleichmittel).

Wasserenthärter: Sie neutralisieren hartes Wasser, das die Leistung der Waschmittel beeinträchtigen würde. Beispiele: Natriumkarbonat (Waschsoda), Natriumtripolyphosphat. Letzteres ist eines der berüchtigten Phosphate in Waschmitteln. Wenn Phosphate ins Abwasser und anschließend in Flüsse und Seen gelangen, können sie die Umwelt schädigen, weil sie das ökologische Gleichgewicht stören. Phosphate führen zu übermäßigem Algenwachstum; wenn die Algen in den Gewässern sich zu stark vermehren, sterben sie ab und liefern den vorhandenen Bakterien ein Festmahl. Diese wiederum brauchen dabei den Sauerstoff des Wassers auf, was die Fische sterben läßt und den Bakterien noch mehr Futter liefert, und so weiter. Aus diesem Grund wurden Phosphate in Waschmitteln weitgehend eliminiert.

Korrosionshemmende Mittel: Sie schützen die Metallteile Ihrer Waschmaschine oder Küchenutensilien. Beispiel: Natriumsilikat.

Enzyme: Enzyme sind natürliche Verbindungen, die chemische Abläufe in der Natur beschleunigen. In Produkten zur Wäschepflege sorgen sie dafür, daß bestimmte Arten von Flecken wie beispielsweise Grasflecken schneller abgebaut werden. Beispiele: Protease, Zellulase.

Textil-Weichmacher: Sie machen Gewebe weicher und kontrollieren die statische Elektrizität. Beispiel: quartäre Ammoniumverbindungen.

Duftstoffe: Sie überdecken die Gerüche der anderen Bestandteile und geben Ihnen das Gefühl, daß Ihre Wäsche »frisch« ist, was immer das bedeuten mag.

Optische Aufheller: Sie sorgen dafür, daß die Wäsche heller wird, indem sie gelbes oder unsichtbares UV-Licht in bläuliches oder weißliches Licht umwandeln (siehe S. 61). Beispiel: Stilben-Disulfonate.

Faserschutz: Diese Mittel schützen das Produkt vor Oxidation, Entfärbung und Angriffen von Bakterien. Beispiele: butyliertes Hydroxytoluol, EDTA.

Lösungsmittel: Sie halten in Flüssigprodukten alle Bestandteile in Lösung. Beispiele: Äthanol, Propylenglykol.

Wirkstoffe zur Schaumkontrolle: Sie steuern die Menge des Schaums oder sorgen dafür, daß der Schaum stabil bleibt. Beispiele: Alkanolamide und – raten Sie mal, was noch? – Seife.

Das Leben in der Waschküche ist nicht mehr so einfach wie damals, als wir nur einen schönen Kessel mit Ziegenfett und Asche aufkochen lassen mußten.

Glas am Ende?

Der Lehrer meines Sohnes hat den Schülern erzählt, Glas sei in Wahrheit eine sehr zähe Flüssigkeit. Angeblich soll man, wenn man nur lange genug zuschaut, sogar sehen können, wie es unter dem Einfluß der Schwerkraft fließt. Stimmt das?

Diese allgemein als »erstaunliche Tatsache« zitierte Behauptung ist einfach falsch.

Beim Abkühlen werden Flüssigkeiten in der Regel ein wenig dickflüssiger. Weil nun Glas in heißem Zustand zunächst flüssig war, als es geformt wurde, möchten manche gern glauben, daß es immer zäher wird, wenn man es »unterkühlt«, bis es schließlich so dickflüssig ist, daß es sich wie ein Feststoff verhält. Nun, in Wahrheit ist es ja auch ein Feststoff.

Wenn Glas wirklich fließen sollte, dauert es offenbar mehr als viertausend Jahre, bis man diese Bewegung erkennen kann. Denn so lange gibt es diesen Stoff schon, ohne daß jemand einen überzeugenden Beweis für seine Fließbewegung vorgelegt hätte. Das ist die eine Schwachstelle in der Theorie von der »unterkühlten Flüssigkeit«.

Doch ihre wirklich klaffende Lücke liegt darin, daß Glas *keine* unterkühlte Flüssigkeit ist, ungeachtet der Behauptungen einer ganzen Reihe von Lehrbüchern und Lexika.

Das Märchen von der »unterkühlten Flüssigkeit« ist zumindest schon seit meiner eigenen Schulzeit in Umlauf, als ich noch alles, was meine Lehrer erzählten, für die lautere Wahrheit hielt. Doch seit damals sind die Wissenschaft und auch ich ein ganzes Stück weitergekommen, und inzwischen gibt es keine Entschuldigung mehr, diesen Mythos weiter beizubehalten.

Sollten Sie je einem Glasbläser oder beim Gießen von Glas in Gußformen zugesehen haben, dann wissen Sie, daß ausreichend heißes Glas sicherlich wie eine sehr zähe (viskose) Flüssigkeit fließt. Wenn es dann aber abkühlt, beobachten wir keinen plötzlichen Übergang vom flüssigen in den festen Zustand, wie wir das beispielsweise sehen, wenn Wasser abkühlt und zu festem Eis wird. Das hat viele wohlmeinende Wissenschaftler zu dem Schluß verführt, daß das Glas selbst bei Zimmertemperatur immer noch eine Flüssigkeit sein müsse, da es nicht schlagartig fest geworden sei. Außerdem seien Feststoffe, so wird argumentiert, in der Regel *kristallin* aufgebaut; ihre Atome oder Moleküle besetzten in bezug aufeinander genau definierte Raumpositionen, was bei den Glasmolekülen nicht der Fall sei. Beispiele für kristalline Feststoffe sind Eis, Haushaltszucker, Salz oder fast jedes Mineral, das Ihnen einfällt. Wenn die Atome und Moleküle eines typischen Feststoffs nicht an Ort und Stelle festgehalten würden, könnten sie übereinander gleiten und rutschen und einander umkurven; anders gesagt, sie würden fließen wie eine Flüssigkeit.

Doch die Moleküle einer Substanz müssen nicht in einer wohlgeordneten Kristallstruktur vorliegen, um einen Feststoff zu bilden. Es gibt auch *amorphe* Feststoffe (dieses

Wort aus dem Griechischen bedeutet »formlos«), in denen die Moleküle zwar an Ort und Stelle festsitzen, aber mehr oder weniger zufällig angeordnet sind. Das gilt ebenso für Glas. Es ist ein Feststoff, schön, nur eben kein kristalliner. (In der Sprache der Wissenschaft: Seine Struktur weist einen *geringen Ordnungsgrad* auf.) Die Moleküle von Glas, das aus der Schmelze abgekühlt wird, können sich nicht zu einer wiederholten, ordentlichen Struktur zusammenfinden. Bei vielen anderen amorphen Feststoffen wie zum Beispiel Kunststoffen oder Lutschern ist das nicht anders. Durchsichtige Lutscher bestehen aus Zucker (Saccharose) in einer amorphen, glasähnlichen Form, die sich von der kristallinen Form in der Zuckerdose unterscheidet.

Probieren Sie es selbst

Schmelzen Sie etwas Zucker bei sehr schwacher Hitze in einer kleinen Pfanne. Zuckerkristalle, die auf der Oberfläche schwimmen und nicht schmelzen, rühren Sie mit einer Gabel unter. Wenn alles geschmolzen ist, gießen Sie die Masse, ehe sie zu dunkel wird, auf eine kühle, glatte Fläche wie zu Beispiel eine geflieste Arbeitsfläche oder den Boden einer Bratpfanne aus Metall. Die Zuckermoleküle kühlen sich so schnell ab, daß sie keine Zeit haben, sich in Kristallform zu arrangieren, sondern in einem glasähnlichen Zustand erstarren. Nachdem die Masse abgekühlt ist, können Sie Ihr Karamelzucker-Glas aufessen.

Übrigens, das Wort »Kristallglas«, das die Glashersteller ihrer Ware der besseren Qualitätsstufen mit auf den Weg geben, können Sie vergessen. Wissenschaftlich gesehen ist das einfach falsch. Ein »Kristall-Kerzenhalter« oder ein »Kristallbecher« besteht aus Glas, das um nichts weniger amorph ist als jedes andere. Es handelt sich nur um eine besonders klare und brillante Glasqualität, die in der Regel Bleioxid enthält.

Gut, jetzt ist es an der Zeit, den Trivialmythos anzugehen, der einfach nicht sterben will: daß nämlich die Fensterscheiben in Häusern, die mehrere hundert Jahre alt sind, an ihrer Basis dicker seien, weil sie im Lauf der Jahre ein Stück nach unten geflossen sein sollen, wie sich das für jede gute unterkühlte Flüssigkeit gehört. Bei der Untersuchung alter Kathedralenfenster, die sich ihr ursprüngliches Glas erhalten haben, werden Sie sicherlich einige finden, die an ihrer Basis tatsächlich dicker sind. Das Problem ist nur, daß niemals jemand eine ausreichend große Zahl solcher Scheiben nachgemessen hat, um feststellen zu können, ob eine signifikant größere Anzahl von ihnen an der Basis dicker ist als an der Oberkante, in der Mitte oder an den Seiten.

Doch selbst wenn sich herausstellen sollte, daß ein bedeutsamer Anteil alter Fensterscheiben an der Basis dicker ist, wäre das kein Beweis dafür, daß sie in Fluß geblieben sind. In den Anfängen wurde Fensterglas mit Techniken hergestellt, die sich im Vergleich mit unseren heutigen Flachglasverfahren ziemlich grobschlächtig ausnehmen. Dabei nahm man eher ungleichmäßig dicke Scheiben in Kauf als schwerwiegendere Mängel wie Blasen und Kratzer. Wenn Sie nun ein Handwerker wären, der Fensterscheiben einzusetzen hätte, die nicht gleichmäßig dick sind, würden Sie es doch auch vorziehen, sie mit der dickeren Seite nach unten einzupassen, oder?

Es hat mich zwar keiner gefragt, aber...

Bei welcher Temperatur fängt Glas eigentlich an, flüssig zu werden?

Fachleute der Glasherstellung sprechen in der Tat von einer »Übergangstemperatur«, bei der starres Glas allmählich verformbar wird. Bei gewöhnlichem Fensterglas liegt diese Temperatur bei etwa 350°C. Jeder wird zugeben, daß die Fensterscheiben in alten Gebäuden niemals so heiß geworden sein dürften.

Unentschieden

Wasser friert bei genau Null Grad Celsius, und Eis schmilzt bei genau derselben Temperatur. Was würde also in einer Schüssel mit Eis und Wasser bei genau Null Grad Celsius passieren?

Nichts, was Sie feststellen könnten. Eis und Wasser würden in friedlicher Koexistenz beisammenbleiben. Auf der molekularen Ebene würde jedoch ein chaotischer Tanz ablaufen.

Null Grad Celsius bezeichnet tatsächlich sowohl den Gefrierpunkt des Wassers als auch den Schmelzpunkt festen Eises. Sie haben zweifellos ein armes kleines Wassermolekül bei Null Grad Celsius vor Augen, das sich nicht entscheiden kann, ob es fließen oder schwimmen, also flüssig oder fest sein soll. Diese Betrachtungsweise ist gar nicht so schlecht, denn man könnte sagen, die einzelnen Moleküle müssen sich tatsächlich entscheiden.

Schauen wir uns zunächst an, was geschieht, wenn flüssige Moleküle einfrieren. Zwischen Wassermolekülen bestehen recht starke Anziehungskräfte, von denen sie zusammengehalten werden. (In der Sprache der Wissenschaft heißen sie *Wasserstoffbrückenbindungen* und *Dipol-Anziehungskräfte.*) In flüssigem Wasser bewegen sich die Moleküle so stark, daß die Anziehungskräfte nicht voll wirksam werden können. Doch wenn Wasser – und was das angeht, auch alles andere – sich abkühlt, bewegen seine Moleküle sich immer langsamer (siehe S. 125). Null Grad Celsius bezeichnet nun zufällig genau die Temperatur, bei der die Bewegung der Moleküle so langsam wird, daß ihre Anziehungskräfte überwiegen und sie in der einzigartigen, für Eis charakteristischen Lage festhalten. Die Eismoleküle sind fest an ihren Platz gebunden und können nicht mehr länger wie flüssige Moleküle frei herumschwimmen.

Nun wollen wir einen Eiswürfel in flüssiges Wasser geben. Einige der Eismoleküle an seiner Oberfläche lösen die Verbindung zu ihren Kameraden und schließen sich ihren frei umherschwimmenden Brüdern an. Mit anderen Worten: Sie schmelzen. Indessen sind einige der flüssigen Moleküle in der Nähe der Eisoberfläche vielleicht mit einer niedrigeren als der Einfang-Geschwindigkeit unterwegs (nicht alle Moleküle bewegen sich gleich schnell), und diese werden an dem Eis anfrieren. Schmelzen und Einfrieren können also gleichzeitig stattfinden, weil einige Moleküle in der einen, andere in der entgegengesetzten Richtung unterwegs sind.

Solange das Wasser ein wenig wärmer ist als Null Grad Celsius, wird insgesamt mehr schmelzen als erstarren, weil nicht genug langsame Moleküle vorhanden sind, die vom Eis eingefangen werden könnten. Wenn das Wasser dagegen nur ein wenig kälter ist als Null Grad, friert insgesamt mehr ein, weil eine größere Zahl langsamerer Moleküle festgehalten wird. Bei exakt Null Grad Celsius schmelzen genau so viele Eismoleküle, wie flüssige Moleküle einfrieren. In jeder Richtung sind Millionen winziger Moleküle unterwegs, doch aus unserer vergleichsweise gigantischen Menschenperspektive können wir absolut nichts wahrnehmen. Eis und Wasser sind einfach da – natürlich nur, wenn sie nicht wärmer werden und das Schmelzen die Oberhand gewinnt.

Demnach kann man Null Grad Celsius in einem gewissen Sinn weder als »Schmelzpunkt« noch als »Gefrierpunkt« des Wassers bezeichnen. Es ist die Temperatur, bei der Schmelzen und Gefrieren *gleichermaßen* stattfinden. In der Sprache der Wissenschaftler herrscht an solchen Punkten ein (chemisches oder thermodynamisches) *Gleichgewicht,* wie es in diesem Fall zwischen flüssigem Wasser und Eis besteht.

In der Chemie ist der Begriff des Gleichgewichts sehr wichtig, weil es auf der molekularen Ebene häufig vorkommt, daß zwei gegenläufige Prozesse in gleichem Umfang stattfinden, weshalb wir auf der Ebene des Beobachters keine offensichtliche Veränderung wahrnehmen. Wenn Sie zu diesem Thema mehr wissen wollen, können Sie in jedem Chemiebuch unter dem Stichwort »Gleichgewicht« nachschlagen. Aber ich muß Sie warnen: Sie finden dort möglicherweise eine Menge Gleichungen.

Schmelzen und Gefrieren sind so eng miteinander verflochten, daß es ausreicht, einen Eiswürfel zu berühren, um ein paar Wassermoleküle von der flüssigen in die feste Phase zu befördern.

Probieren Sie es selbst

Benetzen Sie Ihre Finger mit Wasser und fassen Sie die Eiswürfel in Ihrem Gefrierfach an. Die Würfel können so stark an Ihren Fingern haftenbleiben, daß Sie sie anheben können. Das Eis hat das Wasser auf Ihrer Haut auf seine eigene Temperatur abgekühlt, die offensichtlich unter dem Gefrierpunkt liegt. Beim Einfrieren hat das Wasser auf Ihren Fingern sich in die Rillen Ihrer Fingerkuppen gekrallt und ist gleichzeitig mit den Eiswürfeln verschmolzen, wodurch diese an Ihrer Haut »kleben« blieben.

Hilfe! Wir sind in einem Eisblock eingeschlossen!

Warum sind meine Eiswürfel in der Mitte trüber als im Randbereich?

Die trübe Zone besteht aus einer Menge winziger Luftblasen – die Luft war im Wasser gelöst und wurde beim Einfrieren daraus verdrängt. Mit einem Vergrößerungsglas lassen sich die einzelnen Blasen unterscheiden.

Es ist immer eine gewisse Menge Luft in Wasser gelöst, das mit – nun, womit schon? – mit Luft in Berührung gekommen ist. Dafür sind die Fische dieser Welt aufrichtig dankbar. Besonders dankbar sind sie allerdings für die Tatsache, daß sich der Sauerstoff, obwohl er nur einen Anteil von 21 Prozent der Luft ausmacht, doppelt so gut in Wasser löst wie die restlichen 79 Prozent, die größtenteils der Stickstoff stellt.

Wenn Wasser gefriert, nehmen die vorher frei beweglichen Wassermoleküle feste Positionen ein. Dabei drücken sie die gelösten Luftmoleküle aus dem Verbund, weil dort einfach kein Platz für sie vorhanden ist. Zunächst frieren nur die Randbereiche des Wassers ein, weil sie am leichtesten ihre Wärme nach außen abgeben. Die herausgedrückte gelöste Luft wiederum wird in der vordringenden Eishülle eingeschlossen. Während der wachsende Wall gefrierenden Wassers um die Luftmoleküle sich schließt, werden diese immer dichter gepackt. Schließlich liegen sie so dicht beisammen, daß sie sich zu Blasen vereinigen. Und in diesen verbleiben sie dann, weil sie nicht mehr entweichen können, wenn das letzte Wasser im Inneren schließlich auch einfriert.

Hilfe! Ich atme!

Meine Freundin befürchtet, daß wir, sobald die Luftfeuchtigkeit 100 Prozent erreicht, nur noch reines Wasser atmen und ertrinken. Das ist natürlich Unsinn, aber ich kann nicht erklären, warum.

Fragen Sie Ihre Freundin: »100 Prozent von was?« Ängstliche kleine Mädchen, die fürchten, in der Luft zu ertrinken, vergessen, daß »Luftfeuchtigkeit« ein durch und durch relativer Begriff ist. Jeder spricht von »der Luftfeuchtigkeit«, als wäre sie etwas Absolutes. In Wahrheit ist aber von der *relativen* Luftfeuchtigkeit die Rede – von einer auf ein bestimmtes Maximum bezogenen, aber nach wie vor kleinen Menge Wasser in der Luft. Allerdings ist es Wasserdampf, kein flüssiges Wasser. Selbst wenn die relative Luftfeuchtigkeit bei Zimmertemperatur 100 Prozent erreicht (wie wir noch sehen werden, hängt Luftfeuchte von der Temperatur ab), kommt auf jeweils vierzig oder fünfzig Luftmoleküle nur ein einziges Molekül Wasserdampf.

»Dampf« ist ein anderes Wort für »Gas« – diejenige Zustandsform der Materie, in der die Moleküle frei und mit großem Abstand zueinander umherfliegen. Wir können jede Substanz in ein Gas verwandeln, wenn wir sie so stark erhitzen, daß ihre Moleküle nicht mehr aneinanderhängen. Dampf nennen wir ein entsprechendes Gas eigentlich nur dann, wenn es sich unmittelbar zuvor aus der Flüssigkeit herausgelöst hat. Den Luftsauerstoff bezeichnen wir als Gas, weil wir (zumindest die meisten von uns) ihn noch nie als Flüssigkeit gesehen haben. Dagegen sehen wir gasförmiges Wasser in der Regel nicht als Gas an, weil wir wissen, daß es aus flüssigem Wasser stammt. Wir nennen es »Wasserdampf«.

Wie kommt das Wasser überhaupt dazu, als Dampf in die Luft zu steigen? Bei allen Temperaturen findet Wasser ein ganz bestimmtes Gleichgewicht zwischen seiner Neigung, als Flüssigkeit zu existieren, und seiner Neigung, in Form von Dampf vorzuliegen (siehe S. 284). Wenn es wärmer ist, verlegt das Gleichgewicht sich mehr zum dampfförmigen Zustand, weil die Moleküle schneller unterwegs sind und leichter entkommen können. Je höher also die Temperatur ist, desto größer die Tendenz des Wassers, eher gasförmig als flüssig vorzuliegen.

Wenn Sie Wasser einer bestimmten Temperatur in einen geschlossenen Behälter geben, wird dessen Volumen sich mit genau der Menge Wasserdampf füllen, die dieser Temperatur entspricht. Dann hört dieser Vorgang auf. Er kommt in dem Augenblick zum Stillstand, in dem ebenso viele Moleküle pro Zeiteinheit aus der Flüssigkeit austreten, wie gleichzeitig Dampfmoleküle auf die Oberfläche des flüssigen Anteils treffen und dort wieder aufgenommen werden. (Die Wissenschaft nennt diesen Zustand, in dem die beiden Raten gleich sind, einen *Gleichgewichtszustand*; siehe S. 275.)

Viele Menschen, darunter auch manche Wissenschaftler, würden gern sagen, daß die Luft in dem Behälter nun mit Wasserdampf *gesättigt* sei, so als wäre Luft ein feuchter Lappen, der so viel Wasser enthält, wie er aufnehmen kann. Doch diese Betrachtungsweise führt in die Irre. Wollen wir es uns doch einmal andersherum ansehen: Die Menge des Wasserdampfs in dem Behälter beträgt 100 Prozent der bei der herrschenden Temperatur maximal möglichen Menge; die relative Luftfeuchtigkeit liegt also bei 100 Prozent. Bei der halben Menge Wasserdampf unter ansonsten gleichen Bedingungen würden wir von einer relativen Luftfeuchtigkeit von 50 Prozent sprechen, und so weiter.

Wenn wir in einem geschlossenen Behälter leben würden, in dem sich auch flüssiges Wasser befindet, läge dieser Wert stets bei 100 Prozent – es wäre der volle Wert der maximal möglichen Wasserdampfmenge bei der gegebenen Wassertemperatur. Doch das ist natürlich nicht der Fall. Wir leben in einem sich ständig verschiebenden Meer von Windbewegungen, die warme und kalte Luft transportieren, Hoch- und Tiefdruckgebiete und alles an denkbaren Wetterphänomenen mit sich bringen, mit denen Wasserdampf von einem Ort zum anderen geblasen werden kann. Deshalb stellt sich nicht immer eine Luftfeuchtigkeit von 100 Prozent ein, selbst bei Regen oder über dem Meer nicht.

Erschrecken Sie Ihre ängstliche Freundin doch mit der folgenden Tatsache: In einem Dampfbad beträgt die relative Feuchtigkeit der Luft 100 Prozent und noch einiges darüber. Zunächst einmal wird schon die Temperatur absichtlich hoch gehalten, damit möglichst viel Wasserdampf in die Luft gelangt. Doch zusätzlich zu dieser höchstmöglichen Wasserdampfmenge schweben auch noch winzige Tröpfchen flüssigen Wassers in der Luft, die wir als »Dampf« oder Nebel bezeichnen. In einem in diesem Sinn dampfgefüllten Raum atmen Sie wirklich flüssiges Wasser ein. Dennoch ist noch nie jemand ertrunken, weil er Dampf oder Nebel vertretbarer Temperatur eingeatmet hat, weil zwischen den schwebenden Tröpfchen sich noch immer ausreichend Luft befindet.

(Achtung: Dampf kann gefährlich heiß sein, je nach seinem Druck und der Art, in der er erzeugt worden ist. Der Dampf in einem Dampfbad ist »kalt«, nämlich nicht heißer als die Luft im Raum.)

Es hat mich zwar keiner gefragt, aber…

Was hat es mit dem »Taupunkt« auf sich, von dem in vielen Wetterberichten die Rede ist?

Meteorologen lieben es, uns die Temperatur des Taupunkts zu nennen, obwohl nur wenige wissen, was das ist, und noch weniger Menschen sich dafür interessieren. Aber nachdem ich nun schon so tief in den Wasserdampf eingestiegen bin, kann ich genausogut auch das noch erklären.

Mit dem Taupunkt bzw. der Temperatur des Taupunkts ist die Temperatur gemeint, unterhalb deren das Gleichgewicht zwischen flüssigem und gasförmigem Zustand des Wassers sich in Richtung auf die flüssige Seite der Waage verschiebt. Das heißt, die Kondensation wird stärker als die Verdunstung.

Falls die Temperatur oberhalb des Taupunkts liegt, wird weiterhin flüssiges Wasser in Dampf übergehen, bis alles verdunstet ist: Nasse Gegenstände trocknen. Wenn sie dagegen darunter liegt, schlägt die Waage zugunsten der flüssigen Phase aus, und der Wasserdampf wird bevorzugt auskondensieren. Oben in der Atmosphäre kondensiert der Wasserdampf dann zu großen Mengen mikroskopisch kleiner Tröpfchen flüssigen Wassers, die noch nicht ausreichend groß sind, um fallen zu können, und deshalb in der Luft schweben. Diese Ansammlungen winziger Wassertröpfchen nennen wir Wolken.

Noch ein etwas erdnäheres Beispiel: Wenn der Boden sich während der Nacht unter den Taupunkt abkühlt, kondensiert der Wasserdampf der Luft auf dem Gras und bleibt in Form flüssiger Tautropfen zurück. Für Bauern ist das von Bedeutung, denn der Tau bewässert die Feldfrüchte ja kostenlos. Außerdem gibt es Lebensräume, wo es fast nie regnet; Kleintiere sind dort auf den Tau als Wasservorrat angewiesen.

Erbsenzähler-Ecke

Der Begriff »Feuchtigkeit« in bezug auf die Luft ist vom wissenschaftlichen Standpunkt aus ein wenig irreführend, da mit »feucht« eigentlich gemeint ist, daß etwas ein wenig naß oder benetzt ist, und zwar mit »flüssigem« Wasser. Bei der Luft-»Feuchtigkeit« handelt es sich jedoch um Wasserdampf, also um gasförmiges Wasser. Luft kann keine Feuchtigkeit halten, soweit damit flüssiges Wasser gemeint ist; eigentlich »enthält« sie nur Wasserdampf, und selbst das ist nicht wirklich korrekt (siehe S. 278).

Kosmetikwerbung, besonders für »Feuchtigkeitscremes« und Lotionen, ist geradezu in das Wort »Feuchtigkeit« vernarrt, wenn »Wasser« gemeint ist. Obwohl dieser Zustand lediglich von Wasser herrührt, hält man dieses Wort wohl für zu ordinär, als daß man es für derart elegante Produkte verwenden dürfte. Wenn Sie das nächste Mal in einem edlen Restaurant sind, sollten Sie also darauf achten, den Kellner um ein Glas Feuchtigkeit zu bitten.

Ganz abgesehen davon, was bewirken diese kosmetischen »Feuchtigkeitsspender« eigentlich? Führen Sie der Haut Wasser oder Feuchtigkeit zu, oder wie immer Sie es nennen wollen? Nein. Denn wenn das zuträfe, warum könnten Sie dann nicht einfach Wasser auf Ihre trockene Haut auftragen? Feuchtigkeitscremes und dergleichen überziehen Ihre Haut mit einer Mischung von Ölen und anderen wasserhemmenden chemischen Substanzen, damit der natürliche Wasservorrat in der Haut an Ort und Stelle bleibt, anstatt zu verdunsten. Es mag paradox klingen, aber das Öl der Kosmetika sorgt für Wasser.

Trocknen mit dem heißen Strahl

Warum muß ein Haartrockner gleichzeitig heizen und blasen?

Das ist eines dieser Phänomene, die uns so selbstverständlich vorkommen, daß wir uns gar nicht mehr fragen, warum es so ist. Doch dafür bin ich da: Ich möchte erreichen, daß Sie sich über Dinge wundern, die Sie bisher als gegeben hingenommen haben. Dann können Sie Ihre Selbstgefälligkeit durch den Stolz auf Ihr überlegenes Wissen ersetzen.

Wasser in den Haaren oder der Kleidung muß zunächst aus der flüssigen Form in Wasserdampf umgewandelt werden, ehe es mit einem Luftstrom fortgezaubert werden kann. Flüssiges Wasser ist nicht leicht wegzublasen, wie Sie an den hurrikangleichen Luftströmen erkennen können, die man einsetzt, um Ihr Auto in der Waschanlage trocken zu bekommen. Wenn Sie das flüssige Wasser in Ihren Haaren erwärmen – und genau das ist die Aufgabe der warmen Luft –, werden seine Moleküle beschleunigt, so daß sie leichter mit der Luft davonfliegen können. (Wissenschaftlich ausgedrückt: Wärmeres Wasser besitzt einen höheren *Dampfdruck*; siehe S. 287.) Die Wärme sorgt also dafür, daß das Wasser schneller verdunstet, und wenn es erst einmal in Form von Dampf vorliegt, kann es von dem Gebläse des Föns fortgeblasen werden.

Doch wieviel Dampf kann das mit der Luft aufgewärmte Wasser abgeben? Wie schnell kann es verdunsten?

Die Moleküle des flüssigen Wassers können nur so lange aus dem Verband herausfliegen und zu Dampfmolekülen werden, bis sich in dem Raum über der Flüssigkeit so viele Dampfmoleküle drängeln, daß die Zahl der *abfliegenden* Moleküle genauso groß ist wie die der Moleküle, die wieder in die Flüssigkeit *eintreten* (in der Sprache der Wissenschaft: bis sich ein *Gleichgewicht* zwischen der flüssigen Form und dem Dampf gebildet hat). Hier kommt nun das Gebläse ins Spiel. Die bewegte Luft aus dem Trockner trägt einen Teil der Wasserdampfmoleküle mit sich fort; diese können also nicht mehr in die Flüssigkeit zurück. Das »schafft Raum« für neue Moleküle, und so kann weiteres Wasser verdunsten.

Das ist also der Grund, weshalb sowohl Wäsche- als auch Haartrockner gleichzeitig heizen und blasen. Für sich allein würde keine der beiden Maßnahmen auch nur annähernd so gut wirken. Was wäre denn, wenn das Gebläse Ihres Föns auf dem letzten Loch bliese, so daß Ihr Haar nur aufgeheizt würde, oder wenn seine Heizspirale durchbrennen würde, so daß nur noch kalte Luft herauskäme?

Wenn sich bereits eine große Menge Wasserdampf in der Luft befindet – zum Beispiel in Ihrem Badezimmer, das nach dem Duschen feucht und voller Dampf ist –, kann das

Wasser in Ihren Haaren nicht so schnell verdampfen. Dann müssen Sie Ihre Locken weit länger mit dem Fön wärmen und anblasen, bis sie trocken sind und diese seidige, sexy Zeitlupenverlockung zeigen, die wir aus der Fernsehwerbung kennen.

Luft und Wasser, immer nasser?

Woher kommt es, daß warme Luft mehr Wasser aufnehmen kann als kalte? Deshalb ist es doch im Sommer auch feuchter, oder?

Nein. Im Sommer ist es in der Regel deshalb feuchter, weil mehr Wasserdampf verfügbar ist.

Damit will ich nicht sagen, daß die Meere, Seen und Flüsse in der Wärme irgendwie größer würden. (Na schön, sie dehnen sich ein wenig aus.) Mehr Niederschläge? Vielleicht. Doch es ist nicht die Wassermenge als solche; mitten über dem Meer kann die Feuchtigkeit ziemlich gering sein. Es kommt allein darauf an, wieviel Wasser in *Wasserdampf* (oder Gas; siehe S. 277) umgewandelt wird. Im Sommer ist es feuchter, weil die Wasservorräte – die Meere, Seen, Flüsse und Regenfälle – wärmer sind, und Wasser geht eben leichter in Dampf über, wenn seine Temperatur höher ist.

Beachten Sie, daß ich absolut nichts über die Luft oder ihre Fähigkeit, »Wasser aufzunehmen«, gesagt habe. Feuchtigkeit ist der Wasserdampf aus dem Wasser, ob nun Luft anwesend ist oder nicht. Wenn wir sagen: »Heute ist es feucht«, unterstellen wir, das »es« in dem Satz stehe für die Luft, denn was wäre da sonst noch? Doch bei der

Feuchtigkeit spielt die Luft keinerlei Rolle; wie der Mount Everest ist sie einfach nur »da«. Sie ist nur ein unbeteiligter Zuschauer.

Sie können sich das so vorstellen: Zufällig sind wir von einem Luftmeer umgeben, so wie die Fische in einem Meer aus Wasser leben. Wenn nun jemand eine Ladung roter Tinte in das Wasser des Ozeans kippt, könnte ein Fisch vielleicht sagen: »Ey, heute ist es aber rot.« Doch »es« ist nicht das Wasser selbst, sondern die Tinte, die sich mit dem Wasser vermischt hat. Und Feuchtigkeit, das ist eben Wasser, das sich zufällig mit Luft vermischt hat.

Dennoch werden Sie immer wieder hören, wie Wissenschaftler und Meteorologen Feuchtigkeit und andere Wetterphänomene erklären, indem sie von der »Wassermenge« reden, die »die Luft aufnehmen kann«. Außerdem sagen sie oft, warme Luft könne »mehr Feuchtigkeit aufnehmen« als kalte. Das ist eine falsche und irreführende Feststellung. Die Luft kann überhaupt keinen Wasserdampf aufnehmen und festhalten, da sie dafür keine Möglichkeiten besitzt.

Und zwar aus folgendem Grund: Sowohl Luft als auch Wasserdampf sind Gase, und in Gasen sind die Räume zwischen den Molekülen so groß, daß man beliebige Gase in allen möglichen Verhältnissen miteinander mischen kann, ohne daß sie viel von der vorhandenen Menge des jeweils anderen »mitbekommen« – oder sie gar kontrollieren könnten. Der Luft bleibt nichts anderes übrig, als den Wasserdampf zu akzeptieren – ganz unabhängig davon, wieviel Wasser sich infolge seiner Temperatur entschließt, in die Gasform überzugehen. *Es liegt allein am Wasser, wie sehr es lieber als Gas anstatt als Flüssigkeit existieren will.*

Nun werden Sie, wie ich annehme, sicher wissen wollen, *warum* warmes Wasser mehr Wasserdampf hervorbringt als kaltes, oder? Das ist Wissenschaft für Sie: Jede Antwort erzeugt noch mehr Fragen.

Beim Wasser gibt es – wie bei allen Flüssigkeiten – eine gewisse Tendenz, daß seine Moleküle aus der Flüssigkeitsoberfläche austreten und davonfliegen. Der Grund: Alle Moleküle bewegen sich, wobei sie mit unterschiedlichen Geschwindigkeiten unterwegs sind. In der Nähe der Oberfläche gibt es nun immer auch einige, deren Energie ausreicht, um sie als Dampf davonfliegen zu lassen. Da Moleküle sich bei höheren Temperaturen im Durchschnitt schneller bewegen als bei niedrigen, kommen in wärmerem Wasser auch mehr potentielle Flüchtlinge vor. Zum Beispiel bringt Wasser von 30 Grad Celsius siebenmal mehr Wasserdampfmoleküle hervor als Wasser von Null Grad Celsius.

Zwischen den Molekülen einer Flüssigkeit spielt sich ständig eine Art Tauziehen ab. Ihre Geschwindigkeit verführt sie dazu, als Dampfmoleküle davonzufliegen, während die Anziehungskräfte zu ihren Nachbarmolekülen sie davon abzuhalten versuchen. Das Wasser muß bei jeder Temperatur einen Ausgleich zwischen diesen beiden Tendenzen herstellen (wissenschaftlich gesprochen: Es muß sich ein *Gleichgewicht* zwischen den beiden Zustandsformen einstellen; siehe S. 275). Bei niedrigeren Temperaturen setzt sich eher die flüssige Form durch, bei höheren Temperaturen überwiegt wegen der höheren Geschwindigkeit der Moleküle der Dampf. (Die letzte Grenze ist erreicht, wenn die Flüssigkeit siedet und vollständig in Dampf übergeht.)

Bei gegebener Temperatur besitzt jede Flüssigkeit ihren spezifischen Gleichgewichtspunkt zwischen dem flüssigen und dem gasförmigen Zustand, da die entsprechenden Moleküle jeweils unterschiedlich stark aneinander gebunden sind. Eine Flüssigkeit, deren Moleküle stark zusammenhängen, wird nicht so leicht in Dampf übergehen, das heißt, das Gleichgewicht zwischen den beiden Zustandsformen wird näher bei der Flüssigkeit liegen. Demgegenüber sind zum Beispiel die Moleküle von Benzin nur sehr schwach aneinander gebunden, weshalb das Gleichgewicht eher zum Gas hin verschoben ist; der Treibstoff verdampft (verdunstet) sehr viel schneller als Wasser.

Die Neigung der Moleküle in Flüssigkeiten, in Dampf überzugehen und davonzufliegen, nennt man den *Dampfdruck* einer Flüssigkeit (siehe S. 283). Ein Wissenschaftler würde also sagen, Benzin weist einen höheren Dampfdruck auf als Wasser, und warmes Wasser zeigt einen höheren Dampfdruck als kaltes.

Nehmen wir einen geschlossenen Behälter, in dem etwas Wasser vorhanden ist. Das Wasser würde schnell ein Gleichgewicht zwischen Flüssigkeit und Dampf erreichen, das der Temperatur entspricht (die beiden Zustände befänden sich *im Gleichgewicht*). Wenn unser Behälter plötzlich kälter würde, müßte das Wasser ein neues Gleichgewicht anstreben, das auf der veränderten Temperatur beruht. Diese neue Balance würde sich zu weniger Dampf und mehr Flüssigkeit hin verschieben; demnach müßte ein Teil des Wasserdampfs kondensieren und flüssig werden. In unserem Behälter würde Tau oder Regen auftreten.

Hier bringen andere vielleicht vor, es hätte geregnet, weil »die Luft mehr Wasserdampf enthielt, als sie aufnehmen konnte«. Doch ich habe mit keinem Wort behauptet, daß Luft in dem Behälter sei, oder? Es hat nur geregnet, weil ganz allein das Wasser sein Dampf-Wasser-Gleichgewicht verschoben hat. Im Inneren des Behälters wäre »es« ebenso feucht oder trocken, wenn er überhaupt keine Luft oder ein beliebiges anderes Gas mit einer unterstellten anderen »Aufnahmekapazität« enthielte.

Ich kann nicht sehen, wo ich hinfahre!

Wie kann ich die vollständig beschlagene Windschutzscheibe meines Autos am schnellsten klar bekommen?

Ihr Auto ist so etwas wie eine Kiste mit hausgemachtem Wetter, das von der aufgenommenen Luft, der Heizung, der Klimaanlage und Ihren Mitfahrern erzeugt wird. Aber manchmal füllt sich Ihr Auto wegen der hartnäckigen Gewohnheit Ihrer Mitfahrer, ständig weiterzuatmen, mit einer Menge Wasserdampf. Einiges davon kondensiert auf der kalten Windschutzscheibe und läßt sie beschlagen. Was können Sie tun?

Probieren Sie es selbst

Wenn es in Ihrem Auto sehr feucht ist und die Windschutzscheibe mit der kondensierten Nässe beschlagen ist, drehen Sie einfach die Klimaanlage auf, gleichgültig, wie kalt es draußen sein mag. (Sie können jederzeit die Heizung einschalten, auch wenn die Klimaanlage läuft.) Leiten Sie die gekühlte Luft auf die Scheibe, und sie wird in kürzester Zeit wieder klar.

Dabei passiert folgendes: Die Klimaanlage saugt den Wasserdampf zusammen mit der Luft an und kühlt sie auf eine Temperatur ab, bei der das Wasser viel lieber in flüssiger Form vorliegt (siehe S. 278). In der Klimaanlage kondensiert es zu Flüssigkeit und wird aus dem Auto geleitet. Nun enthält der Innenraum des Wagens zu wenig Wasserdampf für die gegebene Temperatur, und die Flüssigkeit auf der Scheibe stellt das Gleichgewicht wieder her, indem sie in Dampf übergeht. Voilà! Eine trockene Windschutzscheibe.

Aber was ist mit dem Rückfenster? Wenn es beschlägt, gibt es keine Möglichkeit, gekühlte Luft dorthin zu blasen. Kalte Luft kommt aus dem Wärmetauschersystem hinter dem Armaturenbrett, wo sie der Fahrer braucht, und es gibt kein Gebläse für das Rückfenster. Was haben die schlauen Autobauer also getan? Sie haben in die hintere Scheibe Heizdrähte eingelassen. Statt kalte, ausgetrocknete Luft darüber zu blasen, heizen Sie ganz einfach das Glas. Damit steigt seine Temperatur über den Wert, bei dem das Wasser vorzugsweise flüssig vorliegt, weshalb es verdampft und der Beschlag verschwindet.

Ist das nicht verrückt? Die vordere Scheibe wird gekühlt, die hintere geheizt, und das Ergebnis, freie Sicht auf den Verkehr, ist dasselbe. Warum wird das in den Bedienungsanleitungen der Autos nie erklärt? Wie viele Leute fahren mit beschlagener Scheibe durch die Gegend und haben nicht den Hauch einer Ahnung, was da zu tun ist?

Und jetzt noch zum Badezimmerspiegel bei Ihnen zu Hause. Nach dem Duschen ist er schlimmer beschlagen, als das bei einer Windschutzscheibe selbst im dampfendsten Dschungel möglich wäre. Ausgerechnet dann, wenn Sie sich rasieren oder Ihr Make-up auflegen müssen! Ich wette, Sie haben weder eine Klimaanlage im Bad noch Heizdrähte im Spiegel, also können Sie keinen der Tricks für Autofenster anwenden. Aber möglicherweise haben Sie einen Fön zur Hand. Schwenken Sie ihn einfach über dem Glas hin und her, als würden Sie das Glas mit heißer Luft anstreichen wollen. (Einschalten nicht vergessen!) Die warme Luft aus dem Haartrockner erwärmt das kondensierte Wasser auf dem Glas ausreichend, daß es lieber in Dampf übergeht, genau wie auf dem elektrisch beheizten Rückfenster Ihres Wagens.

Es riecht nach Regen

Ein Bauer in der Nachbarschaft sagt, er könne es riechen, wenn Regen bevorsteht. Will der mich veräppeln?

Wahrscheinlich nicht. Er riecht zwar nicht den Regen selbst, aber so ziemlich alles andere. Fast alles riecht nämlich ein wenig stärker, wenn es bald regnen wird.

Regnerisches Wetter kündigt sich meist dadurch an, daß der Luftdruck fällt. Wetterleute vom Fernsehen sagen dann gern: »Das Barometer fällt.« (Wohin? Auf Ihren Kopf?) Das heißt, ehe es zu regnen beginnt, läßt der Druck nach, den die Luft ausübt, und sie lastet dann weniger schwer auf der Landschaft.

Währenddessen verströmen all die Bäume, das Gras, die Blumen, die Feldfrüchte und, ja, auch das Vieh ihre charakteristischen Duftnoten. Gerüche sind kleinste Mengen von Dämpfen, die von den Substanzen abgegeben werden (siehe S. 204), und wir riechen sie, wenn die Moleküle dieser Dämpfe zufällig mit der Luft in unsere Nase gelangen. Bei niedrigem Luftdruck drückt die Luft nicht so stark nach unten, weshalb mehr von diesen Dämpfen in die Luft entweichen können und alles etwas kräftiger riecht.

Wenn die mit Regen beladene Tiefdruck-Front heranzieht, wird sie außerdem von Luftbewegungen begleitet, die ferne, normalerweise nicht wahrnehmbare Gerüche herantragen.

Natürlich entwickelt ein Bauer ziemlich viel Gespür für alle Arten von Wetterhinweisen, und so hat er vielleicht ein wenig gemogelt, weil er zusätzlich noch den Himmel, den Wind und vielleicht sogar seine Arthritis zu Rate gezogen hat.

Übrigens haben die Mediziner einmal geglaubt, Menschen mit Arthritis würden aufziehenden Regen spüren, weil sich in ihren erkrankten Gelenken winzige Gasbläschen befänden. Diese Bläschen sollten sich bei fallendem Luftdruck ausdehnen und von innen auf das Gelenk drücken. Hübsche Theorie, aber ich kann verstehen, daß sie nicht mehr in Mode ist.

KAPITEL 7

Der Mensch und seine Sachen

Unsere Gesellschaft ist eine materialistische.

Mag ja sein, daß wir von den Vögeln reden, den Bienen, den Bäumen, dem Mond und den Sternen, aber womit wir uns umgeben, ist eine Ansammlung von Waren – von Substanzen und Sachen, die hergestellt, verkauft, gekauft, benutzt und schließlich weggeworfen werden. Selbst wenn wir in der Wildnis unterwegs sind, brauchen wir Schlafsack, Feldflasche, Messer und üblicherweise auch Kleidung. (Moskitos können gnadenlos sein.) Und das alles sind hergestellte Waren.

In allem steckt Wissenschaft. Jeder künstlich hergestellte Gegenstand ist aus sehr guten (oft unerwarteten und erstaunlichen) Gründen genau so beschaffen, wie er ist, und nicht irgendwie anders. Ich rede hier nicht von der Erfindung oder der Herstellungstechnik. Diese Bereiche gehören nicht zur Wissenschaft, sondern sind deren Anwendungen. Ich spreche von den grundlegenden Prinzipien, die allen Substanzen oder Objekten ihre je einzigartigen Eigenschaften als Material oder Gegenstand verleihen.

Im folgenden Kapitel untersuchen wir die Substanzen und Dinge, die wir täglich, oder zumindest fast täglich, verwenden – von der Seife bis zum Sekt, von Radiergummis bis zu Rauchmeldern, von Autoreifen bis zur Aluminiumfolie, von Sprengstoff bis zu Skateboards und von Früchte-Uhren bis zu Flugzeugen.

Am Schluß dieses Buches der Antworten werden wir die *Frage aller Fragen dieser Welt* angehen: Warum geschehen manche Dinge, während andere Dinge nicht geschehen? Ob Sie es glauben oder nicht, darauf *gibt* es eine allgemeingültige Antwort.

Sondermeldung! Hai beißt Flugzeug

Jedesmal, wenn mich die Flugangst packt, erzählt mir jemand, daß die Chancen, Opfer eines Flugzeugabsturzes zu werden, sehr viel kleiner sind als die, von einem Hai gebissen zu werden. Was ich allerdings nicht verstehe: Wieso soll mein Flugzeug durch eine große Anzahl von Haiattacken sicherer werden?

Herzlichen Glückwunsch! Sie haben den Finger auf das flagranteste Beispiel von Zahlenspielereien gelegt, mit denen gelogen wird, abgesehen vielleicht vom Thema Brustimplantate.

Schauen wir uns doch einmal ein paar Statistiken an. Zwischen 1994 und 1997 gab es in den USA pro Jahr durchschnittlich dreiunddreißig Angriffe von Haien. Im gleichen Zeitraum kam es zu durchschnittlich drei Flugzeugabstürzen pro Jahr. Also ist Ihre Chance, einem Absturz zum Opfer zu fallen, elfmal geringer als die, von einem Hai angegriffen zu werden, richtig?

Falsch! Es ist vollkommen unsinnig, zwei so vollkommen unterschiedliche Szenarien miteinander zu vergleichen. Warum im Leben sollte jemand auf die Idee kommen, Haiangriffe und Flugzeugabstürze in einem Atemzug zu nennen, außer er will eine vorgefaßte Ansicht durchsetzen? Wer immer sich mit solchen Scheinargumenten abspeisen läßt, wird eher wegen seiner Leichtgläubigkeit sterben als wegen eines Hais oder eines Flugzeugs.

Doch selbst wenn es etwas brächte, solche völlig unzusammenhängenden Zahlensätze miteinander zu vergleichen, wäre das ohne eine ganze Menge anderer Informationen immer noch sinnlos. Sind die Menschen, die bei Abstürzen ums Leben kamen, sehr viel häufiger oder sehr viel seltener geflogen als Sie? In beiden Fällen wären deren Chancen anders zu beziffern als bei Ihnen. Und wie viele von den 250 Millionen Bürgern der USA sind je ins Meer gestiegen? Haben sie es in Florida getan, wo die meisten Haiangriffe stattfinden, oder in New York, wo die gefährlichen Tiere sich alle in Tierparks oder U-Bahnen befinden?

Den Leuten ist nicht klar, daß die Chance, bei einem Absturz zu sterben, wenn sie im Flugzeug sitzen, unendlich viel größer – und nicht kleiner – ist als die Chance, von einem Hai angegriffen zu werden: In einem Flugzeug gibt es, abgesehen vielleicht von Anwälten, keine Raubtiere. Sorgen Sie sich wegen der Haie, wenn Sie im Wasser sind; wegen der Flugzeuge müssen Sie sich Sorgen machen, wenn Sie in der Luft sind. Die einzig mögliche Verknüpfung ergäbe sich, wenn Ihr Flugzeug in haiverseuchten Gewässern abstürzte. In diesem Fall gehört Ihr statistischer Hintern der Katz' – äh, dem Hai.

Dennoch bleibt eine berechtigte Frage: Wie *sehr* muß man sich wegen Flugzeugen Sorgen machen, wenn man in der Luft ist? Welche Statistik ist hier von Belang?

Wenn ich fliege, fühle ich mich wegen einer einzigen statistischen Aussage sicher. Doch die hat nichts mit der Zahl der Todesfälle aufgrund von Haiattacken, Ertrinken, unbeabsichtigten Stürzen von der Leiter, Selbstmorden, Autounfällen oder Blitzschlägen zu tun – Zahlen, die man häufig anführt, um die Ängste mancher bis zu den Haarwurzeln verkrampfter Passagiere zu dämpfen, die aber völlig irrelevant sind. Die Statistik, die ich mir selbst vorsage, bezieht sich auf meinen speziellen Flug, nämlich den, mit dem ich gerade unterwegs bin. Und die Wahrscheinlichkeit, daß ein Flug mit einem Absturz endet, liegt bei eins zu 2,5 Millionen. Das reicht mir völlig aus.

Außer natürlich, wenn mein Flieger in Turbulenzen gerät.

Hier rollt der Rubbel

Wie arbeitet ein Radiergummi?

Jedenfalls nicht wie ein Tafelschwamm, mit dem eine Ansammlung von Kalk von einer glatten Oberfläche abgewischt wird. Papier ist nicht so glatt, und ein Bleistiftstrich befindet sich nicht nur an der Oberfläche; der größte Teil davon ist zwischen Papierfasern eingebettet.

Wenn Sie sich eine Bleistiftmarkierung unter dem Mikroskop ansehen, werden Sie feststellen, daß sie nicht als durchgehender Strich erscheint: Sie besteht aus einzelnen schwarzen Partikeln mit einer Größe von ein paar Tausendstel Millimetern, die an den Papierfasern haften und regellos zwischen ihnen verteilt sind. Mit dem Radiergummi lassen sich diese winzigen Teilchen wieder herauspflücken. Das ist möglich, weil er (a) so elastisch ist, daß er zwischen die Fasern hineinreicht, und (b) gerade ausreichend klebrig ist, daß er die schwarzen Partikel festhält und herauszieht.

Während der Gummi über das Papier radiert, rubbeln die Papierfasern jedoch auch Teilchen von dem Radiergummi ab, der nun seinerseits, wenn ich so sagen darf, der Gerubbelte ist. Die abradierten Gummischnipsel rollen die eingesammelten schwarzen Teilchen in diese lästigen Krümel ein, die wir dann wegbürsten müssen. Unter dem Mikroskop sehen diese Krümel, um es mit einem etwas unappetitlichen Bild zu vermitteln, wie in Kohlenstaub gewälzte Enchiladas (eine Art gefüllter Pfannkuchenröllchen) aus.

Die schwarzen Teilchen bestehen aus Graphit, einer schwarzglänzenden, mineralischen Form des Kohlenstoffs, die leicht schuppenförmig abschilfert. In elementarer Form ist Graphit viel zu bröselig, als daß man damit scharfe, exakte Linien ziehen könnte. Deshalb mischt man ihn zum Härten mit Ton und mit Wachs als Bindemittel, was die Mine für den »Blei«-Stift ergibt, der – es ist meine Pflicht, darauf hinzuweisen – keine Spur von Blei enthält.

Echtes Blei ist ein weiches, graues Metall, das dunkle Striche hinterläßt, wenn man damit über eine glatte Oberfläche streicht. Man hat es bis zur Mitte des sechzehnten Jahrhunderts zum Schreiben verwendet, bis ein schweizerischer Naturforscher namens Conrad von Gesner (1516–1565) Graphit in einer hölzernen Halterung befestigte und so den ersten *Bleistift* konstruierte. Bis zu dieser Zeit hatte man Graphit für eine Form von Blei gehalten, und mit einer erstaunlichen Demonstration von Beharrungsvermögen nennen wir das schwarze Zeug in den Schreibgeräten vierhundert Jahre später immer noch Blei. Selbst Herr Gesner ist offenkundig nicht in der Lage gewesen, das Wort »Bleistift« für seine Erfindung zu verhindern. Und wo wir schon dabei sind: Das englische Wort für Bleistift, *pencil*, ist vom lateinischen *penicillus* abgeleitet, das »Pinsel« bedeutet. (Und falls Sie es unbedingt wissen wollen, *penicillus* ist die Verkleinerungsform von *penis*, »Schwanz«.)

Kneipenwette

Bleistifte enthalten kein Blei.

Die sogenannten weichen Bleistifte wie die bekannte Nr. 2, die bei Prüfungen nach dem Auswahlverfahren verwendet werden mußten, ergeben nicht deswegen dunklere Striche, weil die Graphit-Teilchen irgendwie schwärzer wären. Es gelangen mehr davon auf das Papier, weil in diesem Bleistift ein größerer Anteil des weichen Graphits mit dem harten Ton vermischt ist. Dadurch können mehr und größere schwarze Partikel auf das Papier gebracht werden. Es ergibt sich ein breiterer, kräftigerer Strich.

Graphit ist ein glänzendes Mineral, und die kräftigen Striche auf dem Prüfungsbogen, die wir mit unserem Bleistift der Härte 2 in den Kästchen machen, reflektieren Licht. Zur Auswertung laufen die Bögen durch eine Maschine, die sie mit Hilfe von Lichtstrahlen abtastet und die Reflexionen registriert. Wenn das Licht von den richtigen, nicht aber von den falschen Stellen reflektiert wird, herzlichen Glückwunsch. Sie bekommen eine gute Note.

Gummischnalzen

Warum läßt sich Gummi dehnen?

Wenn es etwas gibt, was Sie zu einem leidenschaftlichen Anhänger der Moleküle werden läßt, dann ist es folgende Aussage: Gummi läßt sich in die Länge ziehen, weil er aus dehnbaren Molekülen besteht; das heißt, jedes seiner Moleküle ist wie ein Gummiband *en miniature* aufgebaut.

Gummimoleküle gleichen langen, dünnen Würmern, die wie eine Spirale aufgewickelt sind, aber durch entsprechende Zugkräfte am Kopf- und am Schwanzende auseinandergezogen werden können. Ein Stück Gummi läßt sich als eine Büchse voller solcher Würmer beschreiben, die alle miteinander verheddert sind.

Aber Achtung: Es wäre Ihnen nicht möglich, ein Knäuel von Würmern in die Länge zu ziehen, wenn Sie nach dem Zufallsprinzip ein Kopfende und ein Schwanzende herausgriffen und sie auseinanderzögen; sie würden nur aneinander vorbeigleiten (es sei denn, sie gehören zu einem einzigen armen Wurm). Man müßte die Enden erst in geeigneter Weise verbinden, so daß der Zug an einem Wurm auf den nächsten übertragen wird, dann auf den übernächsten, und so weiter.

Wir brauchen also eine Büchse mit Würmern, die an unterschiedlichen Stellen punktweise miteinander verschmolzen sind: siamesische Würmer, die an verschiedenen Stellen ihrer gesamten Körperlänge an den Hüften zusammengewachsen sind. (Schon gut, Würmer haben keine Hüften, aber Sie wissen, was gemeint ist.)

So sehen die Moleküle von Gummi tatsächlich aus. Allerdings nicht am Anfang, wenn die Latexmilch aus dem Gummibaum tröpfelt und gerinnt und zu einem klebrigen Klumpen gepreßt wird. Hier sind die Moleküle noch nicht sehr stark miteinander verschweißt, und besonders in erwärmtem Zustand können sie leicht aneinander entlanggleiten, was das Zeug weich und klebrig werden läßt. Ein Ball aus Rohgummi würde mit einem dumpfen Plopp auf dem Boden landen. Und Reifen aus diesem Material wären völlig undenkbar.

Deshalb müssen die Menschen sich etwas einfallen lassen und die punktförmigen Verschmelzungen selbst erzeugen. Dazu dient ein simpler Vorgang, den man Vulkanisation nennt: Man erhitzt den Rohgummi zusammen mit Schwefel. Die Schwefelatome bilden Brücken oder Querverbindungen zwischen den Molekülen des Gummis. Sie lassen zwar zu, daß diese sich ein Stück weit dehnen können, zwingen sie aber anschließend unermüdlich dazu, wieder ihre ursprüngliche Form anzunehmen. Deshalb ist der so behandelte Gummi elastisch: Die Moleküle lassen sich in die Länge ziehen, aber die Querverbindungen holen sie immer wieder zurück.

Durch die Vulkanisation wird der weiche, klebrige Rohgummi so widerstandsfähig, daß er für Autoreifen verwendet werden kann. Es war Charles Goodyear (1800–1860), der dieses Verfahren 1839 entdeckt hat – ja, genau *der* Goodyear –, nachdem er zehn Jahre nach einer Möglichkeit gesucht hatte, den Gummi zäher zu machen, bis er zufällig eine Mischung von Gummi und Schwefel auf einen heißen Herd tropfen ließ, die daraufhin zäh und elastisch wurde. Seine Erfindung machte ihn zwar berühmt, aber nicht reich, und als er starb, war er hoch verschuldet.

Aber so springt der Ball eben manchmal.

Probieren Sie es selbst

Besorgen Sie sich ein kräftiges, mindestens einen Zentimeter breites Gummiband. Berühren Sie damit kurz Ihre Unterlippe, um seine Temperatur zu fühlen. Jetzt ziehen Sie es rasch in die Länge, und im gestreckten Zustand prüfen Sie erneut seine Temperatur an Ihrer Oberlippe. Das Band ist jetzt wärmer als zuvor.

Wodurch hat es sich erwärmt? Als Sie das Band in die Länge zogen, haben Sie ihm Energie mitgegeben, oder? Diese Energie hat es erwärmt. Sie stammte von Ihrer Muskulatur, und Sie müssen etwa eine Kalorie essen, um sie wieder aufzufüllen.

Wenn ein Gummiband gedehnt wird, sind seine Moleküle ordentlicher arrangiert – sie sind stärker aufgereiht – als im entspannten, wirren Grundzustand. Wie jeder von der Hausarbeit weiß, kann man nur dann Ordnung schaffen, wenn man Energie in die Aufgabe investiert. Deshalb müssen die gestreckten Moleküle mehr Energie enthalten – wärmer sein – als die entspannten Moleküle.

Ich habe Ihnen eben ganz nebenbei eine der Auswirkungen des Zweiten Gesetzes der Thermodynamik untergejubelt. Dieses Naturgesetz drückt das Verhältnis zwischen der Energie und der *Entropie* aus, dem Grad der Unordnung eines gegebenen Systems. *Un*ordnung sagt etwas darüber aus, welches Maß an zufälligem, planlosem Durcheinander herrscht. Das Zweite Gesetz der Thermodynamik erkennt an, daß die Natur die Tendenz hat, (a) ihre Energie zu verringern – alles tendiert dazu, langsamer zu werden und sich abzukühlen – und (b) ihre Entropie oder Unordnung zu vergrößern – alles tendiert dazu, in Zufallsbewegungen aufzugehen und sich planlos zu verteilen. Wenn man die Tendenz zu stärkerer Unordnung (höherer Entropie) umkehren will, muß man die Energie des Systems erhöhen. Das ist eine unumstößliche Naturtatsache: Alles, was geschieht, vollzieht sich als Ausgleich zwischen Energie und Entropie (siehe S. 333).

Leben in der Aufstandsfläche

Wie kommt es, daß mein neuer Satz Reifen soviel lauter ist als der alte, besonders, wenn ich schnell fahre? Manchmal kann ich kaum die Polizeisirene hinter mir hören.

Über die im zweiten Satz enthaltene Aussage will ich lieber hinwegsehen. Offensichtlich aber dürften Ihre alten Reifen ziemlich abgefahren gewesen sein, und glatte Reifen rollen leiser ab.

Reifengeräusche hängen vom Profilmuster, der Beschaffenheit der Straßenoberfläche und dem perfekten Rundlauf ab. Reifen können nämlich unrund sein, und dann schlagen die Erhebungen bei jeder Umdrehung auf die Straße. Da ich aber davon ausgehe, daß Ihre Reifen doch eher rund als rechteckig sind und daß Sie auf einer relativ glatten Autobahn (also nicht auf einem Feldweg) unterwegs sind, läuft die Frage eigentlich darauf hinaus, weshalb rollender Gummi überhaupt irgendwelche Geräusche fabriziert; man sollte doch meinen, daß es nichts Leiseres geben kann. Und die Reifenhersteller unternehmen ja tatsächlich eine Menge Anstrengungen, ihre Produkte möglichst geräuscharm zu machen. Einiges von dem, was sie dabei berücksichtigen müssen, erfahren Sie im folgenden.

Wie Sie sich angesichts der komplexen Struktur der Geräusche – es handelt sich nur selten um einen reinen Ton wie in der Musik – vielleicht vorstellen können, entspringen sie einer Kombination mehrerer Faktoren, die die Reifen in Schwingungen versetzen. Wenn die Reifenwände vibrieren, schwingt die Luft im Inneren wie außerhalb des Reifens mit, und genau diesen Vorgang hat man als Schall definiert: Schwingungen der Luft (siehe S. 54).

Die meisten Geräusche gehen dabei von der »Aufstandsfläche« aus – der ständig wechselnden Fläche, die auf der Straße aufliegt. Da mit der Drehung jeder Reifenabschnitt dort ankommt, schlägt er auf die Straße und wird zur Aufstandsfläche abgeplattet. Dieses konstante Aufschlagen macht Lärm. Neue Reifen sind aber nicht vollkommen glatt (außer bei Rennwagen; siehe S. 30). Die in Längs- und Querrichtung verlaufenden Profilrillen teilen ihre Oberfläche in getrennte Gummiblöcke auf, und diese Blöcke treffen mit einem Geräusch auf der Straße auf, das dem Stakkato von Maschinengewehrfeuer ähnelt. Das macht zusätzlichen Lärm. Außerdem springt jeder Profilblock, wenn er ans Ende der Aufstandsfläche gelangt ist, in seine ursprüngliche Form zurück, was ebenfalls Luftschwingungen erzeugt. Auch das vermehrt den Lärm.

Eine weniger offensichtliche Geräuschquelle findet sich in entweichender komprimierter Luft. Eine Profilrille kann im Verlauf der Reifenumdrehung ein gewisses Luftvolumen in die Aufstandsfläche mitnehmen und dort gegen den Straßenbelag verdichten. Beim Verlassen der Kontaktfläche entweicht die eingeschlossene Luft mit einem plötzlichen – verzeihen Sie den Ausdruck – Furzen nach hinten. Man hat Versuche mit porösen Straßenbelägen gemacht, die diese Lärmquelle erheblich reduzieren können, weil die Luft hier durch den Asphalt entweichen kann.

Alle geschilderten Effekte hängen vom Profilmuster Ihrer Reifen und den Eigenschaften des Straßenbelags ab. Und je schneller Sie fahren, desto häufiger pro Sekunde laufen natürlich all diese lärmerzeugenden Prozesse ab. Wenn Sie langsamer fahren, reduziert das nicht nur den Lärm, den Ihre Reifen machen, sondern es schaltet auch endlich diese lästige Sirene ab.

Schmutzige Filme

Auf der Innenseite der Windschutzscheibe meines Autos scheint sich immer wieder ein Schmutzfilm zu bilden. Ich bin Nichtraucher und gestatte auch keinem anderen, in meinem Wagen zu rauchen. Wie kommt dieser Belag zustande?

Ein guter Film hat es verdient, mit einem anderen beantwortet zu werden. Ich übernehme meine Antwort also aus einer berühmten Zeile des Films *Die Reifeprüfung* von 1967: »Mit einem Wort: ›Plastik‹.« Es sind vor allem die Kunststoffe, die den Belag auf Ihrer Windschutzscheibe hervorbringen.

Erinnern Sie sich noch, wie Ihr Wagen roch, als er brandneu war? Er *roch* brandneu. Der Geruch eines neuen Autos setzt sich aus einem Potpourri vieler flüchtiger Verbindungen zusammen, die bei seiner Herstellung eingesetzt wurden, von der Farbe und den Lösungsmitteln der Kleber bis hin zu den Chemikalien, mit denen man Gummi, Kunststoffe und textile Gewebe behandelt hat und, falls Sie bei Kasse sind, auch die üppigen Lederbezüge der Sitze. Jede Substanz auf der Welt gibt ja ständig eine mehr oder weniger große Menge ihrer Moleküle in die Luft ab (wissenschaftlich ausgedrückt: Jede Substanz besitzt einen bestimmten *Dampfdruck*; siehe S. 287). Wir können eine Substanz riechen, wenn einige ihrer verdampften Moleküle zu den Riechzellen in unserer Nase gelangen (siehe S. 204). Und die, die nicht in unsere Nase hinaufziehen, können überall im Auto landen.

Die meisten dieser flüchtigen Substanzen verdampfen vollständig und verschwinden, lange bevor Sie den Kredit abbezahlt haben. Wenn Sie es dann endlich geschafft haben, riecht Ihr Auto nicht mehr wie neu. Doch andere Substanzen, die nicht erkennbar nach neuen Schulden riechen, werden langsamer und über längere Zeiträume hinweg abgegeben.

Insbesondere die Kunststoffe gehören zu den größten Langzeit-Emittenten von Chemikalien: Es sind vor allem Weichmacher, wachsähnliche Verbindungen, die sie elastisch machen. Wenn Ihr Wagen draußen in der Sonne steht, trifft die intensive Strahlung, die durch die Windschutzscheibe knallt – moderne Autos haben aus Gründen der Aerodynamik fast waagrechte Frontscheiben –, auf die Armaturenbrettabdeckung aus Plastik. Dort treibt sie Weichmacher-Dämpfe aus, die sich dann an dem etwas kühleren Glas niederschlagen. Der klebrige Film der wachsartigen Weichmacher fängt dann Staubteilchen ein, die durch die Lüftungskanäle in der Umgebung der Frontscheibe hereinfliegen, worauf Sie sie entweder reinigen oder ein neues Auto kaufen können.

Knitterfalten von der Stange

Warum knittert meine Kleidung so sehr, und was geschieht beim Bügeln, daß die Knitterfalten verschwinden?

Ihre Kleidung knittert, weil Sie darauf bestehen, sie auf einem warmen, feuchten, sich bewegenden Körper zu tragen. Wären Sie kalt, trocken und stocksteif, hätten Sie keine Probleme. Jedenfalls keine Probleme mit der Kleidung.

Wärme und Feuchtigkeit erzeugen Knitterfalten, und mit Wärme und Feuchtigkeit kriegen Sie sie auch wieder raus. Trockenes, kaltes Pressen oder Bügeln, selbst wenn der Druck einige Tonnen betrüge, würde wenig bewirken; Sie brauchen sowohl die Wärme als auch die Feuchtigkeit, die den ursprünglichen Schaden verursacht haben.

Zum Knittern und Bügeln lassen sich nicht so leicht allgemeine Aussagen machen, weil Kleidung in unserer Zeit aus so vielen verschiedenen Arten von Fasern hergestellt wird. Da sind einmal die synthetischen (künstlich erzeugten) Fasern einschließlich Nylon und einer Vielzahl von Polyestern und Acrylverbindungen mit den verschiedensten Handelsbezeichnungen. Alle synthetischen Fasern bestehen aus sogenannten Polymeren, chemischen Verbindungen, deren Moleküle sehr groß sind und sich aus Tausenden identischer kleinerer Moleküle zusammensetzen, die zu außerordentlich langen Ketten (für ein einziges Molekül) verknüpft sind. Viele dieser synthetischen Fasern sind wärmeempfindlich. Das heißt, wenn man sie erhitzt, verbiegen sie sich, und wenn sie wieder abgekühlt werden, behalten sie diese Verformung bei. Ein Kleidungsstück, das man in der Fabrik so behandelt hat, behält also seine Form.

Zum anderen gibt es die Naturfasern, die wir aus Pflanzen, Tieren und Insekten gewinnen, also Baumwolle von der Baumwollpflanze, Leinen aus Flachs, Wolle von verschiedenen Tieren und Seide von den Seidenraupen. Ich werde mich hier auf eine der ältesten und am leichtesten knitternden aller Fasern beschränken: die Baumwolle. Was das Knittern angeht, gehört sie zu den Schurken im Stück.

Baumwollfasern sind Filamente (lange fadenförmige Strukturen) aus Zellulose, einem in Pflanzenzellen natürlich vorkommenden Polymer. (Um Sie sozusagen mit Haarspaltereien zu konfrontieren: Eine *Faser* ist ein einzelner Bestandteil der Baumwolle, dessen Länge zumindest das Hundertfache seiner Dicke ausmacht, während ein *Fila-*

ment eine extralange Faser bezeichnet; ein *Strang* besteht aus vielen Filamenten, und ein *Faden* setzt sich aus vielen zusammengedrehten Filamenten zusammen. Ich wußte, daß Sie das interessieren würde.)

In gewisser Hinsicht verhält sich eine Baumwollfaser wie eine lange, dünne Metallstange: Wenn man sie ein wenig biegt, springt sie anschließend wieder in ihre ursprüngliche Form zurück, doch wenn man dabei einen bestimmten Punkt überschreitet, behält sie ihre neue Form bei. Wie weit man sie verbiegen kann, ehe die Krümmung zur Dauerwelle wird, hängt von der Temperatur ab. Es gibt eine bestimmte Temperatur, unterhalb deren sie wieder zurückspringt, wogegen sie oberhalb davon verformt bleibt. Für trockene Baumwolle liegt diese sogenannte Übergangstemperatur bei 49 Grad Celsius.

Bis jetzt haben Sie Glück, weil Ihre Körpertemperatur nur bei etwa 37 Grad Celsius und damit erheblich unterhalb der Knittertemperatur bleibt.

Doch da gibt es auch noch die Wirkung der Feuchtigkeit. Wasser, zum Beispiel in der Form von Schweiß, kann die Übergangstemperatur von Baumwolle bis auf 21 Grad Celsius absenken. Und ob Ihnen das bewußt ist oder nicht: Sie schwitzen ständig. Normalerweise merken Sie das nicht, weil der Schweiß so schnell von Ihrer Haut verdunstet, wie er entsteht – außer wenn die Luft sehr feucht ist, denn dann verdunstet er nicht, und Sie sagen, daß Sie »schwitzen«.

Wenn Sie nun auch noch so kühn sind, auf Ihren Hosen oder Ihrem Rock zu sitzen oder Ihre übrigen Gewänder dadurch zu strapazieren, daß Sie Ihre warmen, feuchten Gliedmaßen stark beugen, können die Fasern zu neuen, geknickten Formen verbogen werden. Dann stehen Sie vielleicht auf. Der Schweiß verdunstet, die Fasern kühlen sich wieder unter ihre Übergangstemperatur ab und behalten ihre neuen Formen bei. Ihre Kleidung ist verknittert, und so sehen Sie auch aus.

Wie schaffen Sie es, den Fasern wieder ihre ursprüngliche gestreckte Form zurückzugeben? Dazu brauchen Sie ihnen nur wieder Wärme und Feuchtigkeit zu gönnen, damit sie sich oberhalb der Übergangstemperatur befinden, während Sie das Gewebe mit der Sohle eines Dampfbügeleisens flach in seiner Ausgangsform festhalten. Der Dampf senkt die Übergangstemperatur weit unter die des Bügeleisens, und so können sich die anfänglichen geraden Formen wieder einstellen.

Man kann sich den Vorgang recht zutreffend so vorstellen, daß Wärme und Feuchtigkeit die Struktur der Fasern »schmelzen« lassen, während die neue Form beim Abkühlen »einfriert«, gleichgültig, ob die Fasern nun gerade oder verknittert sind.

Nach der Wäsche sollten Sie versuchen, Ihre Kleidung stets aus dem Trockner zu holen, solange sie noch warm und ein wenig feucht ist. In diesem Zustand können Sie die Teile flach auslegen, und sie kühlen in dieser glatten Form ab. Oder Sie hängen sie auf einen Bügel und überlassen es der Schwerkraft, sie glattzuziehen. Wenn Sie sie dagegen zu lange im Trockner lassen, nachdem dieser zum Stillstand gekommen ist, kühlt alles in seiner verknitterten Form ab, und die Falten bleiben fixiert.

Erbsenzähler-Ecke

Warum beginnt die Baumwolle oberhalb einer bestimmten Temperatur zu knittern?

Baumwolle ist aus Zellulose aufgebaut, einem natürlichen Polymer, dessen Moleküle aus Tausenden, zu langen Ketten vereinten Zucker-(Glukose-)Molekülen bestehen. Baumwollfasern setzen sich aus Bündeln dieser Zellulosemoleküle zusammen, die in der Richtung der Faser eng aneinanderliegen.

An manchen Stellen sind die Zellulosemoleküle über sogenannte Wasserstoffbrücken wie ein loses Bündel aus Stöcken locker miteinander verbunden. Der Trick besteht nun darin, diese Struktur zu erhalten, denn wenn diese schwachen Bindungen gelöst werden und sich wieder neu bilden, solange die Fasern geknickt sind, bleiben sie in dieser Stellung.

Wasserstoffbrücken lassen sich durch eine Kombination aus Wärme, die die Moleküle in Schwingungen versetzt, und Wasser, das zwischen die Fasern gelangt und sie aufquellen läßt, lösen. Wasser senkt die Übergangstemperatur, weil die aufgequollenen Moleküle weiter voneinander entfernt und deswegen leichter zu trennen sind. Deshalb ist ein Dampfbügeleisen soviel wirkungsvoller als ein Trockenbügeleisen.

Und hopp!

Ich habe zugesehen, wie die Kids mit ihren Skateboards Dinge tun, die den Gesetzen der Physik Hohn zu sprechen scheinen. Während sie über ein Hindernis springen, hebt sich das Board mit ihnen in die Luft, obwohl es in keiner Weise mit ihren Füßen verbunden ist. Wie ist das möglich?

Ihrer Beschreibung nach handelt es sich um ein Manöver namens *Ollie*, benannt nach seinem Erfinder, einem Allen Ollie Gelfand. Gelfand gehörte Ende der fünfziger Jahre des letzten Jahrhunderts zu einer Anzahl von kalifornischen Surfern, die es einfach nicht erwarten konnten, bis gute Wellen aufkamen, und die deshalb beschlossen, auf dem Bürgersteig zu surfen. Damit begann das Skateboard-Fieber.

Ein Ollie ist ein Luftsprung, bei dem man sein Skateboard nicht verliert. Das sieht dann in der Tat so aus, als würde das Brett wie beim Schwebetrick eines Zauberers mit den Füßen mitgehen, und ein guter Skateboarder macht das so schnell, daß man nicht sieht, wie es funktioniert. Der Trick beruht darauf, daß das Gerät nicht einfach ein flaches Brett auf Rädern ist – es ist am hinteren Ende aufgebogen, und darin liegt das Geheimnis, wie man es in die Luft befördert.

Probieren Sie es lieber nicht

Um Tricks auf dem Skateboard zu lernen, braucht man eine Menge Übung, ganz zu schweigen von Mitteln zur Wunddesinfektion, Verbandmaterial und Schienen. Die folgende Beschreibung hört sich vielleicht logisch an, ist aber nicht als Anleitung gedacht.

So also macht ein Skateboarder einen Ollie:

Wenn er sich einem Hindernis nähert, das er überspringen will, stellt der Skater den einen Fuß auf die Mitte des Bretts und den anderen auf die Spitze des hinteren Teils. Dann stampft er mit dem hinteren Fuß kräftig auf, so daß die Hinterkante den Boden berührt, während die Vorderkante (die Nase) wie bei einer Wippe in die Luft steigt. Gleichzeitig – und das Timing ist entscheidend – springt er hoch, und zwar hoffentlich so hoch, daß er über das Hindernis hinwegfliegt. Während er abhebt, drückt die Nase des Bretts nach wie vor mit dem Impuls gegen seinen vorderen Fuß, den es beim Tritt auf die Hinterkante mitbekommen hat. Nun rutscht er rasch mit dem Fuß nach vorn und bringt die vordere Kante des Bretts wieder auf die Höhe der hinteren. Er schwebt nun auf einem waagrechten Skateboard frei in der Luft und segelt – immer noch hoffentlich – mit einem ausreichenden Vorwärtsimpuls weiter, um das hintere Ende des Hindernisses zu erreichen (was natürlich erfordert, daß er am Anfang des Sprungs schnell genug unterwegs war). Wenn am Ende die Schwerkraft überwiegt, fallen er und sein Brett gemeinsam zu Boden, wobei seine Füße immer noch mit dem Brett in Kontakt sind.

Für den Skater ist es wichtig zu wissen, daß er niemals höher springen kann, als das auch bei einem Sprung aus dem Stand möglich wäre. Die erreichbare Aufwärtsbewegung hängt in keiner Weise von seiner horizontalen Geschwindigkeit ab, denn für die Schwerkraft sind alle Bewegungen parallel zur Erdoberfläche belanglos; für sie zählt nur, wie weit jemand vom Erdmittelpunkt entfernt ist und ob sie ihn näher dorthin ziehen kann (siehe S. 154).

Sollte ein Skater also über einen Campingtisch springen wollen, muß er zunächst sicher sein, daß er aus dem Stand auf den Tisch springen kann, ehe er es mit einem Skateboard an den Füßen versucht. Und dazu kommt dann noch das Brett, das er bei der zu springenden Höhe mit einkalkulieren muß.

Beachten Sie, daß der Skater und sein Brett ihre Energie für den Steigflug aus zwei verschiedenen Quellen beziehen: er von dem Absprung mit dem einen Bein und das Brett von dem Tritt auf die Hinterkante, der dessen Nase in die Luft steigen ließ. (Eigentlich würde ein Skateboard auch ohne einen »Piloten« in die Luft springen, wenn jemand auf seine aufgebogene Hinterkante tritt.) Es hat also nichts mit Zauberei zu tun, wenn Brett und Skater gemeinsam aufsteigen, obwohl sie nicht miteinander verbunden sind. Ein wahrer Olliemeister gestattet keinen Lichtspalt zwischen seinen Füßen und dem Board, so daß es wirklich aussieht, als würden sie zusammenkleben.

Probieren Sie es selbst

Wenn Sie sich veranschaulichen wollen, wie ein Skateboard nach einem Tritt auf sein hinteres Ende in die Luft steigt, legen Sie einen Löffel mit der Vertiefung nach oben auf den Tisch. Seine aufwärts gebogene Kante entspricht dem aufwärts gebogenen hinteren Ende des Bretts. Nun klopfen Sie kräftig mit dem Finger auf diese Kante, ähnlich dem Skateboarder, der auf die Hinterkante seines Sportgeräts tritt. Der Löffel wird mit dem Stiel voraus in die Luft geschleudert und überschlägt sich dann während des weiteren Fluges. Analog zum Skateboard würde der Pilot die Stielseite mit dem vorderen Fuß nach unten drücken und den Impuls dadurch nach hinten zur Vertiefung verschieben, die so auf die Höhe des Stiels käme.

Sobald jemand den Ollie beherrscht und wieder aus dem Krankenhaus entlassen ist, kann er die Figur als Grundlage für eine beliebige Anzahl weiterer Tricks mit dem Skateboard einsetzen, die anscheinend alle ein Leben im Schwebezustand einschließen. Welche Tricks? Wie wäre es mit einem *Nollie, Grind, Heelflip, Kickflip, Ollieflip, Pop-Shov-it, Shov-it-Kickflip, Casper, Melloncollie, McTwist, Tailslide, Wheelslide, Lipside, Indygrab* oder *Wallride*? Viele dieser Figuren werden nicht auf der Straße vorgeführt, sondern in Skateparks mit einer *Halfpipe* und dafür angelegten Hängen, Mauern und Rampen, wo auch Wettbewerbe abgehalten werden.

Ich für meine Person halte mich lieber an Golf.

Limo … zisch!

Warum spritzt der Champagner in der Gegend herum, wenn ich eine Flasche öffne? Das Zeug ist schweineteuer, und ich hasse es, wenn es verschüttet wird.

Wollen Sie damit sagen, daß Sie ihn wirklich trinken? Wenn man den Fernsehbildern glauben darf, sollte man meinen, daß der Champagner in der amerikanischen (und in der weltweiten Fernseh-)Kultur hauptsächlich dafür gebraucht wird, die Sieger der Super-Bowl in den Umkleideräumen oder die drei Männer auf dem Treppchen eines Formel-1-Rennens damit abzuspritzen (ja, sogar die Etappensieger der Tour de France, wenn Sie unbedingt meinen, Sie Euro-Chauvi!). Die etwas kleineren Kinder veranstalten den gleichen Zirkus mit Limo; sie schütteln die Flasche gründlich, bevor sie den Daumen obendrauf ein wenig verschieben, um besser zielen zu können … Den Rest kennen Sie ja. (*Machen Sie das nicht bei sich zu Hause!*)

Wenn ich sage, daß der Gasdruck im Inneren einer Bier-, Champagner- oder Limoflasche durch Schütteln steigt, würden 99 von 100 Menschen, selbst Chemiker und Physiker, zustimmen. Doch es trifft nicht zu. Wenn Sie eine verschlossene Flasche oder Dose mit einem kohlensäurehaltigen Getränk schütteln, verändert sich der Druck in dem Behälter nicht.

Sicherlich *scheint* es so, als würde der Druck durch Schütteln erhöht, und man kann sich leicht schlaue Theorien ausdenken, warum das so sein sollte. Aber ich werde hier kein Wässerchen trüben und darauf verzichten, diese Theorien anzuführen, denn sie haben sich alle als Schlag ins Wasser erwiesen.

Warum aber sprudelt dann die Flüssigkeit so heftig heraus, wenn man eine Flasche vor dem Öffnen geschüttelt hat? Das liegt nur daran, daß man es dem Gas durch das Schütteln leichter macht, aus der Flüssigkeit zu entweichen, und weil es nach dem Öffnen der Flasche so begierig entkommen will, reißt es einen Teil der Flüssigkeit mit.

Zwei Chemiker, David W. Deamer und Benjamin K. Selinger von der Australian National University in Canberra, klärten die Frage 1988 in der einfachstmöglichen Weise: Sie maßen den Gasdruck in einer Flasche Limo vor und nach dem Schütteln. Dazu bauten sie einen Standard-Druckmesser, der sich nicht allzusehr von einem normalen Reifendruckmeßgerät unterschied, so um, daß er auf die Öffnung einer Limoflasche geschraubt werden konnte.

Hier ihre Ergebnisse (wenn sie sich Champagner geleistet hätten, wäre dasselbe dabei herausgekommen): In einer ungeöffneten Flasche, die etwa einen Tag lang bei Zimmertemperatur ruhen kann und dann geschüttelt wird, ändert sich der Druck des Kohlendioxid-Gases im Bereich oberhalb der Flüssigkeit nicht.

Der Gasdruck wird nämlich nur durch zwei Faktoren beeinflußt: (a) die Temperatur und (b) die Menge des Kohlendioxids, die sich bei der gegebenen Temperatur in der Flüssigkeit lösen kann (in der Sprache der Wissenschaft: die *Löslichkeit* des Gases in der Flüssigkeit). In der Flasche befindet sich eine bestimmte Menge Kohlendioxid; ein Teil davon ist in der Flüssigkeit gelöst, der Rest gasförmig im Hals der Flasche. Wenn nun eine ungeöffnete Flasche mit Sprudel für einige Zeit bei gleichbleibender Temperatur aufbewahrt wird, stellt sich zwischen der Menge des in der Flüssigkeit gelösten Gases und dem Anteil des *nicht* gelösten Gases ein der gegebenen Temperatur entsprechendes Verhältnis ein (in der Sprache der Wissenschaft: Das

System kommt in *Gleichgewicht*; siehe S. 275). Dieses Verhältnis können Sie nur verschieben, wenn Sie die Temperatur ändern oder mehr Kohlendioxid hinzufügen.

(Wenn Sie die Flasche etwa vierundzwanzig Stunden in den Kühlschrank legen, löst sich mehr Gas in der Flüssigkeit, weil Gase sich allgemein leichter in kälteren Flüssigkeiten lösen. Im Flaschenhals befindet sich dann weniger Gas, und der Druck ist niedriger. Deshalb sprudelt beim Öffnen einer kalten Flasche weniger heraus als bei einer warmen.)

Worauf es dabei ankommt: Schütteln allein kann den Druck nicht verändern, weil es weder die Temperatur noch die anderen in der Flasche vorhandenen Kräfte oder Energien beeinflußt. Sie müssen also keine Angst haben, daß die Flaschen explodieren, wenn Sie Ihr Bier, Ihre Limo oder Ihren Champagner auf dem Weg vom Laden zur Wohnung unsanft behandeln. Dagegen sollten Sie dafür sorgen, daß die Flaschen nicht im Kofferraum Ihres Wagens warm werden, denn die höhere Temperatur läßt tatsächlich den Druck des Gases ansteigen.

Nun können wir uns etwas fundierter damit befassen, wie das explosive Sprudeln zustande kommt, wenn wir eine vor kurzem geschüttelte Flasche öffnen. Die Flasche schäumt über, weil die Menge des freigesetzten Gases zunimmt – nicht durch Erwärmen, sondern durch das mechanische »Herauslösen« eines Anteils des gelösten Kohlendioxids aus der Flüssigkeit beim Öffnen der Flasche.

Und das geht so: Zunächst einmal kann eine Ansammlung von Kohlendioxid-Molekülen nicht einfach beschließen, sich an einem Punkt zu versammeln und eine Gasblase zu formen. Sie brauchen etwas, an das sie sich gemeinsam anlagern können – ein mikroskopisch kleines Staubkorn oder auch nur eine winzige Unebenheit der

Behälterwand. Diese Versammlungspunkte nennt man Bläschenkeime; sie bilden den Kern, um den sich die Blasen entwickeln. Sobald eine kleine Gruppe von Kohlendioxid-Molekülen sich an einem solchen Keim zusammengefunden und die ersten Ansätze zu einer Blase gebildet hat, ist es für weitere Moleküle des Gases leichter, sich anzuschließen, und die Blase wächst. Je größer die Blase wird, desto mehr Moleküle kommen hinzu, so daß sie zunehmend schneller wächst.

Wenn Sie nun eine geschlossene Flasche Limo schütteln, erzeugen Sie aus dem Gasvorrat im Hals der Flasche Millionen winziger Gasbläschen, die sich in der Flüssigkeit verteilen und dort festgehalten werden. Hier dienen sie als Millionen zusätzlicher Bläschenkeime, aus denen sich Millionen neuer Blasen entwickeln. Läßt man die Flasche anschließend wieder für längere Zeit in Ruhe, werden die Baby-Blasen wieder absorbiert; der gesamte Inhalt kehrt in den Normalzustand zurück und stellt dann keine Gefahr mehr dar.

Diese neuen Bläschenkeime und ihre frisch gebrüteten Blasen verschwinden nicht besonders schnell; in einer vor kurzem geschüttelten Flasche bleiben sie einige Zeit bestehen und warten nur auf eine arglose Seele, die daherkommt und die Flasche öffnet. Dann fällt der Druck im Flaschenhals plötzlich auf den Atmosphärendruck, die Millionen Nachwuchsblasen können wachsen, und je größer sie werden, desto schneller läuft das ab. Das große Volumen gelösten Gases drängt eruptiv und in einem gewaltigen Schwall nach draußen, wobei auch Flüssigkeit aus der Flasche mitgerissen wird.

Kneipenwette

Der Druck in einer Flasche oder Dose Bier oder Limo erhöht sich nicht, wenn man sie schüttelt.

Ach so, der Champagner? Genau dasselbe. Man läßt ihn am besten so lange ungestört im Kühlschrank, bis er »ins Gleichgewicht gekommen« ist – zumindest vierundzwanzig Stunden. Dann sollten Sie darauf achten, daß Sie ihn weder erwärmen noch heftig bewegen, bevor oder wenn Sie ihn eingießen. Wenn Sie den Drahtverschluß entfernt haben, können Sie den Korken mit den Daumen leicht nach oben drücken. So bleibt der ganze Champagner erst einmal in der Flasche, und der Korken wird nicht zum tödlichen Geschoß.

Diät-Cola verliert Gewicht

Einer meiner Freunde behauptet, er könne eine Dose Diät-Cola von einer normalen Dose Coke unterscheiden, ohne die Etiketten zu lesen oder sie zu öffnen. Kann er das wirklich?

Wahrscheinlich schon. Es ist nicht schwer, und es funktioniert auch mit Pepsi. Das ganze beruht darauf, daß eine Dose mit Diätgetränk ein wenig leichter ist als eine mit dem normalen Inhalt.

Das klassische Coca-Cola wird mit Zucker (Saccharose) oder Maiszucker gesüßt; letzterer besteht aus anderen Zuckern, in der Regel Fructose, Maltose und/oder Glucose. Diät-Cola dagegen wird mit Aspartam gesüßt, einem künstlichen Süßstoff. Aspartam ist 150- bis 200mal süßer als Saccharose, weshalb man nur eine sehr geringe Menge davon benötigt, um denselben Süßegrad zu erreichen wie beim gezuckerten Produkt. Im klassischen Cola sind etwa 2 bis 3 Prozent Zucker enthalten, während dem Diät-Cola lediglich wenige hundertstel Prozent Aspartam beigemengt werden. Deshalb ist eine Dose mit dem zuckerfreien Getränk geringfügig leichter.

Ihr Freund kann den Unterschied nicht erkennen, wenn er die beiden Dosen nur mit den Händen gegeneinander abwiegt. Wenn er jedoch ein Waschbecken mit Wasser füllt und die ungeöffneten Dosen hineinlegt, wird die Diätlimonade höher im Wasser treiben als die normale Dose, die vielleicht sogar sinkt.

Kneipenwette

Ich kann eine Dose Diät-Cola von einer normalen Cola unterscheiden, ohne sie zu öffnen oder die Etiketten zu lesen.

Sauer-Power

In einem Katalog mit technischen Neuheiten habe ich eine »Uhr mit Obststrom« gesehen. Man steckt zwei Drähte in eine Orange oder Zitrone, und damit betreibt man eine kleine Digitaluhr mit »der natürlichen Energie, die in frischen Früchten oder Gemüsen zu finden ist«. Wie funktioniert das genau?

»Natürliche Energie« ist eines dieser Modewörter von Reklamefritzen und Spinnern, die alles von Arthritiskuren bis zur Kommunikation mit den Toten unter die Leute zu bringen versuchen. Es scheint da diese Vorstellung zu geben,

»natürliche Energie« sei überall, und man müsse sie nur mit so magischen Schmuckstücken wie Kupferarmbändern (gegen Arthritis) aus der Luft abgreifen oder auch mit jenen Kristallamuletten, die man um den Hals trägt oder in der Hosentasche liebkost, um abzuwehren, was man in weniger aufgebrezelten Gesellschaften »böse Geister« nennen würde. Falls eines dieser Dinger auch nur ein Tausendstel der Energie liefern würde, die seine Propagandisten aufwenden, um sie feilzubieten, müßten wir nie wieder Kohle oder Erdöl verbrennen.

Was Früchte und Gemüse angeht, so liegt deren einzige »natürliche Energie« in den Kalorien, die Sie aufnehmen, wenn Sie sie essen – es ist die Energie, die Sie bei der »Verbrennung« der Nahrung in Ihrem Stoffwechsel freisetzen können, genau wie Sie auch Energie erzeugen können, wenn Sie ein Stück Kohle verbrennen. Es funktioniert jedoch nicht, wenn Sie Kohle essen, weil unser Organismus nicht dafür eingerichtet ist, sie zu verdauen und im Stoffwechsel zu verarbeiten – das heißt, ihre chemische Energie zu extrahieren.

Orangen und Zitronen enthalten herzlich wenig Nahrungsenergie, wie Sie der Tatsache entnehmen können, daß sie verdammt schlecht brennen (abgesehen von den Ölen in der Schale). Selbst wenn es Ihnen gelänge, deren gesamte Nahrungsenergie in elektrischen Strom statt in Muskelkraft umzuwandeln, würde eine Glühbirne von 7,5 Watt mit den fünfzehn Kalorien einer Zitrone gerade mal zwei Stunden brennen.

Darüber hinaus gibt es nur eine einzige Möglichkeit, aus einer Zitrone Nutzenergie zu gewinnen: Man läßt sie von einem hohen Gebäude fallen.

Funktioniert die Obstuhr überhaupt? Erstaunlicherweise tut sie es. Mit den in Obst oder Gemüse gesteckten

Drähten läuft sie Wochen oder Monate – und das gilt fast für alle Sorten von Früchten oder Gemüsen. Uhren mit »Kartoffelantrieb« sind sehr beliebt, vermutlich weil es kaum etwas Plumperes und Lebloseres gibt als eine Kartoffel, und wenn die Leute daraus Energie gewinnen können, appelliert das an ihren Sinn für das Lächerliche.

Und so funktionieren die Vegetarier-Uhren: Jeder der beiden Drähte, die Sie in die Frucht stoßen, besteht aus einem jeweils anderen Metall, in der Regel sind es Kupfer und Zink. Zusammen mit dem Saft der Frucht zwischen ihnen ergeben die beiden Metalle eine richtige Batterie (genauer gesagt eine galvanische Zelle, aber wir nennen sie so, wie es alle anderen auch tun). Für eine Batterie benötigt man nichts weiter als zwei verschiedene Metalle, zwischen denen sich eine Art elektrisch leitfähiger Flüssigkeit befinden muß.

Sie wissen, daß ein elektrischer Strom aus Elektronen besteht, die von einem Ort zum anderen fließen – durch Drähte, Glühbirnen, Motoren oder in diesem Fall durch eine elektronische Digitaluhr. Die Frage ist nun, wie man Elektronen dazu bringt, von einem Ort zum anderen zu fließen und auf ihrem Weg eine Uhr anzutreiben.

Eine Batterie setzt Elektronen in Bewegung, weil sie zwei verschiedene Arten von Atomen enthält, die ihre Elektronen jeweils unterschiedlich stark an sich binden. Kupferatome ziehen ihre Elektronen beispielsweise fester an sich als Zinkatome. Wenn man also den Elektronen des Zinks die Möglichkeit gibt, werden sie ihre angestammte Heimat verlassen und zum Kupfer wandern, wo sie sich eher willkommen fühlen.

Schlau wie wir Menschen sind, bieten wir den Elektronen nur einen einzigen Weg vom Zink zum Kupfer an: durch unsere Digitaluhr. Wenn sie zum Kupfer wollen, müssen sie sich ganz einfach ihren Weg durch unsere Uhr bahnen und sie dadurch in Gang halten.

Aber wozu sind dann die Frucht oder das Gemüse notwendig? Ihr Saft ist das, was die Chemiker einen Elektrolyten nennen: eine Flüssigkeit, die Elektrizität leitet. Sie schließt den Kreislauf unserer Elektronen, indem sie sie mitsamt ihrer Ladung wieder zum Zink zurückbringt. Andernfalls würden dort die Elektronen sehr schnell knapp werden, und der ganze Prozeß käme zum Erliegen.

Wo kommt die »natürliche Energie« also eigentlich her? Sie erwächst aus den inneren Eigenschaften der Zink- und Kupferatome – aus ihrer jeweils unterschiedlichen Neigung, Elektronen an sich zu binden.

Eine Batterie ist so einfach zu konstruieren, daß zumindest eine schon von den Parthern hergestellt worden sein könnte, einem Volk, das vor zweitausend Jahren im heutigen Irak lebte. 1938 beschrieb ein deutscher Archäologe ein kleines Tongefäß aus jener Zeit, das sich damals im Nationalmuseum in Bagdad befand. Das Gefäß enthielt einen Eisenstab in einem Kupferzylinder; man mußte ihn nur mit Fruchtsaft (oder Wein) füllen, und man bekam ausreichend Strom, um damit eine antike parthische Digitalarmbanduhr zu betreiben.

Also gut – eigentlich weiß keiner, wofür der Gegenstand verwendet worden ist.

Wenn es denn überhaupt eine Batterie war.

Wenn es nicht nur ein Scherzartikel war.

Wenn ...

Es hat mich zwar keiner gefragt, aber ...

Warum benötigt man für die Zwei-Kartoffel-Uhr zwei dieser Knollenfrüchte?

Aus demselben Grund, weshalb Ihr Blitzgerät zwei Batterien braucht.

Eine Kombination von Zink und Kupfer kann Elektronen nur mit einem bestimmten Druck in Gang halten. Das liegt an der gegebenen Differenz der Elektronenbindungsneigung beider Metalle. Wenn man aber mehr Kraft für die Bewegung der Elektronen braucht – zum Beispiel, um eine Glühbirne zu versorgen –, kann man einen zweiten Satz von Kupfer- und Zinkelektroden dahinterschalten, was den Elektronen auch den doppelten Kick mit auf den Weg gibt.

In der Technik bezeichnet man diesen Kick für die Elektronen als *Spannung*: Das ist die Kraft, mit der die Elektronen in Bewegung gesetzt werden. Die Kombination von Zink und Kupfer erzeugt etwa ein Volt dieser Spannung. Wenn eine bestimmte Uhr nun zwei Volt benötigt, muß man eben zwei Kartoffelbatterien hintereinanderschalten.

In der Hölle gibt es keine Rauchmelder

Als ich die Batterie meines Rauchmelders auswechselte, habe ich kurz entschlossen auch das Kleingedruckte auf dem Etikett gelesen. Demnach enthält das Gerät radioaktives Material, nämlich Americium-241. Was hat Radioaktivität mit Raucherkennung zu tun?

Ihr Rauchmelder arbeitet nach dem Ionisationsprinzip. Er spürt den Rauch aufgrund der Tatsache auf, daß Rauch die minimale elektrische Leitfähigkeit der Luft beeinflußt.

Luft leitet Elektrizität unter Normalbedingungen überhaupt nicht; sie ist ein ausgezeichneter Isolator. Die Stickstoff- und Sauerstoffmoleküle der Luft sind selbst nicht elektrisch geladen, und sie besitzen auch keine freien Elektronen, die ihre Ladung von einer Stelle zur anderen befördern könnten, wie das bei Metallen der Fall ist (siehe S. 149). Sonst würde der elektrische Strom aus den Hochspannungsleitungen über die Luft direkt in den Boden überspringen und dabei durch alles – auch durch uns – hindurchfließen, was auf seinem Weg liegt (siehe S. 150).

Die Moleküle der Luft – Stickstoff, Sauerstoff und ein paar andere – besitzen keine äußere Ladung, weil die negativen und positiven Ladungen ihrer Atome einander aufheben. Dabei sitzt die positive Ladung im Atomkern, die negative Ladung in Form von Elektronen umkreist diesen Kern. Radioaktivität kann die Luft jedoch elektrisch leitfähig machen, indem sie Elektronen aus dem Molekülverbund herausschlägt. Dort bleiben dann einige positive Ladungen zurück. Geladene Moleküle, denen Elektronen fehlen, nennen wir *Ionen*, und von der Luft sagen wir, sie sei durch die Radioaktivität *ionisiert* worden. Weil in ionisierter Luft elektrisch geladene Moleküle vorhanden sind, ist sie elektrisch leitfähig.

Wie wird Luft durch Radioaktivität ionisiert? Die Kerne radioaktiver Atome sind instabil, und sie zerfallen spontan, wobei einige der Teilchen, aus denen sie bestehen, mit beinahe Lichtgeschwindigkeit davonschießen. Die Kerne von Americium-241 geben bevorzugt Alpha-Teilchen ab, die sich, verglichen mit anderen durch Radioaktivität emittierten Teilchen, wie ein Baseball im Verhältnis zu einer Luftgewehrkugel ausnehmen. Ein strammes Alpha-Teilchen kann bei einem getroffenen Atom beträchtlichen Schaden anrichten, und deshalb eignet es sich sehr gut zur Ionisierung von Luftmolekülen.

In Ihren Rauchmelder ist eine winzige Portion Americium-241 eingebaut, deren Alpha-Teilchen die Luft in einem kleinen Bereich um ihn herum ständig ionisiert halten. Die Batterie liefert einen sehr schwachen elektrischen Strom, der durch diese Luft fließt. Wenn dagegen Rauchpartikel in diese Luft geraten, können die Ionen mit ihnen kollidieren und so ihre Ladung verlieren. Weniger geladene Moleküle in der Luft bedeuten auch, daß weniger Strom fließt. Ein Schaltkreis erkennt diesen Stromabfall und löst einen durchdringenden Alarm aus.

Die Menge des Americiums-241 in einem Rauchmelder ist äußerst klein: in der Regel ein viertel Mikrogramm, was einer Strahlung von 0,9 Mikrocurie entspricht. Obwohl dieses viertel Mikrogramm immerhin mehr als 30 000 Alpha-Teilchen pro Sekunde abgibt, muß man sich deswegen keine Sorgen machen. Alpha-Teilchen sind ausgesprochene Schwächlinge, wenn es darum geht, Materie zu durchdringen, so daß sie schon von einem Blatt Papier aufgehalten werden können. Deshalb gelangt kein einziges strahlendes Alpha-Teilchen aus dem Gehäuse des Rauchmelders in die Umgebung.

Erbsenzähler-Ecke

Immer, wenn ein Atom von Americium-241 (oder ein anderes radioaktives Material) zerfällt, ist es nicht mehr dieselbe Atomart, und auch seine radioaktiven Eigenschaften ändern sich. Im Lauf der Zeit nimmt also die Zahl der verbleibenden radioaktiven Atome immer mehr ab, und damit läßt auch die von ihnen abgegebene Strahlung nach. Im Fall des Americiums verringert sich die Zahl der Atome in jeweils 433 Jahren um die Hälfte. (In der Sprache der Wissenschaft: Seine *Halbwertszeit* beträgt 433 Jahre.) Das Americium-241 in Ihrem Rauchmelder wird also in 433 Jahren nur noch 15 000 Alpha-Teilchen pro Sekunde emittieren. Sie sollten das Gerät dennoch nicht gleich wegwerfen, denn auch nach weiteren 433 Jahren wird es mit nur noch 7500 Alpha-Teilchen pro Sekunde weiterhin recht gut funktionieren. Ich würde Ihnen jedoch raten, es 433 Jahre nach dem letztgenannten Zeitpunkt auszutauschen, denn im Jahr 3300 dürfte der Stromfluß schon so schwach sein, daß der Rauchmelder auch ohne jeden Rauch ausgelöst werden könnte. Und Sie wissen ja, daß diese Alarmvorrichtungen mit ihrem Krach sogar Tote aufwecken können.

Sollten Sie allerdings zu jener Zeit an jenem Ort sein, wo vermutlich auch ich sein werde, können Sie sicher sein, daß dort keine Rauchmelder gestattet sind, weil sie ununterbrochen losgehen würden.

Dünger machen bumm!

In Zeitungsberichten über terroristische Bombenanschläge hieß es, daß dabei Chemiedünger als Sprengstoff verwendet wurde. Wie kommt es, daß eine chemische Verbindung auf so unterschiedliche Weise benutzt werden kann?

Das ist eines dieser zufälligen Zusammentreffen, die gar nicht so zufällig sind, wenn man ein wenig tiefer schürft. Wie wir sehen werden, leiten sich sowohl die Eigenschaft des Guten wie die des Schurken aus der Tatsache ab, daß Stickstoffgas aus Molekülen besteht, die sich stark dagegen wehren, auseinandergerissen zu werden.

Zuerst die Düngerrolle des Stickstoffs: Jeder Gärtner weiß, daß Stickstoff neben Phosphor und Kalium eines der drei wesentlichen Elemente ist, die von Düngemitteln geliefert werden. Stickstoff ist überaus reichlich vorhanden; er macht etwa 78 Prozent unserer Atemluft aus. Seine Moleküle bestehen aus je einem Paar von Stickstoffatomen, die in dem zweiatomigen Molekül verbunden sind, das die Chemiker mit dem Symbol N_2 bezeichnen.

Diese beiden Stickstoffatome sind so fest miteinander verbunden, daß es den Pflanzen nicht möglich ist, das Molekül für ihren Stickstoffbedarf aufzuspalten. Sie benötigen die Hilfe von Blitzen, deren Energie zweifellos dafür ausreicht, wenn sie durch die Luft krachen. Dazu kommen noch sogenannte stickstoffbindende Bakterien und Algen, die Stickstoffmoleküle zerlegen können, aber die haben uns noch nicht genau mitgeteilt, wie sie das anstellen.

Wenn wir Menschen die Stickstoffmoleküle in pflanzenverfügbarere Formen wie Ammoniumverbindungen oder Nitrate umwandeln wollen, müssen wir auf unsere leistungsfähige Chemietechnik zurückgreifen. Ammoniumnitrat, ein Handelsdünger, enthält Stickstoff gleich in beiden Formen, was ihn zum zweifach wirksamen Düngemittel macht.

Was aber wäre, wenn die beiden getrennten Stickstoffatome in Ammoniumnitrat plötzlich die Möglichkeit hätten, sich wieder zu einem stark gebundenen Molekül des Stickstoffgases N_2 zu vereinen? Sie würden diese Chance freudig wahrnehmen. Schließlich lieben die Stickstoffatome einander so sehr, daß sie sich im vereinten Zustand heftig dagegen sträuben, getrennt zu werden. Warum sollten sie also nicht versuchen, aus dem Ammoniumnitrat auszubrechen, erneut ihre enge Paarbindung aufzunehmen und wieder zu Stickstoffgas zu werden? Sie würden es sogar mit solchem Eifer tun, daß sie sich buchstäblich explosiv aus dem Ammoniumnitrat absetzen würden, um sich wieder zu vereinigen und in paradiesischer Freiheit als Gas in die Luft zu fliegen.

Ich habe soeben eine Explosion beschrieben. Eine solche

findet immer statt, wenn ein Feststoff sich schlagartig in ein Gas verwandelt. Die Druckwelle der freigesetzten Gase, die sich wegen der ebenfalls freiwerdenden Wärme rasch ausdehnen, ist für alle nachfolgenden Schäden verantwortlich.

Im Falle des Ammoniumnitrats, das neben dem Stickstoff auch noch Sauerstoff und Wasserstoff enthält, setzten nicht nur die Stickstoffatome sich plötzlich zu fest gebundenen Gasmolekülen um. Die Moleküle von Sauerstoff und Wasser halten beinahe ebenso fest zusammen wie Stickstoffmoleküle, also schließen Atome des Sauerstoffs sich zu Sauerstoffgas (O_2) zusammen, während Wasserstoffatome mit Sauerstoffatomen Wasserdampf (H_2O) bilden. Der Feststoff Ammoniumnitrat wird also, wenn er die Möglichkeit bekommt, plötzlich in Gase mit einem ungeheuren Gesamtvolumen zerfallen: Stickstoff, Sauerstoff und Wasserdampf.

Um Ammoniumnitrat zu veranlassen, sich in dieser Weise heftig zu zersetzen, ist nichts weiter nötig als Wärme; die dazu erforderliche Temperatur liegt bei 300 Grad Celsius. Doch schon bei niedrigen 170 Grad Celsius kann Ammoniumnitrat explodieren und sich etwas weniger heftig in Stickoxid und Wasserdampf verwandeln.

Es ist sicher gut, wenn Sie Ihr Pulver trocken halten. Aber Sie sollten auch Ihren Dünger kühl halten.

Schon wieder eingewickelt

Warum ist die eine Seite der handelsüblichen Alufolien glänzender als die andere?

Das liegt an einer zeit- und platzsparenden Abkürzung, die in der letzten Stufe des Herstellungsprozesses eingesetzt wird.

Wie alle Metalle ist Aluminium plastisch *verformbar*, das heißt, es gibt nach, wenn man einen entsprechend hohen Druck ausübt. Darin unterscheiden sie sich von den meisten anderen Feststoffen, die unter Druck brechen. Deshalb kann man Metalle zu extrem dünnen Folien auswalzen.

Verformbar sind die Metalle deshalb, weil ihre Atome durch ein bewegliches Meer gemeinsamer Elektronen zusammengehalten werden und nicht durch die starren Bindungskräfte zwischen den Elektronen des einen und denen des nächsten Atoms, die bei den meisten anderen Feststoffen vorliegen. Demzufolge spielt es also keine große Rolle, wo sich die einzelnen Atome eines Metalls in bezug auf die übrigen befinden; innerhalb des Elektronenmeers können sie beliebig herumgeschoben werden.

Bei der Herstellung von Alufolien preßt man Aluminiumbögen durch eine Reihe von jeweils paarweise angeordneten Stahlwalzen mit zunehmend kleineren Abständen, wodurch das Aluminium zu immer dünneren Platten ausgewalzt wird. Alufolien für den Haushalt sind in der Regel nur 0,02 bis 0,04 Millimeter dick.

Um beim letzten Schritt Platz zu sparen, läßt man zwei aufeinandergelegte Bögen gleichzeitig durch die Walzen laufen. Die Ober- und Unterseite dieses »Sandwichs« kommen mit den polierten Stahlwalzen in Kontakt und sind deshalb glatt und glänzend. Die inneren Flächen der doppelten Lage dagegen werden aneinandergepreßt – also Aluminium gegen Aluminium. Weil dieses Metall so viel weicher ist als Stahl, werden die Oberflächen ein wenig ineinandergedrückt, was eine rauhere, stumpfere Fläche ergibt, wenn man sie trennt. Auf die Verwendungsmöglichkeiten der Folien hat das keinen Einfluß.

Wasch dich, du Ferkel … äh, womit eigentlich?

Während einer Segeltour auf dem Boot eines Freundes wollte ich kein Trinkwasser vergeuden, also versuchte ich, mein Hemd in Meerwasser zu waschen. Doch es gelang mir nicht, auch nur die winzigste Menge Schaum zu erzeugen. Warum arbeitet Seife in Salzwasser nicht wirksam?

Das gehört zu diesen kleinen Ironien des Lebens. Seeleute müssen schwere und oft schmutzige Arbeit verrichten, doch trotz dieser unendlichen Wassermassen um sie herum können sie sich oder ihre Kleidung nicht mit Seife waschen. Jedenfalls nicht mit gewöhnlicher Seife. Es gibt eine Spezialseife für Seeleute, die auch in Salzwasser wirksam ist. Doch zunächst wollen wir uns ansehen, warum das normale Zeug nicht wirkt.

Es überrascht Sie sicher nicht zu erfahren, daß Meerwasser viel Salz enthält: vor allem Natriumchlorid, also Kochsalz. Meerwasser enthält (im Durchschnitt aller Ozeane) mehr als einen halben Teelöffel (10 Gramm) Kochsalz pro Liter. Das Natrium läßt die Seife unwirksam werden, denn Seife muß sich erst in Wasser lösen, ehe sie ihre Aufgabe erfüllen kann, und in Wasser mit einem hohen Natriumgehalt kann sie sich nicht gut lösen.

Seifenmoleküle bestehen aus Natriumatomen, die mit langen, unter der Bezeichnung Fettsäuren bekannten Schwänzen verbunden sind. Die Wirkung von Seife beruht darauf, daß ihr fettiges Ende nach dem öligen oder fetthaltigen Teil des Schmutzes greift; das Ende mit dem Natriumatom zieht diesen dann ins Wasser. Wenn das Wasser aber schon zu viele Natriumatome enthält, verhindert das die Aufnahme zusätzlicher Natriumatome von den Seifenmolekülen. (In der Sprache der Wissenschaft wird diese Situation von den Chemikern als *Effekt gemeinsamer Ionen* bezeichnet, da die Natriumatome, die sowohl in Seife als auch in Kochsalz vorhanden sind, eigentlich als Ionen oder elektrisch geladene Atome vorliegen.)

Das heißt, eine Seife, die Natriumionen enthält, kann sich in Salzwasser nicht hinreichend auflösen. Somit kann sie auch das an dem Seemann haftende Öl nicht entfernen und ins Wasser ziehen, wo es abgespült werden könnte.

Aber man muß Seifen nicht unbedingt mit Natrium herstellen. Kalium ist sehr nah mit dem Natrium verwandt und kann sich ebenfalls mit den langen fettliebenden Schwänzen zu Seifenmolekülen verbinden. Meerwasser enthält im Vergleich zu Natrium sehr wenig Kalium, so daß Kaliumseifen problemlos in Lösung gehen können. Die sogenannte »Seemannsseife« ist auf der Basis von Kalium hergestellt.

Staub zu Staub...

Hausputz ist ein niemals endender Kreislauf aus Staubwischen, Staubwischen, Staubwischen. Würde mein Haus, wenn ich mit Staubwischen aufhörte, am Ende vom Boden bis zur Decke mit Staub angefüllt sein?

Glauben Sie wirklich, *Sie* hätten ein Problem? In China gibt es Staubansammlungen mit einem Alter von 2 Millionen Jahren (die Geologen nennen sie Löß), die mehr als 300 Meter mächtig sind. Doch sie sind nicht auf nachlässige Haushaltsführung zurückzuführen. Der Staub ist von Winden aus der Wüste Gobi aufgehäuft worden. An bestimmten Stellen lassen die Luftbewegungen, wenn sie schwächer werden, ihre Fracht von Staubpartikeln fallen. Im Lauf der Jahre werden die dabei entstehenden Staubanhäufungen durch ihr eigenes Gewicht zusammengepreßt, und in einige von ihnen hat man sogar Höhlenwohnungen gegraben.

Aber keine Angst. Bei der Rate, mit der der Staub sich zu den chinesischen Lößbergen aufgetürmt hat, könnten Sie das Staubwischen in Ihrem Haus für hundert Jahre einstellen, ohne daß die Staubschicht mehr als zwei Zentimeter dick würde.

Wenn Sie nicht in der Nähe der Wüste Gobi leben, fragen Sie sich vielleicht, wo all der Staub in Ihrem Haus herkommt.

Nun, der Staub in unserer Atmosphäre stammt aus vielen Quellen. Der Wind weht über trockene Erde, zum Beispiel über gepflügte Felder, Schotterstraßen und Wüsten. Pflanzen setzen Pollen und andere kleine Teilchen frei. Staub- und Rauchpartikel, die von Waldbränden und Vulkanausbrüchen hoch in die obere Atmosphäre gespien werden, können über Jahre umherziehen, ehe sie sich ablagern. Über den Ozeanen ist zwar weniger Staub anzutreffen als über Land, aber dort gibt es immer noch winzige Krümel aus getrockneter Salzgischt und sogar Ascheteilchen von den Meteoriten, die beim Absturz in der Atmosphäre verglühen.

Und alles das, so glauben Sie, lagert sich dann auf Ihren Bücherregalen ab, stimmt's? Nun, wir sind noch nicht fertig. Schauen wir uns doch einmal den Hausstaub genauer an, den Sie selbst produzieren.

Beachten Sie, daß Staub sich nur auf waagrechten Oberflächen wie Simsen, Regalen und den Oberkanten von Bilderrahmen absetzt. (Die haben Sie bestimmt vergessen, oder?) Daraus läßt sich schließen, daß das Zeug unter dem Einfluß der Schwerkraft aus der Luft fallen muß. Das heißt aber, daß die Staubteilchen eine bestimmte Größe überschreiten müssen. Andernfalls würden sie von der dauernden lebhaften Bewegung der Luftmoleküle ständig in der Schwebe gehalten. Das ist zum Beispiel beim Zigarettenrauch der Fall – dessen einzelne Teilchen sind so klein, daß sie von dem Bombardement der Luftmoleküle daran gehindert werden, zu Boden zu fallen. Wenn die Staubteilchen dagegen zu groß wären, würden sie gar nicht erst in die Luft geweht werden, um später auf dieser häßlichen Porzellanfigur zur Ruhe zu kommen, die Tante Sophie Ihnen vor Jahren geschenkt hat.

Doch die Teilchengröße ist nicht das einzige Kriterium. Ein relativ großer Fussel aus Ihrer Kleidung schwebt vielleicht in der Luft, weil er wie eine Feder geformt ist, und auch dieser findet schließlich einen Landeplatz, an dem Sie ihn lieber nicht gehabt hätten. Jene Staubflusen, die im windstillen Klima unter Ihrem Bett Zuflucht suchen, bestehen größtenteils aus Fasern von Kleidung und anderen Geweben, die häufig von ausgefallenen Haaren eines Menschen oder Haustiers und von Hautschuppen zusammengehalten werden. (Ich habe nie behauptet, daß es besonders appetitlich wird.)

Alles, was in Ihrem Haus in Bewegung ist, ist in der Lage, mikroskopisch kleine Stückchen in die Luft abzugeben, die von seiner Oberfläche abgetragen werden. Wohin verschwinden Ihrer Meinung nach all die Fasern, wenn sich eine Stelle Ihres Teppichs wegen hohen Verkehrsaufkommens abnutzt? Sie haben sich Stäubchen für Stäubchen überall im Haus abgelagert, damit man beim Hausputz etwas hat, womit man sich beschäftigen kann.

Das wirft die Frage auf, wie wirksam das Staubwischen eigentlich ist. Es hängt weitgehend davon ab, wie Sie es angehen. Mit einem trockenen Staubtuch wird man den Staub möglicherweise einfach nur umverteilen und vielleicht vom Regal auf den Fußboden befördern, um zu demonstrieren, daß »Staub zu Staub« gehört, und zwar ganz wörtlich, nicht im biblischen Sinn. Das Gefummel mit einem Staubtuch kann sogar gegenteilige Wirkung haben, da sich die Staubteilchen dabei elektrostatisch aufladen können (siehe S. 258). Wenn sie erst einmal geladen sind, können sie sich zäh an jeden Gegenstand in ihrer Nähe klammern, womit man sie lediglich von einem Objekt zum nächsten transportiert hätte.

Ein Staubtuch mit flauschiger Oberfläche, in der die Staubteilchen sich fangen können, ist keine schlechte Idee. Man kann aber auch einen dieser handelsüblichen Anti-Staubsprays benutzen. Sie enthalten ein Öl, das nicht nur dafür sorgt, daß die Staubpartikel am Tuch haftenbleiben, sondern sie auch mit einer dünnen Isolierschicht überzieht, damit sie nicht elektrostatisch an nahen Gegenständen hängenbleiben.

Wenn Sie das nächste Mal ins Kino gehen, sollten Sie einen Blick darauf werfen, welche überraschend große Staubmenge sich tatsächlich in der Luft befindet: Sie erkennen das im Lichtstrahl des Projektors. Sie können ihn nämlich überhaupt nur sehen, weil sein Licht von normalerweise unsichtbaren Staubteilchen, deren Größe etwa der Wellenlänge des Lichts entspricht, seitlich gestreut wird (siehe S. 236, 239).

Geht es, oder geht es nicht? Das ist hier die Frage

Vielleicht ist es ja eine dumme Frage, aber was ist der Grund, weshalb etwas geschieht oder eben nicht geschieht? Ich meine, Wasser fließt zum Beispiel bergab, nicht bergauf. Zucker löst sich im Kaffee auf, aber wenn ich zuviel davon erwischt habe, kann ich seine Auflösung nicht mehr rückgängig machen. Ich kann ein Streichholz verbrennen lassen, aber danach kann ich die Verbrennung nicht mehr ungeschehen machen. Gibt es so etwas wie eine kosmische Regel, die festlegt, was sich ereignen kann und was nicht?*

Es gibt keine dummen Fragen. Sie haben die vielleicht tiefgründigste Frage gestellt, die es in der Wissenschaft überhaupt geben kann. Dennoch kann sie relativ einfach beantwortet werden, seit ein Genie namens Josiah Willard Gibbs (1839–1903) gegen Ende des neunzehnten Jahrhunderts all das herausgefunden hat.

Die Antwort besagt, daß überall in der Natur ein Gleichgewicht zwischen zwei grundlegenden Eigenschaften besteht: der *Energie*, über die Sie wahrscheinlich manches, und der *Entropie*, von der Sie wahrscheinlich nichts wissen (aber das wird sich gleich ändern). Allein dieses Gleichgewicht entscheidet, ob ein bestimmter Vorgang ablaufen kann oder nicht.

* Diese Frage ist von so grundlegender Bedeutung für die Abläufe im Universum, daß ich hier leicht modifiziert die Antwort wiederhole, die ich in *Woher weiß die Seife, was der Schmutz ist: Kluge Antworten auf alltägliche Fragen* (Piper 1998) gegeben habe. Alle anderen Fragen und Antworten im vorliegenden Buch sind neu.

Gewisse physikalische und chemische Ereignisse können von ganz allein stattfinden; sie können jedoch nicht in der entgegengesetzten Richtung verlaufen, solange sie dazu nicht Hilfe von außen bekommen. Wir können beispielsweise Wasser bergauf befördern, wenn wir es hochziehen oder hinaufpumpen. Und wenn wir es wirklich wollten, könnten wir sogar den Zucker wieder aus dem Kaffee holen, indem wir das Wasser verdampfen und den Zucker dann chemisch von den Feststoffen des Kaffees abtrennen. Ein verbranntes Streichholz wiederherzustellen ist erheblich schwieriger, doch eine kleine, mit ausreichend Zeit und Ausrüstung versehene Armee von Chemikern könnte es vielleicht schaffen, das Ding aus Asche, Rauch und Verbrennungsgasen wiederauferstehen zu lassen.

Entscheidend ist, daß in jedem dieser Fälle beträchtlich nachgeholfen werden muß – man muß von außen Energie zuführen. Wenn Mutter Natur sich selbst überlassen ist, kann vieles spontan und aus sich heraus geschehen. Anderes dagegen ereignet sich *niemals* spontan, selbst wenn wir untätig bis zum Tag des Jüngsten Gerichts warten. Die große Generallinie der Natur besagt, daß etwas dann geschieht, wenn das richtige Verhältnis zwischen Energie und Entropie vorliegt; ist das nicht der Fall, geschieht auch nichts.

Sehen wir uns zunächst die Energie an, bevor wir die Entropie erklären. In der Regel versucht alles, seine Energie zu verringern, soweit es das kann. In einem Wasserfall entledigt sich das Wasser seiner aufgestauten Energie, indem es in ein Becken stürzt. (Wir können von dieser auf dem Weg nach unten freigesetzten Energie ein Wasserrad für uns antreiben lassen, wenn wir wollen.) Doch sobald das Wasser im Becken angekommen ist, hat es, zumindest was die beteiligte Schwerkraft angeht, seine Energie »verloren«; es kann nicht mehr zum oberen Ausgangspunkt zurückkehren.

Eine Menge chemischer Reaktionen läuft aus einem ähnlichen Grund ab: Die chemischen Verbindungen entledigen sich ihrer gespeicherten chemischen Energie, indem sie sich spontan in andere Stoffe umwandeln, die weniger chemische Energie besitzen. (Ein Beispiel dafür ist das brennende Streichholz.) Zu ihren energetischen Ausgangsbedingungen können sie jedoch nicht mehr zurückkehren.

Bei ansonsten gleichen Bedingungen ist also alles von Natur aus bestrebt, *seine Energie zu vermindern, wenn das möglich ist*. Das ist Regel Nummer eins.

Doch in der Geschichte, weshalb etwas geschieht, stellt diese *Verringerung der Energie* nur die eine Hälfte dar. Die andere befaßt sich mit der *Zunahme der Entropie*. Entropie ist nur ein gehobener Ausdruck für *Unordnung* oder zufällige Verteilung, also für ein chaotisches, regelloses Arrangement der Dinge. Beim Anstoß stehen Fußballspieler noch in einer bestimmten Ordnung auf dem Platz – sie verteilen sich nicht wahllos über das ganze Spielfeld, und ihre Entropie ist deshalb gering. Dagegen sind sie beim Abpfiff vielleicht völlig regellos, in einem Arrangement hoher Entropie, über den ganzen Platz verteilt. Mit den einzelnen Bestandteilen, aus denen alle Stoffe zusammengesetzt sind, nämlich den Atomen und Molekülen, verhält es sich genauso. Zu jedem gegebenen Zeitpunkt können sie entweder ordentlich versammelt sein oder sich in einem äußerst regellosen Gewühl befinden, und zwischen diesen Extremen sind beliebig viele Mischformen möglich. Das heißt, ihre Entropie kann verschiedene Werte von niedrig bis hoch annehmen.

Bei ansonsten gleichen Voraussetzungen (insbesondere hinsichtlich der Energie) ist also alles von Natur aus bestrebt, immer unordentlicher zu werden – das heißt, *alles wird seine Entropie steigern, wenn das möglich ist.* Das ist Regel Nummer zwei.

Energie kann »unnatürlich« zunehmen, solange es gleichzeitig zu einer Zunahme der Entropie kommt, die das mehr als ausgleicht. Oder die Entropie kann »unnatürlich« zunehmen, solange dieser Effekt durch eine Zunahme der Energie mehr als ausgeglichen wird. Kapiert?

Die Frage, ob in der Natur etwas von sich aus – also ohne jeden äußeren Eingriff – geschehen kann oder nicht, hängt also allein vom Gleichgewicht zwischen den Regeln der Energie und der Entropie ab.

Der Wasserfall? Er stürzt hinab, weil es zu einem großen Abfall der (Gravitations-)Energie kommt; zwischen den Wassermolekülen am oberen und am unteren Ende besteht praktisch keine Entropiedifferenz. Der Vorgang wird von Energie angetrieben.

Der Zucker im Kaffee? Er löst sich vor allem deshalb, weil seine Entropie dabei stark zunimmt. Zuckermoleküle, die im Kaffee herumschwimmen, sind sehr viel regelloser verteilt als in der engen Bindung der Zuckerkristalle. Indessen gibt es praktisch keine Energiedifferenz zwischen dem festen und dem gelösten Zucker. (Der Kaffee wird nicht heißer oder kälter, wenn der Zucker sich auflöst, oder?) Dieser Prozeß wird über die Entropie in Gang gesetzt.

Das brennende Streichholz? Offensichtlich kommt es hier zu einer großen Abnahme der Energie, die auf einen Schlag freigesetzt wird. Die gespeicherte chemische Energie im Streichholzkopf wird in einem Ausbruch von Hitze und Licht abgegeben. Doch auch die Entropie nimmt gewaltig zu: Die Partikel der Flamme und der Rauch- und Gasschwaden sind viel regelloser verteilt als im kompakten

Streichholzkopf. Diese Reaktion wird von den Regeln der Natur also gleich doppelt bevorzugt, da sie sowohl durch Energie als auch durch Entropie angetrieben wird. Deshalb läuft sie auch so freudig ab, sobald Sie die auslösende Reibung geliefert haben.

Was aber, wenn ein Prozeß vorliegt, in dem eine der Größen, entweder die Energie oder die Entropie, in die »falsche Richtung« läuft? Nun, der Vorgang kann immer noch stattfinden, solange die andere Größe so stark in die »richtige Richtung« läuft, daß sie überwiegt. Das heißt, die Energie kann zunehmen, wenn eine gleichzeitige Steigerung der Entropie stattfindet, die diesen Vorgang aufwiegt. Die Entropie wiederum kann abnehmen, solange eine ausreichend große Abnahme der Energie für Ausgleich sorgt.

Willard Gibbs war es, der eine Gleichung für dieses Gleichgewicht von Energie und Entropie aufstellte. Wenn sich aus der Gibbs-Gleichung ergibt, daß nach dem Ausgleich von Entropieänderungen in der »falschen« Richtung noch etwas Energie übrigbleibt, kann diese Energie (in der Sprache der Wissenschaft: die *freie Energie*) dazu verwendet werden, die Dinge geschehen zu lassen; der fragliche Prozeß wird also von sich aus ablaufen. Wenn dagegen der Betrag der verfügbaren (»freien«) Energie nicht ausreicht, eventuelle Entropieänderungen in der »falschen« Richtung auszugleichen, kann und wird der Prozeß nicht ablaufen, solange nicht zusätzliche Energie von außen zugeführt wird.

Wenn wir also genug Energie aufwenden, können wir stets die natürliche Entropieregel außer Kraft setzen, die besagt, daß alles zur Unordnung tendiert.

Ein Beispiel: Es gibt etwa 10 Millionen Tonnen – ein Wert von 60 Billiarden Dollar – gelösten Goldes in den Ozeanen, die nur darauf warten, gewonnen zu werden.

Wenn wir uns entsprechend anstrengen würden, könnten wir es Atom für Atom einsammeln. Doch die Atome sind vollkommen regellos (also mit äußerst großer Entropie) auf 1,4 Milliarden Kubikkilometer Meerwasser verteilt. Die Energie, die wir aufwenden müßten, um diese Entropie zu verringern und sie alle an einem Ort zu versammeln, würde ungeheuer viel mehr kosten, als das Gold wert ist.

In einem Anfall von Begeisterung für die Gesetze der Mechanik soll Archimedes (287–212 v. Chr.) gesagt haben: »Gebt mir einen ausreichend langen Hebel und einen festen Standort, und ich werde die Welt aus den Angeln heben.« Wenn er schon etwas von Entropie und gedecktem Apfelkuchen gewußt hätte, hätte er vielleicht hinzugefügt: »Gebt mir ausreichend Energie, und ich werde dieser chaotischen Welt die Ordnung eines Apfelkuchens verpassen.«

Glossar

Eine Auswahl gängiger Ausdrücke aus der Sprache der Wissenschaft

Begriffe, die gesondert definiert werden, sind *kursiv* abgesetzt.

Angeregter Zustand Von einem *Atom* oder *Molekül* im angeregten Zustand spricht man, wenn ihm zusätzlich zu seinem »Ruhezustand« ein bestimmter Energiebetrag zugeführt worden ist. Normalerweise gibt es diese überschüssige Energie innerhalb einer sehr kurzen Zeitspanne wieder ab.

Atom Der »Baustein« für alle Substanzen. Jedes Atom besteht aus einem äußerst winzigen und schweren *Kern*, den eine Anzahl »umherschwirrender« *Elektronen* einhüllt. Es gibt mehr als hundert verschiedene Atomarten, die sich durch die unterschiedliche Zahl ihrer Elektronen unterscheiden. Atome schließen sich in unterschiedlichen Kombinationen zusammen und bilden so eine sehr große Anzahl verschiedener *Moleküle*, die einer großen Menge verschiedener Substanzen mit unterschiedlichen Eigenschaften entsprechen.

Beschleunigung Jede Geschwindigkeits- oder Richtungsänderung eines bewegten Objekts. Sie kann in einer Zunahme oder Abnahme der Geschwindigkeit oder jeder Abweichung von der geraden Linie bestehen.

Brechung Darunter versteht man die Beugung von Licht-

oder Schallwellen, wenn sie ein Medium (wie Glas oder Luft) verlassen und in ein anderes Medium eintreten, in dem sie sich mit veränderter Geschwindigkeit ausbreiten.

Dampfdruck Die *Moleküle* aller festen oder flüssigen Stoffe, besonders aber die der Flüssigkeiten, neigen in gewissem Umfang dazu, sich von ihresgleichen zu lösen und als Dampf in die Luft überzutreten. Die Stärke dieser Neigung bezeichnet man als den Dampfdruck der Substanz.

Dichte Sie stellt ein Maß dar, das angibt, wie schwer ein gegebenes Volumen einer Substanz ist. Ein Liter Wasser wiegt 1 Kilogramm; die Dichte von Wasser beträgt also 1 Kilogramm pro Liter. Gold besitzt eine Dichte von 19 Kilogramm pro Liter. In der Umgangssprache heißt das, Gold sei »neunzehnmal schwerer als Wasser«.

Dipol Ein *Molekül*, dessen zwei Enden eine schwache Ladung aufweisen; an einem Ende ist sie positiv, am anderen negativ. Das Molekül besitzt deswegen zwei elektrisch geladene Pole, die den beiden magnetischen Polen eines Magnetfelds vergleichbar sind. Wasser ist ein gutes Beispiel dafür: Die entgegengesetzt geladenen Enden der Wassermoleküle ziehen einander an, weshalb Wasser im Vergleich zu ähnlichen Flüssigkeiten nur schwer zum Sieden und Verdampfen zu bringen ist.

Druck Der Betrag einer Kraft, die auf eine bestimmte Oberfläche einwirkt. Alle Gase üben auf alle Oberflächen, mit denen sie in Kontakt sind, einen Druck aus, weil ihre *Moleküle* ständig in Bewegung sind und diese Flächen bombardieren.

Elektrolyt Eine Flüssigkeit, die elektrisch leitfähig ist, weil sie elektrisch geladene Partikel (*Ionen*) enthält. Salzwasser ist der bekannteste Elektrolyt.

Elektromagnetische Strahlung Reine Energie in Wellenform, die sich mit Lichtgeschwindigkeit durch den Raum bewegt. Die Energie der elektromagnetischen Strahlung reicht von den Radiowellen mit ihrer niedrigen Energie über Mikrowellen, (sichtbare wie unsichtbare) Lichtwellen und Röntgenstrahlen bis hin zu den energiereichen Gammastrahlen.

Elektron Ein winziges, negativ geladenes Teilchen. Es hält sich üblicherweise im Umkreis des *Kerns* eines *Atoms* auf, doch Elektronen lassen sich leicht von ihren Atomen trennen und unter dem Einfluß einer Spannung dazu bringen, sich durch ein Gas oder einen Metalldraht von einem Ort zum anderen zu bewegen.

Endgeschwindigkeit Sie bezeichnet die maximale Fallgeschwindigkeit eines Körpers in der Atmosphäre. Wenn ein Objekt von einem erhöhten Ort aus zu fallen beginnt, wird es aufgrund der *Gravitation* immer schneller fallen, bis der Luftwiderstand groß genug ist, um diese Beschleunigung ausgleichen zu können. Von diesem Augenblick an fällt es mit gleichbleibender Geschwindigkeit, eben der Endgeschwindigkeit.

Gleichgewicht Ein Zustand, in dem sich nichts verändert, weil alle Kräfte sich die Waage halten. Bei manchen Gleichgewichtszuständen sind wir möglicherweise nicht imstande, irgendwelche Veränderungen wahrzunehmen, doch auf der molekularen Ebene finden zwei entgegengesetzte Prozesse mit jeweils gleicher Rate statt.

Gravitation oder **Schwerkraft** Eine Anziehungskraft, die zwischen allen Objekten wirkt, die über eine *Masse* verfügen. Die Kraft ist den Massen der aufeinander wirkenden Objekte proportional und nimmt ab, je weiter diese voneinander entfernt sind. Die Masse der Erde ist sehr groß und damit die hauptsächliche Quelle der schwerkraftbedingten Anziehung, die wir normalerweise wahrnehmen.

Halbwertszeit Die Zeit, in der von einer radioaktiven Substanz nur noch die Hälfte übrig ist. Deren Menge nimmt ab, weil die *Atome* radioaktiver Stoffe instabil sind und sich spontan in verschiedene Atomarten umwandeln, die stabiler sind.

Halogene Eine Familie chemischer Elemente mit ähnlichen Eigenschaften. Zu ihr gehören Fluor, Chlor, Brom, Jod und Astat.

Impuls Ein Maß für den Schaden, den ein sich bewegendes Objekt beim Aufprall auf einen anderen Gegenstand anrichten kann. Der Impuls ergibt sich aus der *Masse* des Objekts und seiner Geschwindigkeit. Je größer Masse und Geschwindigkeit eines Gegenstandes sind, desto größer ist auch sein Impuls.

Ion Ein *Atom* oder eine Gruppe von Atomen, die elektrisch geladen sind, weil sie ein oder mehrere *Elektronen* aufgenommen oder abgegeben haben.

Kern Der unfaßbar winzige und unglaublich schwere zentrale Bestandteil eines *Atoms*. Er ist mehrtausendfach schwerer als alle *Elektronen* des Atoms gemeinsam.

Kinetische Energie Die Form der Energie, die ein sich bewegendes Objekt besitzt. Auch: Bewegungsenergie.

Löslichkeit Die Eigenschaft einer Substanz, gelöst werden zu können. Mit dem Wort bezeichnen die Chemiker die maximale Menge eines Stoffes, die sich unter bestimmten Bedingungen in einer Flüssigkeit lösen kann. Die Löslichkeit von Kochsalz (Natriumchlorid) in Wasser von Null Grad Celsius beträgt zum Beispiel 357 Gramm pro Liter.

Masse Die Eigenschaft der »Schwere«, die allen Dingen, allen Gegenständen und allen Substanzen innewohnt, angefangen bei subatomaren Teilchen bis hin zu Galaxien. Jede Masse übt auf alle anderen Massen eine Anziehungskraft aus. Das Gewicht eines Gegenstandes ist die Wirkung der Erdanziehung auf diesen Gegenstand.

Molekül Ein Zusammenschluß von *Atomen*, die alle miteinander verbunden sind. Alle Substanzen bauen sich aus Molekülen auf (mit Ausnahme einiger weniger Stoffe, die aus ungebundenen Atomen bestehen). Verschiedene Substanzen unterscheiden sich in ihren Eigenschaften, weil in ihren Molekülen jeweils andere Atomarten in charakteristischen Anordnungen miteinander verbunden sind.

Photon Ein »Teilchen« des Lichts oder anderer *elektromagnetischer Strahlung*.

Quant Ein »Stück« Energie. Energie und *Impuls* sind nicht kontinuierlich, sondern bestehen aus kleinsten, diskreten Einheiten, die man Quanten nennt.

Temperatur Eine Zahl, die die durchschnittliche *kinetische Energie* der *Moleküle* einer Substanz angibt. Je wärmer ein Stoff ist, desto schneller bewegen sich seine Moleküle.

Viskosität Die »Dicke« oder Zähigkeit einer Flüssigkeit; der Widerstand, den sie dem freien Fließen entgegensetzt. Frei nach dem Sprichwort: »Blut ist dicker als Wasser.«

Wärme Eine Energieform, die sich in der Bewegung von *Atomen* und *Molekülen* äußert.

Wasserstoffbrücken-Bindung Eine schwache Anziehungskraft zwischen bestimmten *Molekülen*, die Wasserstoff*atome* enthalten. Wasserstoffbrücken sind entscheidend an den einzigartigen Eigenschaften von Wasser beteiligt und wichtig für viele biologisch bedeutsame *Moleküle*, darunter auch die DNS.

Personen- und Sachregister

Danksagung

Allen meinen Freunden, die sagten: »Hey Bob, kürzlich hatte ich eine großartige Frage für dein Buch, aber ich habe sie leider wieder vergessen«, möchte ich meinen tief empfundenen Dank aussprechen.

Ernsthaft danken möchte ich zwei netten Männern, mit denen zusammenzuarbeiten ein Vergnügen war: meinem Agenten Ethan Ellenberg und meinem Herausgeber Mike Shohl. Ethan steuerte meinen Entwurf geschickt durch die Klippen der Vertragsverhandlungen, während Mike seinen blauen Stift mit Verständnis und Zurückhaltung ansetzte: Er verstand alle meine Scherze und ließ sie am Leben.

Richard E. Eckels schulde ich Dank, weil er mich zu einer zutreffenden Erklärung führte, weshalb Flugzeuge fliegen.

Die beiden Frauen in meinem Leben, meine Tochter Leslie und meine Frau Marlene, bestärkten mich unermüdlich und mit nie nachlassender Rücksicht in meiner Arbeit, obwohl mein Computer viel von der Zeit in Anspruch nahm, die ich sonst ihnen gewidmet hätte. Dafür und für ihre Liebe und Bewunderung bin ich jeden Tag meines Lebens dankbar.

PIPER

Ernst Peter Fischer

Einstein trifft Picasso und geht mit ihm ins Kino

oder: Die Erfindung der Moderne. 256 Seiten mit 16 zum Teil farbigen Abbildungen. Gebunden

Viele Menschen stehen irritiert vor Pablo Picassos berühmten Bildern. Und noch mehr Menschen sind ratlos angesichts der großen physikalischen Theorien Albert Einsteins. Ernst Peter Fischer, der erfolgreiche »Bildungs-Entertainer«, hat sich eine raffinierte Methode ausgedacht, um hier Abhilfe zu schaffen und zugleich die Entstehung der Moderne zu erklären. Einstein und Picasso sind jeweils die Leitfiguren der modernen Wissenschaft und der modernen Kunst im 20. Jahrhundert. In Picassos Kubismus wird alles zur Geometrie. Dies gilt auch für Einsteins Einsichten. Bei ihm kommt die Zeit als vierte Dimension hinzu, was wiederum die Kunst beeinflußt hat. Seit Beginn des 20. Jahrhunderts leben wir in einer Raum-Zeit-Welt. Was das bedeutet, wie Kunst und Wissenschaft darin zusammenkommen, wie Einstein und Picasso und durch sie auch die Entstehung der Moderne verstanden werden können, das zeigt Ernst Peter Fischer in seinem anregenden und unterhaltsamen Buch.

01/1531/01/R

PIPER

Karl Kruszelnicki

Dr. Karls Geschichten aus der Wissenschaft

oder Wie Telefone Fische fangen. Aus dem Englischen von Friedrich Griese. 256 Seiten mit 18 Zeichnungen von Reg Lynch. Serie Piper

Karl Kruszelnicki, im Hauptberuf Physiker, macht durch seine verrückten und kuriosen Geschichten die Naturwissenschaften zum Vergnügen. Ob er erzählt, warum ein feines Seidentuch eine Revolverkugel aufhält, wie bei Menschen die Liebe »durch die Nase geht« oder weshalb die Spinne nicht im eigenen Netz hängenbleibt – »Dr. Karl«, der begnadete Wissenschaftskomödiant, erklärt die Welt auf seine Weise.

»Klüger werden mit Karl Kruszelnicki.«
Der Spiegel

01/1524/01/R

PIPER

John Gribbin

Wissenschaft für die Westentasche

Aus dem Englischen von Thorsten Schmidt.
115 Seiten mit 16 Strichzeichnungen. Gebunden

Warum ist unsere Welt linkshändig? Was haben Springende Gene mit Zuckermais zu tun? Wann starb das Quagga aus? John Gribbins handliches Buch beantwortet solche und viele andere Fragen mit spielerischer Leichtigkeit. »Menschen sind Affen.« Mit dieser lapidaren Feststellung beginnt John Gribbins Buch. Auf zwei knappen Seiten folgt dann, was wir über die »Abstammung des Menschen« wissen sollten. Wir sind die Nachfahren erfolgloser Menschenaffen, die neue Wege finden mußten, um zu überleben. Mehr als 50 weitere Begriffe aus den gesamten Naturwissenschaften behandelt Gribbin ebenso kurz und einleuchtend, darunter Atom, DNS, Entstehung des Weltalls. Kosmischer String, Leben, Natürliche Selektion, Quant, Springende Gene, Viren, Wasser, Wurmloch, Zweiter Hauptsatz der Thermodynamik. Was Gribbin hier knapp, locker und verständlich erklärt, das können seine Leser getrost nach Hause tragen und weitererzählen.

01/1048/01/R

PIPER

Ian Stewart

Die wunderbare Welt der Mathematik

Aus dem Englischen von Helmut Reuter. 304 Seiten mit 81 Graphiken und zahlreichen Cartoons von Spike Garrell. Gebunden

Wer könnte besser mit Witz, Phantasie und Verstand über Mathematik schreiben als der Autor, der die »Scheibenwelt« und die »Rundwelt« des Fantasy-Stars Terry Pratchett fachlich fundiert? Denn im wirklichen Leben ist Ian Stewart Mathematiker und Universitätsprofessor. Sein neues Buch präsentiert mathematische Rätsel, die das Denkvermögen herausfordern und zugleich großen Spaß machen. Stewart erzählt dazu immer eine kleine Geschichte. Von logischen Spielereien über merkwürdige Zahlen und Optimierungen bis hin zu ganz praktischen Fragen führt Stewarts Reise durch die wunderbare Welt der Mathematik. Er kann nebenbei plausibel erklären, warum der Toast vom Tisch immer auf die gebutterte Seite fällt. Unterwegs trifft er viele merkwürdige Typen, so die äußerst höflichen Mönche des Perplexer-Ordens, den Steinmetz Klotzklopfer oder zwei kräftige Möbelpacker.

01/1544/01/R

SERIE PIPER

Einstein sagt

Zitate, Einfälle, Gedanken. Herausgegeben von Alice Calaprice. Vorwort von Freeman Dyson. Betreuung der deutschen Ausgabe und Übersetzungen von Anita Ehlers. 280 Seiten mit 26 Abbildungen. Serie Piper

Mit Einstein ist es wie mit Goethe: Mit einem Zitat von ihm liegt man immer richtig! Er formulierte glänzend und einfallsreich, seine Worte und Sprüche waren nicht nur witzig, sondern hatten auch bedenkenswerten Tiefgang. Die hier versammelten fünfhundert Einstein-Zitate ordnen zum ersten Mal seine Gedanken und Ideen nach Themen: Der Leser findet also Einsteins Äußerungen über sich selbst, Deutschland, Amerika, die Juden und Israel, den Tod, die Ehre und die Familie, Krieg und Frieden, Gott und Religion, Freunde, Wissenschaftler und die Frauen. Er selbst würde vermutlich über die Sammlung seiner geflügelten Worte schallend lachen und seinen Stoßseufzer von 1930 wiederholen: »Bei mir wird jeder Piepser zum Trompetensolo!«

05/1241/01/L

Was macht die Mücke beim Wolkenbruch?

Neue wunderbare Alltagsrätsel. Herausgegeben von Mick O'Hare/New Scientist. Aus dem Englischen von Helmut Reuter. Illustrationen von Spike Gerrell. 240 Seiten. Serie Piper

Was macht eine Mücke bei einem wirklich schweren Wolkenbruch? Warum krähen Hähne fast immer am Morgen? Und wieso sind Eier eiförmig? Unsere Welt ist voller kleiner Rätsel, über die die Menschen staunen. Für alle, die solche Fragen bewegen, hat die berühmte englische Zeitschrift »New Scientist« eine Seite eingerichtet. Dort antworten Leser auf Leserfragen aus aller Welt. Der Herausgeber hat die skurrilsten und hintergründigsten Fragen und Antworten herausgesucht. Es gibt jede Menge zu staunen und zu lernen!

»Auch dieses köstliche Wissenschaftsbrevier möchte man in einem Rutsch verschlingen.«
Westfälische Rundschau

05/1528/01/R

Warum fallen schlafende Vögel nicht vom Baum?

Wunderbare Alltagsrätsel. Herausgegeben von Mick O'Hare/New Scientist. Aus dem Englischen von Helmut Reuter. Mit Illustrationen von Spike Gerrell. 247 Seiten. Serie Piper

Haben Sie etwa schon einmal einen schlafenden Vogel vom Baum fallen sehen? Warum niesen wir, wenn wir in die Sonne schauen? Warum fliegen fliegende Fische? Warum ist der Himmel blau? Unsere Welt ist voller kleiner Rätsel! Die berühmte englische Zeitschrift »New Scientist« hat für solche Fragen und Antworten eine »letzte Seite« eingerichtet. Dort antworten Leser aus aller Welt den Lesern aus aller Welt. Die schönsten, skurrilsten, hintergründigsten und auch normalsten Fragen und Antworten bietet dieses Buch. Es gibt viel zu staunen und zu lernen über die Welt um uns herum.

»Eine unterhaltsame Lektüre für all jene, die das Staunen über die kleinen Dinge des Alltags noch nicht verlernt haben.«
Die Welt

05/1457/01/L

Robert L. Wolke

Woher weiß die Seife, was der Schmutz ist?

Kluge Antworten auf alltägliche Fragen. Aus dem Amerikanischen von Markus P. Schupfner. 343 Seiten. Serie Piper

Warum ist der Himmel blau? Warum wird es wärmer, wenn es schneit? Und wie vor allem bekommt man Ketchup am besten aus der Flasche? Diesen und vielen anderen kniffligen Fragen aus dem Alltag geht Robert L. Wolke auf den Grund und gibt kluge und oft verblüffende Antworten. Und er bietet Lösungen für alltägliche Probleme. Mit witzigen Versuchen, die man gleich selber nachmachen kann.

»Hier kommt weder Wissenschaft noch das Vergnügen zu kurz.«
Wiener Zeitung

05/1056/01/R

Ernst Peter Fischer

Aristoteles, Einstein & Co.

Eine kleine Geschichte der Wissenschaft in Porträts. 447 Seiten mit 26 Abbildungen. Serie Piper

Wer sind die Menschen, die in die Geschichte der Wissenschaft eingingen? Was wissen wir über ihr Leben, ihr Werk, ihre privaten Vorlieben und Gewohnheiten? Ernst Peter Fischer weckt in diesem Buch die Neugier auf die Wissenschaft und ihre »stillen Stars«. In sechsundzwanzig leicht und vergnüglich zu lesenden Porträts stellt er die Großen der Wissenschaft von der Antike über das mittelalterliche und moderne Europa bis in unser Jahrhundert vor. Er erzählt unter anderem von Bacon, Galilei, Kepler und Descartes, den vier Wissenschaftlern, die vor vierhundert Jahren die Wende zur Moderne möglich machten, und von Newton, Marie Curie und Albert Einstein. Ernst Peter Fischer zeigt, wie spannend die Geschichte der Wissenschaft und ihrer Protagonisten ist, wenn sie mit biographischer Neugier erzählt wird.

05/1190/01/L

Ernst Peter Fischer

Leonardo, Heisenberg & Co.

Eine kleine Geschichte der Wissenschaft in Porträts. 361 Seiten mit 41 Abbildungen. Serie Piper

In unserem Alltag sind die Wissenschaften allgegenwärtig. Wer aber waren und sind die Menschen, denen wir die entscheidenden Forschungen verdanken? Der anerkannte Wissenschaftshistoriker Ernst Peter Fischer hat nach seinem erfolgreichen Buch »Aristoteles, Einstein & Co.« zwanzig neue Porträts großer Wissenschaftler geschrieben. Unter anderem erzählt er vom Universalgenie Leonardo da Vinci, der Naturforscherin und Künstlerin Maria Sybilla Merian, dem Mathematiker und Philosophen Gottfried Wilhelm Leibniz. Die Quantenphysiker Max Planck, Werner Heisenberg, Erwin Schrödinger und Wolfgang Pauli werden ebenso porträtiert wie Konrad Lorenz, Francis Crick und James D. Watson. In Fischers unterhaltsamer »wissenschaftlicher Hintertreppe« verbinden sich Vergangenheit und Gegenwart in den Geschichten berühmter Frauen und Männer.

05/1191/01/R